AF746117

Calculer une structure

De la théorie à l'exemple

Pierre LATTEUR

Calculer une structure

De la théorie à l'exemple

4e édition

academia
L'Harmattan

Malgré tout le soin apporté à la rédaction de cet ouvrage et les relectures dont il a fait l'objet, l'auteur ne garantit pas l'absence de fautes ou d'erreurs dans les propos qui s'y trouvent

D/2016/4910/13 ISBN : 978-2-8061-0270-6

Grand'Place, 29
B-1348 Louvain-la-Neuve

www.editions-academia.be

Préface

Pierre Latteur propose, dans cette troisième édition totalement remaniée, un ouvrage qui présente les méthodes classiques permettant l'analyse des structures en barres, poutres ou câbles.

Son exposé est intuitif, le plus souvent déductif, concret, direct et parfois même à l'emporte-pièce. Le but n'est pas d'être exhaustif ou d'entrer dans tous les détails, ni de démontrer chaque formule, encore moins de se perdre dans des considérations abstraites et arides. Il s'agit au contraire de mettre en valeur les méthodes simples, efficaces et toutefois générales, qui permettent de comprendre le fonctionnement réel d'une structure, et de résoudre effectivement les problèmes concrets que rencontre l'ingénieur. Car ce dernier, à qui se destine ce livre, doit finalement construire.

À l'ère du calcul par ordinateur, un tel but peut surprendre : pourquoi donc encore étudier ces méthodes, qui sont toutes codées en des programmes performants livrant des résultats graphiques détaillés ? Une récente étude américaine[1] analyse les raisons pour lesquelles un certain nombre de structures calculées par ordinateur ont eu un problème mineur (déformation exagérée par exemple) ou majeur (effondrement). La raison principale est une modélisation incorrecte de la structure. Si, après coup, on avait contrôlé la justesse des résultats numériques par un calcul à la main, même approximatif, il est hautement probable que l'erreur de modélisation aurait été détectée. Malheureusement, on a fait confiance à l'ordinateur…

Les conclusions de l'étude américaine sont sans appel, la principale étant : *never trust computers*. Constatant donc, en premier lieu, que beaucoup trop d'utilisateurs font aveuglément confiance à la machine, elle rappelle que l'ingénieur reste seul responsable de la conception sûre et correcte de son ouvrage, cette responsabilité incluant celle de l'usage des programmes de calcul (commerciaux ou non). Ensuite elle exhorte les écoles d'ingénieurs à revenir aux fondements des théories et méthodes d'analyse des structures, afin de maîtriser l'étude de ces dernières, et par suite leur modélisation.

Comprendre le fonctionnement d'une structure, choisir une conception saine et rationnelle, analyser le jeu des forces, repérer les efforts intérieurs prédominants et les phénomènes dangereux, contrôler les dimensions, vérifier les déplacements, tels sont les vrais thèmes abordés dans ce livre, grâce auxquels tout ingénieur saura

---

[1] Computer misuse in civil engineering. Editorial, *Journal of Computing in Civil Engineering*, ASCE, Oct. 1998, p. 169.

maîtriser une structure et se livrer à un examen critique des résultats fournis par un code de calcul. Car il est évident qu'aujourd'hui toute structure est (voire doit être) étudiée à l'aide d'un programme électronique. Seule la conjonction du calcul numérique soigné et du jugement réfléchi de l'ingénieur peuvent conduire à une structure à la fois sûre et rationnelle.

Ce livre s'inscrit exactement dans cette optique; je souhaite qu'il soit le trait d'union entre (ou qu'il soit le pont reliant) ces deux aspects de l'analyse d'une structure.

Professeur François Frey
École Polytechnique Fédérale, Lausanne.

Avant-propos

Lorsque, en 1997, jeune assistant à l'Université catholique de Louvain, je publiai la première édition de ce livre, j'étais loin d'imaginer que, sept ans plus tard, je me consacrerais longuement à la préparation d'une édition profondément remaniée du texte original et ce, pour diverses raisons.

D'une part, n'ayant jamais cessé d'enseigner depuis l'obtention de mon diplôme en 1994, il m'a tout d'abord semblé important de garder un cap davantage pédagogique avec un texte qui peut parfois paraître trop détaillé à un public plus averti, mais qui reste abordable et compréhensible pour les étudiants.

D'autre part, plusieurs années passées en bureau d'études m'ont donné l'occasion d'être confronté aux nombreuses exigences de la pratique et m'ont appris, entre autres, à discerner l'important du superflu. Ainsi, si certaines notions ajoutées à la présente édition peuvent paraître trop élaborées à certains lecteurs, elles répondent à des questions auxquelles je n'ai pas toujours pu trouver rapidement de réponse en travaillant sur des projets concrets. L'ouvrage est donc consacré, d'un autre point de vue, à l'ingénieur praticien.

Par ailleurs, au vu de la disponibilité et des capacités toujours plus poussées des logiciels, je m'interroge souvent sur la pertinence d'enseigner telle ou telle méthode de calcul. Je suis cependant convaincu que, même s'il faut généraliser l'emploi de ces logiciels dans les apprentissages, l'utilisation réfléchie des résultats qu'ils procurent passe obligatoirement par une bonne maîtrise des notions de base. Il m'apparaît donc essentiel, dans le cadre de l'enseignement de la mécanique des structures, de continuer à développer ces notions, sans pour autant s'attarder outre mesure sur de longs développements arides, dénués de toute réalité. L'enseignant ne doit jamais oublier le but pragmatique d'une matière comme la mécanique des structures : construire et assainir l'espace bâti.

Une réflexion personnelle pour terminer. Dans une ville comme Bruxelles par exemple, les activités de construction, de démolition et de rénovation génèrent la moitié des tonnages de déchets produits. Si nous désirons épargner le capital en ressources naturelles de notre planète, nous devrons nécessairement, dans les années à venir, réfléchir autrement aux processus constructifs.

Il est ainsi troublant de constater que certains édifices récents sont parfois, après quelques années seulement, dans un état déplorable, contrastant très fortement avec les superbes photographies ou images virtuelles qui avaient fait, peu de temps auparavant, leur renommée par l'intermédiaire de la presse.

Quoi qu'il en soit, il faudra, en ce qui concerne nos édifices et l'espace bâti, donner à l'avenir la priorité à des constructions plus réfléchies et *vraiment* durables. Ce terme est malheureusement de nos jours encore trop souvent avancé uniquement comme argument commercial par les architectes.

Je tiens à remercier tout particulièrement le professeur **François Frey** de l'Ecole Polytechnique Fédérale de Lausanne (EPFL) qui s'est investi considérablement dans la relecture de chacun des chapitres de ce livre et qui m'a suggéré d'importantes modifications, tant sur le fond que sur la forme. Le texte serait certainement beaucoup moins complet sans son essentielle contribution. Je salue par la même occasion toute la rigueur d'un professeur d'université exceptionnel, tant pour ses connaissances en mécanique des structures et sa grande pédagogie que pour l'efficacité peu commune et la sympathie qui le caractérisent.

Enfin, je tiens aussi adresser ma gratitude à toutes les personnes qui ont collaboré de près ou de loin à la rédaction de cet ouvrage, en particulier :

Le professeur ***W. Patrick De Wilde*** *de la Vrije Universiteit Brussel (VUB) pour les relectures et commentaires qu'il a faits depuis la toute première édition de 1997, avec ce subtil mélange de gentillesse et de compétence scientifique qui lui sont propres;*
Le professeur ***Alain Queckers*** *de l'Ecole Centrale des Arts et Métiers de Bruxelles (ECAM) pour ses commentaires particulièrement éclairés concernant certains passages de cet ouvrage;*
Le professeur ***René Maquoi*** *de l'Université de Liège (ULg) pour les réponses sympathiques et détaillées qu'il apporte toujours à mes questions et pour sa contribution involontaire à certains passages du texte;*
Le professeur émérite ***Pierre Halleux*** *de l'Université libre de Bruxelles (ULB) qui préfaça la première édition;*
Le regretté professeur ***Emmanuel Lousberg*** *de l'Université catholique de Louvain (UCL) qui fut le premier à me faire part de ses commentaires avant la parution du texte original;*
Le professeur ***Jean-Claude Verbrugge*** *de l'Université libre de Bruxelles (ULB) pour sa contribution au chapitre 6;*
Les ingénieurs et/ou architectes ***Henri Chaumont****,* ***Daniel Dethier****,* ***Michel Le Paige****,* ***Marc Mimram****,* ***Laurent Ney,*** ***Philippe Samyn****,* ***Francy Simon*** *et* ***Emile Verhaegen*** *pour les illustrations, photographies ou croquis qu'ils m'ont remis;*
Valérie Mahaut *et* ***Guy Clantin*** *pour leurs photographies;*
Frédéric Wilquem, *de Numeca International, pour ses illustrations;*
Les Câbleries Namuroises *pour les illustrations reprises dans le chapitre 13;*
Eric Gogny*, chef du service études du dpt constructions métalliques du CTICM, pour les échanges concernant le flambement des treillis;*

Mon épouse ***Dominique Langendries****, ingénieur civil architecte, qui a relu une grande partie de cet ouvrage, avec toute la finesse et la rigueur qui la caractérisent et qui a aussi réalisé certains croquis;*
Mes parents ***Simone et Guy Latteur*** *pour leur patiente relecture de la syntaxe de l'ensemble du texte.*

Parallèlement aux extraits provenant du logiciel *Robot Millennium*, il est fréquemment fait référence dans cet ouvrage au logiciel **ISSD**. Celui-ci, que l'on pourrait qualifier de "calculette de l'ingénieur et de l'architecte", est un programme interactif de calcul des structures.

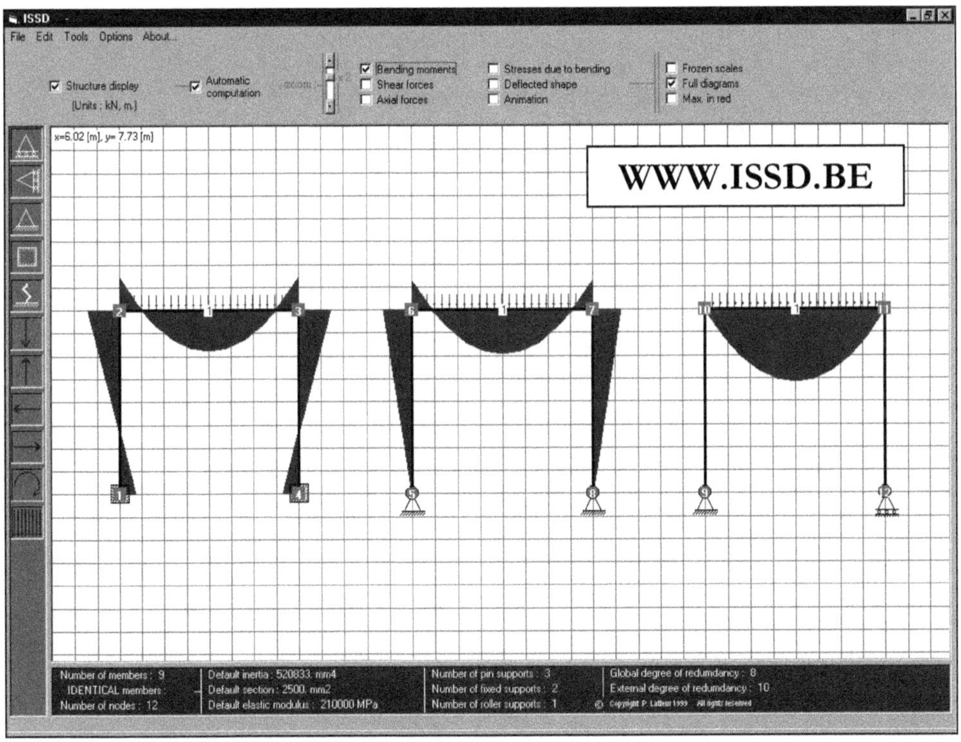

Utilisé par plusieurs universités, écoles supérieures, entrepreneurs ou bureaux d'études, sa mise au point a été dictée par la volonté de simplifier au maximum son utilisation (son mode d'emploi se résume à quelques pages) tout en permettant un calcul ultra-rapide des structures 2D, même complexes. Il est particulièrement adapté à une approche pédagogique. Il est également un outil très utile au concepteur car il permet une interaction rapide et efficace entre les changements graphiques imposés par l'utilisateur et les résultats affichés.

Tout complément d'information concernant ce logiciel peut être obtenu sur le site www.issd.be.

Réimpression de 2016
(Les textes ci-dessus sont ceux rédigés pour la 3e édition de 2006)

Chapitre 1

Bases

Illustration au recto :

Avant-projet de restoroute à Orival, Belgique.
Architectes et ingénieurs Samyn and Partners avec le bureau d'études Setesco, Bruxelles, 1999.

1. PRÉLIMINAIRE

Ce chapitre rappelle l'essentiel du calcul des structures sans aucune démonstration et jette les bases indispensables à la compréhension des chapitres suivants. Les fondements de la résistance des matériaux sont supposés acquis : statique de base des structures, équilibre, élasticité linéaire, calcul des éléments fléchis, comprimés et/ou tendus, diagrammes des efforts internes dans les structures isostatiques simples, calcul des contraintes, flambement, etc.

On aborde aussi quelques notions plus avancées telles que les éléments finis, l'instabilité d'ensemble, la dynamique des structures ou les effets du second ordre.

2. LA PLACE DU PRÉSENT OUVRAGE DANS LE CONTEXTE GÉNÉRAL DE LA MÉCANIQUE DES STRUCTURES APPLIQUÉE AUX CONSTRUCTIONS

Comme le résume le schéma de la page 14, le présent ouvrage occupe une place de transition dans le contexte général de la mécanique des structures appliquée aux constructions. En effet, le stade ultime et préliminaire à toute construction, c'est-à-dire le ***dimensionnement définitif*** d'une structure et des éléments qui la composent, nécessite avant tout :

- ***la connaissance préliminaire des lois générales de la résistance des matériaux*** : quelles sont les équations d'équilibre d'un corps, qu'est-ce que l'élasticité linéaire, qu'est-ce qu'un effort interne, qu'est-ce qu'une contrainte de cisaillement ou une contrainte normale, quelles sont les relations fondamentales qui lient les efforts internes aux contraintes qui règnent dans la matière, qu'est-ce que le flambement, qu'est-ce qu'une structure isostatique ou hyperstatique, comment calculer les efforts internes dans une structure isostatique simple, etc.

- ***le calcul des efforts internes*** par des méthodes générales ou particulières (méthode des forces, méthode des déplacements, méthode des éléments finis, etc.) dans les éléments d'une structure hyperstatique ou non (poutre, portique, treillis, arc, câble, grillage, etc.), soumise à des actions diverses (véhicules, effets thermiques, tassements d'appuis, etc.), éventuellement sensible d'un point de vue du comportement dynamique ou de l'instabilité élastique : c'est dans ce contexte que se situe cet ouvrage.

Résistance des matériaux :
- lois constitutives des matériaux;
- équations d'équilibre;
- description des efforts internes et des contraintes qui y sont associées;
- calcul des structures isostatiques simples;
- déformations des structures simples, etc.

⇩

Calcul des structures :
- calcul des efforts internes dans les structures hyperstatiques;
- structures particulières : arcs, câbles, portiques, ...;
- étude d'effets particuliers : effets thermiques, tassements d'appuis, appuis élastiques, ...;
- méthodes de calcul avancées : éléments finis, flambement spatial, calcul dynamique...

⇩

Dimensionnement particulier des structures en :

acier béton bois alu verre ... mixtes

Après le calcul des efforts internes (*calcul des structures*) et à partir de la connaissance des relations fondamentales de la résistance des matériaux, on *dimensionne* les structures et leurs éléments en fonction du comportement propre à chaque matériau (fissuration du béton, hétérogénéité du bois, plasticité des métaux et instabilité des éléments métalliques, etc...)

⇕

Conception et optimisation des structures :
Choisir le(s) matériau(x), le type, la forme et les dimensions de la structure, les dimensions "visuelles" des éléments qui la composent, les types d'appuis, les types d'assemblages, ... tout en s'insérant dans un contexte de développement durable et écologique, en répondant à un programme et aux exigences du maître de l'ouvrage, aux normes en vigueur, aux critères de disponibilité des matériaux, aux limites financières, à une architecture cohérente, ...

Le stade ultérieur, qui consiste à ***donner des dimensions définitives aux éléments de la structure***[1], nécessitera de la part du calculateur une connaissance des caractéristiques propres au matériau choisi. Les matériaux usuels ont des comportements si différents les uns des autres que leur dimensionnement est sous-tendu par des lois particulières et très différentes : les éléments en acier sont davantage sensibles aux instabilités et l'acier comporte un palier plastique, le béton ne résiste pas à la traction et se fissure, le bois est hétérogène... à un point tel que la maîtrise simultanée de chacun de ces matériaux et des eurocodes correspondants (EC_2 : béton, EC_3 : acier, EC_4 : structures mixtes, EC_5 : bois, etc.) est rarement rencontrée dans le chef d'un seul ingénieur pratiquant ou théoricien.

Jusqu'ici, il n'a été fait mention que du ***calcul*** des structures. Il est clair que la réalisation d'une structure passe nécessairement par un stade essentiel de ***conception***. Celle-ci doit faire intervenir de nombreux facteurs : le respect du programme et des possibilités financières du maître d'ouvrage tout en s'inscrivant dans un contexte de développement durable et écologique, les normes en vigueur, les nombreuses contraintes architecturales, les coûts et la disponibilité de la main-d'œuvre, et bien d'autres facteurs encore. Mais cette conception ne peut se faire sans une connaissance suffisante de toutes les composantes de la mécanique des structures : comment porter son choix sur tel ou tel matériau si on ne connaît pas les contraintes structurales qu'il implique au niveau des assemblages, des dimensions des éléments, du comportement à long terme ou des fondations ? Comment déterminer la hauteur à la clé d'un arc de portée donnée pour que son poids propre soit le plus petit possible (et donc le coût global de la structure) ? Comment déterminer l'impact visuel des contreventements d'une structure sans pouvoir évaluer les efforts qu'ils devront supporter, et ceci dès le stade de la conception ? ... Dans ce contexte, on assiste malheureusement trop souvent à un dialogue difficile entre des auteurs de projets qui imaginent des structures aussi audacieuses que peu réalistes et des ingénieurs chargés de les faire tenir, de les calculer et les dimensionner, de produire leurs plans d'exécution et de les mettre en œuvre. Dès lors, un dialogue constructif et ouvert entre ingénieurs et architectes est indispensable, dès les premiers stades de la conception.

[1] Il est toutefois utile de rappeler qu'on ne peut pas toujours calculer une structure si on ne connaît pas, ***à l'avance***, les dimensions et les matériaux qui la caractérisent. L'étape de conception initiale s'accompagne donc toujours d'un ***prédimensionnement*** indispensable et préliminaire à tout calcul et à tout dimensionnement définitif. Le choix de la structure définitive nécessitera d'ailleurs bien souvent une démarche itérative faite d'essais et de retours en arrière successifs.

3. LES CATÉGORIES DE STRUCTURES PLANES

Les structures planes les plus fréquemment rencontrées, qui peuvent être isostatiques ou non, sont les suivantes :

➠ **La poutre à chargement transversal**

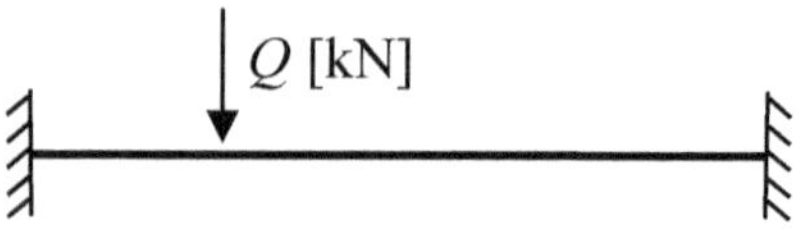

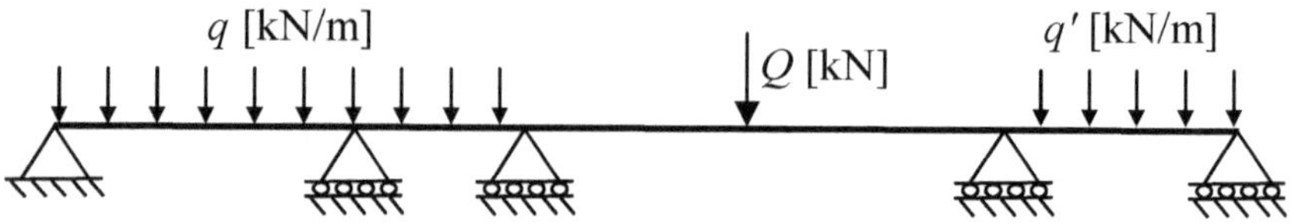

Dans ce type de structure, l'effort normal est inexistant. Lorsque la poutre repose sur plus de deux appuis, on parlera de *poutre continue.*

➠ **L'ossature plane chargée dans son plan**

Le chargement se trouve dans le plan de définition géométrique et tous les types d'efforts peuvent co-exister, excepté le moment de torsion.

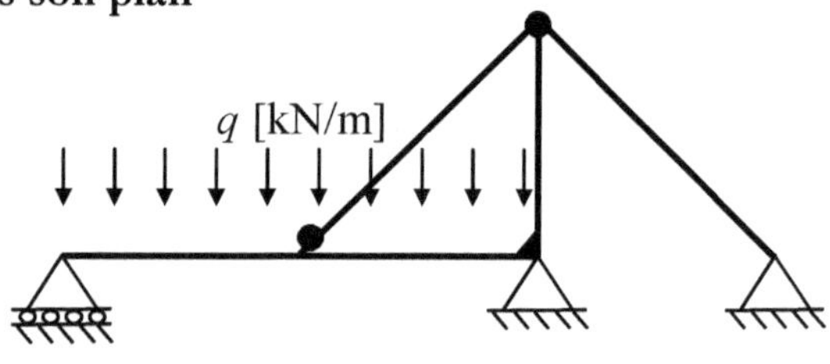

Comme cas particulier, on peut citer **le treillis plan :**

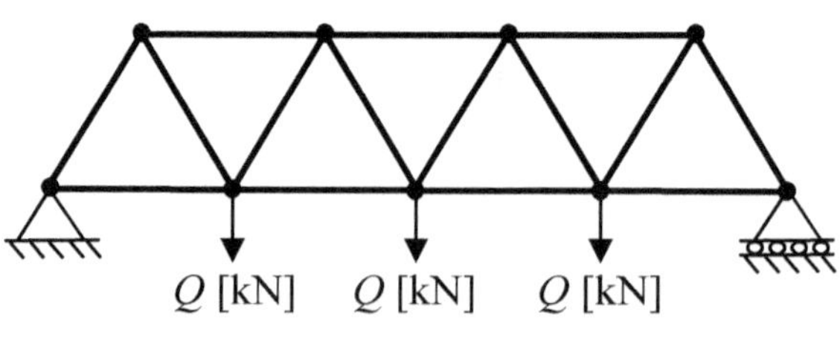

Dans un treillis, l'extrémité de chaque barre est reliée aux autres par l'intermédiaire d'une rotule qui permet une rotation libre. **Si les efforts sont appliqués aux nœuds [2], les barres ne peuvent être le siège que d'un seul type d'effort : l'effort normal**. Celui-ci sera de plus constant au sein d'une même

[2] On néglige le poids propre des barres.

barre. Cette particularité permet l'emploi de méthodes de résolution simplifiées et systématiques qui seront décrites au chapitre 8.
En pratique, leurs nœuds sont rarement matérialisés par une rotule parfaite, mais il est prouvé que si les efforts extérieurs ne s'appliquent qu'aux nœuds et que si les axes des barres sont concourants, le modèle à rotules approche la réalité de façon relativement précise (voir chapitre 8, §3).

➠ **L'ossature plane chargée perpendiculairement à son plan**

Pour ce type de structure, un moment de torsion peut apparaître dans certains éléments.

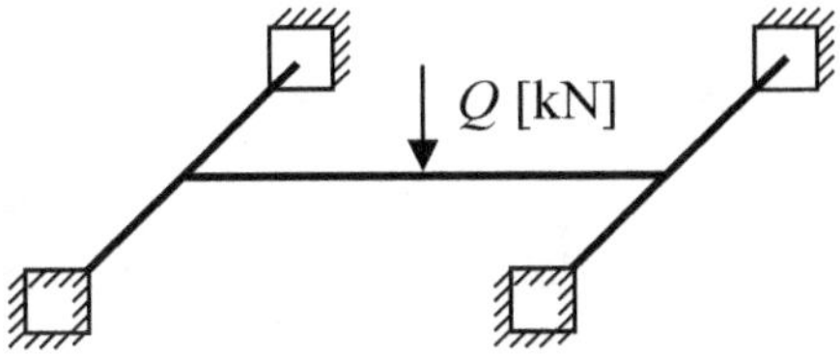

Dans le cadre de cet ouvrage, seules les structures planes dont le chargement s'applique dans le plan de définition géométrique de la structure seront considérées. Le moment de torsion sera donc toujours absent.

4. LES TYPES D'APPUIS

Selon les cas, on peut avoir une, deux ou trois réactions d'appui. Les appuis les plus fréquents sont les suivants :

➠ **L'appui encastré, ou encastrement (3 réactions d'appui)**

➠ **L'appui à rotule, ou appui articulé (2 réactions d'appui)**

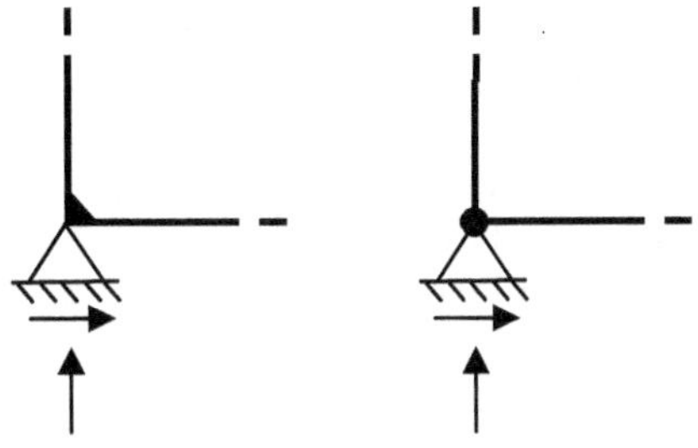

➟ **L'appui à rouleaux (1 réaction d'appui)**

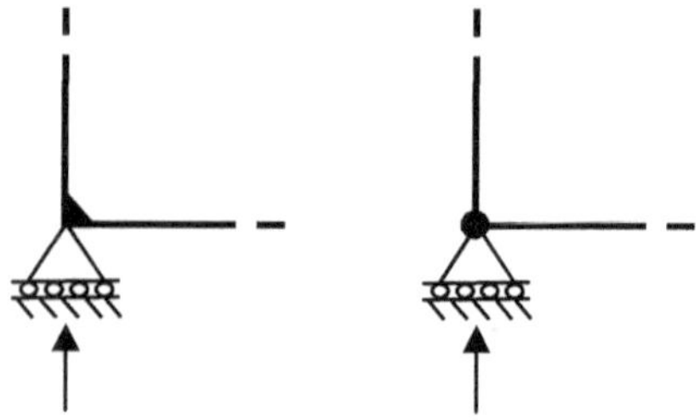

➟ **L'appui encastré à rouleaux (2 réactions d'appui)**

Tablier de passerelle vu du dessous : poutres principales isostatiques supportées par des colonnes. *(conception et études de stabilité : bureau Greisch, Liège. Louvain-la-Neuve, Belgique ; photo de l'auteur)*

Même passerelle : les poutres principales reposent sur la tête des colonnes par l'intermédiaire d'un appui en néoprène permettant ainsi un mouvement rotatif des extrémités. On peut donc faire l'hypothèse que les poutres reposent sur des appuis à rotule. *(photo de l'auteur)*

Même passerelle, vue détaillée sur le pied d'une colonne : l'encastrement est presque réalisé grâce à la présence d'une large plaque d'about et de grands plats épais entre celle-ci et les écrous. *(photo de l'auteur)*

5. LES DISPOSITIFS DE LIBÉRATION D'EFFORTS INTERNES (OU COUPURES)

Un élément de structure peut être soumis à différents types d'efforts : moment fléchissant M, effort tranchant V, effort normal N, moment de torsion T. Le moment de torsion est toutefois absent dans les structures planes dont le chargement s'effectue dans leur plan de définition géométrique (seules structures étudiées dans le cadre de cet ouvrage).

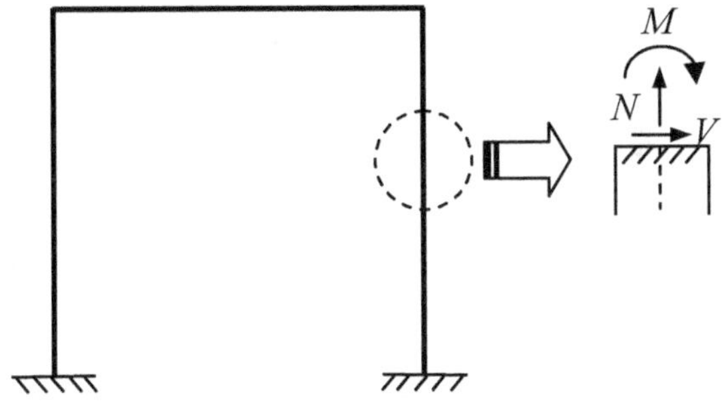

Un dispositif de libération d'effort, ou *coupure simple*, est un dispositif mécanique qui annule un effort interne. On considèrera trois types de dispositifs de libération d'effort :

- **La rotule ou articulation (annule le moment fléchissant : $M = 0$)**

- **La glissière tangente (annule l'effort tranchant : $V = 0$)**

- **La coulisse normale (annule l'effort normal : $N = 0$)**

On peut évidemment combiner un ou plusieurs dispositifs. La combinaison la plus classique est la réunion des trois, que l'on appellera ***coupure totale*** :

Selon le nombre de dispositifs combinés, on parlera de ***coupure simple, double ou triple*** (ou ***totale***). Notons que lorsqu'un appui est supprimé, par exemple dans le contexte d'une levée d'hyperstaticité (chap. 3) on parlera également de coupure simple, double ou totale, selon le nombre de réactions d'appui annulées.

6. LA RÉSOLUTION DES STRUCTURES ISOSTATIQUES

Pour qu'une structure plane quelconque soit à l'équilibre, il faut que les trois équations fondamentales de la statique soient respectées :

$$\begin{cases} \sum_i F_{x,i} = 0 \\ \sum_i F_{y,i} = 0 \\ \sum_i M_i = 0 \end{cases}$$

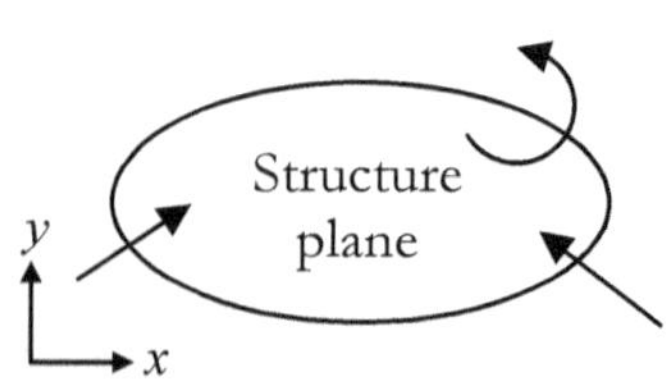

Dans cette relation, $F_{x,i}$ et $F_{y,i}$ représentent respectivement la composante horizontale et verticale de chaque force extérieure d'indice *i*. Le troisième terme représente la somme des couples extérieurs et des moments dus aux forces exercées sur la structure.

Une structure sera isostatique si les trois équations fondamentales de la statique suffisent à calculer *tous* les efforts internes. Dans le cas contraire, il faudra utiliser des artifices de calcul pour déterminer ces efforts internes et la structure sera dite ***hyperstatique*.** Notons que, **si une structure est à l'équilibre, chaque élément de cette structure doit nécessairement l'être aussi**. Cette propriété sera particulièrement utile pour deux types de structures isostatiques :

- les structures isostatiques dont la connaissance des réactions d'appuis ne permet pas de déterminer immédiatement tous les efforts internes (voir exemple 1, §16);
- les structures isostatiques ayant plus de trois réactions d'appuis (voir exemple 3, §16).

7. LOI DE HOOKE, ÉLASTICITE LINÉAIRE DU MATÉRIAU

Il est utile de rappeler la loi de *Hooke* (1635-1703) qui exprime l'élasticité et la linéarité entre les contraintes σ et les déformations relatives ε (ou entre les forces F et les allongementsΔ) d'un élément soumis à un effort normal. Cette loi sera sous-jacente à tous les développements ultérieurs de cet ouvrage.

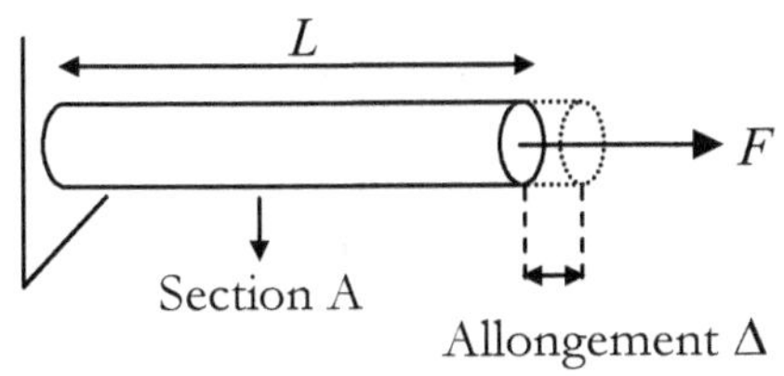

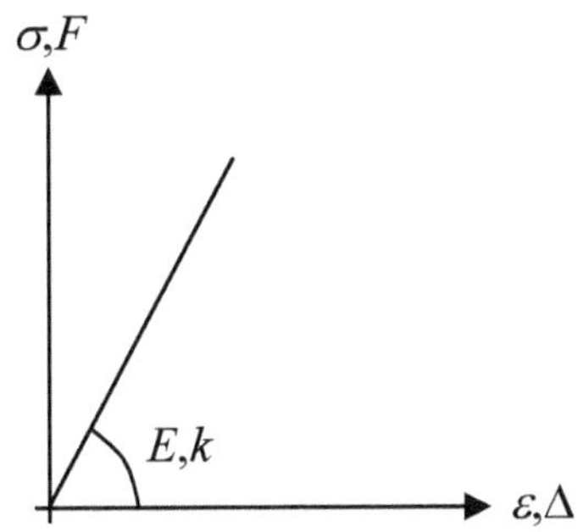

$$\begin{cases} \sigma = \dfrac{F}{A} \\ \varepsilon = \dfrac{\Delta}{L} \end{cases}$$

Loi de Hooke : $\boxed{\sigma = E\varepsilon}$ $(ou \;\; F = k\Delta \;\; avec \;\; k = EA/L)$

Avec : σ : contrainte normale en [N/mm²]
ε : allongement spécifique [adimensionnel]
E : module d'élasticité ou module de Young en [N/mm²]

8. EFFORTS ET CONTRAINTES

8.1. Les conventions de signes pour la représentation des efforts internes

On dessine habituellement **le moment fléchissant *M* du côté de la fibre tendue**, sans lui attribuer de signe. La représentation de l'effort tranchant *V* et de l'effort normal *N* sur une barre se fera **d'un côté quelconque de celle-ci à condition de noter le *signe* de l'effort**. Pour un observateur qui se trouverait à l'intérieur de la poutre, les conventions adoptées ultérieurement sont représentées sur la figure ci-dessous :

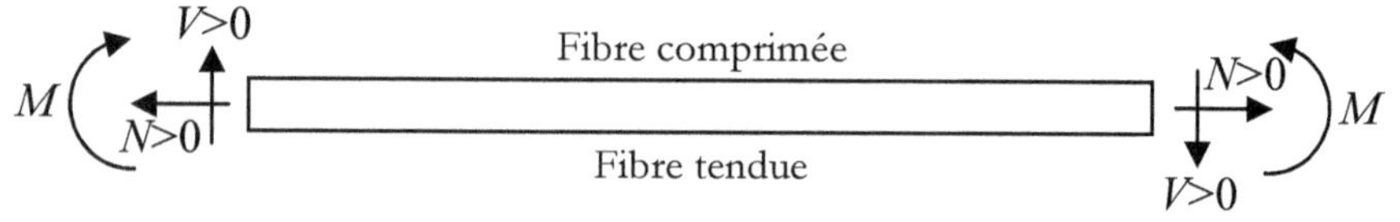

L'effort normal sera donc positif si la barre est en traction et l'effort tranchant sera positif s'il a tendance à faire tourner la barre dans le sens horlogique.

8.2. Relation fondamentale entre le moment fléchissant et l'effort tranchant

Le paramètre x étant une abscisse courante prise le long de l'élément considéré, il est important de rappeler une propriété fondamentale qui relie le diagramme des efforts tranchants à celui des moments fléchissants :

$$V(x) = \frac{dM(x)}{dx}$$

A un diagramme des moments parabolique correspondra donc un diagramme des efforts tranchants linéaire, à un diagramme des moments linéaire un diagramme des efforts tranchants constant et à un diagramme des moments constant une absence d'effort tranchant. Il en découle aussi qu'une valeur nulle de *V* correspondra à un extremum de *M* :

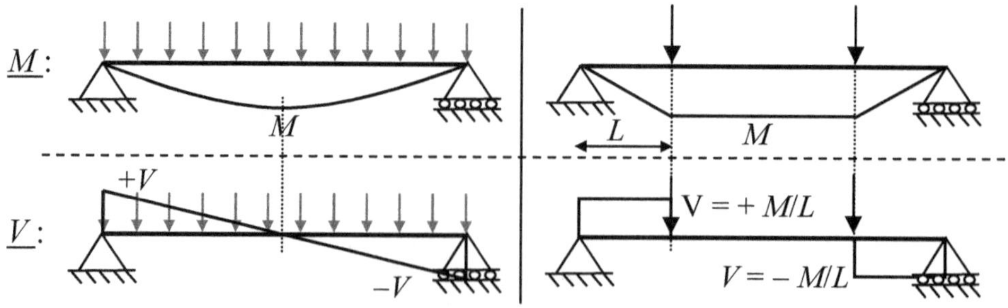

8.3. Lien entre les efforts internes et les contraintes

Il est utile de rappeler les lois qui lient les efforts internes aux contraintes normales et aux contraintes de cisaillement dans un élément constitué d'un matériau élastique homogène :

➠ **Contraintes normales dans un élément d'aire *A* et d'inertie *I***

Traction simple : $\sigma = \dfrac{N}{A}$

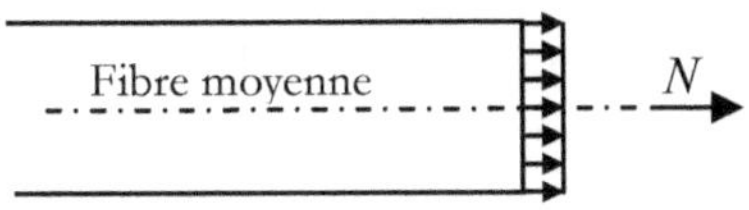

Flexion simple : $\sigma(y) = -\dfrac{My}{I}$

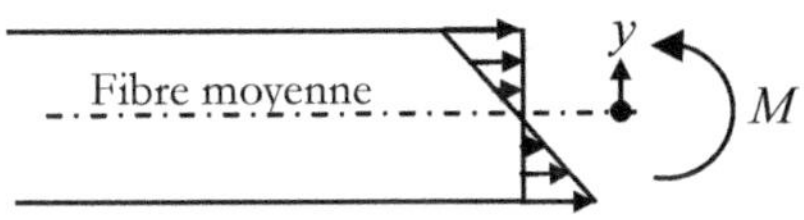

Flexion composée : $\sigma(y) = \dfrac{N}{A} - \dfrac{My}{I}$

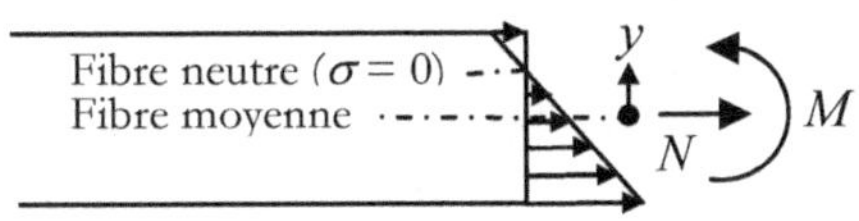

Notons que le signe négatif provient de la convention $\sigma > 0$ en traction.

En flexion composée, le diagramme des contraintes résulte de la superposition du diagramme d'effort normal avec celui de flexion simple. Il peut alors correspondre soit à une section complètement comprimée, soit à une section complètement tendue, soit à une section à la fois comprimée et tendue (comme c'est le cas sur la figure ci-dessus), selon l'importance relative de *M* et de *N*.

➠ **Contraintes de cisaillement dues à l'effort tranchant**

$$\tau(y) = \frac{VS_{(y)}}{Ib_{(y)}}$$

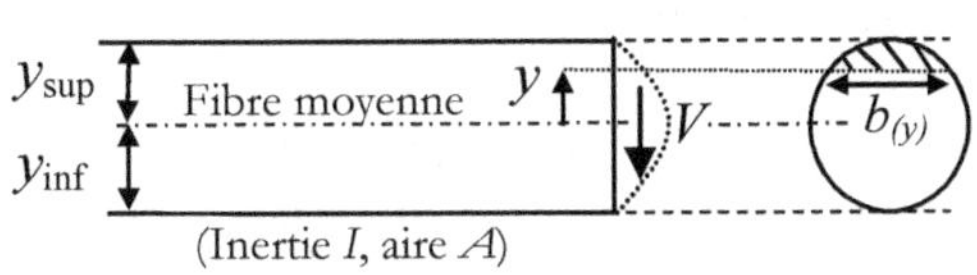

(Inertie *I*, aire *A*)

$S_{(y)} = \int_{y}^{y_{sup}} y\,dA = \int_{y}^{y_{sup}} y\,b_{(y)}\,dy$ est le moment statique de la partie hachurée de la section (pris par rapport à la fibre moyenne).

Selon le type de section (section rectangulaire, section en I, section creuse, etc), l'allure et l'amplitude des contraintes de cisaillement sera différente.

8.4. Polygone des forces et Cremona

La méthode de Cremona s'applique aux structures ou parties de structures constituées de barres soumises uniquement à un effort normal, comme c'est le cas pour les treillis. Le principe est simple et repose sur un équilibre successif des efforts externes et internes appliqués sur chaque nœud. Considérons la structure isostatique ci-contre :

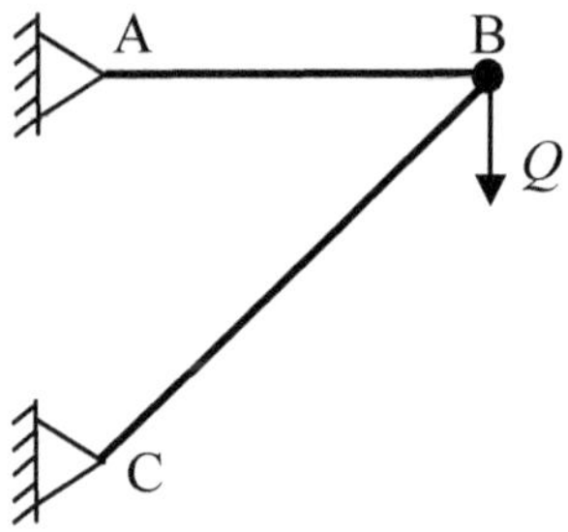

Comme les barres AB et BC sont rotulées à chaque extrémité, le seul type d'effort présent dans ces barres est l'effort normal (voir chap. 8, §2). Soit donc N_{AB} et N_{BC} les deux efforts appliqués par les barres sur le nœud. La structure étant à l'équilibre après application de la charge Q et déformation, le nœud B l'est évidemment aussi et **la somme vectorielle des efforts Q, N_{AB} et N_{BC} doit donc être nulle**. Il suffit dès lors de dessiner le polygone des forces en B pour calculer N_{AB} et N_{BC}.

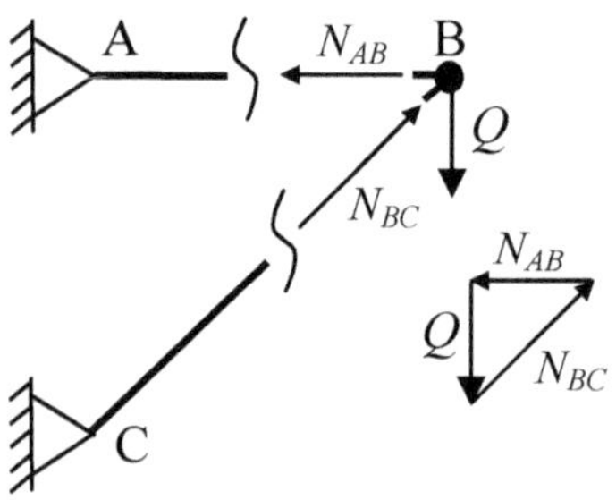

Rappelons que les efforts ainsi considérés sont les efforts appliqués **par les barres sur le nœud**. On en déduit donc que :

- la barre AB "tire" sur le nœud B. Celle-ci est donc en **traction**;
- la barre BC "pousse" sur le nœud B. Celle-ci est donc en **compression**.

En règle générale, cette procédure pourra s'appliquer en un nœud reliant un nombre quelconque n de barres à condition d'y connaître l'effort normal relatif à au moins $(n-2)$ barres.

Il faudra toujours garder à l'esprit que la méthode décrite ci-dessus **ne s'applique pas si les barres sont fléchies, et donc aussi soumises à un effort tranchant**. Ainsi, si l'effort Q s'applique, par exemple, au milieu de la barre AB, celle-ci sera, en plus, le siège d'un effort tranchant (et d'un moment fléchissant) dont il faudra tenir compte dans l'équilibre du nœud B [3].

La méthode de Cremona est davantage développée dans le chapitre 8 (en particulier dans l'exemple 1, §9).

[3] Voir exemple 1, §16.

9. LE CALCUL DES DÉPLACEMENTS : LE THÉORÈME DE LA FORCE UNITÉ

Lorsqu'un chargement est appliqué à une structure, celle-ci se déforme et chacun de ses points se déplace par rapport à la situation initiale jusqu'à une position d'équilibre. On s'intéresse principalement à quatre types de déplacements :

- **Le déplacement rectiligne absolu d'un point dans une direction donnée**

- **Le déplacement angulaire absolu selon un sens de rotation donné**

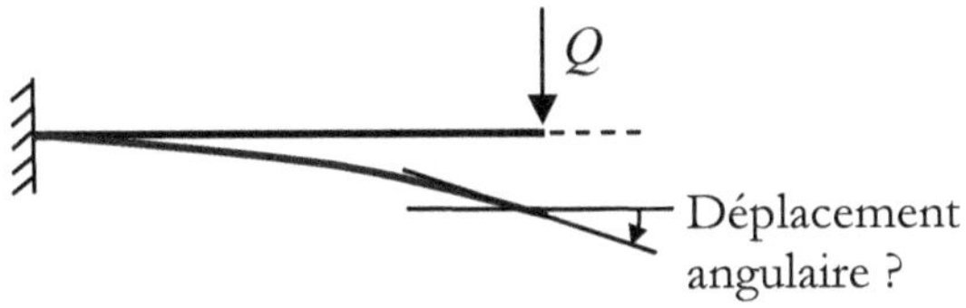

- **Le déplacement rectiligne relatif de deux points de la structure selon une direction donnée**

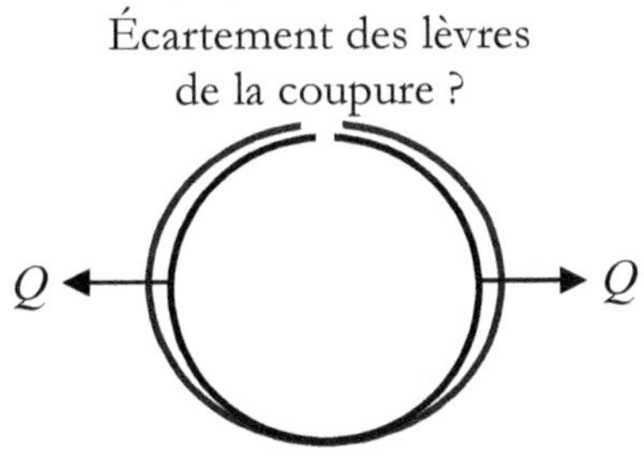

- **Le déplacement angulaire relatif**

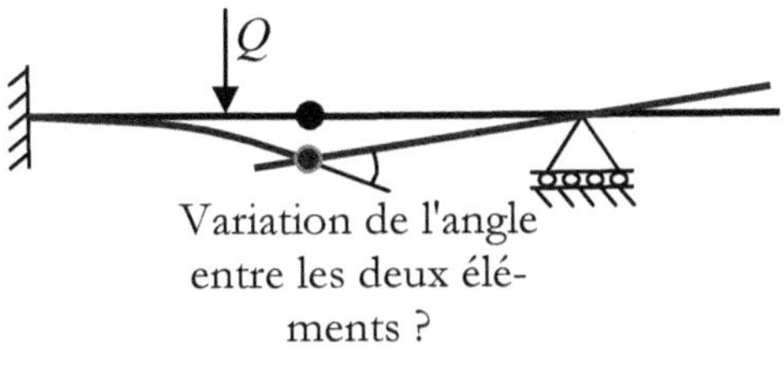

Il y a principalement deux voies pour déterminer de tels déplacements :

- en calculant la structure par la *méthode des déplacements*. Son principe repose sur la résolution d'un système d'équations dont les inconnues sont précisément les déplacements aux nœuds. Cette méthode est réservée au calcul par ordinateur et sera développée dans le chapitre 14;
- en appliquant le *théorème de la force unité*, comme expliqué ci-dessous.

L'expression générale d'un déplacement absolu ou relatif, rectiligne ou angulaire, découlant donc du *théorème de la force unité*, est la suivante [4] :

$$\delta = \int \frac{M^0 m^0}{EI} dl + \int \frac{N^0 n^0}{EA} dl + \int \frac{V^0 v^0}{GA_v} dl$$

Il est important de faire remarquer que le dernier terme, qui provient des déformations d'effort tranchant, est négligeable dans la plupart des cas. De plus, le deuxième terme, qui se rapporte aux déformations d'effort normal, est aussi d'un ordre de grandeur inférieur au premier, sauf pour les structures dans lesquelles l'effort normal est prépondérant, comme les treillis ou les arcs (voir exemple 2 du §16). L'expression ci-dessus peut donc souvent se simplifier pour devenir :

$$\delta = \int \frac{M^0 m^0}{EI} dl$$

La signification des différents termes est la suivante :

- l'indice supérieur "0" signifie "isostatique";
- dl représente la longueur d'un morceau d'élément de structure de longueur infinitésimale : l'intégration s'effectue donc le long des éléments de la structure;
- E est le module d'élasticité du matériau utilisé;
- G est le module de cisaillement du matériau $G = E/[2(1+\nu)]$;
- ν est le cœfficient de Poisson du matériau;
- I est l'inertie de la section de la barre sur le tronçon dl;
- A est l'aire de la section de la barre sur le tronçon dl;
- A_v est la section réduite ou aire de cisaillement de la barre sur le tronçon dl;
- M^0, N^0 et V^0 sont, respectivement, le moment fléchissant, l'effort normal et l'effort tranchant relatifs à la structure de base avec son chargement [5].

[4] On suppose l'inexistence du moment de torsion.

[5] Si la structure est hyperstatique, consulter le chapitre 3.

Quant à la signification de m^0, n^0, v^0, on distingue deux cas :

- Dans le cas du calcul d'un **déplacement rectiligne absolu**, m^0, n^0 et v^0 sont, respectivement, le moment fléchissant, l'effort normal et l'effort tranchant dans la structure soumise uniquement à un **effort unitaire dirigé dans la direction du déplacement cherché.** On parlera de ***structure soumise à effort unitaire.*** Le résultat du calcul sera négatif si le déplacement réel s'effectue dans le sens inverse de celui de l'effort unitaire introduit.

  Dans le cas du calcul d'un **déplacement angulaire absolu**, m^0, n^0 et v^0 sont, respectivement, le moment fléchissant, l'effort normal et l'effort tranchant dans la structure soumise uniquement à un **couple unitaire dirigé selon le déplacement cherché.**

  Prenons l'exemple d'une poutre isostatique encastrée soumise à un effort ponctuel vertical Q et calculons, d'une part, la flèche à l'extrémité (figures de gauche) et, d'autre part, la rotation de cette même extrémité (figures de droite). Seuls les moments fléchissants sont représentés :

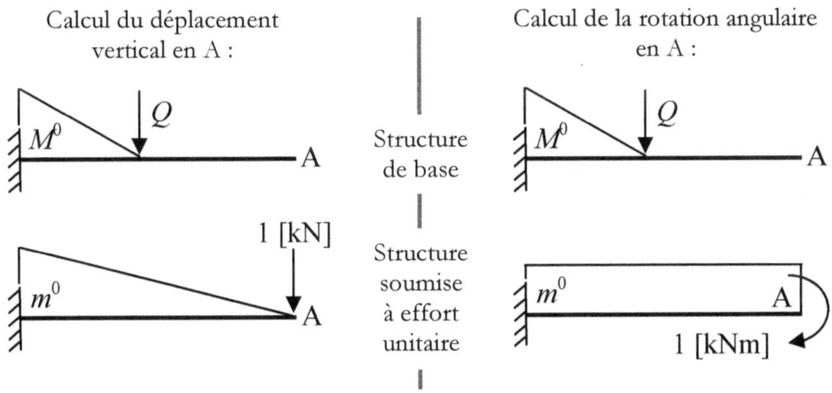

- Dans le cas du calcul d'un **déplacement rectiligne relatif**, m^0, n^0 et v^0 sont, respectivement, le moment fléchissant, l'effort normal et l'effort tranchant dans la structure soumise uniquement à **deux efforts unitaires dirigés en sens inverses et appliqués sur la lèvre de chaque section considérée**. Comme exemple, prenons un maillon rectangulaire ouvert dans une chaîne en traction dont l'effet est modélisé par les deux forces Q :

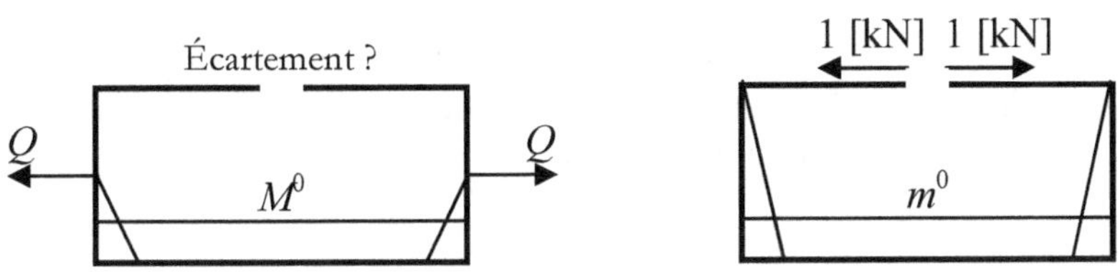

Si on s'intéresse maintenant au **déplacement angulaire relatif** des lèvres de l'ouverture, il faut introduire deux couples unitaires, comme indiqué ci-contre, et calculer les répartitions de m^0, n^0 et v^0 (seul le diagramme de m^0 est indiqué) :

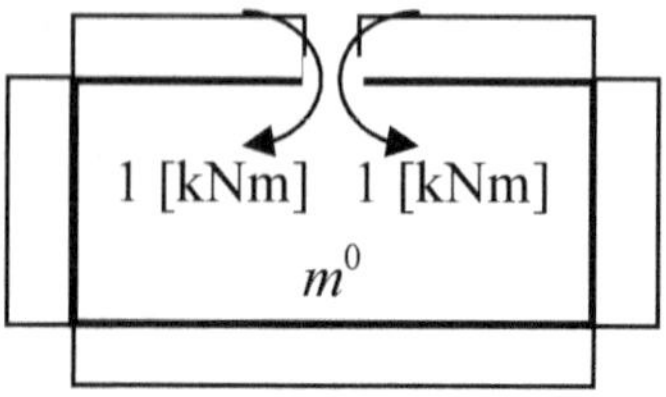

Excepté dans certains cas particuliers (inertie ou section variable des barres, structures mixtes, ...), le calcul des intégrales sera relativement simple puisque, d'une part, les diagrammes des efforts internes sont linéaires ou paraboliques et, d'autre part, il existe des tables spécifiques, appelées *tables de Mohr*, qui donnent une solution immédiate à ces intégrales.

Ces tables de Mohr sont d'une utilisation très simple puisqu'elles indiquent la valeur de l'intégrale suivante :

$$\frac{1}{L}\int_0^L M_i M_j \, dl$$

dans laquelle :

- L est la longueur de la barre considérée;
- M_i est **représenté dans la première ligne de la table**;
- M_j est **représenté dans l'une des lignes suivantes de la table**.

Il est évident que ces tables s'appliquent aussi bien au calcul des intégrales relatives au moment fléchissant, à l'effort normal et à l'effort tranchant. Elles sont reprises à la fin de ce chapitre et ne sont applicables qu'à des éléments d'inertie ou d'aire constante. Leur utilisation est décrite dans l'exemple 2 du §16.

10. MATÉRIAUX À COMPORTEMENT NON LINÉAIRE ET FISSURATION

Dans le cas des structures en béton armé, la présence d'armatures, d'une part, et de zones fissurées, d'autre part, complique le calcul des déplacements et les levées d'hyperstaticité de façon non négligeable. En effet, il faut en principe calculer les *inerties transformées* de chaque section : cette étape est complexe car la quantité d'armatures est rarement constante et les caractéristiques des zones fissurées varient en fonction de la valeur des efforts internes. Le calcul rigoureux des déplacements et les levées d'hyperstaticité qui en découlent pour une structure en béton armé est donc d'une difficulté bien réelle.

11. LE FLAMBEMENT DES ÉLÉMENTS DROITS

Le flambement [6] d'un élément comprimé s'explique facilement : tout élément, aussi parfait soit son mode de fabrication, n'est jamais exactement droit : il existe toujours, ne serait-ce qu'à l'état microscopique, l'une ou l'autre imperfection. Cette imperfection peut aussi provenir d'un décentrement, même infinitésimal, de l'effort de compression par rapport à la fibre moyenne, ou tout simplement de l'application simultanée d'un moment fléchissant sur l'élément. De ce fait, un effort normal de compression N agit toujours avec une certaine excentricité e_0, aussi infime soit-elle, qui va créer un moment fléchissant parasitaire $M_0 = Ne_0$. Celui-ci va être responsable d'une courbure qui va aggraver l'excentricité de l'effort de compression appliqué, et ainsi de suite : le flambement se produira s'il y a *amplification croissante* de ces déformées successives : on parle de *flambement par divergence.*

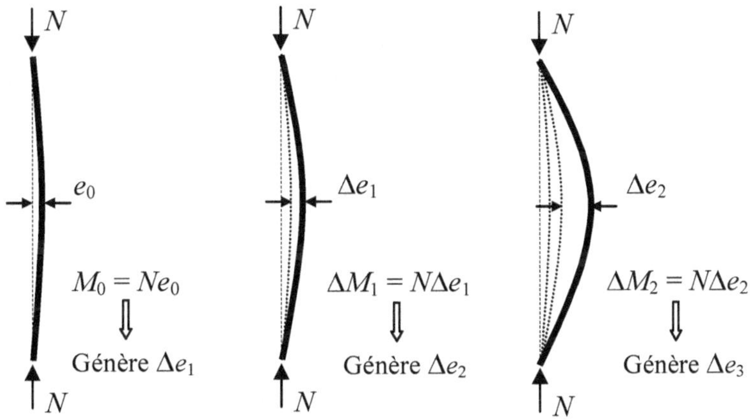

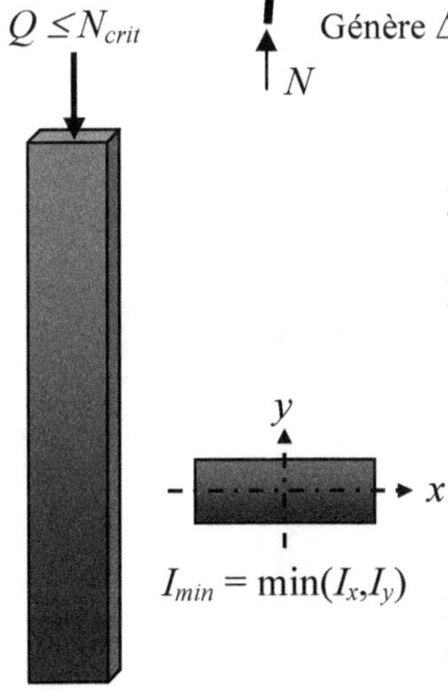

Le mathématicien et physicien suisse Euler (1707-1783) donna son nom à la célèbre formule qui exprime la *charge critique* d'un élément comprimé :

$$\boxed{N_{crit} = \frac{\pi^2 EI}{L_{fl}^2}}$$

(E : module d'élasticité, I : inertie de la section, L_{fl} : longueur de flambement, N_{crit} : charge de compression critique).

---

[6] Ainsi que les autres phénomènes d'instabilité comme le voilement (flambement d'une plaque mince) ou le déversement (flambement de la zone comprimée d'une poutre fléchie).

Il est important de remarquer que la **charge critique** n'est pas nécessairement déterminée par l'inertie minimale $I_{min} = \min(I_y,I_x)$ de la section. En effet, selon les conditions d'extrémités de l'élément et la présence éventuelle d'appuis intermédiaires qui bloquent le mouvement transversal dans un sens ou dans un autre, la longueur de flambement peut-être différente selon les deux axes principaux. En toute rigueur, la formule d'Euler doit donc être réécrite comme suit :

$$N_{crit} = \left(\pi^2 E\right) * \min\left(\frac{I_y}{L_{fl,y}^2}, \frac{I_z}{L_{fl,z}^2}\right)$$

Ainsi, plus les appuis sont rigides, plus la longueur de flambement L_{fl} (égale à la distance entre deux points d'inflexion de la déformée) est petite et plus la situation est favorable :

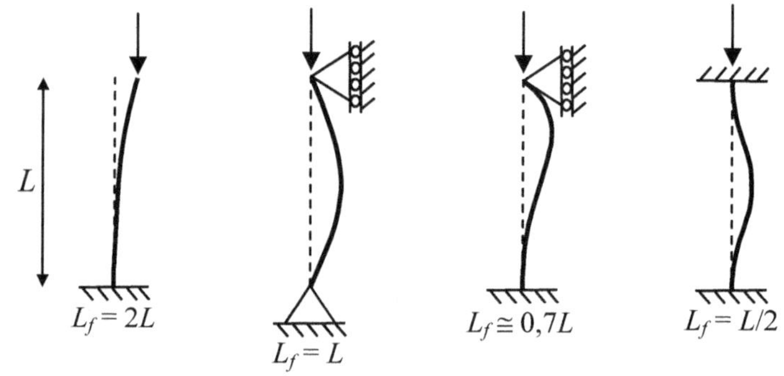

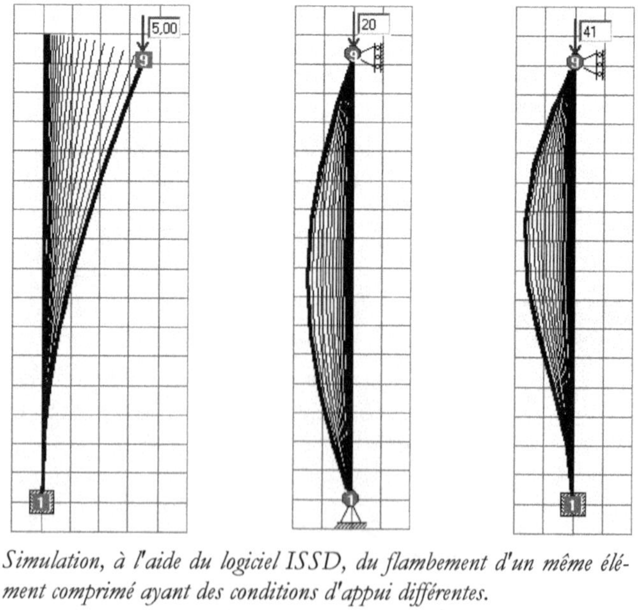

Simulation, à l'aide du logiciel ISSD, du flambement d'un même élément comprimé ayant des conditions d'appui différentes.

La formule d'Euler peut se réécrire en fonction de la **contrainte critique** $\sigma_{crit}=N_{crit}/A$ et de **l'élancement** de l'élément, défini par $\lambda = L_{fl}\sqrt{A/I}$:

$$\boxed{\sigma_{crit} = \frac{\pi^2 E}{\lambda^2}}$$

L'élancement λ est révélateur de la sensibilité au flambement de l'élément comprimé :

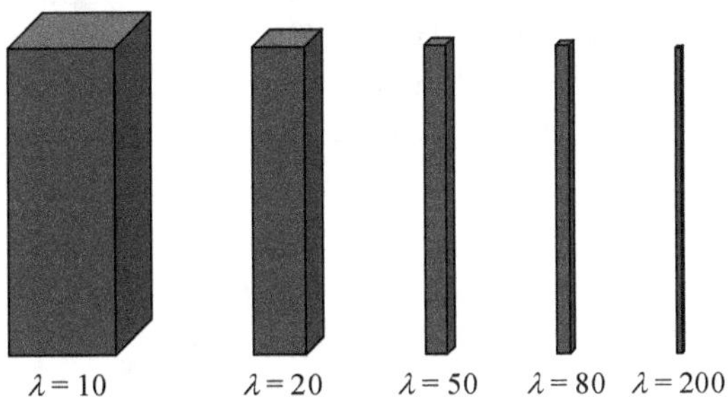

λ	**Sensibilité au flambement**
0 à 20	aucune
20 à 50	faible à moyenne
50 à 80	forte
80 à 200	très forte
> 200	à proscrire

Vu la présence de l'inertie au numérateur de la formule d'Euler, il est clair que la sensibilité au flambement se fera moins sentir si l'inertie est grande. Dans le même ordre d'idée, à même effort de compression à reprendre, une section creuse permettra d'économiser beaucoup de matière. Ces considérations sont détaillées dans le chapitre 15.

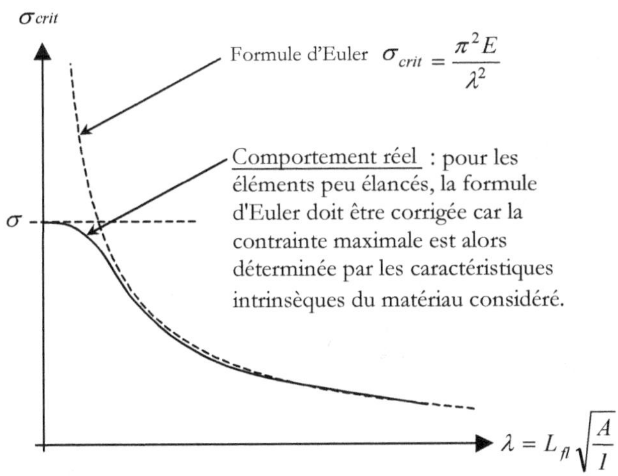

Par ailleurs, la formule d'Euler est incorrecte pour les éléments trapus, peu élancés (λ petit), car elle autorise alors des valeurs infinies de la contrainte de compression, ce qui est incompatible avec la propriété fondamentale de tout matériau d'avoir une limite de rupture. Elle doit donc être corrigée pour les petits élancements, comme l'indique la figure ci-dessus.

Soit σ la contrainte maximale de compression que l'on peut admettre dans un matériau insensible au flambement (qui correspond, selon la méthode de calcul utilisée, à la contrainte admissible ou à la limite d'élasticité entachée de son cœfficient de sécurité : on parlera de contrainte de dimensionnement).

Bien que chaque matériau soit caractérisé par une ou plusieurs formules de flambement particulières établies en fonction d'essais expérimentaux, la relation suivante (dite de *Rankine*) approche relativement bien la réalité pour tous les matériaux. Pour l'acier, elle induit cependant un surdimensionnement des sections comme le montre la figure ci-dessous (comparaison avec les courbes *a*, *b* ou *c* définies pour les aciers dans l'Eurocode 3).

$$\boxed{\frac{\sigma_{crit}}{\sigma} = \frac{1}{1+\Lambda^2}} \quad \text{avec} \quad \Lambda \overset{\text{par définition}}{=} \frac{\lambda}{\pi\sqrt{E/\sigma}}$$

(Λ : Élancement réduit)

Et :

$$\begin{cases} \lim\limits_{\Lambda \to 0} \dfrac{\sigma_{crit}}{\sigma} = 1 & \text{(insensibilité au flambement)} \\ \lim\limits_{\Lambda \to \infty} \dfrac{\sigma_{crit}}{\sigma} = \dfrac{1}{\Lambda^2} \; (\to 0) & \text{(forte sensibilité au flambement : on retrouve la formule d'Euler)} \end{cases}$$

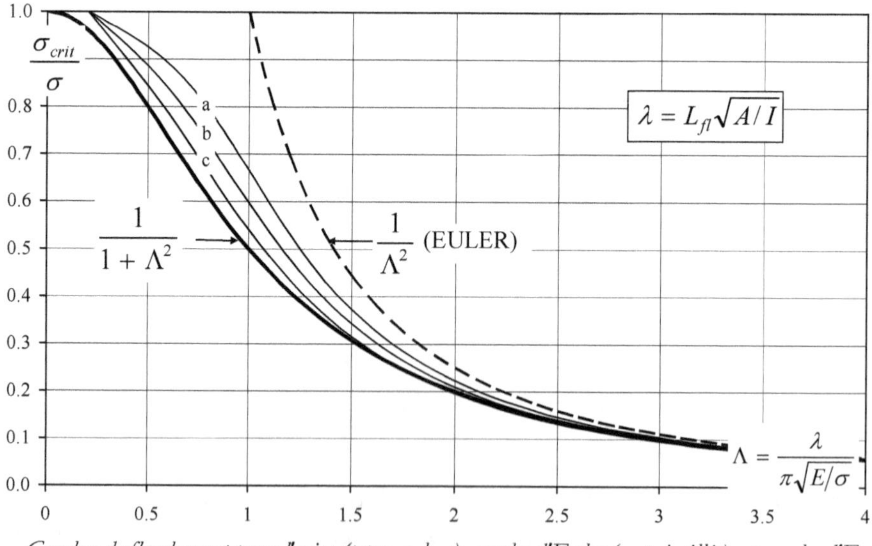

Courbes de flambement pour l'acier (types a, b, c), courbe d'Euler (en pointillés), et courbe d'Euler corrigée/Rankine (en gras).

12. PREMIER ORDRE, DEUXIÈME ORDRE, SECOND ORDRE, EFFET P-δ, EFFET EPSILON, EFFET P-Δ,...

Supposons une structure non chargée de géométrie donnée. Si un chargement s'applique sur celle-ci, elle va se déformer pour atteindre un **état d'équilibre** correspondant à une structure **géométriquement différente de la première,** bien qu'en général les déformations soient petites et quasi invisibles à l'œil nu.

On devrait donc en toute rigueur considérer cette structure déformée pour en écrire les équations d'équilibre et en calculer les efforts internes. Or, ceci est impossible car pour calculer la déformée de la structure il faut connaître les efforts internes, qu'il faut avoir calculés au moins une première fois sur base d'un équilibre de la structure non déformée. Ce calcul initial, dont on se contente dans la plupart des cas, s'appelle **calcul au premier ordre**.

12.1 Exemple préliminaire

Considérons une barre encastrée d'inertie I et de longueur L à l'extrémité de laquelle s'exerce une force Q inclinée d'un angle θ :

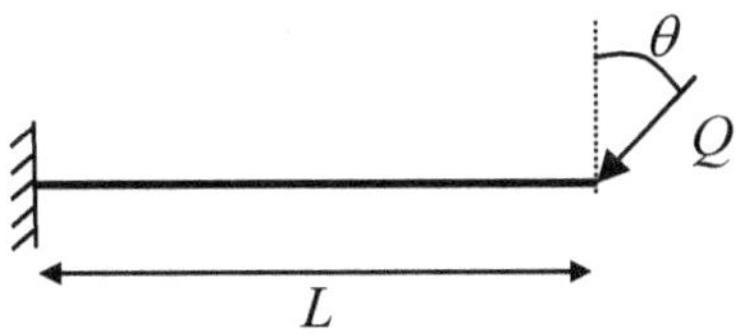

Si on effectue un calcul au premier ordre, on considère la poutre dans sa géométrie initiale non déformée et on obtient les réactions d'appui et le diagramme des moments suivants :

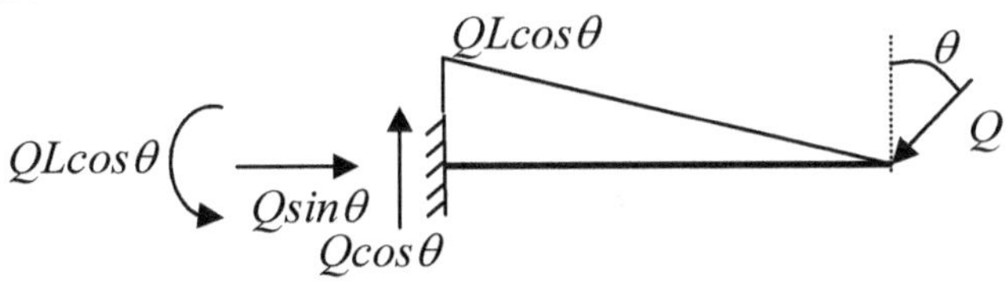

En réalité, la poutre fléchit et la flèche à l'extrémité vaut : $\delta = QL^3\cos\theta/3EI$.

Si on refait un équilibre des efforts à partir de cette structure déformée, la projection horizontale de Q possède maintenant un bras de levier non nul par rapport à l'encastrement et la valeur initiale du moment fléchissant y est multipliée par un facteur $(1 + QL^2\sin\theta/3EI)$:

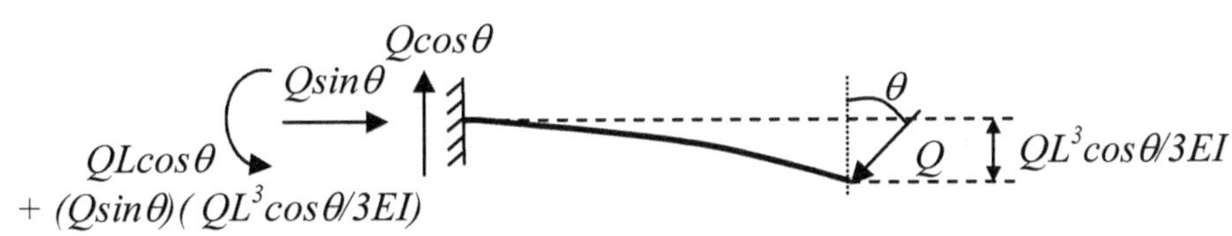

L'analyse précédente s'appelle **analyse au deuxième ordre**. On peut prolonger indéfiniment celle-ci en calculant une série de situations successives correspondant à des incréments de flèches et à des ordres croissants. Dans le cas où ces flèches successives divergent, on retrouve le phénomène de flambement.

Application numérique basée sur l'exemple précédent : poutre en acier de module de Young 210.000 [MPa], section rectangulaire pleine (10 [mm] * 50 [mm]), inertie = $bh^3/12$ = 10,42.10^4 [mm^4]), L = 2000 [mm], $\theta = 45°$, Q = 600 [N].

Valeurs obtenues au premier ordre :

- moment à l'appui = $QL\cos\theta$ = 0,85.10^6 [Nmm];
- effort normal à l'appui = $Q\sin\theta$ = 424,26 [N];
- contrainte max. aux fibres extrêmes = $Mh/2I+N/A$ = 203,65 + 0,85 = 204,50 [MPa] (il s'agit de la contrainte négative de compression).

Calcul au deuxième ordre :

- le moment à l'appui est à multiplier par le facteur $(1+QL^2\sin\theta/3EI)$ = 1,026. Ceci correspond à une contrainte totale valant 209,76 [MPa], soit un écart de 5,26 [MPa] par rapport à la première valeur.

12.2 Deuxième ordre, troisième ordre, ..., second ordre

L'explication physique du flambement a montré que celui-ci se produit lorsqu'il y a divergence des flèches successives du premier ordre, deuxième ordre, troisième ordre, etc. Cette interprétation est toutefois purement mathématique puisqu'en réalité l'ensemble des phénomènes d'ordres successifs allant de 2 à l'infini se résume à un seul effet que l'on désignera, dans le cadre de cet ouvrage, par **effet du second ordre**.

12.3 Effet P-Δ (P-DELTA)

Notons d'emblée que l'effet P-Δ ne doit pas être confondu avec l'effet P-δ. Le premier est en effet associé au comportement d'une structure alors que le second correspond au comportement individuel d'un élément.

Dans une ossature, les défauts de verticalité inévitables ont pour conséquence que les charges gravitaires s'appliquent sur les colonnes avec une certaine excentricité, créant ainsi des moments fléchissants additionnels qui s'ajoutent aux efforts calculés au premier ordre. Si la structure est souple ou mal contreventée, ces effets s'amplifient et peuvent être aggravés par les charges horizontales, le plus souvent dues au vent qui agit sur les façades.

Ce phénomène, proportionnel à l'état déformé de la structure, s'appelle **effet P-Δ**. On peut en tenir compte, soit par amplification des effets du premier ordre (dans une certaine mesure [7]), soit en effectuant une analyse au second ordre vis-à-vis de l'effet P-Δ par un logiciel de calcul.

12.4 Effet P-δ (P-delta), appelé aussi effet epsilon

On démontre [8] qu'un effort normal de compression N agissant sur un élément présentant un défaut de rectitude e_0, aussi infime soit-il, induit des moments de second ordre qui ne sont pas proportionnels à la charge mais qui multiplient le moment maximum de premier ordre Ne_0 par un facteur d'amplification égal à :

$$1/(1 - N/N_{crit})$$

Dans cette expression, N_{crit} est la charge critique d'Euler de l'élément.

De même, si l'élément est initialement le siège d'une flexion composée (effort normal N + moment fléchissant M), le moment fléchissant du premier ordre M sera amplifié par le même facteur $1/(1 - N/N_{crit})$.

Cet effet est connu sous le nom d'**effet P-δ**.

Au niveau du dimensionnement de l'élément, deux cas peuvent se présenter :

- celui-ci est en *compression simple*, auquel cas les formules analytiques de flambement sont applicables et tiennent compte implicitement de cet effet;
- celui-ci est en *flexion composée* et il convient de tenir compte de cet effet non seulement par application des formules de flambement mais aussi en multipliant le moment fléchissant du premier ordre par le même facteur de correction égal à $1/(1 - N/N_{crit})$.

Au niveau de la structure :

- l'effet d'amplification P-δ a pour conséquence de diminuer la raideur flexionnelle apparente de l'élément, ce qui peut donc en principe induire une redistribution différente des efforts dans la structure, surtout si elle est hyperstatique [9].

---

[7] Pour davantage d'informations à ce sujet, se référer aux eurocodes.

[8] Une démonstration est présentée dans : *Analyse des structures et milieux continus, Mécanique des structures, Volume 2 du Traité de génie civil*, de François Frey, Presses polytechniques et universitaires romandes, Lausanne, 2000.

[9] Pour davantage d'informations à ce sujet, se référer aux eurocodes.

13. ÉLÉMENTS FINIS, CARTOGRAPHIES DE CONTRAINTES

La méthode des éléments finis, presque impossible à utiliser à la main même pour des structures très simples, est devenue, depuis les progrès fantastiques de l'informatique, l'outil universel de calcul des structures. Il existe de nombreux types d'éléments finis, allant de la barre de treillis 2D à l'élément volumique en passant par l'élément surfacique. On se reportera au chapitre 14 pour l'application de cette méthode aux poutres, aux treillis et aux ossatures.

Le principe général de la méthode des éléments finis appliquée à un problème statique est le suivant :

- décomposer la structure en un certain nombre de "petits morceaux" appelés éléments finis;
- établir, pour chacun de ces éléments, une relation entre les déplacements et les efforts qui règnent à ses extrémités, relation qui se traduit par une notion de *matrice de rigidité locale*;
- établir par les équations d'équilibre une relation de compatibilité des déplacements (relations de "voisinage") entre tous les éléments finis en associant leurs matrices locales respectives pour former un seul système basé sur une matrice de rigidité globale $\overline{\mathbf{K}}$, un vecteur des déplacements $\overline{\mathbf{d}}$ et un vecteur des forces extérieures $\overline{\mathbf{F}}$: $\overline{\mathbf{K}}\,\overline{\mathbf{d}} = \overline{\mathbf{F}}$.

La résolution de ce système fournit tous les déplacements aux nœuds de la structure. Ceux-ci étant connus, on peut en déduire les efforts internes (pour les barres d'une ossature, ceci se fait par l'intermédiaire des matrices de rigidités locales).

Structure en coque mince métallique de 8 mètres de diamètre. Ci-contre : modélisation par éléments finis surfaciques. Cette modélisation permet, entre autres, de calculer les contraintes principales qui y règnent ou même la contrainte de Von Mises. *(Œuvre du sculpteur J. M. Mathot destinée au rond-point des trois clés à Gembloux, Belgique. Atelier Moker, bureau d'études Setesco; source : Pierre Latteur, simulation sur le logiciel* ROBOT *Millennium, 2001)*

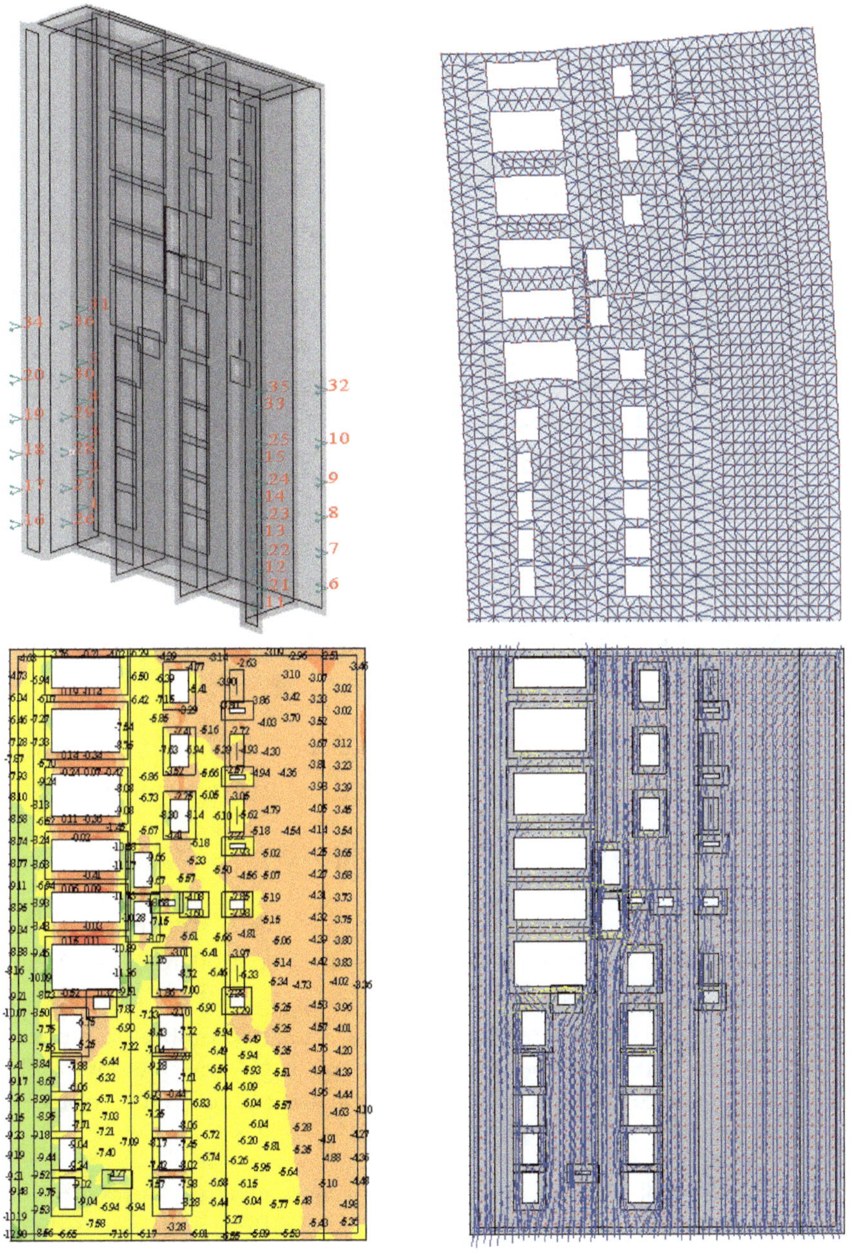

Modélisation par éléments finis d'une portion de voile de contreventement d'un immeuble de grande hauteur. *Figure du haut, à gauche :* modèle 3D. *Figure du haut, à droite :* décomposition en éléments finis de l'un des voiles et déformée sous vent latéral. *Figure du bas, à gauche :* cartographies des contraintes principales de compression. *Figure du bas, à droite :* direction des contraintes principales. *(Tour Rogier/Dexia Tower, architectes Samyn and Partners et Jaspers, Eyers & Partners, bureau d'études Setesco; source : Pierre Latteur, Simulation sur le logiciel ROBOT Millennium, 2004)*

14. LE FLAMBEMENT D'ENSEMBLE

Indépendamment du flambement isolé d'un élément droit, une partie ou la globalité d'une structure peut devenir instable. Ainsi, un treillis peut flamber dans son ensemble dans son plan ou hors de celui-ci, de même que le tablier comprimé d'un pont haubané, un portique étagé, un arc ou une coque. Qu'il s'agisse d'un flambement 2D qui ne se produit que dans un plan particulier, d'un flambement 3D (spatial, par exemple par flexion/torsion d'une poutre) ou même du voilement d'une coque, on parlera de *flambement d'ensemble.*

La détermination des modes de flambement d'ensemble et des charges critiques qui leur correspondent est souvent inaccessible par des moyens manuels et un recours à une approche numérique par logiciel de calcul est presque toujours indispensable. Pour un cas de charge donné, le logiciel fournira [10] :

- le cœfficient critique, qui est la valeur par laquelle il faut multiplier le cas de charge considéré pour que l'instabilité se produise (ce cœfficient doit donc être supérieur à l'unité);
- la forme de la structure déformée associée au mode d'instabilité lié à ce cœfficient critique.

Une telle approche repose sur la résolution d'un problème aux valeurs propres λ (à ne pas confondre avec l'élancement $\lambda = Lf\sqrt{A/I}$) s'exprimant comme suit :

$$\left(\overline{\mathbf{K}} - \lambda\overline{\mathbf{G}}\right)\overline{\mathbf{d}} = 0$$

Dans cette expression, $\overline{\mathbf{K}}$ est la *matrice de rigidité* [11] de la structure et $\overline{\mathbf{G}}$ est la *matrice des contraintes initiales* (calculée pour le cas de charge considéré). Une valeur propre λ fournira le cœfficient critique et le vecteur propre $\overline{\mathbf{d}}$ qui lui est associé. La dimension de ce vecteur propre est égale à 3 fois le nombre de nœuds pour une ossature plane et 2 fois ce nombre pour un treillis plan ou une poutre. Il donne les déplacements de tous les nœuds et représente donc la déformée associée à la valeur propre considérée et à ce mode d'instabilité.

En réalité, la résolution du problème aux valeurs propres fournira plusieurs solutions caractérisées par des cœfficients critiques différents et des formes de flambement différentes : tous les modes de flambement correspondant à un cœfficient critique (au moins) inférieur à l'unité seront donc des modes de flambement potentiels contre lesquels il faudra se prémunir, soit en modifiant les caractéristiques des éléments, soit en modifiant la géométrie de la structure ou ses conditions d'appuis.

---

[10] En principe, la démarche devra être menée pour toutes les combinaisons de cas de charges auxquelles la structure peut être soumise.

[11] Pour de plus amples informations sur la matrice de rigidité, consulter le chapitre 14.

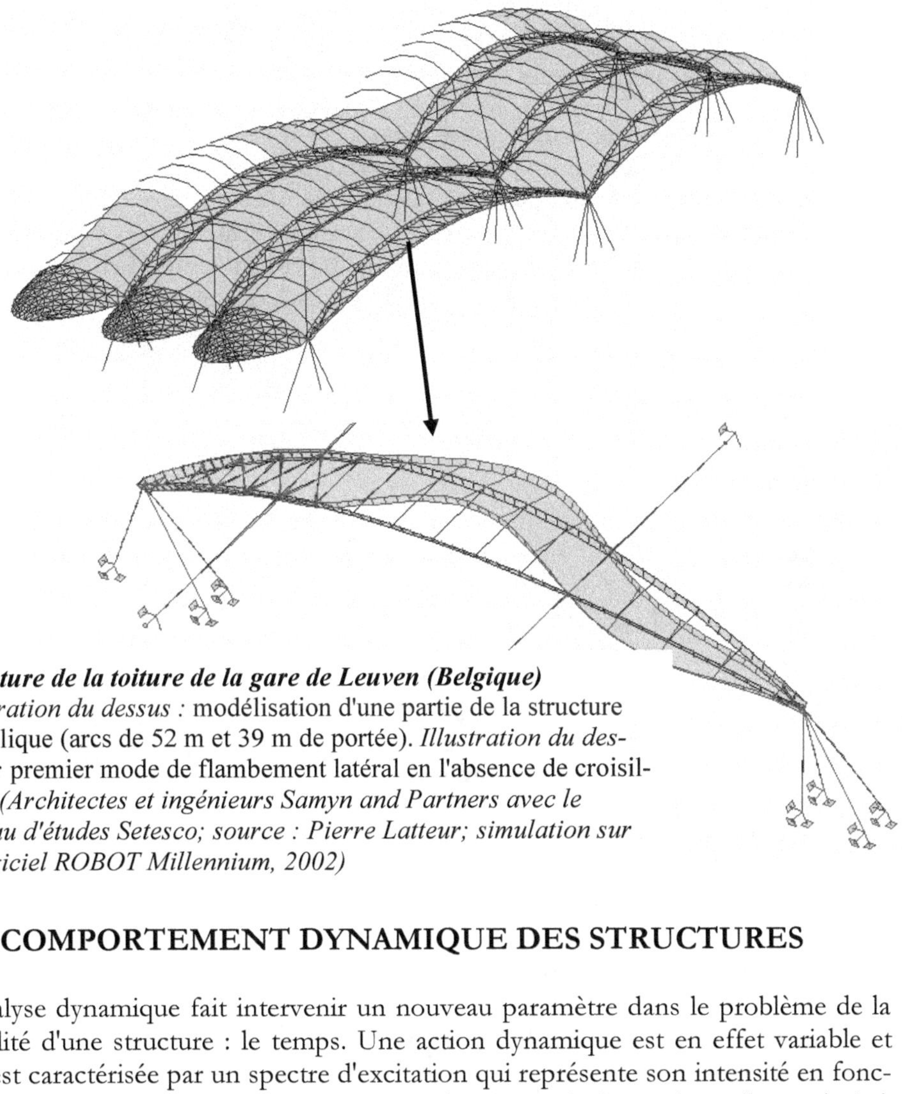

Structure de la toiture de la gare de Leuven (Belgique)
Illustration du dessus : modélisation d'une partie de la structure métallique (arcs de 52 m et 39 m de portée). *Illustration du dessous :* premier mode de flambement latéral en l'absence de croisillons. *(Architectes et ingénieurs Samyn and Partners avec le bureau d'études Setesco; source : Pierre Latteur; simulation sur le logiciel ROBOT Millennium, 2002)*

15. COMPORTEMENT DYNAMIQUE DES STRUCTURES

L'analyse dynamique fait intervenir un nouveau paramètre dans le problème de la stabilité d'une structure : le temps. Une action dynamique est en effet variable et elle est caractérisée par un spectre d'excitation qui représente son intensité en fonction du temps. La réponse de la structure, c'est-à-dire la façon dont elle va réagir à cette excitation en termes de déplacements, d'efforts internes, de contraintes ou encore d'accélérations, sera elle aussi variable dans le temps et liée à la manière dont elle va pouvoir dissiper l'énergie cinétique qu'elle emmagasine.

Il existe des ouvrages entiers consacrés au calcul dynamique d'une structure (voir bibliographie, [6]) et l'objectif n'est ici nullement de développer outre mesure la théorie qui lui est relative. Dans la pratique en effet, une analyse dynamique est si complexe qu'elle passe généralement par l'emploi d'un ou plusieurs logiciels de calcul. Il semble donc plus judicieux dans un ouvrage comme celui-ci de développer des notions qui permettront au lecteur d'utiliser ces logiciels de manière efficace et en connaissance de cause plutôt que de se lancer dans de longs développements qui, en fin de compte, ne lui seront vraiment utiles que dans la mesure où il devrait lui-même implémenter le code d'une programmation.

Les méthodes de calcul évoluées, associées à des logiciels de plus en plus puissants et conviviaux, permettent de pousser très loin l'analyse d'une structure. Du même coup, les architectes soumettent aux bureaux d'études des propositions de plus en plus complexes, parfois à la limite de la faisabilité, allant souvent dans le sens de structures de plus en plus élancées et d'apparence légère. Or, ces structures dites légères sont, paradoxalement, plus lourdes et plus "consommatrices" de matière.

En effet :

- réduire la section apparente des éléments comprimés, à même effort et même longueur, les rend plus sensibles au flambement. Il faut donc augmenter leur inertie et donc leur épaisseur [12];
- réduire la section apparente des éléments fléchis, à même charge et même longueur, les rend plus sensibles à la flexion en termes de déformations et de contraintes. On est également dans ce cas amené à augmenter l'inertie des profils et donc leur épaisseur :

Le concepteur n'est pas toujours conscient du dilemme paradoxal auquel il est confronté : "construire visuellement léger et structuralement lourd" ou "visuellement lourd et structuralement léger". Notons toutefois que le terme "visuellement lourd" n'est que subjectif : le *Harbour Bridge* édifié en 1932 à Sydney, d'apparence massive, occupe une place de toute beauté dans le port.

En plus de cette consommation supplémentaire de matériaux, la légèreté visuelle des structures génère des problèmes de comportement dynamique qui sont parfois difficiles à prévoir : les problèmes d'oscillations dues aux piétons sur de très récentes passerelles construites sur la Seine à Paris et sur la Tamise à Londres lors de leurs inaugurations respectives, bien qu'étudiées par des bureaux d'études expérimentés et compétents, en sont la preuve.

---

12 Ou, dans le cas de colonnes en béton, y noyer un profilé métallique. Ceci génère des colonnes minces mais bourrées d'acier, et donc plus onéreuses, difficiles à réaliser ou à recycler et impliquant des assemblages complexes. Des colonnes de diamètre légèrement supérieur (celui-ci intervenant avec un carré dans la résistance à la compression), en béton normalement armé, assainiraient pourtant la structure tout en respectant le parti architectural. Les maîtres d'ouvrages, mais aussi parfois les architectes, sont malheureusement rarement conscients du surplus financier que de telles décisions impliquent.

Une structure peut être soumise à différents types d'actions dynamiques, souvent délicates à évaluer avec précision :

- **les rafales de vent :** leur spectre d'excitation est aléatoire et peut dépendre très fortement de la configuration topologique du lieu. Les fréquences qui y sont associées sont souvent inférieures à 2 Hz. On y associe un *cœfficient dynamique* C_d qui représente la valeur par laquelle les actions statiques doivent être multipliées pour tenir compte implicitement de leur effet dynamique.

- **les tourbillons de Von Karman (1911) :** au-delà d'une certaine vitesse critique, un vent constant qui rencontre un profil génère, au droit de celui-ci, des tourbillons qui s'en détachent avec une certaine fréquence et qui sollicitent la structure de manière dynamique. Ainsi, les tabliers de certains ponts suspendus ou haubanés sont profilés, à la manière d'une aile d'avion, afin de diminuer l'importance de ce phénomène[13]. La vitesse critique peut-être évaluée à partir de la connaissance des modes propres de vibration de la structure, de ses dimensions et de sa géométrie. Il faudra se préoccuper des tourbillons de Von Karman si cette vitesse critique est inférieure à la vitesse maximale du vent de référence du lieu. Un effet complémentaire, appelé *instabilité aéro-élastique,* peut aussi se produire : dans ce cas la structure elle-même amplifie, par ses mouvements, les phénomènes tourbillonnaires.

- **les piétons :** sur une passerelle, l'action dynamique des piétons peut être d'une grande importance. Un petit groupe de piétons, voire un seul piéton dont la course ou le pas est proche de l'une des fréquences de résonance de la structure, peut solliciter celle-ci de manière excessive ou simplement induire un dépassement du *critère de confort* au-delà duquel les usagers ressentent un malaise lorsqu'ils circulent sur l'édifice. A cet effet induit par une charge variable, on peut également associer la notion de coefficient dynamique. Ici encore, l'analyse est complexe car une infinité de cas doivent en principe être pris en compte : un piéton qui marche, un piéton qui court, un groupe de piétons qui marchent ou qui courent de manière synchronisée, une foule dont l'effet global résulte d'une somme de comportements aléatoires, etc.;

- **les séismes :** ce sont des actions dynamiques redoutables caractérisées par des spectres et des amplitudes difficiles à évaluer et qui dépendent du lieu géographique;

- **autres :** chocs ou explosions, charges roulantes (par exemple passage d'un train sur un pont), charges tournantes (moteur mal équilibré), etc.

---

[13] Le tablier du pont suspendu de *Tacoma* aux Etats-Unis, qui se rompit de façon spectaculaire six mois après son inauguration en 1940, sous un vent régulier de 60 km/h, avait un tablier non profilé.

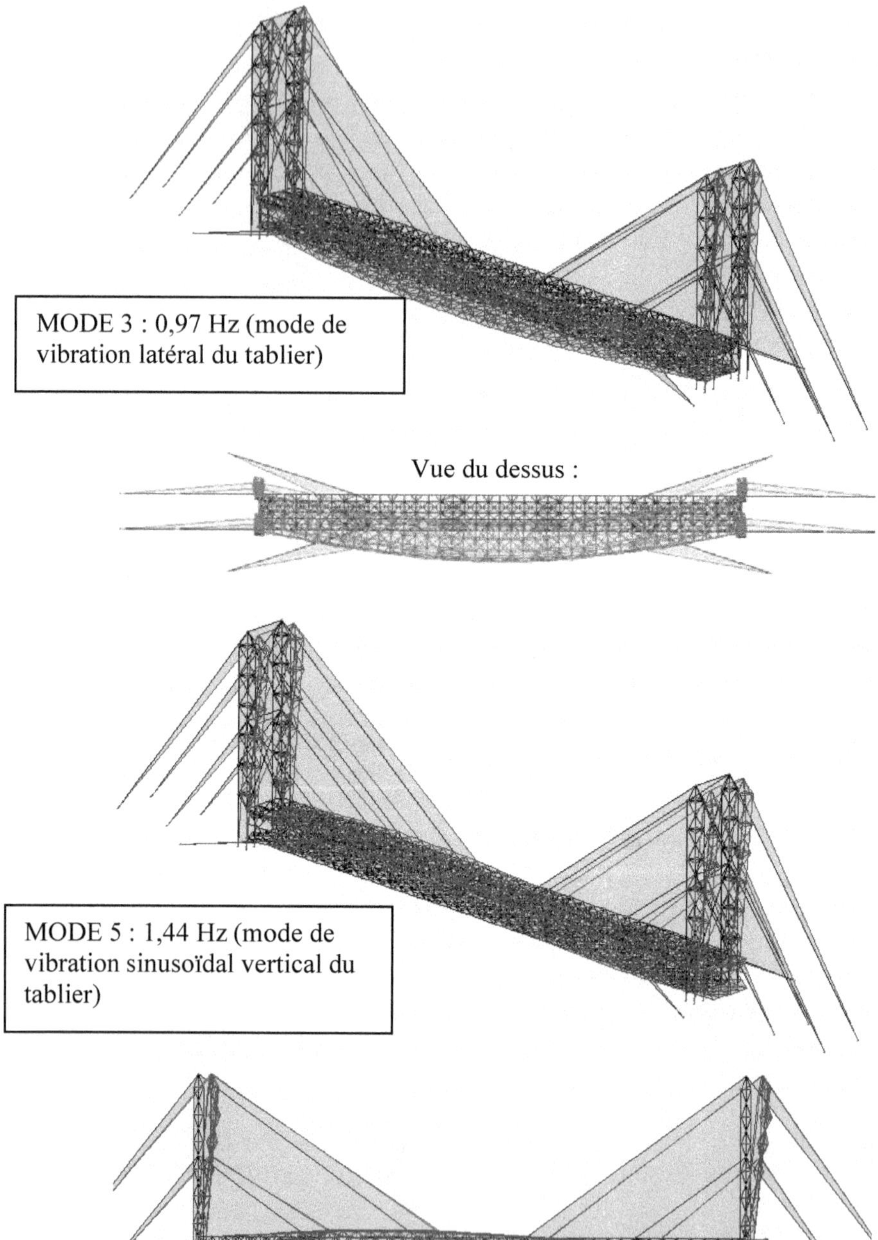

Passerelle métallique haubanée de 140 mètres de portée. Deux des modes propres de vibration *(Projet – architectes et ingénieurs Samyn and Partners avec le bureau d'études Setesco; source : Pierre Latteur, simulation sur le logiciel* ROBOT *Millennium, 2002).*

Le lecteur l'aura compris, l'ingénieur qui dimensionne une structure potentiellement sensible à des actions dynamiques se trouvera la plupart du temps face à une situation extrêmement complexe que les meilleurs logiciels du monde ne pourront pas forcément dominer. Il faut parfois se résigner à accepter des interventions sur la structure construite : placer par exemple des dispositifs comme des masses pendulaires ou des d'amortisseurs[14].

Plusieurs approches abordées ci-après et qui peuvent être complémentaires, permettent de traiter un problème de comportement dynamique d'une structure.

15.1. Le calcul des modes propres de vibration

La notion de mode propre de vibration (ou fréquence propre, fréquence naturelle) peut se comprendre si on observe le mouvement d'une balançoire que l'on fait osciller en poussant régulièrement le siège. Si on la pousse trop vite ou trop lentement, celle-ci bougera à peine ou de manière désordonnée. Par contre, il y a une fréquence d'excitation bien particulière pour laquelle cette balançoire va prendre des oscillations de plus en plus grandes : c'est sa fréquence propre. On peut aussi imaginer de pousser la balançoire dans le sens transversal : elle possède alors aussi une autre fréquence propre, différente de la première et associée à un autre type de mouvement.

Un *mode propre de vibration* correspond donc à une certaine fréquence d'excitation pour laquelle une déformée particulière d'amplitude maximale peut se produire (et théoriquement infinie si la structure ne peut dissiper l'énergie cinétique qu'elle reçoit).

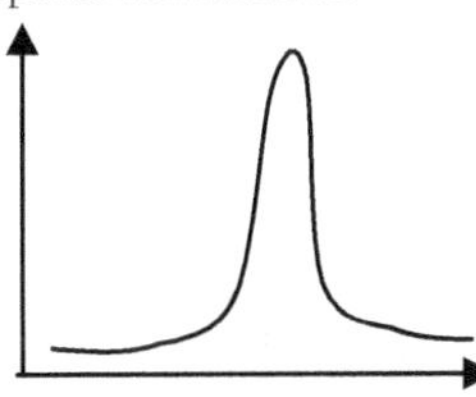

La fréquence qui correspond à un mode propre de vibration est proportionnelle à la raideur (EI) et inversement proportionnelle à la masse et à une puissance de la dimension principale de la structure. Pour une poutre sur deux appuis par exemple, la première fréquence propre, en Hz, est donnée par la relation suivante :

$$\upsilon = k\frac{1}{L^2}\sqrt{\frac{EI}{m}}$$

Avec :

- k : dépend des appuis (=49,8 pour  et 113,0 pour )
- E, I : module d'élasticité en $[\mathrm{kN/m^2}]$ et inertie en $[\mathrm{m^4}]$
- m, L : masse en [kg/m] et portée en [m]

---

[14] Ce fut le cas de la passerelle *Solferino* sur la Seine (des masses pendulaires ont été placées sous le tablier, au centre de la passerelle) et du *Millenium Bridge* à Londres (des amortisseurs ont été rajoutés sous le tablier).

La plupart des logiciels sont capables de fournir les modes propres de vibration de structures très complexes. Les figures de la page 42 illustrent ces propos pour une passerelle métallique haubanée de 140 mètres de portée.

Malheureusement, une telle démarche ne fournit qu'une partie de l'information. En effet, elle ne donne aucune indication sur l'amplitude (en termes de déplacements, d'efforts internes et de contraintes) de la réponse de la structure à une sollicitation dont la fréquence est proche de l'une de ses fréquences propres. A ceci s'ajoute le fait que *l'amortissement* de la structure, c'est-à-dire la façon dont elle va dissiper l'énergie emmagasinée au départ, est presque impossible à déterminer avec précision (sauf par des essais sur la structure déjà construite). Cet amortissement dépend d'une multitude de facteurs : type de matériau(x), caractéristiques des assemblages et des appuis, charges appliquées...

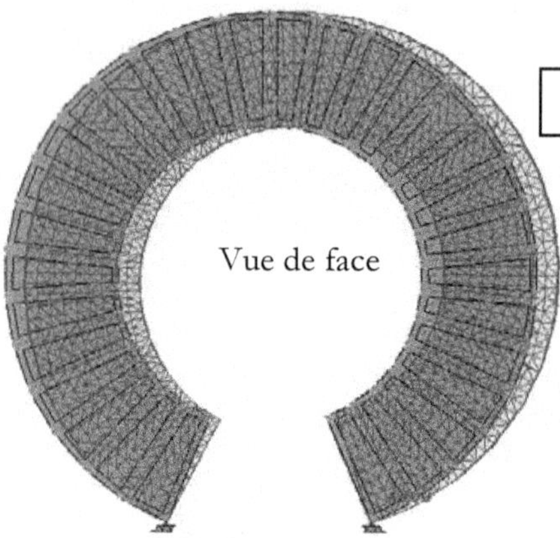

Mode 1 : 5,5 Hz

Vue du dessus :

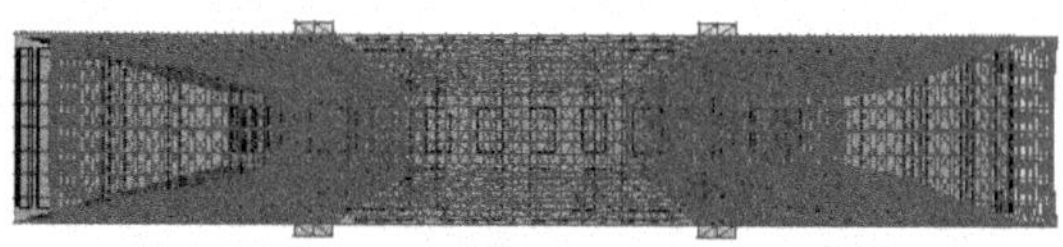

Structure en coque mince métallique de 8 mètres de diamètre. Les deux premiers modes propres de vibration se situent très loin des fréquences d'excitation dues au vent : dans ce cas toute investigation complémentaire est superflue. *(Œuvre du sculpteur J. M. Mathot destinée au rond-point des trois clés à Gembloux (Belgique), atelier Moker, Bureau d'études Setesco; source : Pierre Latteur, simulation sur le logiciel* ROBOT *Millennium, 2001)*

Vue de profil :

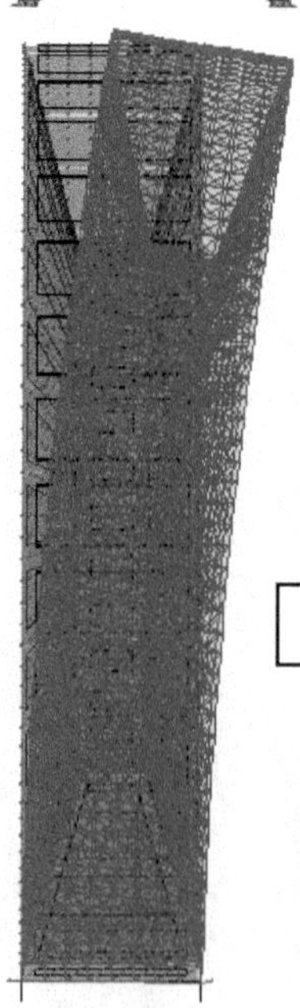

Mode 2 : 5,9 Hz

Vue du dessus :

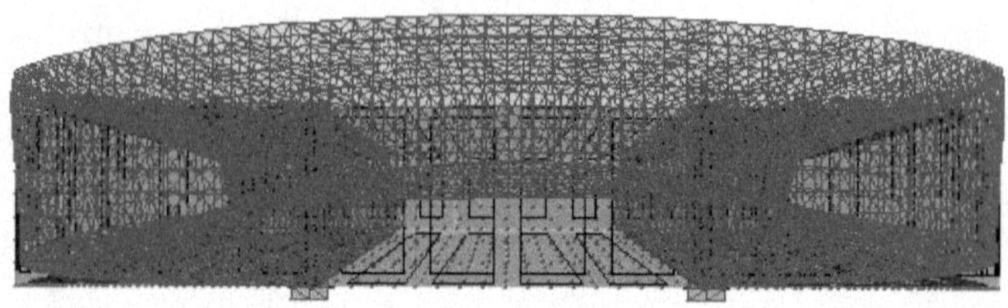

Malgré les propos précédents, la connaissance des modes propres de vibration d'une structure peut toutefois s'avérer très utile pour les deux raisons suivantes :

- dans le cas où la ou les fréquences d'excitation de la structure sont éloignées de ses modes propres, on peut en conclure que toute investigation complémentaire concernant le comportement dynamique de la structure est superflue;
- dans le cas contraire, la connaissance des modes propres de la structure permet en principe de calculer le *cœfficient dynamique* C_d. Ce cœfficient, supérieur à l'unité, représente la valeur par laquelle les actions statiques doivent être multipliées pour tenir compte implicitement de leur effet dynamique. Les méthodes permettant de calculer ce cœfficient dynamique sont toutefois très approximatives, souvent très complexes et ne s'appliquent avec précision que pour des structures de géométrie simple.

D'un point de vue numérique, la détermination des modes propres de vibration repose de nouveau sur la résolution d'un problème aux valeurs propres λ qui s'exprime comme suit :

$$\left(\overline{\mathbf{K}} - \lambda\overline{\mathbf{M}}\right)\overline{\mathbf{d}} = 0$$

Dans cette expression, $\overline{\mathbf{K}}$ est la *matrice de rigidité* (voir chapitre 14) et $\overline{\mathbf{M}}$ est la *matrice de masse*. Une valeur propre λ fournira le carré de la fréquence propre et le vecteur propre $\overline{\mathbf{d}}$ qui lui est associé. La dimension de ce vecteur propre est égale à 3 fois le nombre de nœuds pour une ossature plane et 2 fois ce nombre pour un treillis plan ou une poutre. Il représente la déformée associée à la valeur propre considérée et au mode propre de vibration correspondant.

15.2. Le calcul de la réponse temporelle de la structure à un spectre d'excitation

L'objectif est ici de faire un calcul de la réponse temporelle de la structure, en termes de déplacements, d'efforts internes, de contraintes ou d'accélérations, à une action variable dans le temps. Cette approche demandera un temps de calcul plus ou moins grand selon la complexité de la structure, l'intervalle de temps pendant lequel on étudie la réponse et le pas de discrétisation.

Si l'excitation est harmonique (de fréquence et d'amplitude connue) ou quelconque (de spectre connu), une telle approche permet par exemple d'obtenir la valeur du cœfficient dynamique C_d de la structure, en comparant l'amplitude maximale d'un effet (par exemple une réaction d'appui) avec la valeur de cet effet sous charge statique équivalente. Dans l'exemple donné à la page suivante, on soumet la structure de l'auvent à une charge de vent sinusoïdale de 1,5 Hz pendant cinq secondes et on constate que l'amplitude maximale de l'effet produit est 1.5 fois plus élevée que si on considérait la charge de vent statique.

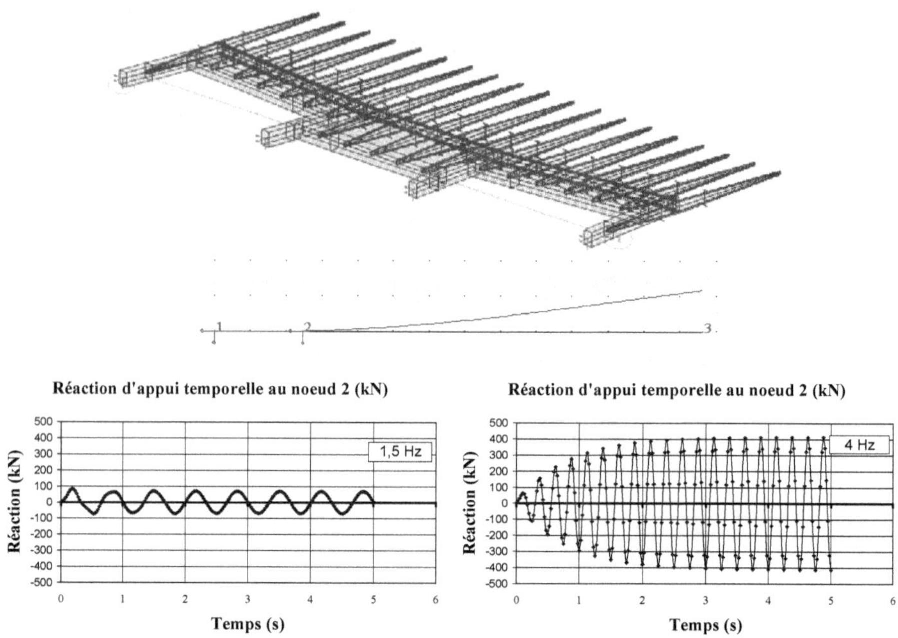

Auvent de 400 m² composé de poutres métalliques recomposées, à inertie variable. *Figure du haut :* vue 3D. *Figure du milieu :* 1er mode propre de vibration (4,2 Hz) des poutres centrales. *Figure du bas, à gauche :* réponse d'une poutre centrale, en termes de réaction d'appui, à une sollicitation de 1,5 Hz (vent vertical). L'amplitude de cette réaction d'appui est 1,5 fois plus grande que sous cette même charge en situation statique (dans ce cas le cœfficient C_d vaut donc 1,5). *Figure du bas, à droite :* réponse d'une poutre centrale, en termes de réaction d'appui, à une sollicitation de 4 Hz (vent vertical). L'amplitude de cette réaction d'appui est 9 fois plus grande que sous cette même charge en situation statique (dans ce cas le cœfficient C_d vaut donc 9). *(Tour Rogier/Dexia Tower, architectes Samyn and Partners et Jaspers, Eyers & Partners, bureau d'études Setesco; source : Pierre Latteur, simulation sur le logiciel Robobat, 2003)*

Pour une charge de 4 Hz, très proche de la première fréquence propre de la structure, l'amplification s'élève à une valeur de 9.

D'un point de vue numérique, la résolution d'un problème transitoire temporel repose sur le système différentiel suivant :

$$\overline{\mathbf{M}}\,\ddot{\overline{\mathbf{d}}} + \overline{\mathbf{C}}\,\dot{\overline{\mathbf{d}}} + \overline{\mathbf{K}}\,\overline{\mathbf{d}} = \overline{\mathbf{F}}(t)$$

Dans cette expression, $\overline{\mathbf{K}}$ est la *matrice de rigidité* de la structure, $\overline{\mathbf{M}}$ est la *matrice de masse*, $\overline{\mathbf{C}}$ la *matrice d'amortissement* (dont l'évaluation exacte reste hasardeuse car il est difficile d'évaluer la façon dont la structure va dissiper l'énergie) et $\overline{\mathbf{F}}(\mathbf{t})$ est le *vecteur des forces extérieures* dépendant du temps. $\dot{\overline{\mathbf{d}}}$ et $\ddot{\overline{\mathbf{d}}}$ sont les vecteurs vitesse et accélération.

15.3. Le modèle de mécanique des fluides

Ce type de modèle, purement numérique, permet de simuler les écoulements du vent autour d'une structure. Il donne une information sur le type d'écoulement, sur les pressions qui peuvent se produire ou encore sur les vecteurs vitesse. C'est un complément qui peut être utile non seulement à l'analyse dynamique d'une structure mais aussi à son analyse statique.

Dexia Tower - Lignes de courant le long de la façade frontale, au niveau de l'auvent, pour un vent Beaufort 3 de direction NE.

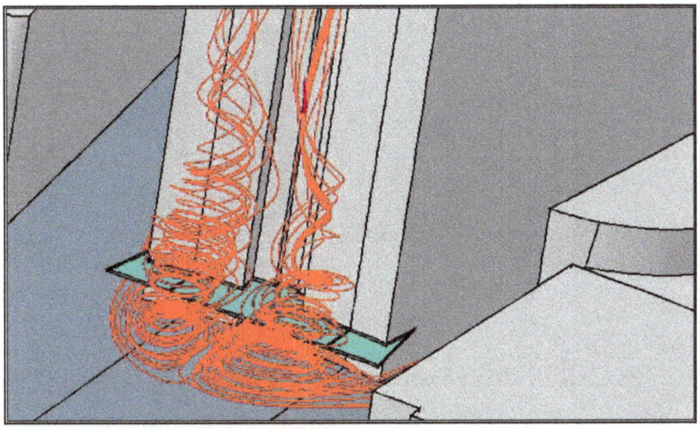

Dexia Tower - Champ de pression statique sur les faces frontale et latérale pour un vent Beaufort 3 de direction SO.

(Simulations effectuées par la firme NUMECA International, Bruxelles, 2004)

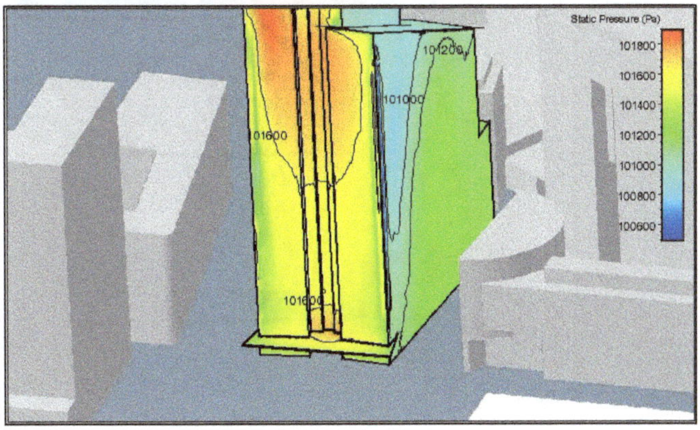

15.4. Le modèle réduit

Une autre approche, onéreuse et délicate mais parfois indispensable, consiste à fabriquer un modèle réduit de la structure en exploitant les lois de la similitude.
Le modèle peut être instrumenté et placé dans une soufflerie.

16. EXEMPLES : RÉSOLUTION DE QUELQUES STRUCTURES ISOSTATIQUES SIMPLES

Exemple 1

Une grue pourvue d'un contrepoids de P [kN] est prévue pour supporter une charge de Q [kN] à son extrémité.

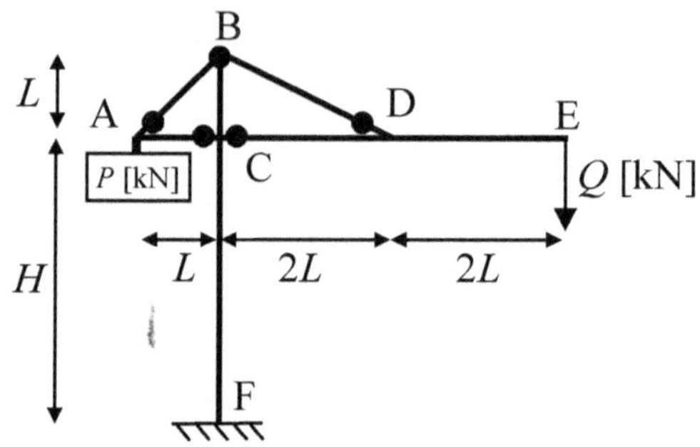

On propose de calculer les réactions d'appui et la répartition des efforts internes.

➠ Calcul des réactions d'appui

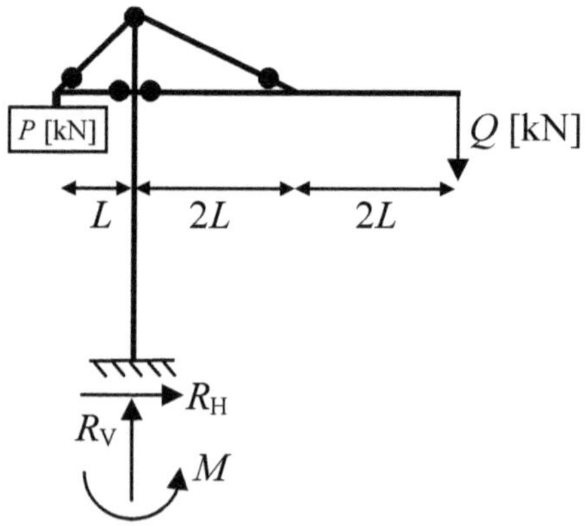

Équilibre des efforts verticaux : $R_V = Q + P$ [kN]

Équilibre des efforts horizontaux : $R_H = 0$ [kN]

Équilibre des moments par rapport au pied : $M = 4QL - PL$ [kNm]

On peut constater que les réactions d'appui ne dépendent pas de la hauteur de la grue. Cette hauteur est donc, au poids propre près, essentiellement conditionnée par le danger de flambement.

➠ Calcul des efforts dans la barre FC

Suite au calcul des réactions d'appui, il est possible de déterminer la répartition des efforts internes dans la barre FC. Si on effectue une coupure fictive dans celle-ci à une hauteur quelconque *x* et que l'on fait l'équilibre de la partie isolée, on obtient :

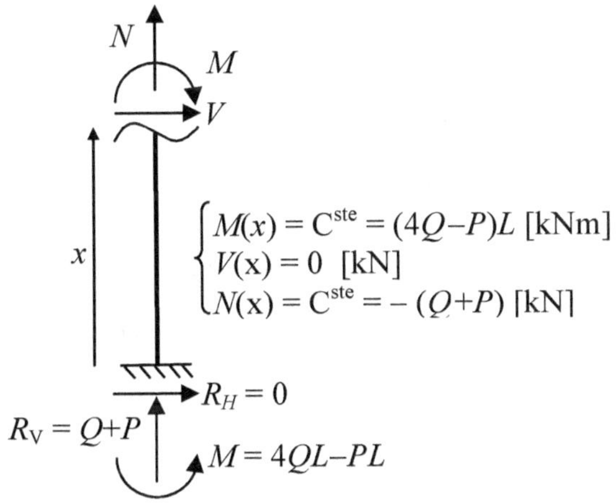

➠ Calcul des efforts dans la barre DE

Si on effectue une coupure fictive entre les points D et E et que l'on fait l'équilibre du "morceau" de droite, on trouve :

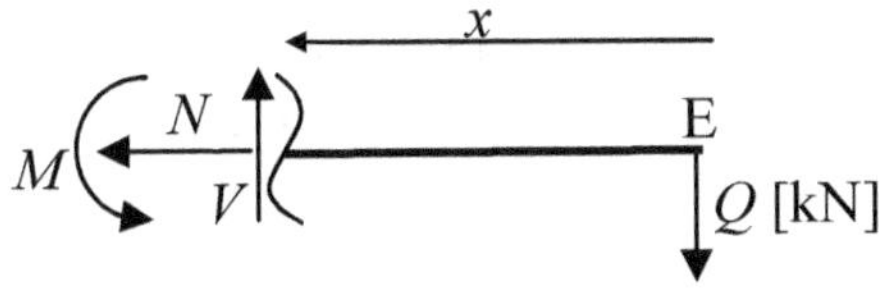

$$\begin{cases} M(x) = Qx \text{ [kNm]} \\ V(x) = C^{ste} = +Q \text{ [kN]} \\ N(x) = 0 \text{ [kN]} \end{cases}$$

Le moment fléchissant dans la section D vaut donc $2QL$.

➟ Calcul des efforts dans les barres AB et AC

Les barres AB et AC sont uniquement le siège d'un effort normal. En effet, ces barres possèdent des rotules à leurs extrémités respectives et aucun effort n'est appliqué sur les barres elles-mêmes. On peut donc pratiquer un simple équilibre du nœud A via le polygone des forces qui lui est associé.

Soit N_{AB} et N_{AC} respectivement les efforts normaux dans les barres AB et AC.

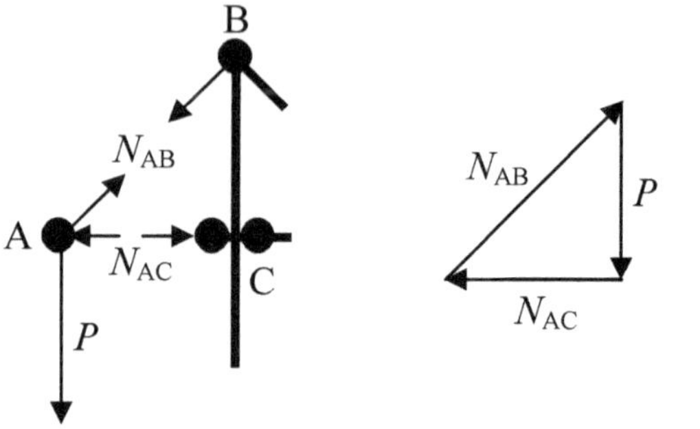

On obtient :

$$N_{AB} = P/\sin 45° = +\sqrt{2}\,P \qquad \text{(traction)}$$
$$N_{AC} = -P \qquad \text{(compression)}$$

➟ Calcul des efforts dans les barres BD et CD

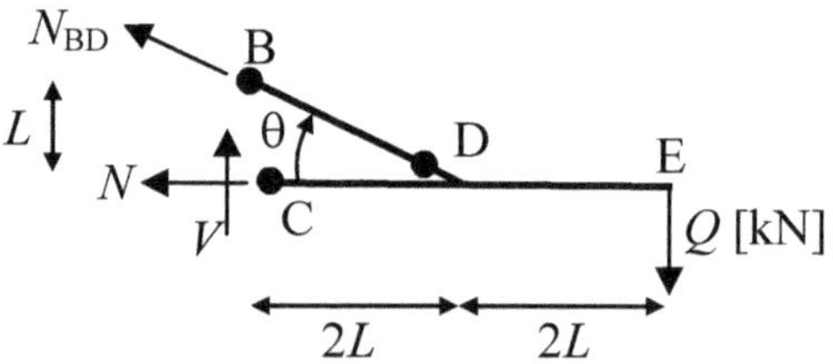

Soit N_{BD} l'effort de traction dans la barre BD et V et N respectivement l'effort tranchant et l'effort normal à l'extrémité C de la barre CD. Il n'y a pas de moment en C grâce à la rotule qui s'y trouve. Cette partie de structure est caractérisée par 3 efforts inconnus N_{BD}, N et V que l'on peut obtenir en écrivant les 3 équations d'équilibre :

$$\begin{cases} \text{Equ. horizontal:} & N + N_{BD}\cos\theta = 0 \\ \text{Equ. vertical:} & Q - V - N_{BD}\sin\theta = 0 \\ \text{Equ. des moments en D:} & (V + Q) * 2L = 0 \end{cases} \Rightarrow \begin{cases} V = -Q \\ N_{BD} = +2Q/\sin\theta \\ N = -2Q/\tan\theta = -4Q \end{cases}$$

➠ Calcul des efforts dans la barre BC

Les barres AB et BD, qui ne sont le siège que d'un effort normal, exercent chacune en B un effort qui peut se décomposer en deux composantes respectivement parallèle et perpendiculaire à la barre BC.

La composante parallèle met cette barre en compression simple tandis que la composante perpendiculaire y crée un moment fléchissant. Si on effectue une coupure fictive de la barre BC à une distance x du nœud B et que l'on fait l'équilibre des efforts par rapport à cette coupure sur le morceau de structure isolé, le calcul des efforts internes est immédiat :

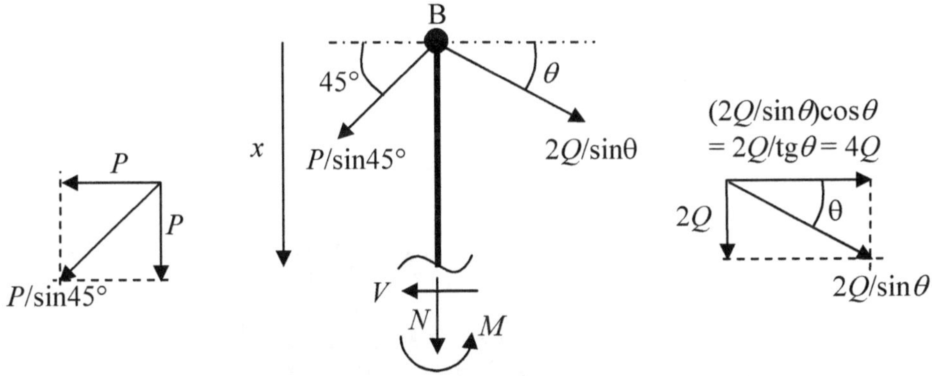

$$\Rightarrow \quad \begin{cases} V(x) = 4Q - P \\ M(x) = (4Q - P)x \\ N(x) = -(2Q + P) \end{cases}$$

➠ Diagrammes des efforts internes

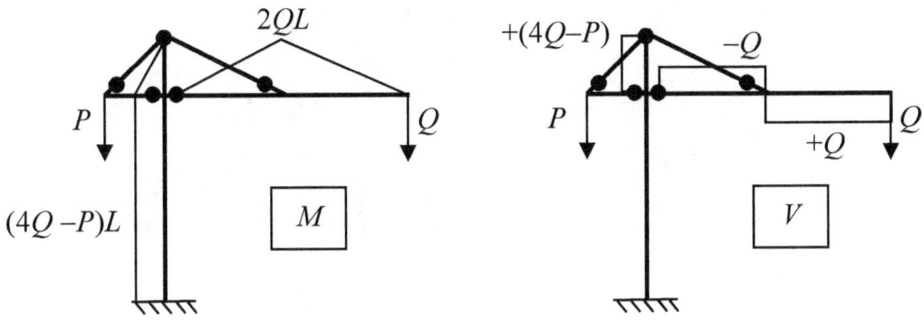

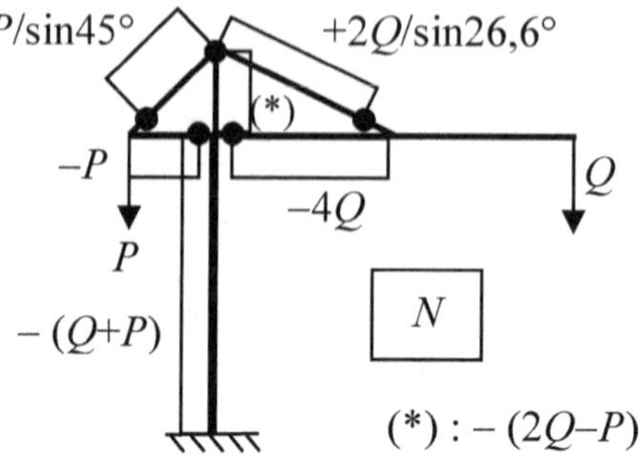

On remarquera la concordance entre le diagramme de V et la dérivée du diagramme de M.

Immeuble de grande hauteur en construction
(Tour Rogier/Dexia Tower, architectes Samyn and Partners et Jaspers, Eyers & Partners, bureau d'études Setesco; photo de l'auteur, 2005)

Exemple 2

Un maillon rectangulaire ouvert en acier est soumis à deux forces égales et opposées.

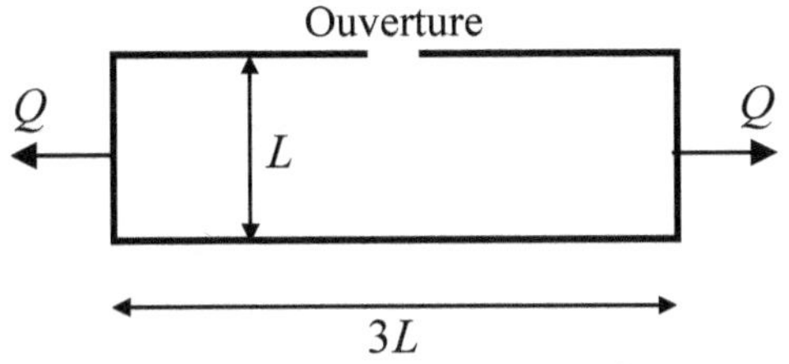

En application du théorème de la force unité (§9), on propose de calculer l'écartement latéral des lèvres de l'ouverture et de comparer les contributions respectives de M, V et N à ce terme.

➟ Diagrammes des efforts internes dans la structure de base

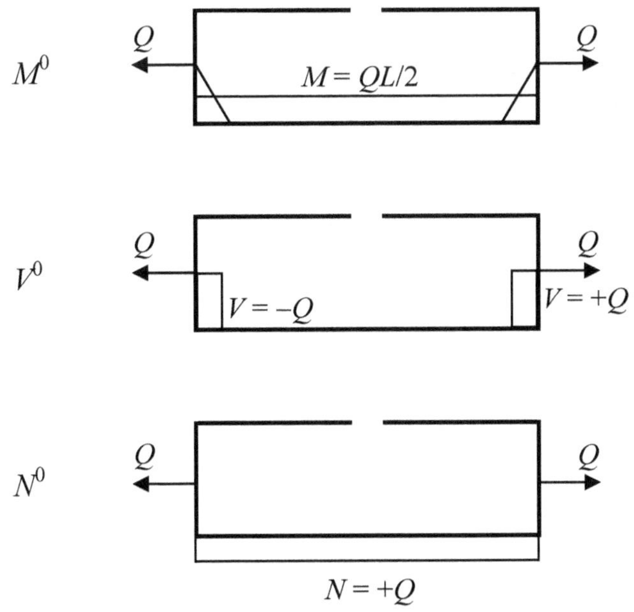

➟ Diagrammes des efforts dans la structure soumise à efforts unitaires

m^0

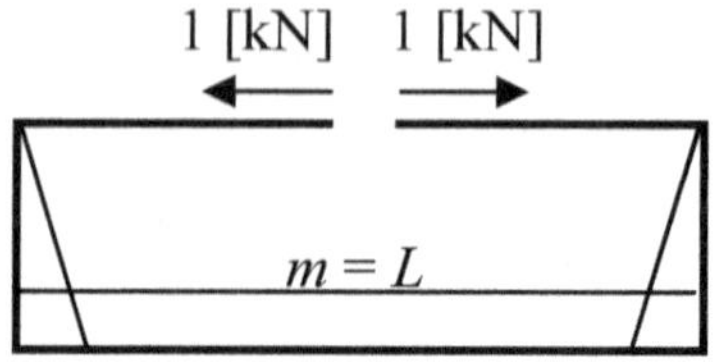

v^0

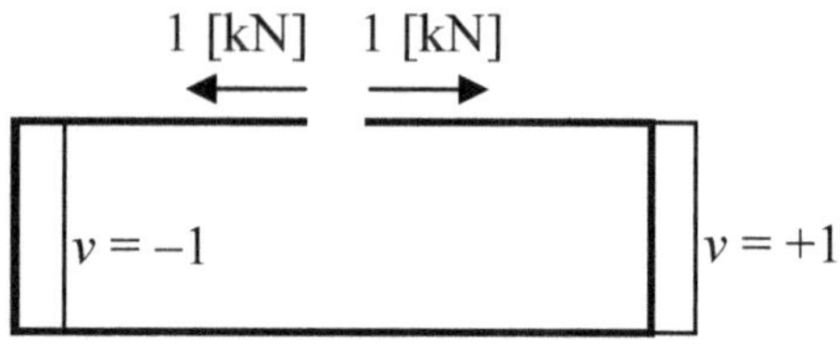

n^0

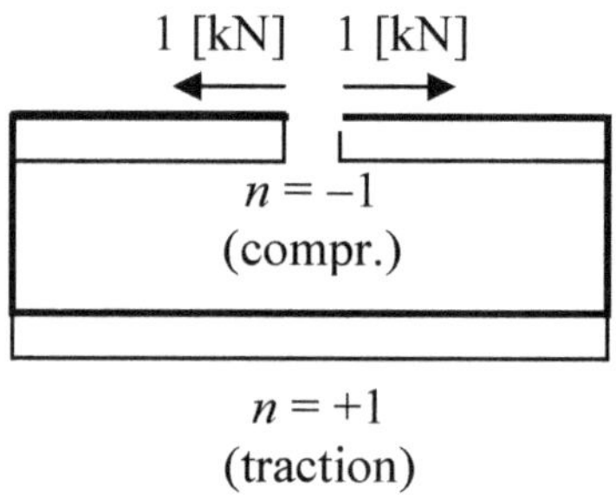

À l'aide des tables de Mohr reprises à la fin de ce chapitre, il est possible de calculer les contributions respectives de M, V et N au déplacement recherché :

➟ Calcul du terme relatif aux moments fléchissant

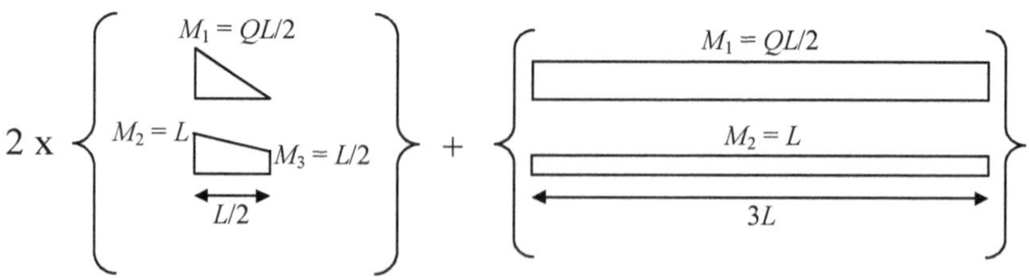

$$\int_{struct.} \frac{M^0 m^0}{EI} dl = \frac{1}{EI}\left\{ 2\left[\left(\frac{L}{2}\right)\left(\frac{1}{6}\frac{QL}{2}\left(2L + \frac{L}{2}\right)\right)\right] + (3L)\left(\frac{QL}{2}L\right) \right\}$$

$$= \frac{41QL^3}{24EI}$$

➠ Calcul du terme relatif aux efforts tranchants

$$\int_{struct.} \frac{V^0 v^0}{GA_v} dl \approx \frac{2(1+\nu)}{EA} \left\{ \frac{L}{2}(-Q)(-1) + \frac{L}{2}(+Q)(+1) \right\} = \frac{2(1+\nu)QL}{EA}$$

(on approche la section réduite par la section totale $A_v \approx A$)

➠ Calcul du terme relatif aux efforts normaux

$$\int_{struct.} \frac{N^0 n^0}{EA} dl = \frac{1}{EA} \{ 3L((+Q) * (+1)) \} = \frac{3QL}{EA}$$

➠ Comparaison des trois termes

Le déplacement total cherché vaut : $\dfrac{41QL^3}{24EI} + \dfrac{3QL}{EA} + \dfrac{2(1+\nu)QL}{EA}$

Si on prend une valeur de 0,3 pour le cœfficient de Poisson, on obtient :

$$\text{écartement total} = \frac{QL}{E}\left(1{,}71\frac{L^2}{I} + \frac{3}{A} + \frac{2{,}6}{A} \right)$$

Cette expression suggère les commentaires suivants :

- les termes provenant respectivement des efforts tranchants et des efforts normaux sont du même ordre de grandeur;
- le terme dû au moment fléchissant est nettement supérieur aux deux autres puisqu'il comporte une dimension principale au carré.

Dans la majorité des cas, on se limitera donc au calcul du terme $\int \frac{Mm}{EI} dl$ qui est nettement supérieur aux deux autres. Le terme relatif aux efforts normaux ne sera pris en compte que dans le cas de structures soumises principalement aux efforts normaux comme les treillis, les arcs funiculaires ou les câbles.

Exemple 3

On propose de calculer les réactions d'appui de la structure suivante en considérant leur sens arbitraire noté ci-dessous et d'en déduire les diagrammes d'efforts internes :

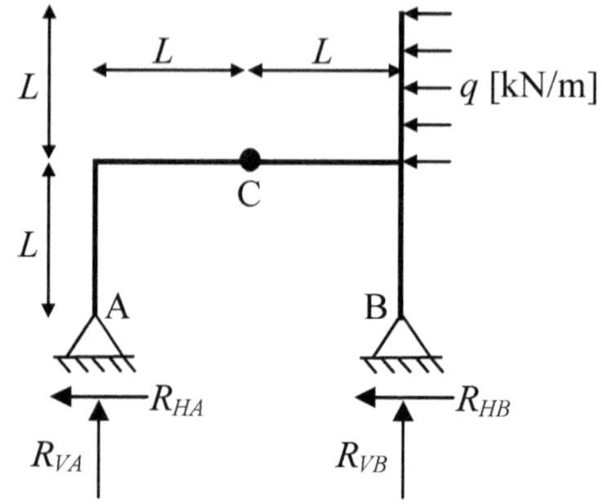

Il faut évidemment 4 équations pour déterminer les 4 réactions d'appui. Toutefois, la présence de la rotule ramène le nombre total d'inconnues à trois ce qui indique que la structure est bien isostatique.

Si la procédure habituelle est appliquée, on dispose déjà de trois équations : équilibre vertical, équilibre horizontal et équilibre des moments en un point (par exemple l'appui A). On en déduit donc :

- équilibre horizontal : $R_{HA} + R_{HB} + qL = 0$
- équilibre vertical : $R_{VA} + R_{VB} = 0$
- équilibre des moments autour du nœud A : $R_{VB}(2L) + qL(3L/2) = 0$

À ce stade, il manque une dernière équation, que l'on obtiendra en faisant l'équilibre des moments agissant sur la partie gauche de la structure par rapport à la rotule en C :

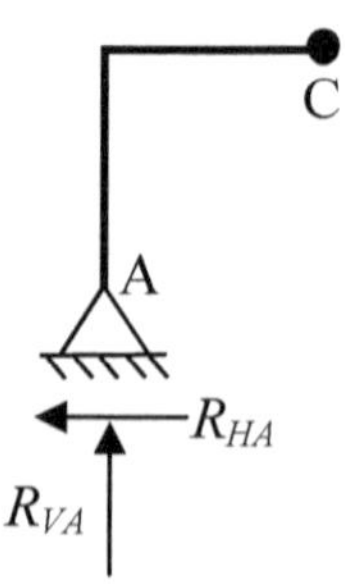

$$R_{HA}L + R_{VA}L = 0$$

La résolution des 4 équations fournit le résultat suivant :
$$\begin{cases} R_{VA} = 3qL/4 \\ R_{HA} = -3qL/4 \\ R_{VB} = -3qL/4 \\ R_{HB} = -qL/4 \end{cases}$$

Remarquons que l'on obtient le même résultat en choisissant comme quatrième équation l'équilibre de la partie droite CB de la structure, mais l'équation est plus lourde à cause de la présence d'un terme dû à la charge extérieure.

À partir des réactions, il est aisé de dessiner les diagrammes des efforts internes :

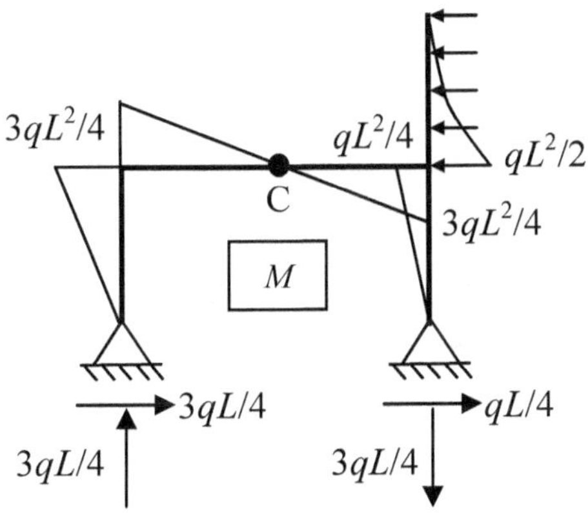

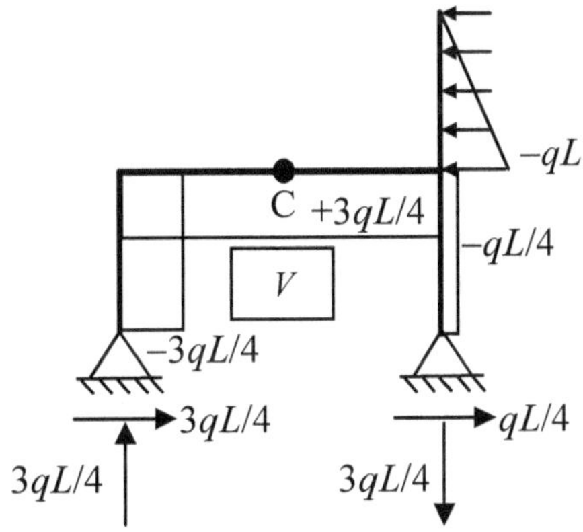

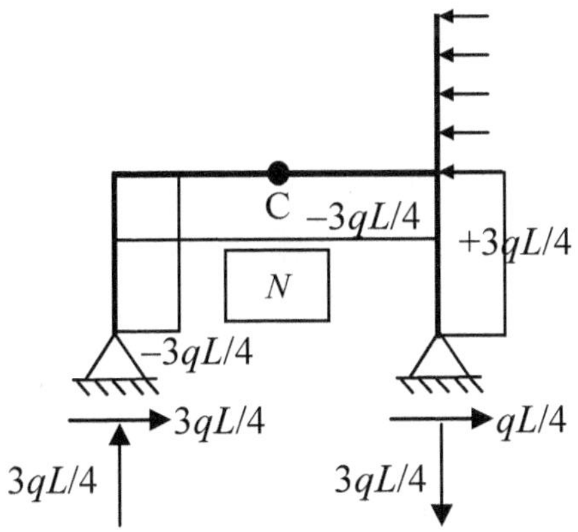

TABLE 1 *Intégrales de Mohr* $\frac{1}{L}\int_0^L M_1 M_2 \, dl$

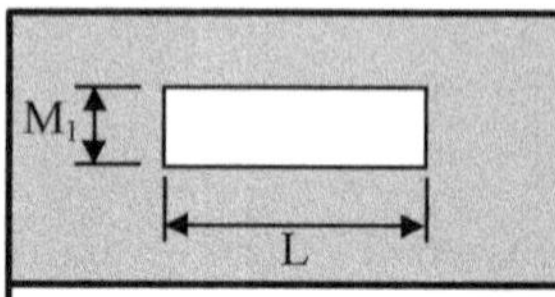	M_1^2	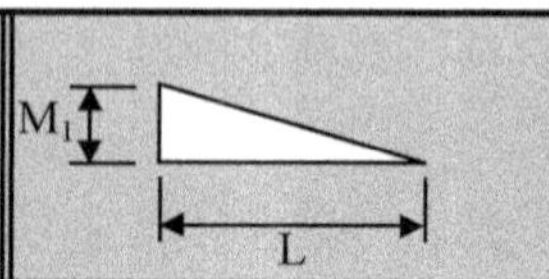	$\frac{1}{3}M_1^2$
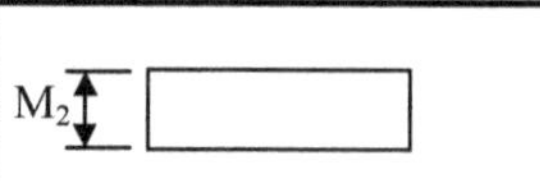	M_1M_2	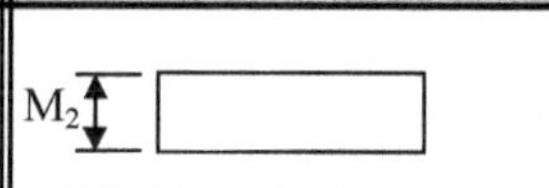	$\frac{1}{2}M_1M_2$
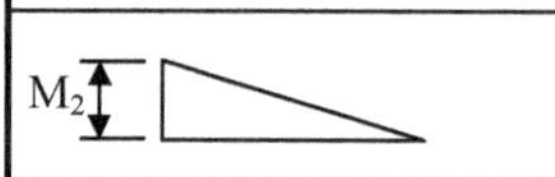	$\frac{1}{2}M_1M_2$	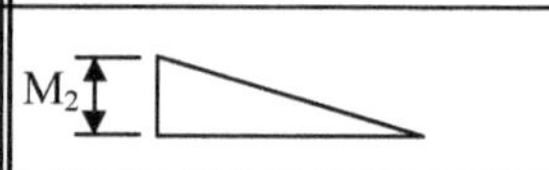	$\frac{1}{3}M_1M_2$
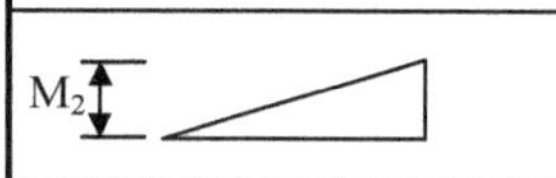	$\frac{1}{2}M_1M_2$	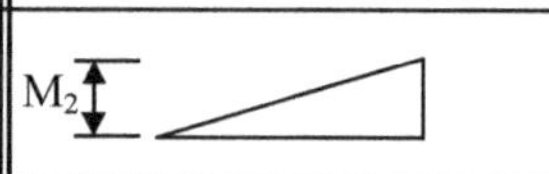	$\frac{1}{6}M_1M_2$
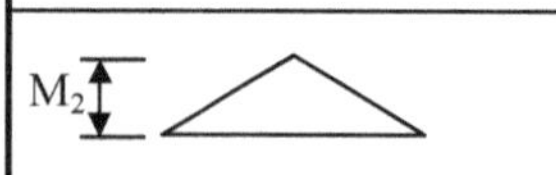	$\frac{1}{2}M_1M_2$	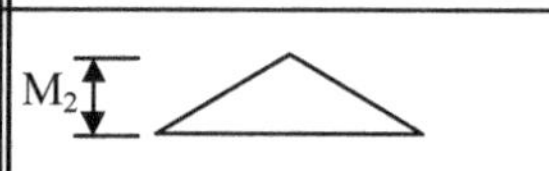	$\frac{1}{4}M_1M_2$
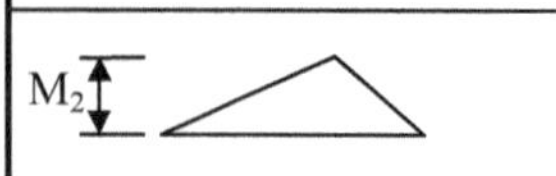	$\frac{1}{2}M_1M_2$	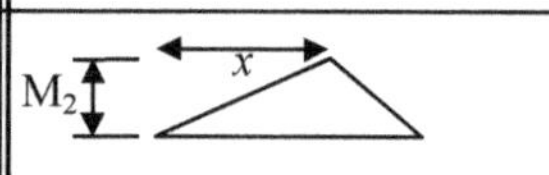	$\frac{1}{6}M_1M_2\left(2-\frac{x}{L}\right)$
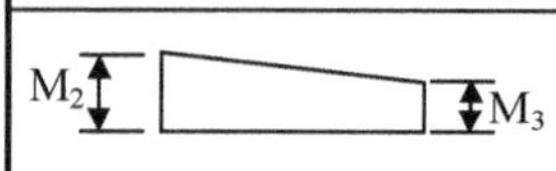	$\frac{1}{2}M_1(M_2+M_3)$	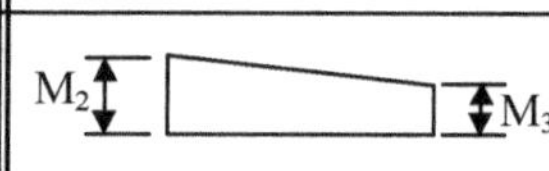	$\frac{1}{6}M_1(2M_2+M_3)$
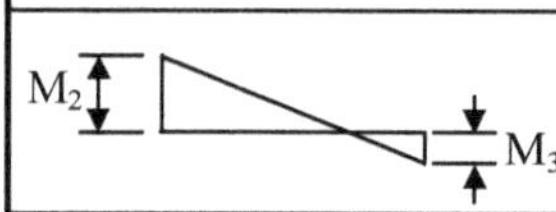	$\frac{1}{2}M_1(M_2-M_3)$	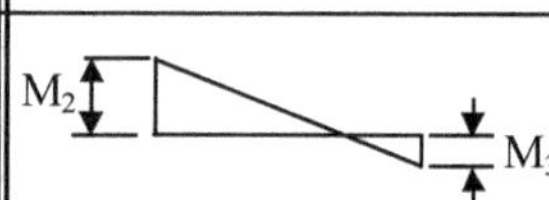	$\frac{1}{6}M_1(2M_2-M_3)$
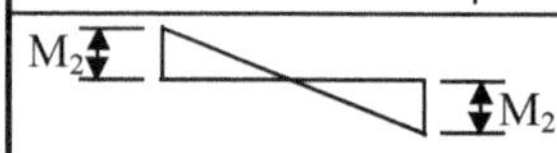	0	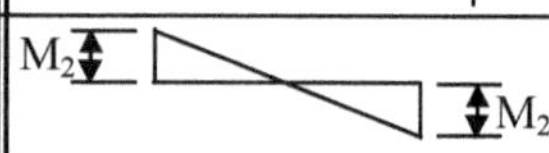	$\frac{1}{6}M_1M_2$
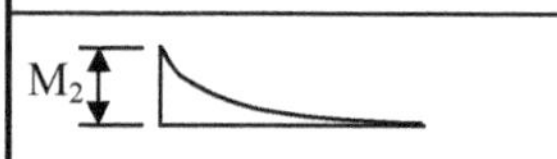	$\frac{1}{3}M_1M_2$	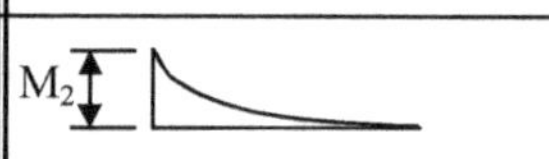	$\frac{1}{4}M_1M_2$
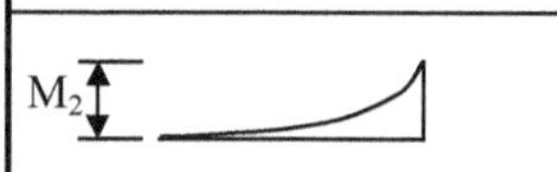	$\frac{1}{3}M_1M_2$	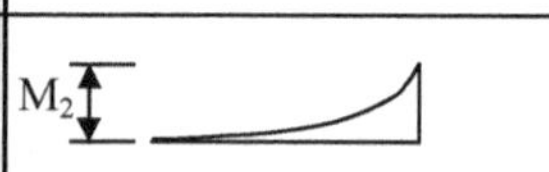	$\frac{1}{12}M_1M_2$
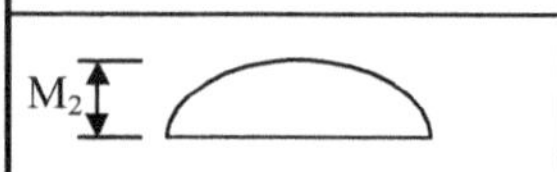	$\frac{2}{3}M_1M_2$	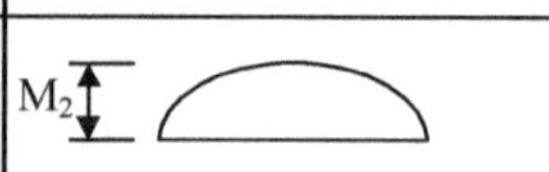	$\frac{1}{3}M_1M_2$
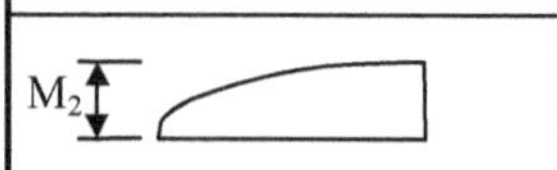	$\frac{2}{3}M_1M_2$	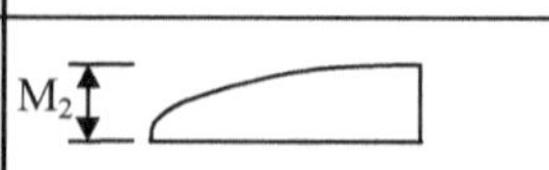	$\frac{1}{4}M_1M_2$
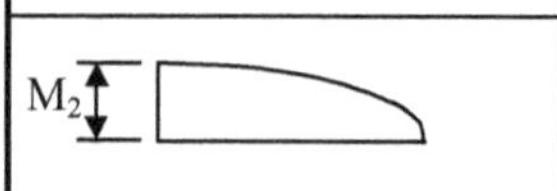	$\frac{2}{3}M_1M_2$	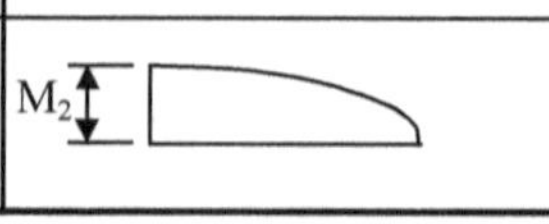	$\frac{5}{12}M_1M_2$

TABLE 2 *Intégrales de Mohr* $\frac{1}{L}\int_0^L M_1 M_2 \, dl$

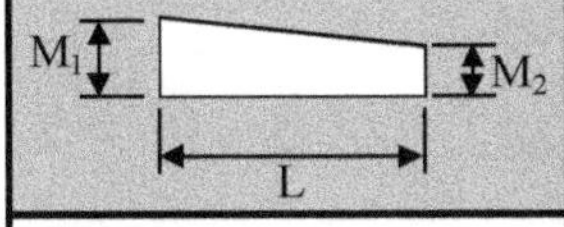	$\frac{1}{3}\left(M_1^2 + M_1 M_2 + M_2^2\right)$	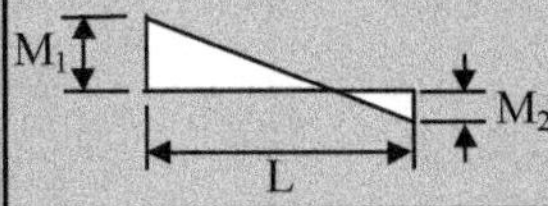	$\frac{1}{3}\left(M_1^2 - M_1 M_2 + M_2^2\right)$
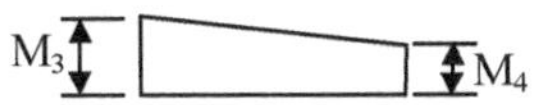	$\frac{1}{6}\begin{bmatrix} 2(M_1M_3 + M_2M_4) \\ +M_1M_4 + M_2M_3 \end{bmatrix}$	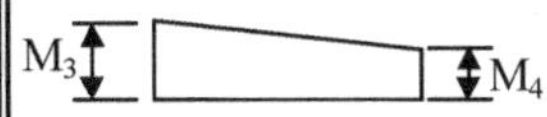	$\frac{1}{6}\begin{bmatrix} 2(M_1M_3 - M_2M_4) \\ +M_1M_4 - M_2M_3 \end{bmatrix}$
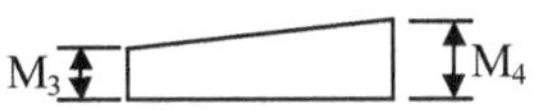	$\frac{1}{6}\begin{bmatrix} M_1(2M_3 + M_4) \\ +M_2(2M_4 + M_3) \end{bmatrix}$	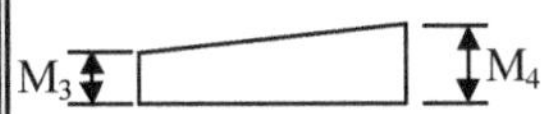	$\frac{1}{6}\begin{bmatrix} 2(M_1M_3 - M_2M_4) \\ +M_1M_4 - M_2M_3 \end{bmatrix}$
	$\frac{1}{6}\begin{bmatrix} 2(M_1M_3 - M_2M_4) \\ +M_2M_3 - M_1M_4 \end{bmatrix}$	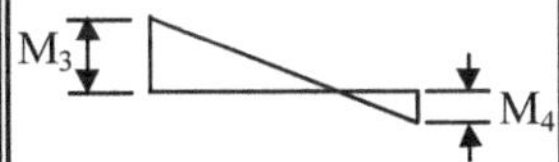	$\frac{1}{6}\begin{bmatrix} 2(M_1M_3 + M_2M_4) \\ -(M_1M_4 + M_2M_3) \end{bmatrix}$
	$\frac{1}{6}M_3(M_1 - M_2)$		$\frac{1}{6}M_3(M_1 + M_2)$
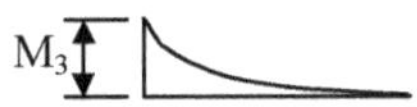	$\frac{1}{12}M_3(3M_1 + M_2)$	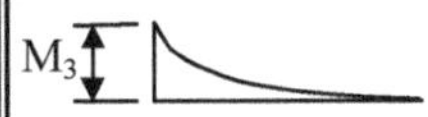	$\frac{1}{12}M_3(3M_1 - M_2)$
	$\frac{1}{12}M_3(M_1 + 3M_2)$		$\frac{1}{12}M_3(M_1 - 3M_2)$
	$\frac{1}{3}M_3(M_1 + M_2)$	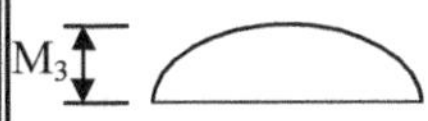	$\frac{1}{3}M_3(M_1 - M_2)$
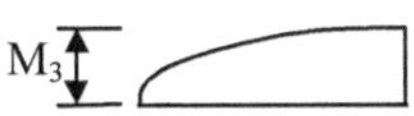	$\frac{1}{12}M_3(3M_1 + 5M_2)$		$\frac{1}{12}M_3(3M_1 - 5M_2)$
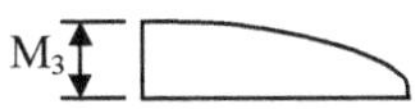	$\frac{1}{12}M_3(5M_1 + 3M_2)$	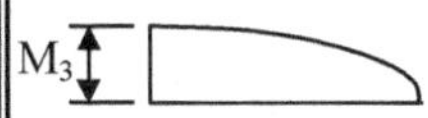	$\frac{1}{12}M_3(5M_1 - 3M_2)$

TABLE 3 *Intégrales de Mohr* $\frac{1}{L}\int_0^L M_1 M_2 \, dl$

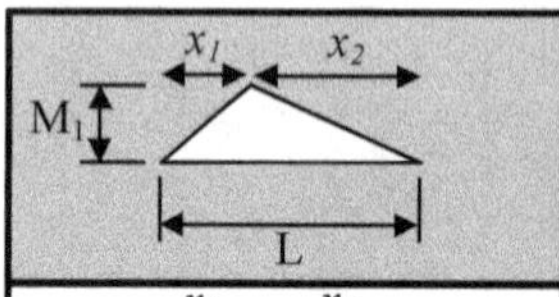	$\frac{1}{3}M_1^2$	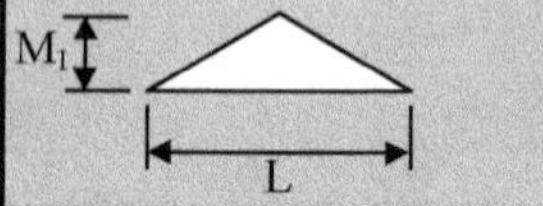	$\frac{1}{3}M_1^2$
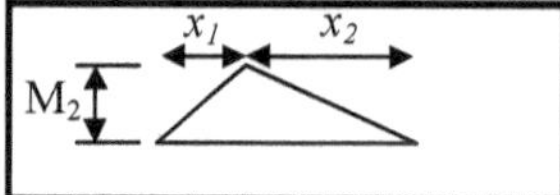	$\frac{1}{3}M_1 M_2$	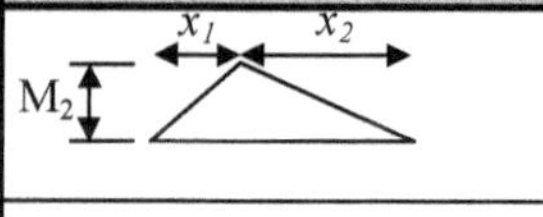	$\frac{M_1 M_2}{2x_2}\left(\frac{L}{2}-\frac{2x_1^2}{3L}\right)$
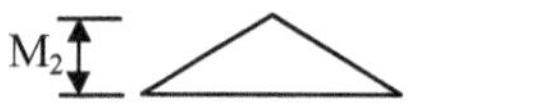	$\frac{M_1 M_2}{2x_2}\left(\frac{L}{2}-\frac{2x_1^2}{3L}\right)$	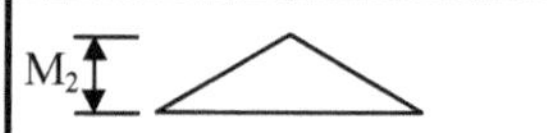	$\frac{1}{3}M_1 M_2$
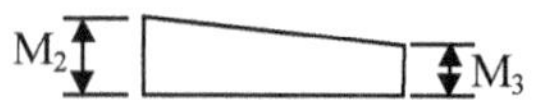	$\frac{M_1}{6}\begin{bmatrix} M_2(1+x_2/L) \\ +M_3(1+x_1/L)\end{bmatrix}$	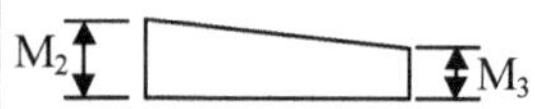	$\frac{1}{4}M_1(M_2+M_3)$
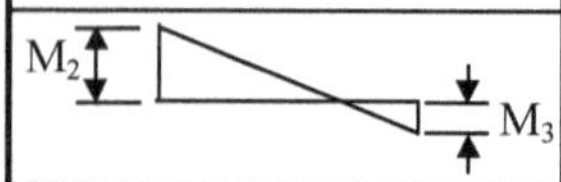	$\frac{M_1}{6}\begin{bmatrix} M_2(1+x_2/L) \\ -M_3(1+x_1/L)\end{bmatrix}$	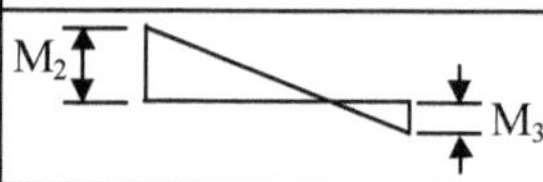	$\frac{1}{4}M_1(M_2-M_3)$
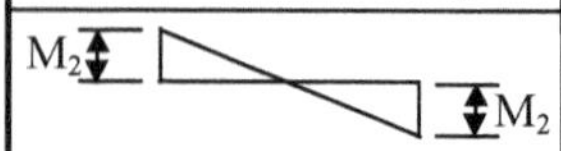	$\frac{M_1 M_2}{6}\frac{(x_2-x_1)}{L}$	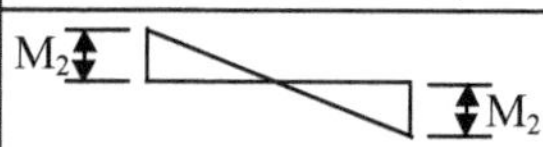	0
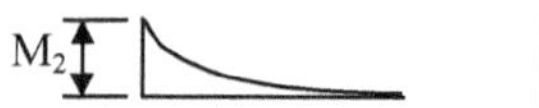	$\frac{1}{12}M_1 M_2\left(\frac{3x_2}{L}+\frac{x_1^2}{L^2}\right)$	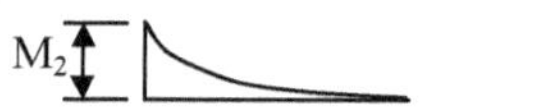	$\frac{7}{48}M_1 M_2$
	$\frac{1}{12}M_1 M_2\left(\frac{3x_1}{L}+\frac{x_2^2}{L^2}\right)$		$\frac{7}{48}M_1 M_2$
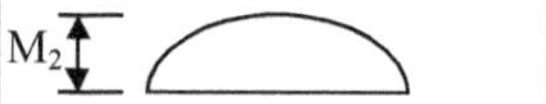	$\frac{1}{3}M_1 M_2\left(1+\frac{x_1 x_2}{L^2}\right)$	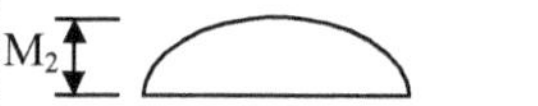	$\frac{5}{12}M_1 M_2$
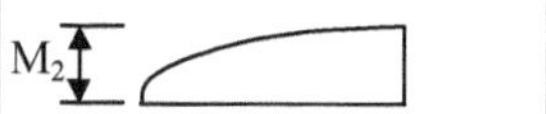	$\frac{1}{12}M_1 M_2\left(3+\frac{3x_1}{L}-\frac{x_1^2}{L^2}\right)$		$\frac{17}{48}M_1 M_2$
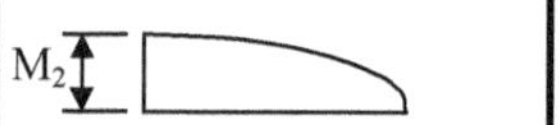	$\frac{1}{12}M_1 M_2\left(3+\frac{3x_2}{L}-\frac{x_2^2}{L^2}\right)$		$\frac{17}{48}M_1 M_2$

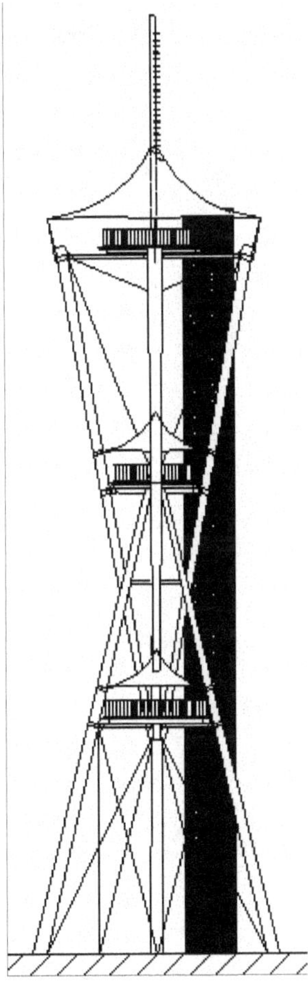

Chapitre 2

Détermination du degré d'hyperstaticité

Illustration au recto :

Tour d'observation à Gedinne, Belgique.
Architecture Dethier & Associés, Liège. Bureau d'étude Ney & Partners, Bruxelles, 2000.

1. DÉFINITION DU DEGRÉ D'HYPERSTATICITÉ

On ne considère dans l'exposé ci-dessous que les ossatures planes chargées dans leur plan.

Lorsqu'on parle du degré d'hyperstaticité, il faut distinguer :

- le degré d'hyperstaticité externe $I_{s,ext}$
- le degré d'hyperstaticité interne $I_{s,int}$
- le degré d'hyperstaticité total I_s

Prenons l'exemple d'un cadre soumis à un cas de charge quelconque. Les trois réactions d'appui peuvent être déduites directement des trois équations d'équilibre, mais les trois efforts internes M, V et N au sein même du cadre restent inconnus. On a donc un degré d'hyperstaticité externe nul mais un degré d'hyperstaticité interne valant trois. Le degré d'hyperstaticité total est alors la somme des deux degrés d'hyperstaticité partiels.

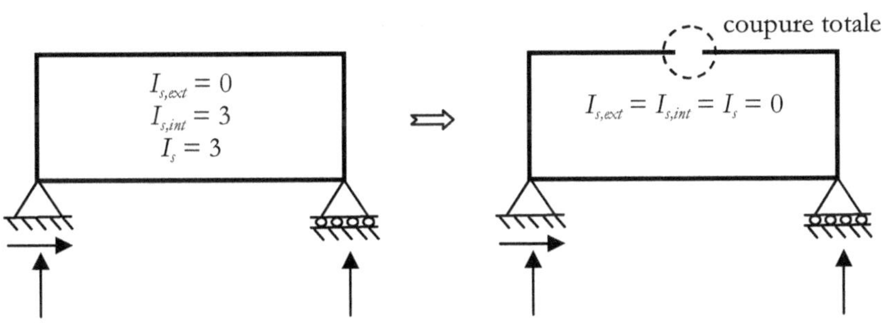

On voit qu'une coupure totale dans le cadre (qui correspond à la réunion de trois dispositifs de libération d'effort, voir chap. 1, §5) transformera celui-ci en une structure isostatique dans laquelle tous les efforts internes pourront être calculés à partir des seules réactions d'appui et des charges. En conclusion :

- ***degré d'hyperstaticité externe*** = nombre de réactions d'appui – 3;
- ***degré d'hyperstaticité total*** = nombre total de *coupures simples* à effectuer dans la structure pour la transformer en une structure complètement isostatique;
- ***degré d'hyperstaticité interne***
  = degré d'hyperstaticité total – degré d'hyperstaticité externe.

La détermination du degré d'hyperstaticité n'est pas toujours immédiate et, que l'on détermine celui-ci de manière intuitive ou systématique, un certain nombre de définitions s'imposent.

2. DÉFINITION D'UNE BARRE (ÉLÉMENT) ET D'UN NŒUD

Le terme *barre* ou *élément* s'applique indistinctement à tout tronçon de structure dont la fibre moyenne ne présente pas de discontinuité et dont la longueur est nettement supérieure à ses dimensions transversales. Une barre pourra avoir une géométrie quelconque (par exemple courbe), être à inertie variable ou non.
Par ailleurs, on appelle *nœud* chacune des extrémités d'une barre. En outre, une barre ne pourra de plus contenir aucun autre nœud intermédiaire.

Un nœud peut être :

➠ **Un point d'appui de la structure**

La structure comporte 6 nœuds et 6 barres.

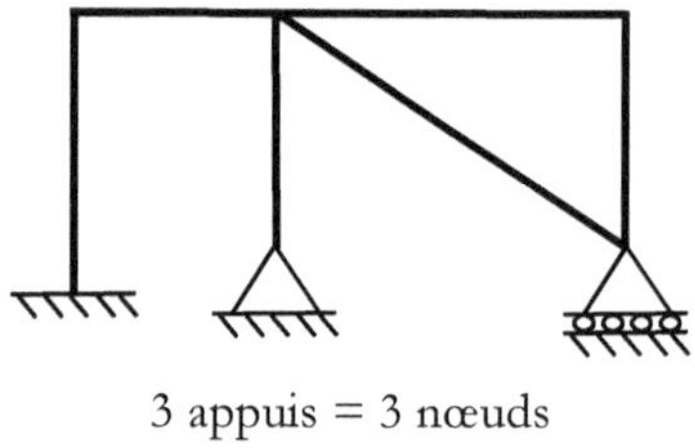

➠ **Un point de discontinuité dans la structure**

La structure comporte 5 nœuds et 4 barres.

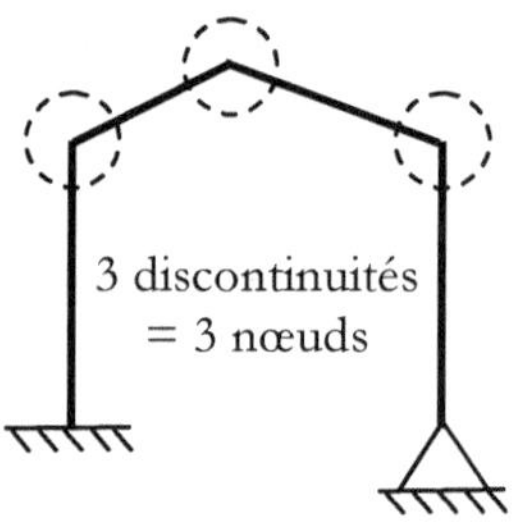

➠ **Tout endroit de la structure où il existe un ou plusieurs dispositifs de libération d'efforts**

La structure comporte 8 nœuds et 7 barres.

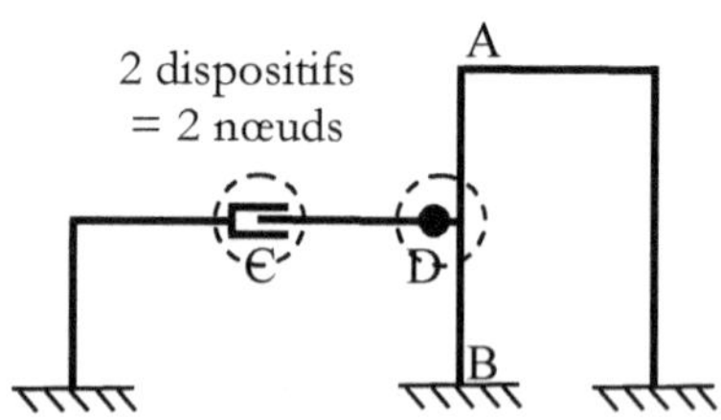

Notons que, dans cet exemple, les barres BD et DA sont solidaires l'une de l'autre. La rotule ne concerne que l'extrémité D de la barre CD. Il faut donc distinguer ce cas de celui où la rotule relierait chacune des barres CD, BD et AD :

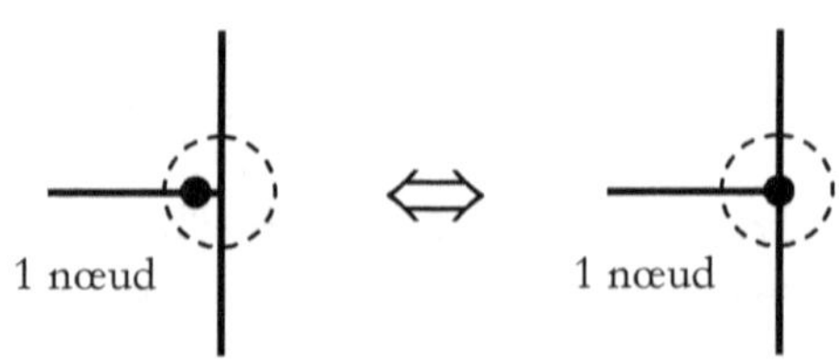

3. PROCÉDURE INTUITIVE DE CALCUL DU DEGRÉ D'HYPERSTATICITÉ

Bien qu'une procédure systématique soit décrite plus loin au §4, il est souvent possible, avec un peu d'habitude, de déterminer très rapidement le degré d'hyperstaticité d'une structure. En effet, le degré d'hyperstaticité total étant égal au nombre de coupures simples à effectuer pour rendre la structure isostatique, il suffira d'introduire ces coupures simples de manière judicieuse pour se ramener à une structure que l'on sait isostatique ou dont on connaît le degré d'hyperstaticité.

Exemple 1 : poutre

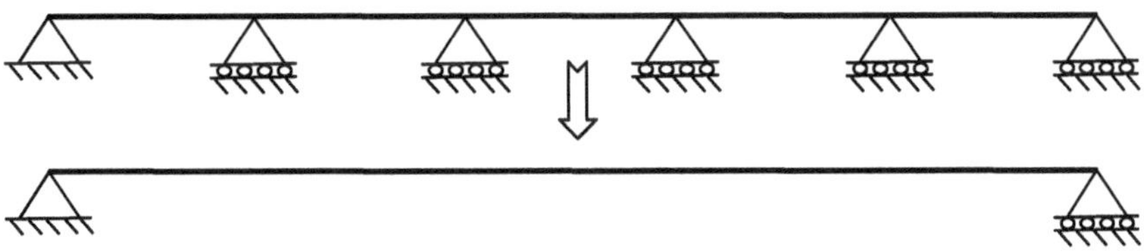

Dans cet exemple, la suppression de 4 appuis à rouleaux transforme la structure en une poutre isostatique sur deux appuis. Le degré d'hyperstaticité vaut donc 4.

Exemple 2 : portique à plusieurs étages

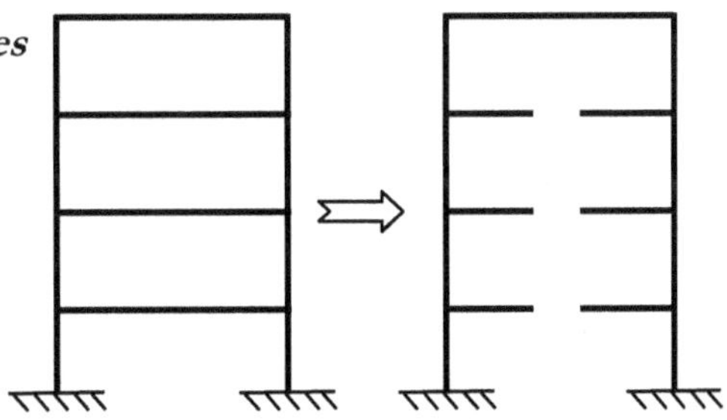

Ici, une coupure totale (suppression de 3 efforts internes) dans 3 éléments horizontaux ramène la structure à un portique d'hyperstaticité 3. Le degré d'hyperstaticité total vaut donc
3 + 3*3 = 12.

Exemple 3 : structure haubanée

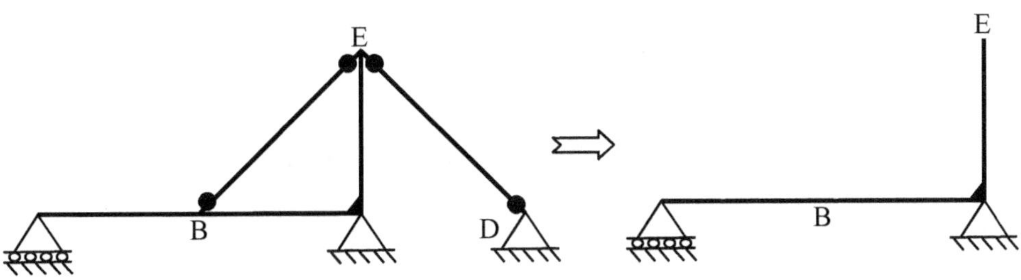

Dans la structure ci-dessus, les éléments BE et ED possèdent des rotules à leurs extrémités. En considérant qu'ils ne sont soumis à aucune charge sur leur longueur, ils ne peuvent donc être le siège que d'un seul type d'effort : l'effort normal. Le degré d'hyperstaticité total vaut donc 2 car la suppression de BE et ED transforme le tout en une structure isostatique.

Exemple 4 : multi portique

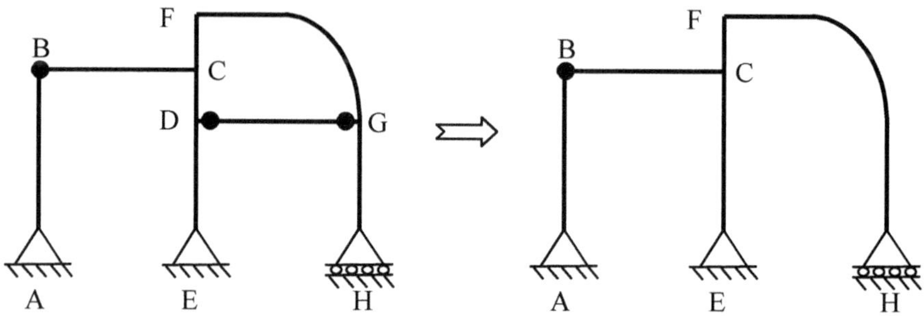

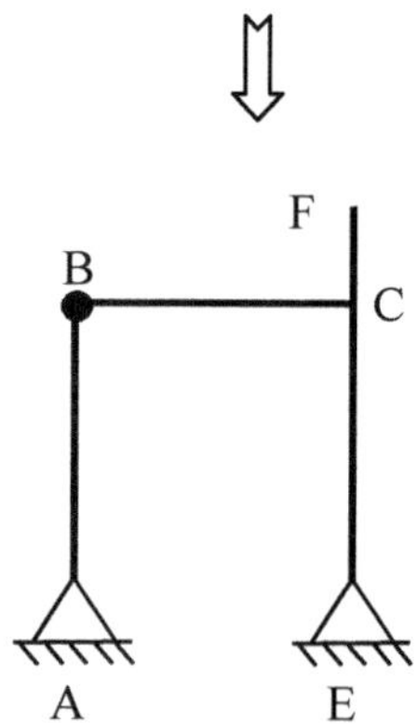

Si aucune charge ne s'applique sur l'élément DG lui-même, il ne peut être le siège que d'un effort normal. Sa suppression diminue donc de 1 le degré d'hyperstaticité de la structure.

Par ailleurs, si l'unique réaction en H est connue, tous les efforts internes dans l'élément FH peuvent être déterminés. La suppression de l'élément FH diminue donc lui aussi de un le degré d'hyperstaticité de la structure. La structure ainsi obtenue étant isostatique (de type portique à 3 rotules), il en résulte que la structure initiale est 2 fois hyperstatique.

4. PROCÉDURE SYSTÉMATIQUE DE CALCUL DU DEGRÉ D'HYPERSTATICITÉ

La détermination déductive du degré d'hyperstaticité nécessite une gymnastique intellectuelle qui peut devenir hasardeuse lorsque la structure est complexe. Il est dès lors utile de disposer d'une méthode systématique pour le calcul de celui-ci.

Nous avons vu au §1 que le degré d'hyperstaticité total est égal au nombre de coupures simples à effectuer dans la structure pour la transformer en une structure complètement isostatique. Ce nombre de coupures simples correspond évidemment au nombre d'efforts (internes ou réactions d'appui) que les trois équations de la statique appliquées à la structure entière ne permettent pas de calculer. Il faut dès lors déterminer :

- le nombre total d'équations d'équilibre disponibles N_e ;
- le nombre total d'efforts inconnus N_i (réactions d'appui et/ou efforts internes).

➠ **Détermination du nombre N_e d'équations d'équilibre disponibles**

La structure étant à l'équilibre, chacun de ses nœuds l'est aussi. On peut donc écrire les trois équations d'équilibre en chacun de ceux-ci :

- équilibre horizontal;
- équilibre vertical;
- équilibre de rotation.

Si le paramètre n désigne le nombre total de nœuds de la structure, on dispose donc en principe de $3n$ équations d'équilibre.

Mais, si un nœud est, par exemple, une rotule *pour chacune des barres qu'il relie* [1], l'équilibre de rotation en ce nœud perd tout son sens [2] et il ne reste que deux équations d'équilibre en ce nœud. On définit donc un paramètre m qui représente le nombre total d'équations inexploitables dues à la présence d'un tel dispositif. De même, si on considère deux barres reliées par une coulisse normale, m=1 en ce nœud puisque les efforts normaux y sont a priori nuls.

En résumé, **m vaut 1 en un nœud si l'effort considéré (M, V ou N) est a priori nul à l'extrémité de <u>chaque</u> barre joignant ce nœud.**

Finalement, le nombre d'équations disponibles vaut :

$$N_e = 3n - m$$

- N_e : Nombre d'équations disponibles
- n : Nombre total de nœuds
- m : Nombre d'équations inexploitables

[1] Dans le troisième cas du §2, la rotule ne relie qu'une seule des trois barres du nœud D (l'horizontale) : le paramètre m y vaut alors zéro.

[2] De par la nature même de la rotule, les barres qu'elle relie ne peuvent exercer aucun couple sur le nœud. L'équilibre est donc une identité 0 = 0 inutile.

➟ Détermination du nombre total d'efforts inconnus

Si aucun dispositif (annulant un effort interne ou une réaction d'appui) n'est présent aux extrémités d'une barre, il y a trois efforts à déterminer à chaque extrémité :

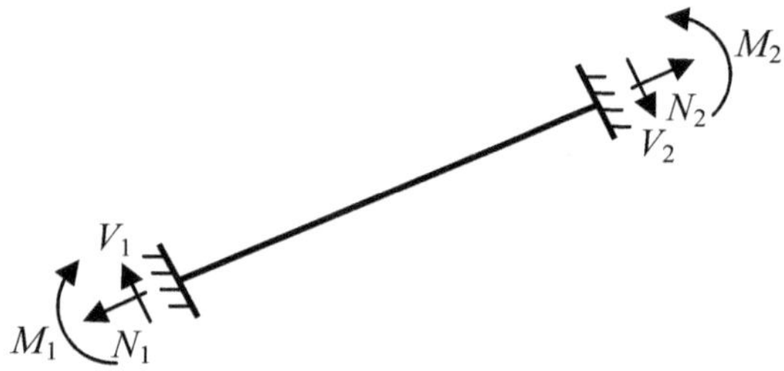

Si trois de ces six efforts sont déterminés, les trois autres peuvent être obtenus immédiatement par application des trois équations d'équilibre de la statique. Si ***b*** est le nombre total de barres de la structure et ***r*** le nombre de réactions d'appui, il y a donc, a priori, ***(3b + r)*** inconnues à déterminer.

Mais, si l'extrémité d'une barre est constituée d'une rotule, d'une coulisse normale ou d'une glissière tangente, l'effort correspondant (respectivement *M*, *N* ou *V*) y est nul et il n'y a plus que deux efforts à déterminer à cette extrémité, donc une inconnue en moins. Si ***e*** est le nombre d'efforts d'extrémités de barres annulés par l'un de ces dispositifs, on aura :

$$N_i = 3b + r - e$$

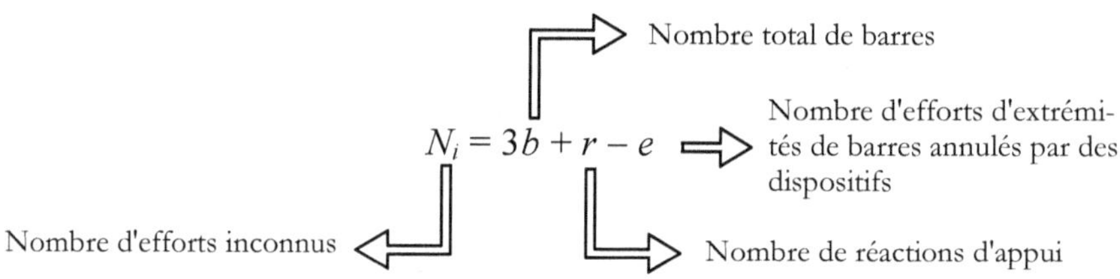

➟ Finalement, le degré d'hyperstaticité total I_s d'une structure plane vaut donc :

$$I_s = N_i - N_e = (3b + r - e) - (3n - m)$$

Des définitions sous-jacentes à l'établissement de la formule ci-dessus, on déduit les cas suivants :

$m = 0$, $e = 0$

$m = 1$, $e = 2$

$m = 1$, $e = 1$

$m = 2$, $e = 2$

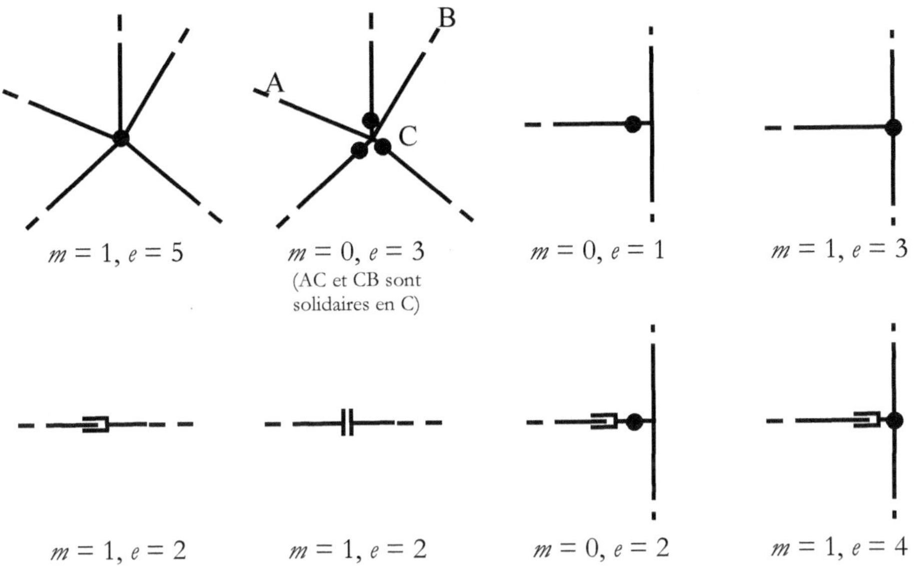

Remarques :

- pour les poutres horizontales chargées verticalement, les réactions d'appui horizontales et l'effort normal sont inexistants. La relation s'écrit alors :

$$I_s = (2b + r - e) - (2n - m)$$

- dans les barres des treillis, seul l'effort normal est non nul. De plus, au niveau des appuis, la réaction de moment est inexistante. On peut donc en déduire la relation suivante :

$$I_s = b + r - 2n$$

- nous verrons dans le chapitre 4 que le degré d'hyperstaticité *effectif* d'une structure symétrique peut, si on tient compte de cette symétrie, être diminué d'une ou plusieurs unités.

5. HYPOSTATICITÉ, MÉCANISMES

Une structure hypostatique est une structure instable [3] qui, sous l'application des charges ou sous le simple effet de son poids propre, se transforme en un mécanisme dont la géométrie peut être très différente de la géométrie initiale.

[3] Par instable on entend *mobile*, ce qui n'a aucun lien avec le phénomène de flambement.

Exemple :

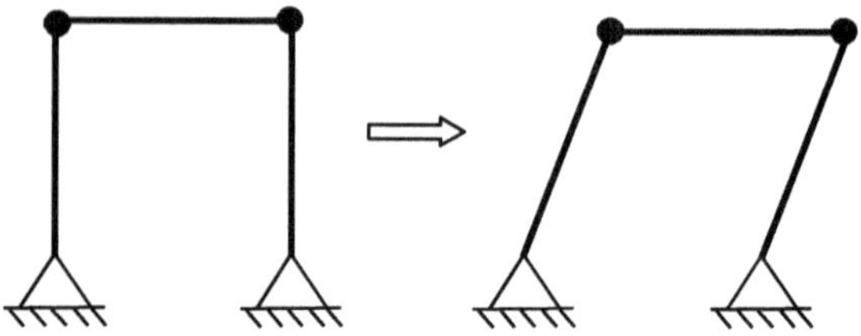

Il faut toujours garder à l'esprit qu'une structure peut comporter un mécanisme alors que son degré d'hyperstaticité total est nul ou même positif.
Il suffit pour cela qu'une partie de la structure soit hyperstatique et une autre partie hypostatique, conduisant ainsi à un degré d'hyperstaticité total positif ou nul. **L'isostaticité globale n'est donc pas une condition suffisante à la stabilité d'une structure**.

Par exemple, la structure ci-contre possède un degré d'hyperstaticité total égal à 2 mais est mobile sous l'effet de charges latérales.

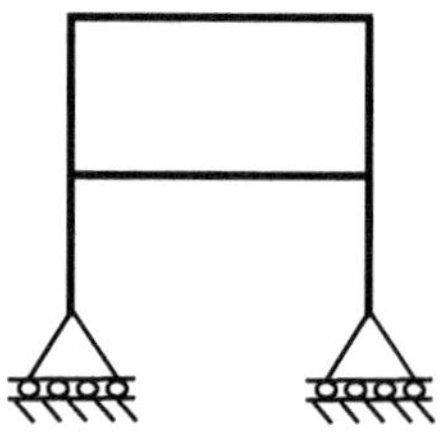

6. AVANTAGES ET INCONVÉNIENTS DE L'HYPERSTATICITÉ ET DE L'ISOSTATICITÉ

Les structures isostatiques sont insensibles, en termes d'efforts internes générés, aux variations de température et aux mouvements d'appuis (voir chapitres 5 et 7), ce qui peut être un grand avantage dans certaines situations. Ce n'est par contre pas le cas des structures hyperstatiques qui pourront être le siège d'efforts internes importants lorsqu'elles sont soumises à de telles actions.

Cependant, les structures hyperstatiques nécessitent en général moins de matière car les efforts y sont mieux répartis et globalement plus faibles. Elles sont plus résistantes à des sollicitations exceptionnelles comme les séismes, les incendies ou les explosions car elles comportent une réserve de résistance [4] qui consiste à profiter de la plastification des sections sans mettre en cause la stabilité globale de la structure. Elles permettent aussi de limiter les déformations.

D'autres paramètres peuvent en outre intervenir dans le choix du type de structure : la facilité de conception et de réalisation des assemblages, la facilité du transport [5], le type de matériau utilisé, etc.

[4] Les structures hyperstatiques en béton précontraint sont un cas particulier car elles peuvent, en cas de disparition d'un seul appui, atteindre un état de rupture.

[5] Par exemple, les deux parties d'un arc en bois peuvent être transportées séparément et assemblées sur chantier via des rotules aux appuis et à la clé, ce qui en fera un arc isostatique.

7. EXEMPLES

Exemple 1

On propose de calculer le degré d'hyperstaticité des structures suivantes :

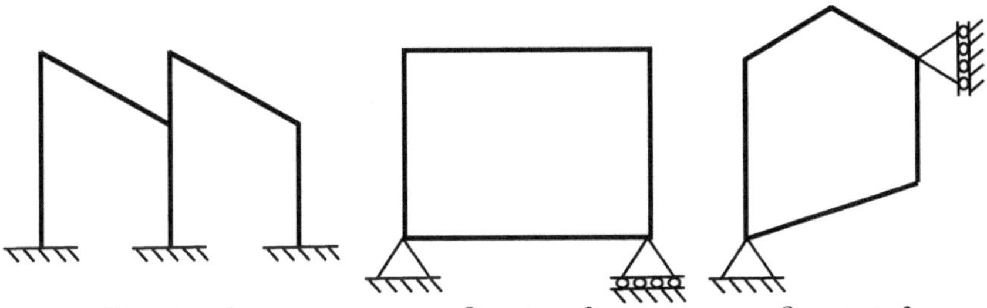

Structure 1 Structure 2 Structure 3

➠ **Nombre de réactions d'appui (*r*)**

- **structure 1 :** 3 appuis encastrés $\Rightarrow$ $\boldsymbol{r = 3 * 3 = 9}$
- **structure 2 :** 1 appui à rotule + 1 appui à rouleaux
  $\Rightarrow$ $\boldsymbol{r = 2 + 1 = 3}$
- **structure 3 :** 1 appui à rotule + 1 appui à rouleaux
  $\Rightarrow$ $\boldsymbol{r = 2 + 1 = 3}$

➠ **Nombre *e* d'efforts annulés aux extrémités des barres et valeurs de *m***

Comme il n'existe pour les trois structures aucune barre pourvue à ses extrémités d'un dispositif au droit duquel l'un des efforts est nul a priori, on peut affirmer que $m = e = 0$.

➠ **Les degrés d'hyperstaticité respectifs des quatre structures sont donc les suivants :**

- **structure 1** : $I_s = (3b+r-e) - (3n-m) = (3*6+9-0) - (3*7-0) = \mathbf{6}$
- **structure 2** : $I_s = (3b+r-e) - (3n-m) = (3*4+3-0) - (3*4-0) = \mathbf{3}$
- **structure 3** : $I_s = (3b+r-e) - (3n-m) = (3*5+3-0) - (3*5-0) = \mathbf{3}$

Exemple 2

On propose de calculer le degré d'hyperstaticité des structures suivantes :

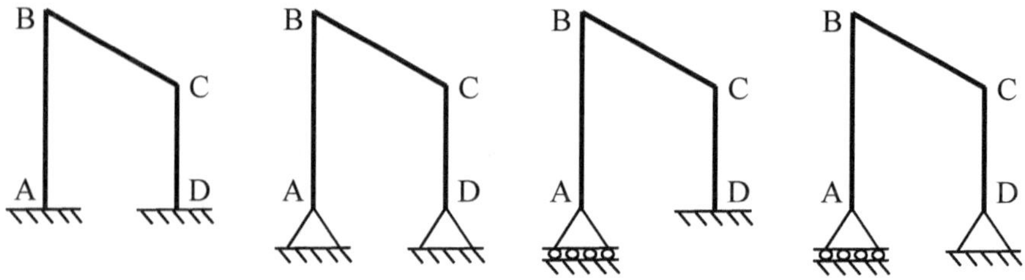

Structure 1 Structure 2 Structure 3 Structure 4

Quel sera l'effet de l'introduction d'une rotule en C ?

Tout d'abord remarquons que le nombre de nœuds et de barres est le même pour les 4 structures : $n = 4$, $b = 3$.

➠ Nombre de réactions d'appui (r)

- **structure 1** : 2 appuis encastrés ⇒ $r = 2*3 = 6$
- **structure 2** : 2 appuis à rotule ⇒ $r = 2*2 = 4$
- **structure 3** : 1 appui encastré + 1 appui à rouleaux ⇒ $r = 3 + 1 = 4$
- **structure 4** : 1 appui à rouleaux +1 appui à rotule ⇒ $r = 1 + 2 = 3$

➠ Nombre d'efforts annulés aux extrémités des barres (e)

- **structure 1** : aucun dispositif de libération d'effort ⇒ $e = 0$
- **structure 2** : 2 appuis à rotule ⇒ M annulé en A et D ⇒ $e = 2$
- **structure 3** : 1 appui à rouleaux ⇒ M, V annulés en A ⇒ $e = 2$
- **structure 4** : 1 appui à rouleaux +1 appui à rotule ⇒ $e = 2+1 = 3$

➠ Nombre d'équations inexploitables aux nœuds (m)

On sait que $m = 1$ en un nœud si l'un des trois efforts (M, N ou V) est a priori nul à l'extrémité de *chaque* barre ayant ce nœud comme extrémité. **Donc, si une seule barre arrive en un nœud, alors $m = e$ en ce nœud.** En conclusion, il y a égalité entre m et e pour les 4 structures ci-dessus .

➠ **Finalement, les degrés d'hyperstaticité respectifs des 4 structures sont les suivants :**

- **structure 1** : $I_s = (3b+r-e) - (3n-m) = (9+6-0) - (12-0) = \mathbf{3}$
- **structure 2** : $I_s = (3b+r-e) - (3n-m) = (9+4-2) - (12-2) = \mathbf{1}$
- **structure 3** : $I_s = (3b+r-e) - (3n-m) = (9+4-2) - (12-2) = \mathbf{1}$
- **structure 4** : $I_s = (3b+r-e) - (3n-m) = (9+3-3) - (12-3) = \mathbf{0}$ (isostatique)

Si on introduit une rotule en C, on impose un moment nul à l'extrémité des barres BC et DC et donc $e = 2$ et $m = 1$ en C. Le degré d'hyperstaticité des structures est donc diminué d'un facteur $(e-m) = 1$. Les structures 2 et 3 deviennent isostatiques tandis que la structure 4 devient hypostatique c'est-à-dire dans un état de non équilibre.

La structure des piscines du Blocry à Louvain-la-Neuve (Belgique) est un exemple typique de structure à nœuds rigides. *(Architecte Goelhen, Photo de l'auteur).*

Exemple 3

On propose de calculer le degré d'hyperstaticité des structures suivantes :

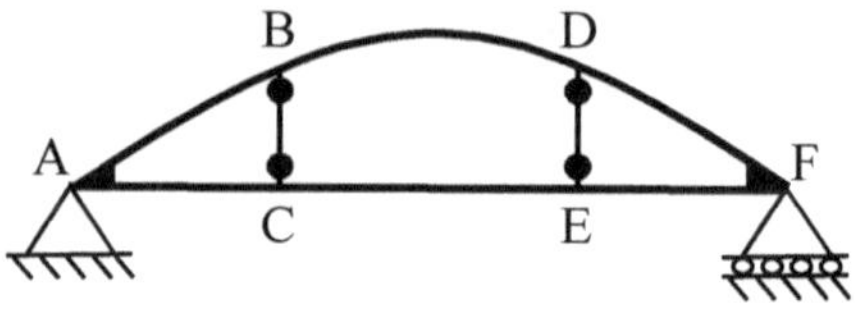

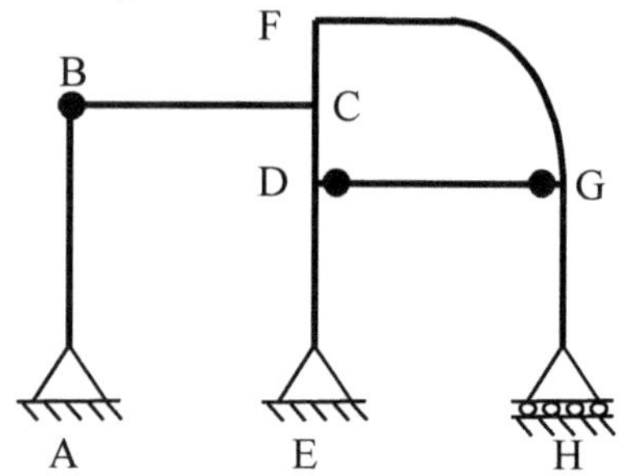

➠ **Structure 1 :** en chaque nœud B, C, D et E, *e* vaut 1 puisque les rotules annulent le moment fléchissant aux extrémités des barres BC et DE. Aux nœuds A et F, *e* est nul puisqu'il y a continuité de la structure en ces nœuds. En ce qui concerne le terme *m*, il est nul partout puisqu'il n'existe aucun nœud où un même effort est annulé aux extrémités respectives de toutes les barres qui le joignent. Par ailleurs il existe $r=3$ réactions d'appui.

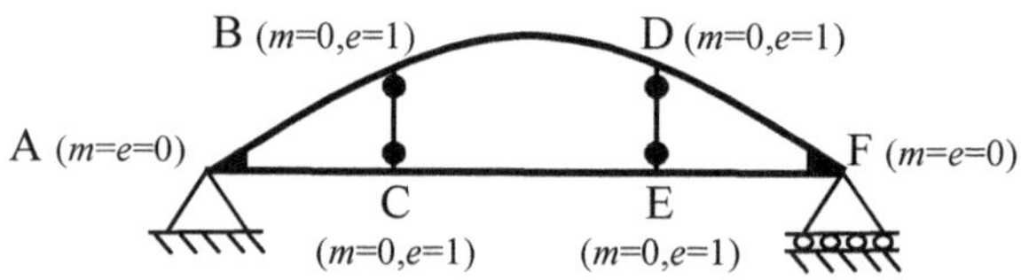

Le degré d'hyperstaticité de la structure vaut donc :

$$(3b+r-e)-(3n-m)=(3*8+3-4)-(3*6-0)=5$$

➠ **Structure 2**

Le degré d'hyperstaticité de la structure vaut :

$$(3b+r-e)-(3n-m)$$
$$=(3*8+5-8)-(3*8-5)=2$$

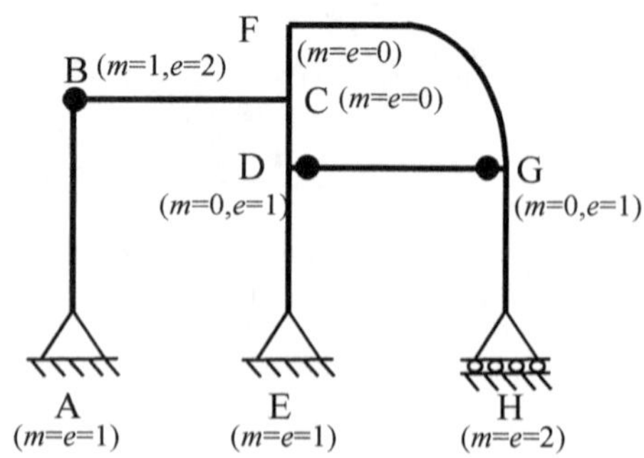

Exemple 4

On propose de calculer le degré d'hyperstaticité des structures suivantes :

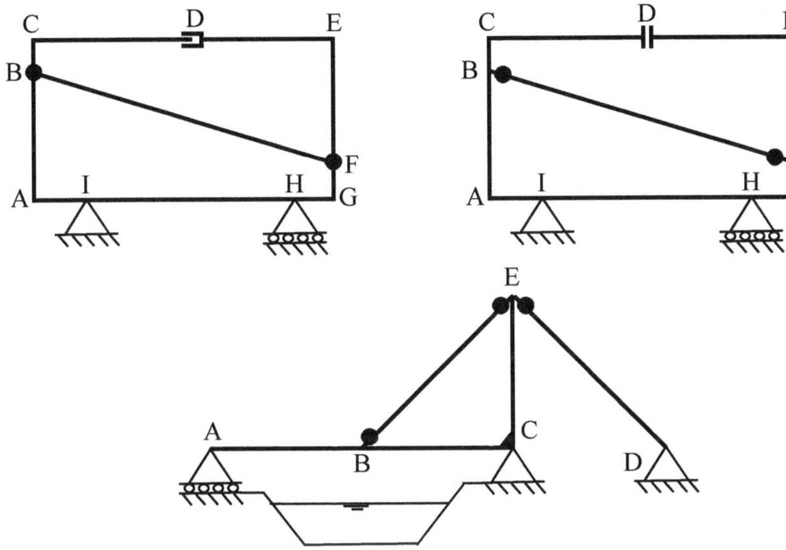

➟ Structure 1

Le degré d'hyperstaticité de la structure vaut :

$(3b+r-e) - (3n-m)$
$= (3*10+3-8) - (3*9-3) = 1$

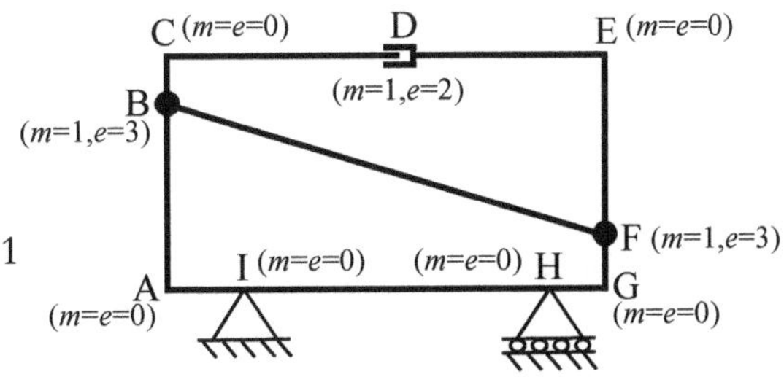

➟ Structure 2

Le degré d'hyperstaticité de la structure vaut :

$(3b+r-e) - (3n-m)$
$= (3*10+3-4) - (3*9-1) = 3$

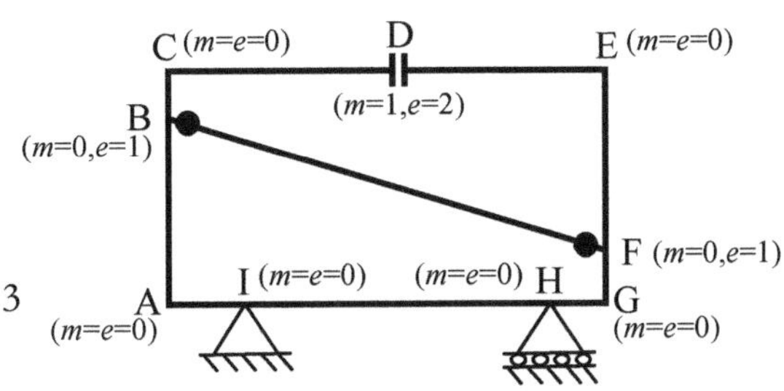

➠ Structure 3

Les deux rotules situées en E annulent le moment fléchissant non seulement à l'extrémité E des barres BE et DE (qui modélisent des câbles), mais aussi à l'extrémité de la barre CE. Conceptuellement, on ne change donc absolument rien dans la répartition des efforts si on remplace ces deux rotules par une rotule unique reliant les trois barres en E :

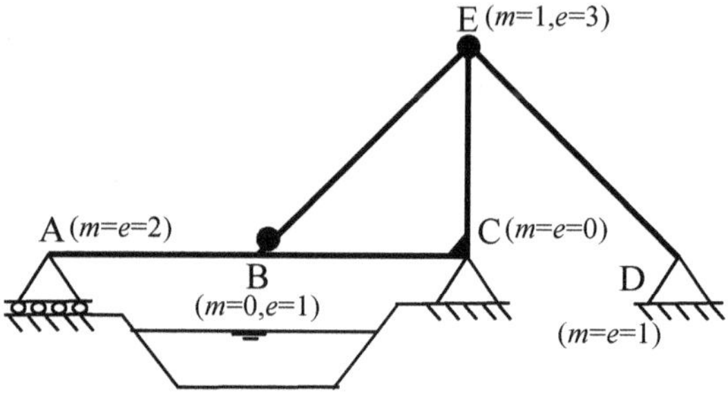

Le degré d'hyperstaticité de la structure vaut :

$$(3b+r-e) - (3n-m) = (3*5+5-7) - (3*5-4) = 2$$

Chapitre 3

Levée d'hyperstaticité : la méthode des forces

Illustration au recto :

Passerelle sur le Rhin entre Strasbourg et Kehl.
Architecture et ingéniérie Marc Mimram, Paris, 2004.

1. AVERTISSEMENT

Il est clair qu'aujourd'hui, l'ingénieur aura le plus souvent recours à un logiciel de calcul plutôt qu'à une levée d'hyperstaticité manuelle, même pour une structure hyperstatique très simple. La méthode des forces [1], aussi appelée méthode des coupures, indispensable à l'ingénieur qui réalisait des études de stabilité sans ordinateur jusque dans les années 1970 ou 1980, a aujourd'hui un intérêt plus pédagogique que pratique. Elle reste toutefois indispensable à l'acquisition d'une bonne maîtrise de la mécanique des structures et contribue sans aucun doute à une utilisation réfléchie des logiciels de calcul et à une interprétation sans équivoque des résultats qu'ils procurent.

2. LE PRINCIPE DE SUPERPOSITION

La levée d'hyperstaticité par la méthode des forces repose sur un principe fondamental de l'analyse des structures : le principe de superposition.
Si on admet, d'une part, que la géométrie déformée d'une structure reste très proche de la géométrie initiale [2] et, d'autre part, que la loi de Hooke est applicable (assurant une relation linéaire entre les contraintes et les déformées, voir chapitre 1, §7) [3], le principe de superposition s'énonce comme suit :

> ***Les effets statiques engendrés sur une structure par une combinaison d'actions sont égaux à la somme des effets statiques engendrés sur cette même structure par chaque action prise séparément.***

Par *effet*, on entend un effort interne, une réaction d'appui, une contrainte, un déplacement, etc.
Par *action*, on entend une force, une charge répartie, une action thermique, un mouvement d'appui, etc.

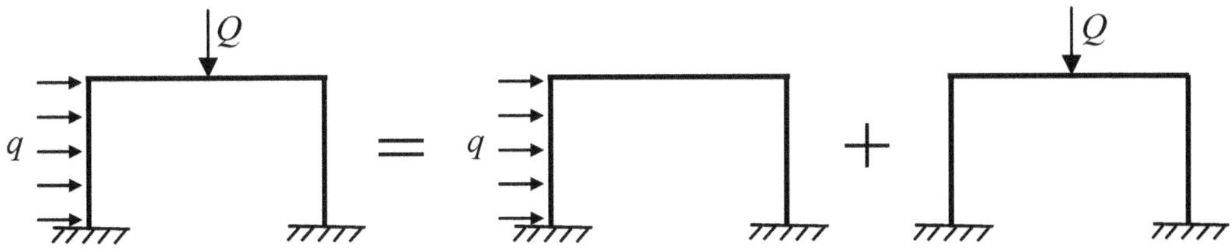

[1] Ou d'autres : méthode de Cross, méthode des rotations (à l'origine de la méthode des déplacements), ...

[2] C'est l'hypothèse de base du calcul au premier ordre (voir chapitre 1, §12), appelée *hypothèse de linéarisation géométrique.*

[3] Cette hypothèse est approximative pour certains matériaux comme le béton.

3. LA METHODE DES FORCES

On sait que le degré d'hyperstaticité total d'une structure est égal au nombre de coupures simples nécessaires à la rendre isostatique (voir chapitre 2). Rappelons que, par coupure simple, on entend l'introduction d'*un* dispositif de libération d'effort interne (qui annule *un* effort interne : moment fléchissant ou effort tranchant ou effort normal) ou la suppression d'*une* réaction d'appui.

Si on définit X_i comme étant l'effort interne (M, V ou N) ou la réaction d'appui extériorisée par la coupure simple i, le principe de superposition permet de décomposer la structure hyperstatique de degré $I_s = n$ en une superposition de $(n+1)$ structures isostatiques. Voici un exemple :

Dans la structure ci-dessous, hyperstatique de degré un, on effectue une *coupure simple* au niveau de l'appui gauche en supprimant cet appui qui n'est le siège que d'une seule réaction notée X_1. La structure ainsi obtenue est nommée *structure isostatique de référence* et sert de base à la suite du calcul. En termes d'effets, la structure hyperstatique de base est donc équivalente à la superposition :

- de la *structure isostatique de référence*, soumise au chargement de base;
- de la *structure isostatique de référence* soumise à la force X_1 encore inconnue ou, ce qui est équivalent, de cette même structure soumise à un effort unitaire mais multiplié par la valeur X_1.

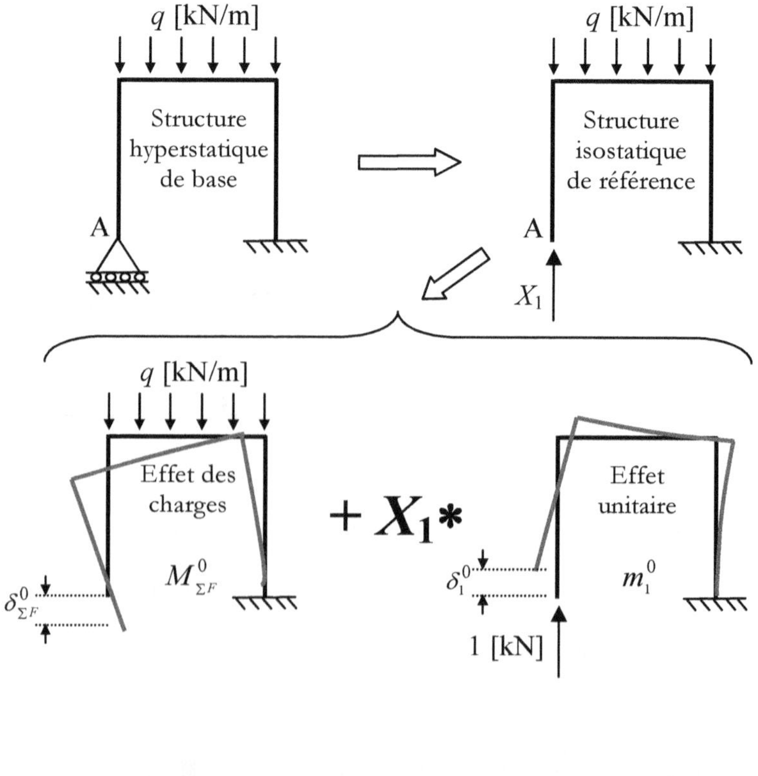

L'effort X_1 (dans ce cas précis : la réaction d'appui) reste évidemment à déterminer. On l'appelle *inconnue hyperstatique.*

Pour calculer X_1, il suffit d'écrire **l'équation de compatibilité relative à la coupure**. La signification physique de cette équation est simple : dans la structure hyperstatique de base, la présence de l'appui à rouleaux **empêche tout déplacement vertical du point A** et l'équation de compatibilité s'écrit dès lors :

$$X_1 \, \delta_1^0 + \delta_{\Sigma F}^0 = 0$$

Dans cette expression, et en vertu du théorème de la force unité (voir chap. 1, §9),

- $\delta_{\Sigma F}^0 = \int \frac{M_{\Sigma F}^0 m_1^0}{EI} dl$ représente le déplacement vertical du point A dans la structure isostatique de référence soumise au chargement de base (négatif dans notre exemple puisqu'il se produit dans le sens opposé à l'effort unitaire introduit);
- $\delta_1^0 = \int \frac{m_1^0 m_1^0}{EI} dl$ représente le déplacement vertical du point A dans la structure isostatique de référence soumise à effort unitaire (positif dans notre exemple puisqu'il se produit dans le même sens que l'effort unitaire introduit);
- $X_1 \delta_1^0 + \delta_{\Sigma F}^0$ représente, en vertu du principe de superposition, le déplacement vertical du point A dans la structure hyperstatique de base. **Ce déplacement est nul** vu la présence de l'appui à rouleaux.

4. NOTATIONS

Les notations suivantes seront utilisées :

$S_{\Sigma F}^3$: structure hyperstatique de degré 3 soumise à un cas de charge quelconque;

$M_{\Sigma F}^3$: diagramme des moments relatif à $S_{\Sigma F}^3$;

$S_{\Sigma F}^0$: structure isostatique de référence soumise aux mêmes charges que $S_{\Sigma F}^3$;

$M_{\Sigma F}^0$: diagramme des moments relatif à $S_{\Sigma F}^0$;

S_1^0 : structure isostatique de référence soumise à l'effort unitaire n°1;

m_1^0 : diagramme des moments relatif à S_1^0 ;

m_2^0 : diagramme des moments relatif à S_2^0 .

5. CAS GENERAL D'UNE STRUCTURE S^n DE DEGRE D'HYPERSTATICITE $I_s = n$

Pour transformer une structure hyperstatique de degré quelconque *n* en une superposition de (*n*+1) structures isostatiques, il faudra y effectuer *n* coupures simples. Si X_1, .., X_i, .., X_n sont les *n* efforts extériorisés par ces coupures, le principe de superposition permet de décomposer la structure hyperstatique de base en *n* structures isostatiques de référence soumises chacune à effort unitaire et une structure isostatique de référence soumise au chargement de base.

Symboliquement : $S^n_{\Sigma F} = S^0_{\Sigma F} + \sum_{i=1}^{n} X_i S^0_i$

Si, au droit de la coupure *i*, on exprime que le déplacement, absolu ou relatif, est nul, on obtient l'équation suivante :

$$\delta^0_{i,\Sigma F} + \sum_{j=1}^{n} X_j \delta^0_{ij} = 0 \qquad \text{avec} \quad \begin{cases} \delta^0_{i,\Sigma F} = \int \frac{M^0_{\Sigma F} m^0_i}{EI} dl \\ \delta^0_{ij} = \int \frac{m^0_i m^0_j}{EI} dl \end{cases}$$

Cette équation, dont le principe est illustré à la page suivante, est telle que :

- $\delta^0_{i,\Sigma F} = \int \frac{M^0_{\Sigma F} m^0_i}{EI} dl$ représente le déplacement absolu ou relatif au droit de la coupure *i* dans la structure isostatique de référence soumise au chargement de base;

- $\delta^0_{ij} = \int \frac{m^0_i m^0_j}{EI} dl$ représente le déplacement absolu ou relatif au droit de la coupure *i* dans la structure isostatique de référence soumise à l'effort unitaire d'indice *j*.

Notons que l'expression même des déplacements montre que $\delta_{ij} = \delta_{ji}$.

Si on écrit les *n* équations de compatibilité relatives aux *n* coupures, on obtient un système de *n* équations linéaires dont les inconnues sont les *n* efforts X_i :

$$\begin{pmatrix} \delta^0_{11} & \delta^0_{12} & .. & .. & \delta^0_{1n} \\ \delta^0_{21} & \delta^0_{22} & .. & .. & \delta^0_{2n} \\ .. & .. & & & .. \\ .. & .. & & & .. \\ \delta^0_{n1} & \delta^0_{n2} & .. & .. & \delta^0_{nn} \end{pmatrix} \begin{pmatrix} X_1 \\ X_2 \\ \\ \\ X_n \end{pmatrix} + \begin{pmatrix} \delta^0_{1,\Sigma F} \\ \delta^0_{2,\Sigma F} \\ \\ \\ \delta^0_{n,\Sigma F} \end{pmatrix} = \begin{pmatrix} 0 \\ 0 \\ \\ \\ 0 \end{pmatrix}$$

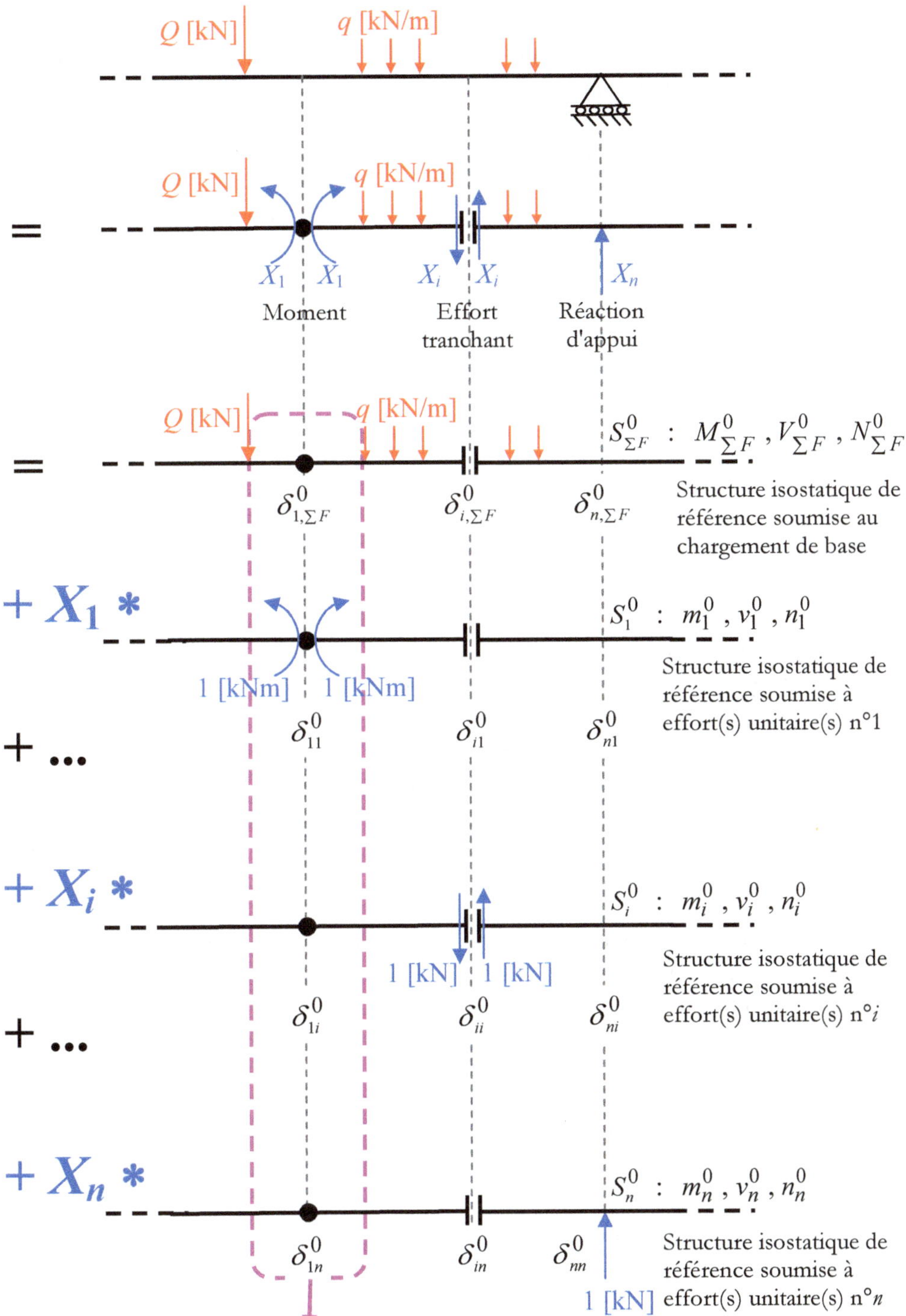

1ère *équation du système* : $\delta^0_{1,\Sigma F} + \sum_{j=1}^{n} X_j \, \delta^0_{1,j} = 0$

Le système étant résolu, le diagramme de M, V ou N relatif à la structure hyperstatique de base s'obtiendra par la superposition :

- des n diagrammes relatifs aux n structures isostatiques de référence soumises à chargement unitaire, pondérés par leur cœfficient X_j ;
- du diagramme de la structure isostatique de référence soumise au chargement de base.

$$\text{Soit donc :}\quad \begin{cases} M^n_{\Sigma F} = M^o_{\Sigma F} + \sum\limits_{j=1}^{n} X_j\, m^0_j \\ V^n_{\Sigma F} = V^o_{\Sigma F} + \sum\limits_{j=1}^{n} X_j\, v^0_j \\ N^n_{\Sigma F} = N^o_{\Sigma F} + \sum\limits_{j=1}^{n} X_j\, n^0_j \end{cases}$$

6. CALCUL DU DEPLACEMENT RECTILIGNE OU ANGULAIRE DANS UNE STRUCTURE HYPERSTATIQUE : THEOREME DE PASTERNAK

Le théorème de la force unité (voir chapitre 1, §9) permet de calculer le déplacement d'un point d'une structure isostatique en considérant celle-ci conjointement à une autre structure, de géométrie identique, mais soumise à un effort unitaire dirigé dans le sens du déplacement recherché.

Cela signifie que, si la structure est hyperstatique et si l'on applique ce théorème, on devrait donc calculer les efforts internes en effectuant une levée d'hyperstaticité non seulement sur la structure soumise au chargement de base mais aussi, une seconde fois, sur cette même structure soumise à l'effort unitaire.

Fort heureusement, le *théorème* de *Pasternak* stipule que le théorème de la force unité reste d'application lorsque la structure soumise à l'effort unitaire est **rendue isostatique de façon quelconque**. Cette propriété est évidemment tout à fait remarquable car :

$$\delta = \int \frac{M^n_{\Sigma F}\, m^n_1}{EI}\, dl \quad \text{peut se simplifier en} \quad \delta = \int \frac{M^n_{\Sigma F}\, m^0_1}{EI}\, dl$$

(ceci s'applique aussi aux déformations éventuelles dues à V et N)

Dans ces expressions :

- $M^n_{\Sigma F}$ est le diagramme des moments fléchissants dans la structure hyperstatique de base de degré d'hyperstaticité égal à *n*;
- m^n_1 est le diagramme des moments fléchissants dans cette même structure hyperstatique de degré *n*, dans laquelle l'effort unitaire est exercé dans la même direction que le déplacement recherché;
- m^0_1 est le diagramme des moments fléchissants dans cette même structure **rendue isostatique de façon quelconque**, dans laquelle l'effort unitaire est exercé dans la même direction que le déplacement recherché [4].

Exemple 1 - calcul de la flèche verticale au centre de l'élément supérieur d'un portique hyperstatique:

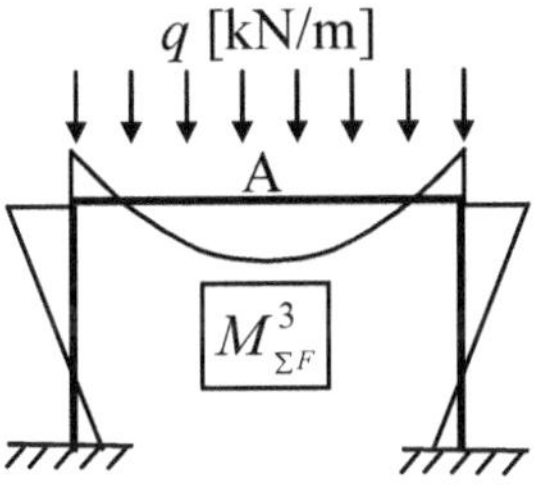

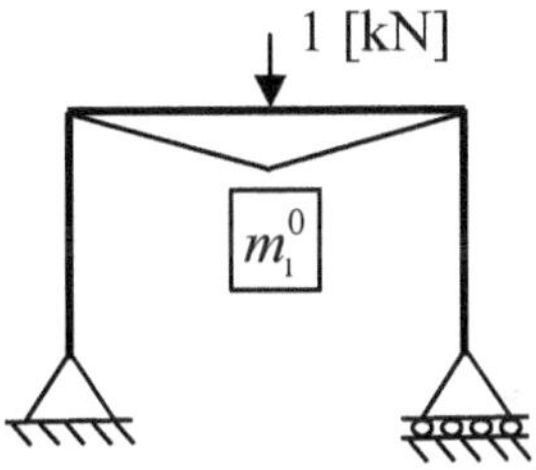

$$\delta_A = \int_{\text{tronç. supérieur}} \frac{M^3_{\Sigma F} m^0_1}{EI} dl$$

Exemple 2 - calcul de la rotation angulaire au coin supérieur droit :

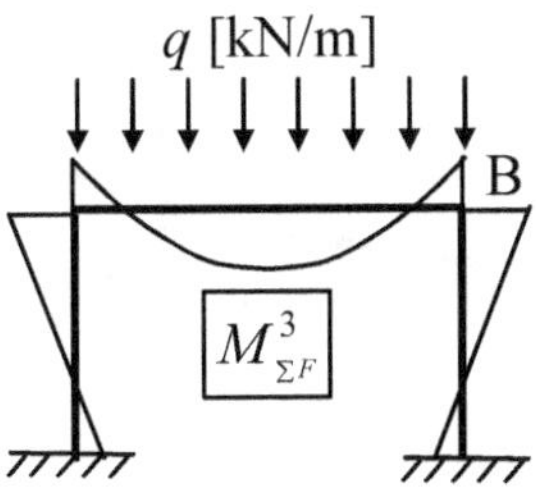

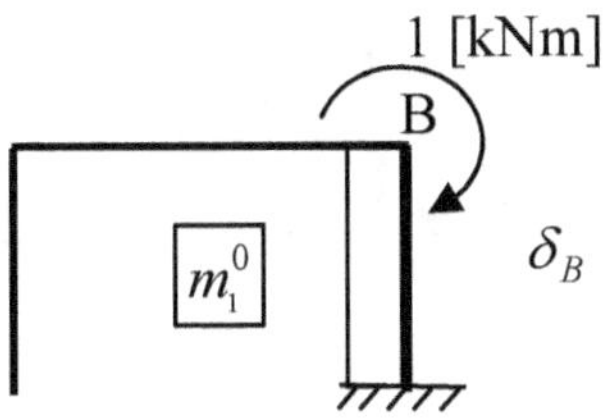

$$\delta_B = \int_{\text{tronç. droit}} \frac{M^3_{\Sigma F} m^0_1}{EI} dl$$

Les deux exemples précédents montrent que l'on peut choisir la structure isostatique de la manière la plus judicieuse, de façon à minimiser les calculs d'intégration.

---

[4] S'il s'agit d'un déplacement relatif, il faudra introduire deux efforts unitaires opposés, un sur chaque lèvre de la coupure (voir chapitre 1, §9).

7. QUELQUES REMARQUES

Bien que l'on puisse en principe lever l'hyperstaticité par n'importe quel choix de coupure, on choisira de préférence (mais pas nécessairement !) l'introduction d'une rotule ou la libération d'un appui, ce qui conduit souvent à des structures isostatiques plus rapides à résoudre, ou plus faciles à comprendre "physiquement".

On gardera à l'esprit qu'une barre limitée par une rotule à chacune de ses extrémités ne peut être le siège que d'un seul type d'effort : l'effort normal [5].

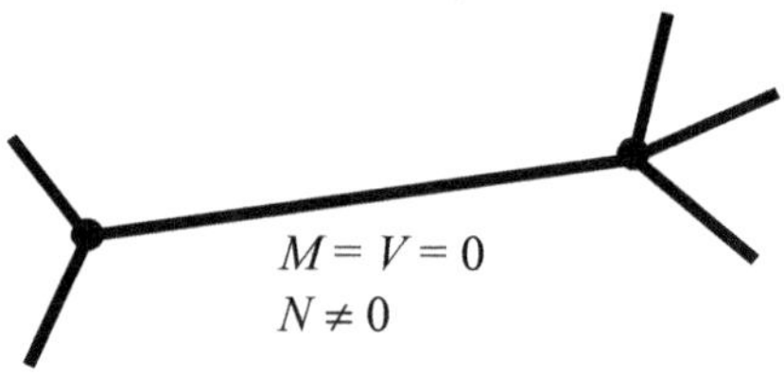

Dans le cas où un couple pur est appliqué à une extrémité de la barre, le diagramme des moments fléchissants dans cette barre est le suivant :

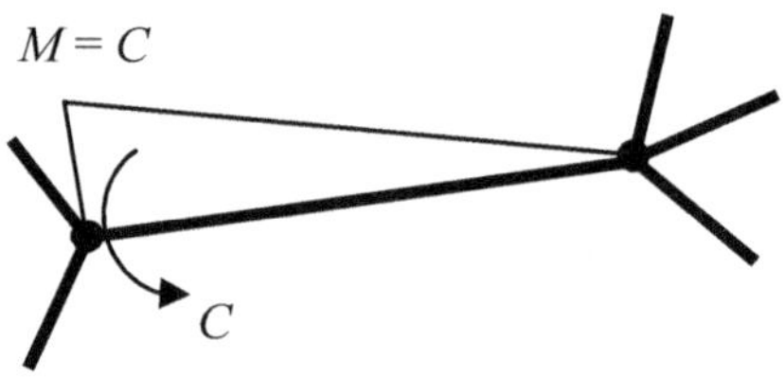

On peut aussi avoir les situations suivantes :

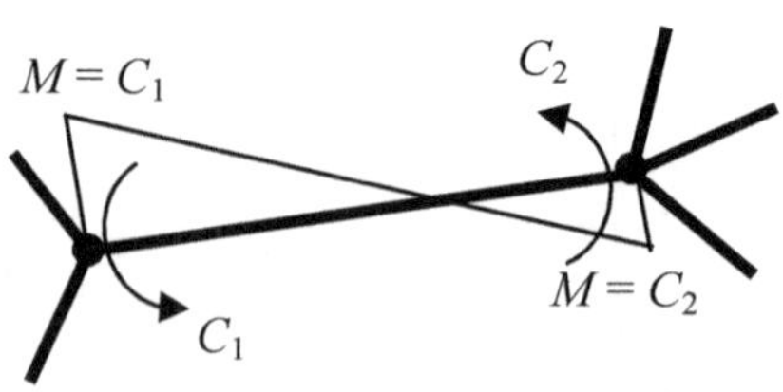

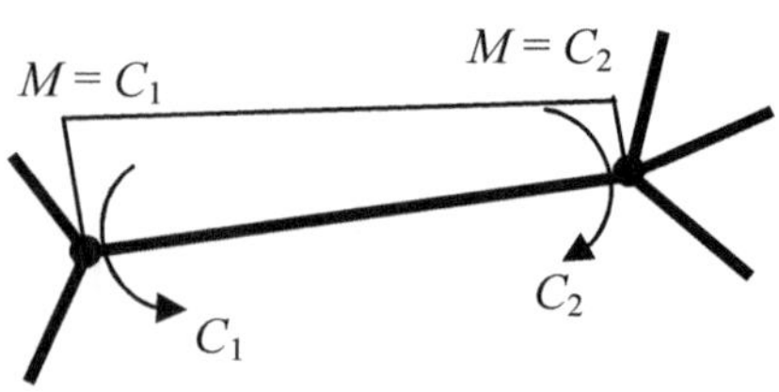

[5] Sauf si des efforts extérieurs s'appliquent sur la barre elle-même (voir chapitre 8 relatif aux treillis).

8. EXEMPLES

Exemple 1

En levant l'hyperstaticité par suppression de l'appui central, on propose de calculer les diagrammes de M et V dans la poutre suivante :

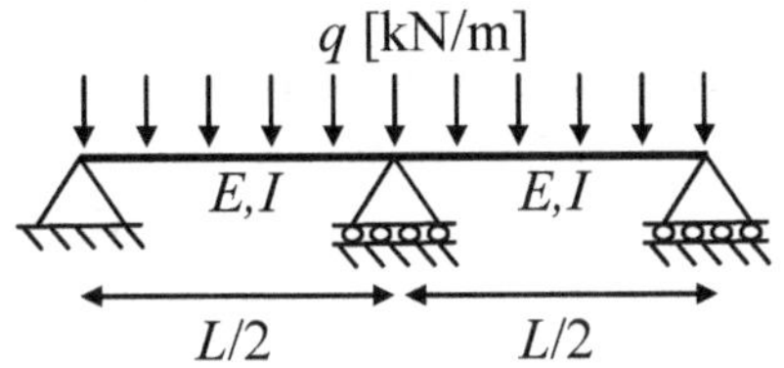

Que vaut la flèche en milieu de travée ?

➠ Décomposition de la structure en 2 structures isostatiques

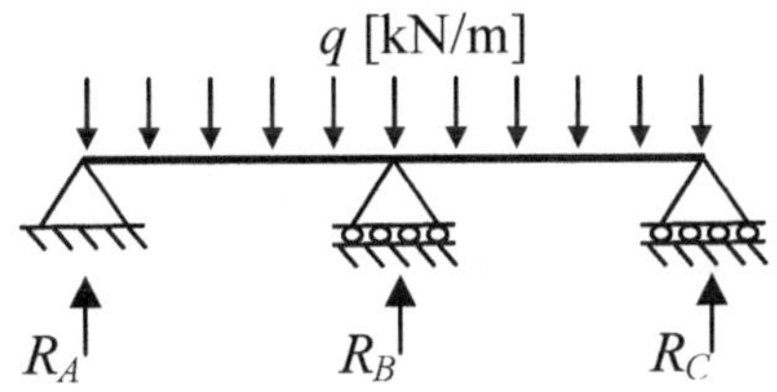

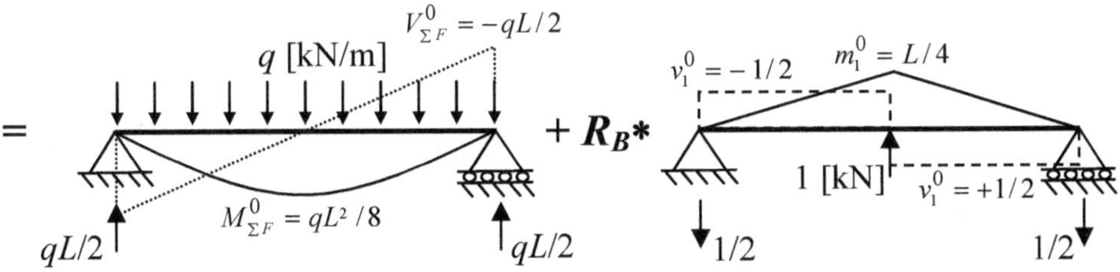

A l'aide des tables de Mohr (cf chap. 1), on trouve : $\begin{cases} \delta^0_{\Sigma F} = -\dfrac{5qL^4}{384EI} \\ \delta^0_{11} = \dfrac{L^3}{48EI} \end{cases}$

➠ Equation de compatibilité

$$\delta^0_{\Sigma F} + \delta^0_{11} R_B = 0 \quad \Leftrightarrow \quad -\frac{5qL^4}{384EI} + \frac{L^3}{48EI} R_B = 0 \quad \Leftrightarrow \quad R_B = \frac{5qL}{8}$$

R_B étant déterminé, on peut calculer les deux autres réactions d'appui :

$$R_A = R_C = \frac{qL}{2} - 0{,}5 * \frac{5qL}{8} = \frac{3qL}{16}$$

➟ Répartition de *M* et *V* dans la structure hyperstatique

Les diagrammes s'obtiennent par superposition des diagrammes élémentaires, en n'oubliant pas la pondération par R_B :

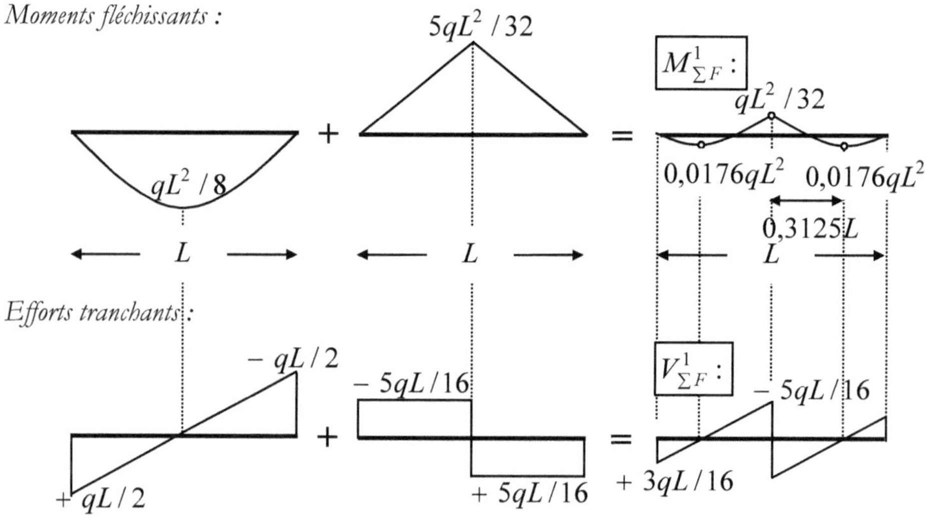

➟ Calcul de la flèche à mi-travée

Le théorème de la force unité (voir chapitre 1, §9) associé au théorème de Pasternak (voir §6 de ce chapitre) permet de considérer, par exemple, la structure isostatique suivante :

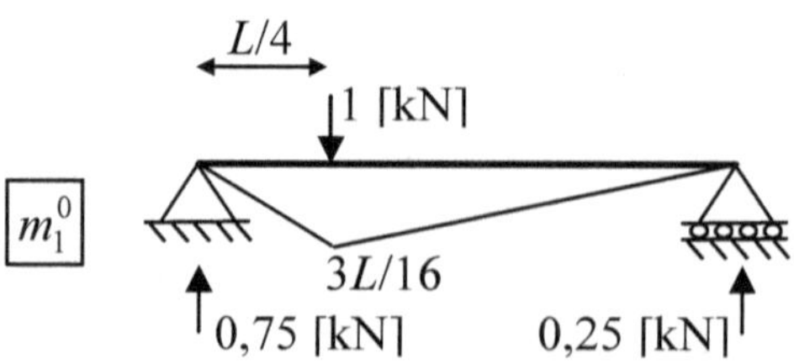

$$\text{Flèche en } L/4 = \int_0^L \frac{M^1_{\Sigma F} m^0_1}{EI} dl$$

Pour utiliser plus facilement les tables de Mohr, il est plus commode de considérer le diagramme de $M^1_{\Sigma F}$ comme étant la superposition de ses deux diagrammes élémentaires. L'intégrale ci-dessus se décompose donc en deux parties :

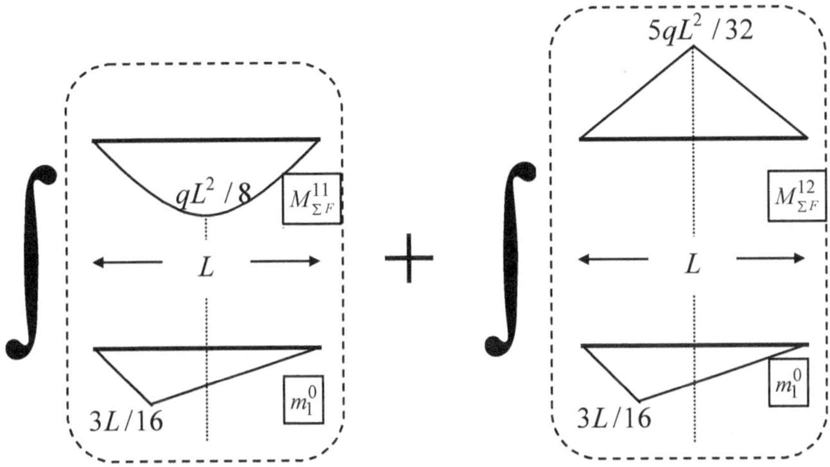

La valeur de la flèche en $L/4$ vaut donc :

$$\delta = \int_0^L \frac{M_{\Sigma F}^{11} m_1^0}{EI} dl + \int_0^L \frac{M_{\Sigma F}^{12} m_1^0}{EI} dl = \frac{19qL^4}{2048EI} - \frac{55qL^4}{6144EI} = \frac{qL^4}{3072EI}$$

Passerelle sur le boulevard du Sud à Louvain-la-Neuve, Belgique. *(Architecte M. Le Paige, bureau d'études Delvaux, 2004 ; photo de l'auteur)*

Exemple 2

On propose de reprendre l'exemple précédent en levant cette fois l'hyperstaticité par introduction d'une rotule au centre de la poutre.

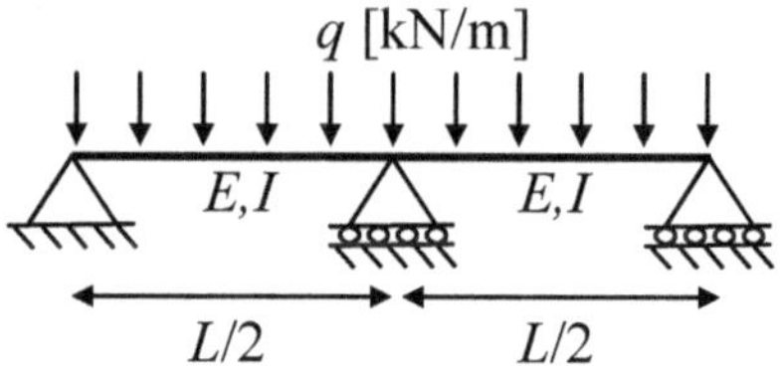

➠ Décomposition de la structure en 2 structures isostatiques

Si on introduit une rotule en B, l'inconnue hyperstatique est le moment à l'appui B dans la structure hyperstatique de base.

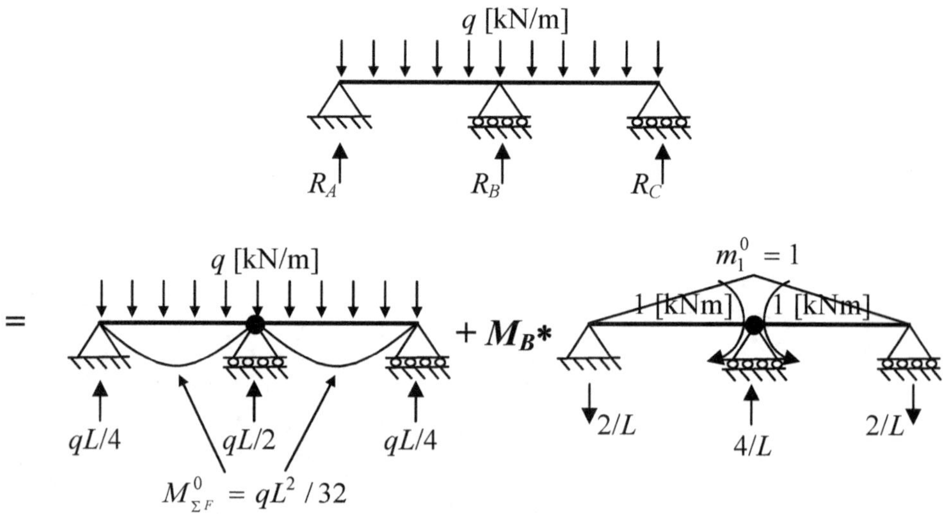

A l'aide des tables de Mohr, on trouve :

$$\begin{cases} \delta^0_{\Sigma F} = -\dfrac{qL^3}{96EI} \\ \delta^0_{11} = \dfrac{L}{3EI} \end{cases}$$

➠ Equation de compatibilité

$$\delta^0_{\Sigma F} + \delta^0_{11} M_B = 0 \qquad \Leftrightarrow -\frac{qL^3}{96EI} + \frac{L}{3EI} M_B = 0 \qquad \Leftrightarrow M_B = \frac{qL^2}{32}$$

On retrouve bien la valeur obtenue par la première méthode.

On vérifiera aisément que la superposition des diagrammes de la structure isostatique de référence soumise au chargement de base avec ceux de la structure soumise à effort unitaire pondérée par la valeur de M_B fournit bien les diagrammes de M et V obtenus dans l'exemple 1.

➠ Calcul de la flèche à mi-travée

Le théorème de la force unité (voir chapitre 1, §9) associé au théorème de Pasternak (voir §6 de ce chapitre) permet de considérer, par exemple, la structure isostatique suivante :

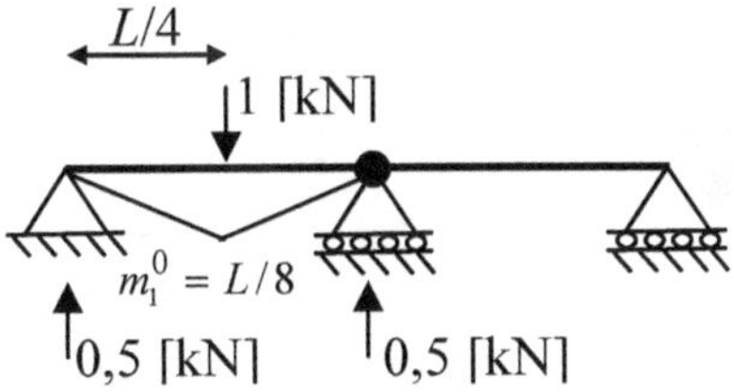

$$\text{Flèche en } L/4 = \int_0^{L/2} \frac{M^1_{\Sigma F}\, m_1^0}{EI} dl$$

L'intégrale ci-dessus est nulle sur la travée de droite et peut se décomposer en deux parties sur la travée de gauche :

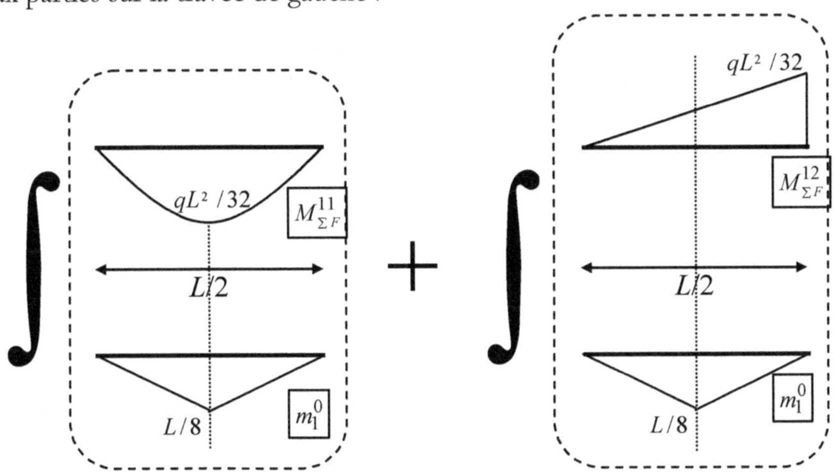

On retrouve bien la solution obtenue dans l'exemple 1 :

$$\delta = \int_0^{L/2} \frac{M_{\Sigma F}^{11} m_1^0}{EI} dl + \int_0^{L/2} \frac{M_{\Sigma F}^{12} m_1^0}{EI} dl = \frac{5qL^4}{6144EI} - \frac{qL^4}{2048EI} = \frac{qL^4}{3072EI}$$

Un exemple de structure soumise essentiellement à son poids propre. Dans ce cas, une attention particulière doit être portée à la flèche de l'élément horizontal. On remarquera la fixation particulière de la poutre sur les colonnes, permettant une rotation des extrémités. Une telle liaison peut être modélisée par une rotule (voir photo détaillée au chapitre 5, page 143). *(Gare de Louvain-la-Neuve, Belgique, photo de l'auteur)*

Exemple 3

On désire calculer les diagrammes d'efforts internes et les réactions d'appui de la poutre suivante (EI = C[ste]) :

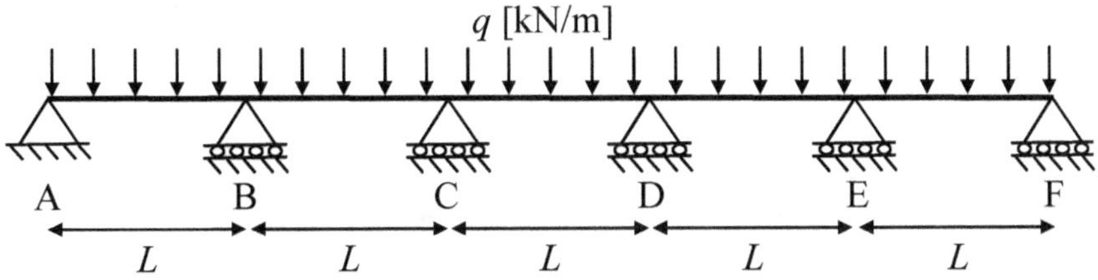

➠ Décomposition de la structure et application du principe de superposition

Il suffit d'enlever 4 appuis à rouleaux pour rendre la poutre isostatique. Son degré d'hyperstaticité vaut donc 4. Si une rotule est placée au droit des appuis B, C, D et E, la structure hyperstatique est équivalente à la superposition des 5 structures isostatiques illustrées à la page suivante.

Ce type de décomposition est appelé *méthode de Clapeyron*. Son intérêt réside dans le calcul systématique des déplacements et du système à résoudre. En effet, il est aisé de montrer que :

$$\delta_{ij}^{0} = \frac{2L}{3EI} \text{ pour } i=j \;,\; \delta_{ij}^{0} = \frac{L}{6EI} \text{ ou } 0 \text{ pour } i \neq j \;,\; \delta_{i,\Sigma F}^{0} = -\frac{qL^3}{12EI} \quad \forall i$$

En simplifiant les deux membres par $L/3EI$, le système à résoudre est alors le suivant :

$$\begin{pmatrix} 2 & 1/2 & 0 & 0 \\ 1/2 & 2 & 1/2 & 0 \\ 0 & 1/2 & 2 & 1/2 \\ 0 & 0 & 1/2 & 2 \end{pmatrix} \begin{pmatrix} M_B \\ M_C \\ M_D \\ M_E \end{pmatrix} = \begin{pmatrix} 1 \\ 1 \\ 1 \\ 1 \end{pmatrix} \frac{qL^2}{4}$$

Et la solution est : $M_B = M_E = \dfrac{4qL^2}{38} \qquad M_C = M_D = \dfrac{3qL^2}{38}$

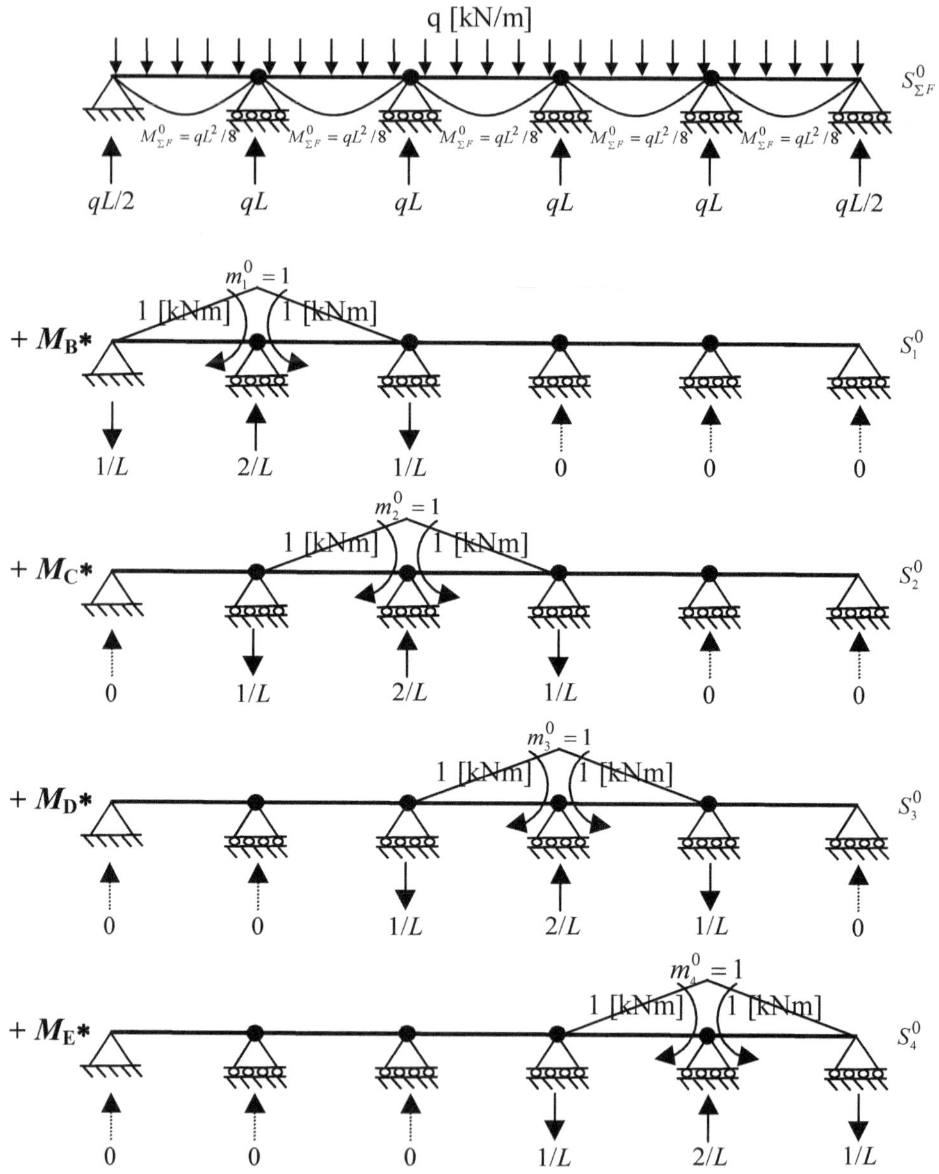

➠ Diagramme des moments fléchissants de la structure hyperstatique

La superposition des différents diagrammes isostatiques ci-dessus, pondérés par les valeurs de M_B, M_C, M_D et M_E, permet d'établir les diagrammes d'efforts internes suivants, vérifiés à l'aide du logiciel ISSD :

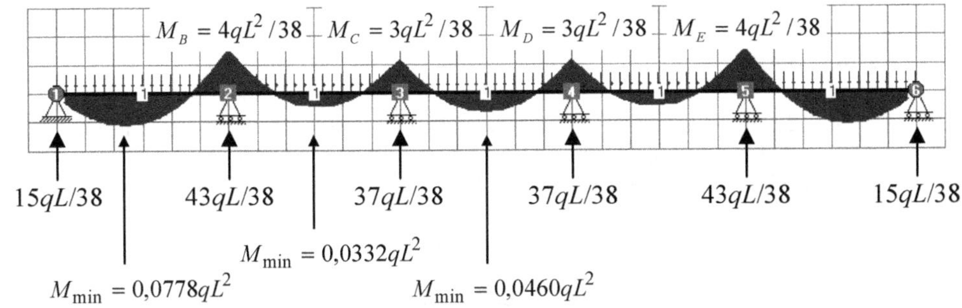

Si le nombre de travées devient très grand, le moment sur appui dans les travées centrales tend vers $qL^2/12$. A mi-travée il tend vers $qL^2/24$. Quant aux réactions d'appui dans les travées centrales, elles tendent vers qL.

➠ Diagramme des efforts tranchants de la structure hyperstatique

Les efforts tranchants n'ont pas été représentés dans les illustrations précédentes afin de ne pas surcharger les figures : cependant le diagramme des efforts tranchants de la structure hyperstatique peut bien entendu lui aussi s'obtenir par la combinaison pondérée (par M_B, M_C, M_D et M_E) des diagrammes isostatiques :

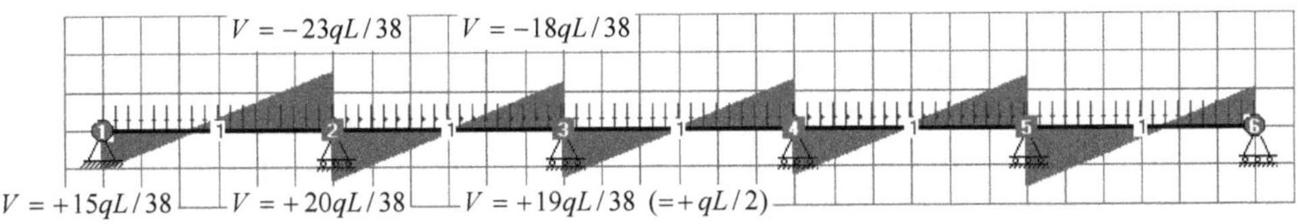

Exemple 4

On désire calculer les diagrammes d'efforts internes, les réactions d'appui et la flèche verticale sur l'axe de symétrie du portique ci-dessous dont les trois éléments sont identiques (L, E, I) :

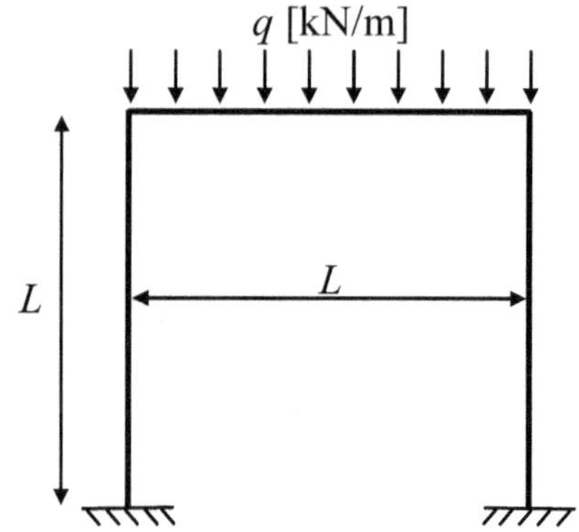

➟ Décomposition de la structure

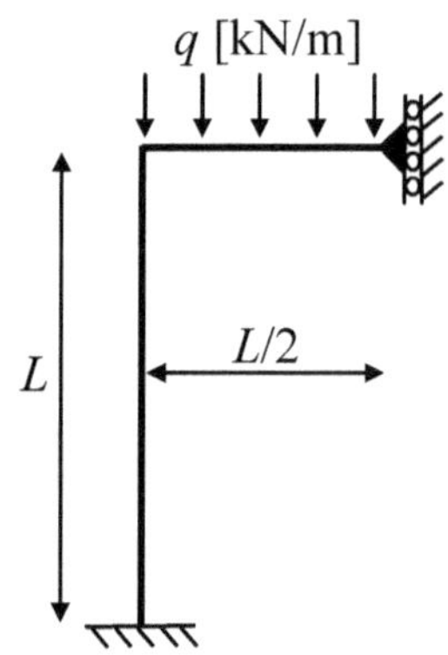

Le portique est 3 fois hyperstatique mais la symétrie (voir chapitre 4) permet d'affirmer que l'effort tranchant est nul sur l'axe de symétrie. Il suffit donc d'étudier une moitié de structure, pourvue d'un appui encastré à rouleaux et dont le degré d'hyperstaticité est réduit à 2 :

Si la levée d'hyperstaticité s'effectue en supprimant cet appui encastré à rouleaux, la structure hyperstatique de base est équivalente à la superposition des 3 structures isostatiques suivantes :

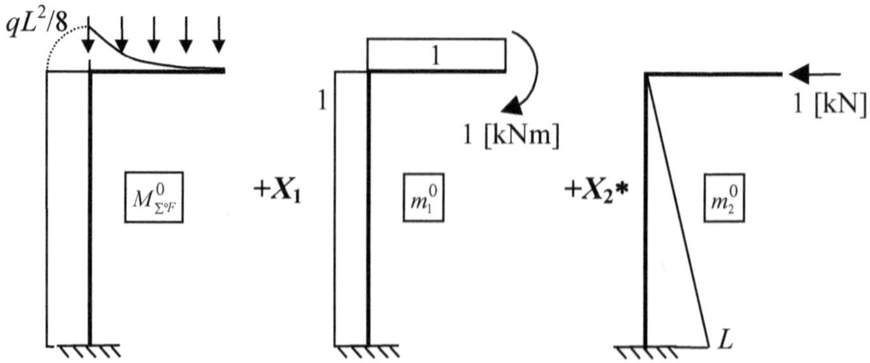

➠ Calcul des déplacements

$$\begin{cases} \delta^0_{1,\Sigma F} = \displaystyle\int \frac{M^0_{\Sigma F}\, m^0_1}{EI}\, dl = \frac{7qL^3}{48EI} \\ \delta^0_{2,\Sigma F} = \displaystyle\int \frac{M^0_{\Sigma F}\, m^0_2}{EI}\, dl = -\frac{qL^4}{16EI} \end{cases} \quad \text{et} \quad \begin{cases} \delta^0_{11} = \displaystyle\int \frac{m^0_1\, m^0_1}{EI}\, dl = \frac{3L}{2EI} \\ \delta^0_{12} = \delta^0_{21} = \displaystyle\int \frac{m^0_1\, m^0_2}{EI}\, dl = -\frac{L^2}{2EI} \\ \delta^0_{22} = \displaystyle\int \frac{m^0_2\, m^0_2}{EI}\, dl = \frac{L^3}{3EI} \end{cases}$$

➠ Résolution du système d'inconnues

La simplification par L/EI fournit le système suivant :

$$\begin{pmatrix} 3/2 & -L/2 \\ -L/2 & L^2/3 \end{pmatrix} \begin{pmatrix} X_1 \\ X_2 \end{pmatrix} + \frac{qL}{16} \begin{pmatrix} 7L/3 \\ -L^2 \end{pmatrix} = \begin{pmatrix} 0 \\ 0 \end{pmatrix} \Rightarrow \begin{cases} X_1 = -5qL^2/72 \\ X_2 = qL/12 \end{cases}$$

➠ Diagramme des moments fléchissants

La superposition des diagrammes isostatiques pondérés de leur cœfficient respectif mène au diagramme suivant :

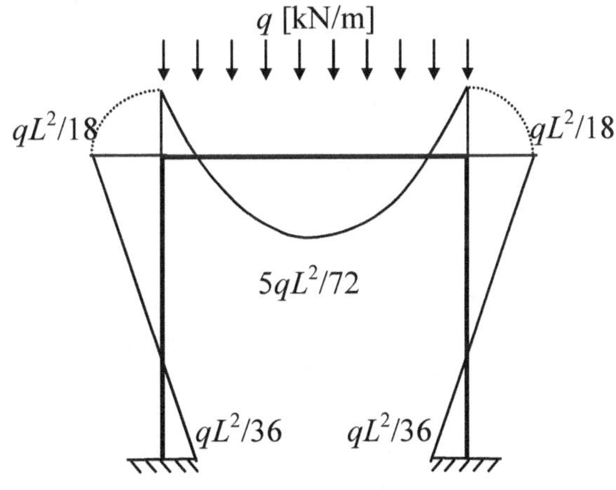

➠ Diagramme des efforts tranchants

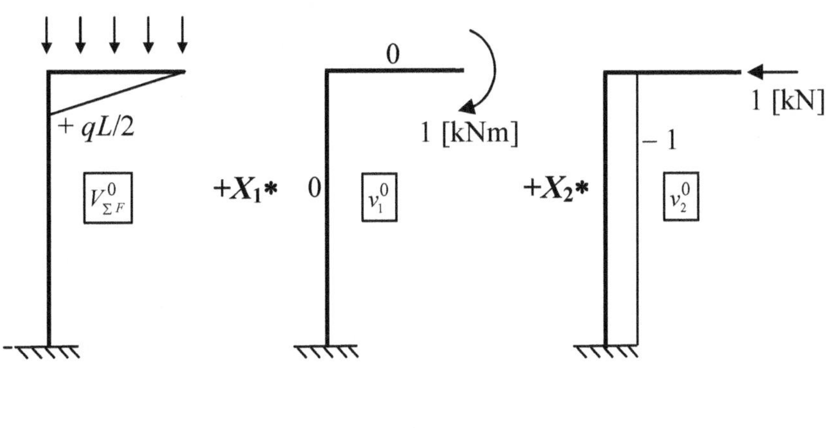

Le diagramme des efforts tranchants s'obtient par superposition des diagrammes précédents, pondérés de leur cœfficient X_i respectif :

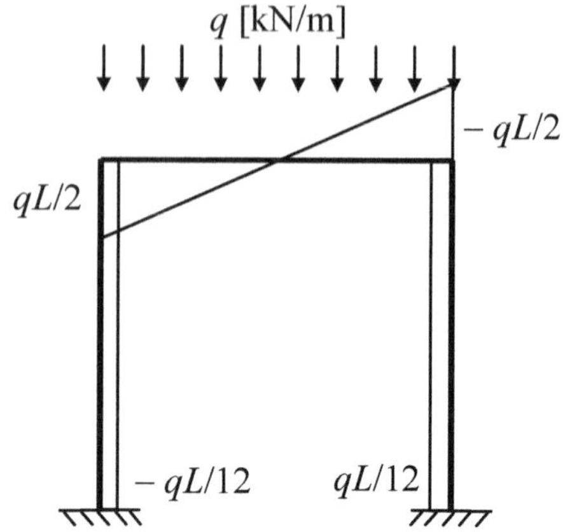

➠ Diagramme des efforts normaux

Le calcul du diagramme des efforts normaux est immédiat puisque, d'une part, chaque montant vertical supporte la moitié de la charge totale (soit $qL/2$ [kN]) et que, d'autre part, l'effort de compression dans l'élément supérieur est égal à X_2 (soit $qL/12$).

➠ Détermination de la flèche verticale sur l'axe de symétrie

Le théorème de la force unité (voir chapitre 1, §9) associé à celui de Pasternak (§6) permet de considérer une structure soumise à effort unitaire rendue isostatique de façon quelconque. On doit alors intégrer le produit du diagramme des moments de cette dernière (m_1^0) avec celui de la structure hyperstatique, ou plus simplement avec ceux des 3 diagrammes qui ont servi à le déterminer. Ceci est illustré à la page suivante.

L'intégration permet de calculer les trois composantes de la flèche recherchée qui vaut, finalement :

$$\delta = \frac{7qL^4}{1152EI}$$

La figure ci-contre montre la déformée du portique hyperstatique :

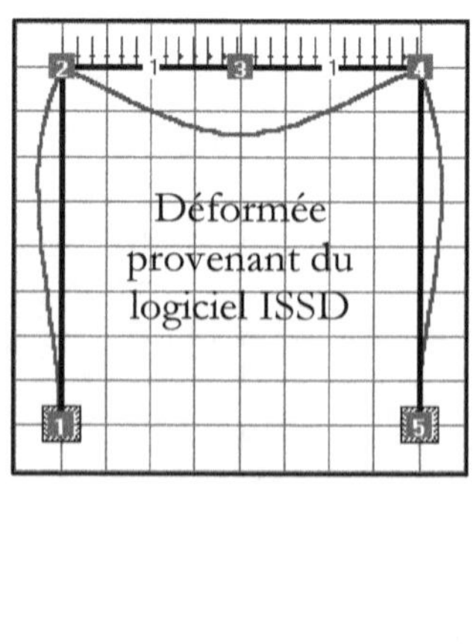

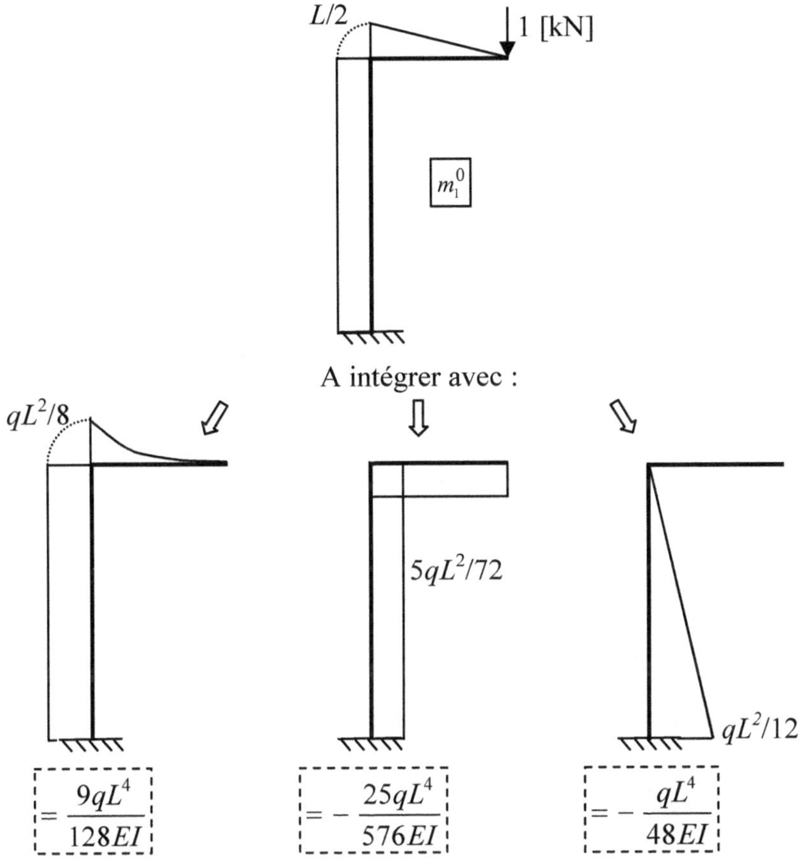
L/2
1 [kN]
m_1^0
A intégrer avec :
$qL^2/8$
$5qL^2/72$
$qL^2/12$
$= \frac{9qL^4}{128EI}$
$= -\frac{25qL^4}{576EI}$
$= -\frac{qL^4}{48EI}$

Exemple 5

Une charge verticale Q se répartit en chaque nœud d'un cadre rigide dont les éléments sont semblables (E, I, L identiques).

On propose de calculer les diagrammes des moments fléchissants et des efforts tranchants.

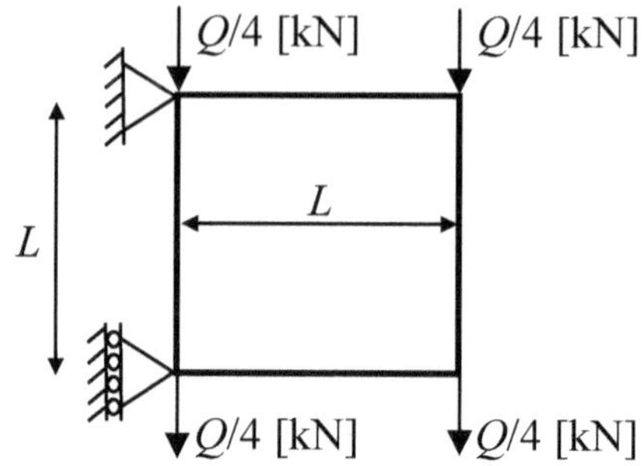

➠ Degré d'hyperstaticité de la structure

Un cadre rigide ayant toujours un degré d'hyperstaticité interne égal à 3, la solution est immédiate. Vérifions néanmoins cette affirmation par la formule définie au chapitre 2 :

$$\begin{cases} nombre\ de\ noeuds : n = 4 \\ m = 0 \\ nombre\ de\ barres : b = 4 \\ nombre\ de\ réactions\ d'appui : r = 3 \\ e = 0 \end{cases} \Rightarrow \quad I_s = (3*4+3-0)-(3*4-0) = 3$$

➠ Structure isostatique de référence

Une coupure totale dans le cadre, par exemple au niveau de la barre verticale droite, rend la structure isostatique :

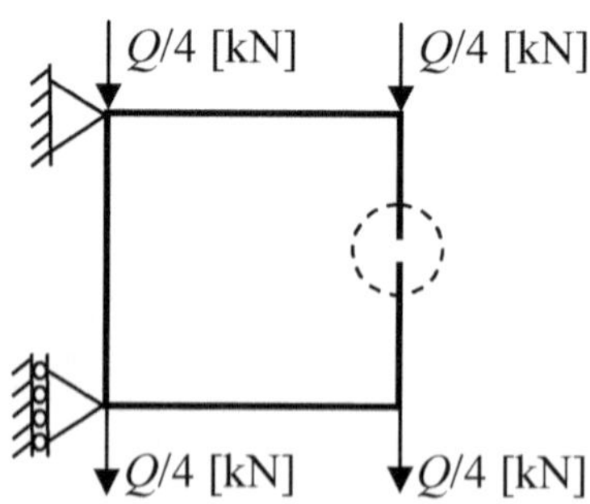

➠ Détermination des efforts internes dans les structures isostatiques

La structure hyperstatique est équivalente à la superposition des 4 structures isostatiques suivantes :

Moment fléchissant : **Effort tranchant :**

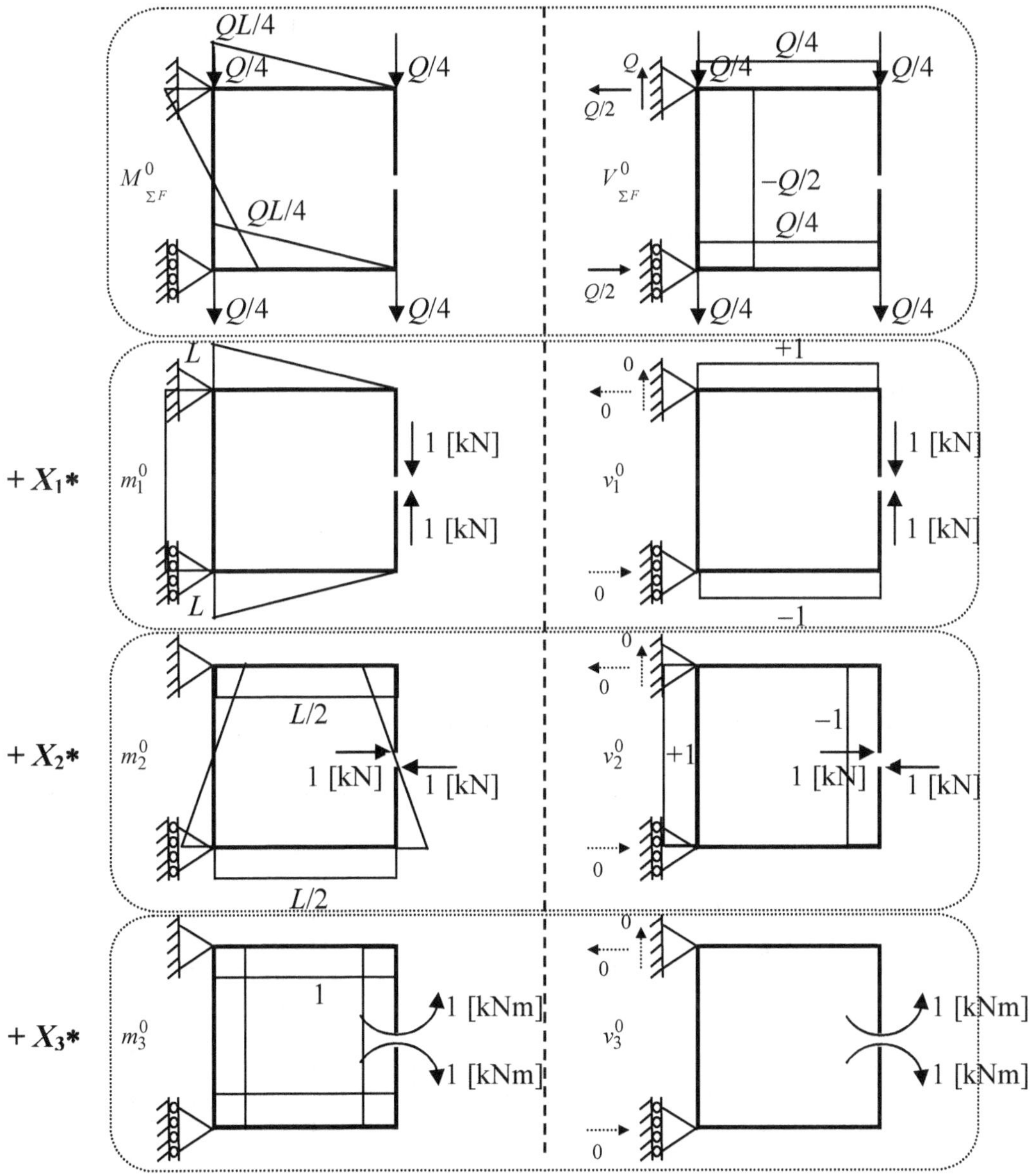

➠ Calcul des déplacements

$$\begin{cases} \delta_{11}^0 = \int \frac{m_1^0 m_1^0}{EI} dl = \frac{5L^3}{3EI} \\ \delta_{21}^0 = \delta_{12}^0 = \int \frac{m_1^0 m_2^0}{EI} dl = 0 \\ \delta_{31}^0 = \delta_{13}^0 = \int \frac{m_1^0 m_3^0}{EI} dl = -\frac{2L^2}{EI} \end{cases} \qquad \begin{cases} \delta_{12}^0 = \delta_{21}^0 = \int \frac{m_1^0 m_2^0}{EI} dl = 0 \\ \delta_{22}^0 = \int \frac{m_2^0 m_2^0}{EI} dl = \frac{2L^3}{3EI} \\ \delta_{32}^0 = \delta_{23}^0 = \int \frac{m_2^0 m_3^0}{EI} dl = 0 \end{cases}$$

$$\begin{cases} \delta_{13}^0 = \delta_{31}^0 = \int \frac{m_1^0 m_3^0}{EI} dl = -\frac{2L^2}{EI} \\ \delta_{23}^0 = \delta_{32}^0 = \int \frac{m_2^0 m_3^0}{EI} dl = 0 \\ \delta_{33}^0 = \int \frac{m_3^0 m_3^0}{EI} dl = \frac{4L}{EI} \end{cases} \qquad \begin{cases} \delta_{1,\Sigma F}^0 = \int \frac{M_{\Sigma F}^0 m_1^0}{EI} dl = 0 \\ \delta_{2,\Sigma F}^0 = \int \frac{M_{\Sigma F}^0 m_2^0}{EI} dl = -\frac{QL^3}{6EI} \\ \delta_{3,\Sigma F}^0 = \int \frac{M_{\Sigma F}^0 m_3^0}{EI} dl = 0 \end{cases}$$

➠ Résolution du système d'inconnues

$$\frac{QL^3}{EI}\begin{pmatrix} 0 \\ -1/6 \\ 0 \end{pmatrix} + \frac{L^2}{EI}\begin{pmatrix} 5L/3 & 0 & -2 \\ 0 & 2L/3 & 0 \\ -2 & 0 & 4/L \end{pmatrix}\begin{pmatrix} X_1 \\ X_2 \\ X_3 \end{pmatrix} = \begin{pmatrix} 0 \\ 0 \\ 0 \end{pmatrix}$$

$$\Rightarrow \quad \begin{cases} X_1 = X_3 = 0 \\ X_2 = Q/4 \end{cases}$$

➠ Détermination de *M* et *V* dans la structure hyperstatique

Les diagrammes d'efforts internes dans $S_{\Sigma F}^3$ s'obtiennent par superposition des diagrammes relatifs à $S_{\Sigma F}^0$ avec ceux de S_2^0, multipliés par $Q/4$:

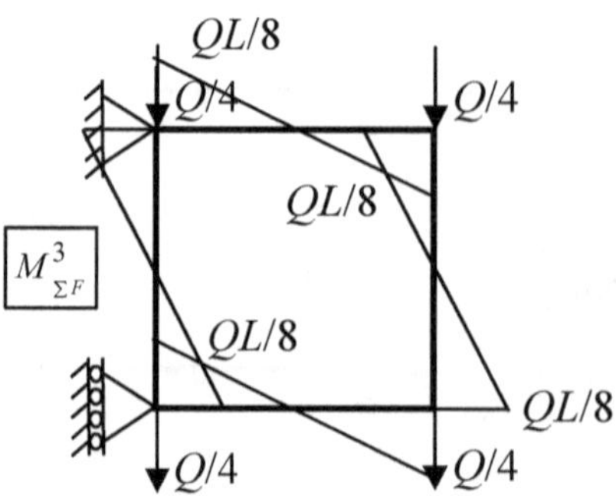

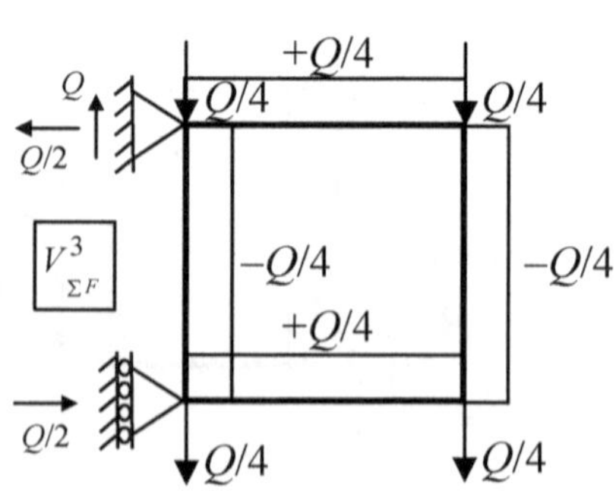

Exemple 6

On voudrait calculer les diagrammes des efforts internes de la structure haubanée suivante dans laquelle le tablier AC est suspendu au mât CE par un câble BE de section A_c et de module d'élasticité E_c. Le mât est retenu par un autre câble DE de mêmes caractéristiques.

Les éléments AB, BC et CE sont identiques (longueur *L*, inertie *I* et module d'élasticité *E*). Par ailleurs, il y a continuité entre l'élément AC et l'élément CE.

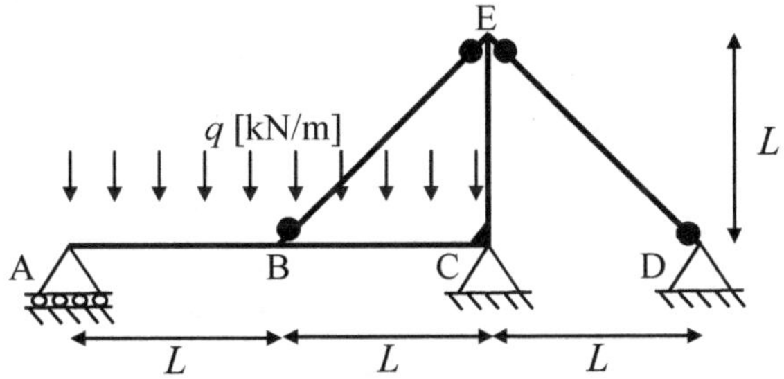

Remarquons que ce schéma statique est équivalent au schéma ci-dessous et que le degré d'hyperstaticité, déjà calculé au chapitre 2, vaut 2 (chap.2, §3/exemple 3 et §7/exemple 4) :

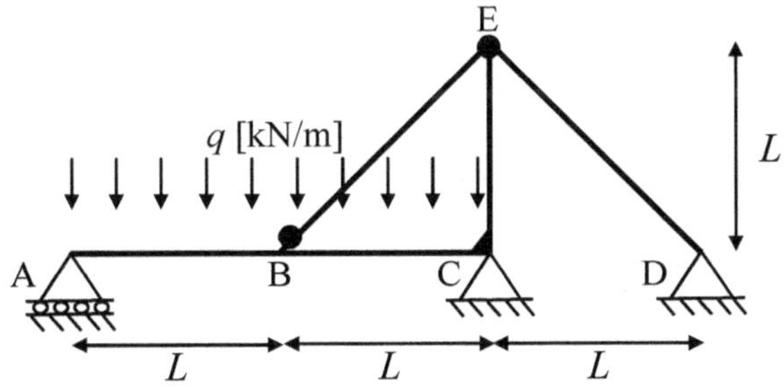

➟ Décomposition en 3 structures isostatiques

Le degré d'hyperstaticité de la structure valant 2, il faut extérioriser deux efforts. Comme un câble ne peut être le siège que d'un effort normal, il semble judicieux de définir la structure isostatique de référence en effectuant une coupure dans chacun de ces deux câbles :

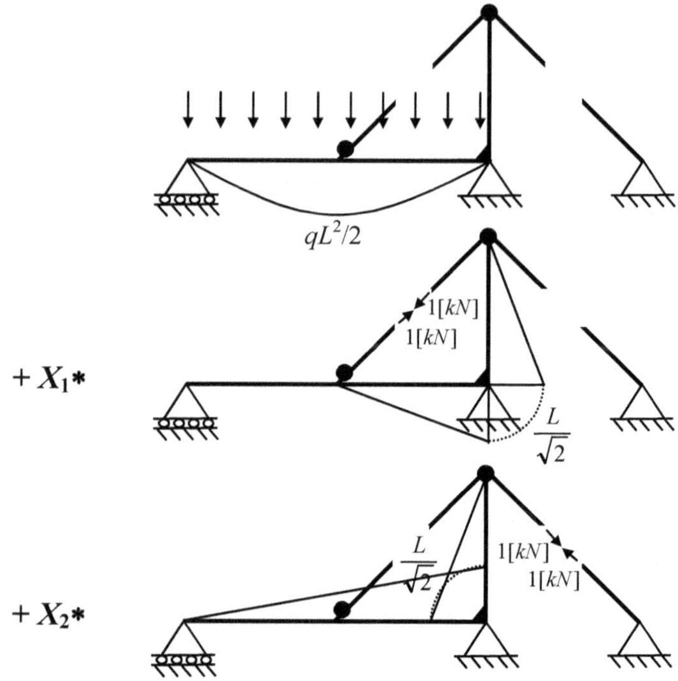

➟ Calcul des déplacements et résolution du système

$$\begin{cases} \delta^0_{1,\Sigma F} = \int \frac{M^0_{\Sigma F}\, m^0_1}{EI} dl = \frac{qL^4}{8\sqrt{2}EI} \\ \delta^0_{2,\Sigma F} = \int \frac{M^0_{\Sigma F}\, m^0_2}{EI} dl = -\frac{qL^4}{3\sqrt{2}EI} \end{cases}$$

$$\begin{cases} \delta^0_{11} = \int \frac{m^0_1\, m^0_1}{EI} dl = \frac{L^3}{3EI} \\ \delta^0_{12} = \int \frac{m^0_1\, m^0_2}{EI} dl = -\frac{9L^3}{24EI} \\ \delta^0_{22} = \int \frac{m^0_2\, m^0_2}{EI} dl = \frac{L^3}{2EI} \end{cases}$$

Il est important de faire remarquer qu'il faut en toute rigueur tenir compte des déformations des câbles : celles-ci peuvent être importantes et influencer sensiblement la répartition des efforts dans la structure.

En effet, il y a plusieurs raisons pour lesquelles les câbles sont des éléments particulièrement extensibles : d'une part, ils sont constitués d'aciers à très haute limite élastique qui permettent l'utilisation de sections très faibles. D'autre part, n'étant pas sujets au flambement, ils peuvent souvent travailler à une contrainte de service proche de la limite élastique du matériau, ce qui permet encore de réduire leur section. D'autres raisons, expliquées au chapitre 13, contribuent à la grande extensibilité des câbles, même lorsqu'ils sont très tendus.

Si A_c et E_c sont, respectivement, la section des câbles et leur module d'élasticité, les déplacements deviennent :

$$\delta_{11}^0 = \int \frac{m_1^0 m_1^0}{EI} dl + \int \frac{n_1^0 n_1^0}{E_c A_c} dl = \frac{L^3}{3EI} + \frac{\sqrt{2}L}{E_c A_c}$$

$$\delta_{22}^0 = \int \frac{m_2^0 m_2^0}{EI} dl + \int \frac{n_2^0 n_2^0}{E_c A_c} dl = \frac{L^3}{2EI} + \frac{\sqrt{2}L}{E_c A_c}$$

Dans le cadre de cet exercice, nous négligerons toutefois ces termes supplémentaires. On peut dès lors simplifier les 2 membres du système d'équations par L^3/EI et obtenir [6] :

$$\begin{pmatrix} 1/3 & -9/24 \\ -9/24 & 1/2 \end{pmatrix} \begin{pmatrix} X_1 \\ X_2 \end{pmatrix} + \begin{pmatrix} 1/8 \\ -1/3 \end{pmatrix} \frac{qL}{\sqrt{2}} = \begin{pmatrix} 0 \\ 0 \end{pmatrix} \Rightarrow \begin{cases} X_1 = 1{,}697\ qL \\ X_2 = 1{,}744\ qL \end{cases}$$

Où X_1 et X_2 sont donc les efforts normaux dans chacun des deux câbles.

➠ Diagrammes d'efforts internes de la structure hyperstatique

Les diagrammes d'efforts internes s'obtiennent par superposition des diagrammes élémentaires, pondérés par les valeurs X_i. Ces diagrammes sont repris ci-dessous et ont été extraits du logiciel ISSD :

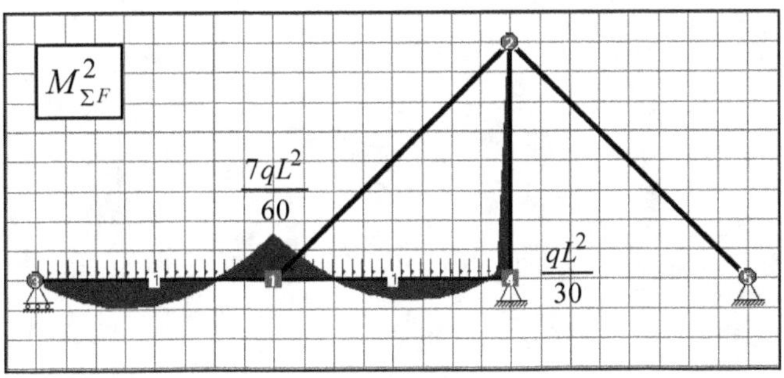

6 $$\begin{pmatrix} a & b \\ c & d \end{pmatrix} \begin{pmatrix} X_1 \\ X_2 \end{pmatrix} = \begin{pmatrix} e \\ f \end{pmatrix} \Rightarrow \begin{pmatrix} X_1 \\ X_2 \end{pmatrix} = \frac{1}{ad - cb} \begin{pmatrix} d & -b \\ -c & a \end{pmatrix} \begin{pmatrix} e \\ f \end{pmatrix}$$

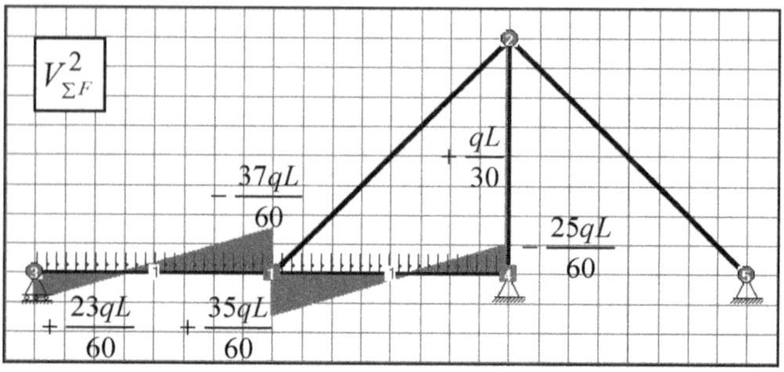

Remarque importante :

Pour cette structure, rappelons qu'omettre le terme $\frac{\sqrt{2}L}{E_c A_c}$ relatif à l'allongement des câbles dans l'expression des déplacements revient à considérer qu'ils sont infiniment rigides, ce qui est une hypothèse simplificatrice très contestable.
On vérifiera aisément que les solutions fournies dans l'analyse précédente sont approximatives, surtout lorsque les câbles sont de faible section.

Passerelle en bois au Népal : bel exemple d'une structure à inertie variable qui illustre la capacité de l'homme à construire, depuis des millénaires, selon son intuition et sans aucune maîtrise des théories de la mécanique des structures *(photo Valérie Mahaut)*.

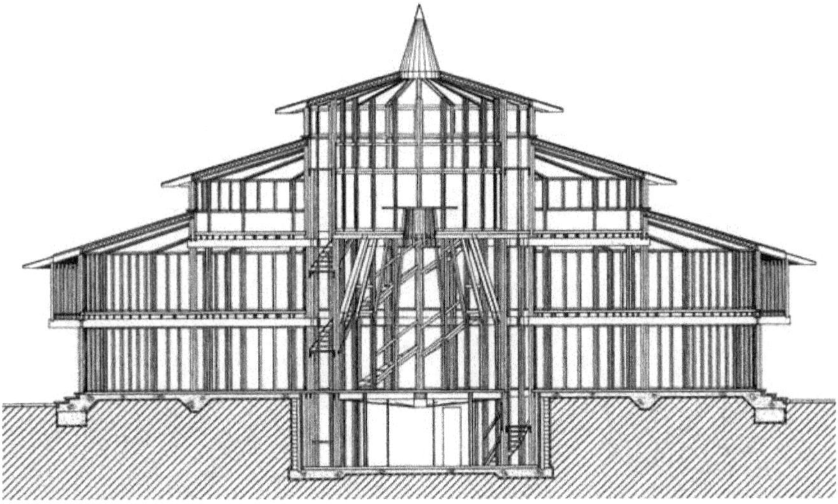

Chapitre 4

Symétrie des structures

Illustration au recto :

Immeuble à structure bois à Waterloo, Belgique.
Architectes et ingénieurs Samyn and Partners avec le bureau d'études Setesco, Bruxelles, 1988-1990.

1. INTRODUCTION

Par *symétrie géométrique*, on entend une symétrie totale des dimensions, des matériaux, des aires et des inerties par rapport à un axe.

Par *symétrie des charges*, on entend une symétrie totale des charges appliquées par rapport à ce même axe (ceci étant aussi valable pour les actions thermiques et les déplacements imposés).

Par *antisymétrie des charges*, on entend une symétrie des charges modifiée par un changement du sens de celles-ci de part et d'autre de l'axe de symétrie géométrique.

Tenir compte de la symétrie géométrique permet souvent de réduire le degré d'hyperstaticité. On distingue les situations suivantes :

➠ **Symétrie géométrique et symétrie des charges**

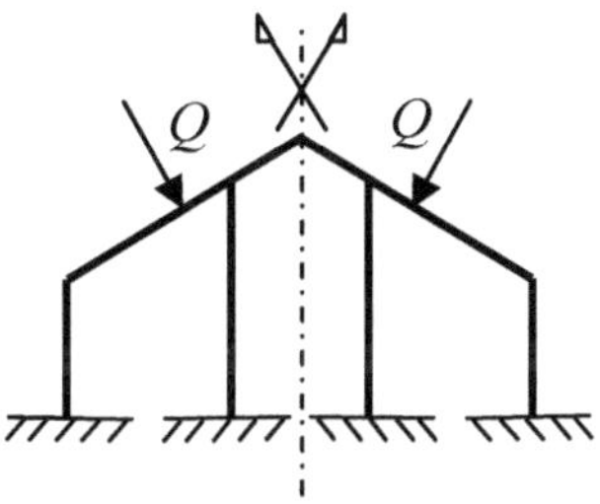

➠ **Symétrie géométrique et antisymétrie des charges**

Ce cas est peu fréquent, mais présente un intérêt certain car son étude est utile à la résolution du cas général ci-dessous.

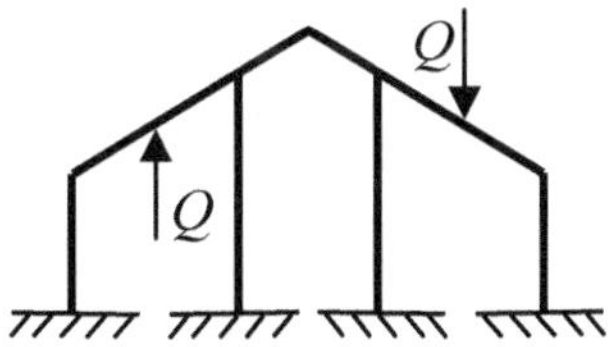

➠ **Symétrie géométrique et chargement quelconque**

Une telle situation peut toujours se décomposer en une superposition des deux cas précédents :

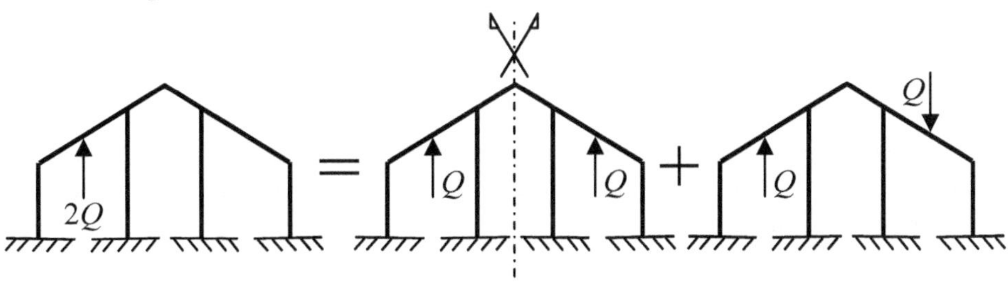

On décompose ainsi la structure en deux structures dont la somme des degrés hyperstatiques effectifs est égale au degré hyperstatique de la structure initiale.

Dans l'exemple qui suit, et en préliminaire aux notions ultérieures, on montre une structure de degré hyperstatique 3 dont l'étude peut finalement se résumer au calcul de deux demi structures de degrés hyperstatiques respectifs 2 et 1 :

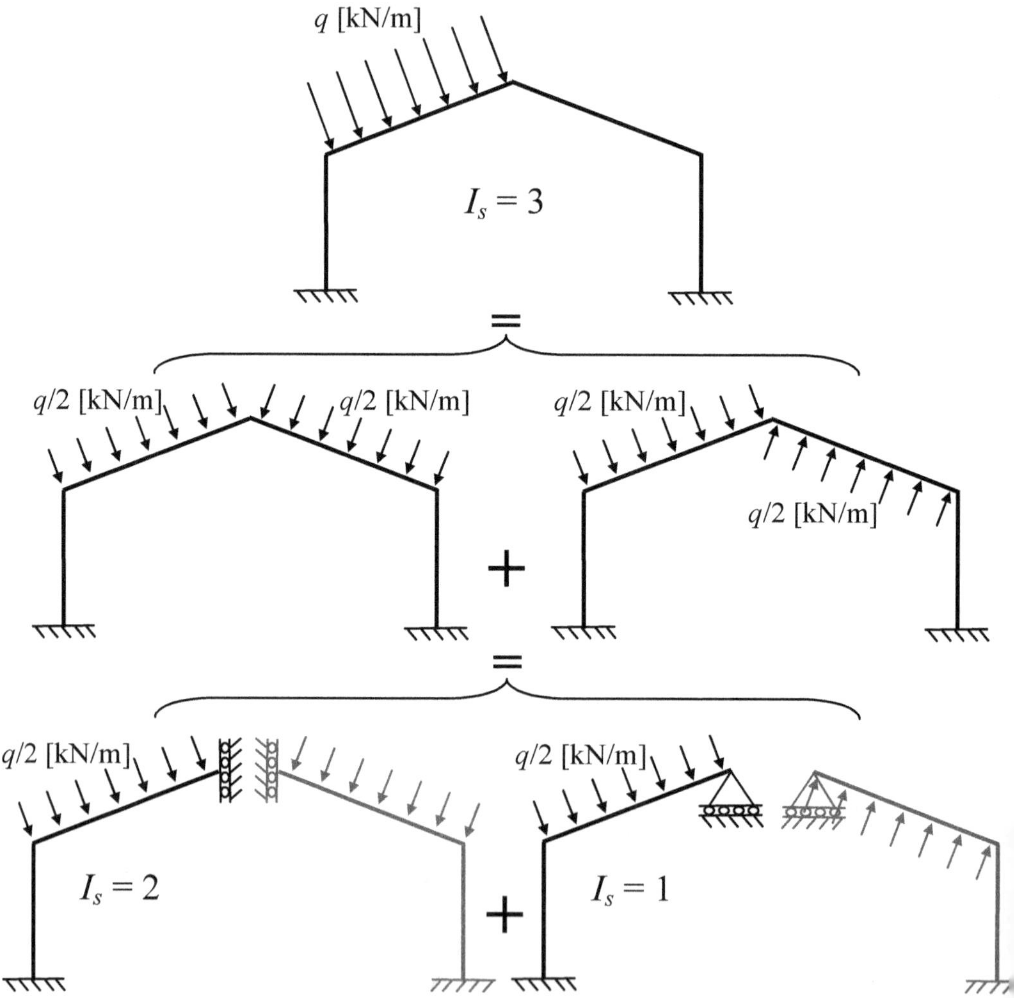

Dans la suite de ce chapitre, on suppose l'axe de symétrie vertical car c'est le cas le plus souvent rencontré dans la pratique. Si tel n'est pas le cas, il conviendra d'adapter les notions développées.

2. ÉTUDE DES STRUCTURES À SYMÉTRIE GÉOMÉTRIQUE ET SYMÉTRIE DES CHARGES

Plusieurs cas peuvent se présenter.

➠ **L'axe de symétrie ne coupe que des barres**

Dans ce cas, l'effort vertical est nul au niveau de l'axe de symétrie géométrique pour un élément traversant cet axe. Si l'élément est horizontal, cet effort vertical correspond à l'effort tranchant. Il suffit donc de placer des *appuis encastrés à rouleaux* (deux réactions d'appui) sur chaque élément coupant l'axe de symétrie, et d'étudier l'une des deux parties indépendamment de l'autre :

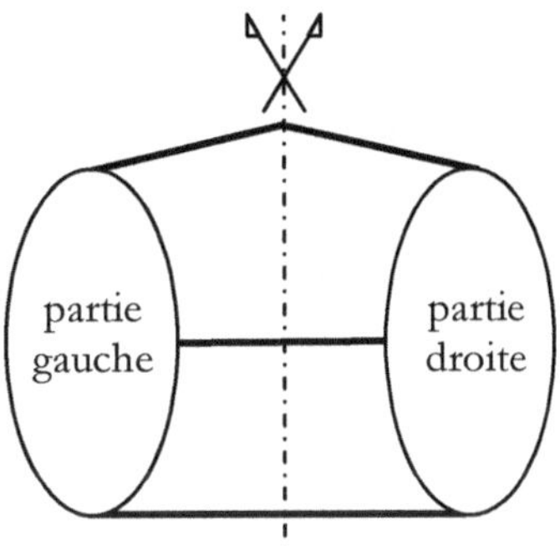

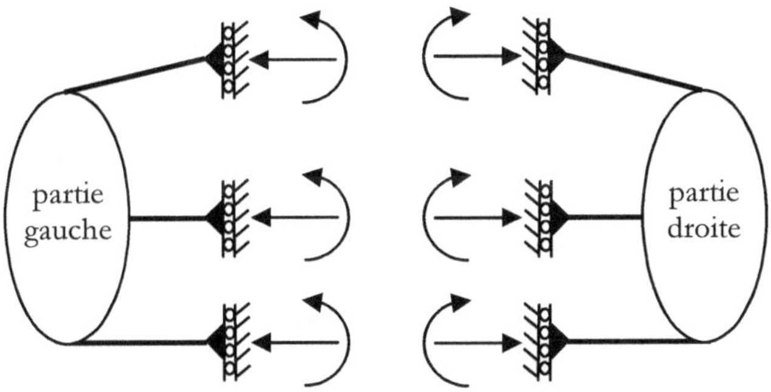

➠ **L'axe de symétrie contient un ou plusieurs nœuds, pourvus éventuellement d'une rotule ou de tout autre dispositif**

En chacun de ces nœuds, c'est encore l'effort vertical qui est nul.

Dans ce cas, chaque partie peut être étudiée séparément en introduisant au droit du nœud un appui tel que :

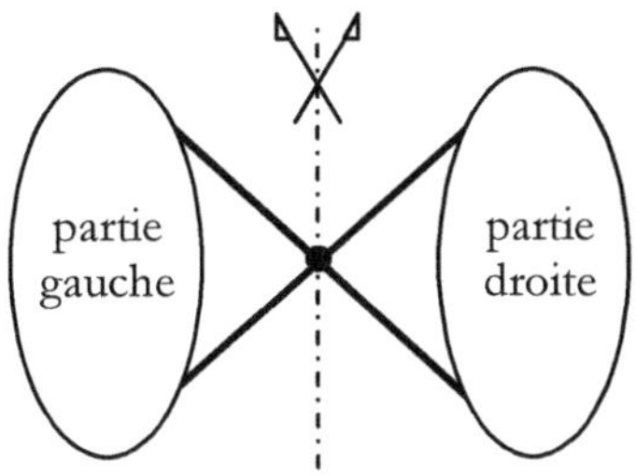

- l'effort vertical y est annulé (rouleau);
- le ou les efforts annulés par les dispositifs présents au nœud dans la structure de base restent nuls.

Dans l'exemple précédent, on obtient :

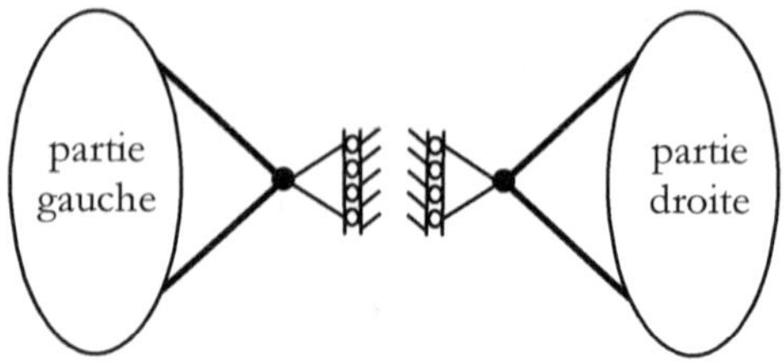

➟ L'axe de symétrie contient une barre et un appui

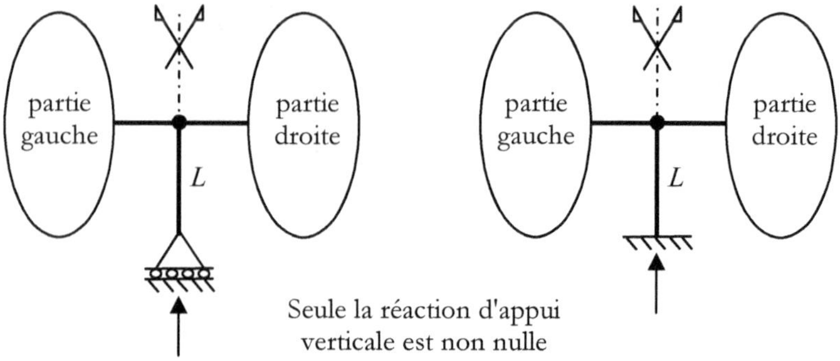

Seule la réaction d'appui verticale est non nulle

Dans ce cas, la barre située sur l'axe de symétrie n'est soumise qu'à un effort normal ($M=V=0$) et le type d'appui situé à son pied n'a aucune importance pour autant qu'il bloque le déplacement vertical.

Si on *néglige les déformations d'effort normal de cette barre centrale*, chaque partie peut encore être étudiée séparément en ignorant la barre centrale et en plaçant au droit du nœud central un appui; celui-ci doit contenir le ou les dispositifs de libération d'effort présents sur l'axe de symétrie de la structure de base.

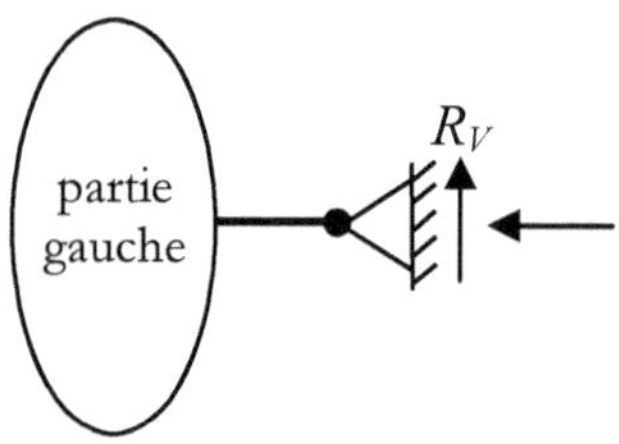

S'il n'y avait pas de rotule sur l'axe de symétrie, il faudrait choisir un appui encastré :

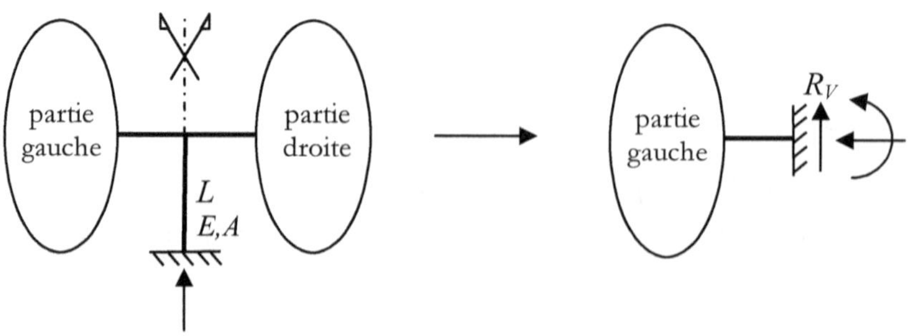

Remarque :

si on considère la déformation d'effort normal de la barre centrale [1], il faut en principe tenir compte d'un déplacement vertical imposé [2] de l'appui rajouté à la demi structure équivalente : ce déplacement imposé correspond à la variation de longueur de la barre verticale. Cette barre n'étant soumise qu'à un effort normal inconnu valant $2R_V$ (chacune des deux parties exerce un effort R_V sur la barre), sa variation de longueur vaut $2R_V L/EA$.

➠ L'axe de symétrie comporte plusieurs barres superposées et un appui

La méthode de résolution est très similaire à celle du cas précédent. Si l'on néglige les déformations d'effort normal des barres centrales dans lesquelles M et V sont inexistants, chaque partie peut encore être étudiée séparément. Ceci peut se faire en éliminant ces barres centrales et en plaçant au droit des nœuds centraux un appui qui contient le ou les dispositifs de libération d'effort présents dans la structure de base :

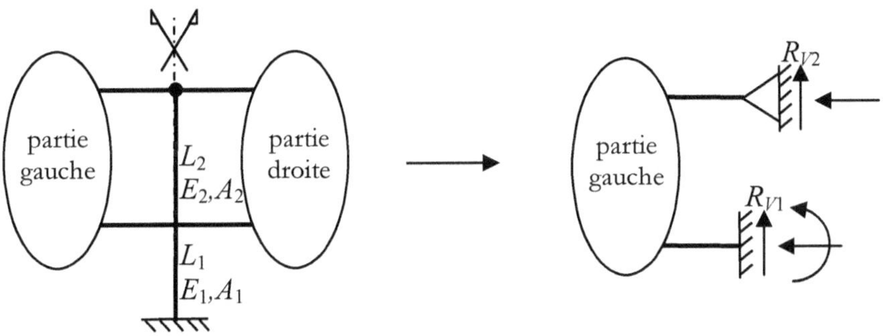

Remarque :

si on tient compte des déformations d'effort normal des barres centrales, il faut ici en principe tenir compte d'autant de déplacements imposés qu'il y a de barres sur l'axe de symétrie [2]. Dans l'exemple ci-dessus, la barre supérieure est soumise à un effort normal valant $2R_{V2}$ et la barre inférieure à un effort valant $2(R_{V1} + R_{V2})$.

Dans la "demi structure" équivalente, l'appui inférieur subit donc un déplacement imposé valant $\Delta_1 = 2(R_{V1} + R_{V2})L_1/(E_1A_1)$ et l'appui supérieur un déplacement imposé valant $\Delta_2 = \Delta_1 + 2R_{V2}L_2/(E_2A_2)$.

[1] Ce qui n'est approprié que pour des structures dont les éléments sont essentiellement soumis à de l'effort normal comme les treillis ou les arcs funiculaires (voir chapitre 1, §9), ou si la barre centrale est très déformable (*EA/L* petit).

[2] Voir chapitre 5.

L'obtention de ces valeurs est un problème hyperstatique et, afin de ne pas alourdir la démarche, il est préférable, dans une telle situation, d'ignorer la symétrie et de traiter la structure dans son ensemble.

➠ L'axe de symétrie comporte une ou plusieurs barres mais pas d'appui

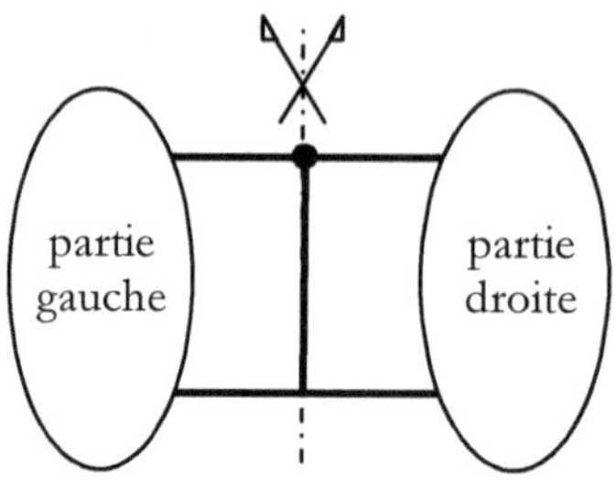

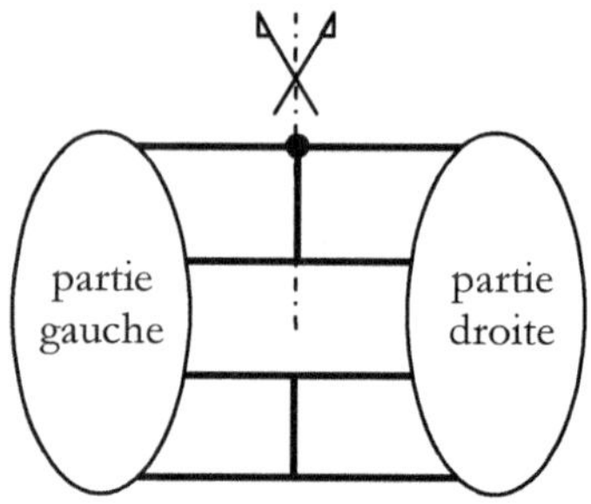

La ou les barres situées sur l'axe de symétrie n'étant pas bloquées verticalement par un appui, les nœuds situés sur cet axe subissent un déplacement vertical qui dépend des rigidités respectives des différents éléments de la structure. Il est donc plus évident de n'étudier qu'une moitié de la structure indépendamment de l'autre et il est préférable d'effectuer le calcul complet de la structure.

Par contre, la ou les barres centrales n'étant encore soumises qu'à un effort normal, la levée d'hyperstaticité sera grandement simplifiée car on pourra effectuer des coupures totales dans ces barres en n'extériorisant qu'un seul effort par coupure (l'effort normal).

Vue en plan de la toiture de la structure illustrée en première page de ce chapitre :

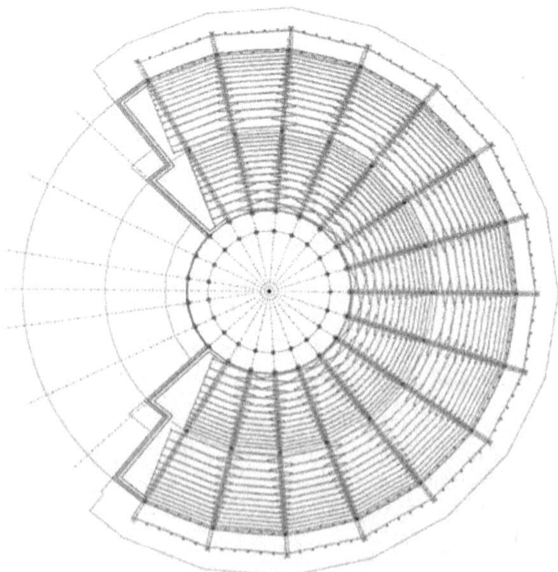

3. ÉTUDE DES STRUCTURES À SYMÉTRIE GÉOMÉTRIQUE ET ANTISYMÉTRIE DES CHARGES

Dans ce cas, c'est le moment fléchissant et l'effort horizontal qui sont nuls au niveau de l'axe de symétrie géométrique pour un élément traversant cet axe.

Pour démontrer ceci, considérons la structure ci-contre. Raisonnons par l'absurde en supposant que les 3 efforts internes extériorisés M, F_H et F_V sont non nuls sur l'axe de symétrie géométrique et en les dessinant de façon à respecter le principe d'action réaction.

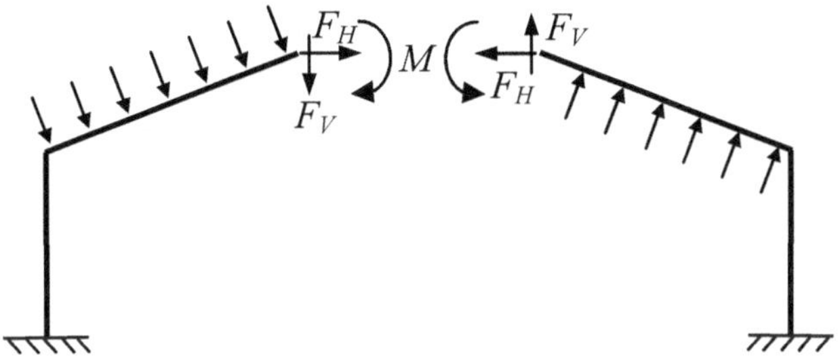

Ensuite, dessinons cette même structure en conservant le sens des d'efforts choisis ci-dessus mais comme si la structure était regardée par un observateur situé de l'autre côté de la feuille.

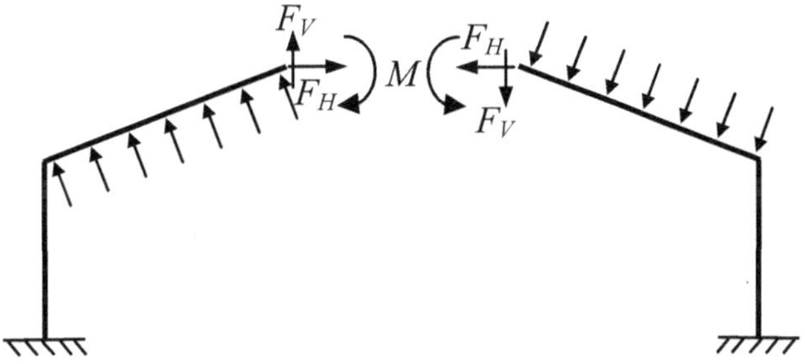

Appliquons ensuite la superposition des efforts relatifs aux deux cas ci-dessus sur cette même structure. Le résultat de cette superposition est une structure *non chargée* dans laquelle les efforts F_V s'annulent l'un l'autre, alors que subsistent des efforts $2F_H$ et $2M$ sur l'axe de symétrie. La structure étant non chargée, F_H et M ne peuvent qu'être nuls.

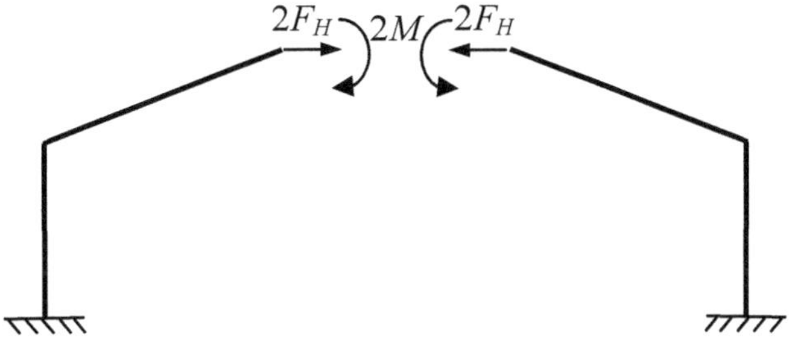

Ainsi, la structure ci-dessus de degré d'hyperstaticité égal à 3 peut se simplifier par l'étude de l'une des deux structures de droite suivantes dont le degré d'hyperstaticité vaut 1 :

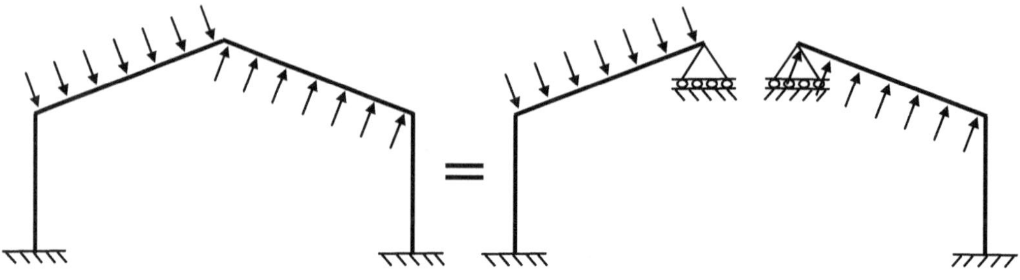

De nouveau, plusieurs cas peuvent se présenter :

➠ **L'axe de symétrie ne coupe que des barres**

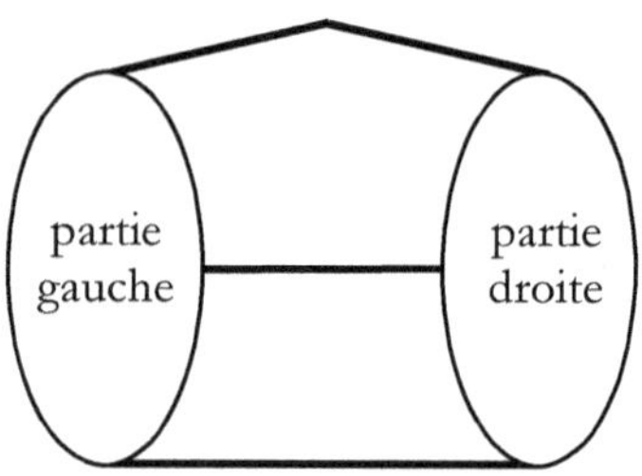

Dans ce cas, il suffit de placer des **appuis à rouleaux** (une réaction d'appui) sur chaque barre coupant l'axe de symétrie et d'étudier l'une des deux parties indépendamment de l'autre :

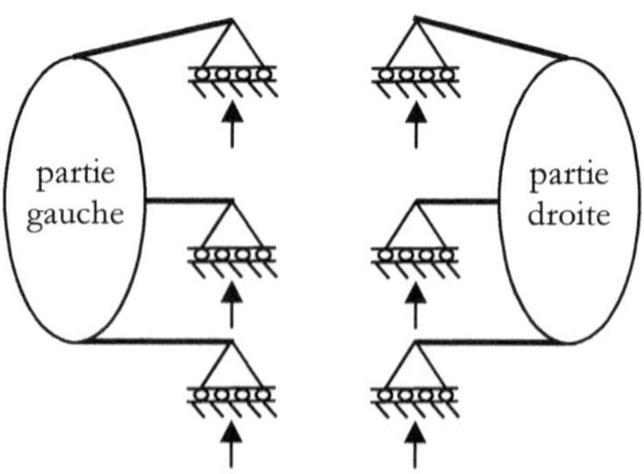

➠ L'axe de symétrie contient un ou plusieurs nœuds, pourvus d'une rotule ou de tout autre dispositif

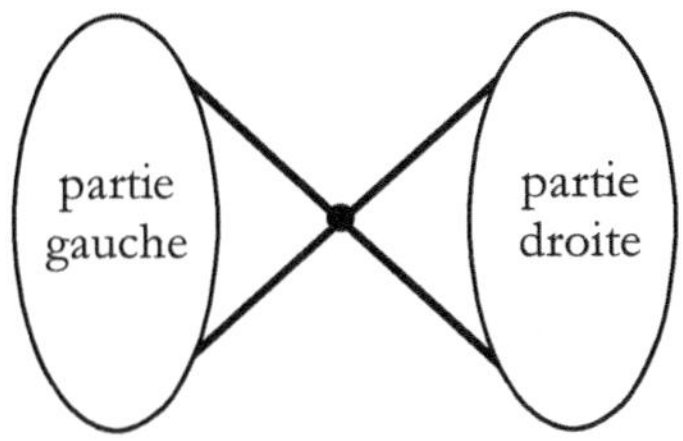

Dans ce cas, chaque partie peut être étudiée séparément en introduisant au droit du nœud un appui tel que :

- l'effort horizontal et le moment y sont annulés (appui à rouleau);
- le ou les efforts annulés par les dispositifs présents au nœud dans la structure de base restent nuls.

Dans l'exemple précédent, il suffira d'introduire un appui à rouleaux tout en conservant la rotule reliant les deux barres :

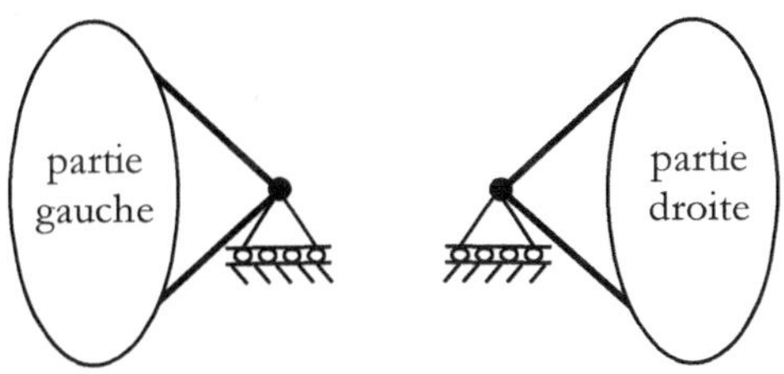

➠ L'axe de symétrie géométrique contient une ou plusieurs barres avec ou sans appui

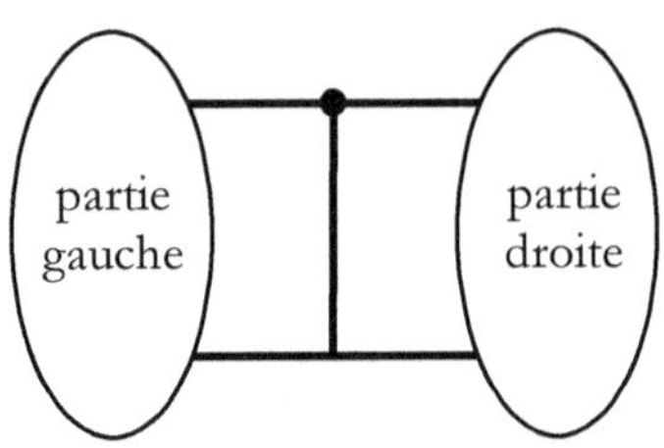

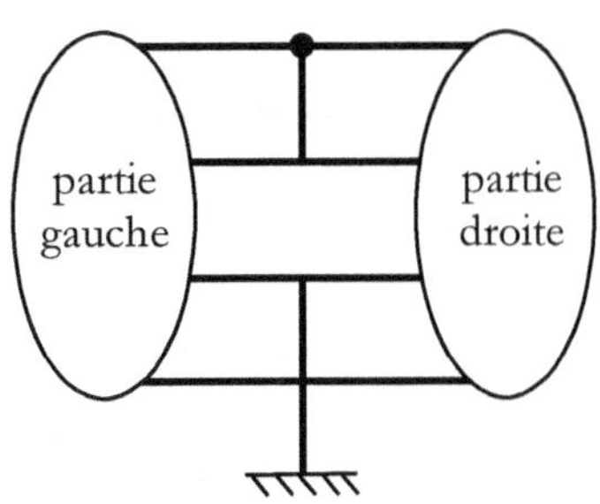

Dans ce cas il devient difficile de simplifier la structure car la ou les barres verticales sont soumises à la fois à du moment fléchissant et de l'effort tranchant. Les nœuds situés sur l'axe de symétrie géométrique se déplacent horizontalement et en rotation : les barres situées sur l'axe de symétrie restent sans effort normal (N=0), ce dont on pourra tenir compte pour simplifier la levée d'hyperstaticité.

4. EXEMPLES

Exemple 1

On suggère de calculer le degré d'hyperstaticité des structures suivantes et, pour chacune d'elles, de proposer une structure équivalente qui tient compte de la symétrie.

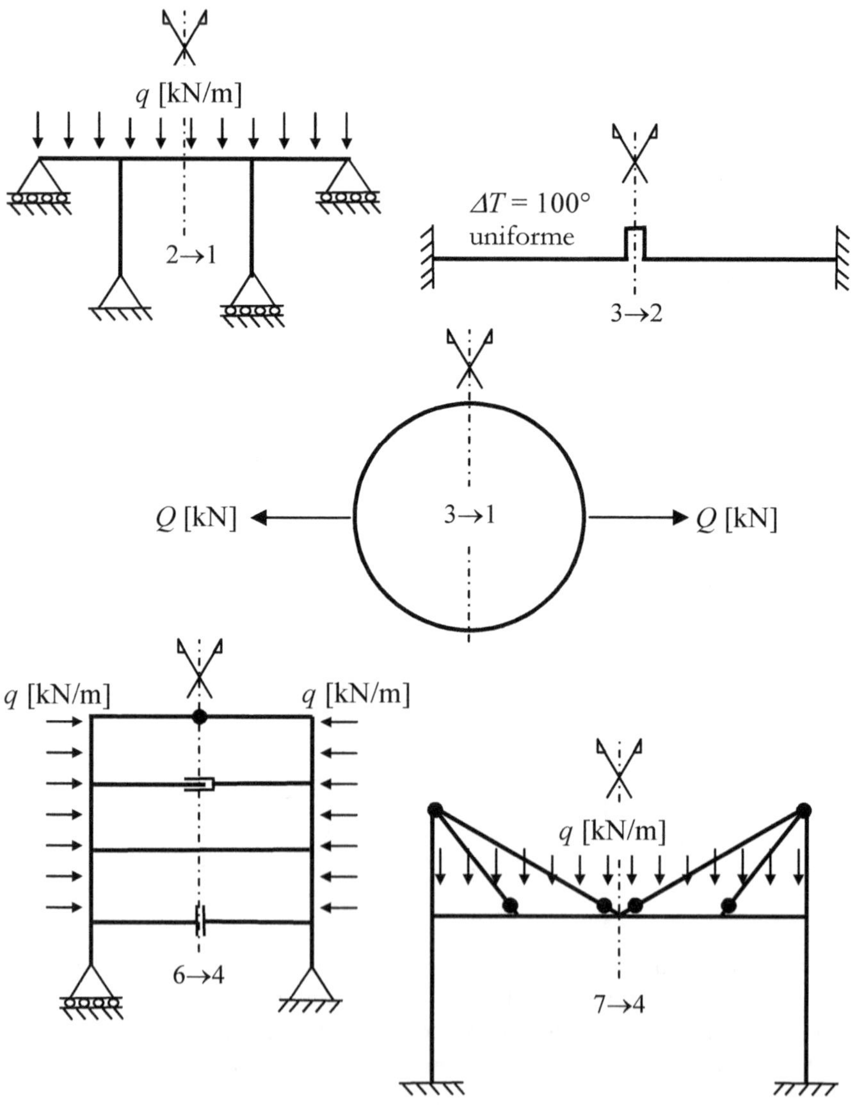

➠ **Structure I**

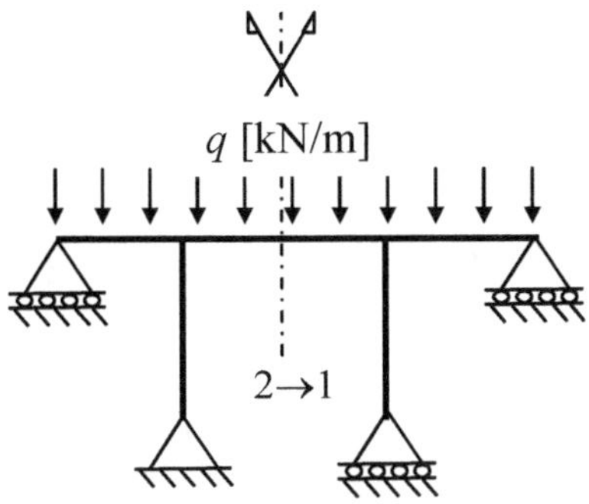

$$\begin{cases} \text{nombre de noeuds : } n = 6 \\ m = 7 \\ \text{nombre de barres : } b = 5 & \Rightarrow I_s = (3*5+5-7)-(3*6-7) = 2 \\ \text{nombre de réactions d'appui : } r = 5 \\ e = 7 \end{cases}$$

Structure équivalente simplifiée :

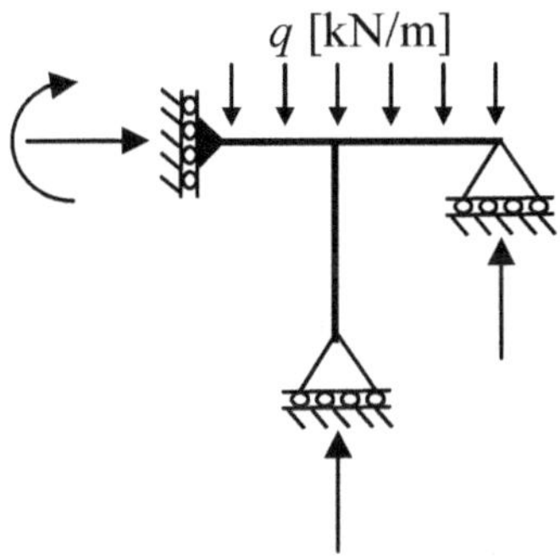

$$\begin{cases} \text{nombre de noeuds : } n = 4 \\ m = 5 \\ \text{nombre de barres : } b = 3 & \Rightarrow I_s = (3*3+4-5)-(3*4-5) = 1 \\ \text{nombre de réactions d'appui : } r = 4 \\ e = 5 \end{cases}$$

➠ **Structure II**

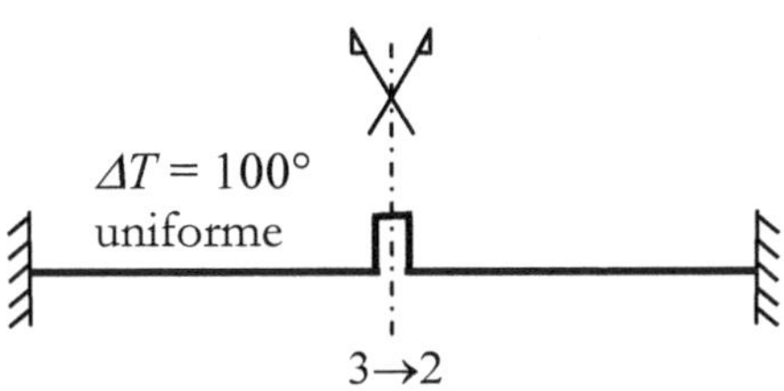

Si on considère la structure comme formée d'une seule barre, il est évident que $I_s = 3$.

Structure équivalente simplifiée :

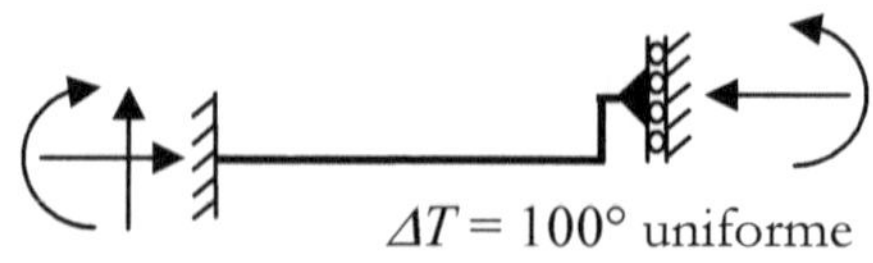

$$\begin{cases} \text{nombre de noeuds : } n = 2 \\ m = 1 \\ \text{nombre de barres : } b = 1 \\ \text{nombre de réactions d'appui : } r = 5 \\ e = 1 \end{cases} \Rightarrow I_s = (3*1+5-1)-(3*2-1) = 2$$

Structure III

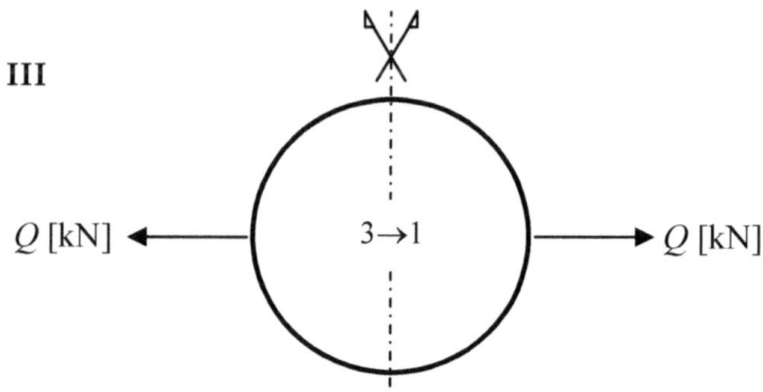

La structure étant équivalente à un cadre fermé, I_s vaut 3.

Structure équivalente simplifiée :

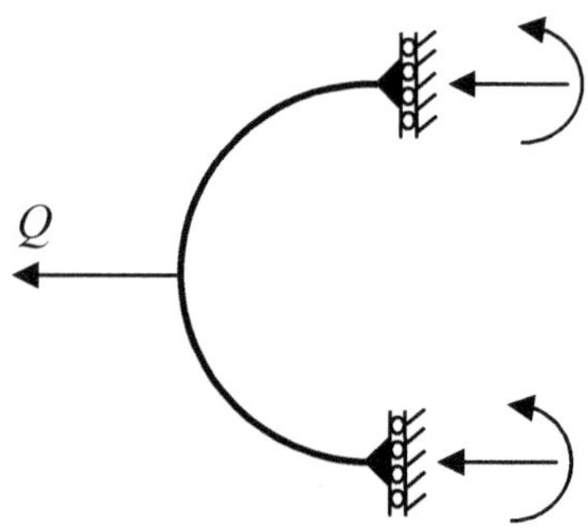

$$\begin{cases} \text{nombre de noeuds : } n = 2 \\ m = 2 \\ \text{nombre de barres : } b = 1 \\ \text{nombre de réactions d'appui : } r = 4 \\ e = 2 \end{cases}$$

$$\Rightarrow I_s = (3*1+4-2)-(3*2-2) = 1$$

On peut encore un peu simplifier la structure en considérant une seconde symétrie par rapport à un axe horizontal conduisant à un quart de cercle soumis à une charge $Q/2$. Toutefois I_s reste égal à 1 :

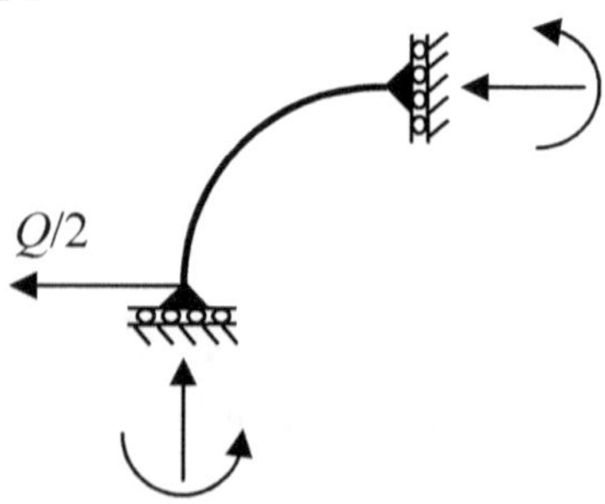

$$\begin{cases} \text{nombre de noeuds : } n = 2 \\ m = 2 \\ \text{nombre de barres : } b = 1 \\ \text{nombre de réactions d'appui : } r = 4 \\ e = 2 \end{cases}$$

$$\Rightarrow I_s = (3*1+4-2)-(3*2-2) = 1$$

➠ **Structure IV**

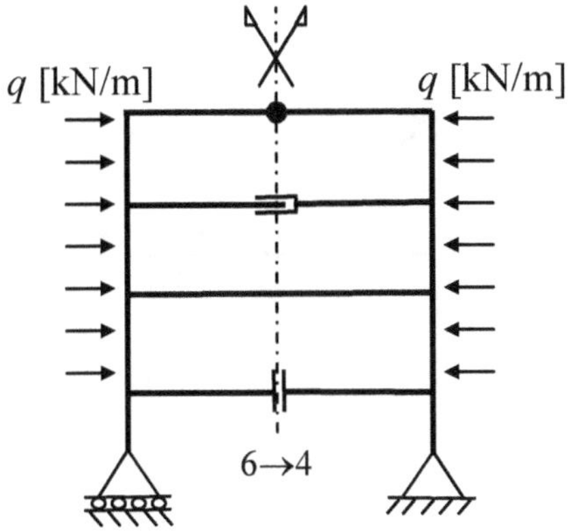

$$\begin{cases} \text{nombre de noeuds : } n = 13 \\ m = 6 \\ \text{nombre de barres : } b = 15 \\ \text{nombre de réactions d'appui : } r = 3 \\ e = 9 \end{cases} \Rightarrow I_s = (3*15+3-9)-(3*13-6) = 6$$

Structure équivalente simplifiée :

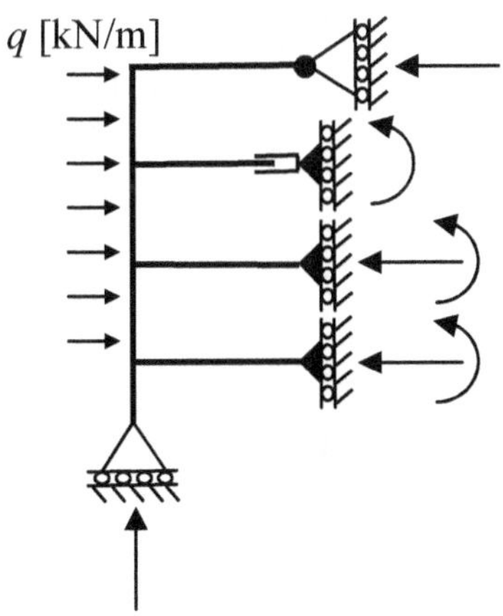

$$\begin{cases} \text{nombre de noeuds : } n = 9 \\ m = 8 \\ \text{nombre de barres : } b = 8 \\ \text{nombre de réactions d'appui : } r = 7 \\ e = 8 \end{cases} \Rightarrow I_s = (3*8+7-8)-(3*9-8) = 4$$

➠ **Structure V**

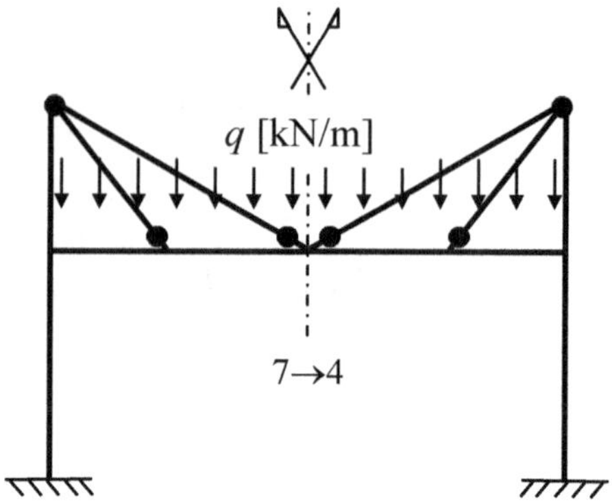

$$\begin{cases} \text{nombre de noeuds : } n = 9 \\ m = 2 \\ \text{nombre de barres : } b = 12 \\ \text{nombre de réactions d'appui : } r = 6 \\ e = 10 \end{cases} \Rightarrow I_s = (3*12+6-10)-(3*9-2) = 7$$

Structure équivalente simplifiée :

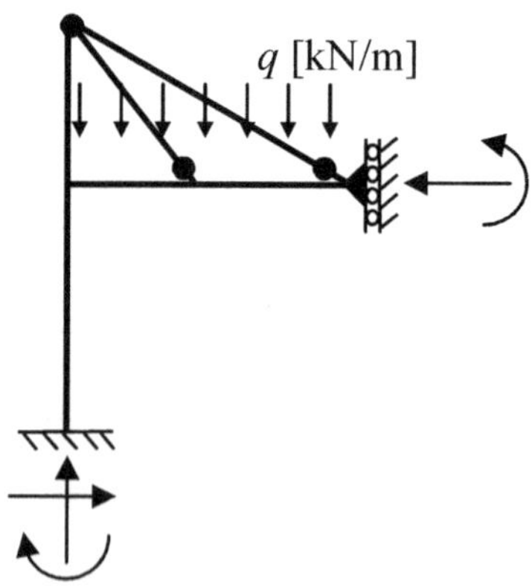

$$\begin{cases} \text{nombre de noeuds : } n = 5 \\ m = 1 \\ \text{nombre de barres : } b = 6 \\ \text{nombre de réactions d'appui : } r = 5 \\ e = 5 \end{cases} \Rightarrow I_s = (3*6+5-5)-(3*5-1) = 4$$

Exemple 2

En considérant que les structures ci-dessous sont chargées de façon symétrique, on suggère de calculer leur degré d'hyperstaticité et de proposer pour chacune d'elles une structure équivalente simplifiée, sachant que l'on néglige les déformations de compression des barres situées sur l'axe de symétrie.

Quel est le degré d'hyperstaticité des nouvelles structures ?

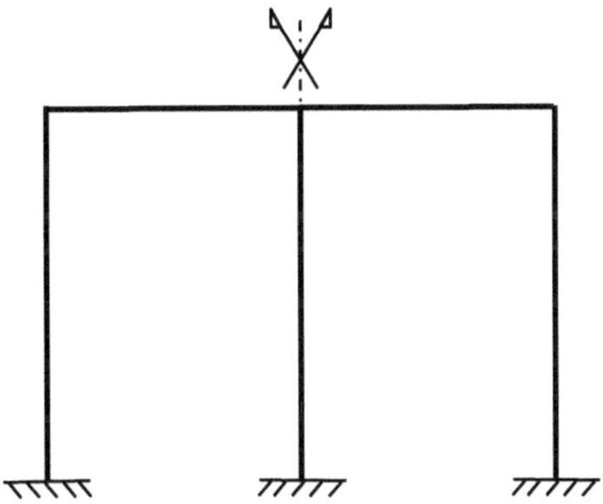

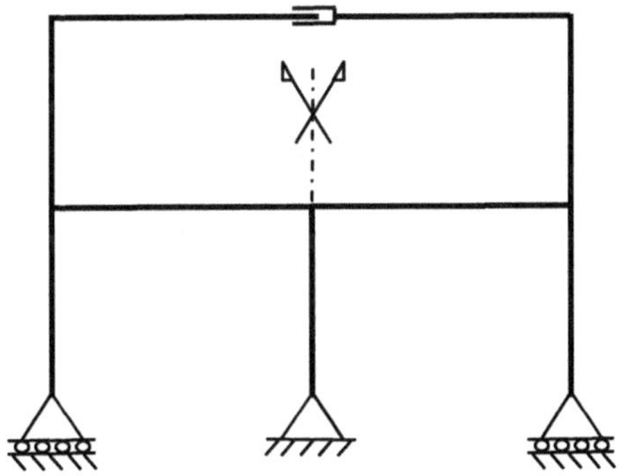

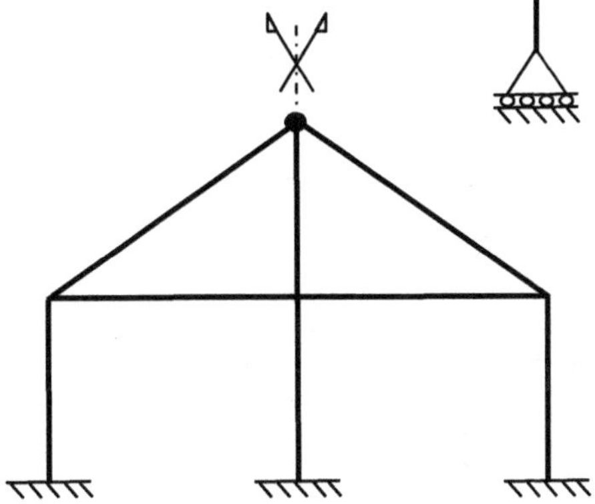

➠ **Structure I**

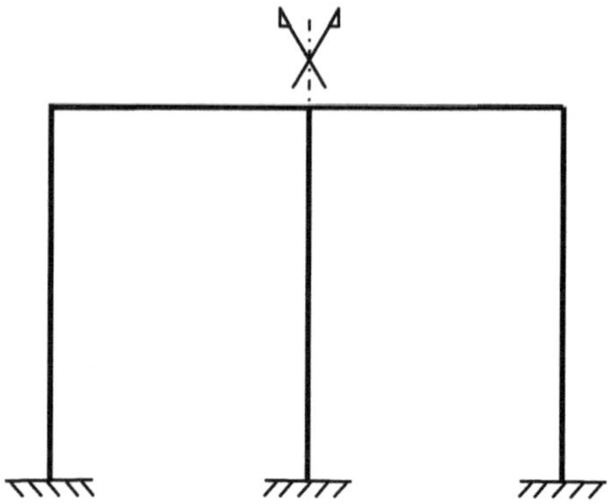

$$\begin{cases} \text{nombre de noeuds : } n = 6 \\ m = 0 \\ \text{nombre de barres : } b = 5 \\ \text{nombre de réactions d'appui : } r = 9 \\ e = 0 \end{cases} \Rightarrow I_s = (3*5+9-0)-(3*6-0) = 6$$

Structure équivalente simplifiée :

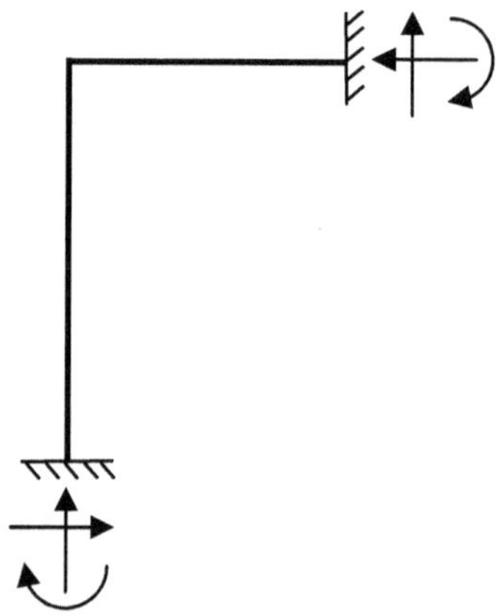

$$\begin{cases} \text{nombre de noeuds : } n = 3 \\ m = 0 \\ \text{nombre de barres : } b = 2 \\ \text{nombre de réactions d'appui : } r = 6 \\ e = 0 \end{cases}$$

$$\Rightarrow I_s = (3*2+6-0)-(3*3-0) = 3$$

➠ **Structure II**

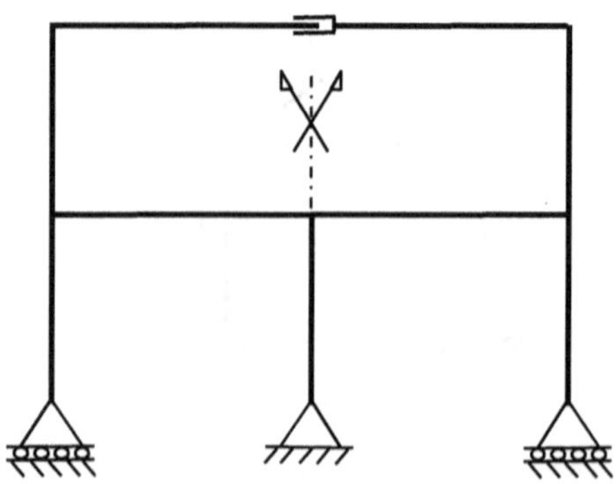

$$\begin{cases} \text{nombre de noeuds : } n = 9 \\ m = 6 \\ \text{nombre de barres : } b = 9 \\ \text{nombre de réactions d'appui : } r = 4 \\ e = 7 \end{cases} \Rightarrow I_s = (3*9+4-7)-(3*9-6) = 3$$

Structure équivalente simplifiée :

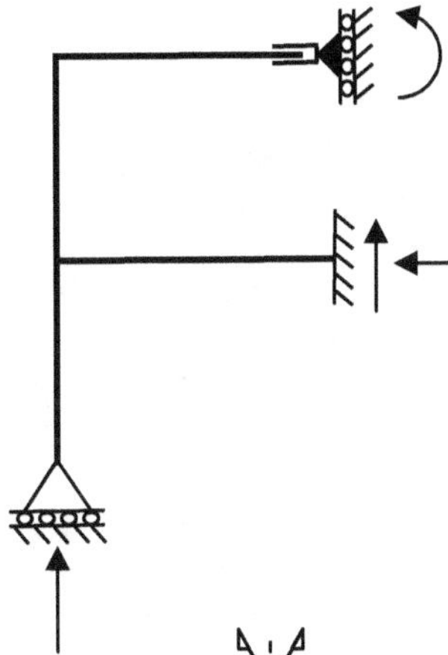

$$\begin{cases} \text{nombre de noeuds : } n = 5 \\ m = 4 \\ \text{nombre de barres : } b = 4 \\ \text{nombre de réactions d'appui : } r = 5 \\ e = 4 \end{cases}$$

$$\Rightarrow I_s = (3*4+5-4)-(3*5-4)= 2$$

➠ **Structure III**

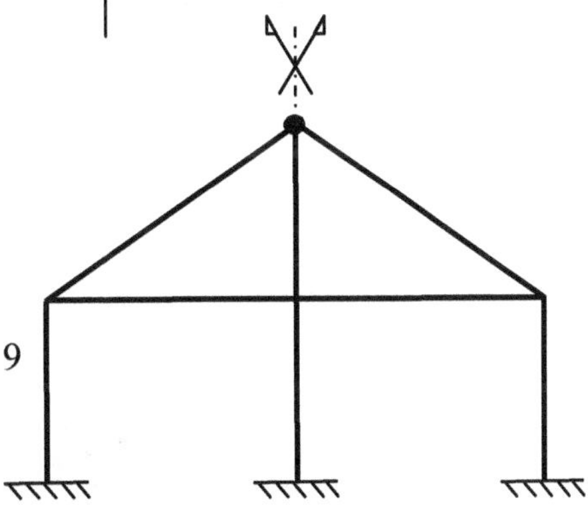

$$\begin{cases} \text{nombre de noeuds : } n = 7 \\ m = 1 \\ \text{nombre de barres : } b = 8 \\ \text{nombre de réactions d'appui : } r = 9 \\ e = 3 \end{cases}$$

$$\Rightarrow I_s = (3*8+9-3)-(3*7-1)= 10$$

Structure équivalente simplifiée :

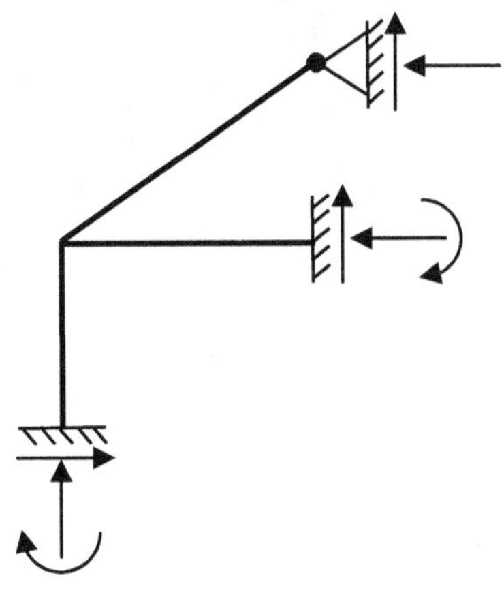

$$\begin{cases} \text{nombre de noeuds : } n = 4 \\ m = 1 \\ \text{nombre de barres : } b = 3 \\ \text{nombre de réactions d'appui : } r = 8 \\ e = 1 \end{cases}$$

$$\Rightarrow I_s = (3*3+8-1)-(3*4-1) = 5$$

Passerelle reliant les deux parties du centre sportif du Blocry à Louvain-la-Neuve, Belgique. *(Photo de l'auteur)*

Cette passerelle peut (presque…) être considérée comme un couple de structures identiques et indépendantes. *(Photo de l'auteur)*

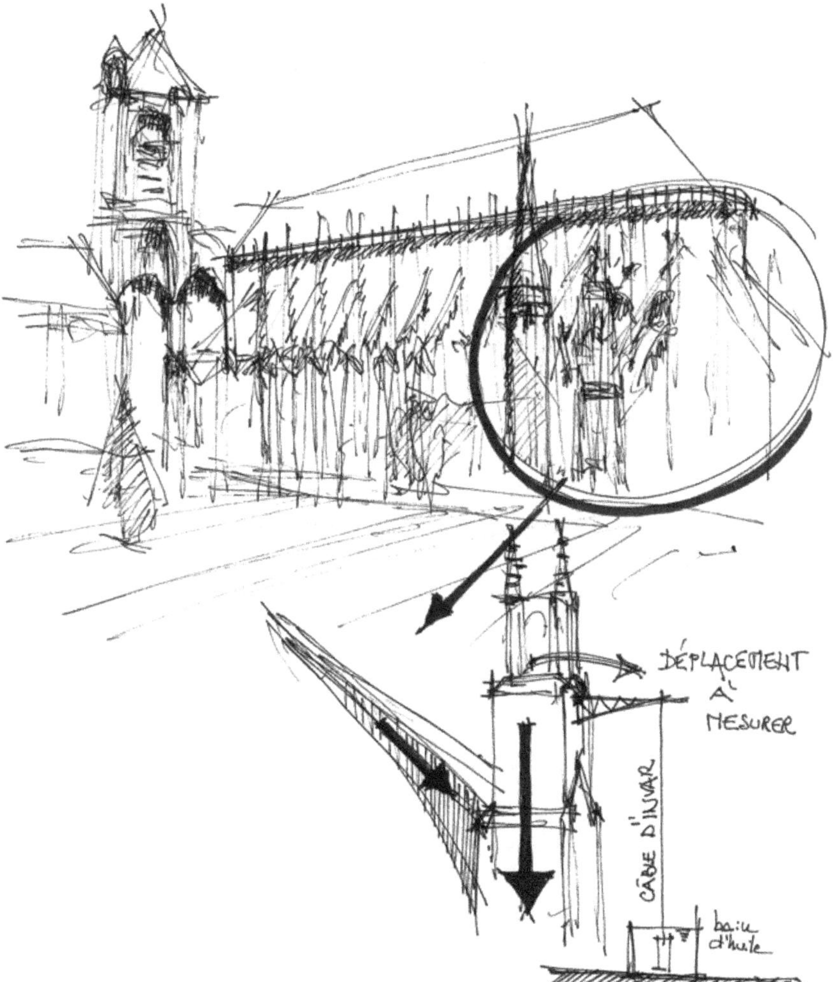

Chapitre 5

Les déplacements imposés

Illustration au recto :

La "respiration thermique" d'un édifice de grande taille comme une cathédrale peut générer des déplacements importants dont l'ampleur est de nature à perturber grandement l'interprétation de mesures de déplacement effectuées dans un but de contrôle de la stabilité.

Croquis : Dominique Langendries.

1. INTRODUCTION

En pratique, les structures peuvent être soumises, par l'intermédiaire de leurs appuis, à des interventions du milieu extérieur qui modifient leur géométrie. C'est le cas par exemple lorsqu'un ouvrage est construit sur deux types de sols différents qui tassent de façon inégale (tassement *différentiel*) ou encore lorsque la pile d'un ouvrage est déplacée à la suite d'un affouillement provoqué par une crue ou une érosion.

Les conséquences d'un tel phénomène sont différentes selon le type de structure : lorsqu'elle est isostatique, aucun effort interne supplémentaire ne sera créé mais des fissures, crevasses, bris de vitres et dérangements multiples pourront apparaître. Si elle est hyperstatique, la structure sera le siège d'efforts internes supplémentaires qui pourront, dans certains cas, nuire à sa stabilité et provoquer des dégâts, voire un effondrement.

Poutre sur 4 appuis rendue **isostatique** par l'introduction de deux rotules : le déplacement vertical de l'appui provoque des **déformations libres** de la structure et aucun effort interne n'est généré.

Poutre sur 4 appuis sans rotules : **l'hyperstaticité** empêche les déformations de se produire librement et implique des efforts internes et une **courbure** de la poutre.

Dans le cadre de ce chapitre, on supposera que le déplacement imposé à un appui est suffisamment petit pour qu'on puisse effectuer un calcul au premier ordre et adopter le principe de superposition (ces notions sont définies au chapitre 1, §12 et chapitre 3, §2).

Par ailleurs, dans la plupart des cas réels, un déplacement imposé se combine à une ou plusieurs autres actions. Dans le cadre de ce chapitre, on supposera toujours que le déplacement imposé agit seul. Si ce n'est pas le cas, on appliquera le principe de superposition en combinant les résultats obtenus (en termes d'efforts, de contraintes ou de déplacements) avec ceux générés par les autres actions ou même d'autres déplacements imposés.

2. TRAITEMENT DES STRUCTURES ISOSTATIQUES

La résolution d'une structure isostatique soumise à un déplacement imposé consiste uniquement à évaluer sa déformée libre puisque aucun effort interne supplémentaire n'y est généré. Les éléments de la structure restent donc rectilignes et il suffit de tracer ceux-ci, d'une part, en respectant le passage par les appuis et, d'autre part, en conservant leur longueur initiale.

Dans ce cas, le déplacement se fait de telle sorte que le lieu de la rotule supérieure est un arc de cercle dont le centre est l'appui gauche :

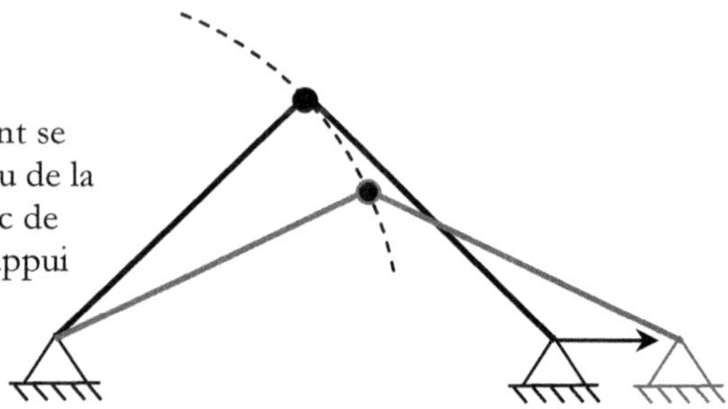

3. TRAITEMENT DES STRUCTURES HYPERSTATIQUES

3.1. Préliminaire : généralisation de la méthode des forces

La prise en compte d'un déplacement imposé par la méthode des forces n'implique aucun principe nouveau et s'avère très simple pour autant que la signification physique des équations de compatibilité, détaillé au chapitre 3, soit bien comprise.

Pour rappel, la méthode des forces consiste à effectuer des coupures simples, doubles ou triples (totales) en y extériorisant les efforts internes ou les réactions d'appui et en écrivant pour chaque coupure une équation qui exprime que celle-ci doit se "refermer" :

$$\delta^0_{i,\Sigma F} + \sum_{j=1}^{n} X_j \, \delta^0_{i,j} = 0$$

De manière générale, si la structure est soumise à une ou des actions telles qu'une coupure ne se referme pas mais est caractérisée par un certain déplacement imposé absolu ou relatif Δ_i de ses lèvres, l'équation ci-dessus devient :

$$\delta^0_{i,\Sigma F} + \sum_{j=1}^{n} X_j \, \delta^0_{i,j} = \Delta_i$$

Dans ce contexte, deux cas sont à considérer :

3.2. Premier cas : le système de coupures est associé au(x) déplacement(s) imposé(s)

Lorsque cette association est possible, c'est la voie plus simple et la plus élégante pour résoudre le problème.

Elle peut se comprendre facilement sur base de l'exemple suivant : considérons une poutre de degré hyperstatique égal à 1 soumise à un cas de charge quelconque. La levée d'hyperstaticité de cette poutre peut se faire en décomposant la structure selon le principe de superposition et en exprimant que le déplacement vertical de l'appui droit est nul :

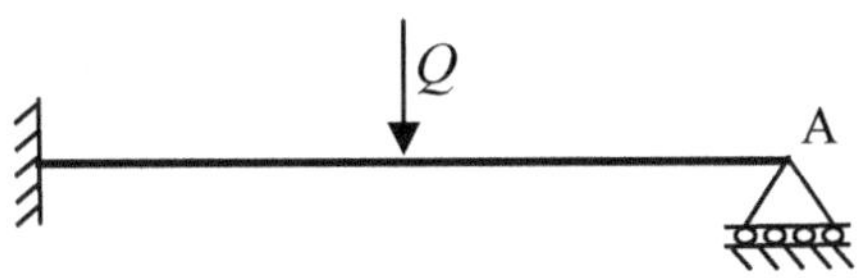

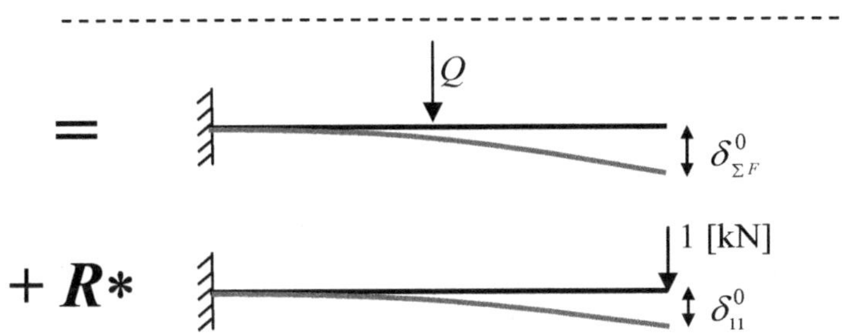

$$R\delta_{11}^{0} + \delta_{\Sigma F}^{0} \boxed{= 0} \Rightarrow$$

= 0 car le déplacement vertical en A est nul dans la structure hyperstatique de base

Si maintenant l'appui A subit un déplacement vertical de valeur Δ, le membre de droite de l'équation de compatibilité n'est plus nul mais vaut précisément Δ :

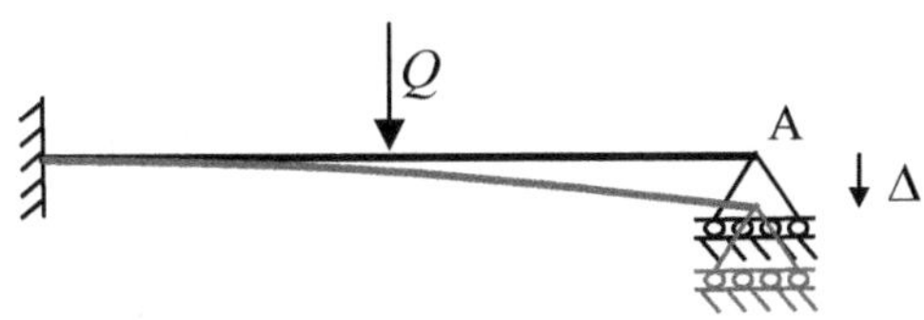

$$R\delta_{11}^{0} + \delta_{\Sigma F}^{0} \boxed{= \Delta} \Rightarrow$$

= Δ car le déplacement vertical en A vaut Δ dans la structure hyperstatique de base

La généralisation à une structure de degré d'hyperstaticité $I_s=n$ s'exprime comme suit : si on impose un déplacement Δ_i à la coupure i, le système à résoudre sera le suivant :

$$\begin{pmatrix} \vdots & \vdots & \vdots & \vdots & \vdots \\ \vdots & \vdots & \vdots & \vdots & \vdots \\ \delta_{i1}^0 & \cdots & \delta_{ii}^0 & \cdots & \delta_{in}^0 \\ \vdots & \vdots & \vdots & \vdots & \vdots \\ \vdots & \vdots & \vdots & \vdots & \vdots \end{pmatrix} \begin{pmatrix} X_1 \\ \vdots \\ X_i \\ \vdots \\ X_n \end{pmatrix} + \begin{pmatrix} \delta_{1,\Sigma F}^0 \\ \vdots \\ \delta_{i,\Sigma F}^0 \\ \vdots \\ \delta_{n,\Sigma F}^0 \end{pmatrix} = \begin{pmatrix} 0 \\ \vdots \\ \Delta_{i,\text{imposé}} \\ \vdots \\ 0 \end{pmatrix}$$

Notons que le signe de Δ sera positif si le déplacement Δ est orienté dans le même sens que l'effort unitaire correspondant.

Remarques :

- si la structure subit d'autres déplacements imposés Δ_1, Δ_2, ... , il suffira de rajouter ces termes dans le membre de droite du système :

$$\begin{pmatrix} \vdots & \vdots & \vdots & \vdots & \vdots \\ \vdots & \vdots & \vdots & \vdots & \vdots \\ \delta_{i1}^0 & \cdots & \delta_{ii}^0 & \cdots & \delta_{in}^0 \\ \vdots & \vdots & \vdots & \vdots & \vdots \\ \vdots & \vdots & \vdots & \vdots & \vdots \end{pmatrix} \begin{pmatrix} X_1 \\ \vdots \\ X_i \\ \vdots \\ X_n \end{pmatrix} + \begin{pmatrix} \delta_{1,\Sigma F}^0 \\ \vdots \\ \delta_{i,\Sigma F}^0 \\ \vdots \\ \delta_{n,\Sigma F}^0 \end{pmatrix} = \begin{pmatrix} \Delta_{1,\text{imposé}} \\ \vdots \\ \Delta_{i,\text{imposé}} \\ \vdots \\ \Delta_{n,\text{imposé}} \end{pmatrix}$$

- si on désire étudier uniquement l'influence des déplacements imposés sans considérer le chargement, le système devient :

$$\begin{pmatrix} \vdots & \vdots & \vdots & \vdots & \vdots \\ \vdots & \vdots & \vdots & \vdots & \vdots \\ \delta_{i1}^0 & \cdots & \delta_{ii}^0 & \cdots & \delta_{in}^0 \\ \vdots & \vdots & \vdots & \vdots & \vdots \\ \vdots & \vdots & \vdots & \vdots & \vdots \end{pmatrix} \begin{pmatrix} X_1 \\ \vdots \\ X_i \\ \vdots \\ X_n \end{pmatrix} + \begin{pmatrix} 0 \\ \vdots \\ 0 \\ \vdots \\ 0 \end{pmatrix} = \begin{pmatrix} \Delta_{1,\text{imposé}} \\ \vdots \\ \Delta_{i,\text{imposé}} \\ \vdots \\ \Delta_{n,\text{imposé}} \end{pmatrix}$$

  Le principe de superposition permettra par la suite de **superposer les diagrammes d'efforts** correspondant respectivement au cas de charge et au(x) déplacement(s) imposé(s).

3.3. Second cas : le système de coupures n'est pas associé au(x) déplacement(s) imposé(s)

Par souci de simplification, considérons un seul déplacement imposé, celui-ci ne correspondant à aucune coupure effectuée. Ces coupures doivent alors se refermer ($\Delta_i = 0$), et il faut déterminer les ***n* déplacements** δ^0_{iD} **induits en chacune d'elles par le déplacement imposé Δ** dans la structure isostatique de référence (avec un signe positif si $\delta^0_{i,D}$ est orienté dans le même sens que l'effort X_i correspondant). Les déplacements $\delta^0_{i,D}$ sont en fait l'équivalent des $\delta^0_{i,\sum F}$, générés non plus par un cas de charge (indice ΣF), mais par le déplacement imposé (indice D).

Le système à résoudre sera le suivant :

$$\begin{pmatrix} \vdots & \vdots & \vdots & \vdots & \vdots \\ \vdots & \vdots & \vdots & \vdots & \vdots \\ \delta^0_{i1} & \cdots & \delta^0_{ii} & \cdots & \delta^0_{in} \\ \vdots & \vdots & \vdots & \vdots & \vdots \\ \vdots & \vdots & \vdots & \vdots & \vdots \end{pmatrix} \begin{pmatrix} X_1 \\ \vdots \\ X_i \\ \vdots \\ X_n \end{pmatrix} + \left(\begin{pmatrix} \delta^0_{1,D} \\ \vdots \\ \delta^0_{i,D} \\ \vdots \\ \delta^0_{n,D} \end{pmatrix} + \begin{pmatrix} \delta^0_{1,\sum F} \\ \vdots \\ \delta^0_{i,\sum F} \\ \vdots \\ \delta^0_{n,\sum F} \end{pmatrix} \right) = \begin{pmatrix} 0 \\ \vdots \\ 0 \\ \vdots \\ 0 \end{pmatrix}$$

Dans le cas où on désire calculer uniquement l'influence du déplacement imposé, les termes $\delta^0_{i,\sum F}$ disparaissent.

Remarque importante :

Le premier cas (§3.2) sera généralement plus aisé à traiter que le second puisqu'il ne nécessite pas la détermination des termes $\delta^0_{i,D}$. En effet, leur calcul engendre souvent certaines difficultés (voir exemples au §5) car il faut imaginer la façon exacte dont les lèvres des coupures vont se déplacer dans la structure isostatique de référence suite au déplacement imposé Δ... et ceci n'est pas toujours évident pour une structure un peu complexe, même si elle est isostatique. Toutefois, le premier cas n'est pas toujours possible car la suppression de la réaction d'appui correspondant au déplacement imposé peut conduire à des structures isostatiques qui sont instables (mécanismes).

Enfin, il peut arriver que les deux cas se présentent simultanément dans la même structure.

4. EXTENSION DE LA NOTION DE *DÉPLACEMENT IMPOSÉ* À LA NOTION DE *MATRICE DE RIGIDITÉ*

En préliminaire aux notions développées dans le chapitre 14, on peut généraliser le principe du déplacement imposé. Ainsi, un élément peut être soumis à trois déplacements à chacun de ses nœuds extrêmes : un déplacement vertical, un déplacement horizontal et un déplacement angulaire. À ces 6 déplacements correspondent 6 réactions d'appui qui représentent aussi les efforts internes aux extrémités de l'élément :

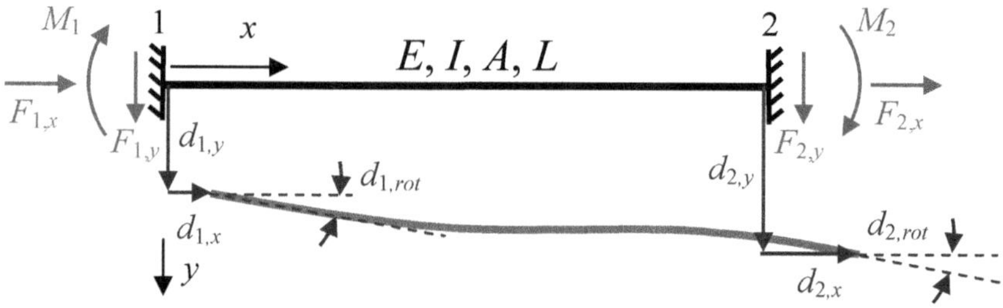

En considérant qu'aucune charge extérieure ne s'applique sur l'élément lui-même, on peut démontrer la relation générale suivante, reliant ces déplacements d'extrémités aux efforts qui y règnent :

$$\begin{pmatrix} \frac{EA}{L} & 0 & 0 & -\frac{EA}{L} & 0 & 0 \\ 0 & \frac{12EI}{L^3} & \frac{6EI}{L^2} & 0 & -\frac{12EI}{L^3} & \frac{6EI}{L^2} \\ 0 & \frac{6EI}{L^2} & \frac{4EI}{L} & 0 & -\frac{6EI}{L^2} & \frac{2EI}{L} \\ -\frac{EA}{L} & 0 & 0 & \frac{EA}{L} & 0 & 0 \\ 0 & -\frac{12EI}{L^3} & -\frac{6EI}{L^2} & 0 & \frac{12EI}{L^3} & -\frac{6EI}{L^2} \\ 0 & \frac{6EI}{L^2} & \frac{2EI}{L} & 0 & -\frac{6EI}{L^2} & \frac{4EI}{L} \end{pmatrix} \begin{pmatrix} d_{1,x} \\ d_{1,y} \\ d_{1,rot} \\ d_{2,x} \\ d_{2,y} \\ d_{2,rot} \end{pmatrix} = \begin{pmatrix} F_{1,x} \\ F_{1,y} \\ M_1 \\ F_{2,x} \\ F_{2,y} \\ M_2 \end{pmatrix}$$

La matrice de ce système s'appelle *matrice de rigidité locale* de l'élément. Chacun de ses termes s'interprète comme un effort dû à un déplacement unitaire. Elle est liée au repère local (*x*,*y*) de l'élément.

Cette notion de matrice de rigidité a une très grande importance car elle est à la base de la méthode des éléments finis, développée au chapitre 14 pour les poutres, les treillis et les ossatures 2D.

Enfin, la façon de calculer les cœfficients de cette matrice de rigidité locale est en partie expliquée dans l'exemple 3 de ce chapitre (§5).

5. EXEMPLES

Exemple 1

L'appui central de la poutre hyperstatique ci-dessous subit un déplacement imposé Δ vers le bas :

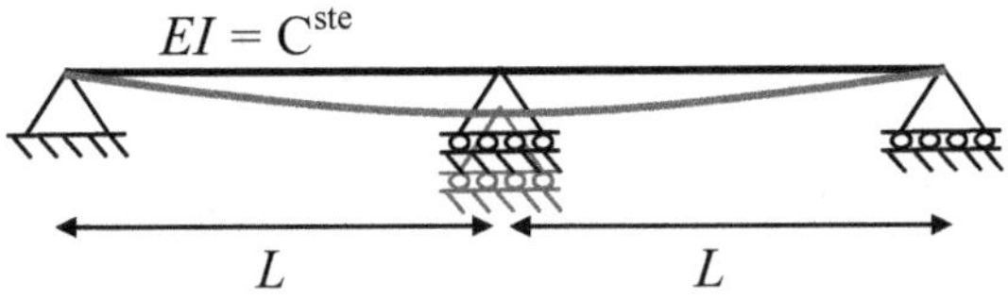

On propose de calculer le diagramme des moments fléchissants généré par ce déplacement imposé.

Dans ce cas précis d'une structure très simple de degré hyperstatique 1, pour laquelle l'appui déplacé ne peut être le siège que d'une seule réaction, il existe un moyen intuitif et raccourci de calculer les efforts internes.

En effet, la flèche au centre d'une poutre de portée ($2L$) soumise à une charge Q à mi-portée vaut $QL^3/(6EI)$:

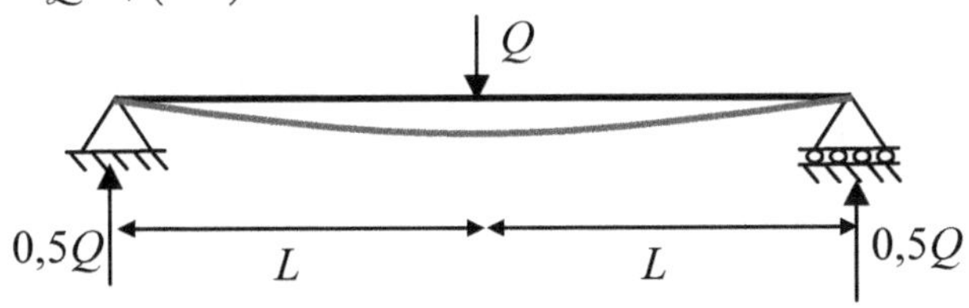

Une simple règle de trois permet alors de déterminer l'effort nécessaire $6EI\Delta/L^3$ pour déplacer le centre de cette poutre d'une valeur Δ :

$$\begin{cases} Q \rightarrow \delta = QL^3/6EI \\ 1 \rightarrow \delta = L^3/6EI \\ 6EI\Delta/L^3 \rightarrow \delta = \Delta \end{cases}$$

Les efforts internes générés par le déplacement imposé Δ sont donc équivalents à ceux produits par une charge de valeur $6EI\Delta/L^3$ appliquée au centre d'une poutre isostatique de portée $2L$. Le diagramme des moments est le suivant :

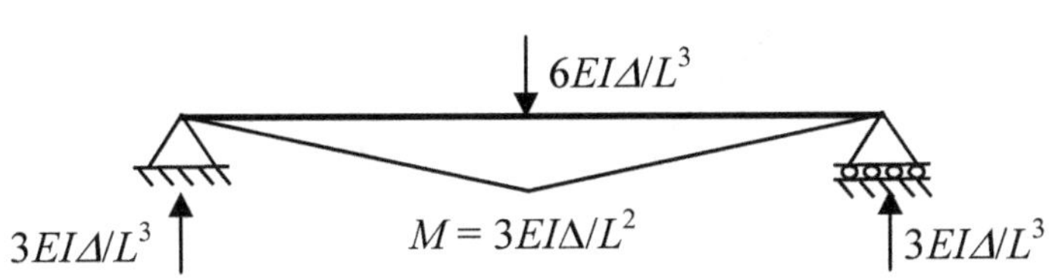

Exemple 2 :

L'appui gauche de la structure suivante se voit imposer une rotation angulaire de Δ radians dans le sens horlogique :

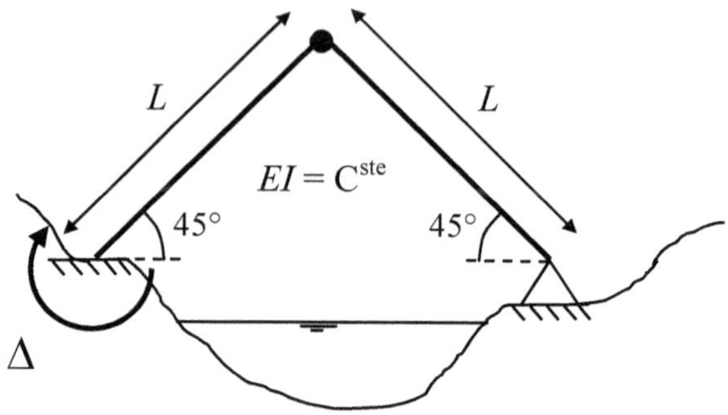

Par les deux cas développés aux §3.2 et 3.3, on désire calculer les réactions d'appui et le diagramme des moments fléchissants générés par ce déplacement imposé.

$$\begin{cases} \text{nombre de noeuds : } n = 3 \\ m = 2 \\ \text{nombre de barres : } b = 2 \\ \text{nombre de réactions d'appui : } r = 5 \\ e = 3 \end{cases} \Rightarrow I_s = (3*2+5-3)-(3*3-2) = 1$$

Calcul par le premier cas (§3.2)

En choisissant comme inconnue hyperstatique le moment d'encastrement X_1 associé au déplacement imposé Δ, ce dernier va se retrouver tel quel dans l'équation de compatibilité et la structure ci-dessus est alors équivalente à la superposition des deux structures isostatiques suivantes :

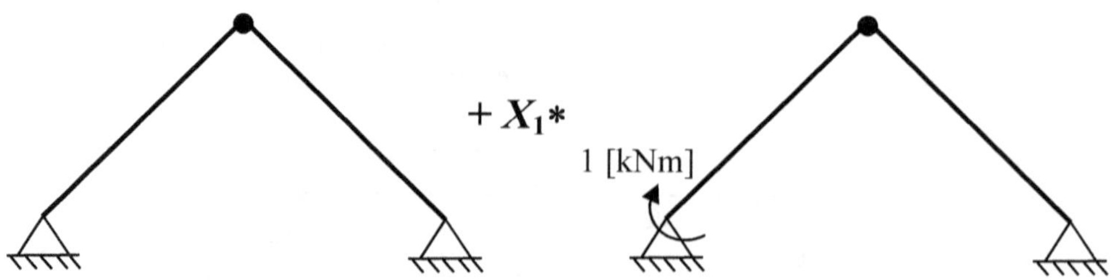

➠ Équation de compatibilité

Le calcul des 4 réactions d'appui de la structure isostatique soumise à effort unitaire se fera aisément par équilibre de chaque barre par rapport à la rotule centrale où $M = 0$:

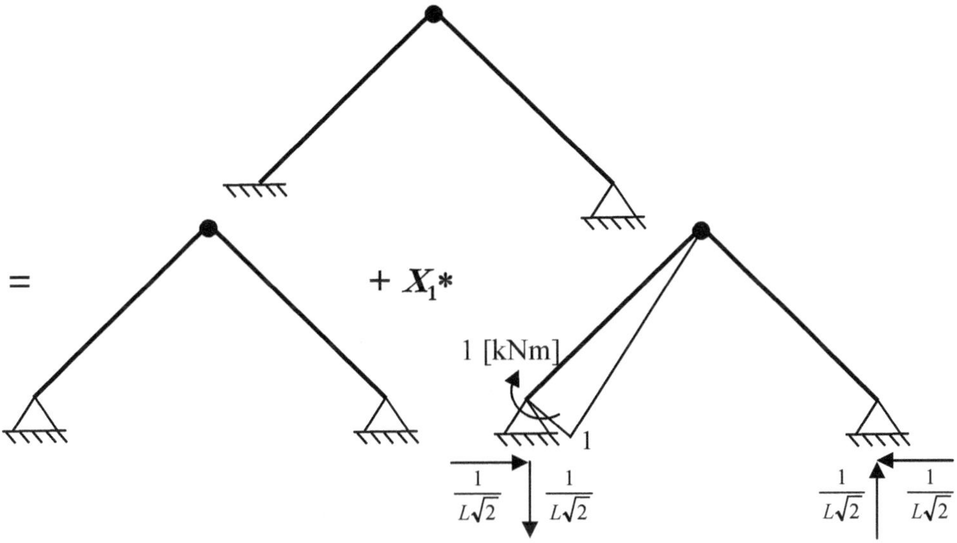

Équation de compatibilité : $\delta_{11}^{0} * X_1 + 0 = +\Delta$

On trouve : $\delta_{11}^{0} = \dfrac{L}{3EI} \qquad \Rightarrow \qquad X_1 = \dfrac{3EI\Delta}{L}$

➠ Puisqu'on ne considère que l'effet du déplacement imposé, le diagramme des moments fléchissants de la structure hyperstatique s'obtiendra en multipliant le diagramme de la structure soumise à effort unitaire par X_1 :

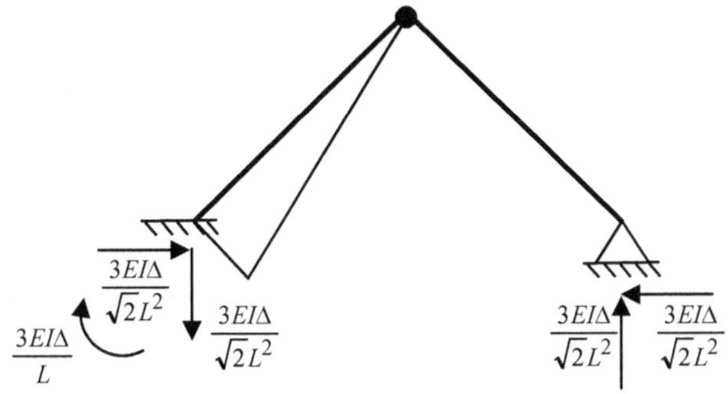

Calcul par le second cas (§3.3)

Afin de lever l'hyperstaticité, on propose ici de remplacer l'appui droit par un appui à rouleaux :

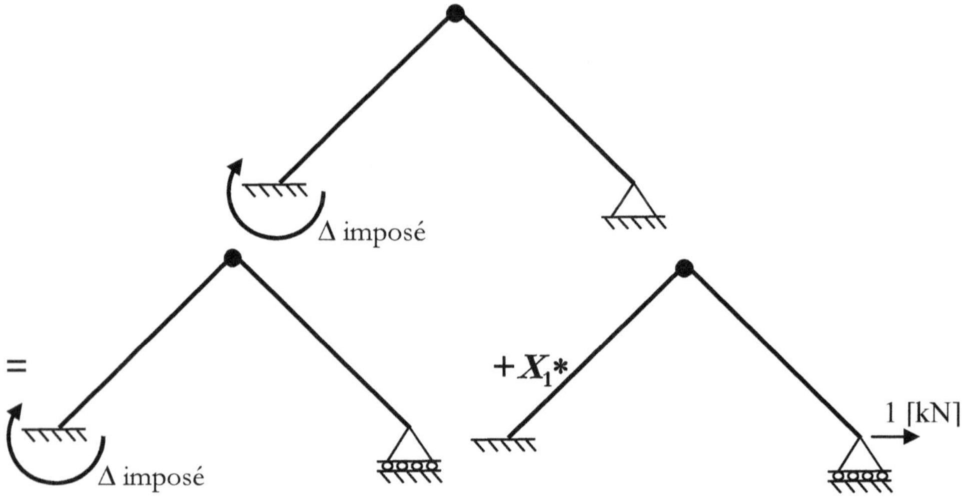

➠ La "coupure" effectuée n'incluant pas l'appui qui subit le déplacement imposé, il faut donc déterminer, dans la première structure isostatique, le déplacement horizontal $\delta_{1,D}^{0}$ de l'appui droit (engendré par la rotation imposée de Δ radians à l'appui gauche) :

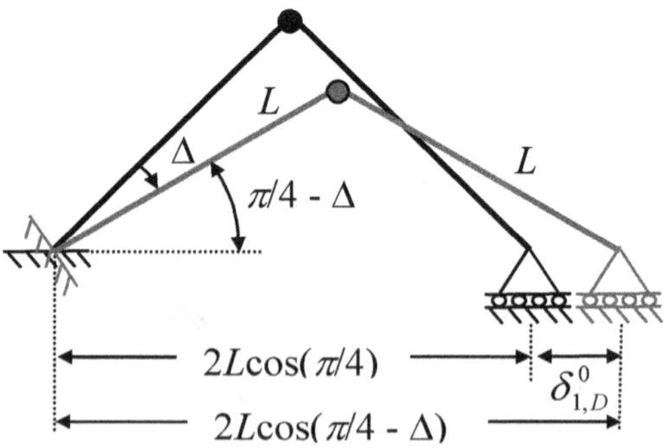

$$\delta_{1,D}^{0} = 2L\cos(\pi/4 - \Delta) - 2L\cos(\pi/4) = 2L\cos(\pi/4 - \Delta) - \sqrt{2}L$$

Les déplacements étant petits (domaine élastique), on peut écrire la relation suivante :

$$\cos\left(\frac{\pi}{4} - \Delta\right) = \cos\frac{\pi}{4}\cos\Delta + \sin\frac{\pi}{4}\sin\Delta = \frac{\sqrt{2}}{2}\cos\Delta + \frac{\sqrt{2}}{2}\sin\Delta \cong \frac{\sqrt{2}}{2}(1 + \Delta)$$

Et on en déduit : $\delta^0_{1,D} = 2L\left(\frac{\sqrt{2}}{2}(1+\Delta)\right) - \sqrt{2}L = \sqrt{2}\,\Delta L$

(Positif car dans le sens de l'effort unitaire).

➠ **Résolution de la structure isostatique soumise à l'effort unitaire**

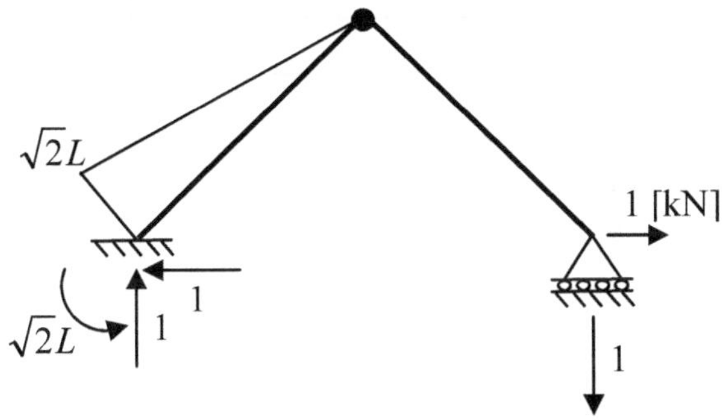

A l'aide des tables de Mohr, on trouve : $\delta^0_{11} = \frac{2L^3}{3EI}$

➠ **Calcul de l'inconnue hyperstatique X_1**

$$\delta^0_{11}X_1 + \delta^0_{1,D} = 0 \qquad \Rightarrow \qquad X_1 = -\frac{3EI\Delta}{\sqrt{2}L^2}$$

➠ Le déplacement Δ n'induisant aucun effort dans la première structure isostatique, le diagramme des moments fléchissants de la structure hyperstatique de base s'obtiendra par multiplication du diagramme relatif à la structure isostatique soumise à effort unitaire par la valeur de X_1. Le résultat est bien identique à celui obtenu précédemment (1er cas) :

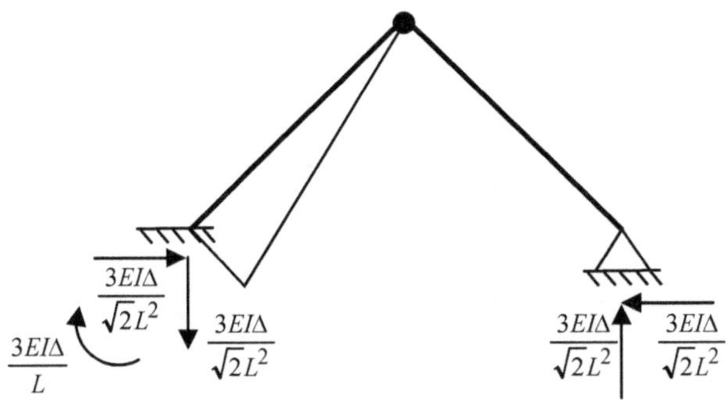

Exemple 3

L'appui droit d'une poutre doublement encastrée se voit imposer une rotation de Δ radians dans le sens horlogique :

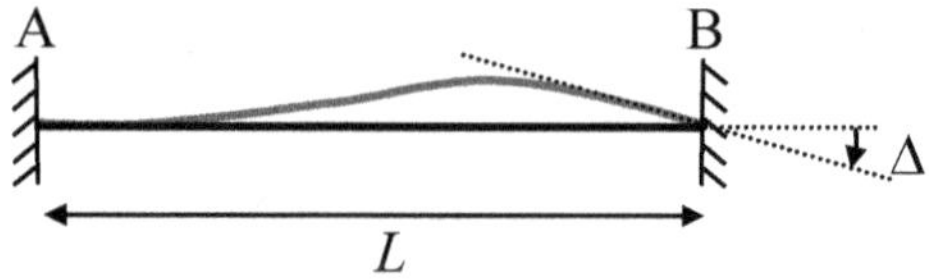

On désire calculer le diagramme des moments fléchissants qui en résulte par deux méthodes de levée d'hyperstaticité différentes : en supprimant l'appui B d'une part et en supprimant l'appui A d'autre part.

Calcul par le premier cas (§3.2)

➠ Décomposition en structures isostatiques

La structure isostatique de référence est obtenue en supprimant l'appui B qui subit le déplacement imposé.

Ce déplacement imposé est donc associé à une inconnue hyperstatique, et va se retrouver tel quel dans les équations de compatibilité. La structure hyperstatique de base est équivalente à la superposition des trois structures isostatiques suivantes, soumises chacune à un effort unitaire multiplié par l'inconnue X_i correspondante :

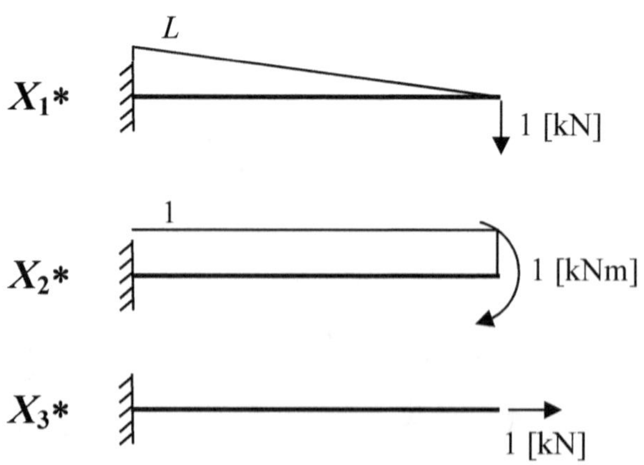

Calcul des déplacements

$$\begin{cases} \delta_{11}^0 = \int \frac{m_1^0 m_1^0}{EI} dl = \frac{L^3}{3EI} \\ \delta_{22}^0 = \int \frac{m_2^0 m_2^0}{EI} dl = \frac{L}{EI} \\ \delta_{33}^0 = \int \frac{m_3^0 m_3^0}{EI} dl = 0 \end{cases} \quad \text{et} \quad \begin{cases} \delta_{13}^0 = \delta_{31}^0 = \int \frac{m_1^0 m_3^0}{EI} dl = 0 \\ \delta_{12}^0 = \delta_{21}^0 = \int \frac{m_1^0 m_2^0}{EI} dl = \frac{L^2}{2EI} \\ \delta_{23}^0 = \delta_{32}^0 = \int \frac{m_2^0 m_3^0}{EI} dl = 0 \end{cases}$$

Résolution du système d'équations

$$\begin{pmatrix} L^3/3EI & L^2/2EI & 0 \\ L^2/2EI & L/EI & 0 \\ 0 & 0 & 0 \end{pmatrix} \begin{pmatrix} X_1 \\ X_2 \\ X_3 \end{pmatrix} + \begin{pmatrix} 0 \\ 0 \\ 0 \end{pmatrix} = \begin{pmatrix} 0 \\ +\Delta \\ 0 \end{pmatrix} \Rightarrow \begin{cases} X_1 = -\frac{6EI\Delta}{L^2} \\ X_2 = \frac{4EI\Delta}{L} \\ 0 * X_3 = 0 \rightarrow X_3 = ? \end{cases}$$

On constate que le système ne permet pas de déterminer X_3. Pour le calculer, il faut tenir compte des déformations d'efforts normaux lors du calcul des déplacements :

$$\delta_{33}^0 = \int \frac{m_3^0 m_3^0}{EI} dl + \int \frac{n_3^0 n_3^0}{EA} dl = 0 + \frac{L}{EA} = \frac{L}{EA}$$

Ce terme est donc non nul et permet d'affirmer que $X_3 = 0$.

Diagramme hyperstatique

La superposition des trois diagrammes isostatiques pondérés de leur cœfficient X_i respectif conduit au diagramme suivant :

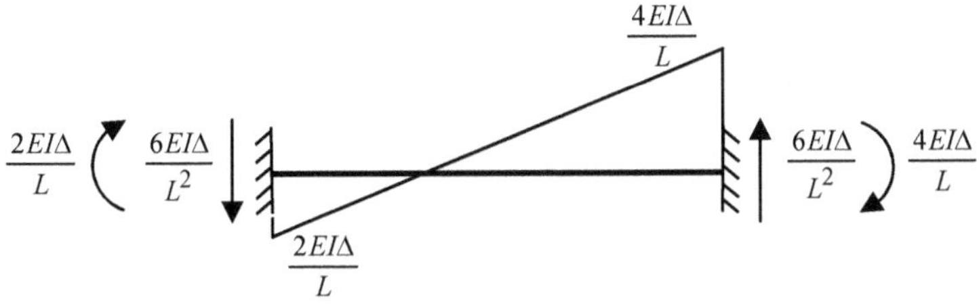

Remarque : si, au déplacement angulaire Δ imposé, on superpose un déplacement vertical Δ_y vers le haut, le système à résoudre devient :

$$\begin{pmatrix} L^3/3EI & L^2/2EI & 0 \\ L^2/2EI & L/EI & 0 \\ 0 & 0 & L/EA \end{pmatrix}\begin{pmatrix} X_1 \\ X_2 \\ X_3 \end{pmatrix}+\begin{pmatrix} 0 \\ 0 \\ 0 \end{pmatrix}=\begin{pmatrix} -\Delta_y \\ +\Delta \\ 0 \end{pmatrix}$$

Calcul par le second cas (§3.3) :

Cette fois, l'appui supprimé ne correspond pas à l'appui qui subit le déplacement imposé et il faut tenir compte de celui-ci dans la première structure isostatique :

➠ **La structure hyperstatique est équivalente à la superposition des 4 structures isostatiques suivantes**

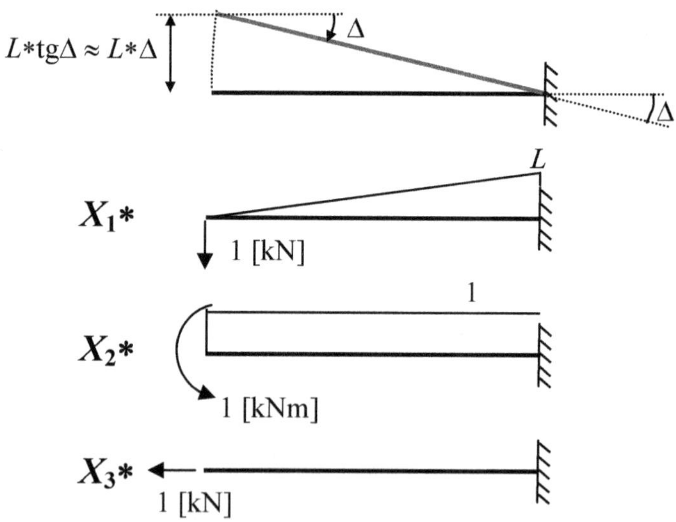

➠ **Système d'équations et résolution**

$$\begin{pmatrix} L^3/3EI & L^2/2EI & 0 \\ L^2/2EI & L/EI & 0 \\ 0 & 0 & L/EA \end{pmatrix}\begin{pmatrix} X_1 \\ X_2 \\ X_3 \end{pmatrix}+\begin{pmatrix} -L\Delta \\ -\Delta \\ 0 \end{pmatrix}=\begin{pmatrix} 0 \\ 0 \\ 0 \end{pmatrix}$$

On obtient :

$$X_1 = +\frac{6EI\Delta}{L^2} \qquad X_2 = -\frac{2EI\Delta}{L} \qquad X_3 = 0$$

Les signes négatifs viennent du fait que les déplacements dans la structure isostatique soumise au déplacement imposé Δ se font dans un sens opposé aux efforts unitaires choisis.

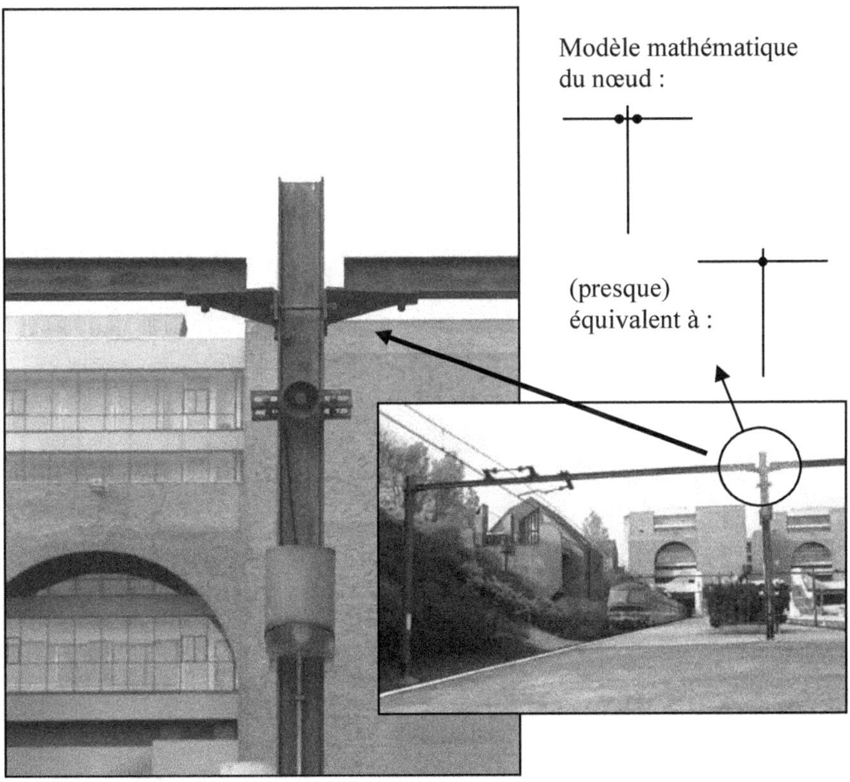

Dans cet exemple, le nœud relie la tête de la colonne aux extrémités des poutres par l'intermédiaire d'une fixation non rigide qui permet, entre autres, d'éviter la naissance d'efforts internes si le pied de poteau tasse *(Photo de l'auteur)*.

Chapitre 6

Les appuis élastiques

Illustration au recto :

Les pontons d'embarquement portuaires sont souvent munis d'appuis élastiques à flotteurs. Croquis : Dominique Langendries.

1. INTRODUCTION

Dans le premier chapitre ont été décrits les différents types d'appuis, se distinguant par un blocage total d'un ou plusieurs déplacements rectilignes ou rotatoires. Lorsque le blocage n'est pas total mais qu'il rend possible un déplacement, dont l'amplitude est proportionnelle à la valeur de l'effort qui s'applique, on parle d'*appui élastique*.

Le flotteur, pouvant servir d'appui à une structure, est un exemple parfait d'appui élastique. Son enfoncement dans le liquide est en effet directement proportionnel à la charge qu'il supporte :

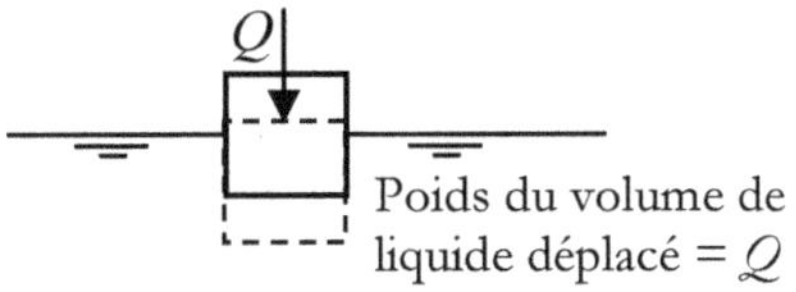

La notion d'appui élastique est aussi très utile pour modéliser une structure ou une partie de structure reposant directement sur le sol. Dans une certaine mesure en effet celui-ci peut avoir un comportement tel que le déplacement vertical qu'il permet est linéairement proportionnel à la charge qu'il supporte. Le schéma statique d'une poutre ou d'un radier déposé sur un sol dit élastique est le suivant :

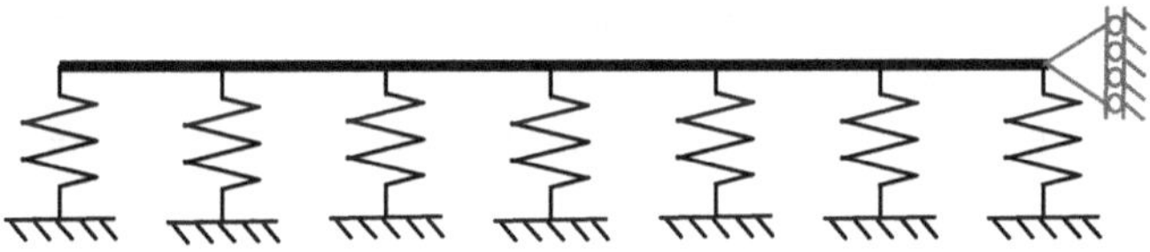

De manière similaire, le comportement en infrastructure du noyau de contreventement (contenant souvent les sanitaires, cages d'ascenseur et d'escalier) d'un immeuble de grande hauteur dépend en partie de l'élasticité du sol sur lequel il prend appui latéral par l'intermédiaire des dalles, s'appuyant elles-mêmes sur les parois en contact avec le sol :

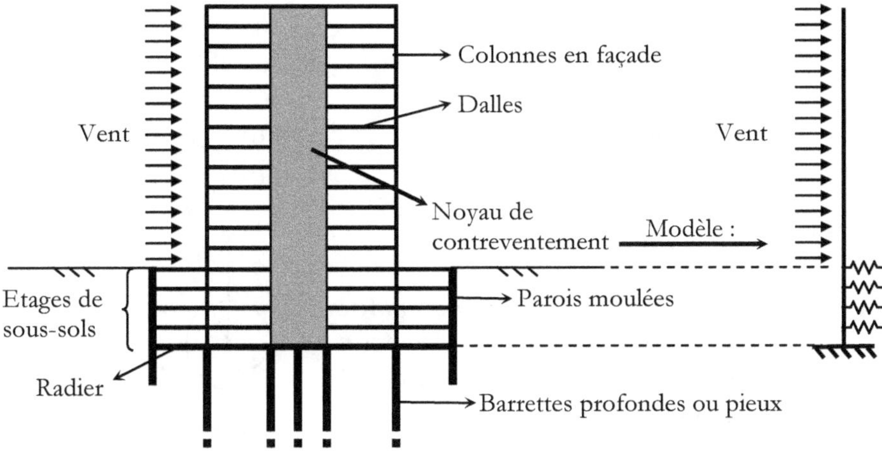

2. LES TYPES D'APPUIS ÉLASTIQUES

➠ L'appui élastique translationnel

Il se caractérise par une **rigidité** $\boldsymbol{k_{trans}}$ [kN/m] qui exprime le rapport entre la force appliquée Q (qui est aussi la réaction d'appui) et le déplacement rectiligne Δ qu'elle engendre :

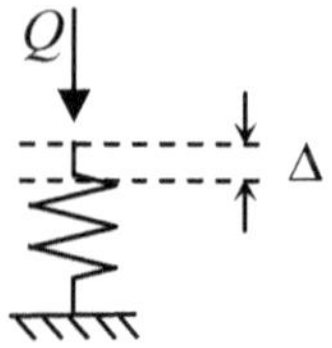

$$Q = k_{trans}\Delta$$

Pour un *flotteur* de section constante A [m²] sur toute sa hauteur, le principe d'Archimède permet d'affirmer que $k_{trans}=A\rho$, où ρ est le poids volumique du liquide considéré (en [kN/m³]). Dans le cas où la section du flotteur n'est pas constante, le facteur k dépend lui-même du déplacement Δ et le modèle devient non linéaire.

Pour un *sol*, la rigidité dépend bien sûr de ses caractéristiques : une valeur de 10^4 [kN/m³] signifie qu'il faudrait théoriquement appliquer une charge de 10^4 [kN] sur une surface de 1 [m²] pour induire un tassement de 1 [m].

En gardant à l'esprit que, d'une part, le sol n'est pas un matériau vraiment élastique et que, d'autre part, sa composition est rarement homogène, on pourra adopter les valeurs suivantes de la rigidité k appelée, pour un sol, *module de réaction* :

• terres tourbeuses et marécages :	5.10^3 - 15.10^3	[kN/m³]
• sable fin :	10.10^3 - 15.10^3	[kN/m³]
• sol argileux saturé :	20.10^3 - 50.10^3	[kN/m³]
• sol argileux sec :	60.10^3 - 100.10^3	[kN/m³]
• gravier et sable fin :	80.10^3 - 120.10^3	[kN/m³]
• gravier et sable grossier :	120.10^3 - 200.10^3	[kN/m³]
• gros gravier :	150.10^3 - 250.10^3	[kN/m³]

➠ L'appui élastique rotationnel

Un tel appui se caractérise par une **rigidité** $\boldsymbol{k_{rot}}$ [kNm/radian] qui exprime le rapport entre le couple appliqué M et la rotation θ qu'il engendre :

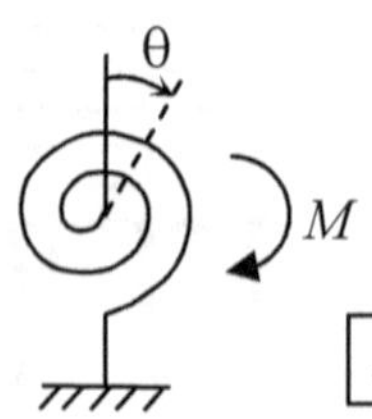

$$M = k_{rot}\theta$$

L'appui élastique rotationnel peut servir à la modélisation d'une poutre ou d'une dalle sans que l'on doive considérer le reste de la structure.

L'exemple ci-dessous montre une ossature à nœuds rigides. Si le chargement est symétrique et que l'on néglige la déformation verticale des colonnes centrales, chaque poutre "voit" cette succession de colonnes comme une ligne d'encastrement parfait.

Par contre, les colonnes de façade étant davantage chargées d'un côté, elles sont en flexion composée [1], et il se crée une rotation θ au niveau de l'assemblage avec la poutre. Tout se passe donc comme si cette dernière se terminait par un appui élastique rotationnel dont la rigidité dépend des inerties respectives de la poutre et de la colonne de façade :

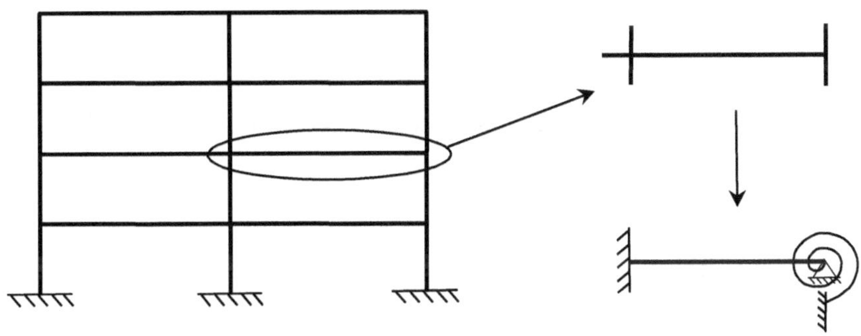

Ainsi, si la colonne a un gabarit très supérieur à celui de la poutre, on peut considérer que cette dernière est encastrée à son extrémité droite ($k_{rot} \cong \infty$). Dans le cas contraire, la colonne n'oppose aucune résistance à la rotation de l'extrémité de la poutre. La rigidité à la rotation est alors nulle ($k_{rot} \cong 0$) et l'appui droit est équivalent à un appui à rotule :

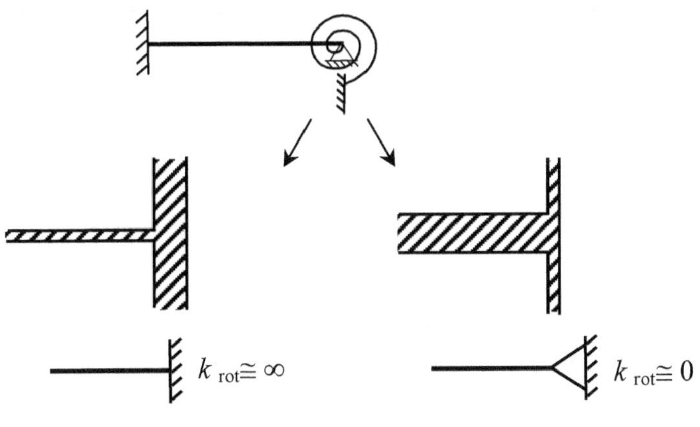

[1] Voir chapitre 1, §8.3 : flexion composée = effort normal décentré ou centré mais combiné à un moment fléchissant.

3. GÉNÉRALISATION DE LA NOTION D'APPUI ÉLASTIQUE

Au sein d'une structure, les extrémités d'un élément AB quelconque "voient" des rigidités qui dépendent des caractéristiques de tous les autres éléments de la structure et des conditions d'appuis. C'est sur cette base qu'il est possible de déterminer la longueur de flambement d'un tel élément qui peut varier de zéro à l'infini [2].

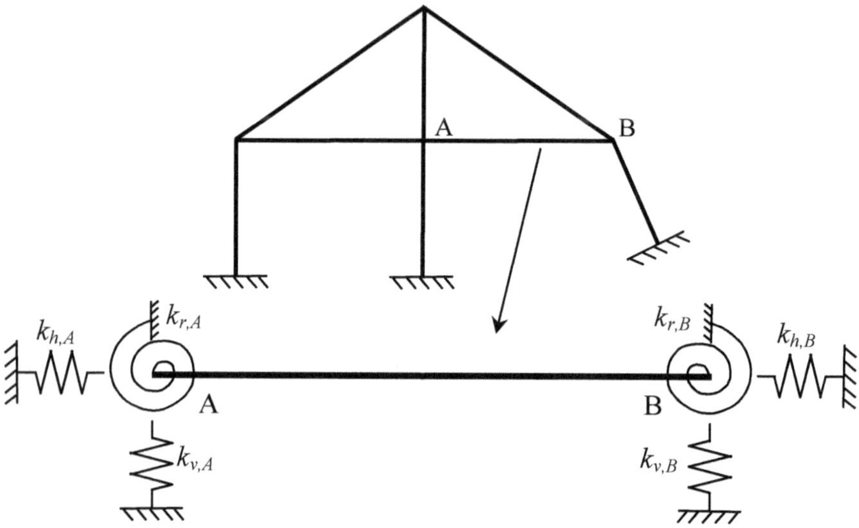

La connaissance des rigidités d'extrémités d'un élément ne suffit toutefois pas encore à l'étude rigoureuse de cet élément isolé puisqu'il faut en principe tenir compte des compatibilités de déplacement imposées par le reste de la structure. Pour illustrer ces propos, considérons un portique encastré soumis à une charge horizontale au nœud supérieur gauche :

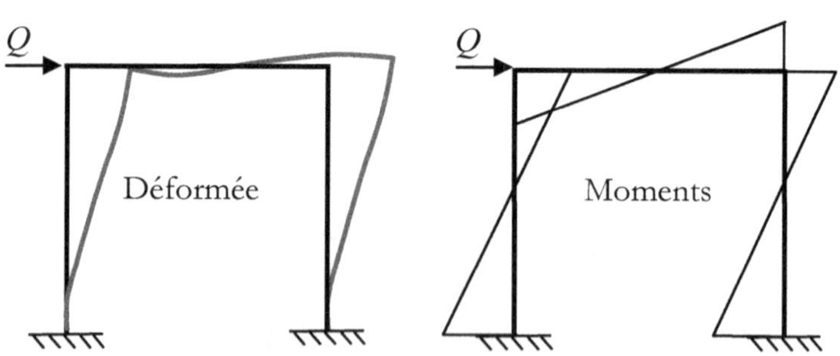

L'élément supérieur de ce portique doit suivre la déformation des colonnes et est donc le siège d'un moment fléchissant.

2 Pour de plus amples informations sur le sujet, consulter : Pierre Latteur, *Charge critique et longueur de flambement des éléments à inertie variable et aux conditions d'extrémités élastiques*, revue scientifique des Instituts supérieurs industriels francophones de Belgique, n°15, Avril 2001.

Par contre, l'application de cette même charge sur l'élément horizontal isolé du reste de la structure et dont les rigidités d'extrémité sont connues ne donne naissance qu'à un effort normal sans créer de moment fléchissant :

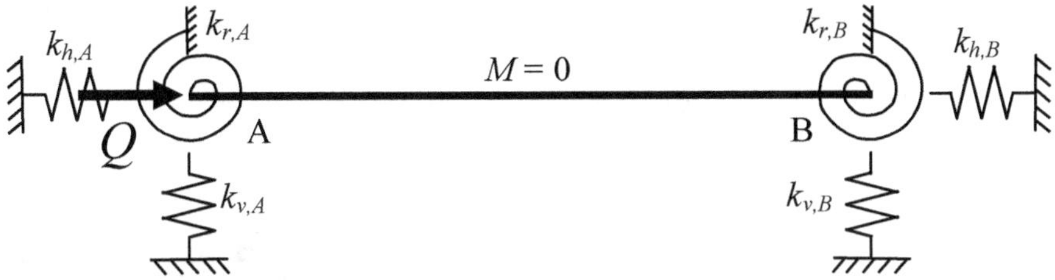

4. DEGRÉ D'HYPERSTATICITÉ DES STRUCTURES POURVUES D'APPUIS ÉLASTIQUES

Un appui élastique, qu'il soit translationnel ou rotationnel, ne peut reprendre qu'un seul effort, assimilable à la réaction d'appui correspondante. Pour calculer le degré d'hyperstaticité d'une structure quelconque possédant des appuis élastiques, il suffit de remplacer fictivement chacun d'eux par un appui à rouleaux, puis d'évaluer ce degré de la manière habituelle développée au chapitre 2.

5. TRAITEMENT DES STRUCTURES ISOSTATIQUES

Les efforts internes et les réactions d'appui d'une structure isostatique ne sont pas influencés par un déplacement d'appui (chap. 5, §2). Ils ne le sont à fortiori pas non plus lorsque ce déplacement se fait par l'intermédiaire d'un appui élastique.
Cette propriété n'est évidemment valable que si ces déplacements restent limités, car, dans le cas contraire, il faut passer à un calcul au second ordre (voir chapitre 1, §12). Dans la mesure où ces déplacements sont suffisamment petits que pour que l'on puisse se contenter d'un calcul au premier ordre, le calcul des efforts internes d'une structure isostatique pourvue d'appuis élastiques est immédiat. En effet, il suffit de la calculer après avoir remplacé chaque appui élastique par un appui fixe :

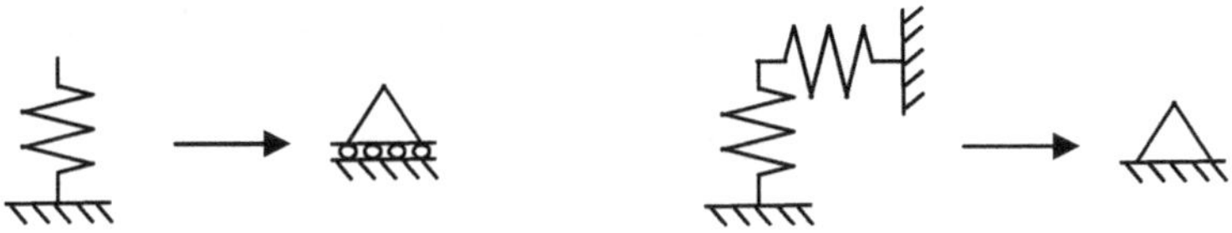

Il est important de garder à l'esprit que cette démarche n'est pas applicable pour une structure hyperstatique.

5.1. Exemple 1

On considère une poutre isostatique de 4 [m] de portée constituée d'un profilé IPE 100 et soumise à une charge uniformément distribuée de 1 [kN/m]. Dans le premier cas (schémas supérieurs), l'appui droit est un appui à rouleaux. Dans le second cas (schémas inférieurs), l'appui droit est un appui élastique de rigidité égale à 100 [kN/m]. Bien que les déformées soient différentes (elles sont amplifiées), les diagrammes des M sont identiques :

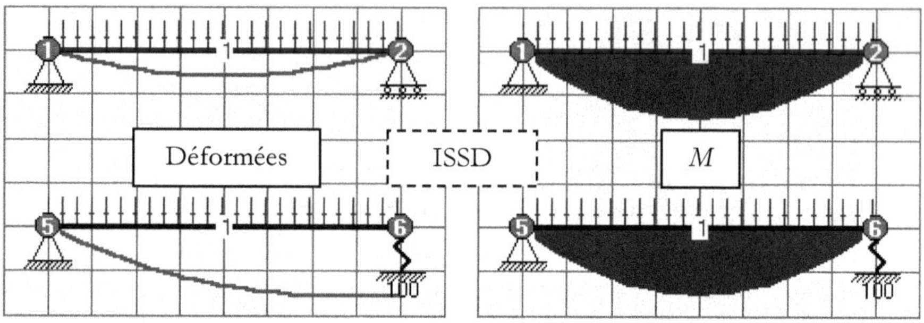

Le calcul des déplacements est par contre moins immédiat. En effet, la déformée d'une structure comportant un ou plusieurs appuis élastiques résulte de la superposition :

- de la déformée de la structure dont les appuis élastiques sont bloqués;
- de la déformée globale de cette structure, considérée comme indéformable, mais se déplaçant au gré de ses appuis élastiques.

Ceci est illustré à la figure ci-contre pour la même poutre isostatique de 4 [m] de portée :

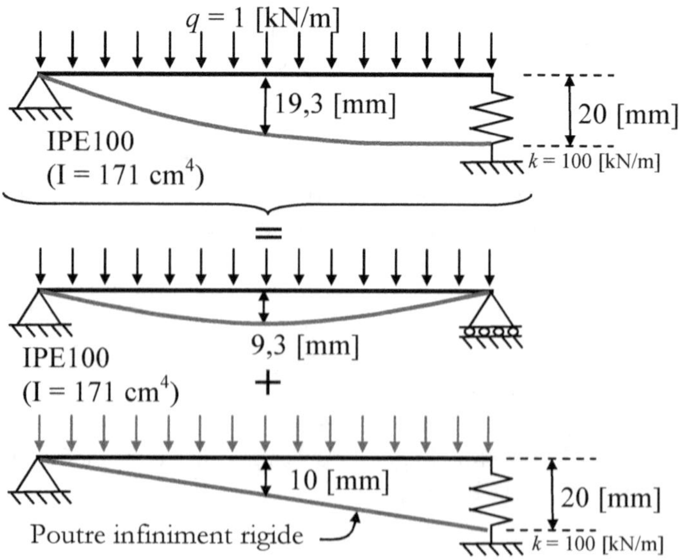

5.2. Exemple 2

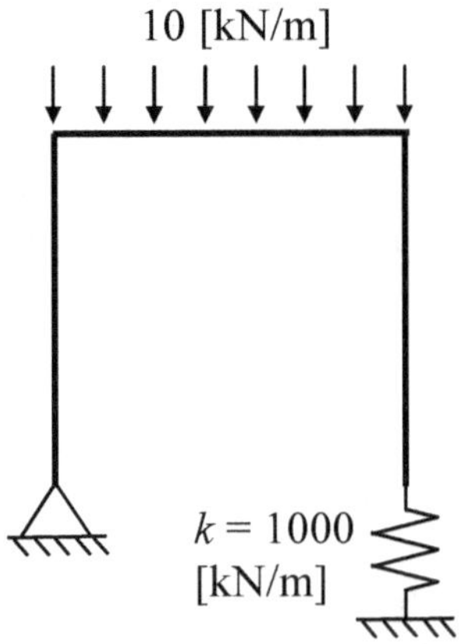

Comme autre exemple, considérons le portique isostatique ci-contre, composé d'éléments tubulaires carrés (150 [mm]*5 [mm]), de 3 [m] de longueur en acier (E = 210.000 [MPa]), soumis à une charge répartie de 10 [kN/m] sur la partie supérieure. L'appui droit est un appui élastique dont la rigidité est de 1000 [kN/m].

Les réactions d'appui verticales valant 15 [kN], le déplacement de l'appui droit vaut :

15/1000 = 0,015 [m] = 15 [mm]

La figure ci-contre illustre la déformée globale, à une échelle amplifiée, de la structure considérée comme infiniment rigide.

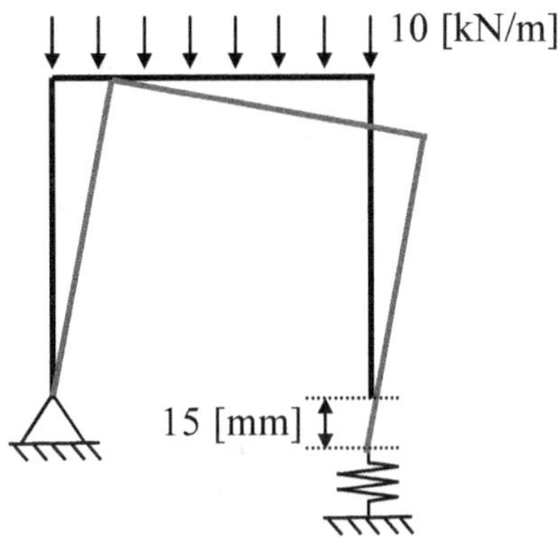

On considère maintenant cette même structure, mais déformable, et dont le déplacement vertical à l'appui droit est bloqué. Sa déformée (amplifiée) calculée à partir du logiciel ISSD, est illustrée ci-contre :

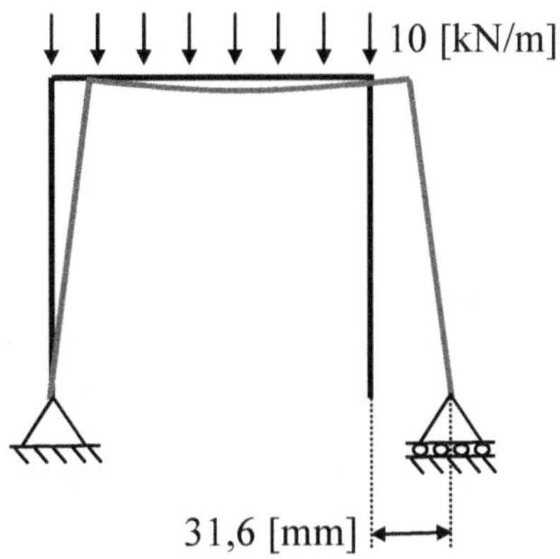

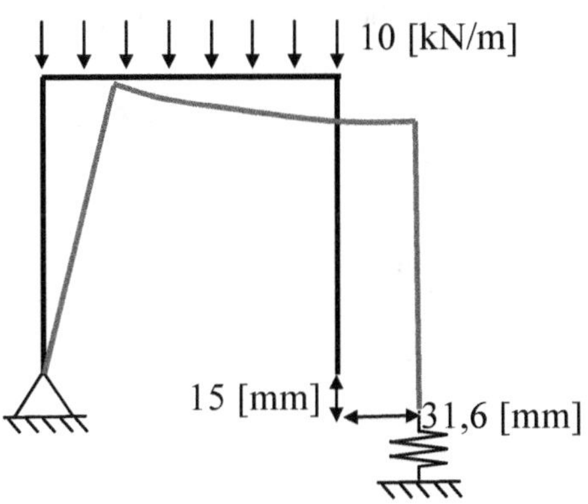

Enfin, la superposition des deux déformées précédentes fournit la déformée réelle totale (amplifiée) illustrée à gauche.

6. TRAITEMENT DES STRUCTURES HYPERSTATIQUES

Il existe différentes méthodes permettant de résoudre une structure hyperstatique dont certains appuis sont élastiques. La première méthode, dite *de la barre équivalente (ou substitution)*, consiste à remplacer les appuis élastiques par une barre équivalente (de même rigidité) et d'effectuer ensuite les calculs de la manière habituelle. Il s'agit là d'une méthode simple et systématique mais qui alourdit la procédure de résolution. Les deux autres méthodes, plus élégantes, reposent sur l'adaptation du système d'inconnues. Dans tous les cas on applique la méthode des forces décrite au chapitre 3.

6.1. Première méthode : la barre équivalente (substitution)

On sait qu'un appui élastique translationnel ne peut reprendre qu'un effort normal. Par ailleurs, la variation de longueur d'une barre de longueur L, de section A, de module d'élasticité E et soumise à un effort N vaut $\Delta=N/(EA/L)$ [3]. Cette barre peut donc être équivalente à un appui élastique translationnel dont la rigidité vaut $k=EA/L$, à condition d'y empêcher la transmission d'un moment fléchissant et d'un effort tranchant. Ceci peut se faire en introduisant à l'extrémité de cette barre une rotule et une glissière tangente (chap. 1, §5) :

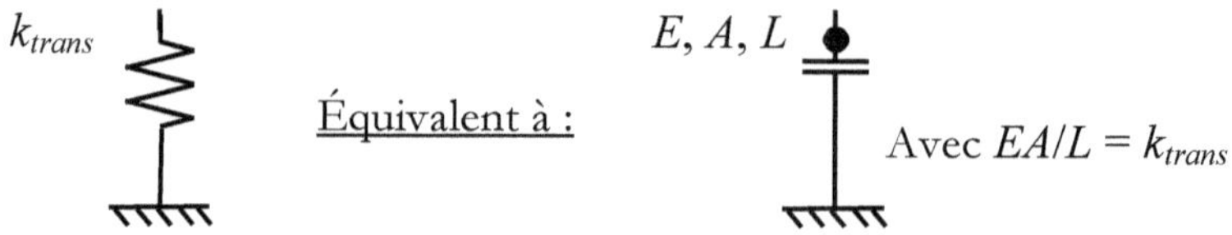

Pour le calcul des déplacements relatifs à une telle barre de substitution, les intégrales se simplifient :

$$\int \frac{Mm}{EI}\,dl + \int \frac{Nn}{EA}\,dl = 0 + \frac{NnL}{EA} \quad \text{devient} \quad \frac{Nn}{k_{trans}}$$

Par ailleurs, on sait qu'un appui élastique rotationnel ne peut reprendre qu'un moment fléchissant. On montre aussi que l'extrémité d'un élément soumis à un couple M subit une rotation θ égale à $M/(EI/L)$. Il y a donc équivalence entre une barre de caractéristiques E, I, L munie d'une glissière tangente et d'une coulisse normale à son extrémité et un appui élastique rotationnel de rigidité $k_{rot}=EI/L$:

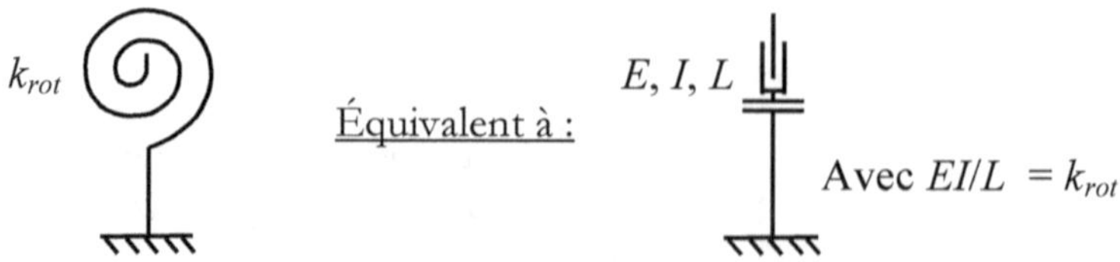

[3] Voir chapitre 1, §7 (loi de Hooke) : $\sigma=E\varepsilon$ avec $\sigma=N/A$ et $\varepsilon=\Delta/L$.

Pour le calcul des déplacements relatifs à une telle barre de substitution, les intégrales se simplifient également :

$$\int \frac{Mm}{EI}\,dl + \int \frac{Nn}{EA}\,dl = \frac{MmL}{EI} + 0 \quad \text{devient} \quad \frac{Mm}{k_{rot}}$$

Après substitution des appuis élastiques par leur barre équivalente, la structure se résoudra selon la méthode habituelle.

6.2. Deuxième méthode : adaptation du système d'inconnues

Cette méthode très élégante adopte une démarche identique à celle utilisée pour la résolution d'une structure soumise à un déplacement d'appui imposé (Chapitre 5, 3.1 et 3.2), *à la seule différence près que le déplacement imposé dépend cette fois de l'effort X_i régnant dans l'appui élastique* : il vaut X_i/k. La condition nécessaire à l'application de cette méthode est d'effectuer les coupures au droit des appuis élastiques :

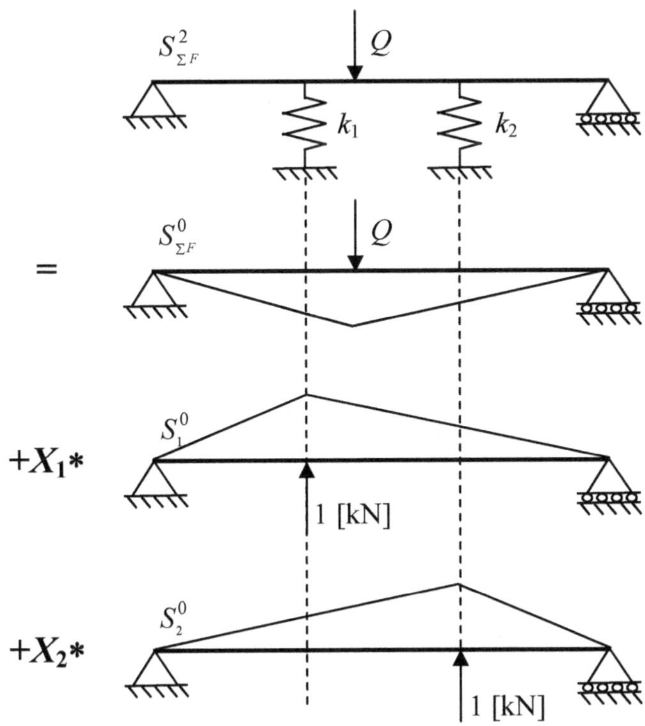

Les efforts unitaires étant appliqués dans le même sens que la réaction d'appui correspondante, X_1 et X_2 seront positifs, donc les termes X_1/k et X_2/k le seront aussi. Comme ces déplacements se font en réalité dans le sens opposé aux efforts unitaires introduits, les éléments du terme de droite du système d'inconnues ci-dessous doivent être précédés d'un signe négatif. Dans le cas où les efforts unitaires sont choisis dans l'autre sens, un raisonnement similaire conduit à la même conclusion. **Les termes X_i/k du membre de droite seront donc toujours précédés d'un signe négatif, quel que soit le sens des efforts unitaires introduits.**

$$\begin{pmatrix} \delta_{11}^0 & \delta_{12}^0 \\ \delta_{21}^0 & \delta_{22}^0 \end{pmatrix} \begin{pmatrix} X_1 \\ X_2 \end{pmatrix} + \begin{pmatrix} \delta_{1,\Sigma F}^0 \\ \delta_{2,\Sigma F}^0 \end{pmatrix} = \begin{pmatrix} -X_1/k_1 \\ -X_2/k_2 \end{pmatrix}$$

Remarque importante :

Dans l'exemple qui vient d'être traité, le nombre d'appuis élastiques est égal au degré d'hyperstaticité. Si le nombre d'appuis élastiques est inférieur au degré d'hyperstaticité, cette méthode est évidemment encore applicable : le système d'équations ci-dessus comportera alors un ou plusieurs éléments nuls dans le terme situé à droite de l'égalité.

Cette méthode n'est toutefois pas utilisable si le nombre d'appuis élastiques est plus grand que le degré d'hyperstaticité (ou alors elle n'est utilisable qu'en partie : voir §7, exemple 2). Si tel est le cas, il faut choisir la méthode suivante ou la méthode de substitution.

6.3. Troisième méthode : prise en compte des appuis élastiques dans les structures isostatiques

Cette méthode est une variante de la précédente et est à comparer avec le second cas décrit dans le chapitre 5 relatif aux déplacements imposés (§3.3). Elle devra s'appliquer dans le cas où le nombre d'appuis élastiques est plus grand que le degré d'hyperstaticité de la structure (à moins d'utiliser la méthode de substitution qui est valable dans tous les cas de figure).

Il s'agit tout d'abord de remplacer un maximum d'appuis élastiques par des coupures, afin de pouvoir y appliquer la méthode précédente (ceci n'étant pas obligatoire mais simplifiant la démarche). Il va de soi que le ou les appuis élastiques "en surplus" restent dans les structures isostatiques.

Notons que les déplacements entachés d'un indice D ($\delta_{11,D}^0$, $\delta_{1,D}^0$, etc...) correspondent aux déplacements d'ensemble de la structure considérée comme infiniment rigide (voir §5) alors que les autres (δ_{11}^0, $\delta_{1,\Sigma F}^0$, etc...) résultent d'une déformation de flexion de celle-ci et se calculent à partir des intégrales habituelles.

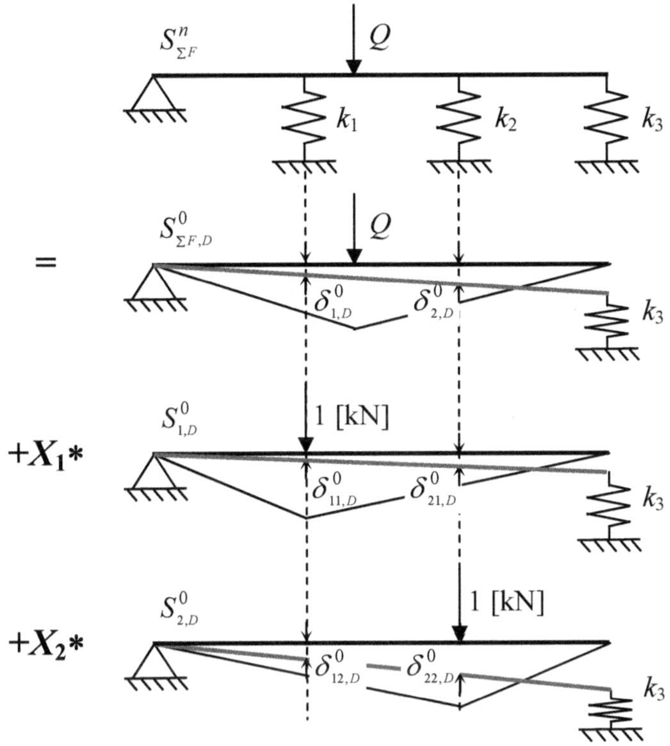

Dans l'exemple traité, le système à résoudre est le suivant [4] :

$$\left[\begin{pmatrix}\delta^0_{11} & \delta^0_{12}\\ \delta^0_{21} & \delta^0_{22}\end{pmatrix}+\begin{pmatrix}\delta^0_{11,D} & \delta^0_{12,D}\\ \delta^0_{21,D} & \delta^0_{22,D}\end{pmatrix}\right]\begin{pmatrix}X_1\\ X_2\end{pmatrix}+\left[\begin{pmatrix}\delta^0_{1,\Sigma F}\\ \delta^0_{2,\Sigma F}\end{pmatrix}+\begin{pmatrix}\delta^0_{1,D}\\ \delta^0_{2,D}\end{pmatrix}\right]=\begin{pmatrix}-X_1/k_1\\ -X_2/k_2\end{pmatrix}$$

Notons que les termes $\delta^0_{i,D}$ sont, comme d'habitude, considérés positifs s'ils vont dans le même sens que les efforts unitaires.

[4] Choix des efforts unitaires dans le sens opposé aux réactions d'appui ⇒ X_1 et X_2 sont négatifs ⇒ $X_1\ /k_1$ et $X_2\ /k_2$ sont aussi négatifs. Or, les déplacements se font vers le bas, c'est-à-dire dans le sens des efforts unitaires. Donc les termes du membre de droite doivent être positifs, d'où le signe négatif ($-X/k > 0$).

7. EXEMPLES

Exemple 1

Une poutre est supportée à son extrémité droite par un appui élastique de rigidité k [kN/m] :

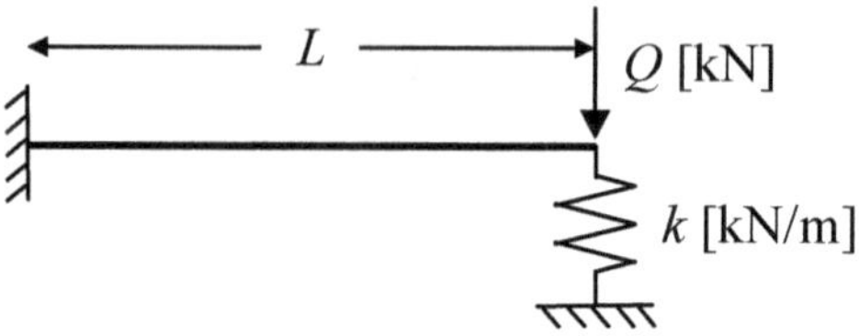

Sachant que la charge Q s'applique à l'extrémité de la poutre, on propose de calculer l'effort dans l'appui élastique en levant l'hyperstaticité de trois manières différentes :

- par la méthode de la barre équivalente (§6.1);
- par l'introduction d'une coupure au niveau de l'appui élastique (adaptation, (§6.2));
- par l'introduction d'une coupure au niveau de l'appui encastré (§6.3).

Première méthode (§6.1) : la barre équivalente

➟ Décomposition de la structure

La structure hyperstatique de base munie de sa barre équivalente est la suivante :

$S^1_{\Sigma F}$

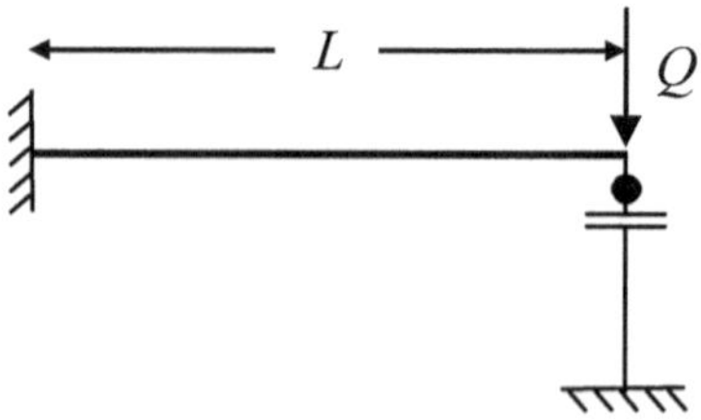

Soit R l'effort dans la barre de substitution. Cette structure, hyperstatique de degré 1, est alors équivalente à la superposition des deux structures isostatiques suivantes :

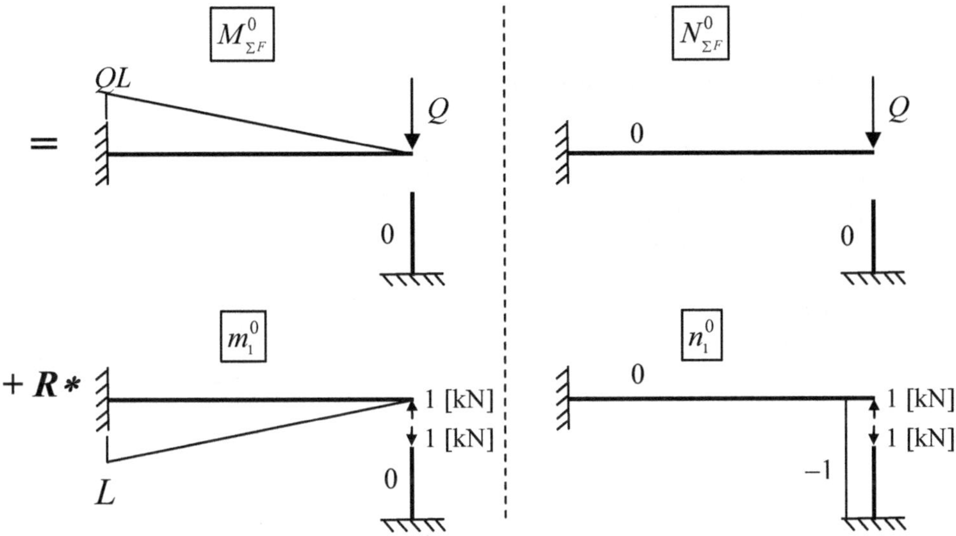

➠ **Calcul des déplacements**

$$\begin{cases} \delta^0_{11} = \displaystyle\int \frac{m^0_1\, m^0_1}{EI} dl + \frac{n^0_1\, n^0_1}{k} = \frac{L^3}{3EI} + \frac{1}{k} \\ \delta^0_{1,\Sigma F} = \displaystyle\int \frac{M^0_{\Sigma F}\, m^0_1}{EI} dl + \frac{N^0_{\Sigma F}\, n^0_1}{k} = -\frac{QL^3}{3EI} + 0 \end{cases}$$

➠ **Calcul de l'effort de compression dans l'appui élastique**

$$\delta^0_{11} R + \delta^0_{1,\Sigma F} = 0$$

$$\Rightarrow \quad \left(\frac{L^3}{3EI} + \frac{1}{k}\right) R + \left(-\frac{QL^3}{3EI}\right) = 0$$

$$\Rightarrow \quad R = \frac{Q}{\dfrac{3EI}{kL^3} + 1}$$

Deuxième méthode (§6.2) : coupure au niveau de l'appui élastique (adaptation)

➠ Décomposition de la structure

La coupure étant effectuée au niveau de l'appui élastique, celui-ci disparaît des structures isostatiques pour se retrouver ultérieurement dans l'équation de compatibilité des déplacements.

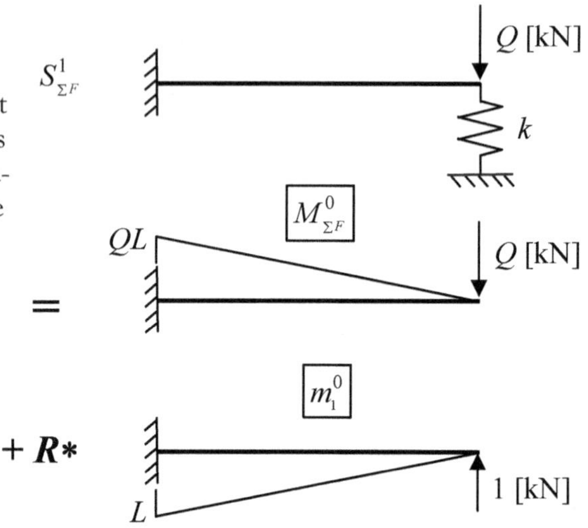

➠ Calcul des déplacements

$$\begin{cases} \delta^0_{11} = \int \frac{m^0_1\, m^0_1}{EI} dl = \frac{L^3}{3EI} \\ \delta^0_{1,\Sigma F} = \int \frac{M^0_{\Sigma F}\, m^0_1}{EI} dl = -\frac{QL^3}{3EI} \end{cases}$$

➠ Calcul de l'effort de compression dans l'appui élastique

Le terme de droite de l'équation de compatibilité exprime que le déplacement de l'extrémité dépend de l'inconnue R. Il vaut R/*k* et la justification de son signe négatif a été faite au §6.2 :

$$\delta^0_{11} R + \delta^0_{1,\Sigma F} = -R/k \;\Rightarrow\; \left(\frac{L^3}{3EI}\right) R + \left(-\frac{QL^3}{3EI}\right) = -R/k$$

$$\Rightarrow\; R = \frac{Q}{\left(\frac{3EI}{kL^3} + 1\right)}$$

Troisième méthode (§6.3) : coupure au niveau de l'appui encastré

➠ Décomposition de la structure

La structure isostatique de référence peut-être obtenue en remplaçant l'appui encastré par un appui à rotule.

Comme la "coupure" n'est pas effectuée au niveau de l'appui élastique, celui-ci se retrouve tel quel dans les 2 structures isostatiques. Il faut donc évaluer les termes $\delta^0_{11,D}$ et $\delta^0_{1,D}$ qui correspondent à la rotation, au niveau de l'appui à rotule, de la poutre considérée comme infiniment rigide.

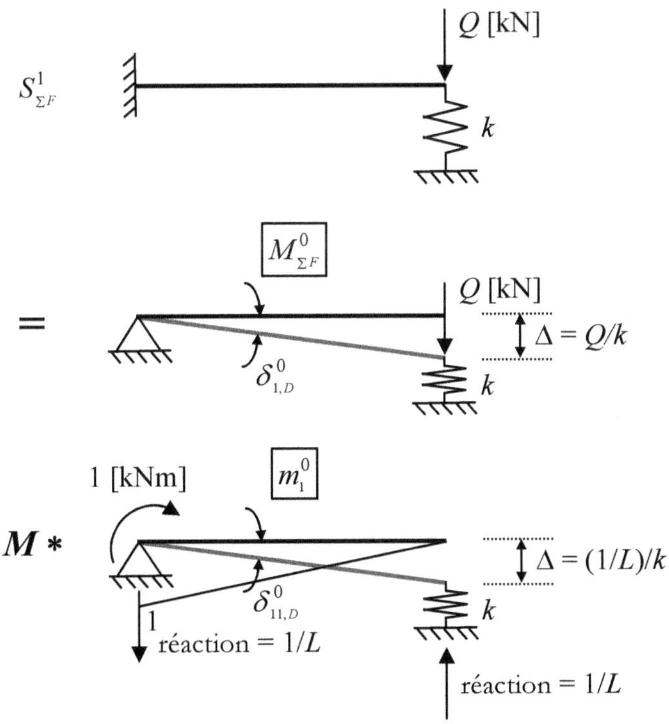

➠ Calcul des déplacements

$$\begin{cases} \delta^0_{11} = \int \dfrac{m^0_1\, m^0_1}{EI} dl = \dfrac{L}{3EI} \\ \delta^0_{11,D} = \dfrac{(1/kL)}{L} = \dfrac{1}{kL^2} \end{cases} \quad \left(\text{car } \theta \cong \text{tg}\theta \text{ pour } \theta \text{ petit}\right)$$

$$\text{et} \quad \begin{cases} \delta^0_{1,\Sigma F} = \int \frac{M^0_{\Sigma F}\, m^0_1}{EI} dl = 0 \\ \delta^0_{1,D} = \frac{(Q/k)}{L} = \frac{Q}{kL} \quad (\text{car } \theta \cong \text{tg}\theta \text{ pour } \theta \text{ petit}) \end{cases}$$

➟ **Calcul du moment à l'encastrement**

Cette fois, l'inconnue de l'équation de compatibilité n'est plus l'effort dans l'appui élastique mais le moment à l'encastrement :

$$(\delta^0_{11} + \delta^0_{11,D})M + (\delta^0_{1,\Sigma F} + \delta^0_{1,D}) = 0$$

$$\Rightarrow \quad \left(\frac{L}{3EI} + \frac{1}{kL^2}\right) M + \left(0 + \frac{Q}{kL}\right) = 0$$

$$\Rightarrow \quad M = -\frac{Q/kL}{\left(\frac{L}{3EI} + \frac{1}{kL^2}\right)}$$

Connaissant ce moment, il est possible de retrouver la valeur de l'effort total dans l'appui élastique :

$$R = Q + M(1/L)$$

$$\Rightarrow \quad R = \frac{Q}{\frac{3EI}{kL^3} + 1}$$

Et on retrouve bien le résultat obtenu par les deux autres méthodes.

Exemple 2

La structure portante d'un ponton est constituée de poutres parallèles supportées chacune par deux flotteurs de 4 [m²] de section et un appui fixe en rive :

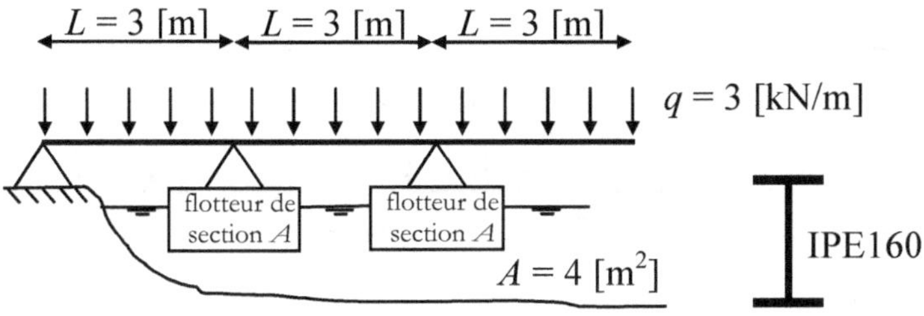

On désire calculer le diagramme des moments fléchissants, les réactions d'appui et l'enfoncement des flotteurs par la méthode de la barre équivalente d'une part (§6.1), et par la troisième méthode d'autre part (§6.3).

Les poutres sont des éléments métalliques de type IPE160.
(IPE160 : I = 869,3 [cm^4] et E = 2,1.10^8 [kN/m^2])

Le degré d'hyperstaticité de la structure vaut 1 car la suppression de l'un des deux flotteurs la rend isostatique. Par ailleurs, chaque flotteur est un appui élastique de rigidité $k = \rho A$ = 40 [kN/m] (car ρ = 10 [kN/m^3] pour de l'eau).

Première méthode (§6.1) : barre équivalente/ substitution

➟ Remplacement des appuis élastiques par des barres équivalentes

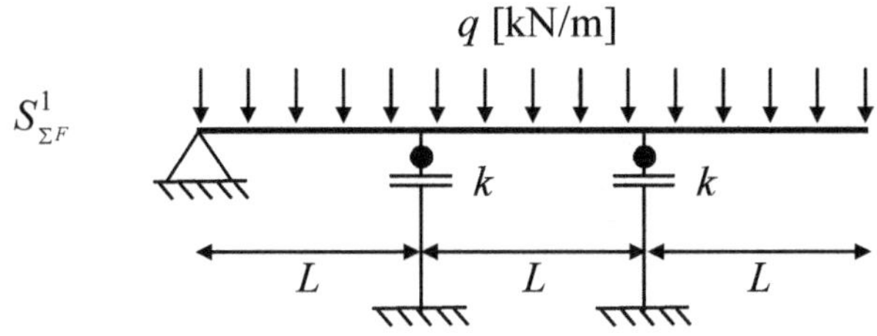

➟ Décomposition de la structure

Le degré hyperstatique valant 1, on propose d'effectuer une coupure totale au sommet de la barre verticale de substitution de gauche, à l'endroit des deux dispositifs déjà présents :

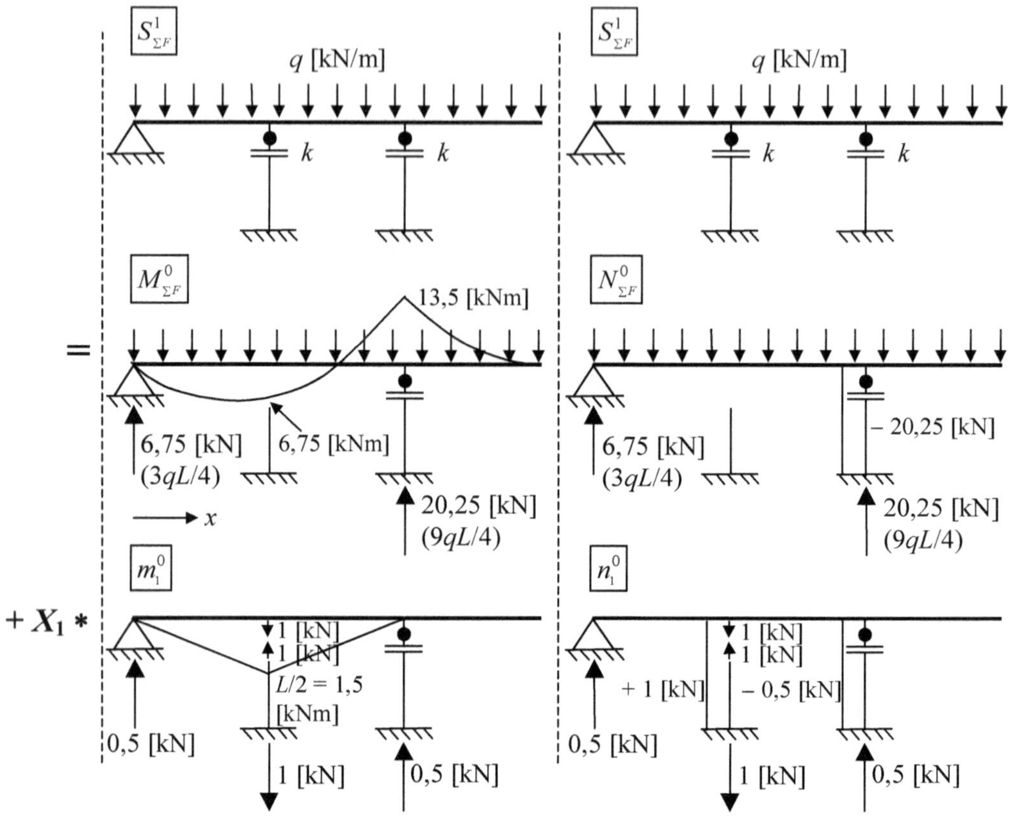

➠ Calcul des déplacements et de l'inconnue hyperstatique X_1

Le calcul de δ^0_{11} ne pose pas de problème. Celui du terme $\delta^0_{1,\Sigma F}$ est, par contre, plus laborieux car les tables ne permettent de le calculer que si on décompose le diagramme de $M^0_{\Sigma F}$ en deux diagrammes, respectivement linéaire et parabolique. On peut toutefois, exceptionnellement, faire l'exercice de procéder à une intégration analytique en fonction des expressions de $M(x)$ et $m(x)$, calculées en fonction d'une abscisse x prise à partir de l'appui gauche :

$$\begin{cases} \delta^0_{11} = \int \frac{\left(m^0_1\right)^2}{EI} dl + \frac{(0,5)^2}{k} + \frac{(1)^2}{k} = \frac{L^3}{6EI} + \frac{1}{4k} + \frac{1}{k} = \frac{L^3}{6EI} + \frac{5}{4k} \\ \delta^0_{1,\Sigma F} = \int \frac{M^0_{\Sigma F} m^0_1}{EI} dl + \frac{(9qL/4)(0,5)}{k} = \frac{1}{EI} \int_0^L \left(\frac{3qLx}{4} - \frac{q\,x^2}{2} \right)\left(\frac{x}{2} \right) dx \\ \qquad + \frac{1}{EI} \int_L^{2L} \left(\frac{3qLx}{4} - \frac{q\,x^2}{2} \right)\left(L - \frac{x}{2} \right) dx + \frac{9qL}{8k} = \frac{qL^4}{12EI} + \frac{9qL}{8k} \end{cases}$$

$$\Rightarrow \left(\frac{L^3}{6EI} + \frac{5}{4k}\right)X_1 + \left(\frac{qL^4}{12EI} + \frac{9qL}{8k}\right) = 0$$

$$\Rightarrow X_1 = -\frac{\dfrac{qL^4}{12EI} + \dfrac{9qL}{8k}}{\dfrac{L^3}{6EI} + \dfrac{5}{4k}} = -\frac{11{,}093 + 253{,}125}{2{,}465.10^{-3} + 31{,}250.10^{-3}} = -7837 \text{ [N]}$$

On voit que les déformations de flexion de la poutre, relatives aux termes en $1/EI$, sont bien inférieures aux déformations d'ensemble dues à l'enfoncement des flotteurs (termes en $1/k$).

➠ Diagrammes hyperstatiques

Il faut additionner les deux diagrammes suivants :

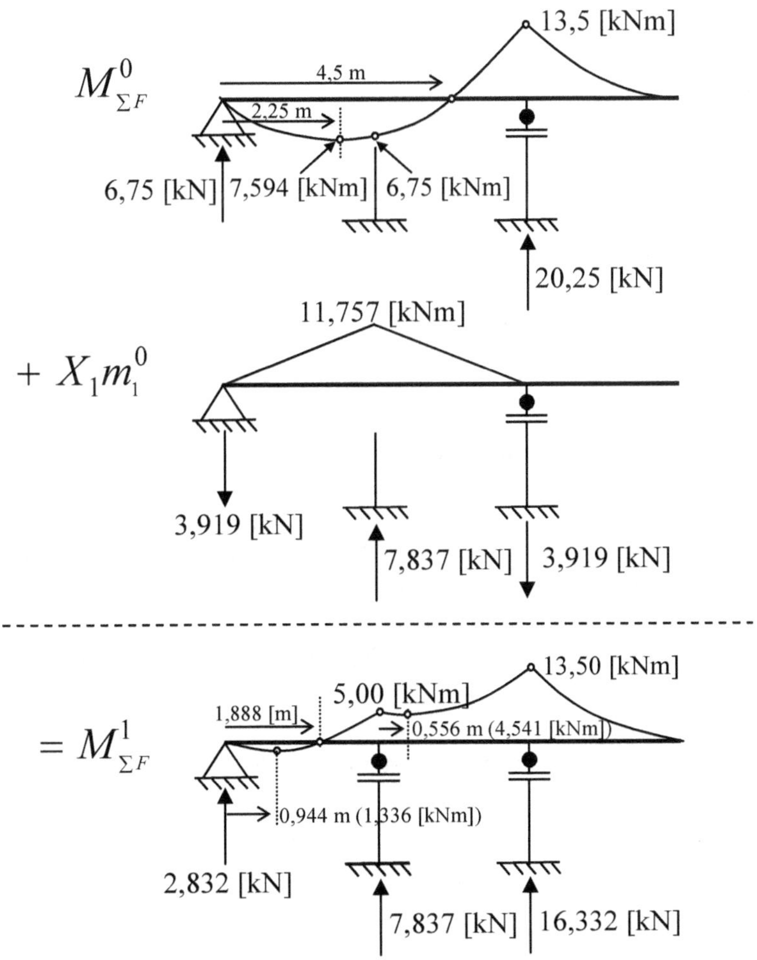

➠ Calcul de l'enfoncement des flotteurs

Les efforts dans les flotteurs gauche et droit valent, respectivement, 7,837 [kN] et 16,332 [kN]. Leur enfoncement vaut donc :

$$\begin{cases} \text{Flotteur gauche} : \Delta = F / k = 7{,}837 / 40 = 0{,}196 \text{ [m]} \\ \text{Flotteur droit} : \Delta = F / k = 16{,}332 / 40 = 0{,}408 \text{ [m]} \end{cases}$$

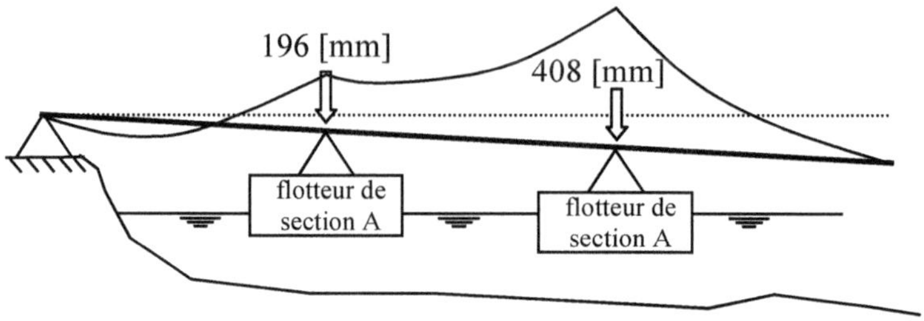

A l'œil nu, la déformation de courbure de la poutre est pratiquement invisible car elle est cachée par la déformation globale due à l'enfoncement relativement important des flotteurs.

Troisième méthode (§6.3)

Le nombre d'appuis élastiques étant supérieur au degré d'hyperstaticité, la deuxième méthode (§6.2) ne peut être qu'utilisée en partie et il faut la combiner avec la troisième méthode détaillée en §6.3.

➠ Décomposition de la structure en structures isostatiques

Si on enlève l'appui élastique de gauche, il reste celui de droite qu'il faut considérer tel quel dans les structures isostatiques. Il est toutefois possible de reprendre les diagrammes obtenus ci-dessus.

Sachant que les déplacements $\delta_{1,D}^{0}$ et $\delta_{11,D}^{0}$ (relatifs à une poutre considérée comme infiniment rigide) valent la moitié du déplacement du flotteur droit, et connaissant les efforts de compression (respectivement $9qL/4$ [kN] et 0,5 [kN]) correspondant à ce flotteur dans les deux structures isostatiques, on trouve :

$$\delta_{11,D}^{0} = \frac{1}{4k} \quad \text{et} \quad \delta_{1,D}^{0} = \frac{9qL}{8k}$$

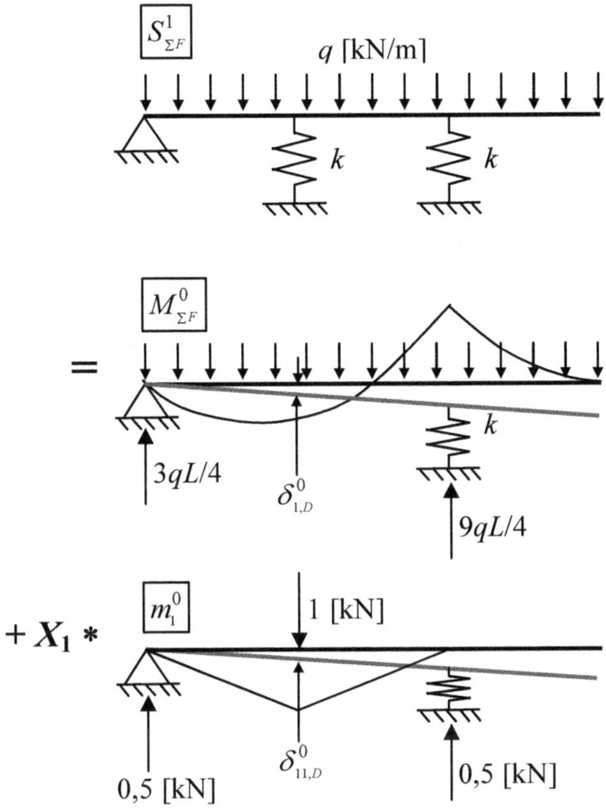

➟ Calcul de X_1

$$\left(\delta_{11}^0 + \delta_{11,D}^0\right)X_1 + \left(\delta_{1,\Sigma F}^0 + \delta_{1,D}^0\right) = -\frac{X_1}{k}$$

$$\Leftrightarrow \quad \left(\frac{L^3}{6EI} + \frac{1}{4k} + \frac{1}{k}\right)X_1 = -\left(\frac{qL^4}{12EI} + \frac{9qL}{8k}\right)$$

$$\Leftrightarrow \quad X_1 = -\frac{\dfrac{qL^4}{12EI} + \dfrac{9qL}{8k}}{\dfrac{L^3}{6EI} + \dfrac{5}{4k}}$$

On retrouve le même résultat que celui obtenu par la méthode de substitution.

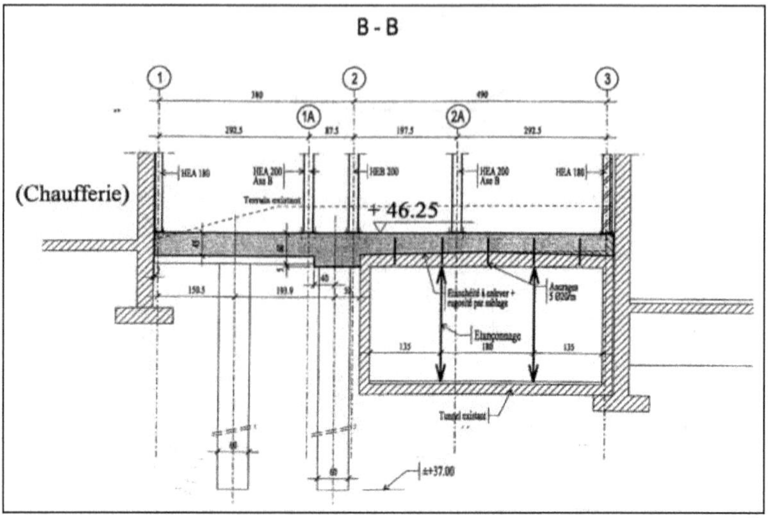

Installation pour cogénérateur construite en partie au-dessus d'un tunnel existant. Ce tunnel a été modélisé comme une poutre sur sol élastique *(2001 – bureau d'études Setesco / source Pierre Latteur).*

Chapitre 7

Les actions thermiques

Illustration au recto :

Croquis d'étude pour une maison à structure bois à Mormont, Belgique.
Architecte Henri Chaumont, 1990-2003.

(Photos ci-dessous)

1. INTRODUCTION

Lorsqu'on dimensionne une structure, on la calcule implicitement pour une certaine température uniforme T_0. Cependant, après sa mise en œuvre, des variations de température ambiante peuvent créer des déformations et/ou des efforts internes dont il faut maîtriser les effets.

Chaque matériau est caractérisé par un cœfficient de dilatation thermique (α, en [m/m/°C]) qui exprime la variation de longueur d'un élément d'un mètre de longueur soumis à une variation de température d'un degré Celsius. Les cœfficients de dilatation des différents matériaux sont les suivants :

- *invar :*	*1,7...2.10⁻⁶*	*[m/m/°C]*
- *bois sec :*	*...4.10⁻⁶... 5.10⁻⁶...*	*[m/m/°C]*
- *brique :*	*5.10⁻⁶*	*[m/m/°C]*
- *verre :*	*8.10⁻⁶*	*[m/m/°C]*
- *fonte :*	*10.10⁻⁶*	*[m/m/°C]*
- *acier :*	*12.10⁻⁶*	*[m/m/°C]*
- *béton :*	*12.10⁻⁶*	*[m/m/°C]*
- *cuivre :*	*17.10⁻⁶*	*[m/m/°C]*
- *aluminium :*	*24.10⁻⁶*	*[m/m/°C]*
- *zinc :*	*26.10⁻⁶*	*[m/m/°C]*
- *caoutchouc :*	*80.10⁻⁶*	*[m/m/°C]*

Poutre isostatique de longueur L soumise à une augmentation de température ΔT : la poutre s'allonge librement d'une valeur $\alpha\Delta TL$ et aucun effort interne n'est généré.

Poutre hyperstatique soumise à une augmentation de température ΔT : la poutre ne peut s'allonger librement et subit une contrainte de compression valant $\alpha\Delta TE$, indépendante de sa longueur.

Comme le montrent les figures ci-dessus, une structure isostatique soumise à une variation de température pourra se déformer librement sans créer d'efforts internes. Par contre, une structure hyperstatique s'opposera souvent aux déformations thermiques en générant des efforts internes pouvant éventuellement mener à la ruine de l'édifice. Par exemple, une chute de température de 40 degrés appliquée à la poutre hyperstatique ci-dessus en acier créera des contraintes de traction valant $\alpha\Delta TE$ = 100 [MPa], ce qui est important en comparaison avec la limite d'élasticité des différents aciers. Pour cette raison, de nombreuses constructions sont munies de joints ou d'appuis qui autorisent les déformations dites *thermiques*.

2. EFFET DE LA TEMPERATURE SUR UN ELEMENT DE STRUCTURE

Les fibres extrêmes d'un élément peuvent être portées chacune à des températures différentes de la température uniforme initiale T_0 :

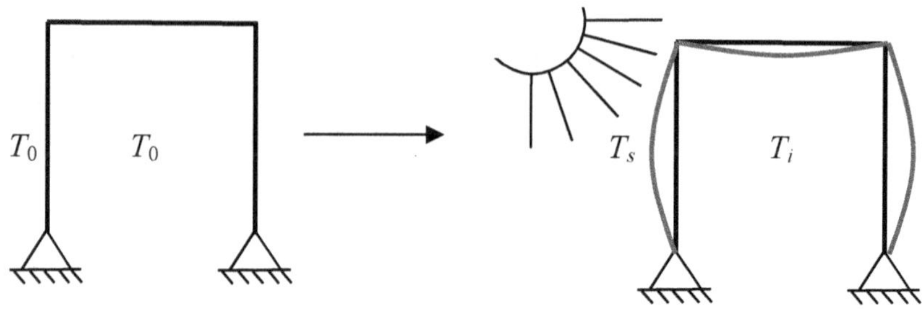

Dans tous les cas, une action thermique quelconque peut être décomposée en deux actions distinctes :

- une variation thermique uniforme et identique pour les deux fibres extrêmes de l'élément, notée ΔT_{unif};
- une variation thermique différentielle s'exprimant par des variations de température égales mais de signes opposés sur chaque fibre extrême de l'élément. L'écart de température entre les deux fibres est noté ΔT_{diff}.

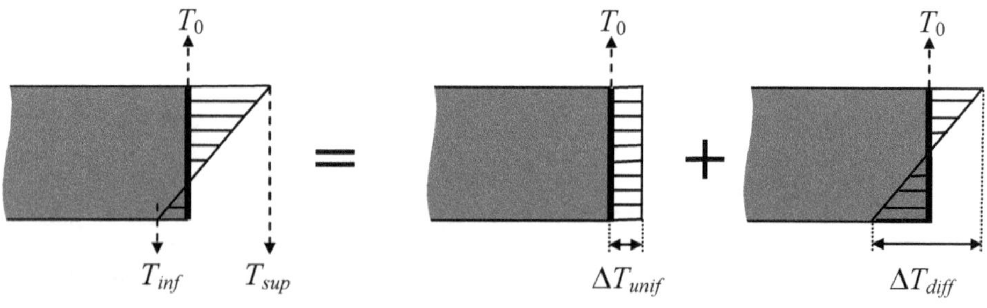

A partir des températures T_{inf} et T_{sup} connues, les variations ΔT_{unif} et ΔT_{diff} se calculent comme suit. Notons que T_0, T_{inf} et T_{sup} sont positives si elles sont supérieures à zéro degrés Celsius.

$$\begin{cases} \Delta T_{unif} = \dfrac{T_{sup} + T_{inf}}{2} - T_0 \\ \Delta T_{diff} = T_{sup} - T_{inf} \end{cases}$$

L'analyse de ces deux effets distincts est décrite aux §2.1 et 2.2.

2.1. L'élément subit une variation uniforme de température ΔT_{unif}

Celui-ci s'allonge ou se rétrécit **sans se courber** puisque toutes les fibres subissent la même variation de température et se dilatent ou se contractent donc de la même manière :

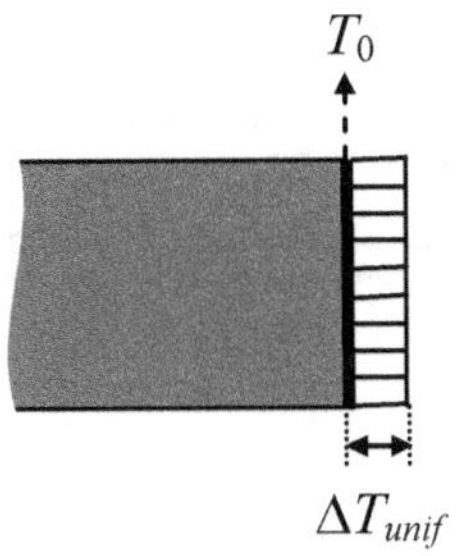

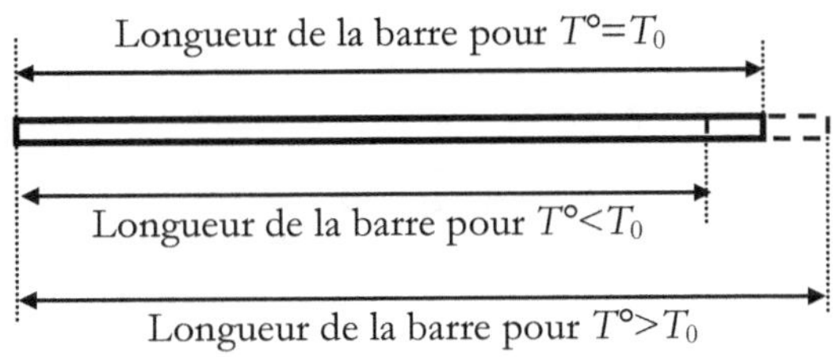

Si α est le cœfficient de dilatation thermique du matériau, la variation relative de longueur de l'élément vaut :

$$\varepsilon = \alpha \Delta T_{unif}$$

Remarquons qu'un effort normal N exercé sur cet élément de section A peut produire le même effet (voir chapitre 1, §7, loi de Hooke) :

$$\varepsilon = \frac{\sigma}{E} = \frac{N}{EA}$$

Cette comparaison entre une action thermique uniforme et un effort normal permet d'adapter au cas thermique l'expression des déplacements donnée par le théorème de la force unité (voir chapitre 1, §9) :

$$\int \frac{Nn}{EA} dl \qquad \text{devient :} \qquad \int (\alpha \, \Delta T_{unif}) n \, dl = \alpha \, \Delta T_{unif} \int n \, dl$$

Cette expression permet :

- de calculer le déplacement d'un point donné d'une structure isostatique ou hyperstatique soumise à une variation uniforme de température;
- de lever l'hyperstaticité d'une structure soumise à une variation uniforme de température.

2.2. Les fibres extrêmes subissent par rapport à T_0 des écarts de température égaux mais de signes opposés

L'élément va se courber. En effet, si l'une des fibres se contracte, l'autre se dilate en proportions égales, et inversement.

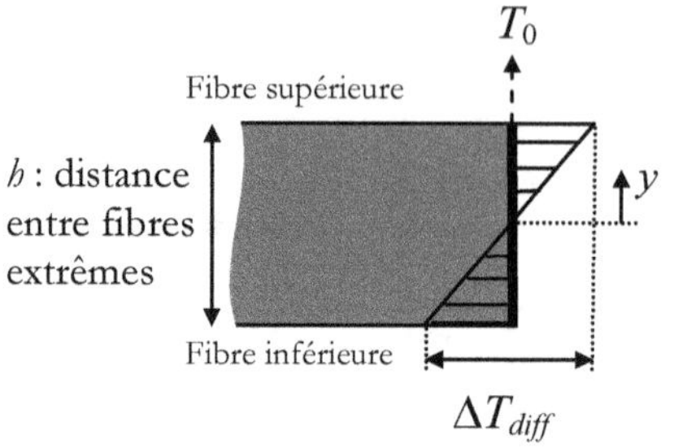

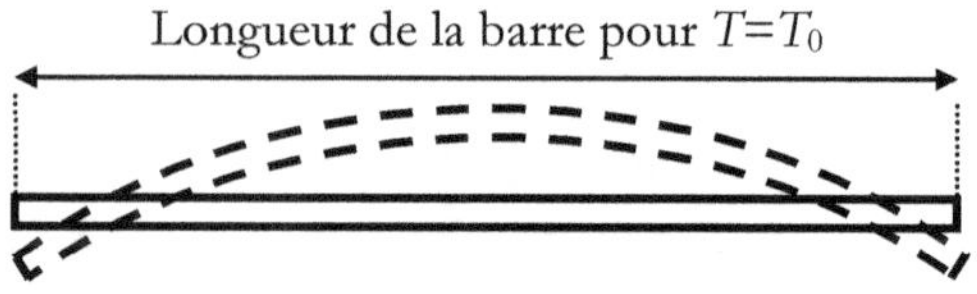

On notera ΔT_{diff} l'écart de température entre les fibres extrêmes. Comme α est le cœfficient de dilatation thermique du matériau, la variation relative de longueur de chaque fibre extrême vaut :

$$\varepsilon = \alpha \frac{\Delta T_{diff}}{2}$$

Or, un même effet de courbure peut être obtenu dans un élément dont les sections sont soumises à un moment fléchissant M. La variation relative de longueur des fibres extrêmes vaut alors, en valeur absolue :

$$\varepsilon\left(y=\frac{h}{2}\right) = \frac{\sigma\left(y=\frac{h}{2}\right)}{E} = \frac{1}{E}\frac{M\,h/2}{I} = \frac{Mh}{2EI}$$

Cette comparaison entre une action thermique différentielle et un moment fléchissant permet d'adapter l'expression des déplacements donnée par le théorème de la force unité (voir chapitre 1, §9) :

$$\int \frac{Mm}{EI}\,dl \qquad \text{devient :} \qquad \int \left(\frac{\alpha\,\Delta T_{diff}}{h}\right) m\,dl = \frac{\alpha\,\Delta T_{diff}}{h} \int m\,dl$$

Cette expression permet aussi :

- de calculer le déplacement d'un point donné d'une structure isostatique ou hyperstatique soumise à une variation différentielle de température;
- de lever l'hyperstaticité d'une structure soumise à une variation différentielle de température.

2.3. Remarques importantes

Le comportement d'un élément soumis à une action thermique pourra être très différent, selon que les appuis se trouvent au niveau de la fibre moyenne, de la fibre supérieure ou de la fibre inférieure. Pour davantage d'informations sur ce sujet, se reporter à l'exemple 1 du §5.

Par ailleurs, le calcul de $\int m * dl$ ou $\int n * dl$ peut aussi se faire à l'aide des intégrales de Mohr. En effet, il suffit pour cela de considérer la valeur unité comme étant un diagramme rectangulaire à intégrer avec celui de *n* ou de *m* :

$$\int m\,dl = \int 1 * m\,dl$$

Ponts sur la RN238 et sur l'avenue Oleffe, près du lac de Louvain-la-Neuve (Belgique). Les déplacements dus aux sollicitations thermiques sont d'autant plus importants que les dimensions d'une structure sont grandes. Dans cet exemple, le tablier repose sur des appuis en néoprène fretté qui autorisent ces variations de longueur.
On remarquera l'inclinaison des bords de l'appui qui indique un déplacement longitudinal du tablier (surlignage en traits pointillés).

Mathématiquement, un tel appui peut se modéliser par un appui à rouleaux, pour autant que les déplacements ne dépassent pas une certaine limite. Celle-ci dépend des caractéristiques de l'appui : composition, frettage, dimensions... *(Photos de l'auteur)*

3. TRAITEMENT DES STRUCTURES ISOSTATIQUES

Comme on le sait, une action thermique sur une structure isostatique ne pourra créer aucun effort interne. Par contre, des déformations pourront naître et leur détermination se fera comme suit :

3.1. Cas d'une variation uniforme de température

Dans ce cas, l'allure de la déformée et des déplacements peut souvent se déterminer par construction géométrique puisque les éléments déformés restent rectilignes.

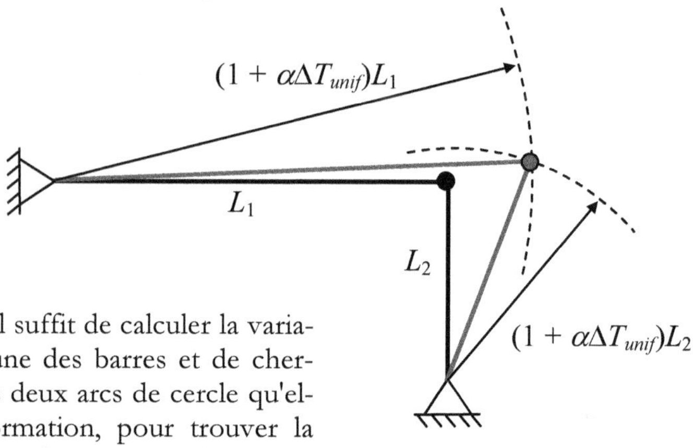

Dans l'exemple ci-contre, il suffit de calculer la variation de longueur de chacune des barres et de chercher l'intersection entre les deux arcs de cercle qu'elles produisent après déformation, pour trouver la position du nœud articulé après variation de température.

Notons que, sur la figure ci-dessus, les déformations ont été amplifiées car les déplacements thermiques d'une structure restent en général très petits par rapport à ses dimensions. Si les déplacements d'ordres infiniment petits sont négligés, les déplacements horizontaux et verticaux de la rotule sont égaux, respectivement, à $\alpha\Delta T_{unif}L_1$ et $\alpha\Delta T_{unif}L_2$.

Le déplacement du nœud rotulé peut aussi se déterminer à partir du théorème de la force unité adapté à partir des considérations développées au §2.

Exemple pour le calcul du déplacement horizontal de la rotule :

$$\delta_{horiz} = \alpha\,\Delta T_{unif} \int_{L_1} n^0\, dl = \alpha\,\Delta T_{unif}\, L_1$$

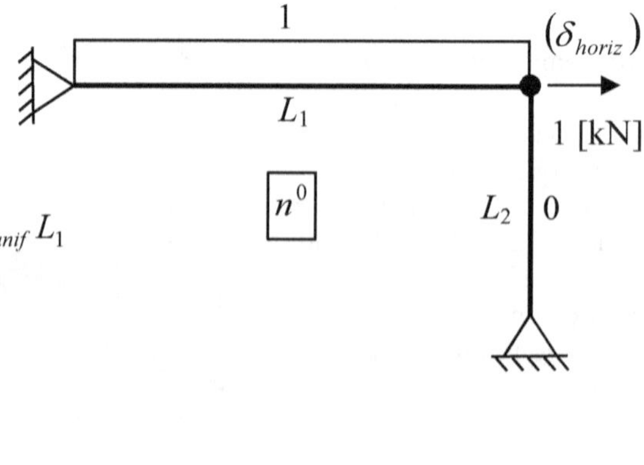

3.2. Cas d'une variation différentielle de température entre les fibres extrêmes

Dans ce cas, les déplacements peuvent évidemment encore se déterminer à partir du théorème de la force unité adapté à partir des considérations du §2. On reprend ici le même exemple qu'au §3.1, mais cette fois l'intérieur et l'extérieur de la structure sont soumis chacun à un écart de température valant $\Delta T_{diff}/2$:

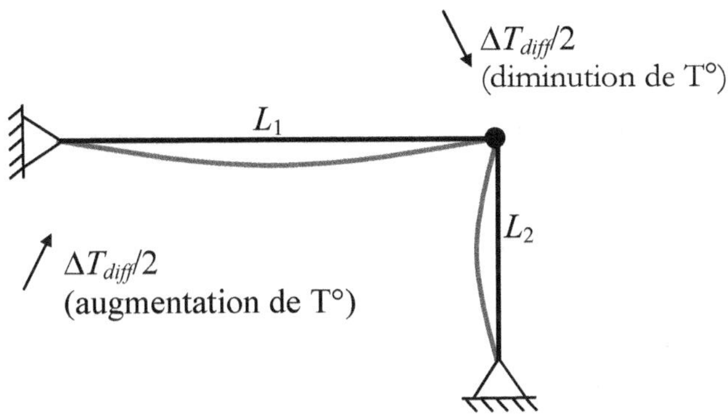

Exemple pour le calcul du déplacement horizontal de la rotule :

$$\int \frac{Mm^0}{EI} dl = \frac{\alpha \, \Delta T_{diff}}{h} \int m^0 \, dl = 0$$

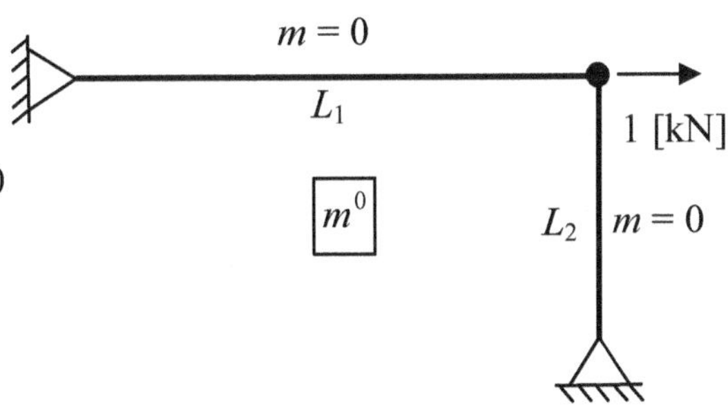

Exemple pour le calcul du déplacement vertical du milieu de la barre 1 :

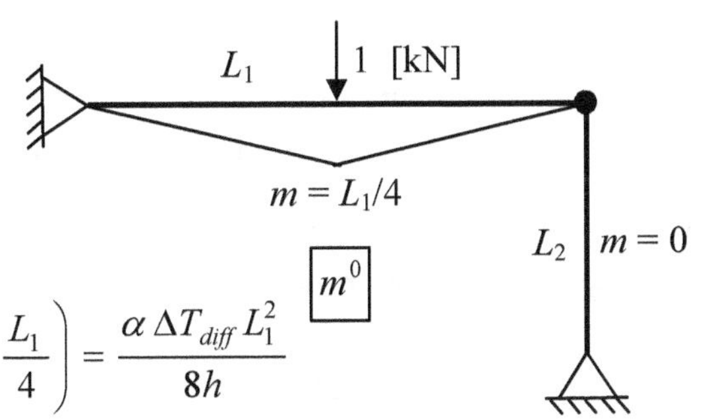

$$\int \frac{Mm^0}{EI} dl = \frac{\alpha \, \Delta T_{diff}}{h} \int m^0 \, dl$$

$$= \frac{\alpha \, \Delta T_{diff}}{h} \left(L_1 * \frac{1}{2} * 1 * \frac{L_1}{4} \right) = \frac{\alpha \, \Delta T_{diff} \, L_1^2}{8h}$$

4. TRAITEMENT DES STRUCTURES HYPERSTATIQUES

On supposera que l'action thermique agit seule. La résolution d'une structure hyperstatique se fera selon la démarche suivante, basée de nouveau sur le principe de superposition et la méthode des forces décrite au chapitre 3 :

⓿ Fixer les conventions de signe : traction positive et échauffement positif

❶ décomposer la structure de degré hyperstatique ***n*** en :

- une structure isostatique S^0 soumise uniquement aux variations de $T°$;
- ***n*** structures isostatiques soumises chacune à un effort unitaire.

❷ calculer $\alpha\Delta T_{unif}$ et le représenter dans S^0 (en notant son signe !) :

$$\Delta T_{unif} = \frac{T_{sup} + T_{inf}}{2} - T_0 \quad \left(= \frac{\Delta T_{sup} + \Delta T_{inf}}{2} \right)$$

❸ calculer $\alpha\Delta T_{diff}/h$ et le représenter dans S^0 sans signe mais <u>du côté de la fibre la plus chaude</u> :

$$|\Delta T_{diff}| = |T_{sup} - T_{inf}| \quad \left(= |\Delta T_{sup} - \Delta T_{inf}| \right)$$

❹ dessiner les diagrammes m_i^0 et n_i^0 dans les structures soumises à effort unitaire.

❺ calculer les valeurs de : $$\begin{cases} \delta_{i,T}^0 = \dfrac{\alpha\Delta T_{diff}}{h} \displaystyle\int m_i^0 dl + \alpha\Delta T_{unif} \int n_i^0 dl \\ \delta_{ij}^0 = \displaystyle\int \frac{m_i^0 m_j^0}{EI} dl + \int \frac{n_i^0 n_j^0}{EA} dl \end{cases}$$

❻ résoudre le système et calculer les inconnues X_k : $\left[\delta_{ij}^0\right]\left\{X_k\right\} + \left\{\delta_{k,T}^0\right\} = \{0\}$

Si on désire combiner l'action thermique à un cas de charge, il suffit de rajouter le vecteur correspondant $\left\{\delta_{k,\Sigma F}^0\right\}$ dans le terme de gauche.

❼ calculer les diagrammes d'efforts internes dans la structure hyperstatique par superposition des diagrammes élémentaires pondérés de leur cœfficient X_i respectif :

$$M_T^n = \sum_{i=1}^{n} m_i^0 X_i \quad V_T^n = \sum_{i=1}^{n} v_i^0 X_i \quad N_T^n = \sum_{i=1}^{n} n_i^0 X_i$$

5. EXEMPLES

Exemple 1

Une poutre est soumise, dans sa partie supérieure, à un accroissement de température de τ degrés, alors que sa partie inférieure garde une température inchangée.

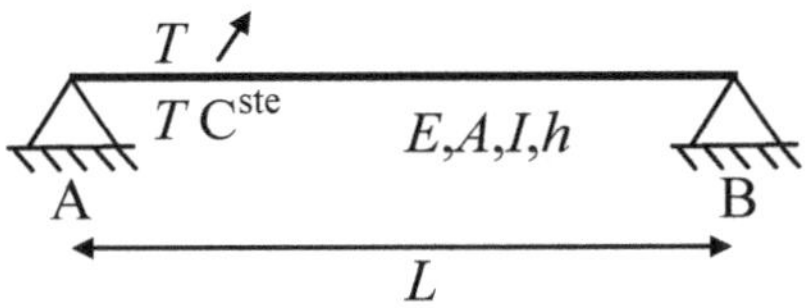

On désire calculer la valeur des réactions d'appui ainsi que la rotation angulaire de la poutre aux appuis.

➠ **Calcul des valeurs de ΔT_{unif} et ΔT_{diff}**

$$\begin{cases} \Delta T_{sup} = +\tau \\ \Delta T_{inf} = 0 \end{cases} \Rightarrow \begin{cases} \Delta T_{unif} = \dfrac{\Delta T_{sup} + \Delta T_{inf}}{2} = +\dfrac{\tau}{2} \\ \Delta T_{diff} = \left|\Delta T_{sup} - \Delta T_{inf}\right| = \tau \end{cases}$$

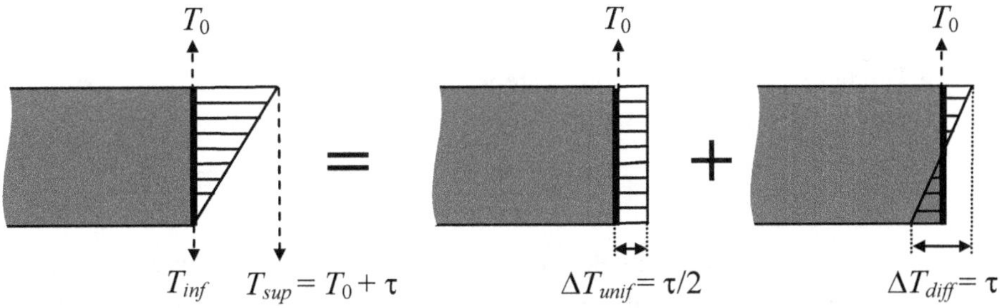

➠ **Le degré d'hyperstaticité valant 1, il suffit de remplacer l'appui B par un appui à rouleaux pour obtenir la structure isostatique de référence**

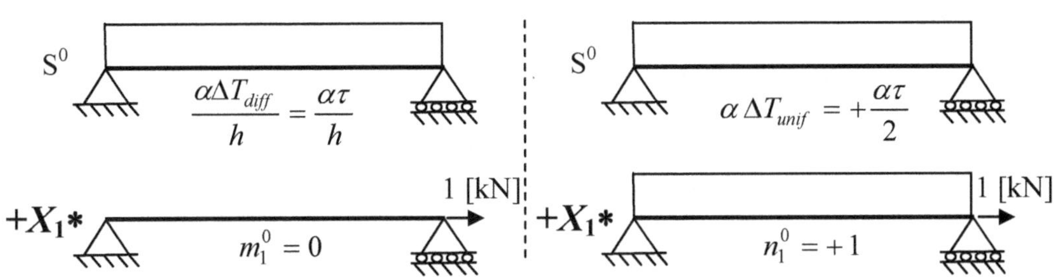

$$\begin{cases} \delta^0_{1,T} = \dfrac{\alpha\,\Delta T_{diff}}{h}\displaystyle\int m_1^0\,dl + \alpha\Delta T_{unif}\int n_1^0\,dl = 0 + \dfrac{\alpha\tau L}{2} = \dfrac{\alpha\tau L}{2} \\ \delta^0_{11} = \displaystyle\int \frac{m_1^0\,m_1^0}{EI}dl + \int \frac{n_1^0\,n_1^0}{EA}dl = 0 + \frac{L}{EA} = \frac{L}{EA} \end{cases}$$

$$\text{et donc : } \quad \delta^0_{11}X_1 + \delta^0_{1,T} = 0 \Rightarrow X_1 = -\frac{\alpha\tau EA}{2}$$

il n'y a donc qu'une seule réaction horizontale à chaque appui et ces deux forces sont égales en norme et de sens opposés :

Quant aux diagrammes d'efforts internes dans la structure hyperstatique de base, les moments fléchissants sont nuls (et donc aussi les efforts tranchants) et le diagramme des efforts normaux est le suivant :

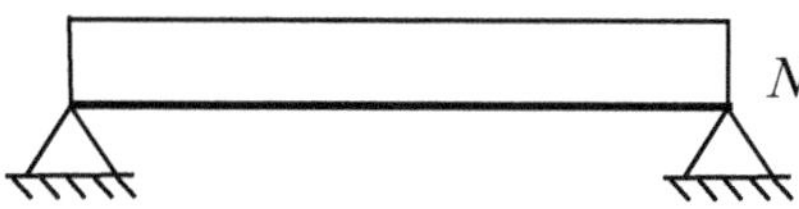

$$N^1_{T^\circ} = -\frac{\alpha\tau EA}{2} \text{ (compression)}$$

Remarques importantes :

- l'analyse qui précède sous-entend, comme toujours, que les extrémités de la poutre reposent sur les appuis **au niveau de la fibre moyenne** :

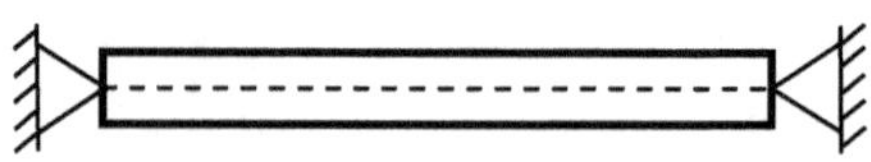

Vu sous cet aspect, le calcul des réactions d'appui est immédiat. En effet, la fibre supérieure voudrait se dilater d'une valeur $\Delta L = \alpha\tau L$ et la longueur de la fibre inférieure n'a pas tendance à varier puisque sa température est invariable. En supposant une répartition linéaire de la température d'une fibre extrême à l'autre, la variation de longueur de la fibre moyenne devrait valoir, si elle était libre de se dilater :

$$\Delta L_{\text{fibre moy}} = (\alpha\tau L + 0)/2 = \alpha\tau L/2$$

Or, la présence des appuis empêche la variation de longueur de la fibre moyenne et il se crée donc un effort normal de compression valant :

$$EA*(\Delta L_{\text{fibre moy}})\,/L = \alpha\tau EA/2$$

(loi de Hooke : $\sigma = E\varepsilon \rightarrow N/A = E\Delta L/L \rightarrow N = EA\Delta L/L$)

Cet effort normal se traduit par des réactions d'appui horizontales de sens opposés mais de valeur identique et on retrouve la valeur des réactions d'appui obtenue précédemment.

- si la poutre repose sur ses appuis par l'intermédiaire de la fibre inférieure et non la fibre moyenne, aucune réaction d'appui ne peut naître, puisque cette fibre ne subit pas de variation de longueur. On pourrait toutefois croire le contraire puisqu'il existe une courbure, qui, en principe, est contradictoire avec une longueur constante de la fibre inférieure, comme le montre la figure ci-dessous :

En réalité, un tel raisonnement oublie l'hypothèse de petits déplacements qui implique que la variation de longueur générée par la courbure de cette fibre inférieure est un infiniment petit incapable de créer une réaction d'appui signifiante. Pour s'en convaincre, considérons le mécanisme suivant dont le point milieu est soulevé d'une valeur Δ_1. Il en résulte que l'appui droit se déplace vers la gauche d'une valeur Δ_2 d'un ordre de grandeur inférieur à Δ_1 :

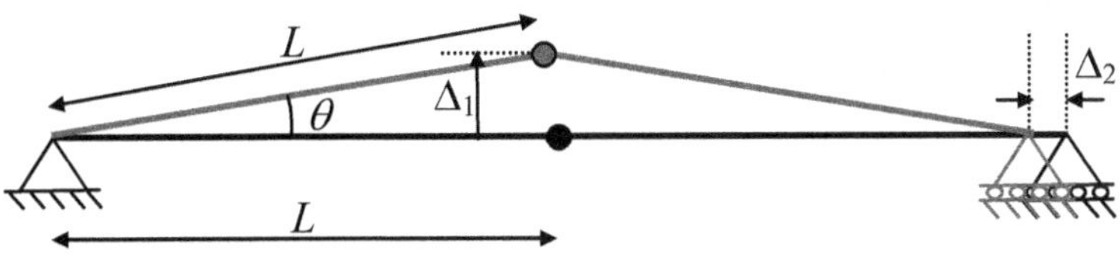

$$\begin{cases} 2L\cos\theta = 2L - \Delta_2 \\ \sin\theta = \dfrac{\Delta_1}{L} \end{cases} \quad \Rightarrow \quad \Delta_2 \approx \frac{\Delta_1^2}{L} \approx 0$$

(On élève les 2 équations au carré et on les combine, sachant que $\cos^2\theta + \sin^2\theta = 1$)

En pratique, il faudra donc être attentif au type d'appui considéré et au type de liaison qui existe entre les éléments. Si on regarde la photo reprise en vue détaillée en haut de la page 183, on constate que les extrémités de la poutre reposent sur la colonne par l'intermédiaire d'une liaison située au niveau de la fibre inférieure.

➟ Déformée et calcul de la rotation angulaire aux appuis

La composante uniforme ΔT_{unif} de la variation thermique ne crée aucune déformation (cette constatation se retrouve dans l'intégrale ci-dessous dont le terme de droite est nul puisque $n_{rot}^{0} = 0$) mais génère un effort normal de compression. Quant à la composante différentielle ΔT_{diff}, elle ne crée aucun effort interne mais génère une courbure.

La structure étant symétrique, la rotation sera la même (au signe près) à chaque appui. Afin de tirer profit du théorème de Pasternak (voir chapitre 3,§6), considérons l'appui droit et rendons la structure isostatique en remplaçant celui-ci par un appui à rouleaux :

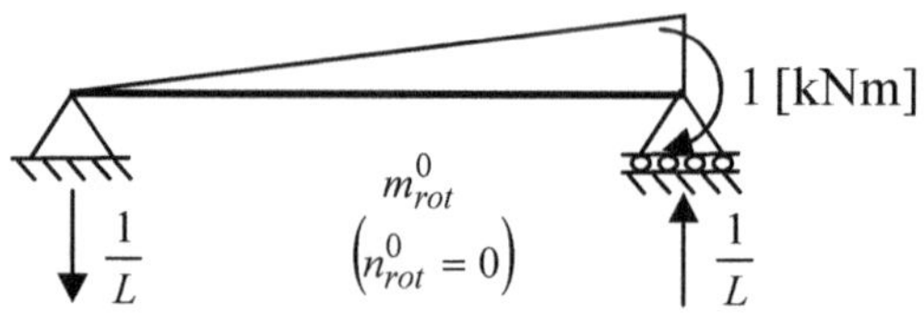

L'intégration doit évidemment concerner le diagramme précédent avec celui de la structure hyperstatique de base, ou bien avec la superposition de ses deux structures isostatiques équivalentes, c'est-à-dire la structure soumise aux variations de température (S^0) *et* celle soumise aux efforts internes engendrés par ces variations de température (X_1 * structure soumise à effort unitaire). Le déplacement angulaire de la poutre aux appuis vaut donc :

$$\Delta = \int m_{rot}^{0} \left(\frac{\alpha \Delta T_{diff}}{h} + \underbrace{\frac{X_1 m_1^0}{EI}}_{=0} \right) dl + \underbrace{\int n_{rot}^{0}}_{=0} \left(\alpha \Delta T_{unif} + \frac{X_1 n_1^0}{EA} \right) dl$$

avec : $\begin{cases} m_{rot}^{0} \text{ : triangulaire} \\ X_1 m_1^0 = 0 \\ n_{rot}^{0} = 0 \end{cases} \Rightarrow \quad \Delta = \frac{\alpha \tau}{h} \int m_{rot}^{0} \, dl = \frac{\alpha \tau L}{2h} \text{ [rad]}$

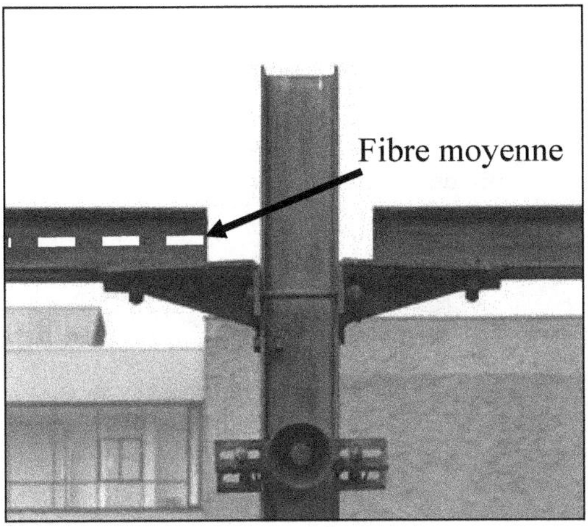

Il faut garder à l'esprit que l'action thermique sur un élément de structure sera généralement uniforme (effet ΔT_{unif} uniquement) sauf si les conditions d'exploitation sont telles que chacune des fibres extrêmes est portée à des températures très différentes, ce qui est rarement le cas, sauf pour des ouvrages tels que les barrages, les ouvrages de soutènement, ou les tabliers de pont sous le soleil. *(Photo de l'auteur)*

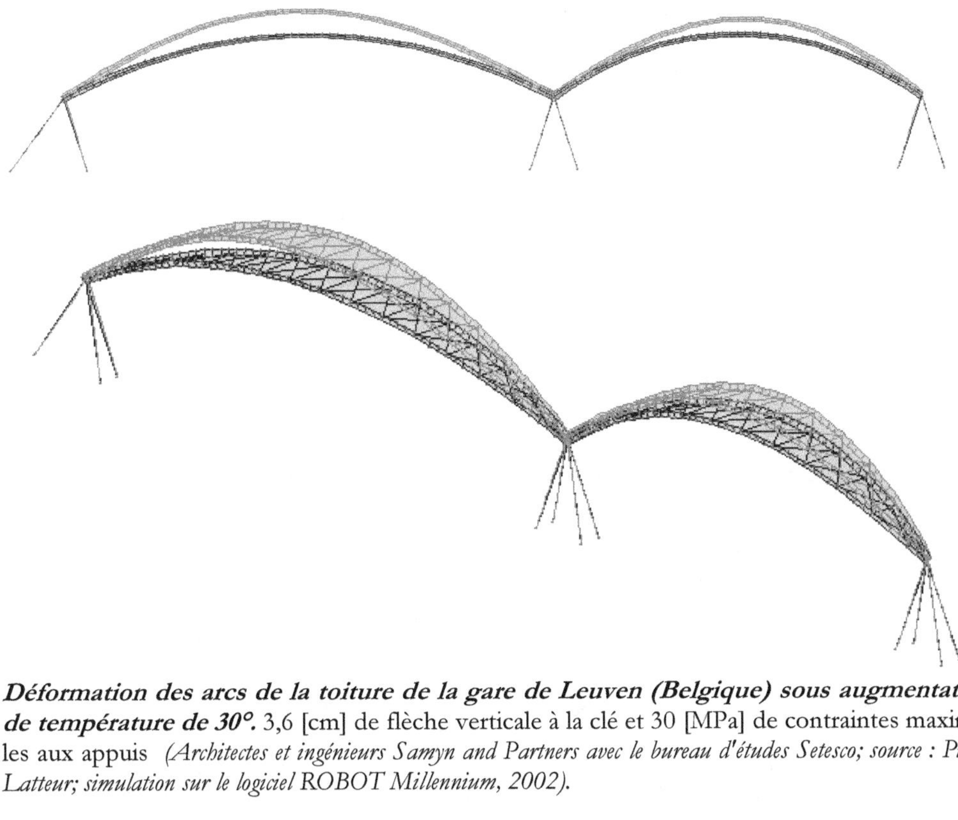

Déformation des arcs de la toiture de la gare de Leuven (Belgique) sous augmentation de température de 30°. 3,6 [cm] de flèche verticale à la clé et 30 [MPa] de contraintes maximales aux appuis *(Architectes et ingénieurs Samyn and Partners avec le bureau d'études Setesco; source : Pierre Latteur; simulation sur le logiciel* ROBOT *Millennium, 2002).*

Exemple 2

On désire calculer les efforts internes de la structure suivante soumise à un échauffement uniforme de température de τ degrés :

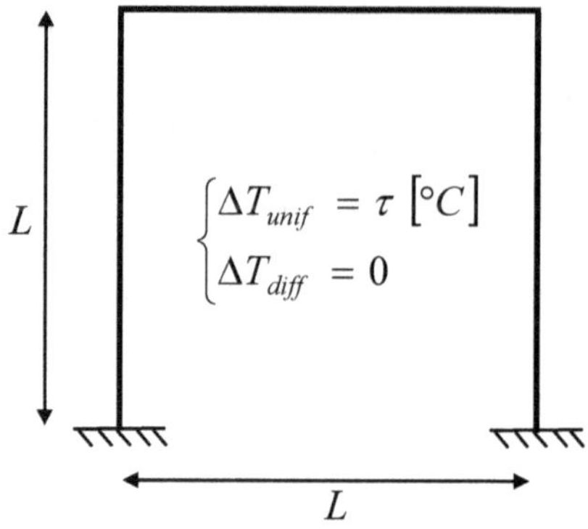

Les 3 éléments ont les mêmes caractéristiques A, I, E.

➠ Hyperstaticité de la structure

Nous sommes en présence d'un portique dont le degré d'hyperstaticité vaut 3. Toutefois, la symétrie permet de le réduire à 2 et de n'étudier que la moitié de la structure munie d'un appui encastré à rouleaux (voir chapitre 4 : symétrie des structures) :

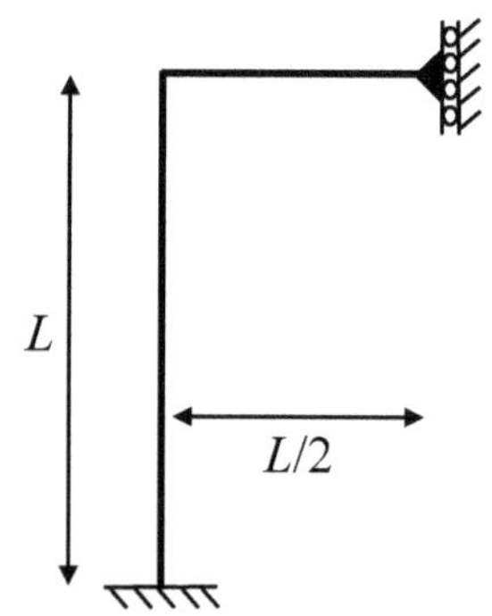

➠ Décomposition de la structure en structures isostatiques

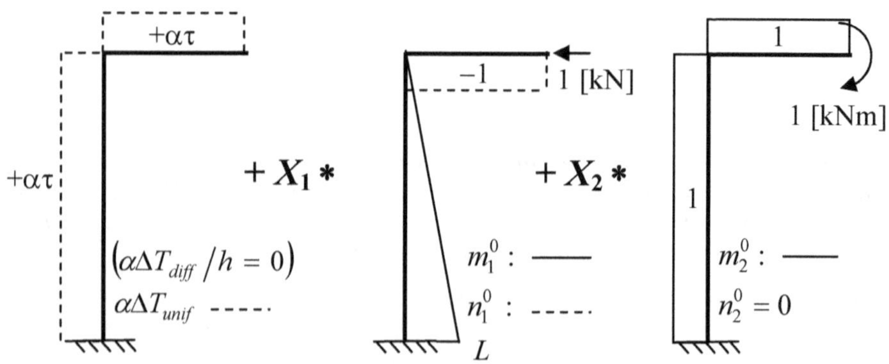

➠ Calcul des déplacements et résolution du système

$$\begin{cases} \delta_{11}^0 = \displaystyle\int \frac{m_1^0 m_1^0}{EI} dl + \int \frac{n_1^0 n_1^0}{EA} dl = \frac{L^3}{3EI} + \frac{L}{2EA} \approx \frac{L^3}{3EI} \\ \delta_{22}^0 = \displaystyle\int \frac{m_2^0 m_2^0}{EI} dl + \int \frac{n_2^0 n_2^0}{EA} dl = \frac{3L}{2EI} + 0 = \frac{3L}{2EI} \\ \delta_{12}^0 = \displaystyle\int \frac{m_1^0 m_2^0}{EI} dl + \int \frac{n_1^0 n_2^0}{EA} dl = -\frac{L^2}{2EI} + 0 = -\frac{L^2}{2EI} \end{cases}$$

$$\begin{cases} \delta_{1,T}^0 = \dfrac{\alpha \Delta T_{diff}}{h} \displaystyle\int m_1^0 dl + \alpha \Delta T_{unif} \int n_1^0 dl = 0 - \frac{\alpha \tau L}{2} = -\frac{\alpha \tau L}{2} \\ \delta_{2,T}^0 = \dfrac{\alpha \Delta T_{diff}}{h} \displaystyle\int m_2^0 dl + \alpha \Delta T_{unif} \int n_2^0 dl = 0 + 0 = 0 \end{cases}$$

On remarquera que les intégrales relatives aux efforts normaux dans les structures soumises à effort unitaire peuvent (comme souvent) être négligées. Le système à résoudre est le suivant :

Ou encore : $$\begin{pmatrix} \dfrac{L^2}{3} & -\dfrac{L}{2} \\ -\dfrac{L}{2} & \dfrac{3}{2} \end{pmatrix} \begin{pmatrix} X_1 \\ X_2 \end{pmatrix} + \begin{pmatrix} -\dfrac{\alpha \tau EI}{2} \\ 0 \end{pmatrix} = \begin{pmatrix} 0 \\ 0 \end{pmatrix} \Rightarrow \begin{cases} X_1 = \dfrac{3\alpha \tau EI}{L^2} \\ X_2 = \dfrac{\alpha \tau EI}{L} \end{cases}$$

➠ Diagrammes hyperstatiques

Les diagrammes s'obtiennent par superposition des diagrammes relatifs aux structures isostatiques soumises à effort unitaire, pondérés par les cœfficients X_1 et X_2 :

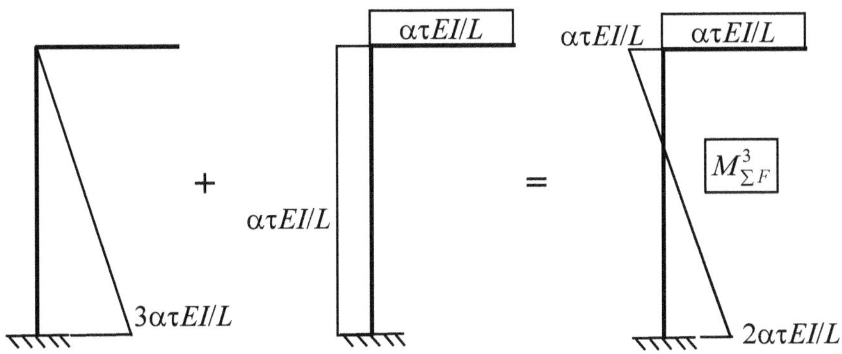

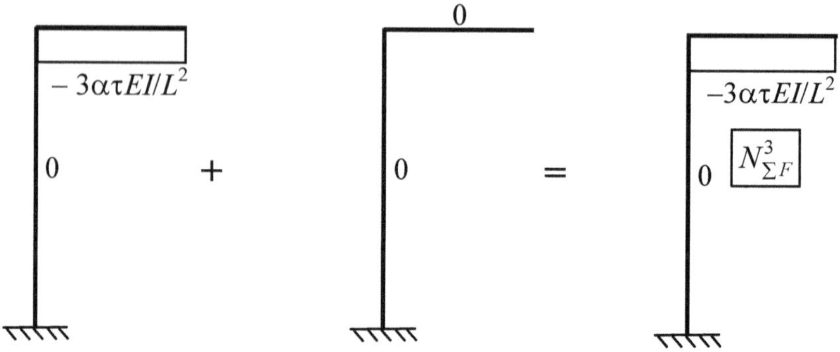

Quant aux efforts tranchants, ils peuvent s'obtenir par dérivation du diagramme des moments fléchissants :

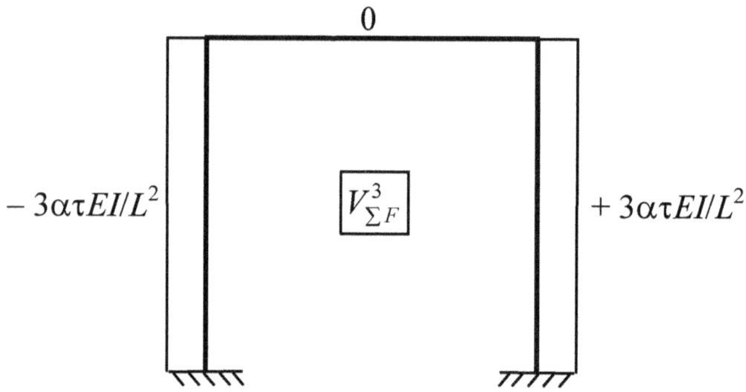

➠ **Déformée**

La déformée ci-dessous a été obtenue à partir du logiciel *Robot Millennium* :

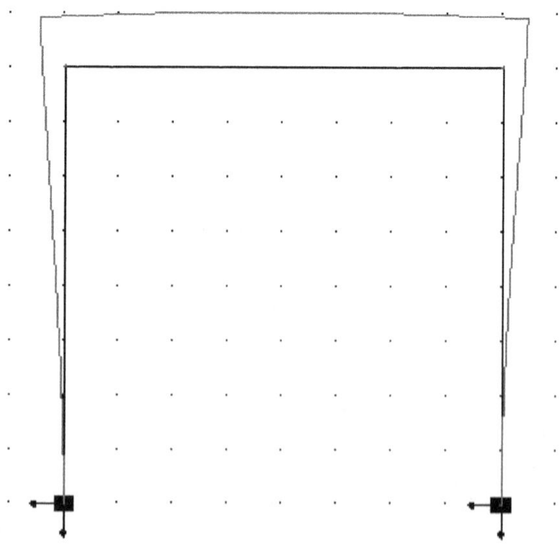

Chapitre 8

Les treillis

Illustration au recto :

Projet de passerelle mixte bois/acier sur l'Ourthe à La Roche en Ardennes, Belgique. Maître d'œuvre Francy Simon, La Roche en Ardenne, Belgique, 2004.

1. QU'EST-CE QU'UN TREILLIS ?

Un treillis se définit à la fois par ses caractéristiques géométriques et par son type de chargement :

- les fibres moyennes des barres concourent en un même point, matérialisé par un nœud;
- chaque nœud est une rotule parfaite : on parle de nœud *articulé* ou *rotulé,* par opposition au nœud *rigide*;
- les efforts sont appliqués aux nœuds et jamais sur les barres elles-mêmes (dans la mesure où le poids propre des barres est négligé).

Nous verrons au §3 que la deuxième propriété est à nuancer en fonction de certaines considérations pratiques.

Il existe trois grandes catégories de treillis plans : le treillis simple, le treillis composé et le treillis formé de barres qui se chevauchent.

➠ **Le treillis simple est formé uniquement de mailles triangulaires**

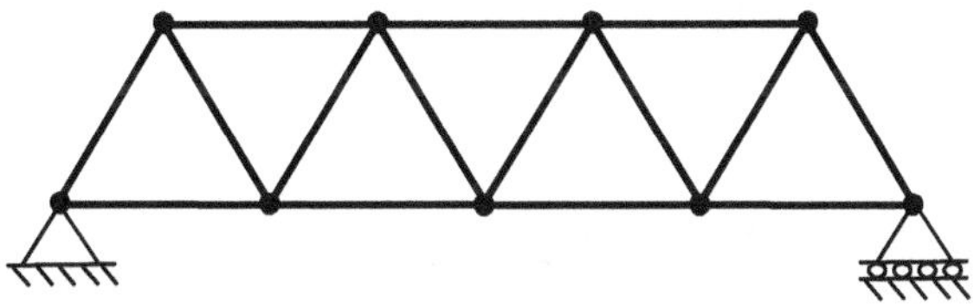

Si le nombre de réactions d'appui ne dépasse pas trois, ce type de treillis est le plus souvent **isostatique**. Il existe toutefois des exceptions comme le montre la figure ci-contre : il s'agit d'un treillis simple qui se referme sur lui-même et dont le degré d'hyperstaticité interne est égal à 3.

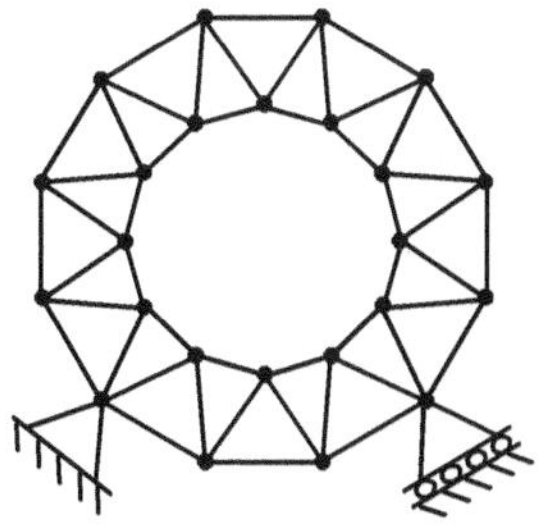

➠ **Le treillis composé résulte de l'assemblage de treillis simples**

Un tel treillis peut être isostatique (c'est le cas du treillis ci-contre) ou hyperstatique.

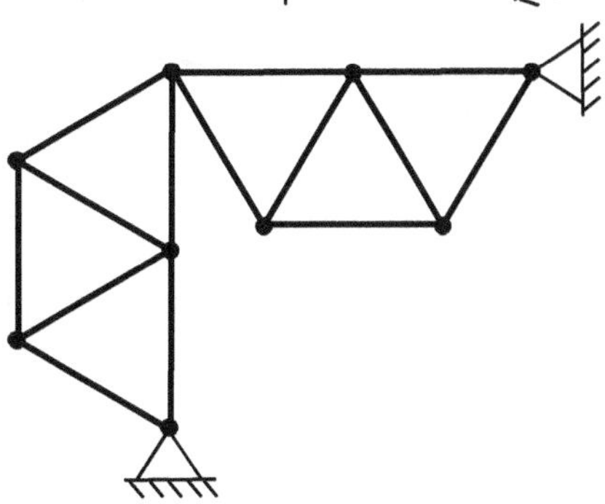

➠ **Le treillis formé de barres qui se chevauchent sans être reliées physiquement**

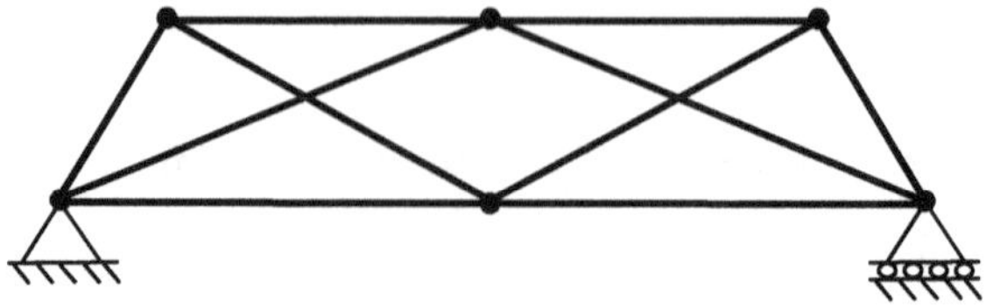

Un tel treillis peut être isostatique ou hyperstatique : dans le cas ci-dessus il est hyperstatique de degré 1.

Le treillis ci-dessous, par contre, est isostatique. Il est toutefois qualifié de *complexe* car il ne peut être analysé ni par la méthode de Cremona ni par la méthode des sections (décrites toutes deux au §5). Seule une méthode matricielle lui est applicable.

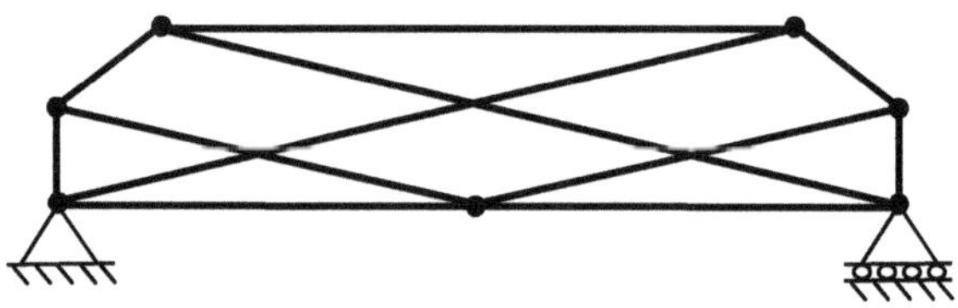

2. EFFORTS ET DÉFORMATIONS DANS LES TREILLIS

Une caractéristique essentielle des treillis est l'absence de moments fléchissants et a fortiori d'efforts tranchants dans les barres. Pour le démontrer, considérons une barre AB au sein d'un treillis :

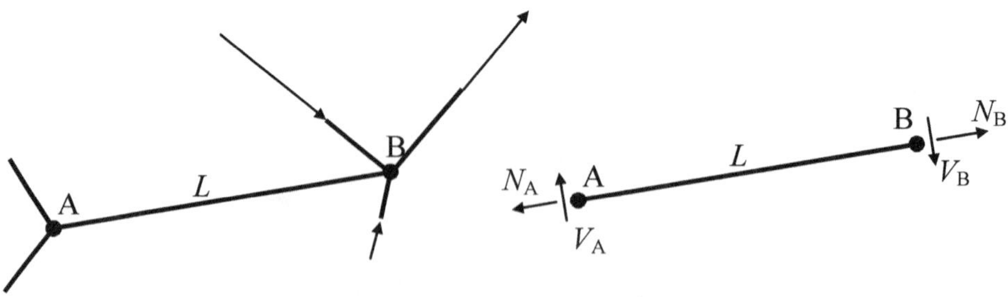

Équations d'équilibre de la barre : $\begin{cases} V_A = V_B \\ N_A = N_B \\ V_B L = 0 \end{cases} \Rightarrow \begin{cases} V_A = V_B = 0 \\ N_A = N_B \end{cases}$

L'effet des barres voisines sur la barre AB peut être modélisé par 4 composantes N_A, N_B (selon l'axe de la barre) et V_A, V_B (perpendiculaires à la barre). Si on écrit les équations d'équilibre de cette barre, il apparaît que l'effort tranchant est nul ($V_A=V_B=0$) et que l'effort normal dans la barre est constant. La résultante des efforts exercés par les autres barres sur chacune des extrémités A et B est donc alignée avec la barre et aucun moment fléchissant ne peut y régner :

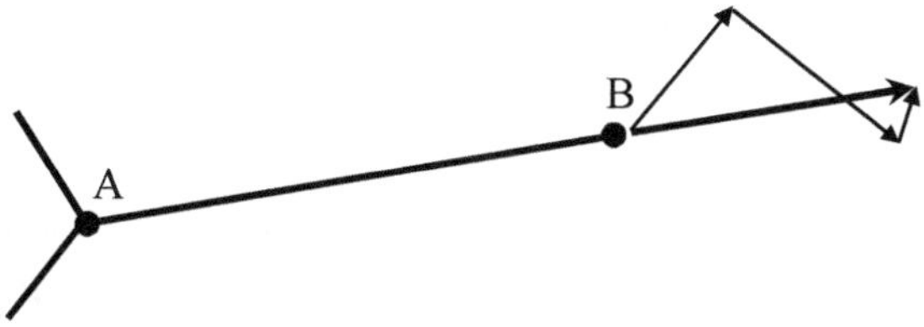

Dans une structure quelconque soumise à tous les types d'efforts, on sait que les déformations de flexion ($\int Mm/EI\,dl$) sont nettement plus importantes que celles de traction/compression ($\int Nn/EA\,dl$) et d'effort tranchant ($\int Vv/GA_v\,dl$) (voir chapitre 1 : §9 et exemple 2 du §16). Les treillis étant essentiellement soumis à des efforts normaux, la propriété précédente doit cependant être nuancée : l'expression du déplacement d'un point d'un treillis résultant du théorème de la force unité (chap.1, §9) ne comporte au contraire plus que le terme provenant de l'effort normal. L'intégrale est en outre remplacée par une somme puisque cet effort normal est invariable au sein d'une même barre :

$$\delta = \int \frac{Mm}{EI} dl + \int \frac{Nn}{EA} dl + \int \frac{Vv}{GA_v} dl \qquad \text{devient} \qquad \delta = \sum_{i=1}^{Nbre\ de\ barres} \frac{N_i n_i}{E_i A_i} L_i$$

3. PEUT-ON SE PASSER DES ARTICULATIONS NODALES ?

Il est légitime de penser que les articulations des treillis doivent poser certains problèmes de conception et de construction. C'est en effet pour cette raison que la plupart d'entre eux sont construits avec des nœuds rigides, par exemple soudés ou boulonnés.

Si les nœuds sont rigides, des contraintes de flexion apparaissent, du fait même que les barres ne peuvent pas tourner librement autour de leurs extrémités respectives et qu'elles doivent donc fléchir pour suivre le déplacement des nœuds. Le treillis se comporte alors comme un cadre rigide (*treillis à nœuds rigides*). La figure ci-dessous illustre cet effet : elle compare les déformées (à une échelle amplifiée) d'un même treillis, dans deux situations où les nœuds sont articulés d'une part (au-dessus) et rigides d'autre part (en dessous) :

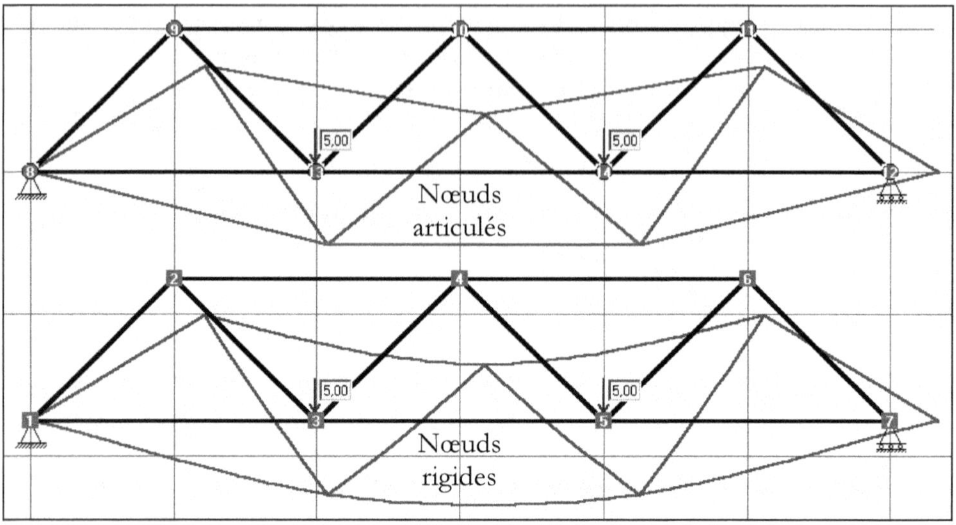

Ces contraintes parasitaires de flexion sont souvent limitées à quelques pour-cent de la "contrainte admissible" du matériau utilisé et sont influencées par différents facteurs comme la charge totale, la limite d'élasticité, la portée du treillis et le type des sections [1].

Remarquons toutefois que si l'on combine ces facteurs de manière défavorable, il se peut que l'une des barres au moins d'un treillis à nœuds rigides soit le siège de contraintes parasitaires de flexion dépassant largement les quelques pour-cent annoncés.

L'exemple numérique détaillé ci-après illustre ce phénomène.

Notons cependant dès à présent que *la présence ou non de rotules aux nœuds ne modifie quasiment pas la valeur des efforts normaux et des déplacements des nœuds.*

Les figures ci-dessous concernent un treillis de 6 [m] de portée et 1 [m] de hauteur, soumis à une charge de 5 [kN] sur chaque nœud de la membrure inférieure. Les barres en compression (effort noté en rouge) sont tubulaires de diamètre 30 [mm] et d'épaisseur 3 [mm], tandis que les barres en traction (effort noté en en bleu) sont circulaires pleines de diamètre 10 [mm].

---

[1] Pour davantage d'information à ce sujet, consulter : *"The determination of stresses due to bending in trusses composed of fixed nodes loaded on their nodes : study of the influence of buckling"*. Actes du congrès international de l'IASS de septembre 1999 à Madrid. P. Latteur et P. Samyn.

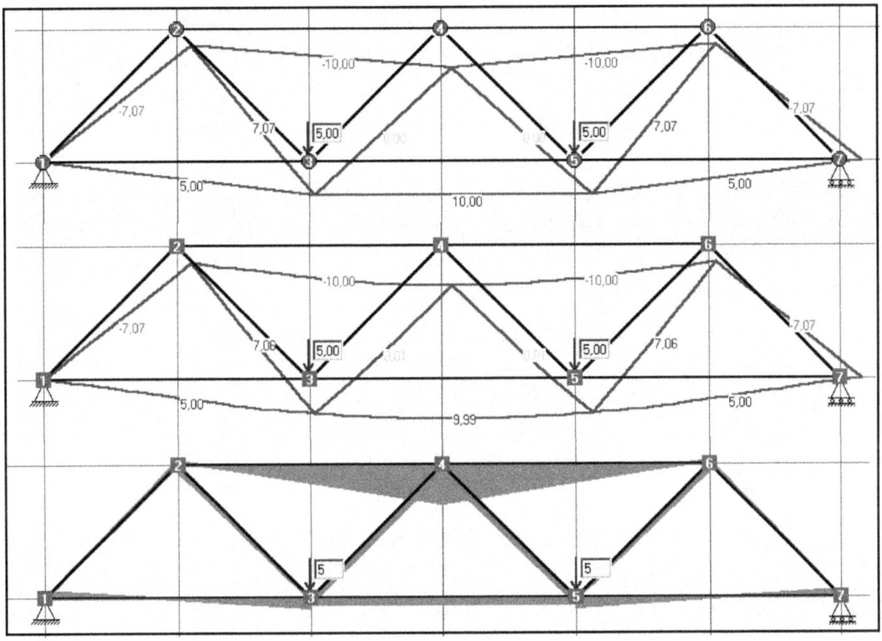

<u>La première figure</u> représente la déformée (avec affichage des efforts normaux) calculée par le logiciel ISSD lorsque tous les nœuds sont articulés.

<u>La deuxième figure</u> représente la déformée (avec affichage des efforts normaux) de ce même treillis lorsque tous les nœuds sont rigides. On voit que la valeur des efforts normaux est quasiment inchangée.

<u>La dernière figure</u> montre les contraintes parasitaires de flexion qui règnent dans ce treillis lorsque les nœuds sont rigides. Dans ce cas précis, les contraintes parasitaires de flexion valent 6 [MPa] dans la barre 2-4, soit 15% de la contrainte de compression qui y règne (39 [MPa]), ce qui est important.

En résumé, si les nœuds sont rigides plutôt qu'articulés,

- les efforts normaux sont quasi identiques;
- l'allure de la déformée est différente, mais les déplacements des nœuds sont quasi identiques;
- des contraintes parasitaires de flexion se produisent et peuvent être importantes dans certains cas.

4. CALCUL DU DEGRÉ D'HYPERSTATICITÉ D'UN TREILLIS

La procédure décrite dans le chapitre 3 est applicable aux treillis. Il est cependant possible de la simplifier pour l'adapter à ceux-ci. Soit b le nombre total de barres, r le nombre de réactions d'appui et n le nombre total de nœuds.

Par nœud rotulé, on peut établir 2 équations (équilibre vertical et équilibre horizontal), ce qui procure un total de $2n$ équations. Par ailleurs, les inconnues sont les b efforts normaux relatifs à chaque barre ainsi que les r réactions d'appui. Le degré d'hyperstaticité vaut donc :

$$\boxed{I_{s,treillis} = (b + r) - (2n)}$$

5. RÉSOLUTION DES TREILLIS ISOSTATIQUES

Il existe plusieurs méthodes de résolution des treillis isostatiques, parmi lesquelles :

- la méthode des sections (ou méthode de Ritter (Allemagne, 1779-1859)), dont le principe consiste à isoler des morceaux de structure judicieusement choisis et à écrire leurs équations d'équilibre;
- la méthode graphique de Cremona;
- la méthode générale exprimant l'équilibre de tous les nœuds selon une formulation analytique;
- la méthode des déplacements, uniquement utilisable par ordinateur, et qui est décrite dans le chapitre 14.

➠ **La méthode des sections**

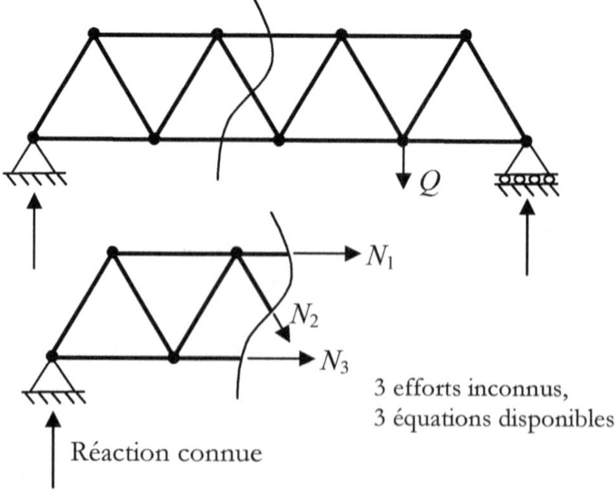

La méthode des sections consiste à effectuer une découpe imaginaire qui sépare la structure en deux parties distinctes, de telle façon que l'une des deux parties au moins soit caractérisée par un maximum de trois efforts inconnus. En d'autres termes, la section ne peut pas couper plus de trois barres. Il suffit alors d'écrire les équations d'équilibre de l'une des deux parties pour déterminer les efforts inconnus. Si la partie de structure dont on effectue l'équilibre contient des appuis, il faudra au préalable avoir calculé les réactions correspondantes.

On peut ensuite répéter cette démarche autant de fois que nécessaire en effectuant d'autres sections.

➠ La méthode graphique de Cremona

Il s'agit ici de tracer le polygone des forces pour chaque nœud, l'un après l'autre. Cette méthode n'est pas applicable *en un nœud* si plus de deux efforts y sont inconnus. Pour plus d'informations sur la méthode de Cremona, on se reportera à l'exemple 1 de ce chapitre (§9) ainsi qu'au chapitre 1 (§8.4).

➠ La méthode générale exprimant l'équilibre de tous les nœuds

Cette méthode n'est pas vraiment intéressante lors d'un calcul manuel car elle nécessite la résolution d'un système dont le nombre d'équations devient vite important (2 équations par nœud). De plus, lors d'un calcul par ordinateur, on lui préférera la méthode des déplacements (voir chapitre 14), nettement plus systématique et applicable également aux treillis hyperstatiques. Cette méthode est donc d'un intérêt limité.

Soit un nœud d'indice i reliant plusieurs barres :

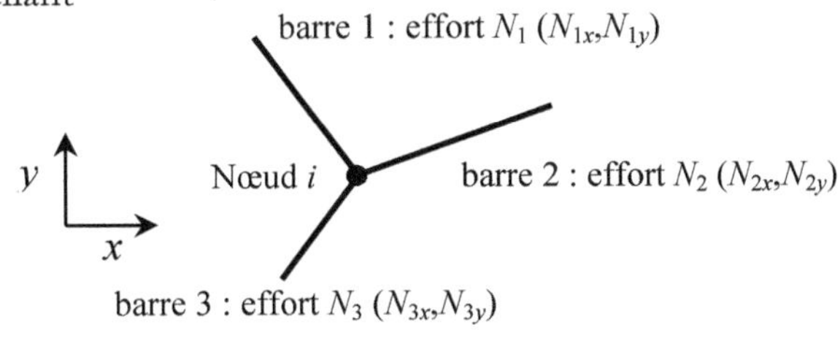

Pour que ce nœud soit à l'équilibre, il faut que :

- la somme des composantes **horizontales** N_{ix} des efforts N_i exercés sur ce nœud soit nulle;
- la somme des composantes **verticales** N_{iy} des efforts N_i exercés sur ce nœud soit nulle.

Si α_{barre} est l'angle que fait une barre concourante au nœud i avec l'horizontale, les deux conditions précédentes s'expriment sous la forme suivante :

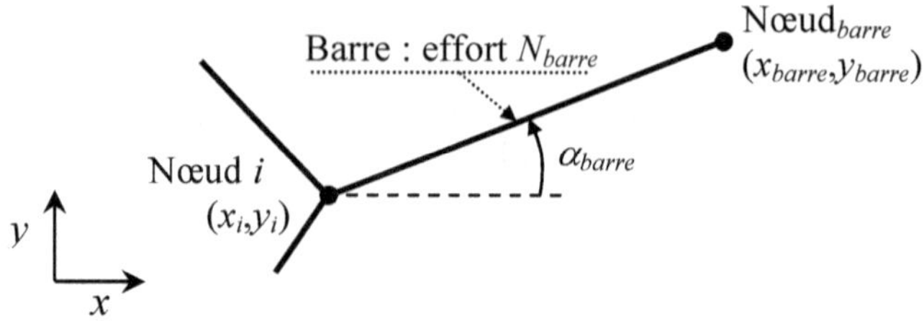

$$\begin{cases} \displaystyle\sum_{\substack{\text{barres}\\ \text{concourantes}\\ \text{au noeud } i}} N_{barre} \cos\alpha_{barre} = 0 \\ \displaystyle\sum_{\substack{\text{barres}\\ \text{concourantes}\\ \text{au noeud } i}} N_{barre} \sin\alpha_{barre} = 0 \end{cases}$$

Si on exprime chaque angle α en fonction des coordonnées (x_i,y_i) du nœud i et (x_{barre},y_{barre}) de l'autre nœud de la barre correspondante et que l'on rajoute les composantes connues (Q_{xi}, Q_{yi}) d'un effort extérieur éventuel exercé au nœud i, les équations ci-dessus deviennent :

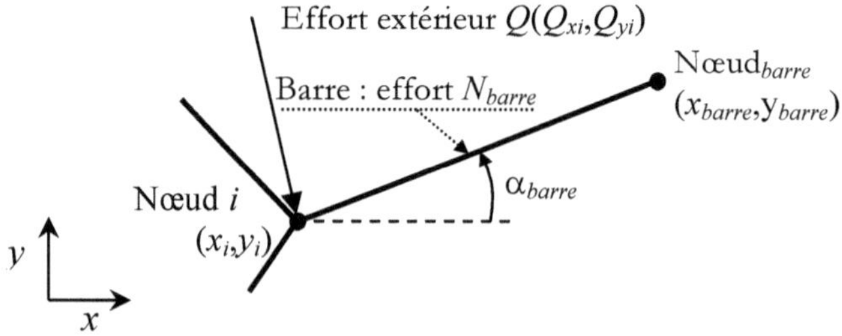

$$\begin{cases} Q_{x,i} + \displaystyle\sum_{\substack{\text{barres}\\ \text{concourantes}\\ \text{au noeud } i}} N_{barre} \frac{x_{barre} - x_i}{L_{barre}} = 0 \\ Q_{y,i} + \displaystyle\sum_{\substack{\text{barres}\\ \text{concourantes}\\ \text{au noeud } i}} N_{barre} \frac{y_{Barre} - y_i}{L_{barre}} = 0 \end{cases}$$

Si on écrit ces 2 équations pour chaque nœud, on obtient un système dont la dimension est égale au double du nombre total de nœuds du treillis. Remarquons que si le nœud correspond à un appui, les équations ci-dessus doivent être complétées par les composantes (R_{xi}, R_{yi}) de la réaction correspondante :

$$\begin{cases} R_{x,i} + Q_{x,i} + \sum\limits_{\substack{\text{barres} \\ \text{concourantes} \\ \text{au noeud } i}} N_{barre} \dfrac{x_{barre} - x_i}{L_{barre}} = 0 \\ R_{y,i} + Q_{y,i} + \sum\limits_{\substack{\text{barres} \\ \text{concourantes} \\ \text{au noeud } i}} N_{barre} \dfrac{y_{barre} - y_i}{L_{barre}} = 0 \end{cases}$$

6. BARRES À EFFORT NUL

Avant toute résolution d'un treillis, il est utile de vérifier si certaines barres correspondent à un effort nul :

- si deux barres concourent en un nœud non chargé, l'effort normal est nul dans ces barres :

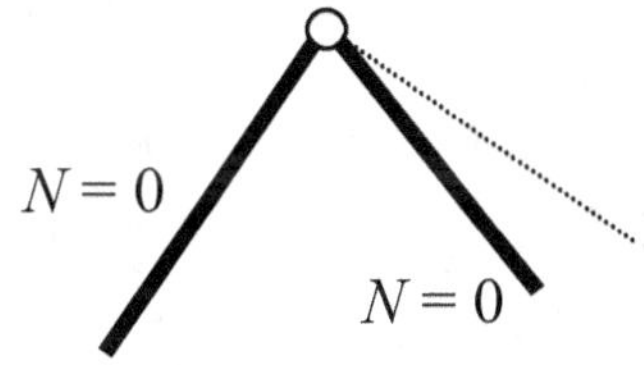

En effet, considérons par exemple la barre de droite et raisonnons par l'absurde en supposant qu'elle est le siège d'un effort normal. Si c'est le cas, cet effort possède une composante perpendiculaire à la barre de gauche (selon la ligne en pointillés). Or, comme le nœud n'est pas chargé, cette composante n'est équilibrée par aucune force. L'effort correspondant est donc forcément nul.

- l'effort relatif à une barre joignant, en un nœud non chargé, deux autres barres alignées, est le siège d'un effort nul. De plus N_a=N_b :

Cette propriété s'explique de la même façon que dans le cas précédent.

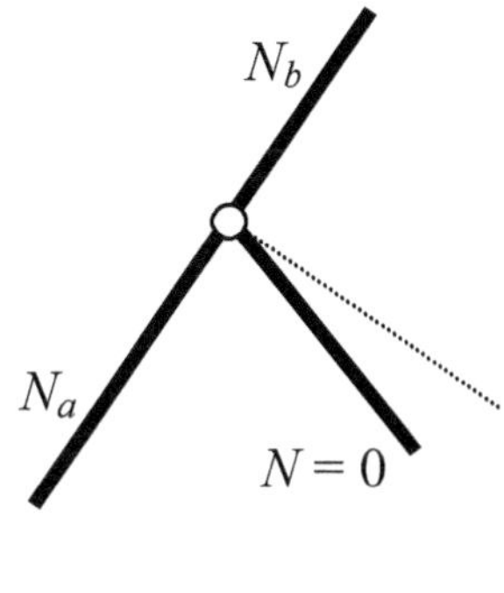

7. RÉSOLUTION DES TREILLIS HYPERSTATIQUES

La résolution d'un treillis hyperstatique se fera sans difficulté particulière par la méthode des forces décrite au chapitre 3. Les coupures s'effectueront sur certaines barres par extériorisation de l'effort normal qui y règne, pris comme inconnue hyperstatique (on coupera un nombre de barres égal au degré d'hyperstaticité). Par ailleurs, le calcul des déplacements $\delta_{ij}, \delta_{i,\sum F}$ selon le théorème de la force unité (chap. 1, §9) sera simplifié comme indiqué au §2 (voir aussi exemples 1 et 2 du §9).

Notons que les treillis hyperstatiques peuvent aussi être résolus par la méthode des déplacements décrite au chapitre 14.

Passerelle composée de deux treillis métalliques tridimensionnels à mailles pyramidales, reliant les quartiers de Lauzelle et de l'Hocaille à Louvain-la-Neuve, Belgique (conception : arch. Le Paige). Les membrures supérieures sont reliées par des éléments secondaires qui supportent le tablier d'une part (la photo a été prise avant la pose de celui-ci) et qui limitent les risques d'instabilité d'ensemble d'autre part. (*Photo de l'auteur)*

8. LE FLAMBEMENT DES TREILLIS

Les treillis, composés d'éléments tendus et comprimés, peuvent faire l'objet de plusieurs types d'instabilité :

- un flambement local des barres comprimées, se produisant selon une longueur de flambement qui est en général égale à la longueur de la barre (parfois moins si les nœuds sont rigides, selon le type d'assemblage et selon que la barre appartienne à une membrure, un montant ou une diagonale : on peut aller jusqu'à un facteur 0,9 ou même 0,8 - consulter les normes en vigueur pour plus d'information à ce sujet).

- un flambement global dans le plan du treillis, à la manière d'une colonne comprimée :

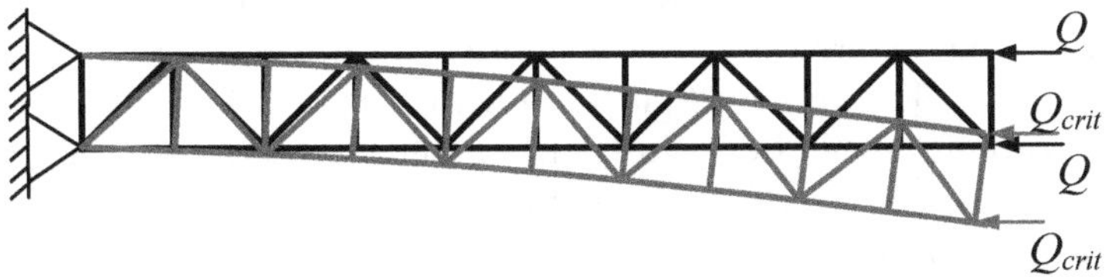

Ce type d'instabilité peut se traiter par certains logiciels via une approche numérique (voir chapitre 1, §14). Cette approche fournira d'une part la forme de flambement global associée à la charge extérieure appliquée et d'autre part le cœfficient critique qui exprime la valeur par laquelle il faut multiplier cette charge pour que ce mode d'instabilité se produise (ce cœfficient est donc égal à Q_{crit}/Q, et doit en principe être supérieur à 1).

- un flambement global transversal, ou déversement, provoqué par une instabilité transversale d'une membrure comprimée impliquant plusieurs barres et entraînant avec elle le reste du treillis. Ce phénomène peut se produire quand la membrure comprimée n'est pas contreventée latéralement. Chaque élément de celle-ci possède alors une longueur de flambement transversale plus grande ou plus petite que sa longueur individuelle. Une approche numérique est rendue possible par certains logiciels qui fournissent la forme de flambement associée à un cœfficient critique c_{crit} (voir chap. 1, §14). Ce cœfficient critique représente la valeur par laquelle il faut multiplier les charges appliquées pour que le flambement se produise. Ainsi, si N_{max} est l'effort dans l'élément de membrure le plus sollicité, l'effort critique de flambement vaut : $c_{crit}*N_{max}$ et on peut retrouver sa longueur de flambement réelle à partir de la loi d'Euler (voir chap. 1, §11) :

$$N_{crit} = \frac{\pi^2 EI_z}{L_f^2} \quad \Rightarrow \quad L_f = \pi\sqrt{\frac{EI_z}{c_{crit} N_{max}}}$$

Il est important de faire remarquer que cette longueur de flambement ne correspond pas nécessairement à la longueur entre deux points d'inflexion que l'on obtiendrait à partir d'une inspection visuelle de la forme de flambement. En effet, l'assimilation de la longueur de flambement à la longueur entre points d'inflexion de la déformée n'est valable que pour une barre sans appuis intermédiaires, alors que dans le cas présent la membrure est assimilable à une poutre sur appuis élastiques.

Notons que, dans de nombreux cas, le flambement global peut être empêché par des dispositifs de construction. C'est le cas lorsque la présence d'une toiture ou d'un tablier stabilise le treillis, ou que des éléments secondaires relient les nœuds de treillis voisins (voir photo en page 198).

Les figures suivantes illustrent le premier mode de flambement global d'une passerelle composée de deux treillis reliés au niveau de la membrure inférieure mais dont les membrures supérieures ne sont pas contreventées. Ce mode de flambement est transversal. Ces treillis à nœuds rigides, d'une portée de 12 [m] et d'une hauteur de 1 [m], comportent 6 mailles et sont soumis en chaque nœud de la membrure inférieure à des efforts de 10 [kN]. Les sections sont toutes carrées creuses (côté 50 [mm], épaisseur 5 [mm]) :

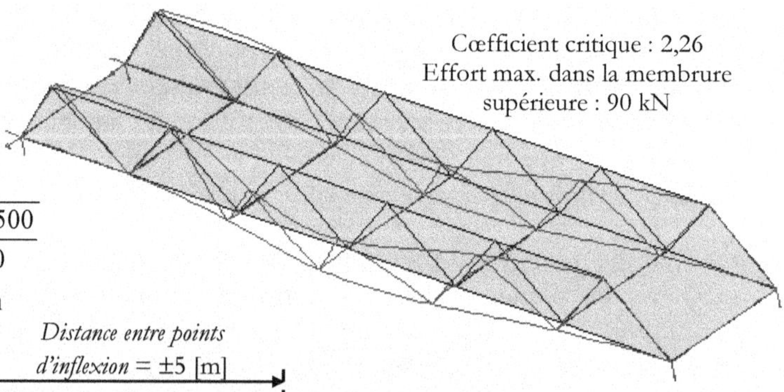

$$L_f = \pi \sqrt{\frac{EI_z}{c_{crit} N_{max}}}$$

$$= \pi \sqrt{\frac{210.000 * 307.500}{2,26 * 90.000}}$$

$$= 1770 \text{ mm} = 1,77 \text{ m}$$

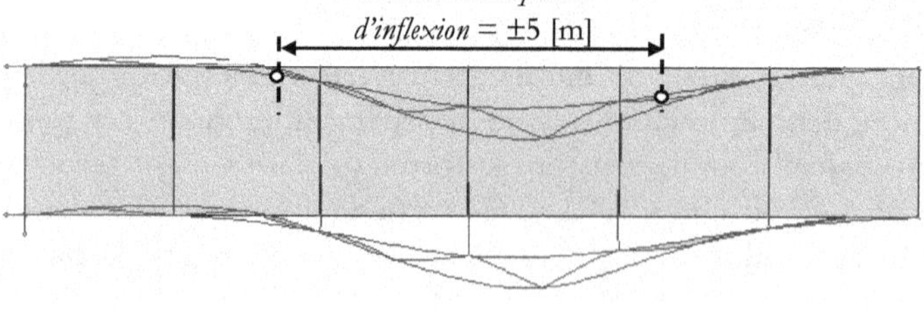

Premier mode de flambement d'une passerelle composée de deux treillis parallèles dont les membrures supérieures ne sont pas contreventées. A vue d'œil, la distance entre deux points d'inflection successifs de la membrure supérieure vaut 5 [m], alors que la longueur de flambement réelle vaut 1,77 m. C'est sur cette valeur de 1,77 m et sur base d'un effort de compression de 90 kN que la membrure devra être vérifiée. Les autres modes de flambement sont en toute rigueur aussi à examiner avec soin. *(Simulation sur le logiciel* ROBOT *Millennium).*

9. EXEMPLES

Exemple 1

Pour le treillis isostatique ci-dessous, on propose :

- de calculer les réactions d'appui;
- de déterminer les efforts dans chacune des barres par les trois méthodes (méthode de Cremona, méthode des sections, méthode générale).
- de calculer l'expression de la flèche verticale au point d'application de Q;

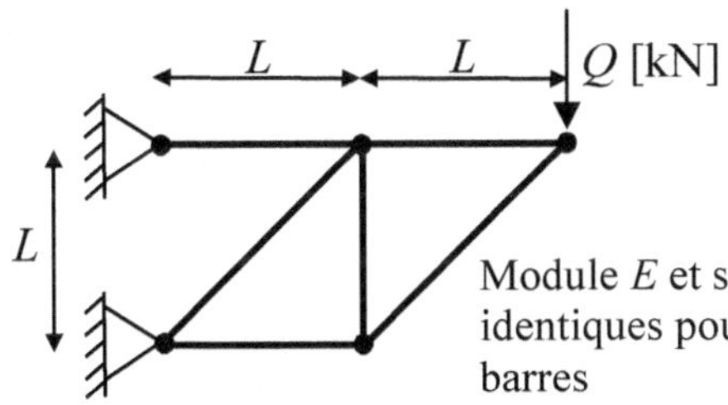

➠ Calcul des réactions d'appui

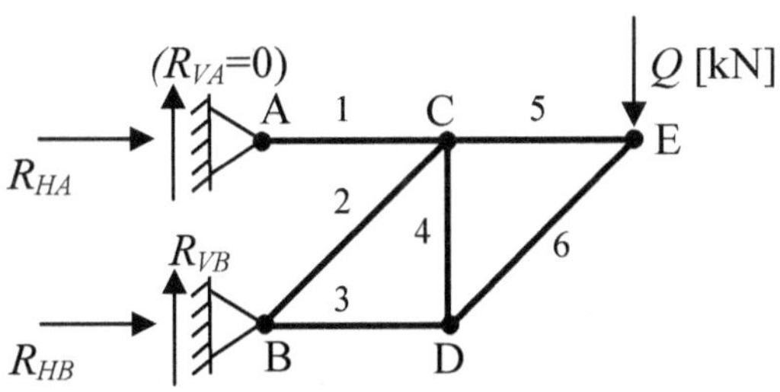

Soit N_1 à N_6 les efforts normaux relatifs aux barres 1 à 6. Remarquons que la réaction R_{VA} est forcément nulle puisqu'elle ne peut être équilibrée par aucun autre effort vertical. En effet, R_{HA} et N_1 agissent uniquement selon un axe horizontal.

- équilibre des efforts verticaux : $R_{VB} = Q$
- équilibre des efforts horizontaux : $R_{HA} + R_{HB} = 0$
- équilibre des moments par rapport au point A : $R_{HB}L - Q*2L = 0$

On obtient : $R_{VB} = Q$, $R_{HB} = 2Q$, $R_{HA} = -2Q$, ($R_{VA} = 0$).

➟ **Calcul des efforts dans les barres par la méthode de Cremona**

nœud E :

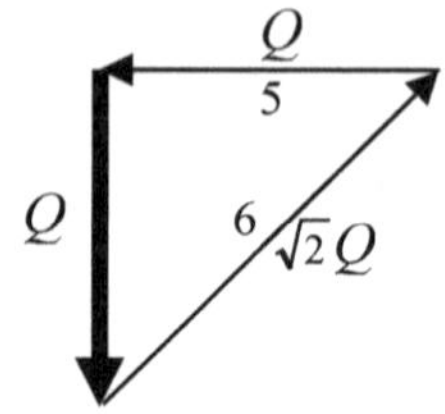

$$\begin{cases} N_5 = Q & \text{(traction)} \\ N_6 = -\sqrt{2}\,Q & \text{(compression)} \end{cases}$$

nœud D (N_6 connu) :

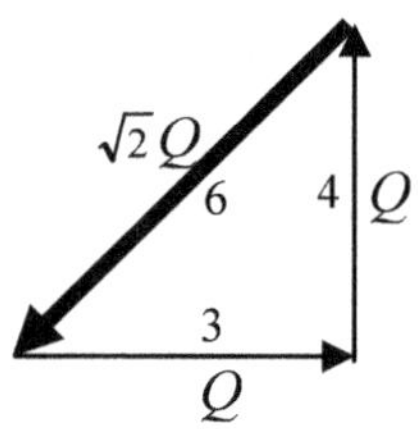

$$\begin{cases} N_3 = -Q & \text{(compression)} \\ N_4 = Q & \text{(traction)} \end{cases}$$

nœud C (N_4 et N_5 connus) :

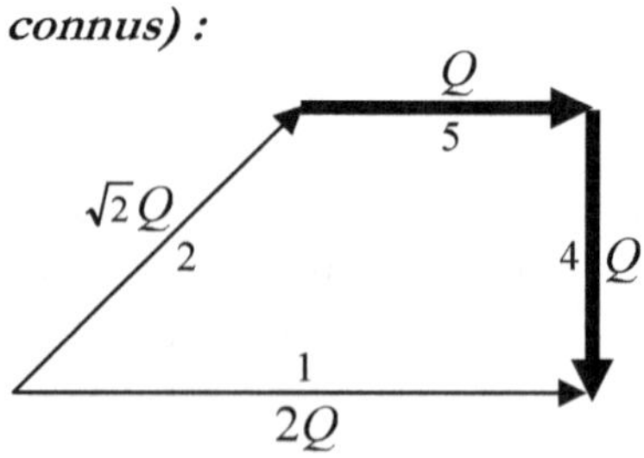

$$\begin{cases} N_1 = 2Q & \text{(traction)} \\ N_2 = -\sqrt{2}\,Q & \text{(compression)} \end{cases}$$

➠ Calcul des efforts dans les barres par la méthode des sections

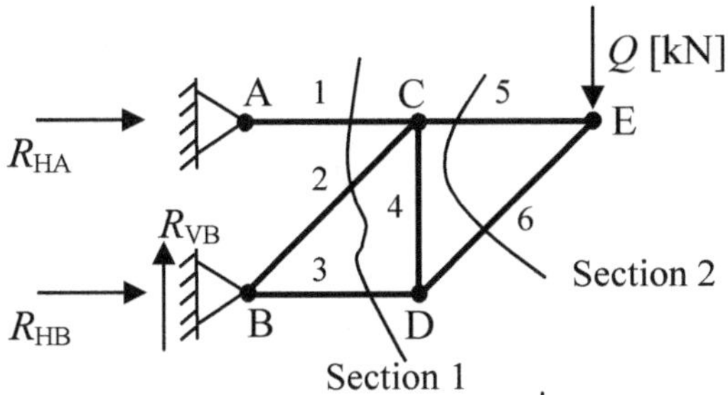

Section 1 :

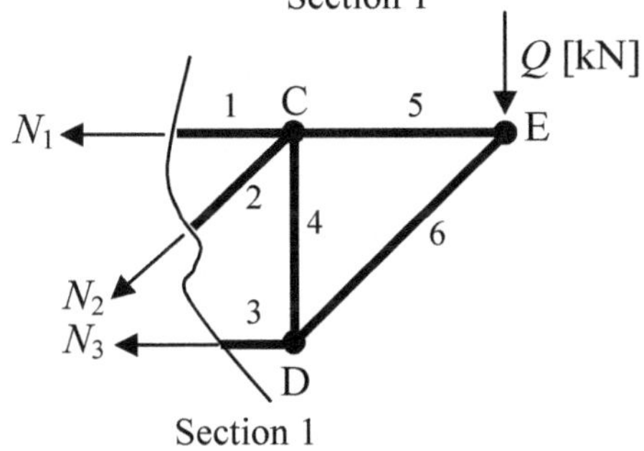

- équilibre des efforts verticaux : $N_2 \cos 45° + Q = 0$
- équilibre des efforts horizontaux : $N_1 + N_2 \cos 45° + N_3 = 0$
- équilibre des couples autour du point C : $N_3 L + QL = 0$

Sachant que $\cos 45° = 1/\sqrt{2}$, on obtient : $\begin{cases} N_1 = 2Q & \text{(traction)} \\ N_2 = -\sqrt{2}\,Q & \text{(compression)} \\ N_3 = -Q & \text{(compression)} \end{cases}$

Section 2 :

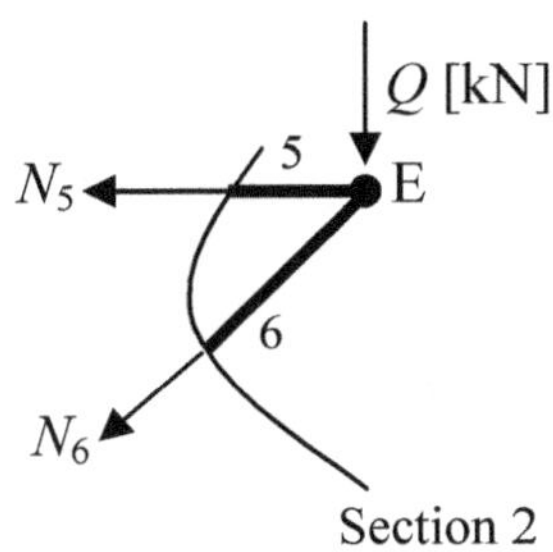

- équilibre des efforts verticaux :
  $N_6 \cos 45° + Q = 0$
- équilibre des efforts horizontaux :
  $N_5 + N_6 \cos 45° = 0$

On obtient : $N_5 = Q$ (traction) $N_6 = -\sqrt{2}\,Q$ (compression)

Le calcul de N_4 est immédiat si on effectue une section dans les barres 3, 4 et 5 : on obtient directement N_4 = charge extérieure Q (traction).

➠ Calcul des efforts dans les barres par la méthode générale

Il faut considérer chaque nœud et écrire les équations d'équilibre qui lui sont relatives :

$$\begin{cases} R_{x,i} + Q_{x,i} + \sum\limits_{\substack{\text{barres}\\ \text{concourantes}\\ \text{au noeud } i}} N_{barre} \dfrac{x_{barre} - x_i}{L_{barre}} = 0 \\ R_{y,i} + Q_{y,i} + \sum\limits_{\substack{\text{barres}\\ \text{concourantes}\\ \text{au noeud } i}} N_{barre} \dfrac{y_{barre} - y_i}{L_{barre}} = 0 \end{cases}$$

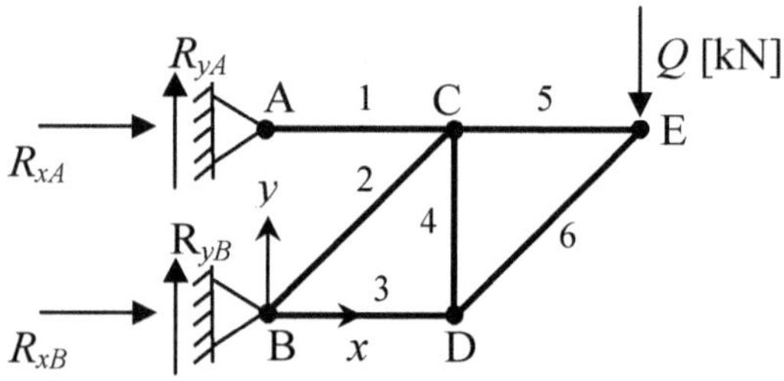

Nœud A :

- coordonnées du nœud A : $(0,L)$
- barre concourante en A : **Barre 1** : nœud opposé (L,L), longueur L
- effort extérieur appliqué : aucun
- présence d'un appui (R_{xA},R_{yA})

$$\begin{cases} R_{xA} + 0 + N_1\left(\dfrac{L-0}{L}\right) = 0 \\ R_{yA} + 0 + N_1\left(\dfrac{L-L}{L}\right) = 0 \end{cases} \Rightarrow \quad \begin{matrix} R_{xA} + N_1 = 0 \\ R_{yA} = 0 \end{matrix}$$

Nœud B :

- coordonnées du nœud B : $(0,0)$
- barres concourantes en B : **Barre 2** : nœud opposé (L,L), longueur $\sqrt{2}L$
  Barre 3 : nœud opposé $(L,0)$, longueur L
- effort extérieur appliqué : aucun
- présence d'un appui (R_{xB},R_{yB})

$$\begin{cases} R_{xB} + 0 + N_2\left(\dfrac{L-0}{\sqrt{2}\,L}\right) + N_3\left(\dfrac{L-0}{L}\right) = 0 \\ R_{yB} + 0 + N_2\left(\dfrac{L-0}{\sqrt{2}\,L}\right) + N_3\left(\dfrac{0-0}{L}\right) = 0 \end{cases} \Rightarrow \begin{array}{l} R_{xB} + \dfrac{N_2}{\sqrt{2}} + N_3 = 0 \\ R_{yB} + \dfrac{N_2}{\sqrt{2}} = 0 \end{array}$$

Nœud C :

- coordonnées du nœud C : (L,L)
- barres concourantes en C : **Barre 1** : nœud opposé $(0,L)$, longueur L
  Barre 2 : nœud opposé $(0,0)$, longueur $\sqrt{2}L$
  Barre 4 : nœud opposé $(L,0)$, longueur L
  Barre 5 : nœud opposé $(2L,L)$, longueur L
- effort extérieur appliqué : aucun
- pas d'appui

$$\begin{cases} 0 + 0 + N_1\left(\dfrac{0-L}{L}\right) + N_2\left(\dfrac{0-L}{\sqrt{2}\,L}\right) + N_4\left(\dfrac{L-L}{L}\right) + N_5\left(\dfrac{2L-L}{L}\right) = 0 \\ 0 + 0 + N_1\left(\dfrac{L-L}{L}\right) + N_2\left(\dfrac{0-L}{\sqrt{2}\,L}\right) + N_4\left(\dfrac{0-L}{L}\right) + N_5\left(\dfrac{L-L}{L}\right) = 0 \end{cases}$$

$$\Rightarrow \begin{array}{l} -N_1 - \dfrac{N_2}{\sqrt{2}} + N_5 = 0 \\ -\dfrac{N_2}{\sqrt{2}} - N_4 = 0 \end{array}$$

Nœud D :

- coordonnées du nœud D : $(L,0)$
- barres concourantes en D : **Barre 3** : nœud opposé $(0,0)$, longueur L
  Barre 4 : nœud opposé (L,L), longueur L
  Barre 6 : nœud opposé $(2L,L)$, longueur $\sqrt{2}L$
- effort extérieur appliqué : aucun
- pas d'appui

$$\begin{cases} 0 + 0 + N_3\left(\dfrac{0-L}{L}\right) + N_4\left(\dfrac{L-L}{L}\right) + N_6\left(\dfrac{2L-L}{\sqrt{2}\,L}\right) = 0 \\ 0 + 0 + N_3\left(\dfrac{0-0}{L}\right) + N_4\left(\dfrac{L-0}{L}\right) + N_6\left(\dfrac{L-0}{\sqrt{2}\,L}\right) = 0 \end{cases} \Rightarrow \begin{array}{l} -N_3 + \dfrac{N_6}{\sqrt{2}} = 0 \\ N_4 + \dfrac{N_6}{\sqrt{2}} = 0 \end{array}$$

Nœud E :

- coordonnées du nœud E : $(2L,L)$
- barres concourantes en E : **Barre 5** : nœud opposé (L,L), longueur L
  Barre 6 : nœud opposé $(L,0)$, longueur $\sqrt{2}L$
- effort extérieur appliqué : $(Q_x,Q_y) = (0,-Q)$
- pas d'appui

$$\begin{cases} 0 + 0 + N_5\left(\dfrac{L-2L}{L}\right) + N_6\left(\dfrac{L-2L}{\sqrt{2}\,L}\right) = 0 \\ 0 - Q + N_5\left(\dfrac{L-L}{L}\right) + N_6\left(\dfrac{0-L}{\sqrt{2}\,L}\right) = 0 \end{cases} \Rightarrow \begin{matrix} -N_5 - \dfrac{N_6}{\sqrt{2}} = 0 \\ Q + \dfrac{N_6}{\sqrt{2}} = 0 \end{matrix}$$

Finalement, on obtient un système de dix équations dans lequel les dix inconnues sont N_1 à N_6 et R_{xA}, R_{yA}, R_{xB}, R_{yB} :

$$\begin{matrix} R_{xA} + N_1 = 0 & & \\ & -N_1 - \dfrac{N_2}{\sqrt{2}} + N_5 = 0 & N_4 + \dfrac{N_6}{\sqrt{2}} = 0 \\ R_{yA} = 0 & & \\ R_{xB} + \dfrac{N_2}{\sqrt{2}} + N_3 = 0 & -\dfrac{N_2}{\sqrt{2}} - N_4 = 0 & -N_5 - \dfrac{N_6}{\sqrt{2}} = 0 \\ R_{yB} + \dfrac{N_2}{\sqrt{2}} = 0 & -N_3 + \dfrac{N_6}{\sqrt{2}} = 0 & Q + \dfrac{N_6}{\sqrt{2}} = 0 \end{matrix}$$

Ces dix équations peuvent être exprimées sous forme matricielle :

$$\begin{pmatrix} 1 & 0 & 0 & 0 & 0 & 0 & 1 & 0 & 0 & 0 \\ 0 & 0 & 0 & 0 & 0 & 0 & 0 & 1 & 0 & 0 \\ 0 & 1/\sqrt{2} & 1 & 0 & 0 & 0 & 0 & 0 & 1 & 0 \\ 0 & 1/\sqrt{2} & 0 & 0 & 0 & 0 & 0 & 0 & 0 & 1 \\ -1 & -1/\sqrt{2} & 0 & 0 & 1 & 0 & 0 & 0 & 0 & 0 \\ 0 & -1/\sqrt{2} & 0 & -1 & 0 & 0 & 0 & 0 & 0 & 0 \\ 0 & 0 & -1 & 0 & 0 & 1/\sqrt{2} & 0 & 0 & 0 & 0 \\ 0 & 0 & 0 & 1 & 0 & 1/\sqrt{2} & 0 & 0 & 0 & 0 \\ 0 & 0 & 0 & 0 & -1 & -1/\sqrt{2} & 0 & 0 & 0 & 0 \\ 0 & 0 & 0 & 0 & 0 & 1/\sqrt{2} & 0 & 0 & 0 & 0 \end{pmatrix} \begin{pmatrix} N_1 \\ N_2 \\ N_3 \\ N_4 \\ N_5 \\ N_6 \\ R_{xA} \\ R_{yA} \\ R_{xB} \\ R_{yB} \end{pmatrix} + \begin{pmatrix} 0 \\ 0 \\ 0 \\ 0 \\ 0 \\ 0 \\ 0 \\ 0 \\ 0 \\ Q \end{pmatrix} = \begin{pmatrix} 0 \\ 0 \\ 0 \\ 0 \\ 0 \\ 0 \\ 0 \\ 0 \\ 0 \\ Q \end{pmatrix}$$

La résolution de ce système fournit les solutions suivantes :

$$\begin{cases} N_1 = 2Q \\ N_2 = -\sqrt{2}\,Q \\ N_3 = -\,Q \\ N_4 = Q \\ N_5 = Q \\ N_6 = -\sqrt{2}\,Q \end{cases} \quad \text{et} \quad \begin{cases} R_{xA} = -\,2Q \\ R_{yA} = 0 \\ R_{xB} = 2Q \\ R_{yB} = Q \end{cases}$$

➠ **Calcul de la flèche en E**

Puisqu'on recherche précisément le déplacement au point d'application E de la charge Q, le théorème de la force unité (chap. 1, §9) peut s'utiliser en considérant la structure soumise à un effort de 1 [kN] à la place de l'effort Q et on a :

$$\delta_E = \sum_{i=1}^{Nbre\ de\ barres} \frac{N_i n_i}{E_i A_i} L_i = \sum_{i=1}^{Nbre\ de\ barres} \frac{N_i\left(\dfrac{N_i}{Q}\right)}{E_i A_i} L_i$$

On obtient :

$$\delta_E = \frac{1}{EA}\begin{pmatrix} 2Q*2L + \sqrt{2}Q*\sqrt{2}*\sqrt{2}L + Q*1*L \\ + Q*1*L + Q*1*L + \sqrt{2}Q*\sqrt{2}*\sqrt{2}L \end{pmatrix} = 12{,}657\frac{QL}{EA}$$

Les figures ci-dessous montrent les résultats obtenus à l'aide du logiciel ISSD pour les données suivantes : L = 2 [m], Q = 20 [kN], sections tubulaires identiques (diamètre 50 [mm], épaisseur 5 [mm] : aire 706,86 [mm²]), E = 210.000 [MPa] :

Déformée (et déplacement en E) avec nœuds rigides :

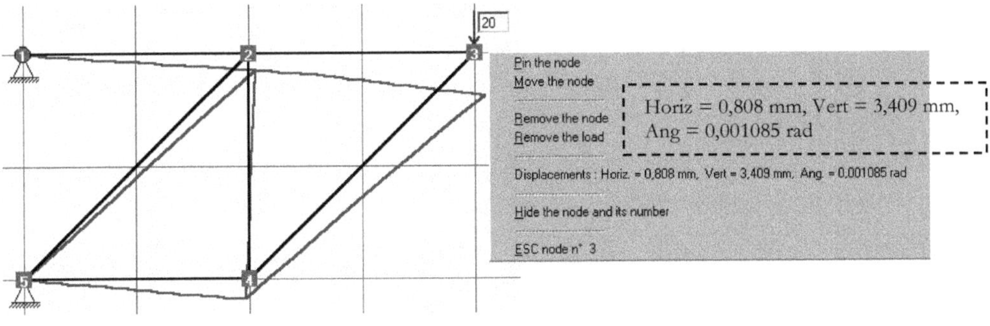

Déformée (et déplacement en E) avec nœuds articulés :

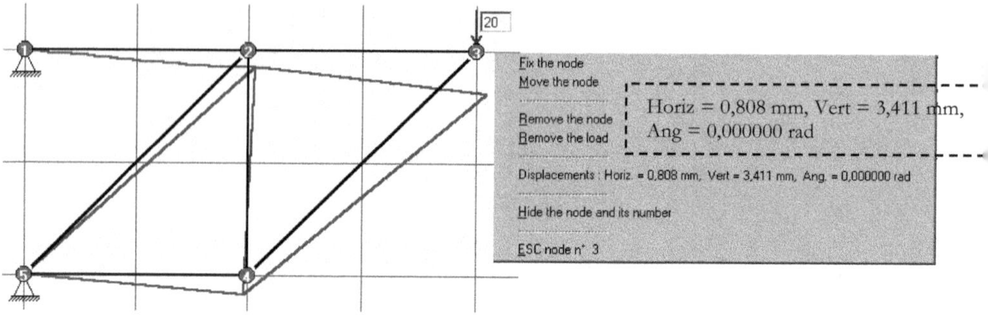

Déformée et valeur des efforts normaux avec nœuds articulés :

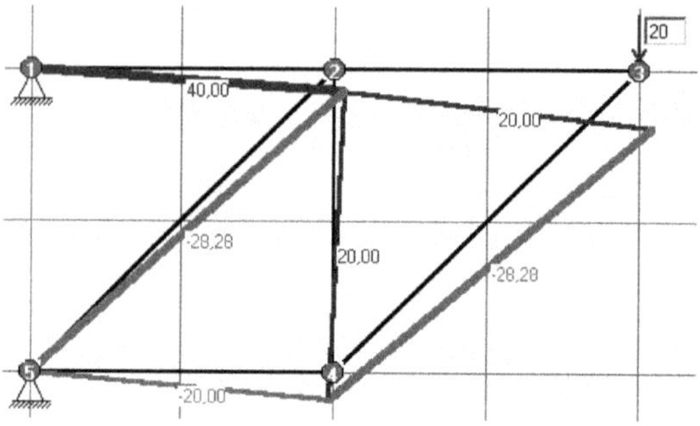

Exemple 2

Pour le treillis hyperstatique suivant, on propose :

- de déterminer le degré d'hyperstaticité;
- de déterminer les efforts dans toutes les barres;
- de calculer l'expression de la flèche verticale en *F*.

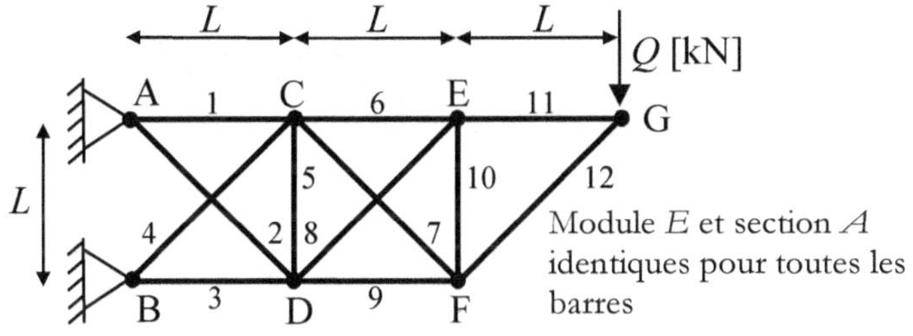

➟ Détermination du degré d'hyperstaticité

$$I_s = (b+r) - (2n) = 12 + 4 - 14 = 2$$

➟ Levée d'hyperstaticité

Le degré d'hyperstaticité valant 2, on peut choisir la structure isostatique de référence en extériorisant deux efforts, et donc en coupant deux barres. On veillera à ne pas créer une structure isostatique de type mécanisme, comme c'est le cas si on effectue une coupure dans les barres 2 et 4 :

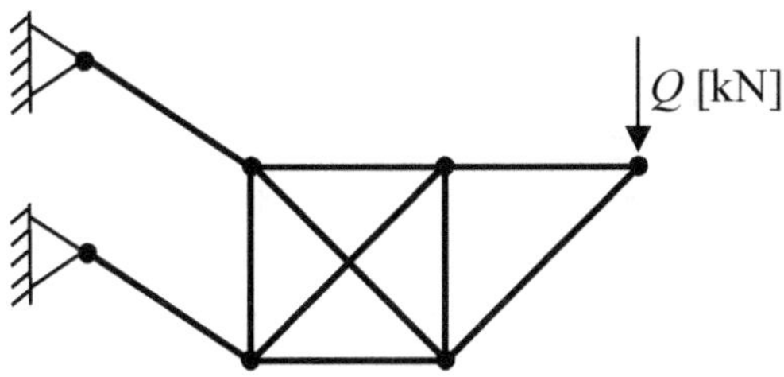

Le choix des barres 2 et 7 semble plus judicieux. N_2 et N_7 étant les efforts correspondants, le treillis hyperstatique de base peut se décomposer en une superposition des trois structures isostatiques suivantes :

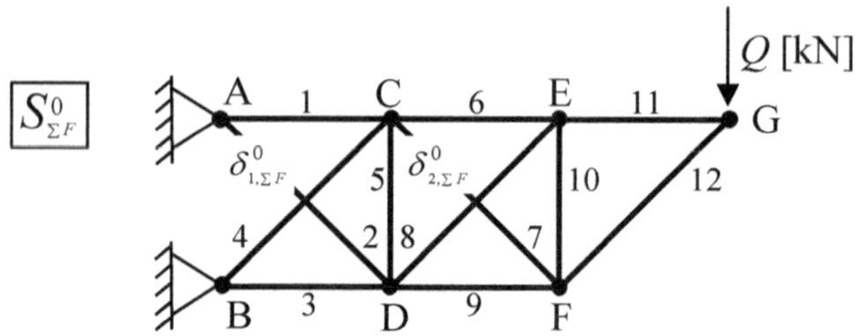

\+ N_2*

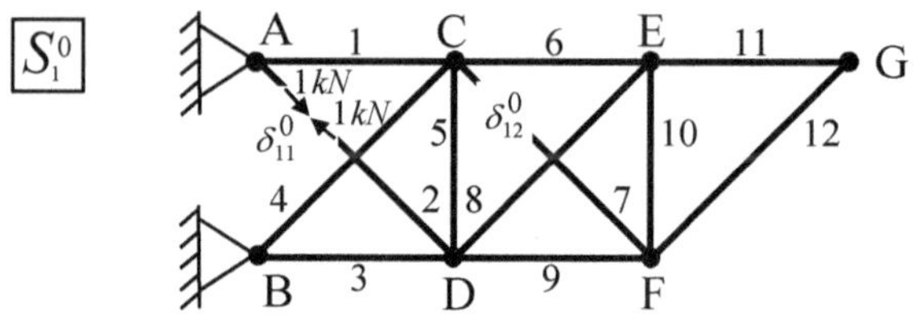

\+ N_7*

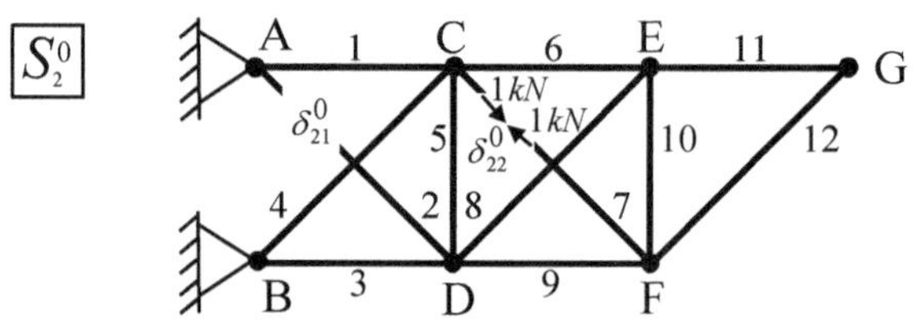

➟ Résolution des structures isostatiques

Le calcul pourra se faire par une méthode quelconque, par exemple par la méthode des sections. Le tableau ci-dessous reprend la valeur des efforts normaux dans les barres pour chacune des structures isostatiques.

N° de la barre	Longueur de la barre	Effort normal $N^0_{\Sigma F}$	Effort normal n^0_1	Effort normal n^0_2
1	L	$3Q$	$-1/\sqrt{2}$	0
2	$\sqrt{2}L$	0	1	0
3	L	$-2Q$	$-1/\sqrt{2}$	0
4	$\sqrt{2}L$	$-\sqrt{2}Q$	1	0
5	L	Q	$-1/\sqrt{2}$	$-1/\sqrt{2}$
6	L	$2Q$	0	$-1/\sqrt{2}$
7	$\sqrt{2}L$	0	0	1
8	$\sqrt{2}L$	$-\sqrt{2}Q$	0	1
9	L	$-Q$	0	$-1/\sqrt{2}$
10	L	Q	0	$-1/\sqrt{2}$
11	L	Q	0	0
12	$\sqrt{2}L$	$-\sqrt{2}Q$	0	0

➟ Calcul des déplacements

$$\delta^0_{1,\Sigma F} = \sum_{i=1}^{12}\left(\frac{N^0_{\Sigma F,i}\, n^0_{1,i}}{EA}L_i\right) = -\left(2+\sqrt{2}\right)\frac{QL}{EA}$$

$$\delta^0_{2,\Sigma F} = \sum_{i=1}^{12}\left(\frac{N^0_{\Sigma F,i}\, n^0_{2,i}}{EA}L_i\right) = -\left(2+\sqrt{2}+1/\sqrt{2}\right)\frac{QL}{EA}$$

$$\delta^0_{11} = \sum_{i=1}^{12}\left(\frac{\left(n^0_{1,i}\right)^2}{EA}L_i\right) = \left(3/2+2\sqrt{2}\right)\frac{L}{EA}$$

$$\delta^0_{22} = \sum_{i=1}^{12}\left(\frac{\left(n^0_{2,i}\right)^2}{EA}L_i\right) = 2\left(1+\sqrt{2}\right)\frac{L}{EA}$$

$$\delta^0_{12} = \sum_{i=1}^{12}\left(\frac{n^0_{1,i}\, n^0_{2,i}}{EA}L_i\right) = \frac{1}{2}\frac{L}{EA}$$

$$\delta^0_{21} = \delta^0_{12}$$

➟ Résolution du système d'inconnues

$$\begin{pmatrix}\delta^0_{11} & \delta^0_{12}\\ \delta^0_{21} & \delta^0_{22}\end{pmatrix}\begin{pmatrix}N_2\\ N_7\end{pmatrix} + \begin{pmatrix}\delta^0_{1,\Sigma F}\\ \delta^0_{2,\Sigma F}\end{pmatrix} = \begin{pmatrix}0\\ 0\end{pmatrix} \Rightarrow \boxed{\begin{array}{l} N_2 = 0{,}6985Q\\ N_7 = 0{,}7812Q\end{array}}$$

➟ Calcul des efforts dans les barres de la structure hyperstatique

N_2 et N_7 étant connus, il suffit d'additionner les efforts relatifs à chacune des structures isostatiques en tenant compte des signes (convention $N>0$ en traction) et en introduisant la pondération par N_2 et N_7 :

N° de la barre	Effort normal $N^0_{\Sigma F}$	Effort normal n^0_1	Effort normal n^0_2	Effort normal total $N^0_{\Sigma F} + N_2\, n^0_1 + N_7\, n^0_2$
1	$3Q$	$-1/\sqrt{2}$	0	$2{,}5061Q$
2	0	1	0	$0{,}6985Q$
3	$-2Q$	$-1/\sqrt{2}$	0	$-2{,}4939Q$
4	$-\sqrt{2}Q$	1	0	$-0{,}7157Q$
5	Q	$-1/\sqrt{2}$	$-1/\sqrt{2}$	$-0{,}0465Q$
6	$2Q$	0	$-1/\sqrt{2}$	$1{,}4476Q$
7	0	0	1	$0{,}7812Q$
8	$-\sqrt{2}Q$	0	1	$-0{,}6330Q$
9	$-Q$	0	$-1/\sqrt{2}$	$-1{,}5524Q$
10	Q	0	$-1/\sqrt{2}$	$0{,}4476Q$
11	Q	0	0	Q
12	$-\sqrt{2}Q$	0	0	$-1{,}4142Q$

➟ Calcul de la flèche verticale au nœud F

Le théorème de Pasternak (chap.3, §6) permet d'appliquer le théorème de la force unité (chap.1, §9) en considérant n'importe quelle structure isostatique soumise à effort unitaire. Ainsi, le choix ci-dessous est particulièrement intéressant car il ne nécessite le calcul que de 4 efforts puisque N_5 est nul à priori (voir §6) et que $N_3=N_9$:

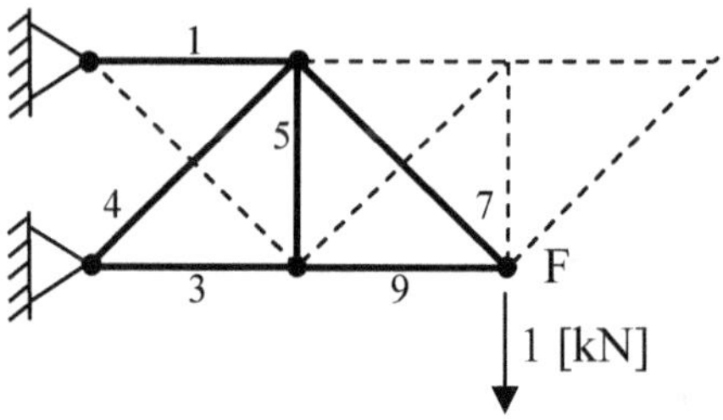

La résolution de ce treillis ne soulève pas de problème particulier. On obtient :

n_1 = 2 [kN]; n_2 = 0 [kN]; n_3 = −1 [kN]; n_4 = −1,414 [kN]; n_5 = 0 [kN]; n_6 = 0 [kN]; n_7 = 1,414 [kN]; n_8 = 0 [kN]; n_9 = −1 [kN]; $n_{10} = n_{11} = n_{12} = 0$;

N° de la barre	Longueur de la barre L_i	Effort normal dans la structure hyperstatique de base $N^{(2)}_{\Sigma F}$	Effort normal dans la structure soumise à effort unitaire n^0_1	$N^{(2)}_{\Sigma F} n^0_1 L_i$
1	L	2,5061Q	2	5,0122QL
2	$\sqrt{2}L$	0,6985Q	0	0
3	L	−2,4939Q	−1	2,4939QL
4	$\sqrt{2}L$	−0,7157Q	−1,4142	1,4314QL
5	L	−0,0464Q	0	0
6	L	1,4476Q	0	0
7	$\sqrt{2}L$	0,7812Q	1,4142	1,5624QL
8	$\sqrt{2}L$	−0,6330Q	0	0
9	L	−1,5524Q	−1	1,5524QL
10	L	0,4476Q	0	0
11	L	Q	0	0
12	$\sqrt{2}L$	−1,4142Q	0	0

La somme des termes de la dernière colonne vaut 12,0523QL et la flèche en F vaut donc : $\delta_F = 12{,}0523\, QL/EA$

La figure ci-dessous indique la déformée, la valeur des efforts normaux, ainsi que la flèche verticale en F, obtenus à partir du logiciel ISSD, avec les données suivantes : $L = 2$ [m], $Q = 50$ [kN], sections tubulaires (diamètre 50 [mm], épaisseur 5 [mm] : aire 706,86 [mm²]), $E = 210.000$ [MPa].

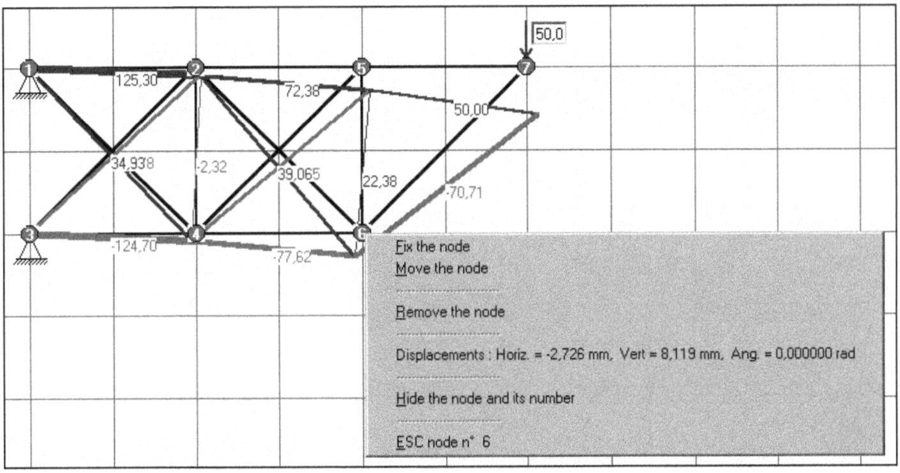

Passerelle composée de deux treillis métalliques parallèles sur le Rhône en France : les nœuds sont rigides et très ramassés. (*Photo de l'auteur*)

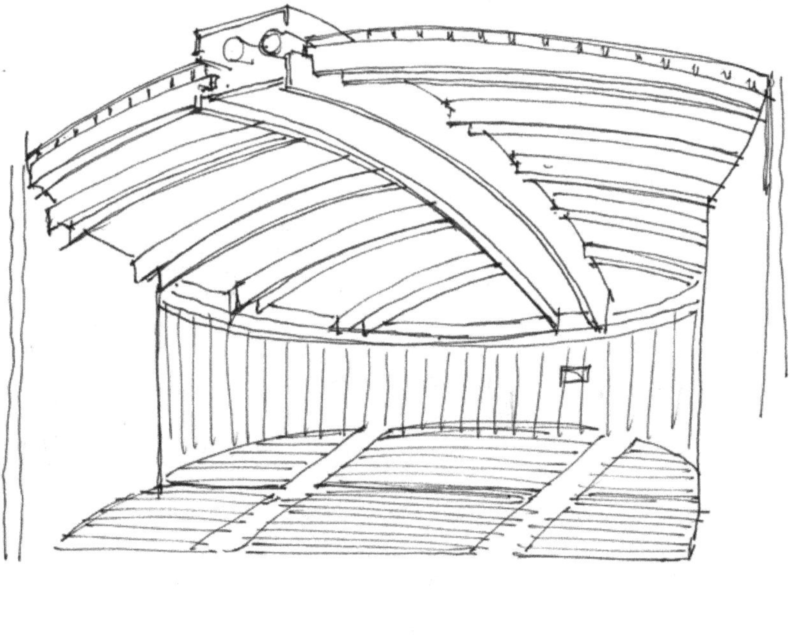

Chapitre 9

Les éléments à faible courbure

Illustration au recto :

Charpentes en bois lamellé-collé.
Auditoires Socrate de l'Université catholique de Louvain, Louvain-la-Neuve, Belgique.
Bureau d'architecture E. Verhaegen, Bruxelles. Bureau d'études Greisch, Liège.
Mise en service en 1996.

Quelques intégrales utiles :

Bien que la plupart des machines à calculer actuelles soient capables de résoudre les intégrales définies que l'on trouve dans ce chapitre, les intégrales indéfinies suivantes peuvent être utiles :

$$\int \sin ax \; dx = -\frac{1}{a}\cos ax$$

$$\int \sin^2 ax \; dx = \frac{x}{2} - \frac{1}{4a}\sin 2ax$$

$$\int \sin^3 ax \; dx = -\frac{1}{a}\cos ax + \frac{1}{3a}\cos^3 ax$$

$$\int \cos ax \; dx = \frac{1}{a}\sin ax$$

$$\int \cos^2 ax \; dx = \frac{x}{2} + \frac{1}{4a}\sin 2ax$$

$$\int \cos^3 ax \; dx = \frac{1}{a}\sin ax - \frac{1}{3a}\sin^3 ax$$

$$\int \cos ax \sin ax \; dx = \frac{\sin^2 ax}{2a}$$

1. LA FAIBLE COURBURE

On considère dans ce chapitre les éléments dont la fibre moyenne est une courbe située dans un plan. En un point de cette fibre, soit R le rayon de courbure et *h* la dimension de la section dans le plan. Par *faible courbure*, on entend un rapport h/R inférieur ou égal à 1/10 :

Faible courbure : $h/R \leq 1/10$

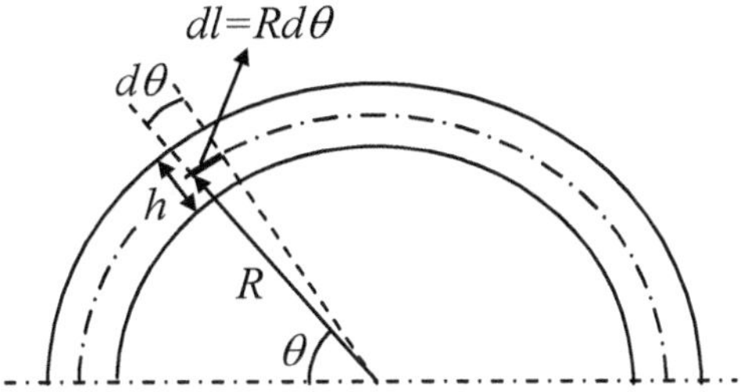

Le rayon de courbure R doit donc valoir au moins 10 fois la dimension associée *h* de la section droite ($R/h \geq 10$) pour que les considérations qui suivent soient applicables. On sait que les contraintes et les déplacements ainsi calculés sont entachés de quelques pourcents d'erreurs pour $R/h=10$ et bien davantage si R/h diminue fortement (voir chapitre 10). Selon la valeur de R/h et la précision désirée, on pourra utiliser une théorie plus raffinée, adaptée aux éléments à forte courbure et décrite dans le chapitre 10 : la théorie de Winkler.

Pour les éléments à faible courbure, on peut considérer que :

- la méthode des forces (voir chapitre 3) peut être employée sans aucune modification car les déplacements se calculent de la même manière que pour les éléments droits :

$$\delta = \int \frac{Mm}{EI} dl \left(+ \int \frac{Nn}{EA} dl + \int \frac{Vv}{GA_v} dl \right)$$

  Lorsque l'intégration porte sur un angle θ, il faut toutefois remplacer l'élément de longueur dl par son équivalent $Rd\theta$ exprimé en coordonnées polaires (voir ci-dessus et exemple 1 du §4);

- les contraintes dans une section peuvent être calculées par la relation propre aux éléments droits :

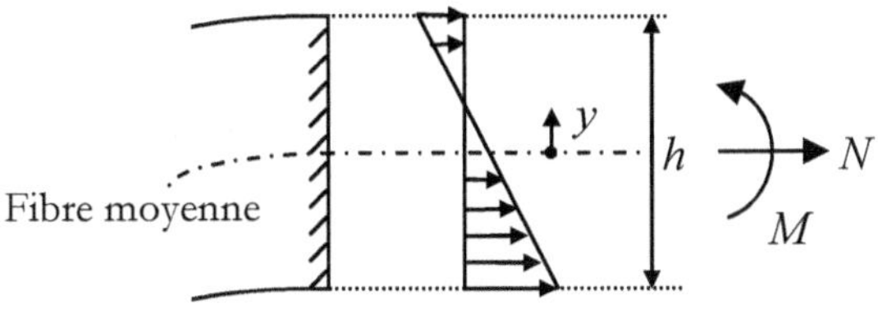

$$\sigma(y) = \frac{N}{A} - \frac{My}{I}$$

- la fibre moyenne reste confondue avec la fibre neutre lors d'une flexion simple, comme c'est le cas pour les éléments droits.

- l'effort tranchant $V(\theta)$ est toujours, mais cette fois au facteur R près, la dérivée du moment fléchissant $M(\theta)$. $$V = \frac{1}{R}\frac{dM}{d\theta}$$

2. LES FORMULES DE NAVIER-BRESSE

Les formules de Navier-Bresse **sont uniquement applicables aux éléments à faible courbure**. Elles expriment les déplacements relatifs (horizontal, vertical, angulaire) de deux sections A et B d'un élément courbe faisant partie intégrante d'une structure quelconque :

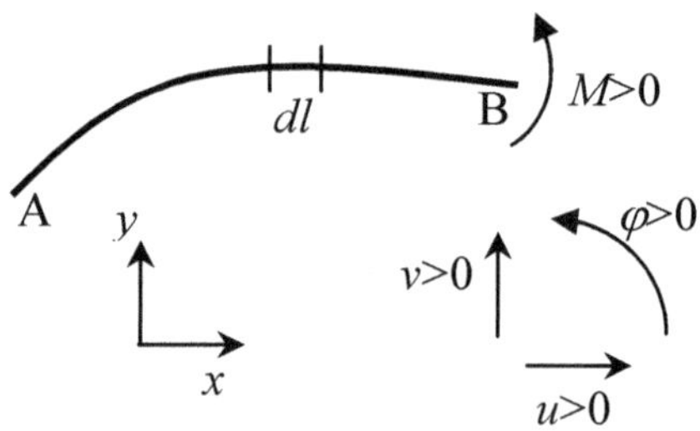

$$\begin{cases} u_B - u_A = -\varphi_A(y_B - y_A) - \int_A^B \frac{M}{EI}(y_B - y)dl \\ v_B - v_A = \varphi_A(x_B - x_A) + \int_A^B \frac{M}{EI}(x_B - x)dl \\ \varphi_B - \varphi_A = \int_A^B \frac{M}{EI}dl \end{cases}$$

Dans ces équations, M représente le moment fléchissant en chaque point (x,y) du tronçon AB. Remarquons que ces équations devraient en toute rigueur contenir les termes relatifs à l'effort normal et à l'effort tranchant (termes en $1/EA$ et $1/GA_v$).

Quelle est l'utilité des formules de Navier-Bresse ?

- le moment hyperstatique M étant connu en toute section de l'élément courbe, elles permettent de calculer des déplacements relatifs entre deux sections de l'élément. Il s'agit d'une méthode alternative au théorème de la force unité (voir chapitre 1, §9).

- si on parvient à exprimer M en fonction d'une ou de plusieurs inconnues hyperstatiques (réaction d'appui ou effort quelconque), et que certains déplacements ($u_A,u_B,v_A,v_B,\varphi_A,\varphi_B$) sont nuls a priori, les trois formules de Navier-Bresse constituent un système qui peut être résolu si le nombre total d'inconnues (déplacements $u_A,u_B,v_A,v_B,\varphi_A,\varphi_B$ + efforts inconnus) n'est pas supérieur à trois. On verra que cette méthode détournée pour résoudre une structure hyperstatique n'est pas particulièrement plus rapide que la méthode des forces. Elle sera néanmoins fort utile pour le calcul des arcs non funiculaires bi encastrés (voir chapitre 12).

3. LE FLAMBEMENT DES ÉLÉMENTS À FAIBLE COURBURE

Le flambement des éléments courbes n'est pas un sujet vraiment nouveau, mais la littérature et les recherches antérieures se contentent souvent de décrire quelques cas simplifiés, comme par exemple ceux qui caractérisent les arcs funiculaires paraboliques (voir chapitre 11) ou les arcs circulaires soumis à des charges de type hydrostatique, donc également funiculaires (voir §4, exemple 4 de ce chapitre).

Lorsqu'on s'intéresse au flambement d'éléments courbes de géométrie quelconque soumis à tous les types d'efforts, il est surprenant de constater que peu d'auteurs se sont penchés sur le sujet jusqu'à ce jour, à un point tel que des codes de calcul comme l'eurocode 3 n'en font mention que depuis très peu de temps et de manière relativement laconique. A en juger par le grand nombre de structures composées d'éléments courbes qui existent de par le monde, cela a de quoi surprendre.

En réalité, le calcul au flambement des structures comportant des éléments courbes ne peut guère se faire que par une approche numérique car les équations analytiques qui décrivent le phénomène sont très complexes ou inextricables.

Comme expliqué dans le chapitre 1 (§14), la plupart des logiciels commerciaux actuels sont capables de traiter un tel problème et fournissent en général non seulement la forme des modes de flambement de la structure, mais aussi la valeur du *cœfficient critique* qui leur est associé. Ce dernier est le cœfficient par lequel il faut multiplier la charge appliquée pour que le flambement se produise : ce cœfficient doit donc logiquement être supérieur à 1.

Il est important de garder à l'esprit que la solution numérique ainsi obtenue correspond au flambement élastique d'Euler. Bien que l'on puisse en principe adapter la méthode décrite au §8 du chapitre 8 pour calculer la longueur de flambement réelle de l'élément courbe, on pourra souvent se contenter du calcul du cœfficient critique accompagné d'un contrôle en section.

A titre d'exemple, on montre ci-dessous les efforts internes et les caractéristiques du premier mode de flambement plan d'une structure composée d'un profilé métallique de type IPE120 soumis à une charge répartie sur sa partie horizontale supérieure. Les diagrammes d'efforts internes sont issus du logiciel ISSD, dans lequel la partie courbe a été décomposée en 20 tronçons rectilignes.

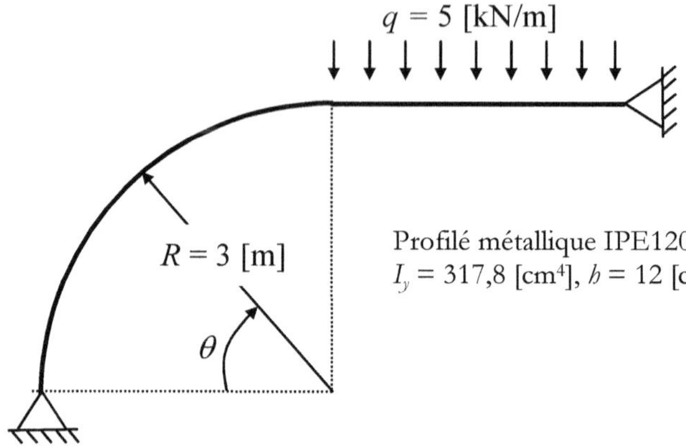

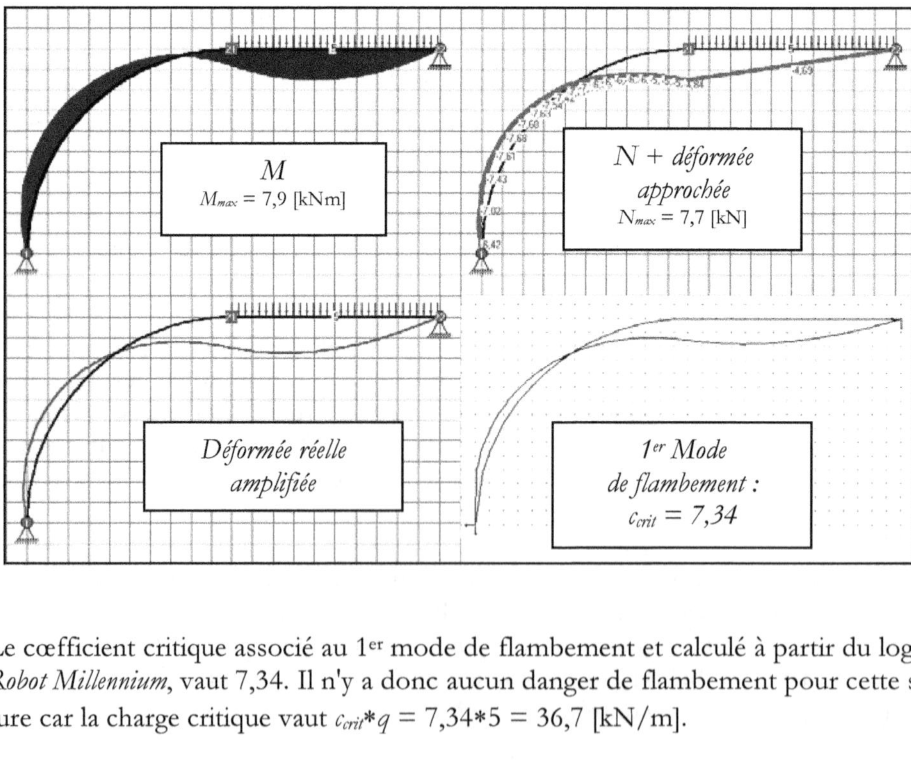

Le cœfficient critique associé au 1er mode de flambement et calculé à partir du logiciel *Robot Millennium*, vaut 7,34. Il n'y a donc aucun danger de flambement pour cette structure car la charge critique vaut $c_{crit} * q = 7{,}34 * 5 = 36{,}7$ [kN/m].

4. EXEMPLES

Dans tous les exemples traités ci-dessous, les courbes sont circulaires et les éléments sont à facteur EI constant.

Exemple 1

On propose de calculer les diagrammes d'efforts internes dans la structure suivante ainsi que la flèche verticale à l'extrémité du porte-à-faux :

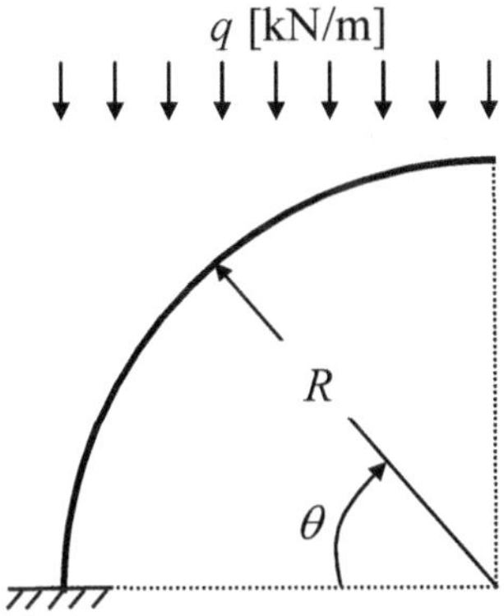

➠ Expression des efforts internes

En une section quelconque définie par l'angle θ, les efforts internes doivent équilibrer la résultante des charges valant $qR\cos\theta$. Le bras de levier de cette résultante valant $R\cos\theta/2$, le moment fléchissant vaut :

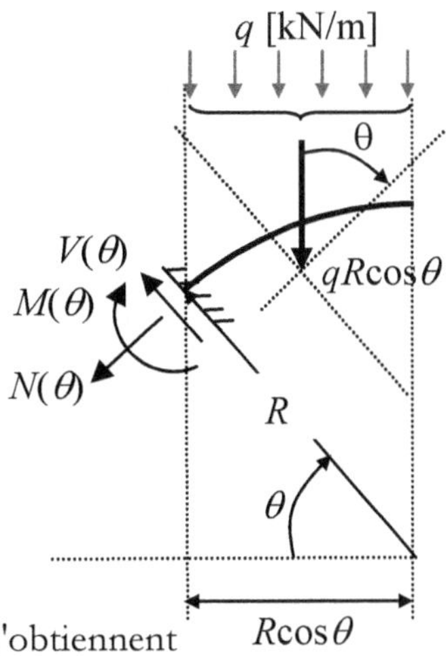

$$M(\theta) = -(qR\cos\theta)\left(\frac{R\cos\theta}{2}\right)$$
$$= -0{,}5qR^2\cos^2\theta$$

Par ailleurs, l'effort tranchant et l'effort normal s'obtiennent par projection de la résultante sur leurs axes respectifs :

$$\begin{cases} N(\theta) = -(qR\cos\theta)(\cos\theta) = -qR\cos^2\theta \quad \text{(compression)} \\ V(\theta) = +(qR\cos\theta)(\sin\theta) = +0{,}5qR\sin 2\theta \end{cases}$$

Les diagrammes correspondants sont les suivants :

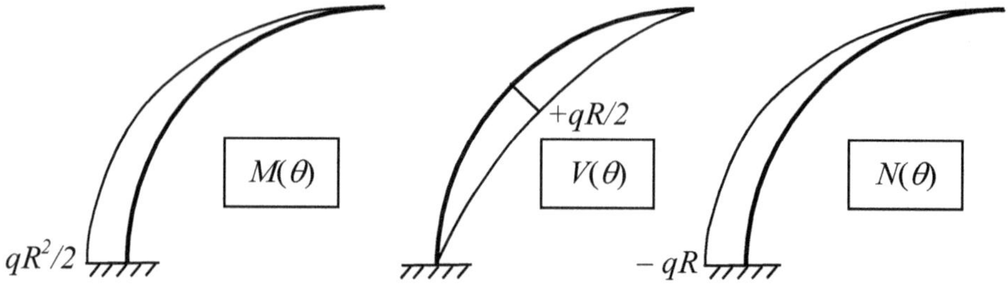

➠ Expression de la flèche à l'extrémité du porte-à-faux

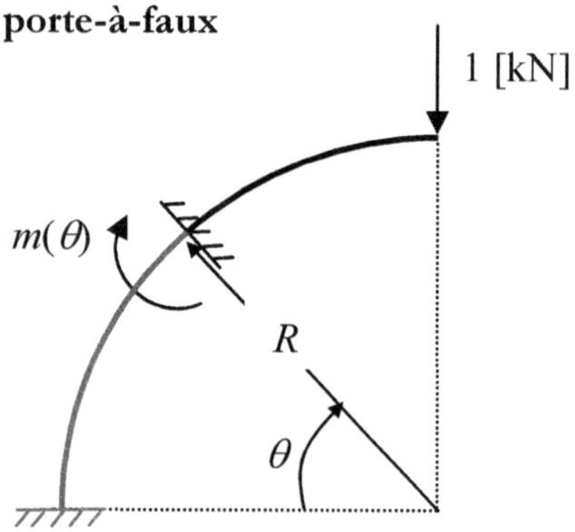

On applique le théorème de la force unité (voir chapitre 1, §9). La structure isostatique soumise à effort unitaire est illustrée ci-contre et le moment fléchissant est égal au produit de l'effort unitaire par son bras de levier $R\cos\theta$:

$$m(\theta) = -R\cos\theta$$

La flèche verticale à l'extrémité vaut alors :

$$\delta = \int_0^{\pi/2} \frac{M(\theta)m(\theta)}{EI}(Rd\theta) = \int_0^{\pi/2} \frac{\left(-0{,}5qR^2\cos^2\theta\right)\left(-R\cos\theta\right)}{EI}(Rd\theta)$$

$$= \frac{qR^4}{2EI}\int_0^{\pi/2}\cos^3\theta\, d\theta = \frac{qR^4}{3EI}$$

La figure ci-contre montre l'allure de la déformée calculée par le logiciel ISSD :

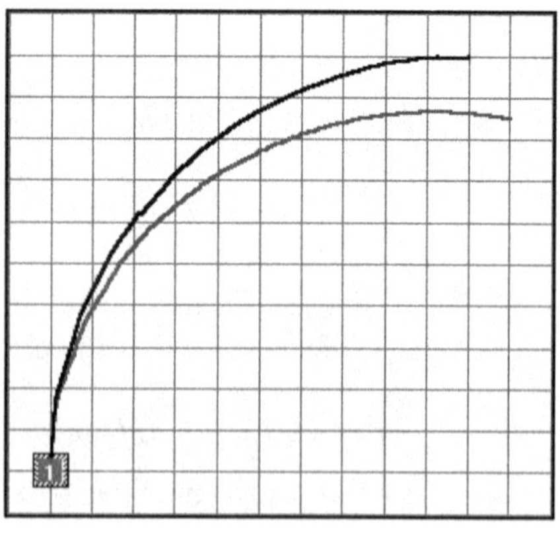

Exemple 2

Un anneau de rayon R est soumis à l'action de 2 forces Q opposées :

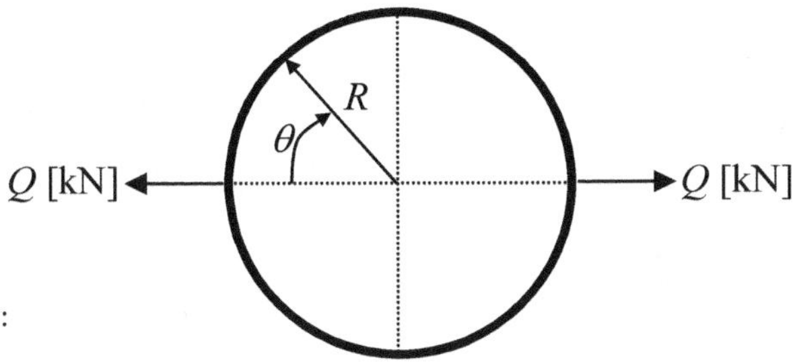

On propose :

- de calculer, par la méthode des forces, les diagrammes de M, N et V ainsi que le raccourcissement du diamètre vertical;
- de vérifier les résultats obtenus en utilisant les formules de Navier-Bresse.

La double symétrie de la structure permet de n'étudier que la structure équivalente simplifiée suivante, ce qui diminue le degré d'hyperstaticité de 3 à 1 (voir le chapitre 4 relatif à la symétrie des structures) :

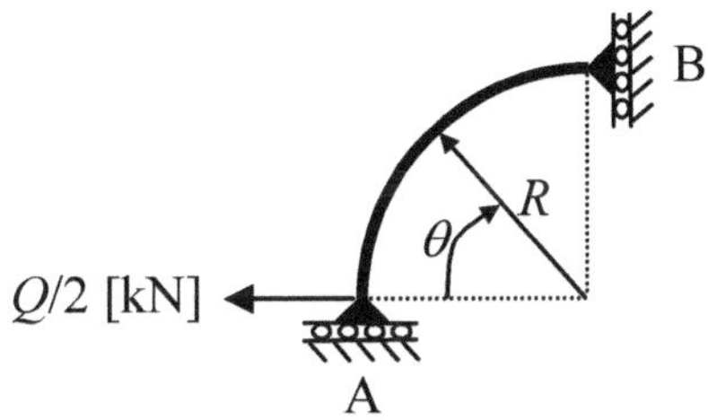

Résolution par la méthode des forces

Le degré d'hyperstaticité valant 1, il suffira d'effectuer une seule coupure pour définir la structure isostatique de référence. On propose de remplacer l'appui encastré à rouleaux A par un appui simple à rouleaux. L'inconnue hyperstatique est donc M_A.

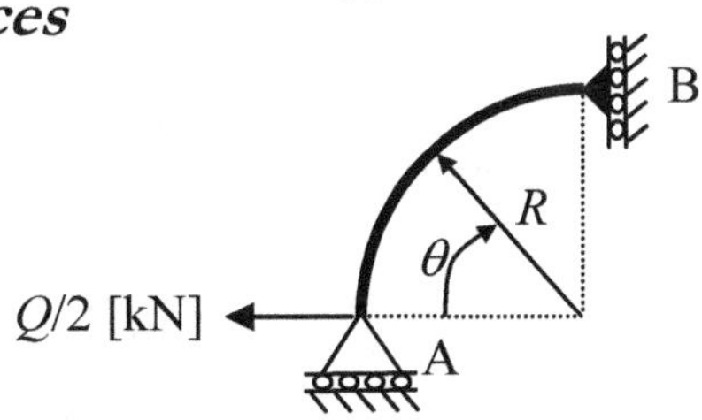

➠ **Calcul des efforts internes dans la structure isostatique de référence soumise au chargement de base**

Un équilibre des efforts verticaux implique que la réaction d'appui verticale en A est nulle.

Par ailleurs, l'effort normal et l'effort tranchant relatifs à une section déterminée par l'angle θ s'obtiennent par projection de l'effort $Q/2$ sur leurs axes respectifs, tandis que le moment fléchissant correspond à l'effort $Q/2$ pris avec un bras de levier égal à $R\sin\theta$:

$$M(\theta) = \frac{Q}{2}R\sin\theta$$
$$N(\theta) = \frac{Q}{2}\sin\theta$$
$$V(\theta) = \frac{Q}{2}\cos\theta$$

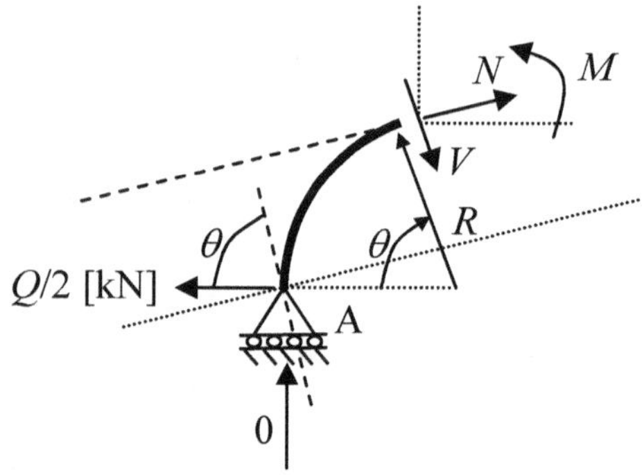

➠ Efforts internes dans la structure isostatique soumise à effort unitaire

L'appui A de la structure hyperstatique de base ayant été remplacé par un appui à rouleaux classique, c'est le moment d'encastrement M_A qui est extériorisé et l'effort unitaire doit être un couple appliqué en A :

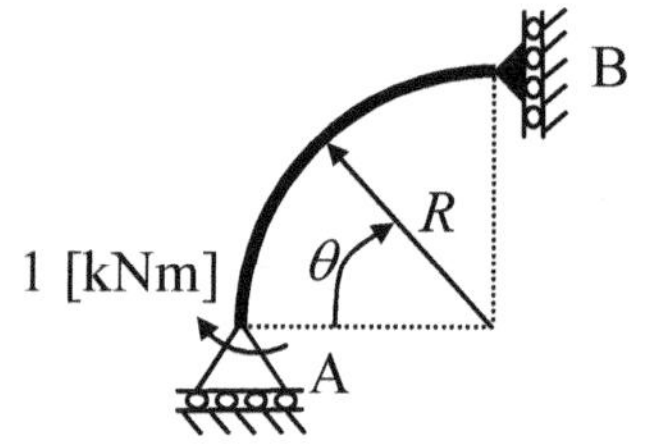

Un équilibre des efforts verticaux et horizontaux montre que les réactions d'appui en A sont nulles et donc aussi $n(\theta)$ et $v(\theta)$. Seul le moment fléchissant est alors non nul :

$$m(\theta) = +1\ [kNm] \qquad n(\theta) = 0 \qquad v(\theta) = 0$$

➠ Calcul des déplacements et de l'inconnue hyperstatique M_A

$$\begin{cases} \delta_{11}^0 = \int_0^{\pi/2} \frac{m^2}{EI}(Rd\theta) = \frac{\pi R}{2EI} \\ \delta_{1,\Sigma F}^0 = \int_0^{\pi/2} \frac{Mm}{EI}(Rd\theta) = \frac{QR^2}{2EI}\int_0^{\pi/2}\sin\theta d\theta = \frac{QR^2}{2EI} \end{cases}$$

$$\Rightarrow \qquad M_A = -\delta_{1,\Sigma F}^0 \big/ \delta_{11}^0 = -QR/\pi$$

➟ Calcul des efforts internes

$$\begin{cases} M(\theta) = \dfrac{QR}{2}\sin\theta + M_A * 1 = QR\left(\dfrac{\sin\theta}{2} - \dfrac{1}{\pi}\right) \\ N(\theta) = \dfrac{Q}{2}\sin\theta + M_A * 0 = \dfrac{Q}{2}\sin\theta \\ V(\theta) = \dfrac{Q}{2}\cos\theta + M_A * 0 = \dfrac{Q}{2}\cos\theta \end{cases}$$

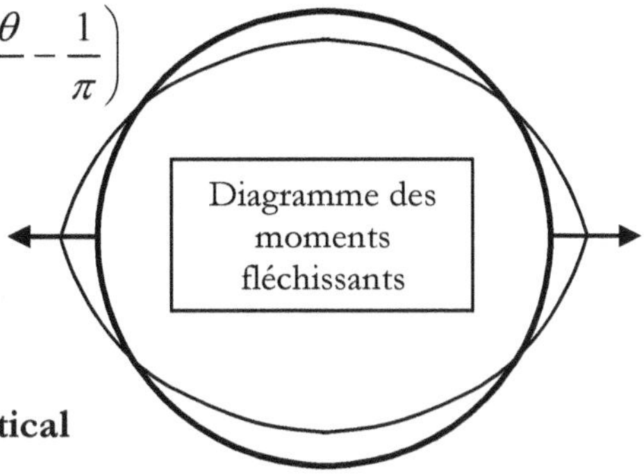

➟ Raccourcissement du diamètre vertical

En application du théorème de la force unité (voir chapitre 1, §9), le théorème de Pasternak (voir chapitre 3, §6) permet de considérer n'importe quelle structure isostatique et d'y appliquer l'effort unitaire à l'endroit et dans le sens du déplacement recherché :

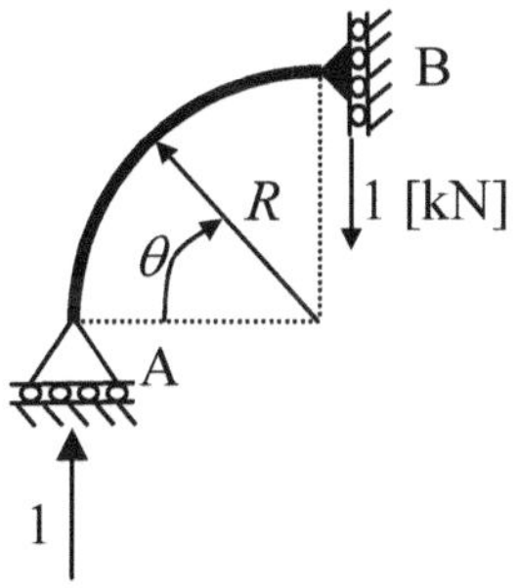

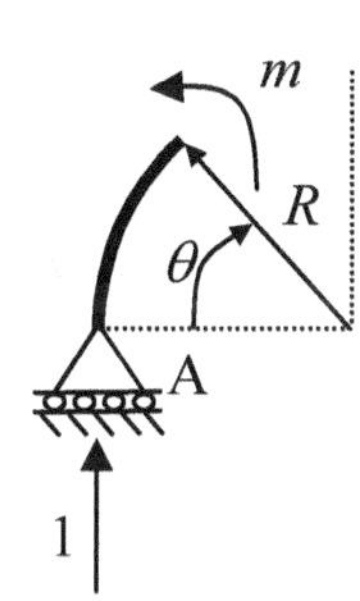

L'effort unitaire crée un moment fléchissant qui vaut R(1−cosθ). La moitié du raccourcissement vertical vaut donc :

$$\frac{\text{Racc.vert.}}{2} = \int_0^{\pi/2} \frac{QR}{EI}\left(\frac{\sin\theta}{2} - \frac{1}{\pi}\right) R(1-\cos\theta)\,(Rd\theta) = \frac{QR^3}{EI}\left(\frac{1}{\pi} - \frac{1}{4}\right)$$

Résolution par les formules de Navier-Bresse

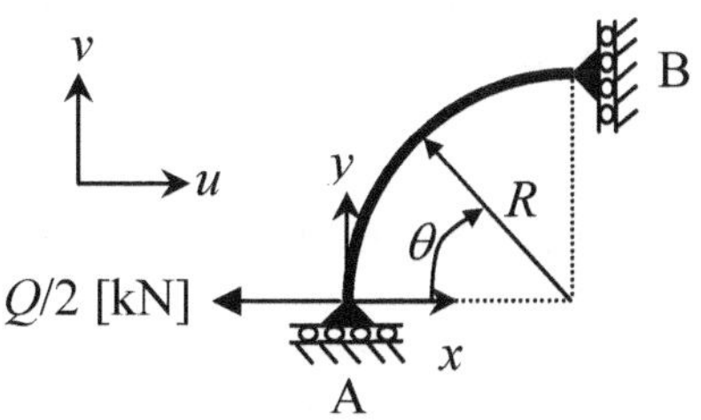

Les seuls mouvements autorisés par les appuis encastrés à rouleaux sont u_A et v_B. Par conséquent, on a :

$$\varphi_A = 0 \ , \ \varphi_B = 0 \ , \ u_B = 0 \ , \ v_A = 0$$

avec : $x_A = y_A = 0$, $x_B = y_B = R$, $x = R(1-\cos\theta)$, $y = R\sin\theta$

Par ailleurs, le moment fléchissant $M(\theta)$ en une section quelconque définie par un angle θ peut s'exprimer en fonction de la réaction d'appui inconnue M_B :

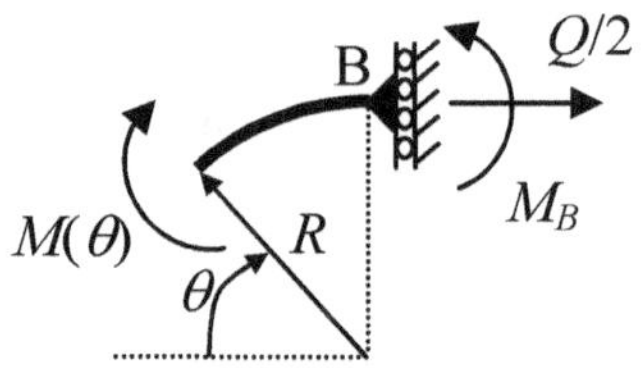

$$M(\theta) = -\frac{Q}{2}R(1-\sin\theta) + M_B$$

On peut maintenant écrire les formules de Navier-Bresse en y remplaçant chaque terme par sa valeur :

$$\begin{cases} -u_A = -\int_0^{\pi/2} \frac{M}{EI}(R - R\sin\theta)(Rd\theta) \\ v_B = \int_0^{\pi/2} \frac{M}{EI}(R\cos\theta)(Rd\theta) \\ 0 = \int_0^{\pi/2} \frac{M}{EI}(Rd\theta) \end{cases} \quad \text{avec} \quad M = -\frac{Q}{2}R(1-\sin\theta) + M_B$$

On obtient ainsi un système de trois équations où les trois inconnues sont u_A, v_B. et M_B La résolution de la troisième équation fournit :

$$M_B = QR\left(\frac{1}{2} - \frac{1}{\pi}\right)$$

Si on remplace cette valeur de M_B dans l'expression de $M(\theta)$ ci-dessus, on retrouve l'expression du moment fléchissant obtenue par la première méthode.

$M(\theta)$ étant connu, la deuxième équation fournit le raccourcissement du diamètre vertical par la valeur de $v_B = QR^3/EI*(1/4-1/\pi)$, qui est ici négative puisque le déplacement du point B se fait vers le bas (voir conventions prises au §2).

On constate que ces résultats sont identiques à ceux obtenus par la méthode des forces.

Passerelle sur la N4 à Gembloux (Belgique, réseau Ravel). La partie supérieure courbe permet d'accrocher les suspentes et de rediriger les efforts vers les deux montants rectilignes de l'arc. *(maître d'œuvre : M.E.T., 2004; conception et étude : ingénieur des ponts et chaussées du M.E.T. F. Taquet (sur une proposition de M. Wouters, Directeur des Ponts et Charpentes); photo du dessous : P.Massart du M.E.T., photo du dessus : l'auteur).*

Exemple 3

Sur une structure semi-circulaire à rotule centrale est coulé un voile en béton d'une hauteur suffisamment grande par rapport au rayon R pour pouvoir assimiler son action à une charge uniformément répartie :

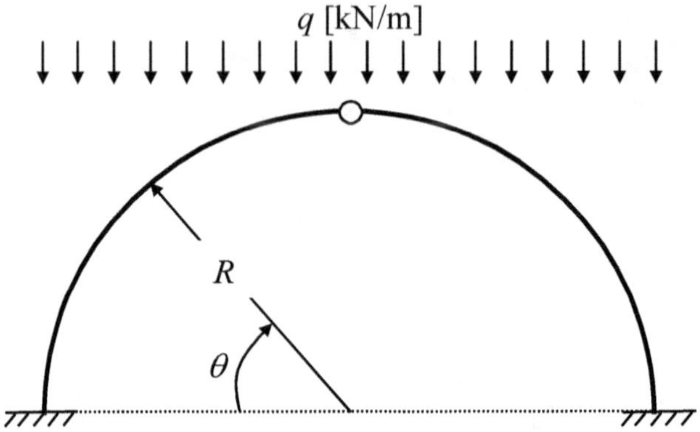

On propose de calculer le diagramme des moments par la méthode des forces et de vérifier les solutions obtenues en utilisant les formules de Navier-Bresse.

La symétrie (voir chapitre 4) permet de considérer la structure équivalente simplifiée ci-contre, dont le degré hyperstatique vaut 1 :

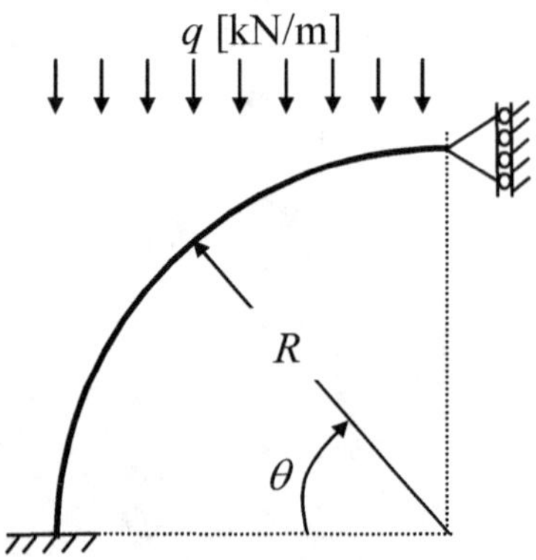

Résolution par la méthode des forces

Le degré hyperstatique valant 1, il suffira d'effectuer une seule coupure pour déterminer la structure isostatique de référence. On propose de supprimer l'appui à rouleaux.

➟ **Calcul du moment fléchissant dans la structure isostatique de référence soumise au chargement de base**

Avec $M(\theta) = -(qR\cos\theta)\left(\dfrac{R\cos\theta}{2}\right)$

$$= -\frac{q}{2}(R\cos\theta)^2$$

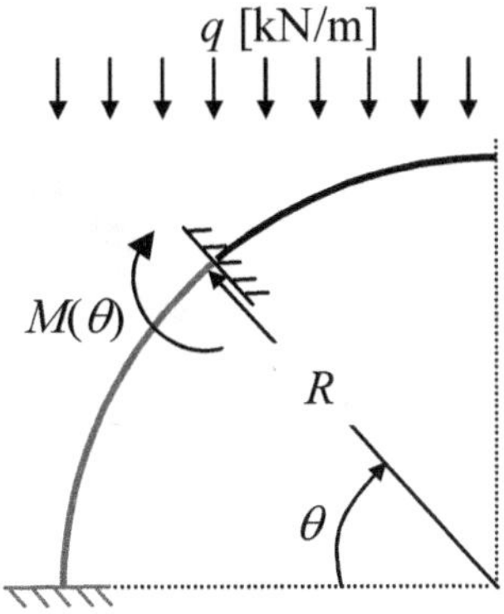

➟ **Calcul du moment fléchissant dans la structure isostatique de référence soumise à effort unitaire**

$m(\theta) = R(1 - \sin\theta)$

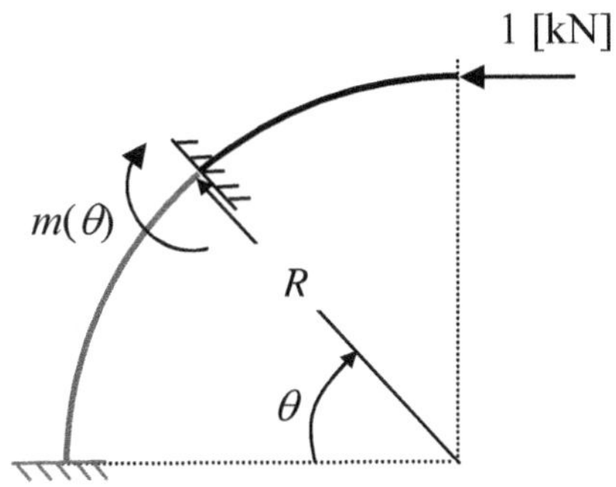

➟ **Calcul des déplacements et de l'inconnue hyperstatique X_1**

$$\begin{cases} \delta_{11}^0 = \displaystyle\int_0^{\pi/2} \frac{(R - R\sin\theta)^2}{EI}(Rd\theta) = 0{,}3562\frac{R^3}{EI} \\ \delta_{1,\Sigma F}^0 = \displaystyle\int_0^{\pi/2} -\frac{q}{2EI}(R\cos\theta)^2 R(1-\sin\theta)(Rd\theta) = -0{,}2260\frac{qR^4}{EI} \end{cases}$$

$$\Rightarrow \qquad X_1 = -\delta_{1,\Sigma F}^0 / \delta_{11}^0 = 0{,}6346qR$$

➟ **Calcul du moment fléchissant dans la structure hyperstatique**

$$M(\theta) = -\frac{q}{2}(R\cos\theta)^2 + X_1 R(1 - \sin\theta) = -qR^2\left(\frac{1}{2}\cos^2\theta + 0{,}6346(\sin\theta - 1)\right)$$

La figure ci-dessous, obtenue à l'aide du logiciel ISSD en modélisant la géométrie de la structure par 30 segments de droite, illustre le diagramme des moments fléchissants calculé précédemment :

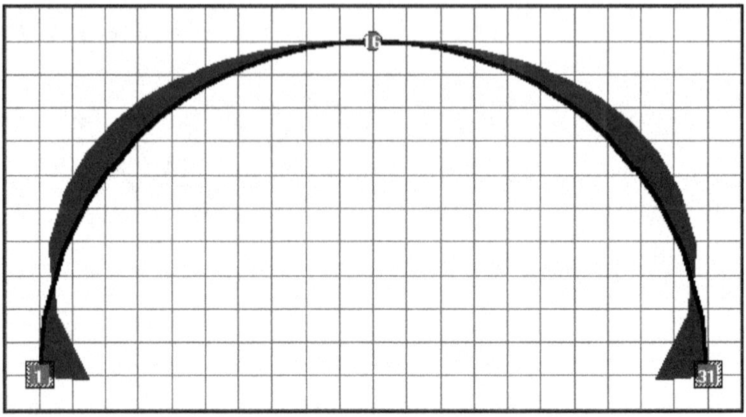

Résolution par les formules de Navier-Bresse

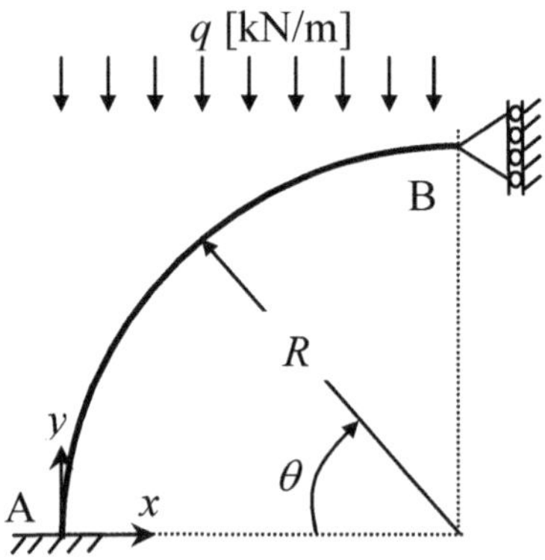

Les seuls mouvements autorisés par l'appui simple à rouleaux sont v_B et φ_B. Par conséquent, on a :

$$\begin{cases} \varphi_A = 0 \\ u_A = 0 \\ v_A = 0 \\ u_B = 0 \end{cases} \quad \text{et} \quad \begin{cases} x_A = y_A = 0 \\ x_B = y_B = R \\ x = R(1-\cos\theta) \\ y = R\sin\theta \end{cases}$$

En outre, le moment fléchissant $M(\theta)$ en une section quelconque définie par un angle θ peut s'exprimer en fonction de la réaction d'appui inconnue R_B :

$$M(\theta) = R_B R(1 - \sin\theta) - \frac{q(R\cos\theta)^2}{2}$$

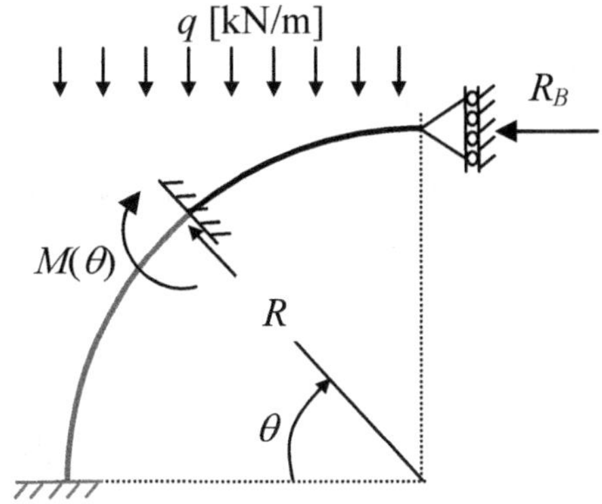

On peut alors exprimer les formules de Navier-Bresse en y remplaçant chaque terme par sa valeur :

$$\begin{cases} 0 = -\displaystyle\int_0^{\pi/2} \frac{M}{EI}\,(R - R\sin\theta)\,(Rd\theta) \\ v_B = \displaystyle\int_0^{\pi/2} \frac{M}{EI}\,(R\cos\theta)\,(Rd\theta) \\ \varphi_B = \displaystyle\int_0^{\pi/2} \frac{M}{EI}\,(Rd\theta) \end{cases} \quad \text{avec} \quad M = R_B R(1 - \sin\theta) - \frac{q(R\cos\theta)^2}{2}$$

On obtient alors un système de trois équations dans lequel les trois inconnues sont R_B, φ_B et v_B. La première équation donne "directement" R_B par intégration...mais la résolution devient fastidieuse ...

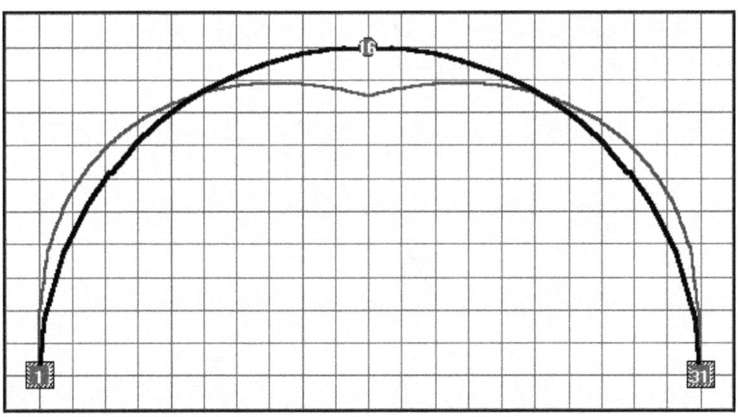

Allure de la déformée de la structure, calculée par le logiciel ISSD.

Exemple 4

Une coupe horizontale dans un barrage en voûte à une certaine profondeur h se présente selon la géométrie suivante :

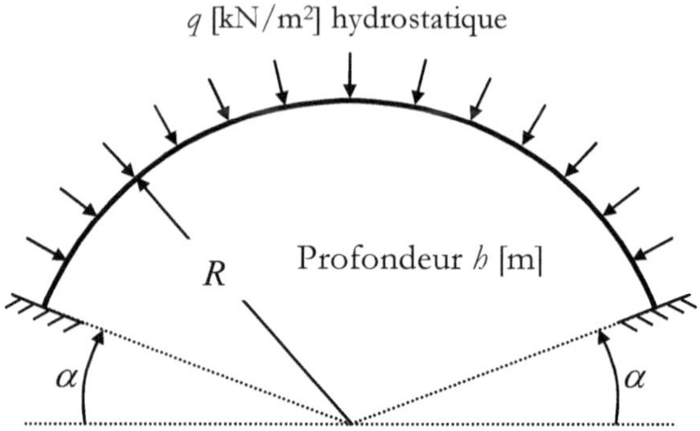

La pression hydrostatique à cette profondeur vaut donc $(10h)$ [kN/m^2] et c'est aussi la charge répartie q par unité de longueur prise le long de la courbure lorsqu'on considère une bande de voûte de 1 [m] de hauteur.

Pour cette bande de 1 [m] de hauteur, on propose de calculer les diagrammes des efforts internes par la méthode des forces.

Sachant que la pression de l'eau agit partout perpendiculairement à la surface de la voûte ($q = 10h$ [kN/m]) et que la structure est symétrique (voir chapitre 4), le modèle simplifié équivalent est le suivant :

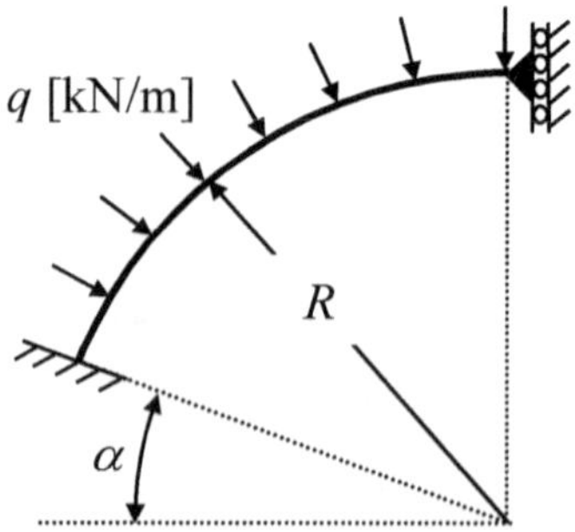

Le degré hyperstatique valant 2, on peut supprimer l'appui encastré à rouleaux pour définir la structure isostatique de référence.

➠ **Calcul des efforts internes dans la structure isostatique de référence soumise au chargement de base**

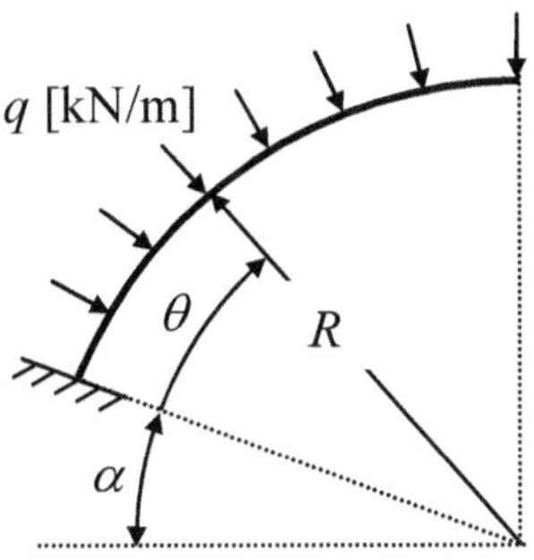

Afin de déterminer l'expression des efforts internes en une section définie par l'angle θ, on peut tirer profit du théorème suivant, en rapport avec les lois de l'hydraulique :

La résultante de la pression hydrostatique sur une ligne de géométrie quelconque joignant deux points A et B est égale à la résultante de la pression agissant sur une ligne droite tirée entre ces deux mêmes points.

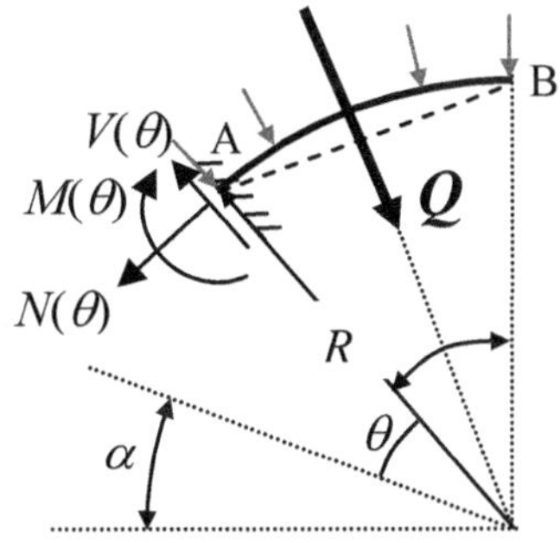

La longueur du tronçon AB vaut : $2R\sin\left(\dfrac{\pi/2-\alpha-\theta}{2}\right)$

L'application du théorème d'hydraulique ci-dessus permet alors de calculer la résultante Q des pressions sur le tronçon AB :

$$Q = 2qR\sin\left(\frac{\pi/2-\alpha-\theta}{2}\right)$$

Cette résultante a un bras de levier valant la moitié du tronçon AB par rapport à A. On peut maintenant calculer le moment fléchissant et l'effort normal dans la section définie par l'angle θ:

$$\begin{cases} M(\theta) = -Q\dfrac{|AB|}{2} = -2qR^2\sin^2\left(\dfrac{\pi/2-\theta-\alpha}{2}\right) \\ N(\theta) = -Q\sin\left(\dfrac{\pi/2-\theta-\alpha}{2}\right) = -2qR\sin^2\left(\dfrac{\pi/2-\theta-\alpha}{2}\right) = \dfrac{M(\theta)}{R} \end{cases}$$

Remarquons que le résultat $N(\theta) = M(\theta)/R$ peut s'obtenir directement si on fait l'équilibre des moments par rapport au centre du cercle.

➠ **Calcul des efforts internes dans la structure isostatique soumise à couple unitaire**

$$m(\theta) = -1$$
$$n(\theta) = 0$$

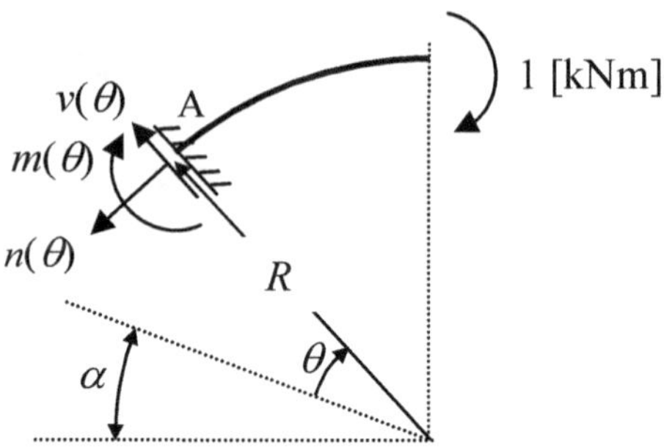

➠ **Calcul des efforts internes dans la structure isostatique soumise à effort unitaire**

$$m(\theta) = -R\left(1-\sin(\theta+\alpha)\right)$$
$$n(\theta) = 1 * \sin(\theta+\alpha)$$

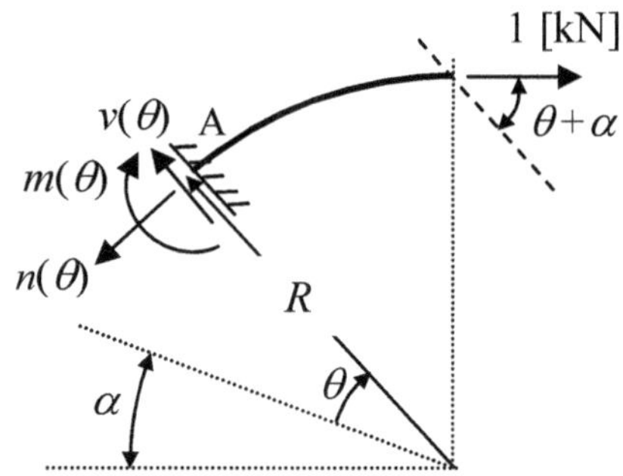

➠ **Calcul des déplacements (on néglige les déformations de compression, c'est-à-dire les intégrales en 1/*EA*)**

$$\begin{cases}
\delta_{11}^{0} = \int_0^{\pi/2-\alpha} \dfrac{(1)^2}{EI}\,(Rd\theta) \\
\delta_{22}^{0} = \int_0^{\pi/2-\alpha} \dfrac{\left(R - R\sin(\alpha+\theta)\right)^2}{EI}\,(Rd\theta) \\
\delta_{12}^{0} = \int_0^{\pi/2-\alpha} \dfrac{\left(R - R\sin(\alpha+\theta)\right)}{EI}\,(Rd\theta) \\
\delta_{1,\Sigma F}^{0} = \int_0^{\pi/2-\alpha} \dfrac{2qR^2}{EI}\sin^2\left(\dfrac{\pi}{4} - \dfrac{(\theta+\alpha)}{2}\right)(Rd\theta) \\
\delta_{2,\Sigma F}^{0} = \int_0^{\pi/2-\alpha} \dfrac{2qR^2}{EI}\sin^2\left(\dfrac{\pi}{4} - \dfrac{(\theta+\alpha)}{2}\right)\left(R - R\sin(\alpha+\theta)\right)(Rd\theta)
\end{cases}$$

Les équations précédentes se simplifient si on sait que :

$$1 - \sin(\theta + \alpha) = 2\sin^2\left(\frac{\pi}{4} - \frac{(\theta + \alpha)}{2}\right)$$

Le calcul des déplacements devient alors facile :

$$\begin{cases} \delta_{11}^0 = \displaystyle\int_0^{\pi/2-\alpha} \frac{(1)^2}{EI}(Rd\theta) \\ qR\delta_{22}^0 = \delta_{2,\Sigma F}^0 = qR^4 \displaystyle\int_0^{\pi/2-\alpha} \frac{(1-\sin(\alpha+\theta))^2}{EI}\, d\theta \\ qR\delta_{12}^0 = \delta_{1,\Sigma F}^0 = qR^3 \displaystyle\int_0^{\pi/2-\alpha} \frac{(1-\sin(\alpha+\theta))}{EI}\, d\theta \end{cases}$$

➟ **Résolution du système d'inconnues**

Suite aux relations qui viennent d'être établies, on obtient :

$$\begin{pmatrix} \delta_{11}^0 & \delta_{12}^0 \\ \delta_{21}^0 & \delta_{22}^0 \end{pmatrix}\begin{pmatrix} X_1 \\ X_2 \end{pmatrix} + \begin{pmatrix} qR\delta_{12}^0 \\ qR\delta_{22}^0 \end{pmatrix} = \begin{pmatrix} 0 \\ 0 \end{pmatrix}$$

et comme on a toujours $\delta_{12}^0 = \delta_{21}^0$, le système peut se réécrire :

$$\begin{cases} \delta_{11}^0 X_1 + \delta_{12}^0 (X_2 + qR) = 0 \\ \delta_{12}^0 X_1 + \delta_{22}^0 (X_2 + qR) = 0 \end{cases}$$

La résolution du système peut alors se faire directement sans même résoudre les intégrales ni calculer les déplacements :

$$X_1 = 0 \qquad X_2 = -qR$$

➟ **Expression du moment fléchissant**

$$M(\theta) = -2qR^2\sin^2\left(\frac{\pi}{4} - \frac{(\theta+\alpha)}{2}\right) + 0 - X_2\, R(1 - \sin(\theta+\alpha))$$

$$= -qR^2\left(2\sin^2\left(\frac{\pi}{4} - \frac{(\theta+\alpha)}{2}\right) - (1 - \sin(\theta+\alpha))\right) = 0 \quad \forall \boldsymbol{\theta}$$

On trouve donc le résultat remarquable suivant : $M(\theta) = 0$

Cette dernière relation montre que le moment fléchissant est nul en toute section (de même que l'effort tranchant qui est la dérivée de M) et ceci quelle que soit la valeur de l'angle α. On en déduit donc qu'un arc de cercle d'angle quelconque est ***le funiculaire de la charge hydrostatique*** (pour la définition du terme funiculaire, consulter le chapitre 11, §1).

Remarquons toutefois que la prise en compte des termes en $1/EA$ dans le calcul des déplacements servant à la levée d'hyperstaticité, c'est-à-dire des déformations de compression de la structure, fournit une expression petite mais non nulle des moments. En effet, l'arc comprimé a tendance à diminuer son rayon (ce qu'il ne peut pas faire aux appuis), ce qui induit une valeur de M d'autant plus grande que l'on se rapproche des encastrements. Ceci est illustré à la figure ci-dessous (en haut : déformée; en bas : moments fléchissants; *simulation sur le logiciel* ROBOT *Millennium*) :

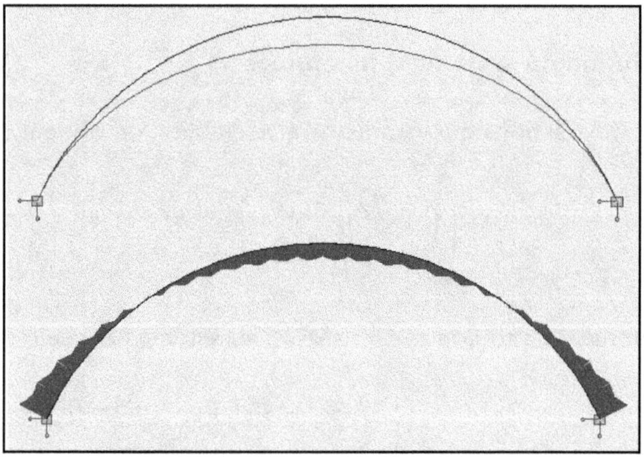

➟ Expression de l'effort normal

$$N(\theta) = -2qR\sin^2\left(\frac{\pi}{4} - \frac{(\theta+\alpha)}{2}\right) + X_2\sin(\theta+\alpha)$$

$$= qR\left[-2\sin^2\left(\frac{\pi}{4} - \frac{(\theta+\alpha)}{2}\right) - \sin(\theta+\alpha)\right]$$

or, on sait que $2\sin^2\left(\frac{\pi}{4} - \frac{(\theta+\alpha)}{2}\right) = 1 - \sin(\theta+\alpha)$

On trouve alors une valeur constante de l'effort normal dans toute la structure, correspondant à de la compression puisque le signe est négatif :

$$N(\theta) = -qR$$

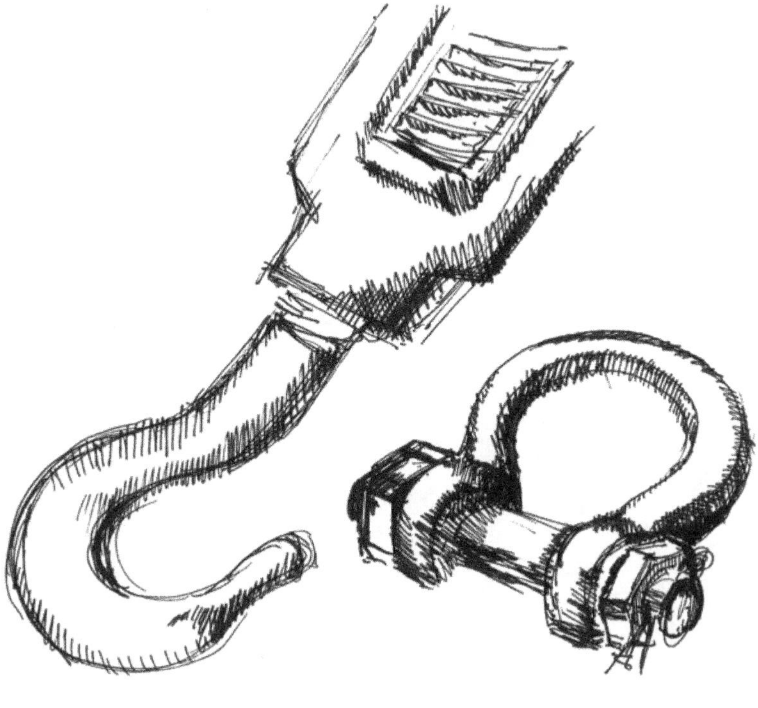

Chapitre 10

Les éléments à forte courbure

Illustration au recto :

Accastillage pour câbles.

Croquis : Dominique Langendries.

1. INTRODUCTION

Un élément est dit à *forte courbure* lorsque $h/R>1/10$, c'est-à-dire quand le rayon de courbure R est inférieur à dix fois la dimension correspondante h de la section : $R<10h$. Pour de tels éléments, on peut toujours faire l'hypothèse de conservation des sections planes après déformation. Toutefois, comme sur un tronçon de longueur dl (voir figure ci-dessous), la longueur des fibres varie fortement d'une extrémité à l'autre de la section, les formules de flexion développées pour les éléments droits ne sont plus applicables. Il faut donc en établir d'autres, et on utilise ici celles de la théorie de Winkler (1858), développée ci-dessous.

Il faut toutefois être conscient que l'intérêt de cette théorie est relatif puisque l'ingénieur préfèrera de nos jours une analyse des contraintes dans les éléments à forte courbure via une modélisation par éléments surfaciques (voir chapitre 1, §13).

2. LES DIFFÉRENCES ENTRE FAIBLE COURBURE ET FORTE COURBURE

Outre le fait que les formules de Bresse (voir chapitre 9, §2) ne sont pas applicables telles quelles aux éléments à forte courbure, il y a *deux différences essentielles* par rapport aux éléments droits :

➟ **Au niveau des contraintes dans une section**

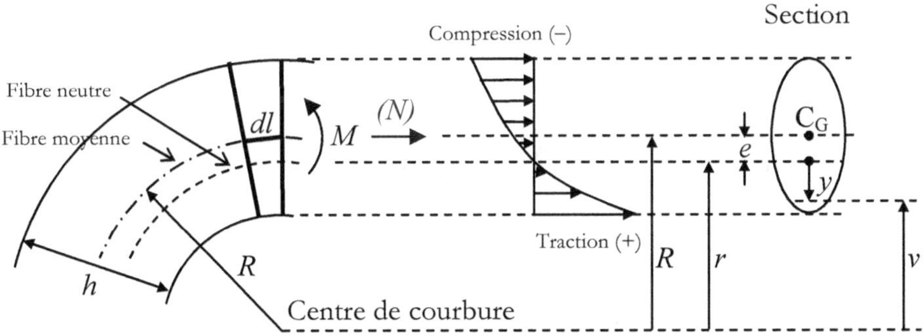

La répartition des contraintes dans la section n'est plus linéaire. Elle est hyperbolique et augmente rapidement du côté des fibres les plus proches du centre de courbure. De plus, la fibre neutre s'écarte de la fibre moyenne d'une valeur e en flexion simple ($N=0$). *La coordonnée y valant 0 à la distance $e=R-r$ du centre de gravité*, l'expression générale des contraintes dans la section devient :

$$\boxed{\sigma(y)=\frac{N}{A}+\frac{M}{Ae}\frac{y}{(r-y)}} \quad \text{avec :} \quad r=A\Big/\int_A \frac{1}{v}\,dA \quad \text{et} \quad e=R-r$$

Dans cette expression, N et M sont, respectivement, l'effort normal et le moment fléchissant *rapportés au centre de gravité C_G de la section.*

N est positif en traction et ***M* est positif s'il augmente le rayon de courbure** (exceptionnellement, ce n'est pas la convention adoptée au chapitre 1); A est l'aire de la section et dA est un élément d'aire infinitésimal; r est le rayon de courbure de la fibre neutre en cas de flexion simple ($N = 0$!) [1].

La valeur de r et e ainsi que la position du centre de gravité de quelques sections classiques sont données au §3.

➠ **Au niveau de l'expression des déplacements**

Le terme en $1/EI$ habituel est modifié :

$$\int \frac{Mm}{EI} R d\theta \qquad \text{remplacé par} \qquad \int \frac{Mm}{EAe} d\theta$$

Par ailleurs, comme à un tronçon de longueur dl de la fibre moyenne correspond des tronçons de fibres extrêmes de longueurs très différentes, deux nouveaux termes, appelés *termes de couplage*, apparaissent :

$$\int \frac{Mn}{EA} d\theta \qquad \text{et} \qquad \int \frac{Nm}{EA} d\theta$$

L'expression complète d'un déplacement devient alors [2] :

$$\delta = \left[\int \frac{Mm}{EAe} d\theta - \int \frac{Mn}{EA} d\theta \right] + \left[\int \frac{Nn}{EA} (Rd\theta) - \int \frac{Nm}{EA} d\theta \right] + \int \frac{Vv}{GA_v} (Rd\theta)$$

Quelques remarques :

- on veillera à ne pas confondre les termes $Rd\theta$ et $d\theta$;
- le module de cisaillement G vaut $E/2(1+\mu)$. Dans cette expression, E est le module de Young et μ le cœfficient de Poisson du matériau;
- la méthode des forces décrite au chapitre 3 est encore valable, à condition de calculer les déplacements à partir de l'expression ci-dessus.

---

[1] Fibre neutre : $\varepsilon = \sigma = 0$, à ne pas confondre avec la fibre moyenne qui correspond au centre de gravité.

[2] Le dernier terme relatif à l'effort tranchant n'est pas toujours négligeable (voir l'exemple du §4, qui montre l'influence des différents termes).

3. CARACTÉRISTIQUES DE QUELQUES SECTIONS COURANTES

$$r = h \Big/ \ln\left(\frac{R_s}{R_i}\right)$$

$$d_{CG} = \frac{h}{2}$$

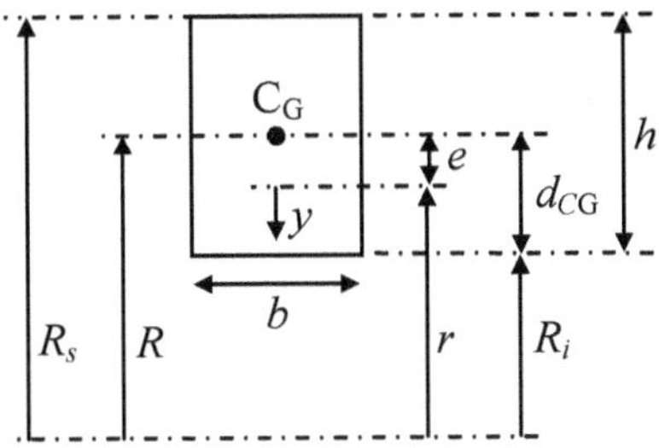

$$A = bh$$

$$I = bh^3/12$$

$$r = \frac{R + \sqrt{R^2 - d^2/4}}{2}$$

$$d_{CG} = \frac{d}{2}$$

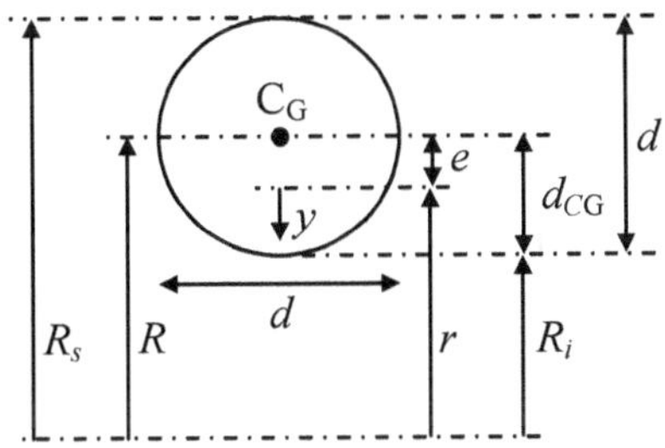

$$A = \frac{\pi d^2}{4}$$

$$I = \frac{\pi d^4}{64}$$

$$r = \frac{A}{\dfrac{b_i R_s - b_s R_i}{h} \ln\left(\dfrac{R_s}{R_i}\right) - (b_i - b_s)}$$

$$d_{CG} = \frac{h}{3} \, \frac{b_i + 2b_s}{b_i + b_s}$$

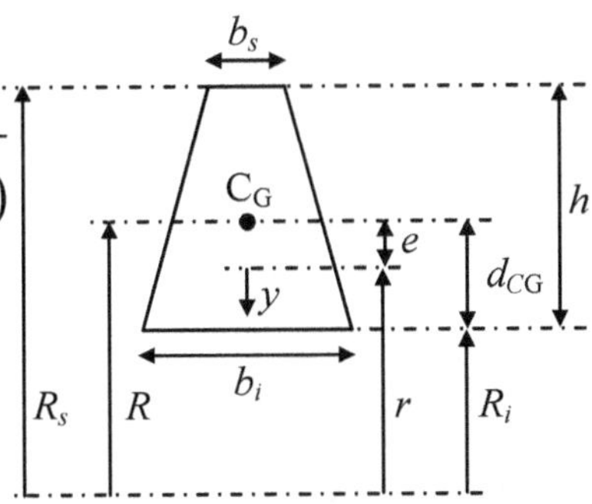

$$A = \frac{h}{2}(b_i + b_s)$$

$$I = \frac{h^3 \left(b_i^2 + b_s^2 + 4 b_i b_s\right)}{36 (b_i + b_s)}$$

Remarque : pour les sections composées, la propriété suivante peut-être utilisée.

$$A_{tot} = \sum A_i \quad \Rightarrow \quad r = \frac{A_{tot}}{\sum \left(\displaystyle\int_{A_i} \frac{1}{v} \, dA \right)}$$

4. EXEMPLE

Le crochet ci-dessous a une section trapézoïdale :

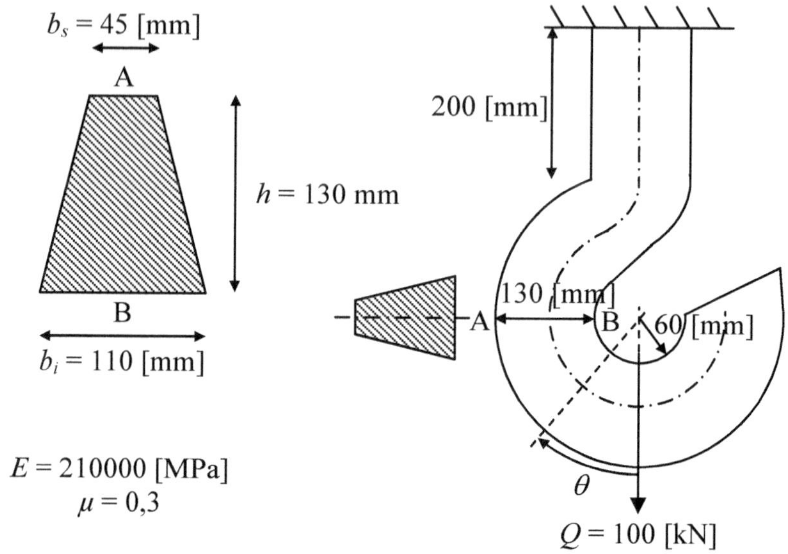

On propose de calculer l'expression des efforts internes dans la partie courbe de l'élément et d'en déduire dans quelle section se produisent les plus grandes contraintes.
Quelle est la valeur des contraintes dans la section AB ?
Quelle est la flèche verticale au point d'application de Q ?

➠ **Position du centre de gravité de la section trapézoïdale**

$$d_{CG} = \frac{h}{3}\frac{b_i + 2b_s}{b_i + b_s} = 55{,}91 \text{ [mm]}$$

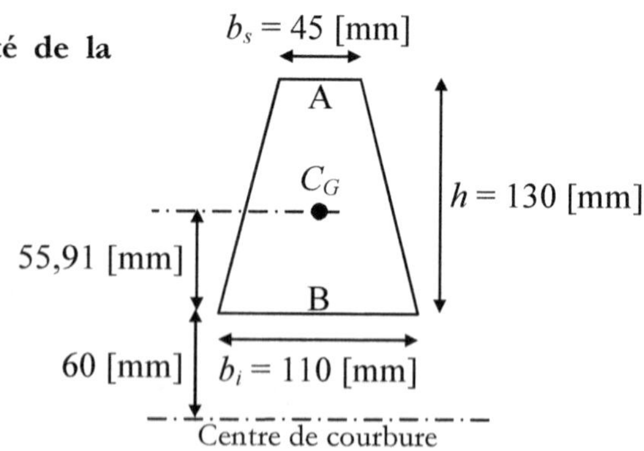

On trouve donc la valeur du rayon de courbure R de la fibre passant par le centre de gravité : $R = 60 + d_{CG} = 115{,}91$ [mm].

➟ Efforts internes

Les efforts internes sont rapportés au centre de gravité et sont **dessinés selon la convention choisie au §2** [3]. L'équilibre des moments se faisant par rapport à ce centre de gravité, on trouve :

$$\begin{cases} M(\theta) = QR\sin\theta \\ N(\theta) = Q\sin\theta \\ V(\theta) = Q\cos\theta \end{cases}$$

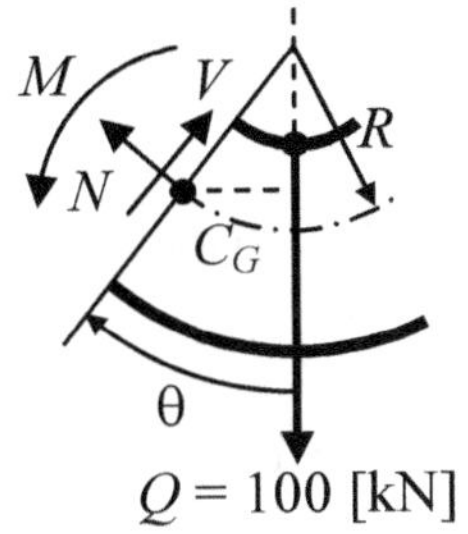

M et N sont donc maximaux pour $\theta = \pi/2$ et valent respectivement QR et Q en cette section. C'est donc dans la section AB que les contraintes normales sont les plus grandes.

➟ Calcul de *r* et *e*

$$r = \frac{A}{\dfrac{b_i R_s - b_s R_i}{h} \ln\left(\dfrac{R_s}{R_i}\right) - (b_i - b_s)} = 104{,}54 \quad [\text{mm}]$$

Avec $A = \dfrac{b_i + b_s}{2} h = 10075 \quad [\text{mm}^2]$ et donc $e = R - r = 11{,}37$ mm

➟ Contraintes aux fibres extrêmes de la section AB

Rappelons que l'origine du repère y est située à une distance e=11,37 [mm] du centre de gravité (contrairement à ce qui se passe pour les éléments droits pour lesquels la formule $\sigma = My/I$ correspond à une coordonnée y valant 0 *sur* le centre de gravité).

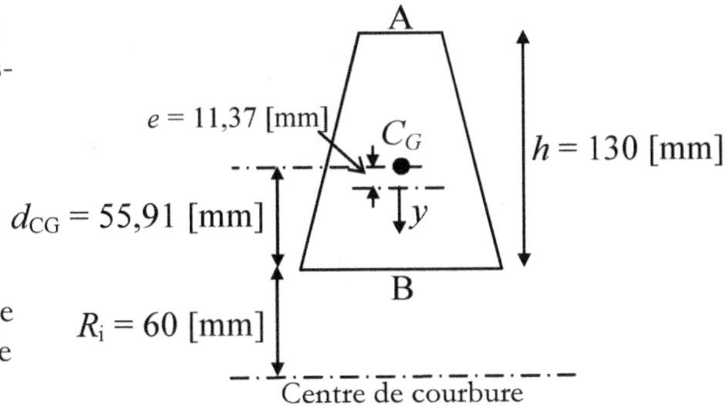

[3] La présence des termes de couplage dans l'expression des déplacements attribue beaucoup d'importance à cette convention de signe.

Fibre extérieure A :

$$\begin{cases} \sigma(y = -(h - d_{CG} + e)) = \sigma(-85{,}46) = \dfrac{Q}{A} + \dfrac{QR}{Ae}\,\dfrac{(-85{,}46)}{r - (-85{,}46)} \\ = \dfrac{10^5}{10075} - \dfrac{10^5 * 115{,}91}{10075 * 11{,}37}\,\dfrac{85{,}46}{104{,}54 + 85{,}46} = -35{,}58 \quad [\mathrm{N/mm^2}] \end{cases}$$

Fibre intérieure B :

$$\begin{cases} \sigma(y = d_{CG} - e) = \sigma(44{,}54) = \dfrac{Q}{A} + \dfrac{QR}{Ae}\,\dfrac{(44{,}54)}{r - (44{,}54)} \\ = \dfrac{10^5}{10075} + \dfrac{10^5 * 115{,}91}{10075 * 11{,}37}\,\dfrac{44{,}54}{104{,}54 - 44{,}54} = 85{,}04 \quad [\mathrm{N/mm^2}] \end{cases}$$

➠ **Le calcul de la flèche verticale** au point d'application de la force Q résulte de l'allongement QL/EA (= 945.10^{-5} [mm]) de la partie rectiligne verticale mais aussi de la déformation de la partie courbe, calculée à partir du théorème de la force unité (voir chapitre 1, §9) :

$$\delta = \left[\int \frac{Mm}{EAe} d\theta - \int \frac{Mn}{EA} d\theta\right] + \left[\int \frac{Nn}{EA}(Rd\theta) - \int \frac{Nm}{EA} d\theta\right] + \int \frac{Vv}{GA_v}(Rd\theta)$$

Avec
$$\begin{cases} M(\theta) = QR\sin\theta \\ N(\theta) = Q\sin\theta \\ V(\theta) = Q\cos\theta \end{cases} \quad \text{et} \quad \begin{cases} m(\theta) = 1 * R\sin\theta \\ n(\theta) = 1 * \sin\theta \\ v(\theta) = 1 * \cos\theta \end{cases}$$

Sachant que $G = E/2(1+\mu) = 80769$ [N/mm²], on obtient :

$$\begin{cases} \displaystyle\int \frac{Mm}{EAe} d\theta = \int_0^\pi \frac{Q(R\sin\theta)^2}{EAe} d\theta = \frac{\pi QR^2}{2EAe} = 0{,}08773 \text{ [mm]} \\ \displaystyle\int \frac{Mn}{EA} d\theta = \int_0^\pi \frac{QR\sin^2\theta}{EA} d\theta = \frac{\pi QR}{2EA} = 0{,}00861 \text{ [mm]} \\ \displaystyle\int \frac{Nn}{EA}(Rd\theta) = \int_0^\pi \frac{Q\sin^2\theta}{EA} Rd\theta = \frac{\pi QR}{2EA} = 0{,}00861 \text{ [mm]} \\ \displaystyle\int \frac{Nm}{EA} d\theta = \int_0^\pi \frac{QR\sin^2\theta}{EA} d\theta = \frac{\pi QR}{2EA} = 0{,}00861 \text{ [mm]} \\ \displaystyle\int \frac{Vv}{GA_v}(Rd\theta) = \int_0^\pi \frac{Q\cos^2\theta}{GA_v} Rd\theta = \frac{\pi QR}{2GA_v} \approx \frac{\pi QR}{2GA} = 0{,}02237 \text{ [mm]} \end{cases}$$

Finalement, la flèche totale vaut 0,111 [mm] et on constate que la contribution due à l'effort tranchant n'est pas négligeable :

0,00945 +(0,08773–0,00861) + (0,00861–0,00861) + 0,02237 = 0,111

➟ Comparaison des résultats avec ceux provenant de la théorie des éléments à faible courbure

On peut se demander quelle aurait été l'erreur commise si l'hypothèse "faible courbure" avait été adoptée. Connaissant l'inertie d'une section trapézoïdale considérée par rapport à son centre de gravité, on a :

$$I = \frac{h^3\left(b_i^2 + b_s^2 + 4b_i\, b_s\right)}{36\left(b_i + b_s\right)} = 13{,}36.10^6 \quad [\mathrm{mm}^4]$$

$$\int \frac{Mm}{EI} Rd\theta = \int_0^{\pi} \frac{Q(R\sin\theta)^2}{EI} Rd\theta = \frac{\pi QR^3}{2EI} = 0{,}08719 \quad [\mathrm{mm}]$$

$$\int \frac{Nn}{EA} Rd\theta = \int_0^{\pi} \frac{Q(\sin\theta)^2}{EA} Rd\theta = \frac{\pi QR}{2EA} = 0{,}00861 \quad [\mathrm{mm}]$$

La contribution de l'effort tranchant a été calculée précédemment et vaut 0,02237 [mm].

En faisant l'hypothèse de la faible courbure et sans tenir compte de la valeur de 945.10^{-5} [mm] provenant de la déformation de la partie verticale rectiligne, la flèche totale, vaut :

0,08719+0,00861+0,02237 = 0,118

Cette valeur est à comparer à la valeur de 0,102 calculée en considérant les formules de Winkler. L'erreur est donc de 15,7%.

Par ailleurs, un calcul des contraintes extrêmes dans la section AB par la théorie des poutres droites conduit aux valeurs de –54,36 [N/mm²] (fibre extérieure en compression) et 58,43 [N/mm²] (fibre intérieure en traction), et donc des valeurs assez différentes de celles obtenues par la théorie de Winkler (jusqu'à 31% d'écart dans cet exemple pour lequel R/h = 0,89).

La figure ci-dessous représente les courbes des contraintes obtenues par chacune des deux théories.

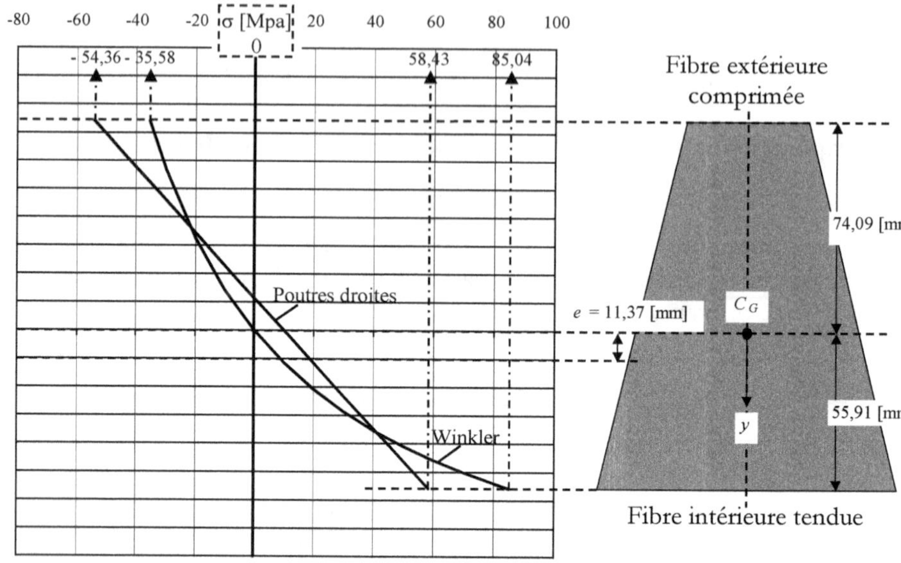

Comparaison entre les contraintes calculées par la théorie de Winkler d'une part, et la théorie des poutres droites, d'autre part (application à l'exemple traité). Dans ce cas, les valeurs relatives de M et N sont telles que les contraintes calculées à partir de la théorie de Winkler sont par hasard nulles sur la fibre moyenne. Ce n'est jamais le cas en flexion simple ni pour d'autres combinaisons de M et N.

Chapitre 11

Les arcs funiculaires

Illustration au recto :

Passerelle sur la N4, réseau Ravel à Gembloux (Belgique).
Maître d'œuvre : Ministère de l'équipement et des transports (M.E.T.).
Conception et étude : ingénieur des ponts et chaussées du M.E.T. F. Taquet (sur une proposition de M. Wouters, directeur des Ponts et Charpentes), 2004.
Croquis : Dominique Langendries

1. QUEL EST L'INTERET D'UN ARC ?

On sait que le *treillis* est une structure particulière dont les éléments ne sont soumis qu'à des efforts normaux, pour autant que les charges s'appliquent aux nœuds. Ceci reste vrai même si ces charges changent de répartition et c'est l'un des grands avantages du treillis.

Le *câble* est un autre type de structure soumise uniquement à des efforts normaux (de traction uniquement) dont la géométrie s'adapte cette fois automatiquement au type de chargement qui lui est appliqué.

L'*arc*, enfin, est une structure à laquelle il est aussi possible, pour un chargement particulier, de donner une géométrie telle qu'il travaille uniquement en compression, à l'exclusion de tout moment fléchissant et effort tranchant [1]. On parlera alors d'*arc funiculaire*. Cette propriété lui confère un double avantage : d'une part, il se déforme peu et, d'autre part, l'absence de contraintes de traction est un atout si le matériau constitutif est du béton ou de la maçonnerie. C'est cette propriété fondamentale qui a permis la construction des voûtes, des arcs romains et des arcs gothiques.

Malheureusement, contrairement au treillis et au câble, l'arc ne peut être le funiculaire que d'un seul type de chargement. Si ce chargement change de répartition, des moments fléchissants vont naître et l'arc perd alors son intérêt.

Sur le plan structural, l'arc n'est ainsi réellement efficace que lorsque les charges variables qui s'y appliquent sont faibles par rapport à son poids propre et aux charges permanentes. C'est particulièrement le cas des structures en pierre ou en maçonnerie et des arcs de grande portée. L'arc est dès lors l'une des solutions fréquemment adoptées par les concepteurs pour franchir de grandes portées sans appuis intermédiaires. Il faut dire aussi que son intérêt esthétique est tel qu'il est souvent utilisé, même lorsque les conditions précédentes ne sont pas satisfaites et qu'il n'est donc pas le funiculaire des charges.

2. LA FORME IDEALE DES ARCS ET L'ANALOGIE AVEC LES CABLES

Depuis des siècles, les arcs sont construits sous différentes formes : arcs romains, gothiques, arabes... Ces formes ne sont pas innocentes puisqu'elles ont un objectif commun : faire de l'arc une structure funiculaire soumise essentiellement à des

---

[1] On prendra d'ailleurs exceptionnellement la convention $N>0$ en compression dans ce chapitre et le suivant, contrairement à la convention choisie au chapitre 1.

efforts de compression, en veillant à ce que les moments fléchissants soient les plus petits possibles.

Le problème de l'arc peut se résoudre en considérant la situation duale du câble de même portée et soumis aux mêmes sollicitations. En effet, les câbles ayant une rigidité flexionnelle très faible, ils prennent naturellement des géométries qui satisfont les équations d'équilibre tout en annulant en chaque section le moment fléchissant. Ainsi, un arc soumis à une répartition uniforme de charge devra, pour être funiculaire, avoir la même forme que le câble de même portée soumis à ce même type de charge :

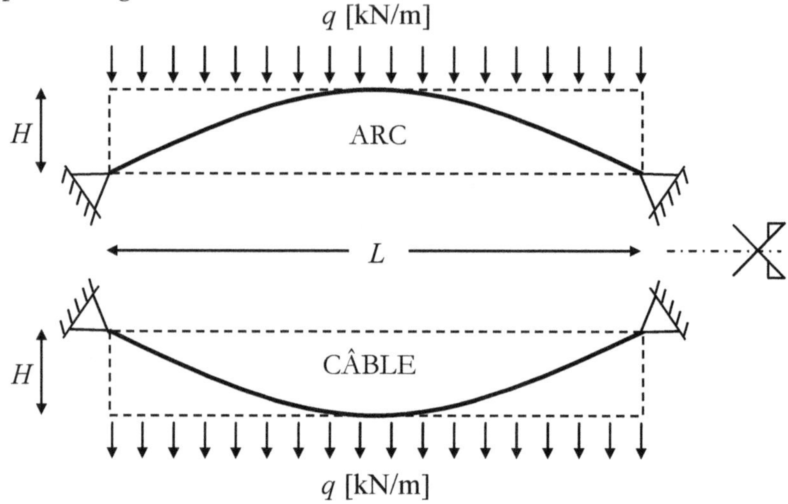

Par ailleurs, la géométrie funiculaire d'un arc soumis à des charges ponctuelles grandes par rapport à son poids propre est le polygone funiculaire, qui est la forme naturelle d'un câble soumis aux mêmes charges ponctuelles :

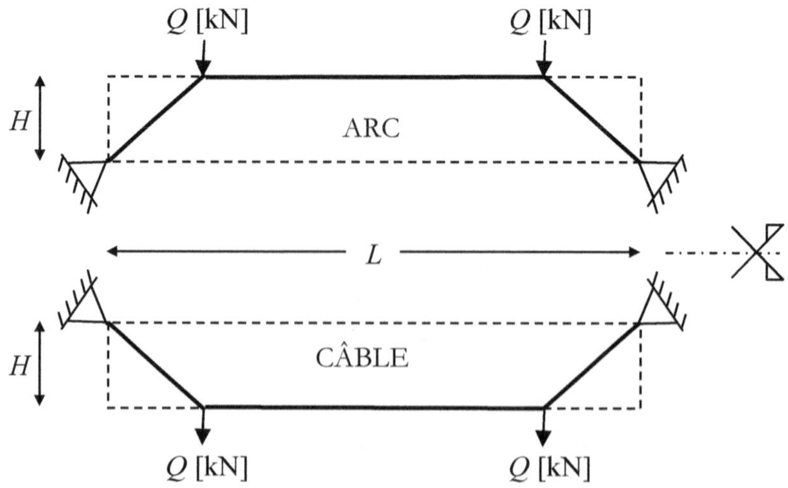

Des considérations précédentes, on peut déduire qu'un arc funiculaire devra comporter un point anguleux en tout point où s'applique une charge ponctuelle. C'est le cas des arcs gothiques qui sont normalement conçus pour reprendre une charge uniformément distribuée (poids propre ou maçonnerie) superposée à une charge ponctuelle centrée, provenant par exemple d'une charpente.

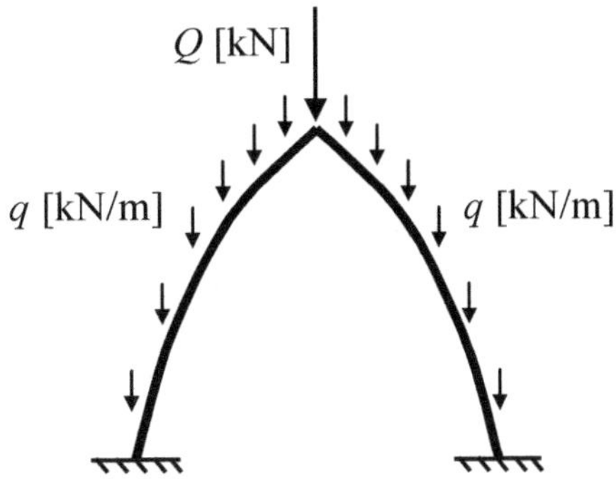

3. L'ARC PARABOLIQUE FUNICULAIRE

3.1. Les types d'arcs paraboliques

La présence ou non d'une rotule à la clé (clé=sommet), ou aux naissances (naissance= appui), peut faire varier l'hyperstaticité des arcs de 0 à 3. Parmi les arcs paraboliques, il faut distinguer 4 types principaux, illustrés ci-contre :

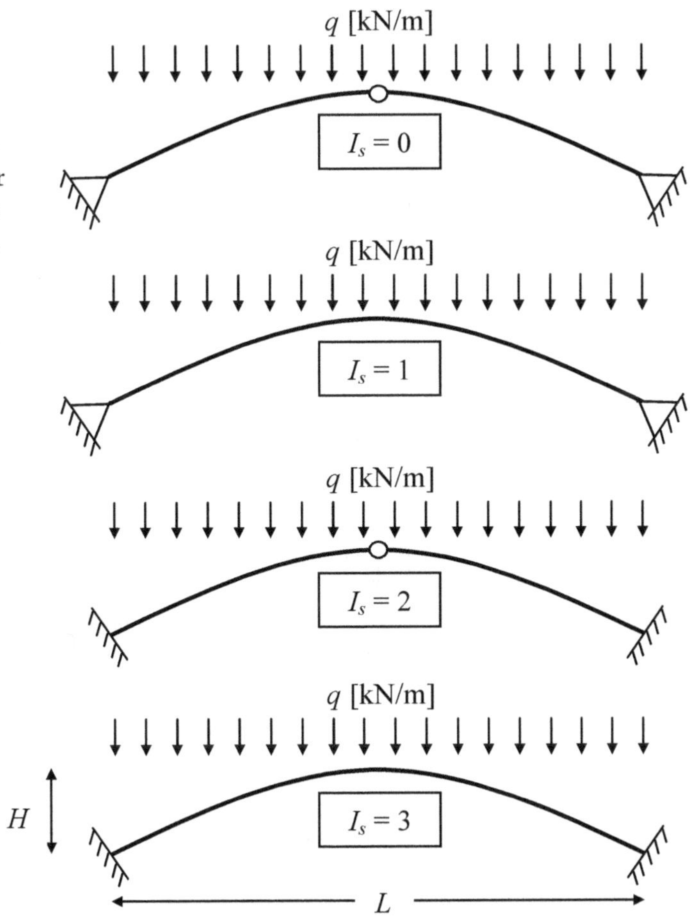

On appellera ***élancement*** de l'arc le rapport L/H entre la portée L et la hauteur à la clé H.

3.2. Justification de la géométrie parabolique

Il est aisé de démontrer que l'arc parabolique est le funiculaire d'une charge uniformément répartie.

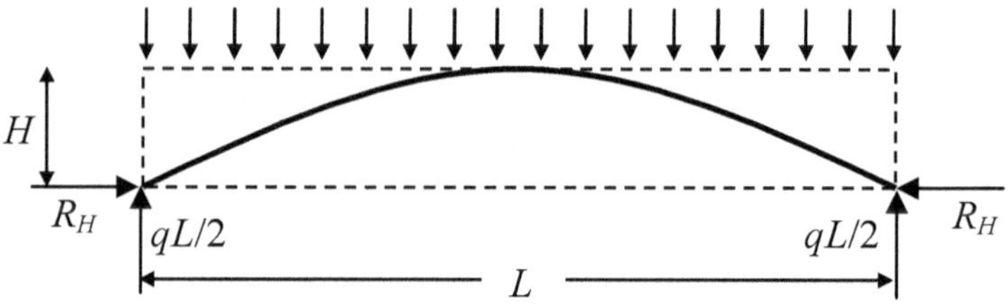

En effet :

- la symétrie implique que les deux réactions verticales valent $qL/2$;
- si on postule que l'arc est funiculaire, le moment fléchissant est nul en tout point de l'arc et donc aussi à la clé. On peut donc calculer la poussée horizontale R_H en faisant l'équilibre des moments relatifs au demi arc de gauche par rapport à la clé de l'arc :

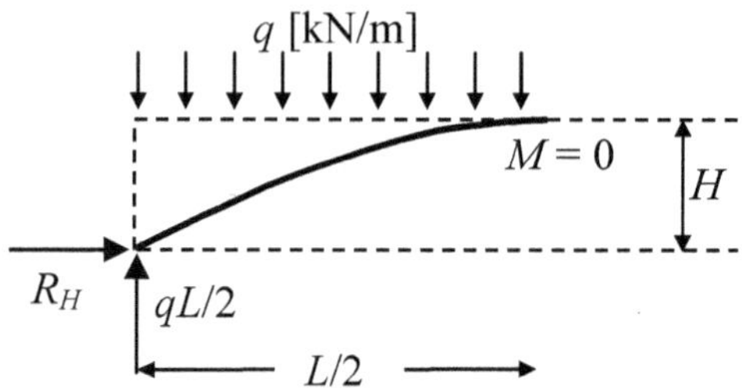

$$\frac{qL}{2} * \frac{L}{2} - R_H * H - \frac{qL}{2} * \frac{L}{4} = 0$$

$$\Rightarrow \boxed{R_H = \frac{qL^2}{8H}}$$

- enfin, l'équation parabolique s'obtient en imposant que le moment fléchissant soit nul en tout point (x,y) de l'arc :

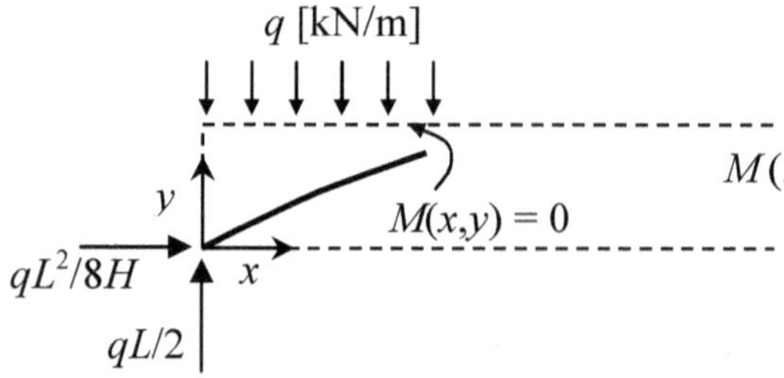

$$M(x,y) = \frac{qL}{2}x - \frac{qL^2}{8H}y - qx\frac{x}{2} = 0$$

$$\Rightarrow \boxed{y = \frac{4H}{L^2}x(L-x)}$$

Remarquons que si le repère (x,y) est situé à la clé de l'arc, l'équation parabolique devient :

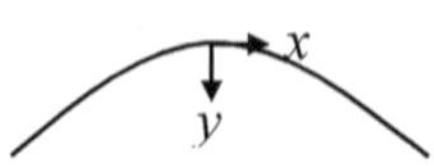

$$\boxed{y = \frac{4H}{L^2}x^2}$$

3.3. Expression des efforts de compression

L'arc n'étant soumis à aucune charge horizontale par hypothèse, et puisque le moment fléchissant et l'effort tranchant sont nuls partout, la projection horizontale de l'effort normal en toute section de l'arc est constante et égale à la réaction horizontale $qL^2/8H$.

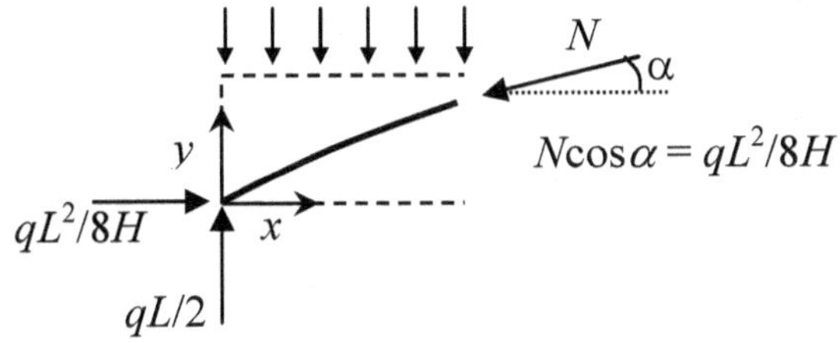

L'effort de compression dans l'arc est donc d'autant plus grand que l'on se rapproche des appuis puisque l'inclinaison α augmente vers ceux-ci.

L'effort maximal de compression se produit donc aux appuis de l'arc et vaut :

$$N_{\max} = \sqrt{\left(\frac{qL^2}{8H}\right)^2 + \left(\frac{qL}{2}\right)^2} = \frac{qL^2}{8H}\sqrt{1 + \left(\frac{4H}{L}\right)^2}$$

Il est aisé de calculer l'expression de l'effort normal en une abscisse x quelconque (pour ce calcul, on considère que le repère (x,y) est situé à la clé) :

sachant que $y = \frac{4H}{L^2}x^2$ et $\frac{dy}{dx} = \frac{8Hx}{L^2}$

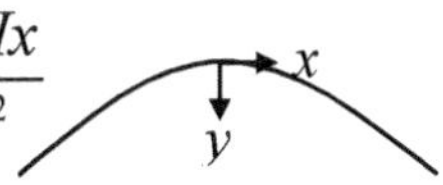

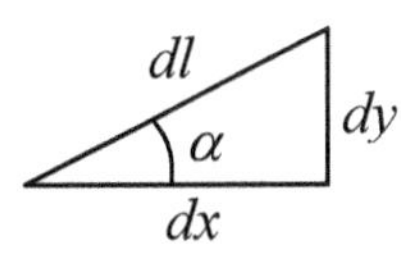

On a : $\cos\alpha = \frac{dx}{dl} = \frac{dx}{\sqrt{dx^2 + dy^2}} = \frac{1}{\sqrt{1 + \left(\frac{dy}{dx}\right)^2}} = \frac{1}{\sqrt{1 + \left(\frac{8Hx}{L^2}\right)^2}}$

Et **l'effort normal en une abscisse** x prise par rapport à la clé vaut donc :

$$N(x) = \frac{qL^2}{8H}\frac{1}{\cos\alpha} = \frac{qL^2}{8H}\sqrt{1 + \left(\frac{8Hx}{L^2}\right)^2}$$

3.4. Longueur totale d'un arc parabolique

La longueur de la fibre moyenne de l'arc est représentée graphiquement ci-dessous et vaut (*l* étant la coordonnée courante le long de cette fibre moyenne) :

$$L_{arc} = \int_l dl = \int_{-L/2}^{L/2} \sqrt{dx^2 + dy^2} = \int_{-L/2}^{L/2} \sqrt{1 + \left(\frac{dy}{dx}\right)^2} dx \quad \text{Avec} \quad \frac{dy}{dx} = \frac{8Hx}{L^2}$$

$$\Rightarrow \quad \boxed{L_{arc} = \frac{L}{2}\left(\kappa + \frac{L}{4H}\ln\left(\frac{4H}{L} + \kappa\right)\right) \quad \text{Avec} \quad \kappa = \sqrt{1 + \left(\frac{4H}{L}\right)^2}}$$

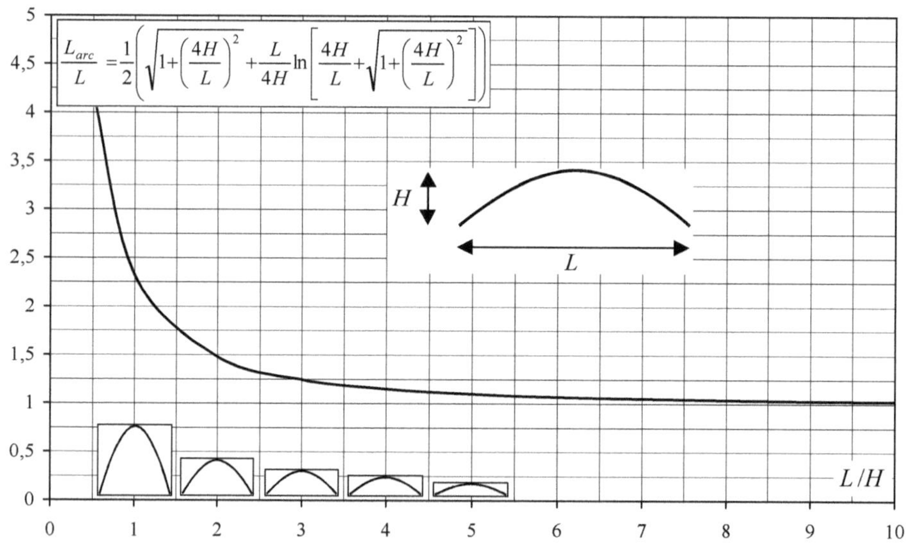

3.5. Arc avec appuis à des niveaux différents

Il est important de faire remarquer que, si la parabole est le funiculaire d'une charge uniformément distribuée, tout morceau de parabole l'est aussi :

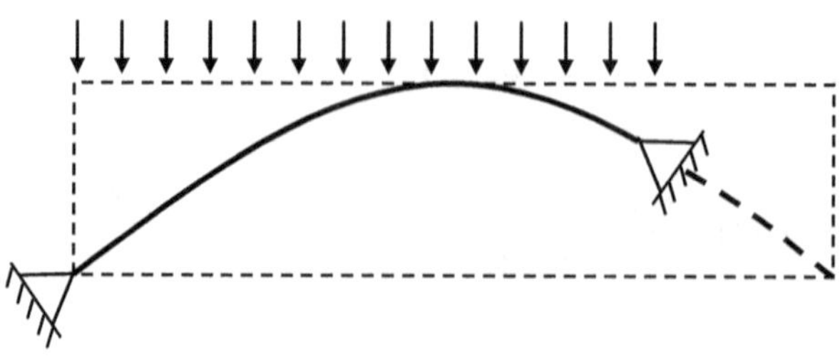

Dans ce contexte, l'équation d'une parabole passant par deux appuis situés à des niveaux différents est la suivante :

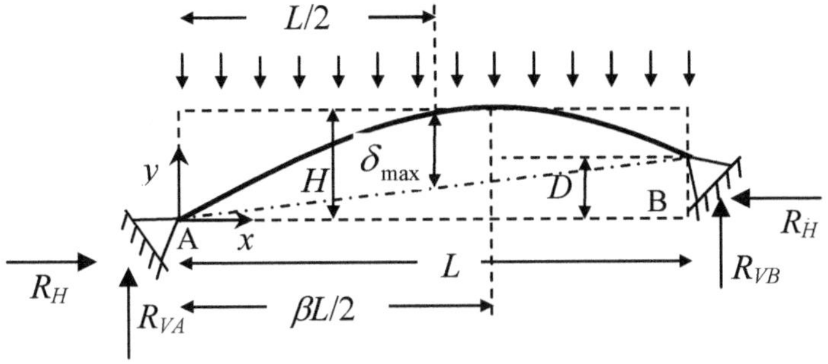

$$\boxed{y = \frac{4H}{(\beta L)^2}x(\beta L - x)} \qquad \text{Avec} \qquad \beta = \frac{2H}{D}\left(1 - \sqrt{1 - D/H}\right)$$

Par ailleurs, la distance verticale maximale entre l'arc et sa corde se trouve toujours à mi-travée et permet de calculer la réaction d'appui horizontale :

$$\boxed{R_H = qL^2/8\delta_{max}}$$

Le cas limite d'un arc dont la tangente est horizontale à l'appui B (il est alors la clé) correspond à l'équation suivante :

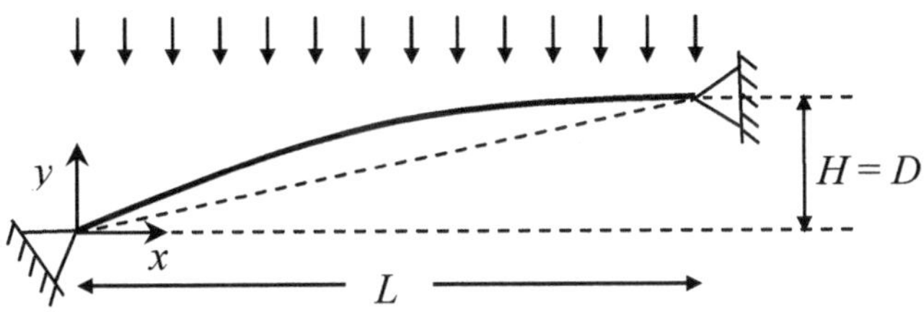

$$\boxed{y = \frac{D}{L^2}x(2L - x)} \qquad \text{avec} \qquad D = H$$

Entre cette forme limite et la droite joignant les appuis, il existe une infinité d'équations de paraboles qui correspondent à des arcs de plus en plus "tendus" :

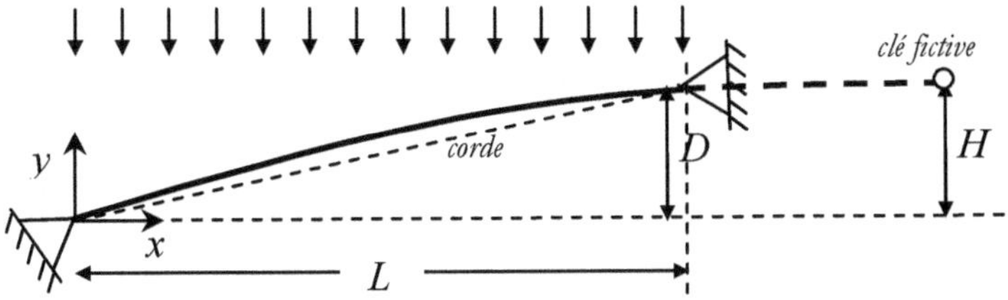

$$\boxed{y = ax^2 + \left(\frac{D - aL^2}{L}\right)x} \qquad \text{avec} \qquad -D/L^2 \leq a \text{ négatif !} \leq 0$$

Pour $a = 0$, on trouve l'équation $y = Dx/L$ de la corde joignant les appuis.

3.6. Arc à "pattes d'éléphant"

On sait que la projection horizontale de l'effort normal en toute section est constante et égale à la réaction d'appui $qL^2/8H$:

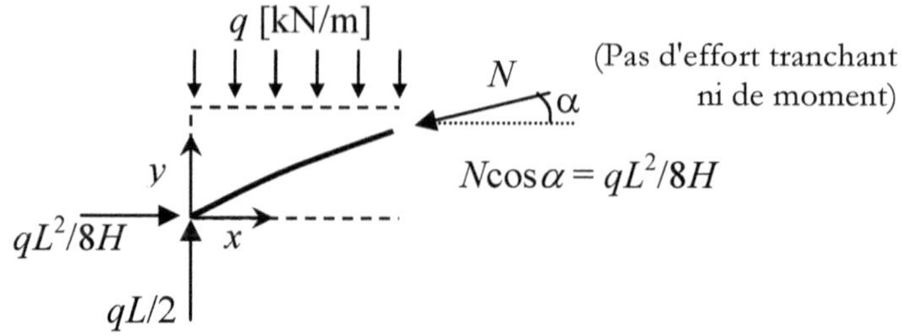

L'effort normal croît donc de la clé vers les appuis et *vaut* $qL^2/(8H\cos\alpha)$. Supposons un arc de section rectangulaire (A = largeur b * hauteur h). On suppose la largeur b constante et la hauteur h variable de telle façon que le matériau ne soit pas gaspillé et travaille à la même contrainte σ partout (par exemple sa limite d'élasticité entachée de son cœfficient de sécurité). Soit encore A_0 cette section à la clé et h_0 la hauteur qui lui correspond. On a :

$$A = \frac{N}{\sigma} = \frac{qL^2}{8H\sigma}\frac{1}{\cos\alpha} \quad \text{et} \quad A_0 = \frac{qL^2}{8H\sigma} \quad (\text{car } \cos\alpha = 1 \text{ à la clé})$$

Ou encore : $$A = \frac{A_0}{\cos\alpha} \quad \text{et} \quad \boxed{h = \frac{h_0}{\cos\alpha}}$$

La relation précédente est la condition pour que l'arc exploite au mieux le matériau en faisant travailler toutes les sections à la même contrainte σ. Cette relation est illustrée à la figure suivante :

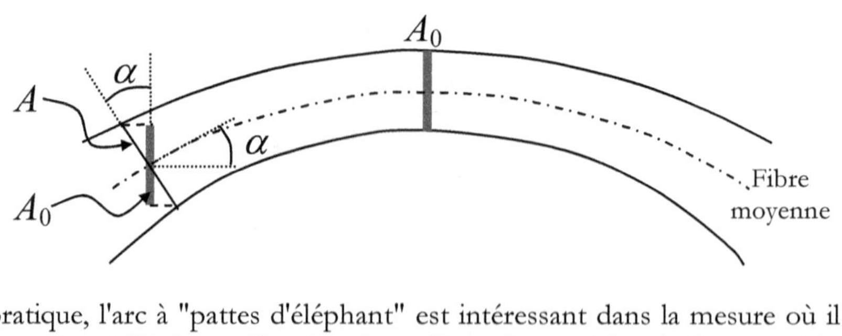

En pratique, l'arc à "pattes d'éléphant" est intéressant dans la mesure où il permet d'économiser 35% de matière dans le meilleur des cas, c'est-à-dire quand la sensibilité au flambement est nulle et que l'élancement L/H est petit. On se reportera au chapitre 15 (partie 3, §2.3) pour davantage d'informations à ce sujet, ainsi qu'au §9 du présent chapitre.

Le tableau ci-dessous donne le gain de matière obtenu grâce à l'arc à "pattes d'éléphant" par rapport à l'arc de section constante de même élancement L/H, lorsque la sensibilité au flambement est nulle.

L /H		**Gain de matière obtenu par l'arc à "pattes d'éléphant"**
1		33,9%
2		29,5%
3		23,3%
4		17,9%
5		13,7%
10		4,7%

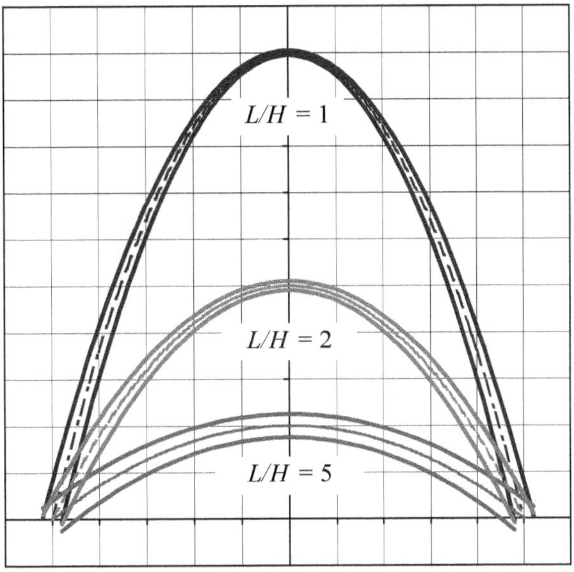

Ci-contre : arcs à "pattes d'éléphant" de même portée et soumis à une même charge uniformément distribuée mais d'élancements L/H différents, travaillant tous les trois à la même contrainte dans toutes les sections. Le volume minimal de matière est obtenu pour $L/H = 2{,}309$ (voir §9 et chapitre 15).

3.7. Flèche verticale à la clé de l'arc parabolique à trois rotules, de section constante, soumis à une charge uniformément distribuée

Il est prouvé (§4) que les efforts internes et les réactions d'appui d'un arc parabolique sous charge uniformément distribuée sont indépendants de son hyperstaticité. Par contre, la déformée prend une forme différente selon la présence ou non d'articulations (rotules) aux appuis ou à la clé, comme le montre la figure ci-contre issue du logiciel ISSD (l'échelle des déformations est amplifiée) :

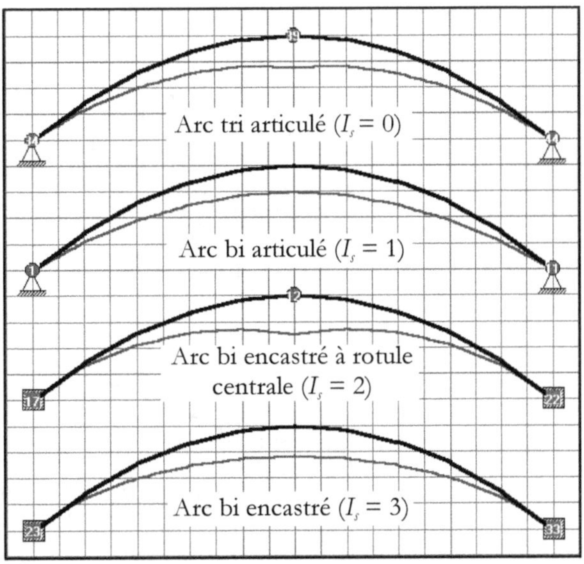

L'ordre de grandeur de la flèche verticale à la clé est toutefois peu différent dans les quatre configurations et la valeur qui correspond à l'arc tri articulé majore les autres, sauf celle de l'arc bi encastré à rotule centrale qui est légèrement plus grande (max. 20%).

La valeur de la flèche à la clé de l'arc isostatique à rotule centrale se calcule en appliquant le théorème de la force unité (voir chapitre 1, §9) à partir des deux figures suivantes.

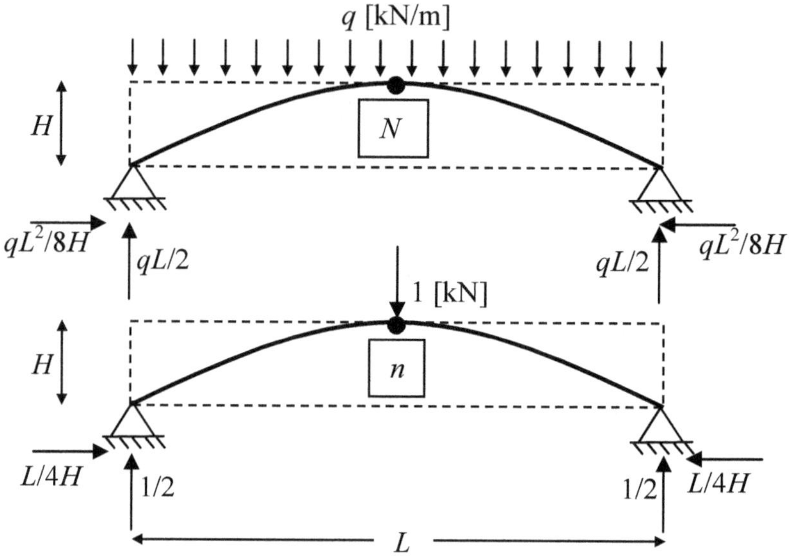

L'expression de N est connue et celle de n se déduit à partir de règles trigonométriques élémentaires :

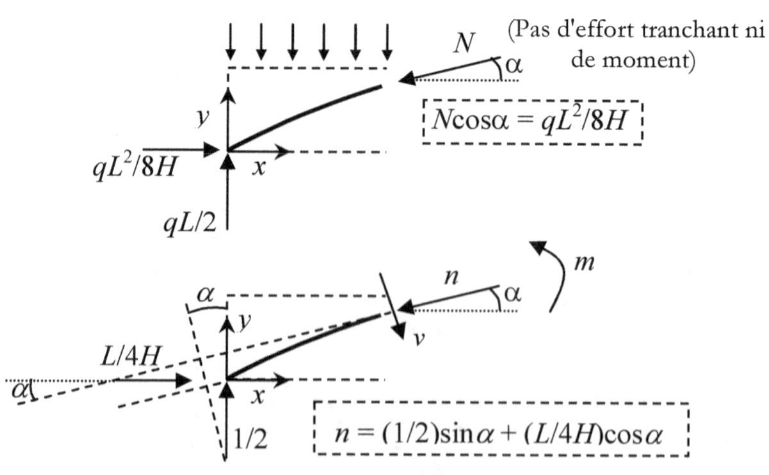

Si l est une coordonnée courante le long de la fibre moyenne de l'arc, la flèche verticale à la clé vaut ($M=V=0$), en application du théorème de la force unité :

$$\delta = \int_l \frac{Nn}{EA} dl = \frac{1}{EA} \int_l \left(\frac{qL^2}{8H\cos\alpha} \right) \left(\frac{\sin\alpha}{2} + \frac{L}{4H}\cos\alpha \right) dl$$

$$= \frac{qL}{16EA} \frac{L}{H} \int_l tg\alpha \, dl + \frac{qL}{32EA} \left(\frac{L}{H} \right)^2 \int_l dl$$

L'intégrale de droite représente la longueur de l'arc et a déjà été développée précédemment au §3.4 :

$$\int dl = \frac{L}{2} \left(\sqrt{1 + \left(\frac{4H}{L} \right)^2} + \frac{L}{4H} \ln \left[\frac{4H}{L} + \sqrt{1 + \left(\frac{4H}{L} \right)^2} \right] \right)$$

Pour l'intégrale de gauche, il est plus aisé de considérer l'équation de la parabole par rapport à un repère situé à la clé de l'arc :

$$\begin{cases} y = \dfrac{4H}{L^2} x^2 \\ \dfrac{dy}{dx} = \dfrac{8H}{L^2} x \\ tg\alpha = \dfrac{dy}{dx} = \dfrac{8H}{L^2} x \\ dl = \sqrt{dx^2 + dy^2} = \sqrt{1 + \left(\dfrac{dy}{dx} \right)^2} dx = \sqrt{1 + \left(\dfrac{8H}{L^2} x \right)^2} dx \end{cases}$$

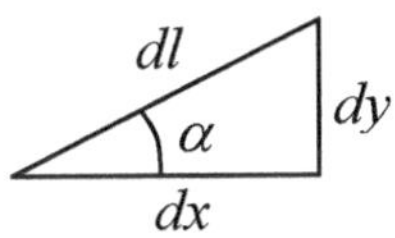

On obtient : $\displaystyle\int_l tg\alpha \, dl = \frac{16}{L} \frac{H}{L} \int_{x=0}^{x=L/2} x \sqrt{1 + \left(\frac{8H}{L^2} x \right)^2} dx$

Et sachant que $\displaystyle\int_0^{L/2} x \sqrt{1 + \left(\frac{x}{a} \right)^2} dx = \frac{1}{3a} \left[\left(a^2 + \frac{L^2}{4} \right)^{3/2} - a^3 \right]$

on trouve : $\displaystyle\int_l tg\alpha \, dl = \frac{16L}{3} \left(\frac{H}{L} \right)^2 \left[\left(1 + \left(\frac{L}{4H} \right)^2 \right)^{3/2} - \left(\frac{L}{4H} \right)^3 \right]$

Finalement, la flèche verticale δ à la clé d'un arc parabolique à trois rotules, soumis à une charge uniformément distribuée q, est égale au produit de qL^2/EA par une fonction dépendant uniquement de L/H :

$$\delta = \frac{qL^2}{EA}\left[\begin{array}{l}\dfrac{1}{3}\dfrac{H}{L}\left(\left(1+\left(\dfrac{L}{4H}\right)^2\right)^{3/2}-\left(\dfrac{L}{4H}\right)^3\right)\\ +\left(\dfrac{L}{8H}\right)^2\left(\sqrt{1+\left(\dfrac{4H}{L}\right)^2}+\dfrac{L}{4H}\ln\left[\dfrac{4H}{L}+\sqrt{1+\left(\dfrac{4H}{L}\right)^2}\right]\right)\end{array}\right]$$

Il peut être utile de réécrire l'expression de cette flèche δ de manière à faire disparaître la section A au profit de la contrainte maximale σ qui règne aux appuis.

Cette contrainte maximale σ peut être déduite de l'expression de l'effort de compression maximal calculée au §3.3 et vaut : $\sigma = \frac{1}{A}\frac{qL^2}{8H}\sqrt{1+\left(\frac{4H}{L}\right)^2}$.

On peut donc éliminer le terme en A/qL de l'expression ci-dessus de la flèche pour obtenir, finalement :

$$\delta = \frac{\sigma L}{E}\frac{8\dfrac{H}{L}}{\sqrt{1+\left(\dfrac{4H}{L}\right)^2}}\left[\begin{array}{l}\dfrac{1}{3}\dfrac{H}{L}\left(\left(1+\left(\dfrac{L}{4H}\right)^2\right)^{3/2}-\left(\dfrac{L}{4H}\right)^3\right)\\ +\left(\dfrac{L}{8H}\right)^2\left(\sqrt{1+\left(\dfrac{4H}{L}\right)^2}+\dfrac{L}{4H}\ln\left[\dfrac{4H}{L}+\sqrt{1+\left(\dfrac{4H}{L}\right)^2}\right]\right)\end{array}\right]$$

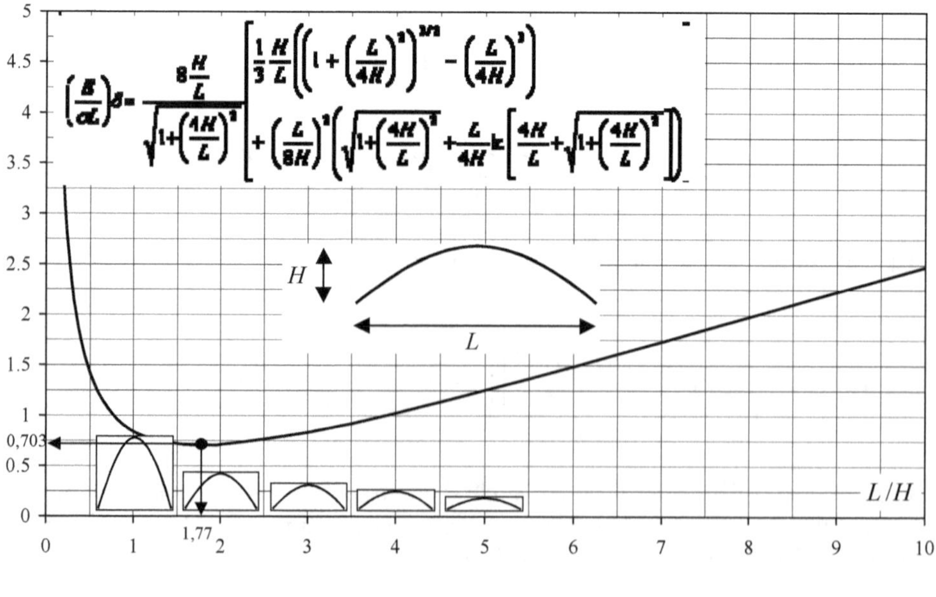

4. CONSIDERATIONS SUR L'HYPERSTATICITE DES ARCS FUNICULAIRES

On a montré au §3.2 que la géométrie parabolique est le funiculaire d'une charge uniformément répartie. Il est important de préciser que **cette démonstration ne postule nullement que l'arc soit isostatique et reste valable quelle que soit son hyperstaticité**.

L'application d'un chargement sur l'arc aura toutefois pour conséquence de le comprimer et d'y créer des déformations, faibles mais bien réelles.

Si l'arc est isostatique, il pourra tourner librement autour de ses appuis et de la rotule centrale sans autre conséquence. Par contre, s'il est hyperstatique, il ne pourra tourner librement et des moments parasitaires, très petits, vont naître, comme l'illustre la figure ci-contre issue du logiciel ISSD :

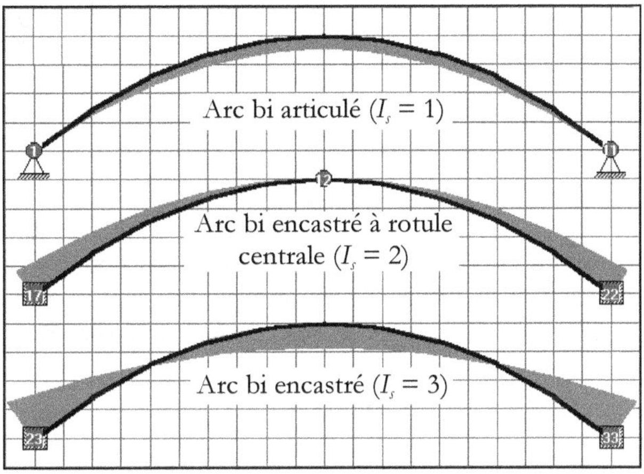

Partant de l'hypothèse que les déformations de compression d'un arc funiculaire peuvent être négligées, il en résulte que **le funiculaire d'un arc hyperstatique est le funiculaire de cet arc rendu isostatique de manière quelconque et inversement**. Cette propriété remarquable est applicable à tous les types d'arcs funiculaires, qu'ils soient paraboliques ou non.

En particulier :

- la parabole est funiculaire à la fois pour l'arc isostatique à rotule centrale, l'arc bi articulé, l'arc bi encastré à rotule centrale et l'arc bi encastré;
- les réactions d'appui et l'effort normal en une section donnée sont les mêmes pour tous ces arcs et les moments sont inexistants dans tous les cas.

Cette propriété remarquable peut s'expliquer d'une autre manière à partir de l'expression des déplacements servant à lever l'hyperstaticité de l'arc. En effet, négliger les déformations de compression revient à négliger le terme $\int Nn/EA\,dl$. Il ne reste plus alors que les termes en $\int Mm/EI\,dl$ et $\int Vv/GA_v\,dl$ qui sont nuls puisque la géométrie est funiculaire et que donc $M=V=0$.

5. LA VALIDITE DE L'HYPOTHESE DE CHARGE UNIFORMEMENT REPARTIE ET LA NOTION DE CHAINETTE

Comme démontré précédemment au §3.2, l'arc parabolique est le funiculaire d'une charge uniformément répartie. En pratique, cette charge n'est pas toujours distribuée de manière uniforme, comme le montre la figure ci-après où le poids de la maçonnerie est plus important sur les côtés qu'au centre de l'arc :

De même, le poids propre d'un arc, ou d'une couverture qui lui serait directement appliquée, ne correspond pas à une charge uniformément distribuée, comme le montre la figure ci-dessous. Ce poids propre, pris par unité de longueur horizontale, est en effet plus important aux appuis qu'à la clé. Cette différence tend toutefois à disparaître si l'arc est élancé (on parle aussi d'arc surbaissé) :

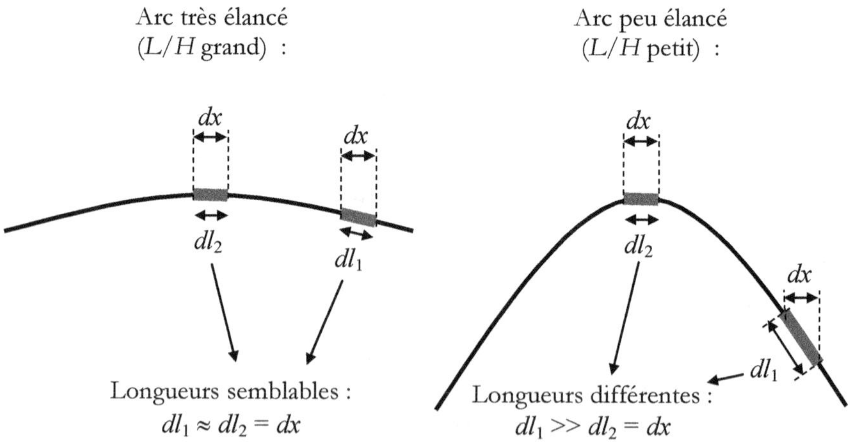

Le funiculaire d'une telle charge n'est plus une parabole mais une chaînette, dont l'équation s'exprime avec les fonctions hyperboliques.

En référence avec l'analogie entre l'arc et le câble dont il a été question au §2, la chaînette est la forme naturelle que prend un câble suspendu entre deux appuis, sous l'effet de son poids propre. Elle est d'autant plus semblable à la parabole que le câble est tendu, comme le montre la figure de la page suivante. Pour cette raison, les arcs en chaînette ne seront pas considérés dans le cadre de ce chapitre. En effet, les arcs ont en général un élancement L/H supérieur à 3 (pour rappel, élancement = portée L sur hauteur à la clé H), sauf dans des cas très particuliers (œuvres d'art, abris pour dirigeables, ...).

Le lecteur intéressé trouvera les informations concernant les équations de la chaînette dans le chapitre 13 consacré aux câbles.

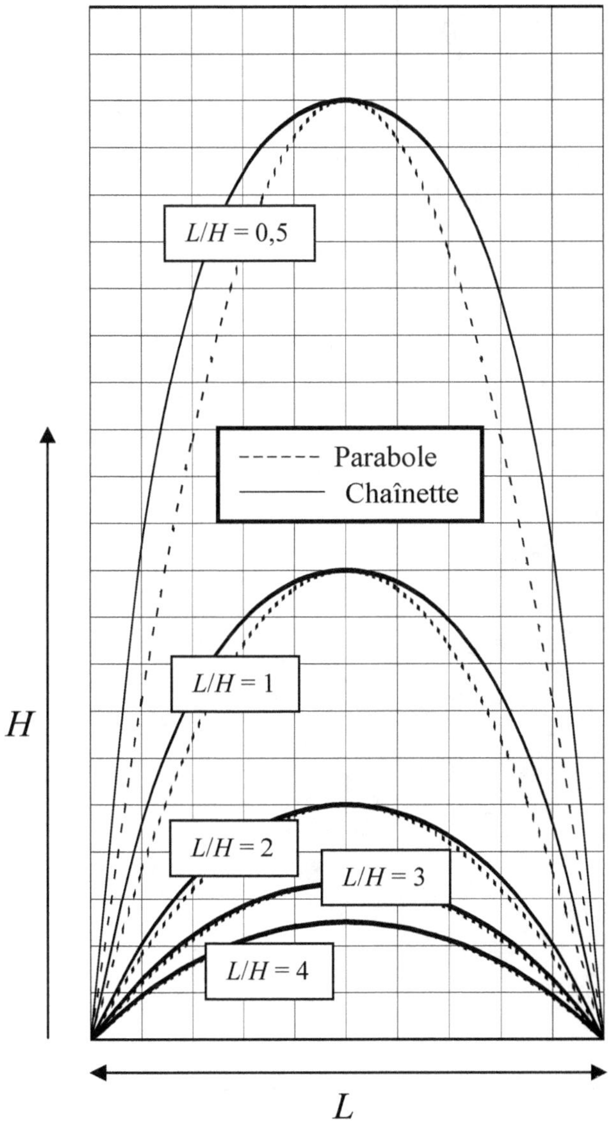

Comparaison entre la parabole et la chaînette pour différents élancements L/H.

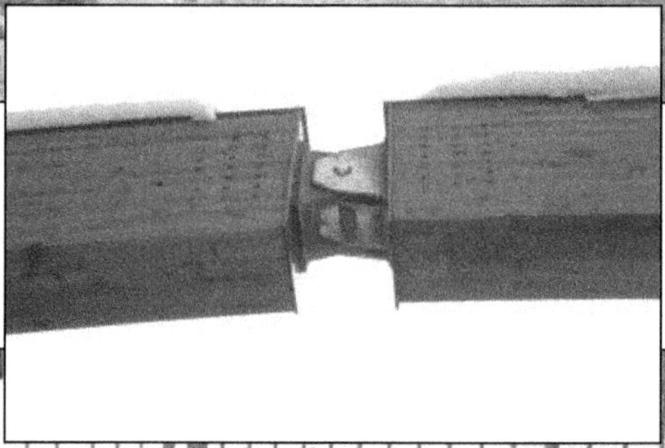

Un bel exemple de pont en arc à rotule centrale et appuis à rotule. (*Schröken, Autriche, photo de l'auteur, 1992*).

Vue détaillée de l'appui à rotule du même arc. (*Photo de l'auteur, 1992*).

6. LES ARCS QUI N'EN SONT PAS

Les deux structures ci-dessous ne méritent pas vraiment le nom d'arcs. En effet, elles ne génèrent aucune poussée horizontale aux appuis et ont un comportement de poutre, essentiellement soumise à des moments fléchissants (et efforts tranchants) :

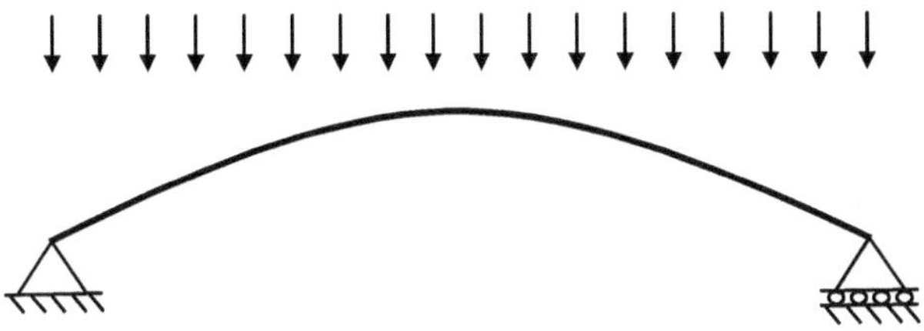

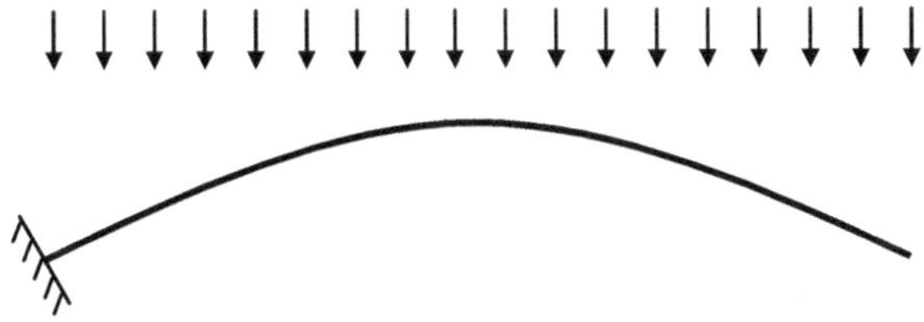

7. GENERALITES SUR LA STATIQUE DES ARCS

Dans le cadre de ce chapitre, on considère que les charges sont toujours verticales.

7.1. Les équations d'équilibre externe et le calcul des réactions d'appui

Les deux réactions d'appui verticales peuvent être différentes si les charges sont dissymétriques ou les appuis à des niveaux différents. L'équation d'équilibre horizontal servant à prouver que les deux réactions horizontales sont égales, trois équations au moins sont encore nécessaires (si l'arc est bi encastré et non funiculaire, il en faut six). Si l'arc est funiculaire[2], on peut encore profiter du fait *que le moment fléchissant est nul en tout point* pour établir une nouvelle équation d'équilibre des moments, par exemple par rapport à la clé.

7.2. Constance de la composante horizontale de l'effort de compression

Si un arc n'est soumis qu'à des forces verticales, les deux réactions horizontales sont forcément de sens opposés mais sont égales. De ce fait, l'équilibre des efforts horizontaux sur tout tronçon de l'arc montre que la composante horizontale N_H de

[2] Ou qu'il ne l'est pas mais qu'il est pourvu d'une rotule, le plus souvent située à la clé.

l'effort de compression qui y règne est constante et égale à la réaction d'appui horizontale R_H.

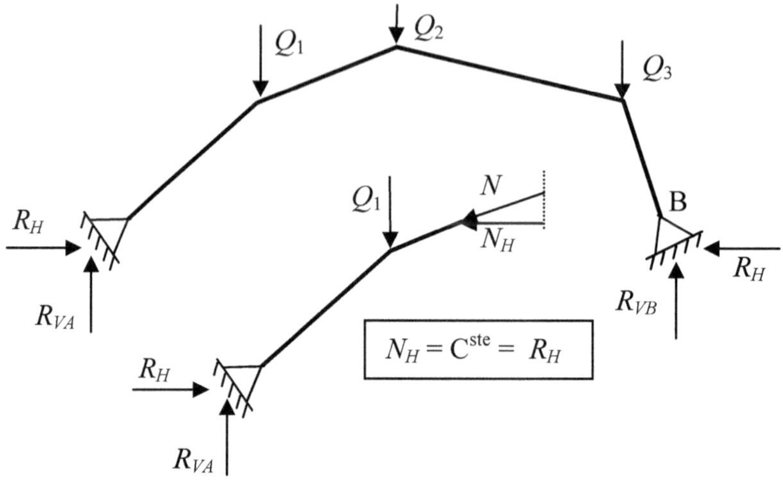

7.3. Tronçon soumis à l'effort de compression maximal

Comme la composante horizontale de l'effort de compression doit rester constante, c'est le tronçon le plus incliné qui est soumis au plus grand effort de compression. C'est donc à l'un des deux appuis (et pas nécessairement au plus élevé) que cet effort sera maximum.

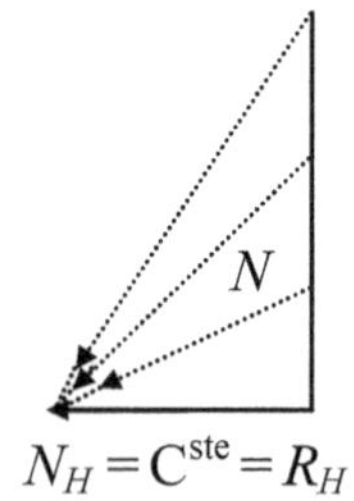

7.4. Arc infiniment élancé ⇒ effort de compression infini

Il a été montré au §3 que la réaction d'appui horizontale d'un arc de portée L et de hauteur à la clé H, soumis à une charge répartie q, est égale à $qL^2/(8H)$. De ce fait, pour une même portée L, si la hauteur à la clé H diminue, le dénominateur de l'expression précédente tend vers zéro et les efforts de compression dans l'arc tendent vers l'infini. Il existe donc un élancement L/H limite pour lequel le raccourcissement de l'arc dû à l'effort de compression est si grand que sa longueur après raccourcissement devient égale à la portée. Il en résulte un phénomène d'instabilité connu sous le nom de *claquement* (*snap through buckling*).

7.5. Théorème d'analogie entre l'arc funiculaire et la poutre

La propriété remarquable suivante est très utile lorsqu'on cherche la forme funiculaire relative à un cas de charge donné. Elle postule que *la forme de l'arc funiculaire est la même que celle du diagramme des moments d'une poutre de même portée soumise aux mêmes charges,* et elle s'énonce comme suit :

Soit un arc soumis à un cas de charge quelconque (charges ponctuelles et/ou distribuées) pour lequel il est funiculaire :

- soit R_H la réaction d'appui horizontale;
- soit H_x la distance verticale entre un point de l'arc et la droite joignant ses appuis;
- soit M_x le moment fléchissant, au même point, d'une poutre isostatique de même portée que l'arc et supportant les mêmes charges (ponctuelles et/ou réparties).

On a alors :

$$\boxed{H_x = \frac{M_x}{R_H}}$$

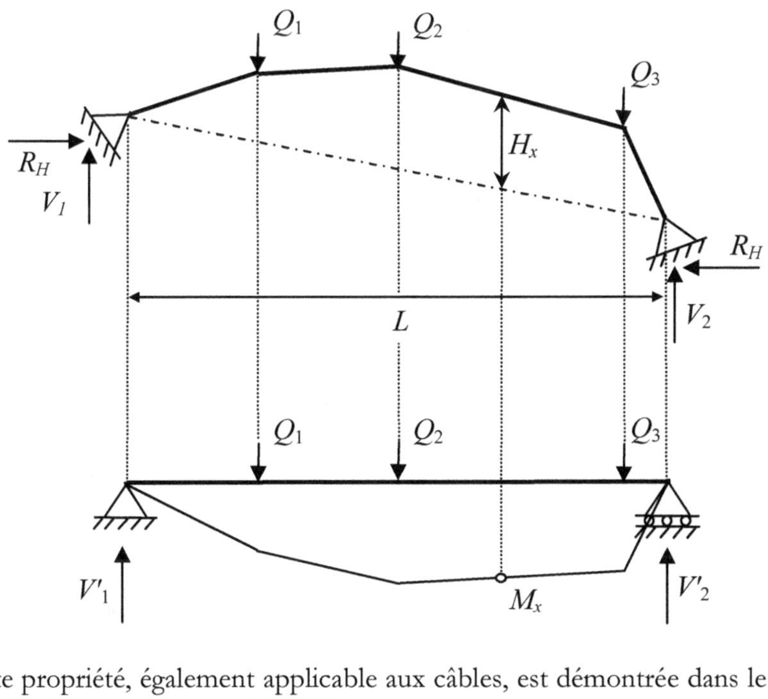

Cette propriété, également applicable aux câbles, est démontrée dans le chapitre 13 qui leur est consacré (§2.7).

8. LE FLAMBEMENT DES ARCS

Les arcs étant des éléments essentiellement comprimés, ils peuvent flamber, non seulement dans leur plan, mais aussi latéralement (on parlera alors de déversement). Les figures ci-dessous, issues du logiciel ISSD, illustrent les modes de flambement plan pour des arcs paraboliques soumis à des charges uniformément distribuées et ayant des degrés d'hyperstaticité différents :

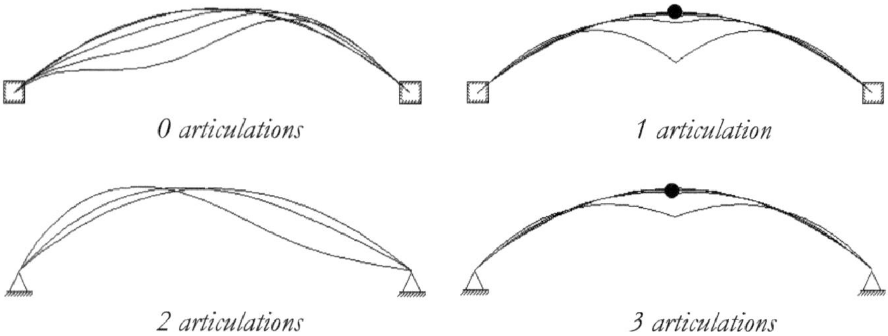

Timoshenko [3] a étudié les arcs paraboliques soumis à une charge uniformément répartie, de section constante ou variable (à "pattes d'éléphant"). Ces études concernent essentiellement le flambement plan, ce qui veut dire qu'il est sous-entendu que le déversement de l'arc est empêché par un procédé approprié de construction.

La charge totale distribuée critique F_{crit} d'un arc parabolique de section constante ou variable, d'inertie à la clé I et constitué d'un matériau de module d'élasticité E, peut s'écrire :

$$F_{crit} = \gamma \frac{EI}{L^2}$$

Dans cette expression, **le paramètre γ dépend uniquement de l'élancement géométrique L/H de l'arc**. Ses valeurs sont reprises dans les deux diagrammes présentés en page 270, respectivement pour les arcs de section constante et de type "pattes d'éléphant" (voir §3.6).

Tout comme la formule d'Euler relative aux éléments droits, la formule ci-dessus n'est pas correcte pour les arcs trapus, peu sensibles au flambement. Elle ignore en

[3] Timoshenko S., *Résistance des matériaux : théorie développée et problèmes* (traduit d'après la deuxième édition américaine par Lafitte Ch.), *Editions Dunod*, Paris, 1968.

effet la limite de résistance du matériau (c'est-à-dire sa limite d'élasticité). Elle doit donc être corrigée et peut-être réécrite comme suit [4] :

$$F_{crit} = \frac{\gamma}{\dfrac{\gamma_{cor}}{\sigma A_{appui}} + \dfrac{L^2}{EI}}$$

$$\text{Avec :} \quad \gamma_{cor} = \gamma \frac{L}{8H}\sqrt{1 + \left(\frac{4H}{L}\right)^2} = \text{fonction}(L / H)$$

Dans l'expression ci-dessus, A_{appui} est, par définition, la section aux appuis alors que I désigne encore l'inertie à la clé. Par ailleurs, σ est la limite d'élasticité du matériau, entachée de son cœfficient de sécurité (contrainte de dimensionnement).

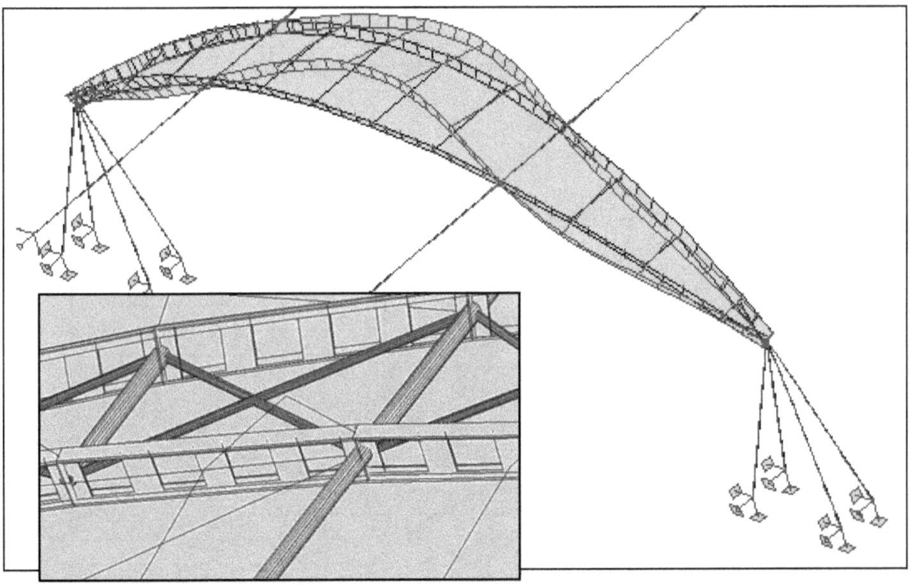

Structure de la toiture de la gare de Leuven. Illustration du dessus : simulation sur ordinateur du premier mode de flambement latéral des arcs de 39 mètres de portée. Illustration du dessous : des croisillons permettent d'éviter ce flambement latéral qui se produirait, sans ceux-ci, pour la moitié de la charge maximale de service. *(Architectes et ingénieurs Samyn and Partners avec le bureau d'études Setesco; source : Pierre Latteur; simulation sur le logiciel ROBOT Millennium, 2002).*

---

[4] Latteur P., *Optimisation et prédimensionnement des treillis, arcs, poutres et câbles sur base d'indicateurs morphologiques, application aux structures soumises en partie ou en totalité au flambement,* thèse de doctorat, Vrije Universiteit Brussel, 2000.

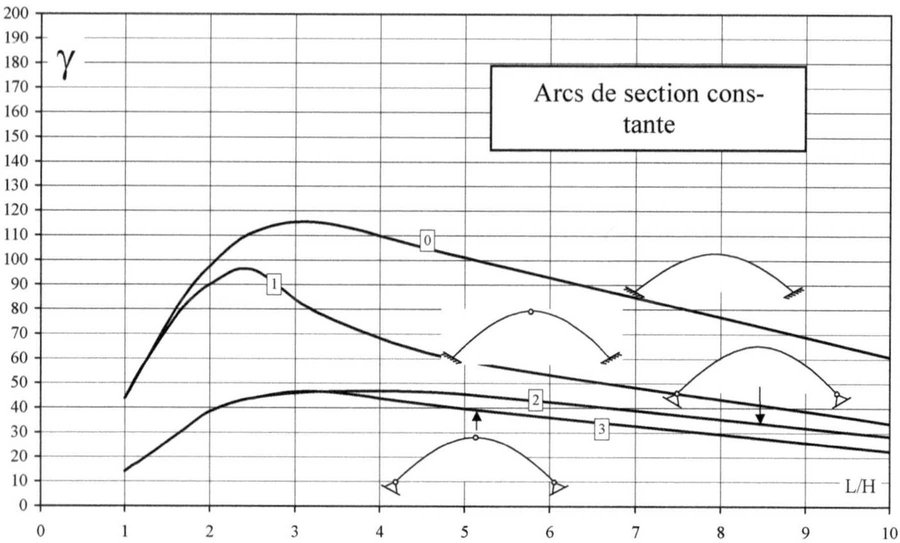

Valeurs du paramètre γ en fonction de L/H pour les arcs de **section constante** *à 0, 1, 2 et 3 articulations.*

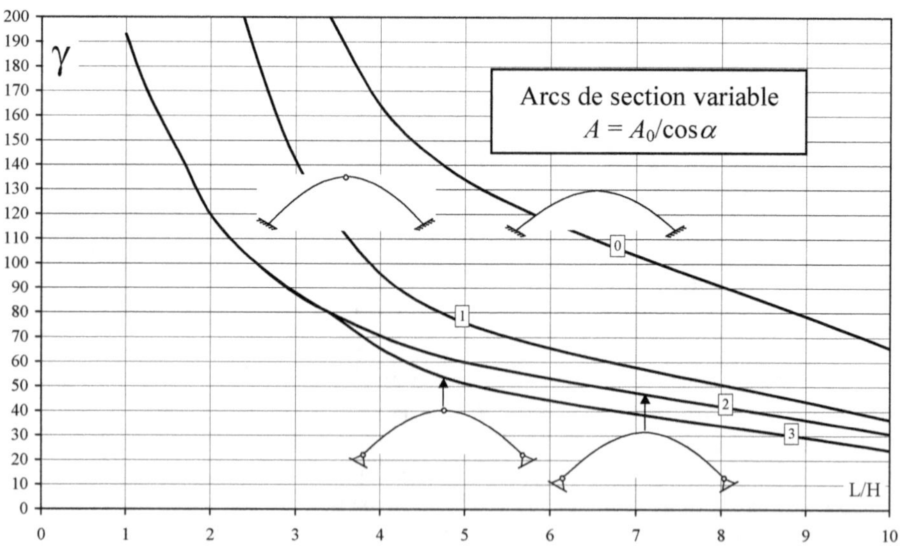

Valeurs du paramètre γ en fonction de L/H pour les arcs de **section variable** *(de type "pattes d'éléphant") à 0, 1, 2 et 3 articulations.*

Remarque importante :

Les propos qui précèdent ainsi que l'expression de la charge critique et les valeurs de γ qui sont données concernent uniquement les arcs paraboliques soumis à une charge uniformément distribuée.

Le calcul au flambement des autres types d'arcs funiculaires ne peut guère se faire que par une approche numérique car les équations analytiques ne sont pas disponibles ou sont trop complexes. L'analyse se fera donc de la même manière que pour les pièces courbes (voir le chapitre 9 (§3) ainsi que le chapitre 1 (§14)), c'est-à-dire par l'intermédiaire d'un logiciel qui fournira non seulement la forme des modes de flambement de la structure, mais aussi la valeur du *cœfficient critique* qui leur est associé.

La figure ci-dessous, issue du logiciel *Robot Millennium*, montre le premier mode de flambement de la structure funiculaire traitée dans l'exemple 2 du §10, en prenant les valeurs suivantes : section carrée creuse en acier de côté 10 [cm] et épaisseur 1 [cm], L=10 [m], H=2 [m], charges ponctuelles de 450 [kN], E = 210.000 [MPa]. Le cœfficient critique valant 0,48, la structure est instable sous les charges considérées qui doivent être limitées à 216 [kN] pour éviter tout risque d'instabilité :

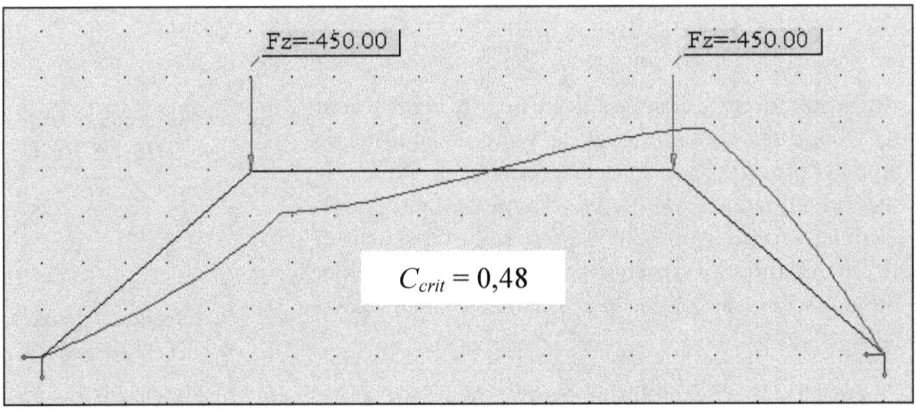

Il est important de garder à l'esprit que la solution numérique donnée ci-dessus correspond au flambement élastique d'Euler. Il faut donc en toute rigueur vérifier chacun des trois éléments par les formules données dans les codes en tenant compte de leur longueur individuelle de flambement et du type de matériau. Certains logiciels sont capables de fournir directement cette longueur de flambement. Précisons qu'une adaptation de la méthode utilisée au chapitre 8 (§8) pour les treillis est aussi possible.

9. QUEL ELANCEMENT *L/H* FAUT-IL DONNER AUX ARCS ?

En dehors de toute considération architecturale, il est important, dans un processus de conception d'un arc, d'être conscient du fait que son poids propre (et donc le volume de matière nécessaire à le construire) est proportionnel à la longueur de sa fibre moyenne (notée l_{arc}) d'une part, et à l'effort de compression qu'il supporte, d'autre part. Or :

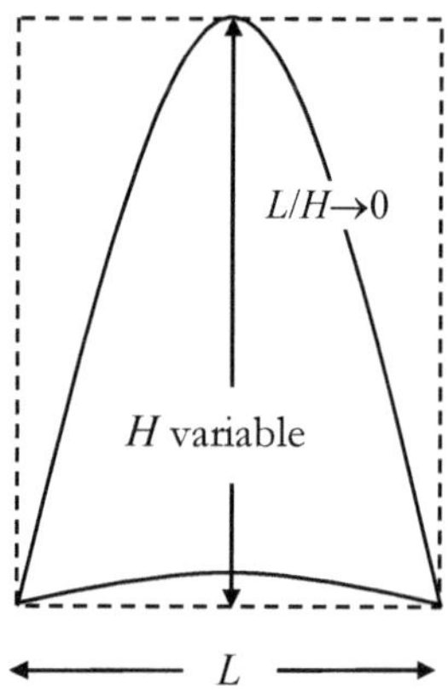

- un arc dont l'élancement L/H tend vers l'infini (arc très plat) a une longueur l_{arc} qui tend vers la portée L et correspond à un effort interne de compression N qui tend vers l'infini. A étant sa section, son volume vaut alors :

$$V = A*l_{arc} \approx A*L = (N/\sigma)*L \quad \text{avec} \quad N\rightarrow\infty$$

- un arc dont l'élancement L/H tend vers zéro (arc très haut) a une longueur l_{arc} qui tend vers l'infini et correspond à un effort interne de compression N qui tend vers $qL/2$. Son volume vaut alors :

$$V = A*\, l_{arc} = (N/\sigma)*\, l_{arc} \quad \text{avec} \quad l_{arc}\rightarrow\infty$$

Entre ces deux extrêmes, il existe un élancement L/H optimal qui minimise le volume et donc le poids propre de l'arc. Pour les arcs paraboliques de section constante de degré d'hyperstaticité quelconque, soumis à une charge répartie et insensibles au flambement, l'élancement optimal vaut 2,926. Pour les arcs à "pattes d'éléphant", il vaut 2,309 (voir ci-contre).

Section constante : $L/H_{opt} = 2{,}926$

Section variable : $L/H_{opt} = 2{,}309$

Quant aux arcs sensibles au flambement, on montre que l'élancement optimal est toujours compris entre 3 et 5 [5].

---

[5] Pour de plus amples informations sur le sujet, le lecteur pourra se reporter au chapitre 15 (partie 3) et à :

- Latteur P., *Optimisation et prédimensionnement des treillis, arcs, poutres et câbles sur base d'indicateurs morphologiques, application aux structures soumises en partie ou en totalité au flambement,* thèse de doctorat, Vrije Universiteit Brussel, 2000.
- Samyn P., *Etude de la morphologie des structures à l'aide des indicateurs de volume et de déplacement*, publication de la Classe des Sciences de l'Académie royale de Belgique, collection in-4°, 3e série, tome V, 2004, 481 pages.

10. EXEMPLES

Exemple 1

On recherche la forme funiculaire associée à un cas de charge constitué d'une charge uniformément distribuée valant $2q$ [kN/m] sur la moitié centrale de la structure et q [kN/m] sur les tronçons extrêmes, de telle sorte que la structure ait une hauteur maximale H pour une portée L :

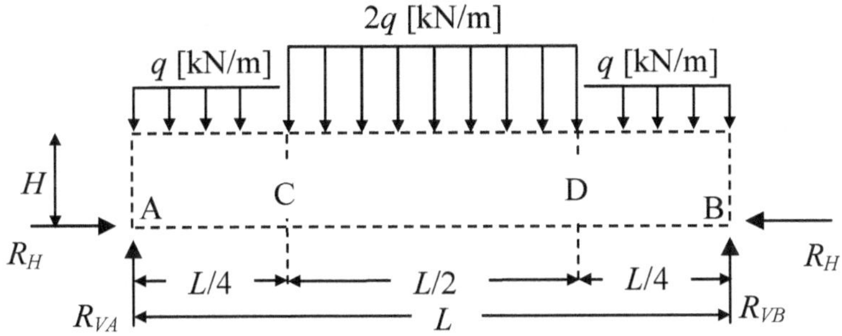

➟ Calcul des réactions d'appui

Le calcul des réactions d'appui verticales est immédiat grâce à la symétrie. La réaction horizontale s'obtient par équilibre des couples sur le demi tronçon gauche par rapport à la clé de l'arc (située forcément à mi-portée grâce à la symétrie) :

$$\begin{cases} R_{VA} = R_{VB} = \dfrac{1}{2}\left[2\left(q\dfrac{L}{4}\right) + 2q\dfrac{L}{2}\right] = \dfrac{3qL}{4} \\ R_{VA}\dfrac{L}{2} = R_H H + \left(q\dfrac{L}{4}\right)\left(\dfrac{3L}{8}\right) + \left(2q\dfrac{L}{4}\right)\left(\dfrac{L}{8}\right) \quad \Rightarrow \quad R_H = \dfrac{7qL^2}{32H} \end{cases}$$

➟ Calcul de la géométrie de l'arc sur le tronçon AC

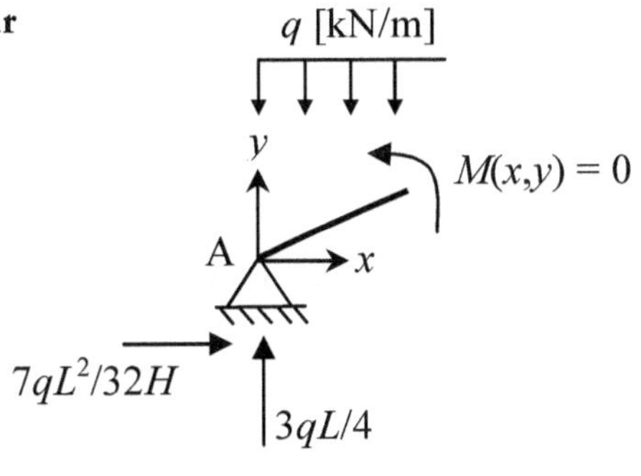

Sur le tronçon AC, le moment fléchissant $M(x,y)$ vaut :

$$M(x,y)=\frac{3qL}{4}x-\frac{7qL^2}{32H}y-\frac{qx^2}{2}$$

$M(x,y)$ devant être nul quels que soient x et y, on trouve :

$$M=0 \Rightarrow \qquad y=\frac{32H}{7L^2}\left(\frac{3Lx}{4}-\frac{x^2}{2}\right)$$

Cette équation est l'équation de la fibre moyenne de l'arc sur le tronçon AC, telle que le moment fléchissant y est partout nul.

➟ Calcul de la géométrie de l'arc sur le tronçon CD

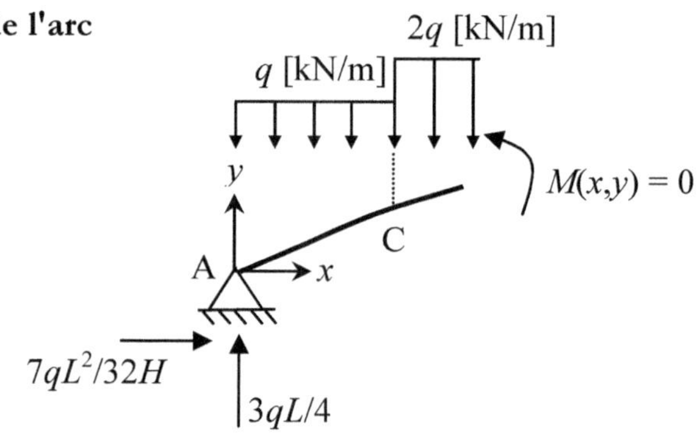

Sur le tronçon CD, $M(x,y)$ vaut :

$$M(x,y)=\frac{3qL}{4}x-\frac{7qL^2}{32H}y-\frac{qL}{4}(x-L/8)-2q\frac{(x-L/4)^2}{2}$$

M devant être nul quels que soient x et y, on trouve :

$$M=0 \Rightarrow \qquad y=\frac{32H}{7L^2}\left(Lx-x^2-\frac{L^2}{32}\right)$$

➟ Géométrie finale de l'arc

On voit sur la figure ci-dessous qu'une discontinuité dans la répartition des charges distribuées n'implique aucune discontinuité dans la géométrie de l'arc. En effet, si on calcule la valeur des dérivées des deux fonctions correspondant respectivement aux tronçons AC et CD en $x = L/4$, on trouve une même valeur $16H/7L$, ce qui prouve que les deux courbes y sont tangentes. Remarquons que l'on aurait pu trouver le même résultat en utilisant le théorème d'analogie avec la poutre (voir §7.5).

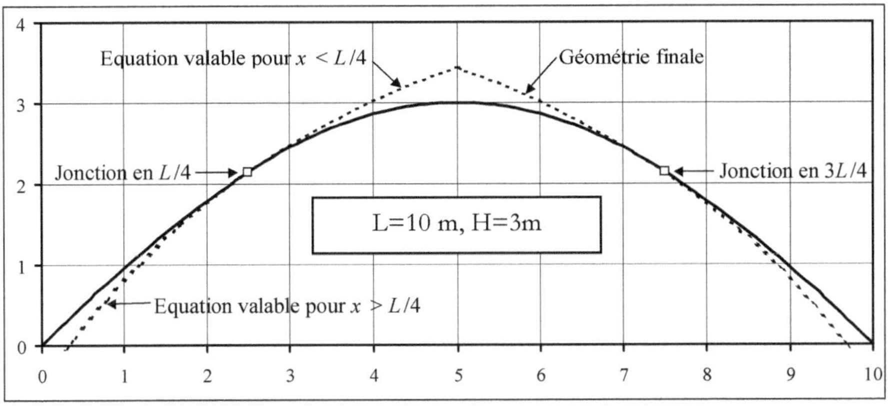

Structure de soutien en bois lamellé-collé pour un cèdre du Liban classé (Parc de Mariemont, Belgique). L'arc parabolique initialement prévu a été abandonné au profit d'une structure funiculaire tri articulée composée de deux butons à inertie variable. Conception, ingénieur conseil : Pierre Latteur, 2007.

Exemple 2

On recherche la forme funiculaire associée au cas de charge suivant, de telle sorte que la structure ait une hauteur maximale H pour une portée L :

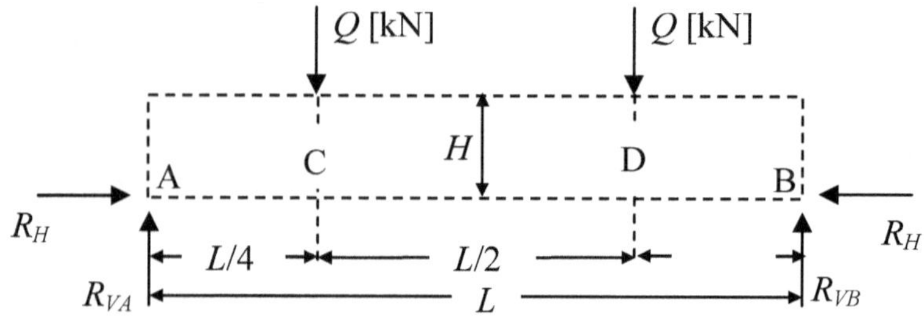

➟ Calcul des réactions d'appui

Le calcul des réactions d'appui verticales est immédiat grâce à la symétrie. La réaction horizontale s'obtient par équilibre des couples sur le demi tronçon gauche par rapport à la clé de l'arc :

$$\begin{cases} R_{VA} = R_{VB} = Q \\ R_{VA}\dfrac{L}{2} = R_H H + Q\dfrac{L}{4} \quad \Rightarrow \quad R_H = \dfrac{QL}{4H} \end{cases}$$

➟ Calcul de la géométrie de l'arc sur le tronçon AC

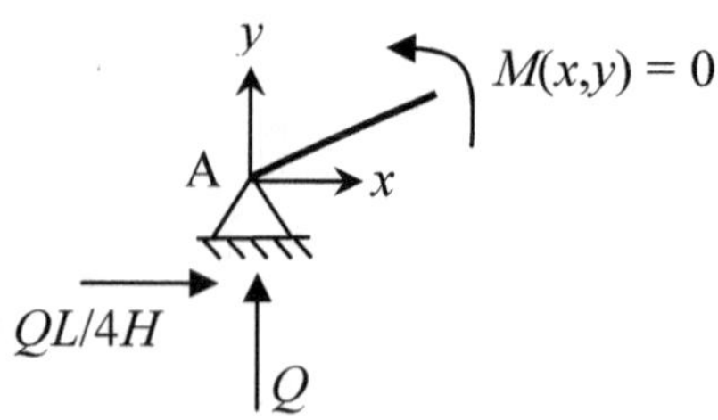

Sur le tronçon AC, on a : $M(x, y) = Qx - \dfrac{QL}{4H}y$

M devant être nul quels que soient x et y, on trouve : $M = 0 \Rightarrow y = \dfrac{4H}{L}x$

Cette équation est donc l'équation de la fibre moyenne de l'arc sur le tronçon AC, telle que le moment fléchissant y est nul partout. Cette équation est celle d'une droite. Le tronçon AC est donc rectiligne.

➟ Calcul de la géométrie de l'arc sur le tronçon CD

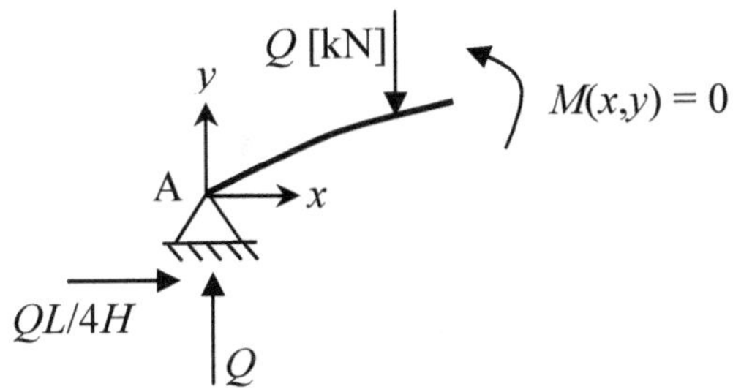

Sur le tronçon CD, on a : $M(x,y) = -Q\left(x - \frac{L}{4}\right) + Qx - \frac{QL}{4H}y$

M devant être nul quels que soient x et y, on trouve :

$$M = 0 \quad \Rightarrow \qquad y = H$$

Le tronçon CD est donc rectiligne et horizontal.

➟ Géométrie finale de "l'arc"

Les calculs précédents montrent que la condition $M = 0$ transforme la structure en un portique de hauteur H :

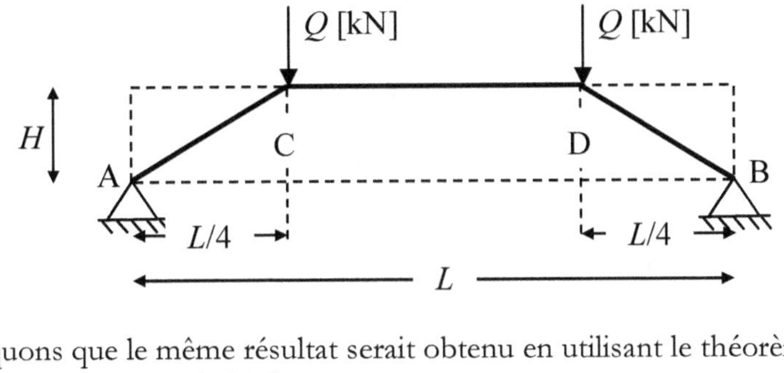

Remarquons que le même résultat serait obtenu en utilisant le théorème d'analogie avec la poutre (voir §7.5).

Exemple 3

On recherche la forme funiculaire associée à un cas de charge constitué de 3 forces ponctuelles valant respectivement $3Q$, Q et Q, de telle sorte que la structure ait une hauteur maximale H et une portée L.

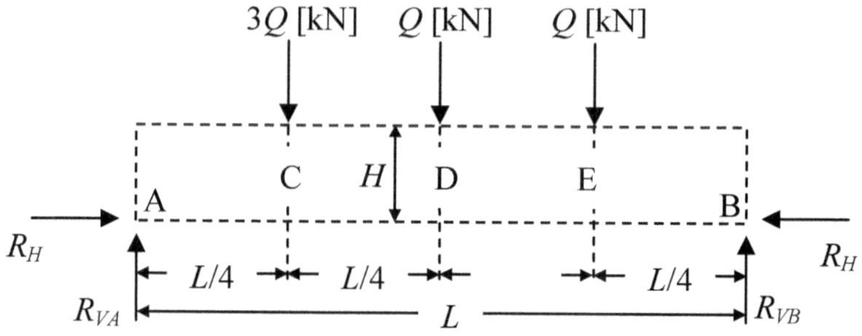

La dissymétrie des charges ne permet pas de savoir si la forme funiculaire va comporter son point haut en C, en D ou en E. Il est important de le savoir puisqu'il faut établir une équation des moments par rapport à la clé de l'arc afin de déterminer les réactions d'appui.

➠ **Détermination du point haut de l'arc**

On peut ici tirer profit du théorème d'analogie avec la poutre (§7.5) qui permet de dire que l'abscisse de moment maximal dans la poutre de même portée et soumise aux mêmes charges correspond à l'abscisse de la clé de l'arc funiculaire. Le diagramme des moments dans la poutre est le suivant :

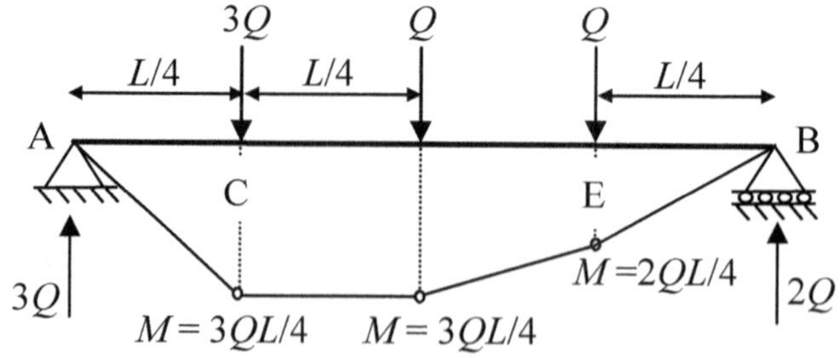

Le diagramme des moments représente, à une certaine échelle, la forme que doit avoir l'arc pour qu'il soit funiculaire. On en déduit que la clé de l'arc se situe sur le tronçon horizontal CD et que l'arc a la forme suivante :

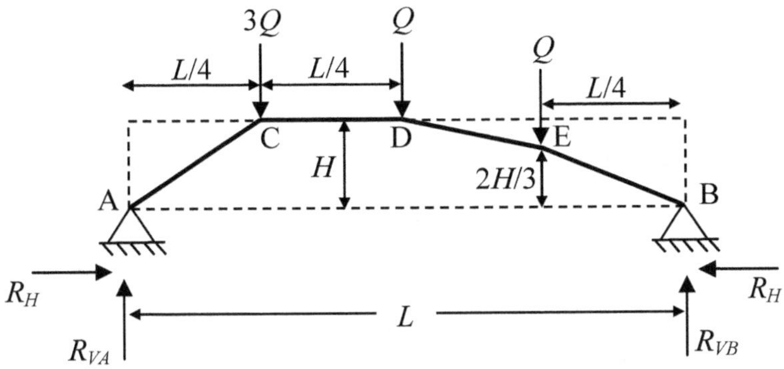

➟ **Calcul des réactions d'appui**

Équilibre vertical : $R_{VA} + R_{VB} = 5Q$

Équilibre des moments en B : $R_{VA} L = 3Q\frac{3L}{4} + Q\frac{L}{2} + Q\frac{L}{4} = 3QL$

On a alors : $R_{VA} = 3Q$ et $R_{VB} = 2Q$

Pour obtenir la valeur de R_H, il est possible de faire l'équilibre des moments en C en considérant la partie AC de la structure :

$$R_{VA}\frac{L}{4} = R_H H \quad \Rightarrow \quad R_H = \frac{3QL}{4H}$$

➟ **Effort normal dans chaque tronçon**

La projection horizontale de l'effort en tout point de la structure valant R_H, l'effort dans le tronçon supérieur horizontal vaut lui aussi R_H.

Pour le tronçon DE, le cosinus de l'angle avec l'horizontale vaut :

$$\cos\alpha = \frac{L/4}{\sqrt{\left(\frac{L}{4}\right)^2 + \left(\frac{H}{3}\right)^2}} = \frac{1}{\sqrt{1 + \left(\frac{4H}{3L}\right)^2}}$$

Et l'effort dans ce tronçon est donc égal à :

$$\frac{R_H}{\cos\alpha} = \frac{3QL}{4H}\sqrt{1 + \left(\frac{4H}{3L}\right)^2} = Q\sqrt{1 + \left(\frac{3L}{4H}\right)^2}$$

Les efforts dans les autres tronçons se calculent de la même manière.

Exemple 4

On recherche la forme funiculaire associée à un cas de charge constitué d'une charge uniformément distribuée q [kN/m] sur la moitié gauche de la structure et d'une charge ponctuelle $Q = qL/2$ s'appliquant en D, de telle sorte que la structure ait une hauteur maximale H pour une portée L :

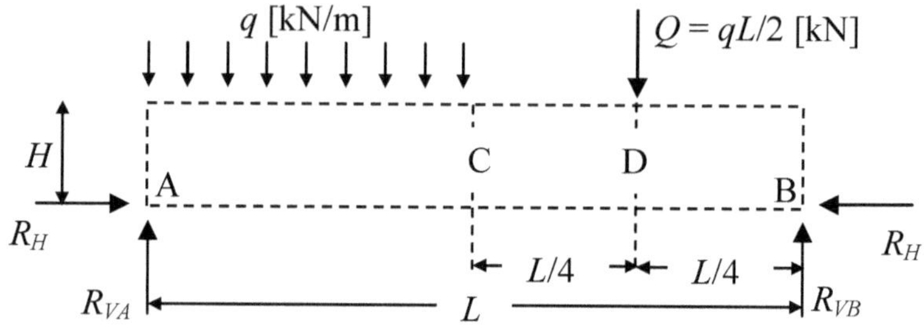

Comme pour l'exemple précédent, la dissymétrie des charges ne permet pas de savoir quelle est l'abscisse du point haut de l'arc. Le théorème d'analogie avec le diagramme des moments de la poutre (§7.5) permet toutefois de vérifier rapidement que la clé se situe sur le tronçon CD, d'une part, et que ce dernier est horizontal, d'autre part. On propose cependant de passer par une détermination analytique de l'équation de chaque tronçon.

➠ **Calcul des réactions d'appui**

Équilibre vertical : $R_{VA} + R_{VB} = \dfrac{qL}{2} + Q$

Équilibre des moments par rapport à l'appui B : $R_{VA} L = \dfrac{qL}{2}\dfrac{3L}{4} + Q\dfrac{L}{4}$

Équilibre des moments à la clé (tronçon droit) : $R_{VB}\dfrac{L}{2} = Q\dfrac{L}{4} + R_H H$

On obtient : $R_{VA} = R_{VB} = \dfrac{qL}{2}$ et $R_H = \dfrac{qL^2}{8H}$

➠ **Calcul de la géométrie sur le tronçon BD**

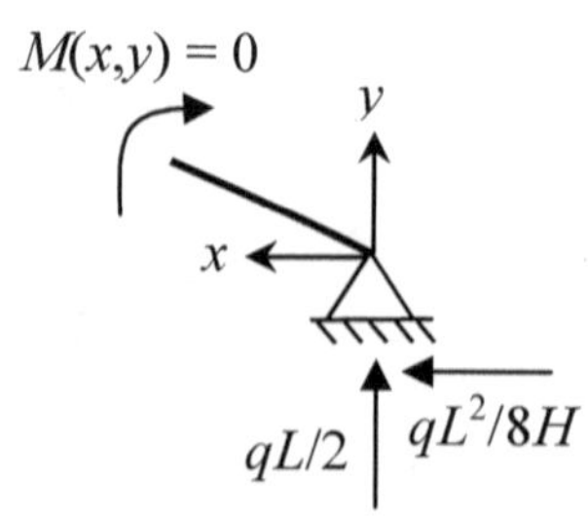

En tout point de coordonnées (x,y), le moment est nul et s'écrit : $M(x,y) = \dfrac{qL}{2}x - \dfrac{qL^2}{8H}y = 0$

On en déduit que le tronçon BD doit être rectiligne :

$$y = \frac{4H}{L}x \qquad \text{avec} \quad y(x{=}L/4) = H$$

➠ Calcul de la géométrie sur le tronçon DC

En tout point de coordonnées (x,y), le moment est nul et s'écrit :

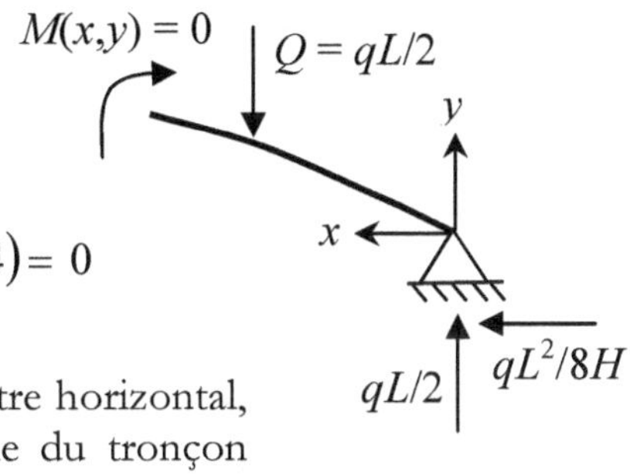

$$M(x,y) = \frac{qL}{2}x - \frac{qL^2}{8H}y - \frac{qL}{2}(x - L/4) = 0$$

Et on en déduit que le tronçon BD doit être horizontal, ce qui confirme le calcul de la géométrie du tronçon BD : $y = H$

➠ Géométrie complète

On sait que le funiculaire de la charge uniformément distribuée est une parabole qui s'arrête dans ce cas à la clé de l'arc avec une tangente horizontale en C. Par ailleurs, les calculs précédents ont montré que les deux autres tronçons doivent être rectilignes :

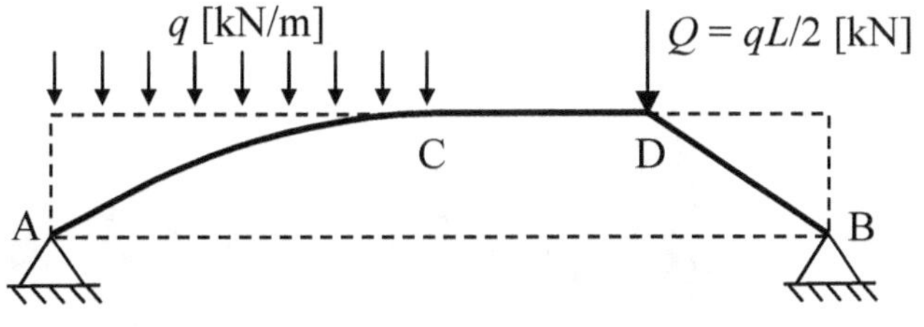

Pratiquement, cette structure pourrait être idéale dans les deux cas suivants.

Le premier concerne une passerelle ou un pont dont le tablier serait suspendu à la structure :

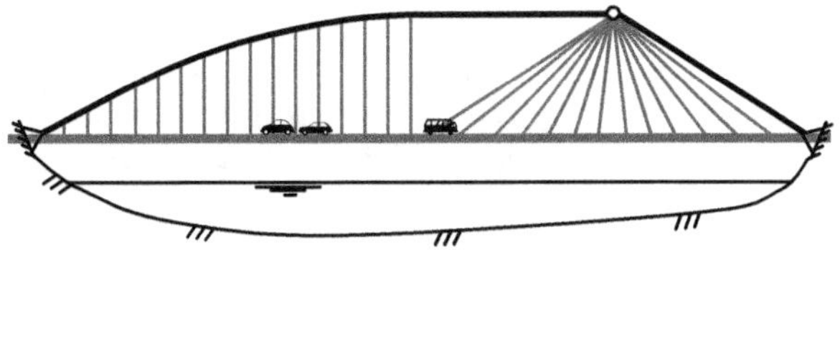

Sur la partie droite, les suspentes convergent toutes vers le point haut et y exercent un effort dont la résultante est verticale et égale à $qL/2$. Dans ce cas la partie droite du tablier reçoit des efforts de compression qui proviennent des composantes horizontales des efforts de traction dans les suspentes.

On peut aussi envisager le cas dual d'un tablier qui repose sur la structure par l'intermédiaire de colonnettes rigides. Dans ce cas la partie droite du tablier est soumise à des efforts de traction qui proviennent de la composante horizontale des colonnettes obliques comprimées :

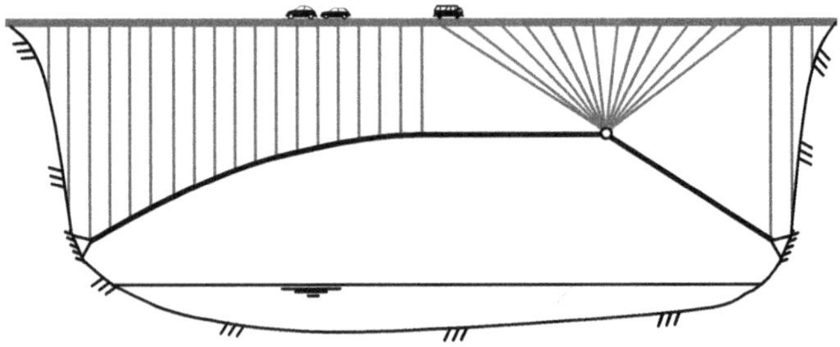

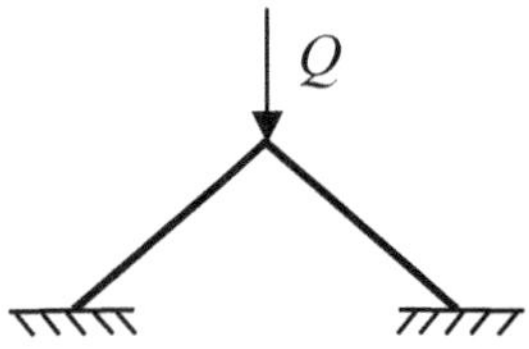

Passerelle sur la N4 à Gembloux (Belgique, réseau Ravel). A la partie supérieure courbe près, l'arc composé de deux tronçons rectilignes est un funiculaire parfait : une partie de la charge du tablier est en effet ramenée à la clé via des suspentes. *(Maître d'œuvre : M.E.T., 2004; conception et étude : Ingénieur des ponts et chaussées du M.E.T. : F. Taquet (sur une proposition de M. Wouters, directeur des Ponts et Charpentes); photo de l'auteur).*

Structure de la toiture de la gare de Leuven, Belgique. Arcs métalliques de 52 mètres de portée : les croisillons servent à écarter tout risque de flambement latéral. *(Architectes et ingénieurs Samyn and Partners avec le bureau d'études Setesco; photo : Guy Clantin, 2002).*

Structure de la toiture de la gare de Leuven, Belgique. Vue détaillée sur les naissances des arcs. *(Architectes et ingénieurs Samyn and Partners avec le bureau d'études Setesco; photo : Guy Clantin, 2002).*

Exemple 5

Pour les deux structures isostatiques suivantes soumises à une charge uniformément répartie, on veut démontrer qu'il est impossible de trouver une géométrie funiculaire :

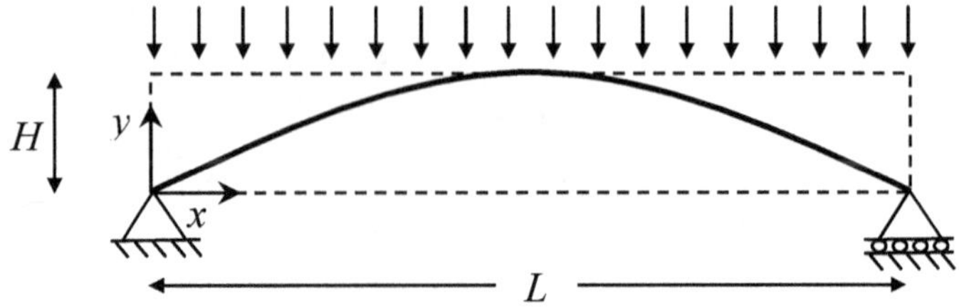

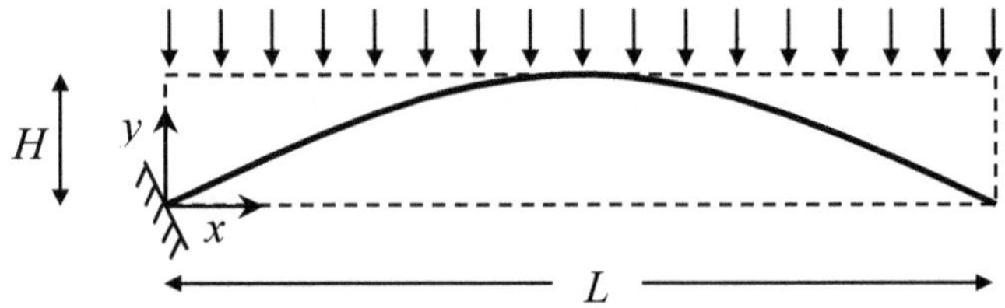

Pour l'arc simplement encastré de géométrie parabolique, on propose de calculer la flèche à l'extrémité pour une charge uniformément répartie valant q [kN/m].

➠ Funiculaire de l'arc à appui à rouleaux

Vu le type d'arc et le chargement vertical, les seules réactions non nulles sont les réactions verticales. Leur bras de levier par rapport à un point de la fibre moyenne ne dépendant que de l'abscisse x, l'expression de M en une section quelconque est indépendante de la coordonnée y. Il est donc impossible d'annuler M en chaque abscisse x (CQFD).

➠ Funiculaire de l'arc simplement encastré : raisonnement similaire.

➠ Flèche à l'extrémité

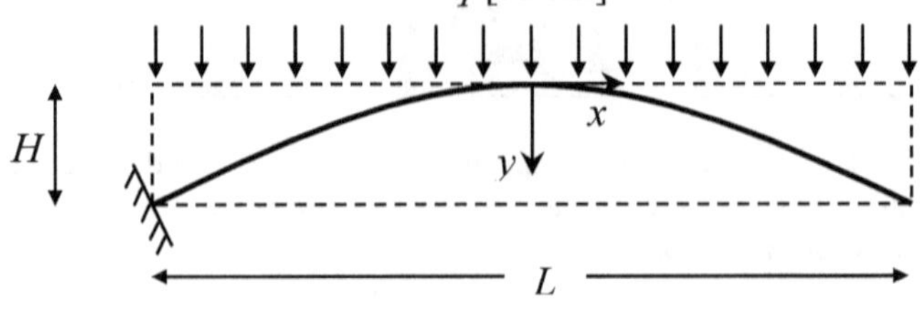

$$\begin{cases} y = \dfrac{4H}{L^2}x^2 \\ \dfrac{dy}{dx} = \dfrac{8H}{L^2}x \end{cases}$$

Le théorème de la force unité (chapitre 1, §9) est ici de nouveau exploité. Afin de faciliter les intégrations, il est préférable d'exprimer l'équation parabolique par rapport à un repère situé à la clé. Le moment fléchissant ne dépend que de la coordonnée x et vaut :

$$M(x) = \frac{1}{2} q \left(\frac{L}{2} - x \right)^2$$

La structure soumise à effort unitaire sera la suivante, avec $m(x) = \frac{L}{2} - x$:

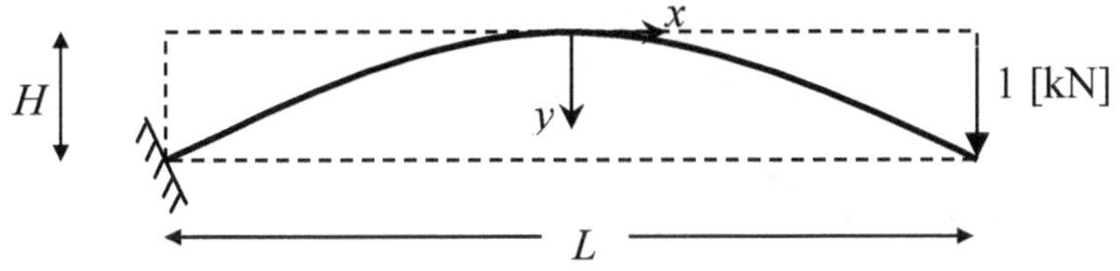

Ainsi, la flèche à l'extrémité vaut : $\delta = \int_l \frac{Mm}{EI} dl = \frac{q}{2EI} \int_l \left(\frac{L}{2} - x \right)^3 dl$

Attention, l'intégration porte sur la coordonnée courante l de la fibre moyenne et pas sur x ! Si l'arc est très élancé ($dx \approx dl$) et que son inertie est constante, alors l'intégration devient très simple. Sinon, l'intégrale se calcule comme suit :

$$dl = \sqrt{dx^2 + dy^2} = dx \sqrt{1 + \left(\frac{dy}{dx} \right)^2} = dx \sqrt{1 + \left(\frac{8Hx}{L^2} \right)^2}$$

$$\Rightarrow \quad \delta = \frac{q}{2EI} \int_{-L/2}^{L/2} \left(\frac{L}{2} - x \right)^3 \sqrt{1 + \left(\frac{8Hx}{L^2} \right)^2} \, dx$$

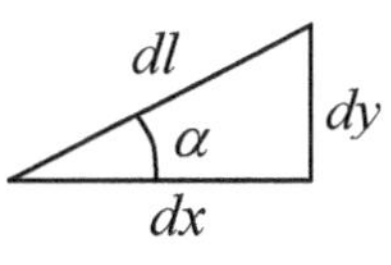

Pour $L = 10$ [m], $H = 2$ [m], $q = 3$ [kN/m], $E = 10.000$ [MPa] et une section rectangulaire en bois de dimensions 30 [cm]*60 [cm], l'intégration ci-dessus donne la solution suivante :

$$\delta = 2{,}777.10^{-14} \int_{-5000}^{5000} (5000 - x)^3 \sqrt{1 + \left(1{,}6.10^{-4} x\right)^2} \, dx = 79 \ mm$$

Remarquons que, toutes autres choses restant égales, si l'arc est remplacé par une poutre droite, la flèche à mi-portée vaut : $qL^4/8EI = 69{,}4$ [mm].

Exemple 6

Une passerelle piétonne est composée d'un tablier supporté par deux arcs parallèles à 3 rotules (non dessinées) par l'intermédiaire de suspentes.
Des butons latéraux combinés à des croisillons (non dessinés) relient les arcs et empêchent tout risque de flambement transversal.

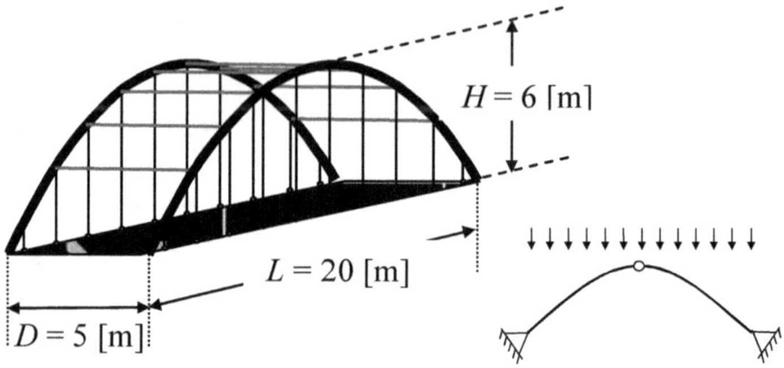

La charge surfacique maximale à reprendre en service, incluant le poids propre du tablier, est de 6 [kN/m²]. En supposant que cette charge provenant du tablier est uniformément redistribuée sur les arcs par les suspentes, on désire :

- calculer les réactions d'appui;
- calculer l'effort normal maximal de compression dans un arc;
- calculer les dimensions de la section rectangulaire en bois en autorisant une contrainte maximale de 10 [MPa] sous charges de service et *en négligeant le flambement dans le plan de l'arc*;
- faire le calcul précédent *en tenant compte cette fois de la sensibilité au flambement dans le plan de l'arc* et en prenant un module d'élasticité de 10.000 [MPa];
- calculer la flèche à la clé à partir du dimensionnement précédent.

➟ Calcul des réactions d'appui et de l'effort normal maximal

La charge surfacique maximale sur le tablier étant de 6 [kN/m²], la charge répartie sur les arcs vaut 6*5/2 = 15 [kN/m]. Les réactions d'appui valent donc :

$$R_H = \frac{qL^2}{8H} = 125 \text{ [kN]} \quad \text{et} \quad R_{VA} = R_{VB} = \frac{qL}{2} = 150 \text{ [kN]}$$

Par ailleurs, l'effort normal maximal de compression se produit aux appuis et vaut : $N_{\max} = \sqrt{R_H^2 + R_V^2} = 195{,}3\ kN$

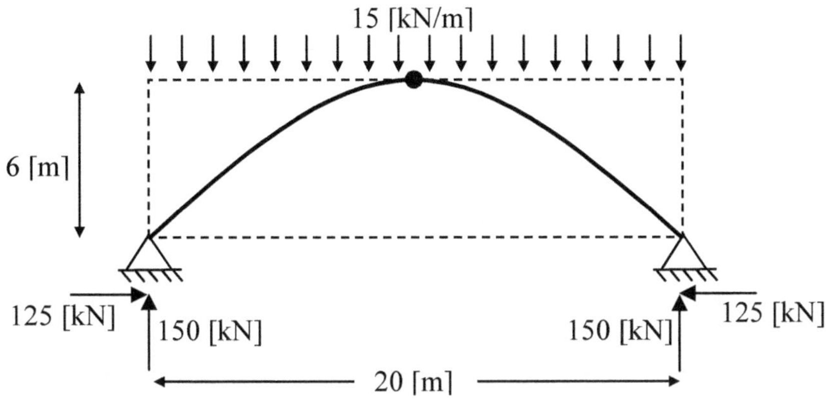

➟ **Calcul des dimensions de la section sans tenir compte du flambement**

L'effort maximal de compression valant 195,3 [kN] et la contrainte maximale étant limitée à 10 [MPa], la section totale de bois doit valoir :

$$A = 195300/10 = 19{,}5.10^3\ [\text{mm}^2] = 195\ [\text{cm}^2]$$

Si la section est rectangulaire et deux fois plus haute que large, ses dimensions seront donc de 10 [cm] * 20 [cm].

➟ **Calcul des dimensions de la section en tenant compte du flambement**

La charge totale maximale F_{crit} supportable par un arc est donnée par la loi suivante (voir §8) :

$$F_{crit} = \frac{\gamma}{\dfrac{\gamma_{cor}}{\sigma A_a} + \dfrac{L^2}{EI}} \quad \text{avec} \quad \gamma_{cor} = \gamma \frac{L}{8H}\sqrt{1 + \left(\frac{4H}{L}\right)^2} = \text{fonction } (L/H)$$

L'arc étant isostatique à rotule centrale et de section constante, le paramètre γ peut être obtenu par la figure donnée à la page suivante.

On obtient $\gamma = 48$ et $\gamma_{cor} = 31$, ce qui permet de calculer :

$$F_{crit} = \frac{\gamma}{\dfrac{\gamma_{cor}}{\sigma A_a} + \dfrac{L^2}{EI}} \quad \Leftrightarrow \quad 15 * 20.000 = \frac{48}{\dfrac{31}{10 A_a} + \dfrac{20.000^2}{10.000 I}}$$

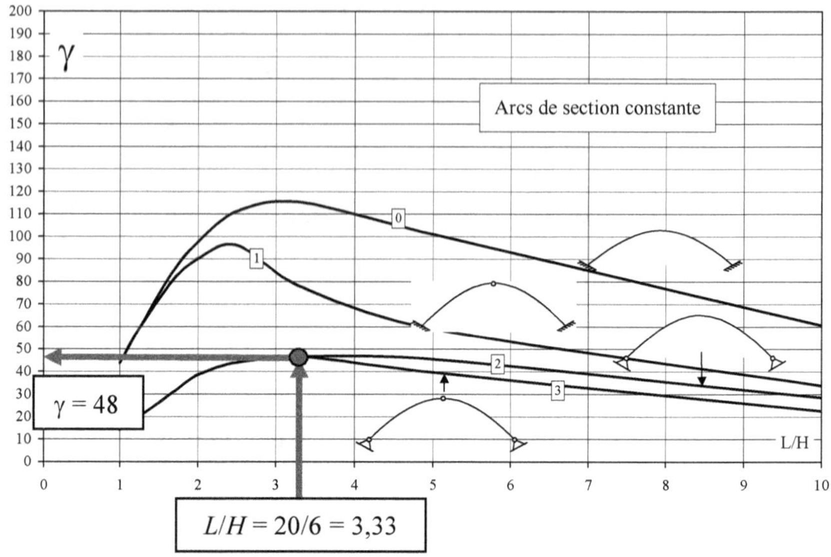

Si la section est rectangulaire (largeur b et hauteur $h = 2b$), l'aire et l'inertie valent alors :

$$A_a = bh = 2b^2 \quad \text{et} \quad I = \frac{bh^3}{12} = \frac{2b^4}{3}$$

Et l'équation ci-dessus permet de trouver la valeur de b :

$$15 * 20000 = \frac{48}{\dfrac{31}{10 * (2b^2)} + \dfrac{20000^2}{10000 * \left(2b^4/3\right)}} \quad \Leftrightarrow \quad b = 158\ [\text{mm}]$$

Les dimensions seront donc de 16 [cm] * 32 [cm], soit 512 [cm²]... au lieu de 200 [cm²]. **On voit donc toute l'importance de la prise en compte du flambement qui augmente de manière très significative les dimensions des sections calculées sans en tenir compte.**

➟ Flèche à la clé

L'expression relativement complexe de la flèche verticale à la clé d'un arc parabolique isostatique a été développée en détail au §3.7 et n'est pas recopiée ici. Sachant que q = 15 [kN/m], E = 10.000 [MPa], L = 20 [m], A = 512 [cm²], L/H = 3,333, on obtient : $\delta = 0{,}581\, qL^2 / EA = 6{,}8$ [mm]

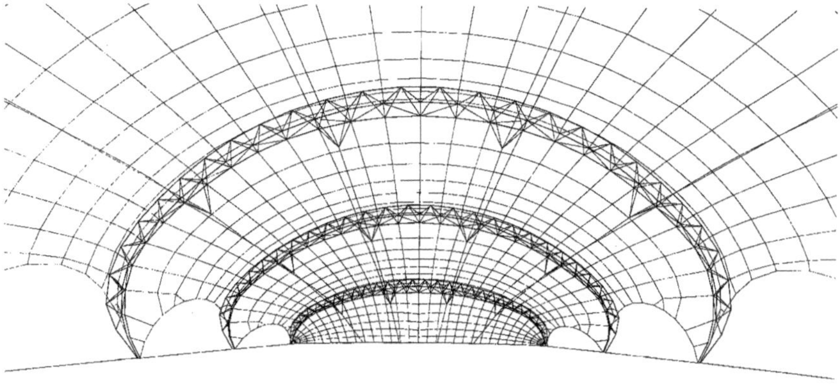

Chapitre 12

Les arcs non funiculaires

Illustration au recto :

M&G Ricerche, Venafro, Isermia, Molize I, Italie.
Architectes et ingénieurs Samyn and Partners, Bruxelles. Bureau d'études IPL studio, Italie, 1989-1991.

1. PRÉAMBULE : FUNICULAIRES, ISOSTATICITÉ ET HYPERSTATICITÉ

Dans le chapitre 11, il a été prouvé que les efforts internes et les contraintes qui règnent dans un arc funiculaire sont indépendants de son degré d'hyperstaticité [1]. La résolution d'un arc hyperstatique funiculaire s'en trouve donc très simplifiée car il suffit de le rendre isostatique de façon quelconque pour calculer les efforts de compression qui y règnent et les réactions d'appui.

Cette propriété remarquable est valable tant que l'on ne tient pas compte des déformations de compression de l'arc funiculaire, qui sont souvent négligeables.

Lorsqu'un arc n'est pas funiculaire, des moments fléchissants importants se superposent aux efforts normaux et les déformations de flexion $\left(\int Mm/EI\,dl\right)$ prennent de grandes valeurs par rapport aux déformations de compression $\left(\int Nn/EA\,dl\right)$. Il faut alors impérativement effectuer une levée d'hyperstaticité de l'arc pour calculer les efforts internes qui y règnent.

Les figures ci-dessous comparent les déformées et moments fléchissants respectifs d'un arc non funiculaire (il est chargé sur la moitié droite) isostatique à 3 articulations (figures du dessus) à celle de ce même arc, mais hyperstatique bi encastré (figures du dessous) [2] :

Déformées :

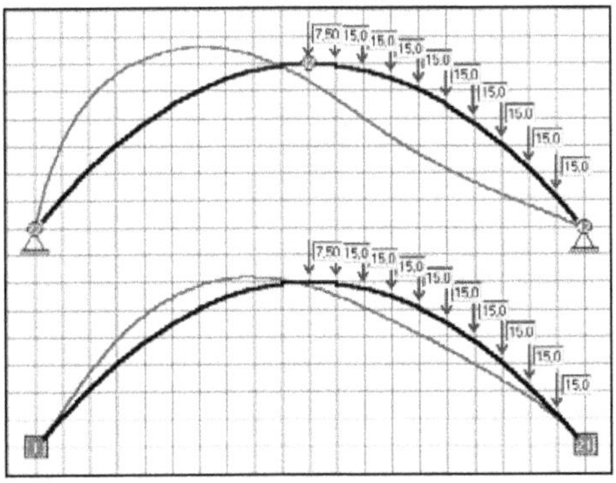

Moments fléchissants :

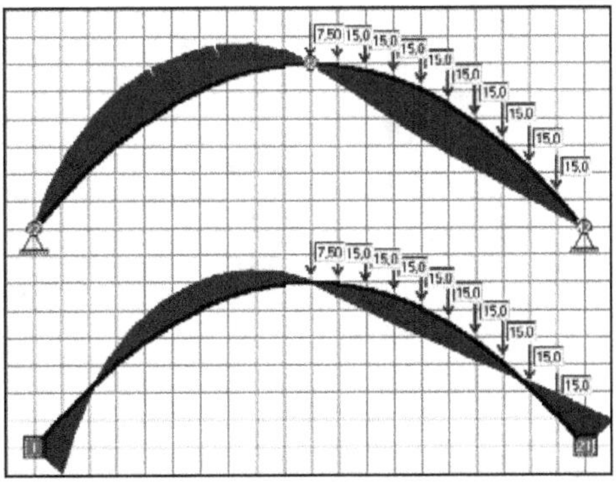

Ces figures confirment que l'hyperstaticité d'un arc non funiculaire conditionne grandement la répartition et la valeur des efforts internes et des déformations.

---

[1] Mais pas les déplacements ni la forme déformée, qui dépendent du nombre d'articulations et donc du degré d'hyperstaticité de l'arc.

[2] Résultats issus du logiciel ISSD pour un arc décomposé en 20 segments rectilignes.

Par ailleurs, il est important d'être conscient du fait qu'une charge réduite, mais placée de telle sorte que l'arc ne soit plus funiculaire, peut engendrer des contraintes et des déformations bien plus importantes. Afin d'illustrer ces propos, reprenons l'exemple 6 du chapitre 11 (§10) avec une section rectangulaire constante en bois de 16 [cm] * 32 [cm]. La contrainte maximale (de compression puisque l'arc est funiculaire) vaut 3,8 [MPa] aux appuis et la flèche verticale à la clé est égale à 6,8 [mm] :

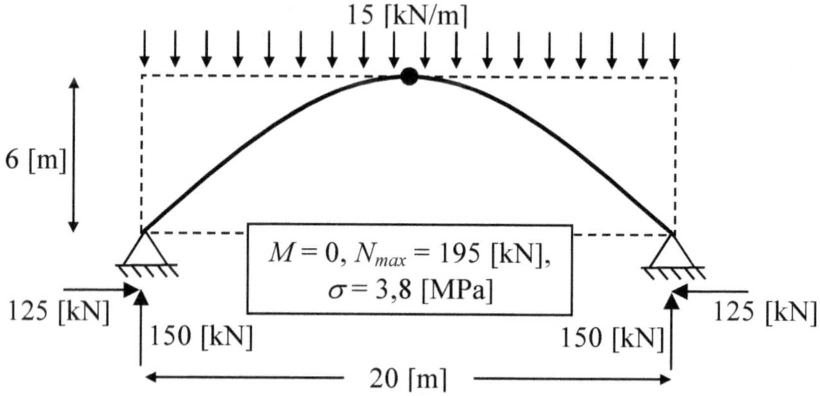

Considérons le même arc sur lequel la même charge distribuée ne s'applique plus que sur la moitié droite (voir exemple 1 de ce chapitre pour la résolution détaillée) :

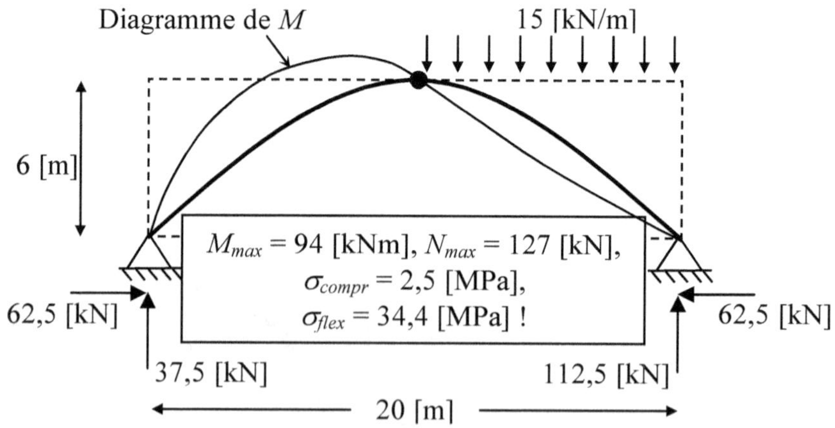

Dans ce cas, la charge totale est diminuée de moitié et pourtant l'apparition de moments fléchissants fait passer les contraintes maximales de 3,8 [MPa] à plus de 35 [MPa] ! Les déformations sont aussi beaucoup plus importantes avec un déplacement vertical maximal qui passe à 264 [mm], non plus à la clé mais au quart de la portée, comme l'illustre la figure ci-dessous montrant les deux déformées à la même échelle (issues du logiciel ISSD).

Comparaison des déformées, à la même échelle, d'un arc parabolique soumis à une charge distribuée sur toute sa portée (en bas, déformée presque invisible) avec le même arc sur lequel la charge ne s'applique plus que sur la moitié droite (en haut).

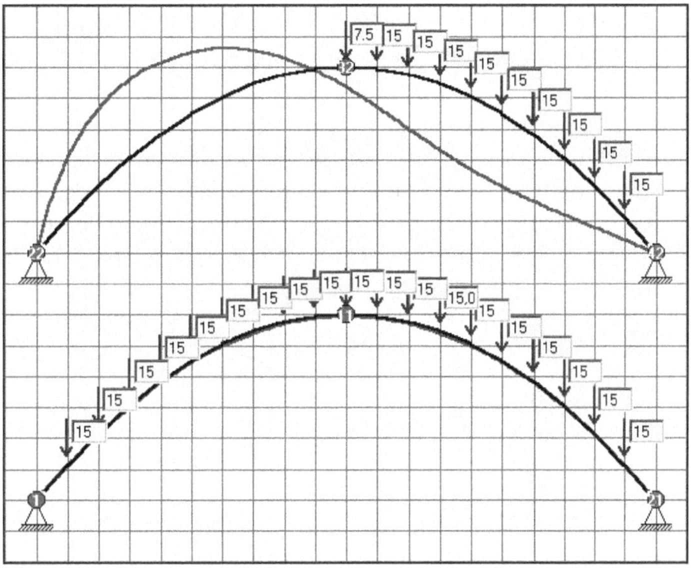

Vieux pont en Corse. Le caractère funiculaire n'est pas nécessairement indispensable à la stabilité d'une voûte constituée de pierres assemblées. *(Photo de l'auteur).*

2. TRAITEMENT DE L'HYPERSTATICITÉ : LA NOTION DE CENTRE DE MASSE ÉLASTIQUE

La notion de centre de masse élastique (CME) est particulièrement utile pour la résolution des arcs hyperstatiques, en particulier les arcs bi encastrés. En effet, le centre de masse élastique est un point fictif de la structure tel que, si l'on y place un repère (X,Y), certaines intégrales deviennent nulles et simplifient par conséquent les résolutions. Il s'agit des intégrales suivantes dans lesquelles dl représente un tronçon infinitésimal de structure :

$$\int_l X \frac{dl}{EI} = 0$$

$$\int_l Y \frac{dl}{EI} = 0$$

$$\int_l XY \frac{dl}{EI} = 0$$

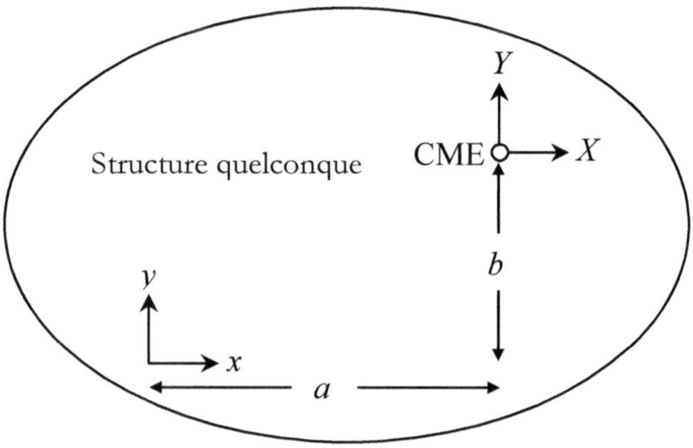

La position du CME par rapport à un repère initial (x,y) quelconque est définie par les relations suivantes :

$$\text{position en } x : \quad a = \frac{\int_l \frac{x}{EI} dl}{\int_l \frac{dl}{EI}}. \qquad \text{position en } y : \quad b = \frac{\int_l \frac{y}{EI} dl}{\int_l \frac{dl}{EI}}$$

Remarquons que la position du CME est indépendante du chargement de la structure et de ses conditions d'appui.

Dans le cas d'une structure symétrique comme un arc parabolique, le CME est toujours situé sur l'axe de symétrie (a=L/2) :

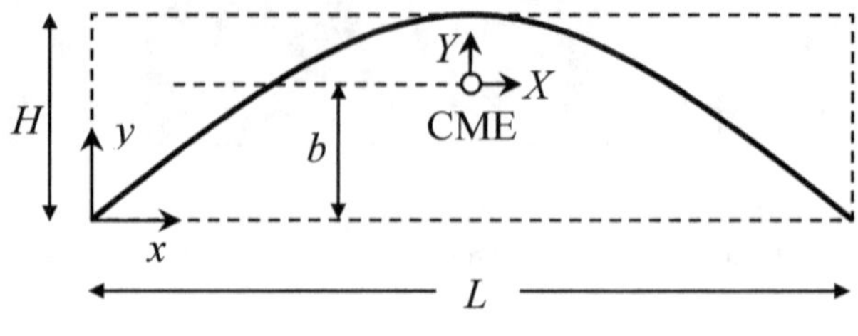

Pour un arc parabolique (chap. 11, §3), la valeur de b s'obtient comme suit :

$$\begin{cases} y = \dfrac{4H}{L^2}x(L-x) \\ \dfrac{dy}{dx} = \dfrac{4H}{L^2}(L-2x) \\ dl = \sqrt{dx^2 + dy^2} = \sqrt{1 + \left(\dfrac{dy}{dx}\right)^2}\,dx = \sqrt{1 + \left(\dfrac{4H}{L^2}(L-2x)\right)^2}\,dx \end{cases}$$

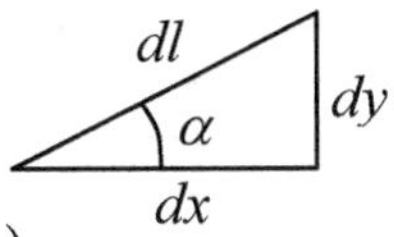

$$b = \frac{\displaystyle\int_l \frac{ydl}{EI}}{\displaystyle\int_l \frac{dl}{EI}} \quad \text{avec} \quad \begin{cases} \displaystyle\int_l \frac{ydl}{EI} = \frac{1}{EI}\frac{4H}{L^2}\int_l x(L-x)dl \\ \displaystyle\qquad = \frac{1}{EI}\frac{4H}{L^2}\int_{x=0}^{x=L} x(L-x)\sqrt{1 + \left(\frac{4H}{L^2}(L-2x)\right)^2}\,dx \\ \displaystyle\int_l \frac{dl}{EI} = \frac{1}{EI}\int_{x=0}^{x=L}\sqrt{1 + \left(\frac{4H}{L^2}(L-2x)\right)^2}\,dx \end{cases}$$

Les résultats provenant de la résolution de ces intégrales sont illustrés à la figure ci-dessous. On voit que, pour les arcs dont l'élancement devient très grand, le CME se trouve à une distance $2H/3$ de la corde de l'arc :

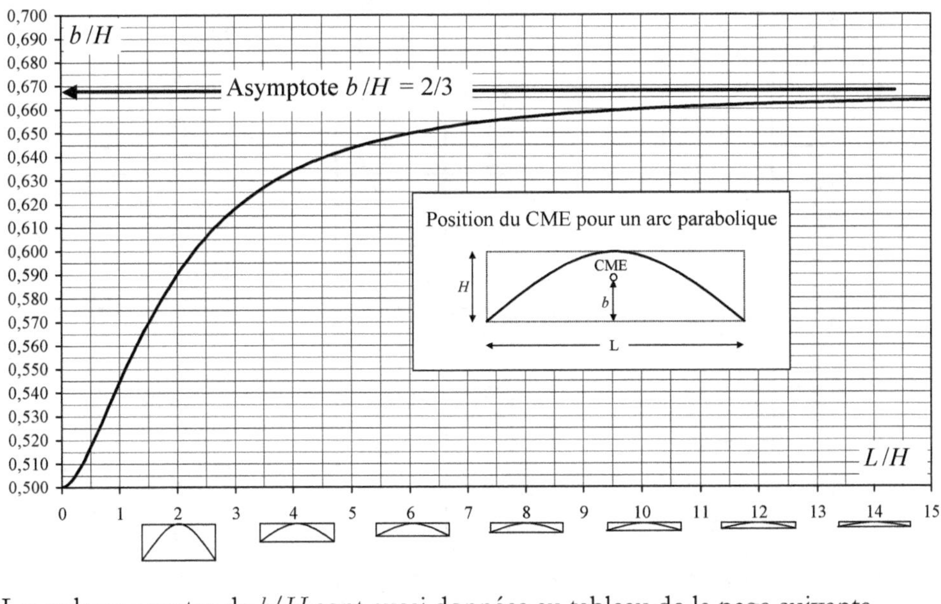

Les valeurs exactes de b/H sont aussi données au tableau de la page suivante.

Position b du CME par rapport à la corde d'un arc parabolique							
L/H	***b/H***		***L/H***	***b/H***		***L/H***	***b/H***
0,1	0,5012		**5,1**	0,6443		**10,1**	0,6601
0,2	0,5040		**5,2**	0,6450		**10,2**	0,6602
0,3	0,5077		**5,3**	0,6457		**10,3**	0,6603
0,4	0,5121		**5,4**	0,6464		**10,4**	0,6604
0,5	0,5171		**5,5**	0,6470		**10,5**	0,6606
0,6	0,5223		**5,6**	0,6476		**10,6**	0,6607
0,7	0,5277		**5,7**	0,6481		**10,7**	0,6608
0,8	0,5332		**5,8**	0,6487		**10,8**	0,6609
0,9	0,5388		**5,9**	0,6492		**10,9**	0,6610
1	0,5442		**6**	0,6497		**11**	0,6611
1,1	0,5496		**6,1**	0,6502		**11,1**	0,6612
1,2	0,5549		**6,2**	0,6506		**11,2**	0,6613
1,3	0,5599		**6,3**	0,6511		**11,3**	0,6613
1,4	0,5648		**6,4**	0,6515		**11,4**	0,6614
1,5	0,5695		**6,5**	0,6519		**11,5**	0,6615
1,6	0,5740		**6,6**	0,6523		**11,6**	0,6616
1,7	0,5783		**6,7**	0,6527		**11,7**	0,6617
1,8	0,5824		**6,8**	0,6530		**11,8**	0,6618
1,9	0,5863		**6,9**	0,6534		**11,9**	0,6619
2	0,5900		**7**	0,6537		**12**	0,6619
2,1	0,5935		**7,1**	0,6540		**12,1**	0,6620
2,2	0,5969		**7,2**	0,6544		**12,2**	0,6621
2,3	0,6000		**7,3**	0,6547		**12,3**	0,6621
2,4	0,6030		**7,4**	0,6550		**12,4**	0,6622
2,5	0,6058		**7,5**	0,6552		**12,5**	0,6623
2,6	0,6085		**7,6**	0,6555		**12,6**	0,6624
2,7	0,6110		**7,7**	0,6558		**12,7**	0,6624
2,8	0,6134		**7,8**	0,6560		**12,8**	0,6625
2,9	0,6157		**7,9**	0,6563		**12,9**	0,6625
3	0,6178		**8**	0,6565		**13**	0,6626
3,1	0,6199		**8,1**	0,6567		**13,1**	0,6627
3,2	0,6218		**8,2**	0,6570		**13,2**	0,6627
3,3	0,6236		**8,3**	0,6572		**13,3**	0,6628
3,4	0,6253		**8,4**	0,6574		**13,4**	0,6628
3,5	0,6270		**8,5**	0,6576		**13,5**	0,6629
3,6	0,6285		**8,6**	0,6578		**13,6**	0,6629
3,7	0,6300		**8,7**	0,6580		**13,7**	0,6630
3,8	0,6314		**8,8**	0,6581		**13,8**	0,6630
3,9	0,6327		**8,9**	0,6583		**13,9**	0,6631
4	0,6339		**9**	0,6585		**14**	0,6631
4,1	0,6351		**9,1**	0,6587		**14,1**	0,6632
4,2	0,6363		**9,2**	0,6588		**14,2**	0,6632
4,3	0,6374		**9,3**	0,6590		**14,3**	0,6633
4,4	0,6384		**9,4**	0,6591		**14,4**	0,6633
4,5	0,6394		**9,5**	0,6593		**14,5**	0,6634
4,6	0,6403		**9,6**	0,6594		**14,6**	0,6634
4,7	0,6412		**9,7**	0,6596		**14,7**	0,6635
4,8	0,6420		**9,8**	0,6597		**14,8**	0,6635
4,9	0,6428		**9,9**	0,6598		**14,9**	0,6635
5	0,6436		**10**	0,6600		**15**	0,6636

3. L'ARC HYPERSTATIQUE À DEUX ARTICULATIONS

Le degré d'hyperstaticité de l'arc valant 1, on peut appliquer la méthode des forces (voir chapitre 3) et considérer la superposition de deux arcs isostatiques dont l'appui gauche est un appui à rouleaux :

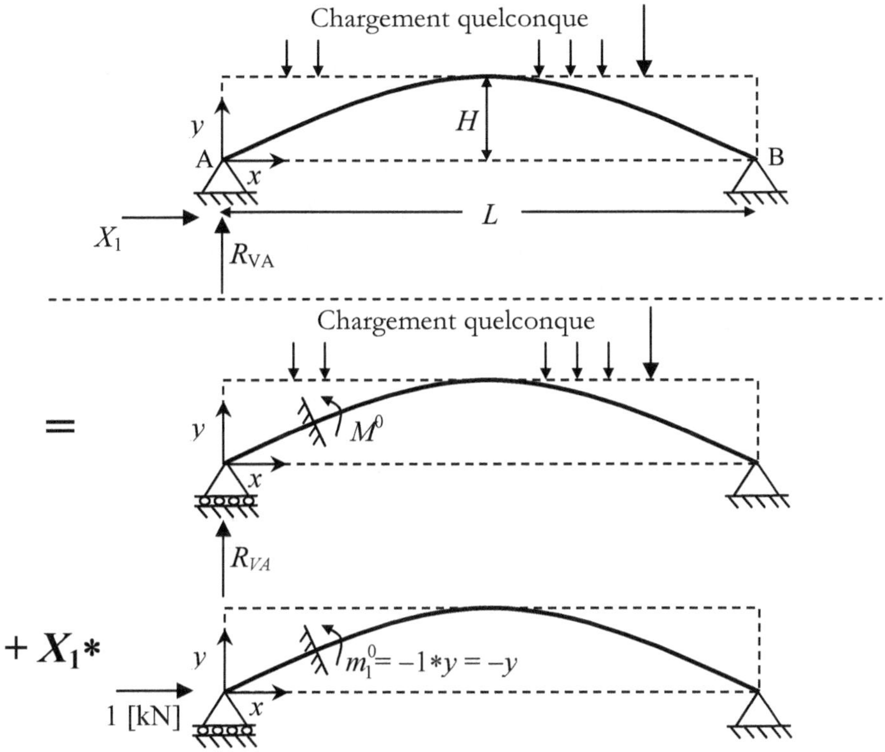

R_{VA} se calcule immédiatement à partir de la structure isostatique de référence soumise au chargement de base puisque les réactions verticales sont nulles dans la structure isostatique soumise à effort unitaire. Sachant que $m_1^0 = -y$, l'équation de compatibilité des déplacements horizontaux à l'appui gauche fournit la relation suivante (on néglige les déformations de compression) :

$$X_1 \int_A^B \frac{y^2}{EI} dl + \int_A^B \frac{M^0(-y)}{EI} dl = 0 \quad \Rightarrow \quad \boxed{X_1 = \frac{\int_A^B \frac{M^0 y}{EI} dl}{\int_A^B \frac{y^2}{EI} dl}}$$

Les réactions d'appui X_1 et R_{VA} étant connues, il est alors aisé de calculer les efforts internes en toute section de l'arc. Notons que les relations établies ne sont pas uniquement valables pour les arcs paraboliques.

4. L'ARC HYPERSTATIQUE BI-ENCASTRÉ

La procédure de résolution sera semblable au cas précédent. Toutefois, l'utilisation de la notion de centre de masse élastique (CME, voir §2) va s'avérer fort utile. L'arc étant hyperstatique de degré 3, on peut appliquer la méthode des forces (voir chapitre 3) et le décomposer en 4 arcs isostatiques simplement encastrés en B.

Soit (x,y) un repère lié à l'appui gauche et (X,Y) un autre repère lié au CME.

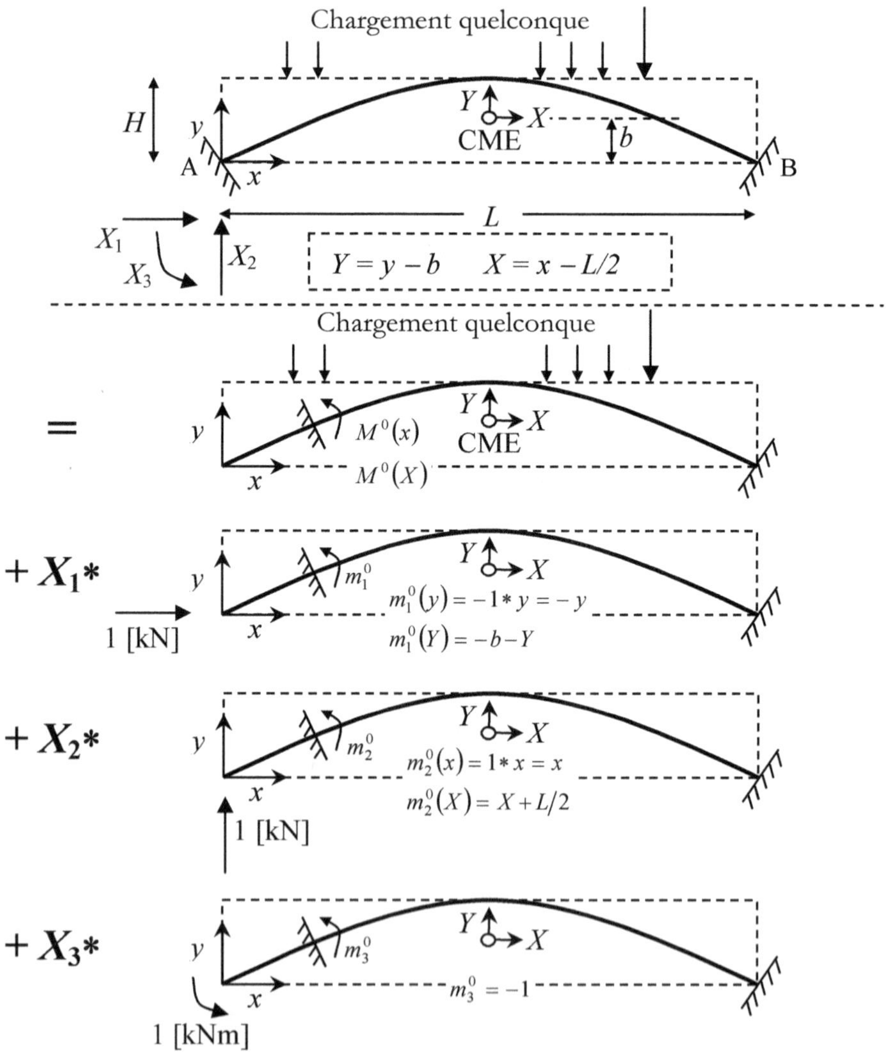

Les formules de Bresse [2] permettent de simplifier fortement ce problème en évitant la résolution du système de 3 équations à 3 inconnues habituel provenant de la méthode des forces, qui exprime que les déplacements en A sont nuls.

La figure précédente montre que le moment en tout point de l'arc hyperstatique peut s'écrire en fonction des coordonnées X et Y du CME :

$$\begin{aligned} M(X,Y) &= M^0(X) + X_1 m_1^0(Y) + X_2 m_2^0(X) + X_3 m_3^0 \\ &= M^0(X) - X_1(b+Y) + X_2(X + L/2) - X_3 \end{aligned}$$

Si, dans les équations de Bresse, on exprime que $u_A = u_B = v_A = v_B = \varphi_A = \varphi_B = 0$ et que l'on y remplace le moment fléchissant par son expression $M(X,Y)$ donnée ci-dessus, on trouve un système de 3 équations duquel on peut déduire directement les valeurs de X_1, X_2 et X_3 :

$$X_1 = \frac{\int_A^B \frac{M^0 Y}{EI} dl}{\int_A^B \frac{Y^2}{EI} dl} \qquad X_2 = -\frac{\int_A^B \frac{M^0 X}{EI} dl}{\int_A^B \frac{X^2}{EI} dl} \qquad X_3 = \frac{\int_A^B \frac{M^0}{EI} dl}{\int_A^B \frac{dl}{EI}} + \frac{L}{2} X_2 - bX_1$$

Les exemples 2 et 3 du §7 illustrent les propos précédents.

5. SIMPLIFICATION DES EXPRESSIONS

Il va de soi que les relations des pages précédentes peuvent dans certains cas poser quelques problèmes lors de leur résolution. Il faut toutefois nuancer ces propos puisque beaucoup de machines à calculer actuelles sont capables de résoudre n'importe quelle intégrale définie (sans parler des ordinateurs).

Toutefois, dans une optique de simplification de ces intégrales, on peut faire l'hypothèse suivante (où I_0 est l'inertie de la section à la clé) :

$$\frac{dl}{EI} \cong \frac{dx}{EI_0}$$

Cette hypothèse est d'autant plus valable que l'arc est élancé (car alors $dx \approx dl$) et que son inertie est peu variable.

---

2 Voir le chapitre 9 (§2) consacré aux éléments à faible courbure.

6. FLAMBEMENT DES ARCS NON FUNICULAIRES

Le calcul au flambement d'un arc de géométrie quelconque (parabolique, circulaire, comportant des tronçons rectilignes, ...) soumis à des charges quelconques ne peut se faire que par une approche numérique. L'analyse se fera de la même manière que pour les pièces courbes et les arcs funiculaires (voir chapitre 1 (§14), chapitre 9 (§3) et chapitre 11 (§8, remarque)).

La figure ci-dessous, obtenue à l'aide du logiciel *ROBOT Millennium*, montre le premier mode de flambement plan de l'arc parabolique isostatique en bois traité précédemment au §1 (dimensions de la section : 16 [cm] * 32 [cm], E = 10.000 [MPa], portée 20 [m], élancement L/H =3,33, charge répartie de 15 [kN/m] sur la moitié droite) :

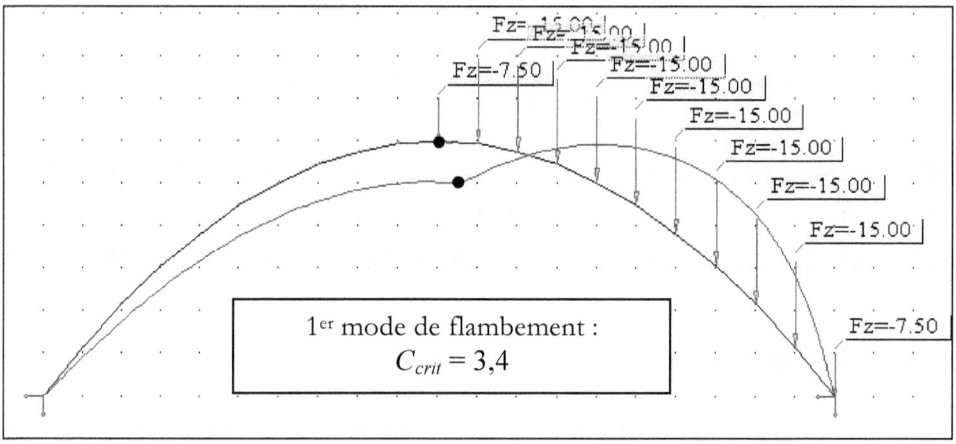

L'arc a été modélisé par 20 segments rectilignes et la charge répartie est assimilée à des charges ponctuelles de 15 [kN] sur les nœuds (sauf au nœud central et sur les appuis où on a placé une charge de 7,5 [kN]). Dans ce cas, le cœfficient critique vaut 3,4, ce qui veut dire que la charge doit valoir 3,4*15 = 51 [kN/m] pour provoquer le flambement élastique d'Euler.

7. EXEMPLES

Dans les chapitres 11 et 12 relatifs aux arcs, on prend la convention $N>0$ en compression, ce qui est contraire à la convention choisie au chapitre 1 pour le reste de cet ouvrage.

Exemple 1

On reprend ici l'exemple 6 du chapitre consacré aux arcs funiculaires mais en considérant cette fois que la charge distribuée ne s'applique que sur la moitié droite de la structure :

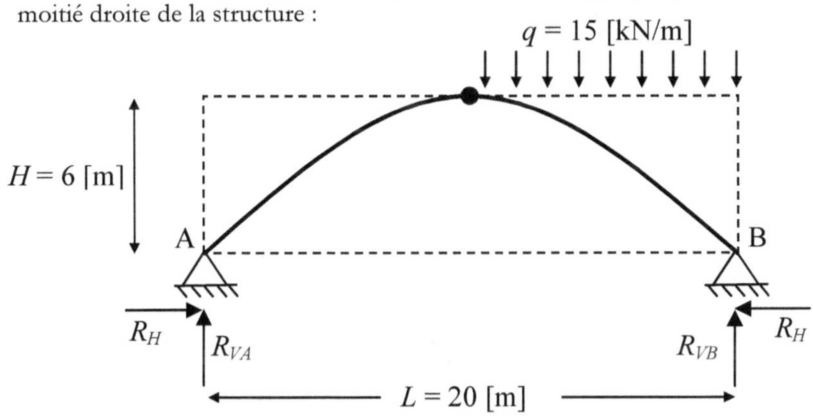

On désire calculer les réactions d'appui et les efforts internes.

➟ Expression des réactions d'appui

L'arc est isostatique. L'équation d'équilibre horizontal sert à montrer que les deux réactions d'appui horizontales sont égales. Par ailleurs, on peut écrire l'équation d'équilibre des efforts verticaux et deux équations d'équilibre des moments (équilibre de l'ensemble de la structure par rapport à B et équilibre de la partie gauche par rapport à la rotule de clé) :

$$\begin{cases} R_{VA} + R_{VB} = qL/2 \\ R_{VA} L = \dfrac{qL}{2} * \dfrac{L}{4} \\ R_{VA} \dfrac{L}{2} = R_H H \end{cases} \quad \Rightarrow \quad \begin{cases} R_{VA} = qL/8 = 37{,}5 \ kN \\ R_{VB} = 3qL/8 = 112{,}5 \ kN \\ R_H = \dfrac{qL^2}{16H} = 62{,}5 \ kN \end{cases}$$

➟ Calcul des efforts internes dans le tronçon gauche

L'équation parabolique de l'arc par rapport à un repère situé sur l'appui gauche est (voir chapitre 11, §3.2) :

$$y = \frac{4H}{L^2}x(L - x) = 0{,}06x(20 - x) \quad [\text{m}]$$

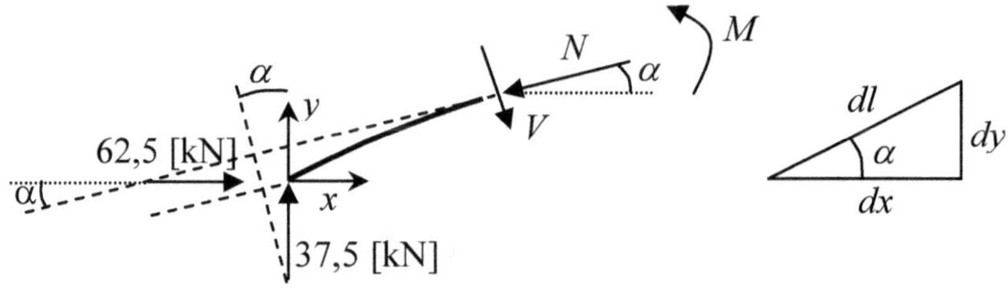

$$\begin{cases} y = 0{,}06x(20 - x) \quad [\text{m}] \quad \text{et} \quad \dfrac{dy}{dx} = 1{,}2 - 0{,}12x \\ dl = \sqrt{dx^2 + dy^2} = \sqrt{1 + \left(\dfrac{dy}{dx}\right)^2}\,dx = \sqrt{1 + (1{,}2 - 0{,}12x)^2}\,dx \\ \quad \Rightarrow \quad \cos\alpha = \dfrac{dx}{dl} = 1\Big/\sqrt{1 + (1{,}2 - 0{,}12x)^2} \\ \sin\alpha = \sqrt{1 - \cos^2\alpha} = (1{,}2 - 0{,}12x)\Big/\sqrt{1 + (1{,}2 - 0{,}12x)^2} \end{cases}$$

Expression du moment fléchissant (x en [m]) :

$$\begin{aligned} M(x) &= 37{,}5x - 62{,}5y = 37{,}5x - 62{,}5[0{,}06x(20 - x)] \\ &= 3{,}75x^2 - 37{,}5x \quad [\text{kNm}] \end{aligned}$$

Avec : $M(x{=}0) = 0$, $M(x = 5\ [\text{m}]) = -93{,}750$ [kNm] et $M(x = 10\ [\text{m}]) = 0$.

Expression de l'effort normal (x en [m]) :

L'effort normal s'équilibre avec la somme des projections des réactions d'appui selon son axe : $N = 37{,}5\sin\alpha + 62{,}5\cos\alpha$

En remplaçant $\sin\alpha$ et $\cos\alpha$ par leur expression en fonction de x, on obtient :

$$N(x) = (107{,}5 - 4{,}5x)\Big/\sqrt{1 + (1{,}2 - 0{,}12x)^2} \qquad [\text{kN}]$$

Avec : $N(x{=}0) = 68{,}820$ [kN], $N(x = 5\ [\text{m}]) = 72{,}887$ [kN] et $N(x = 10\ [\text{m}]) = 62{,}5$ [kN].

Expression de l'effort tranchant (x en [m]) :

L'effort tranchant s'équilibre avec la somme des projections des réactions d'appui selon son axe : $V = 37{,}5\cos\alpha - 62{,}5\sin\alpha$

En remplaçant $\sin\alpha$ et $\cos\alpha$ par leur expression en fonction de x, on obtient :

$$V(x) = (-37{,}5 + 7{,}5x)\Big/\sqrt{1 + (1{,}2 - 0{,}12x)^2} \qquad [\text{kN}]$$

Avec : $V(x=0) = -24{,}007$ [kN], $V(x = 5\ [\text{m}]) = 0$ [kN] et $V(x = 10\ [\text{m}]) = 37{,}5$ [kN].

➠ **Calcul des efforts internes dans le tronçon droit**

L'équation parabolique de l'arc par rapport à un repère situé sur l'appui droit n'a pas changé : $y = 0{,}06x(20 - x)$ [m]

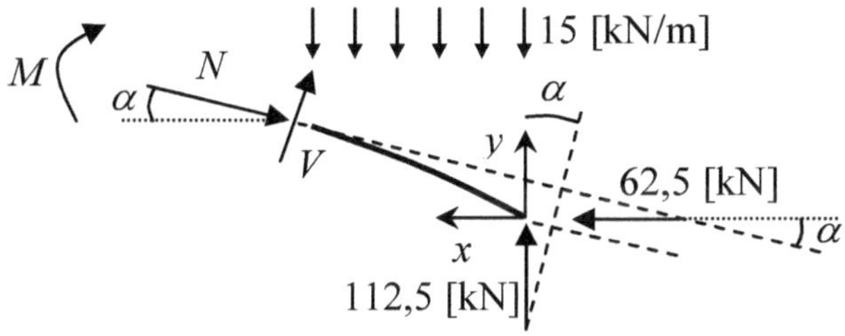

Expression du moment fléchissant (x en [m]) :

$$M(x) = 112{,}5x - 62{,}5y - \frac{15x^2}{2} = -3{,}75x^2 + 37{,}5x \quad [\text{kNm}]$$

Avec : $M(x=0) = 0$, $M(x = 5\ [\text{m}]) = +93{,}750$ [kNm] et $M(x = 10\ [\text{m}]) = 0$.

Expression de l'effort normal (x en [m]) :

L'effort normal s'équilibre avec la somme des projections selon son axe des réactions d'appui et de la résultante de la charge distribuée agissant sur la longueur x (égale à $(15x)$ [kN]) :

$$N = 112{,}5\sin\alpha + 62{,}5\cos\alpha - (15x)\sin\alpha$$

En remplaçant $\sin\alpha$ et $\cos\alpha$ par leur expression en fonction de x, on obtient :

$$N(x) = (197{,}5 - 31{,}5x + 1{,}8x^2)\Big/\sqrt{1 + (1{,}2 - 0{,}12x)^2} \qquad [\text{kN}]$$

Avec : $N(x{=}0) = 126{,}436$ [kN], $N(x = 5 \text{ [m]}) = 72{,}887$ [kN] et $N(x = 10 \text{ [m]}) = 62{,}5$ [kN].

Expression de l'effort tranchant (x en [m]) :

L'effort tranchant s'équilibre avec la somme des projections selon son axe des réactions d'appui et de la résultante de la charge distribuée agissant sur la longueur x (égale à $(15x)$ [kN]) :

$$V = -112{,}5\cos\alpha + 62{,}5\sin\alpha + (15x)\cos\alpha$$

En remplaçant $\sin\alpha$ et $\cos\alpha$ par leur expression en fonction de x, on obtient :

$$V(x) = (-37{,}5 + 7{,}5x)/\sqrt{1 + (1{,}2 - 0{,}12x)^2} \qquad \text{[kN]}$$

Avec : $V(x{=}0) = -24{,}000$ [kN], $V(x = 5 \text{ [m]}) = 0$ et $V(x = 10 \text{ [m]}) = 37{,}5$ [kN].

La figure suivante représente la valeur des efforts internes en chaque section de l'arc en fonction de l'abscisse x :

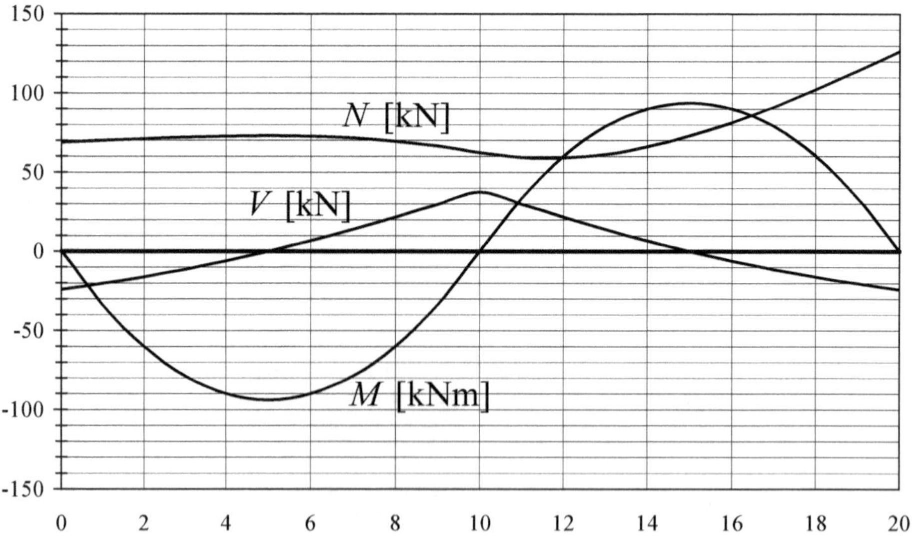

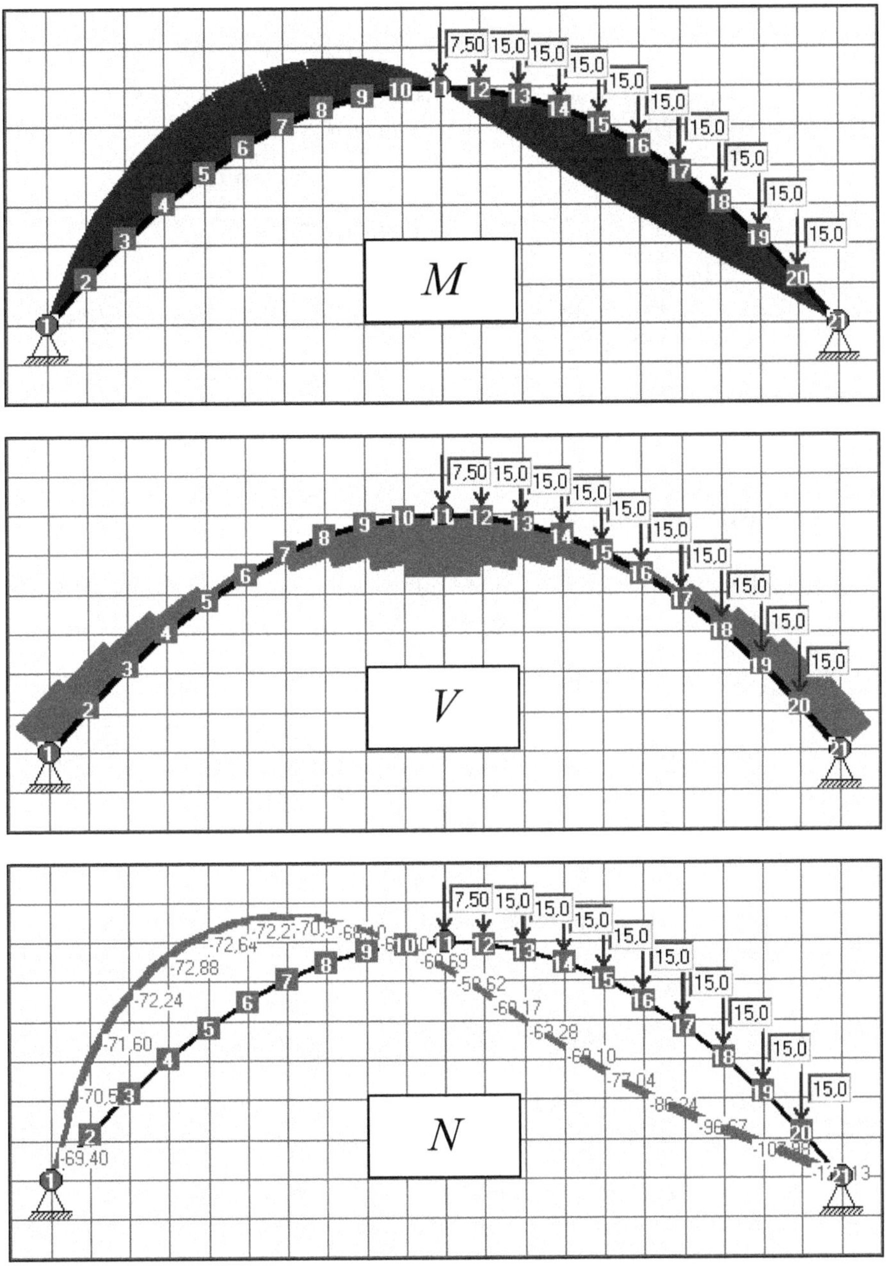

Diagrammes d'efforts internes obtenus par le logiciel ISSD en décomposant l'arc en 20 segments rectilignes. En haut : moments fléchissant; au milieu : efforts tranchants; en bas : efforts normaux et déformée combinés.

Exemple 2

On propose de calculer les réactions d'appui X_1, X_2 et X_3 et les efforts internes relatifs à un arc parabolique bi encastré soumis à une charge ponctuelle à la clé.

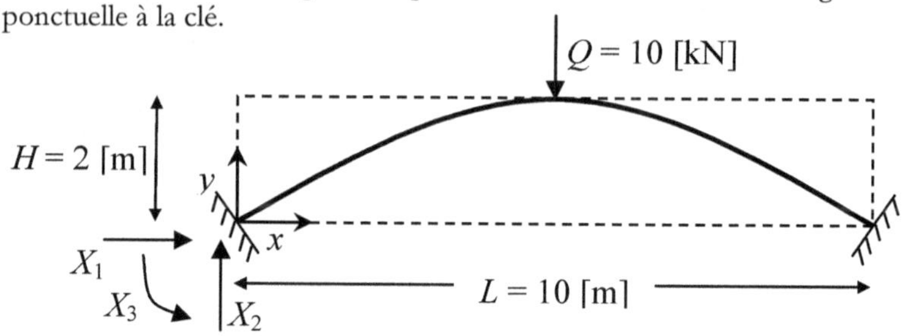

➠ Calcul des réactions d'appui

Le tableau donné au §2 indique que, pour $L/H = 5$, le centre de masse élastique de la structure se trouve à une distance égale à $0{,}6436*H$ de la corde de l'arc, soit à 1,287 [m].

En accord avec les propos du §4, La structure isostatique de référence est la suivante :

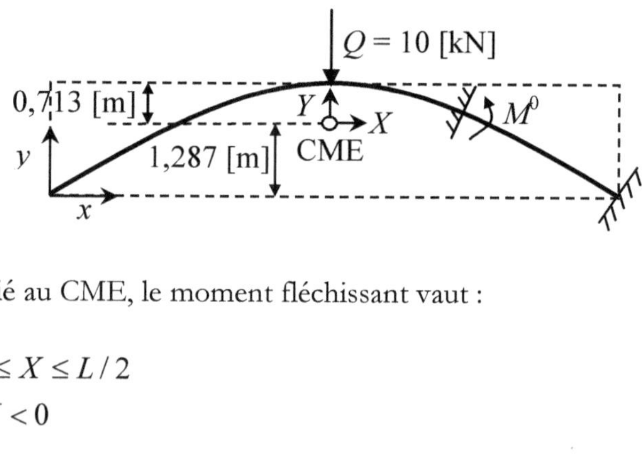

En considérant le repère lié au CME, le moment fléchissant vaut :

$$M^0 = \begin{cases} -QX & pour\ 0 \le X \le L/2 \\ 0 & pour\ X < 0 \end{cases}$$

Et en considérant ce même repère, on peut encore écrire :

$$\begin{cases} \text{Equation de l'arc : } Y = 0{,}713 - \dfrac{4H}{L^2}X^2 = 0{,}713 - 0{,}08X^2 \\ \dfrac{dY}{dX} = -0{,}16X \\ dl = \sqrt{dX^2 + dY^2} = \sqrt{1 + \left(\dfrac{dY}{dX}\right)^2}dX = \sqrt{1 + (0{,}16X)^2}dX \end{cases}$$

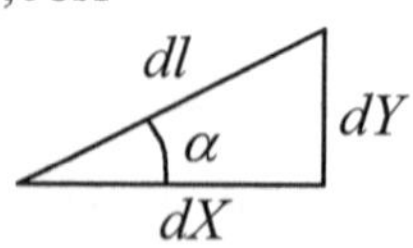

La symétrie implique que $X_2 = Q/2$. Par ailleurs, on peut calculer les intégrales servant à déterminer les 2 autres réactions d'appui X_1 et X_3 :

$$\int_l M^0 Y dl = \int_0^5 (-QX) Y dl = -Q \int_0^5 XY dl$$

$$= -Q \int_0^5 X\left(0{,}713 - 0{,}08X^2\right)\sqrt{1 + (0{,}16X)^2}\, dX = 4{,}694Q \ [\text{kNm}^3]$$

$$\int_l Y^2 dl = \int_{-5}^5 \left(0{,}713 - 0{,}08X^2\right)^2 \sqrt{1 + (0{,}16X)^2}\, dX = 4{,}066 \ [\text{m}^3]$$

$$\int_l M^0 dl = -Q \int_0^5 X \sqrt{1 + (0{,}16X)^2}\, dX = -14{,}326Q \ [\text{kNm}^2]$$

$$\int_l dl = \int_{-5}^5 \sqrt{1 + (0{,}16X)^2}\, dX = 10{,}982 \ [\text{m}]$$

On obtient :

$$\begin{cases} X_1 = \dfrac{\int_l M^0 Y dl}{\int_l Y^2 dl} = \dfrac{4{,}694Q}{4{,}066} = 1{,}1545Q = 11{,}545 \ [\text{kN}] \\ X_2 = 0{,}5Q = 5 \ [\text{kN}] \\ X_3 = \dfrac{\int_l M^0 dl}{\int_l dl} + \dfrac{L}{2} X_2 - bX_1 = \dfrac{-14{,}326Q}{10{,}982} + 5 * (5) - 1{,}287 * 11{,}545 \\ \qquad = -2{,}905 \ [\text{kNm}] \end{cases}$$

➟ Calcul des efforts internes dans la structure hyperstatique

La structure étant symétrique, tant du point de vue de la géométrie que de celui des charges, l'étude de la moitié gauche de celle-ci peut suffire. En considérant le repère (x,y) lié à l'appui gauche, on obtient :

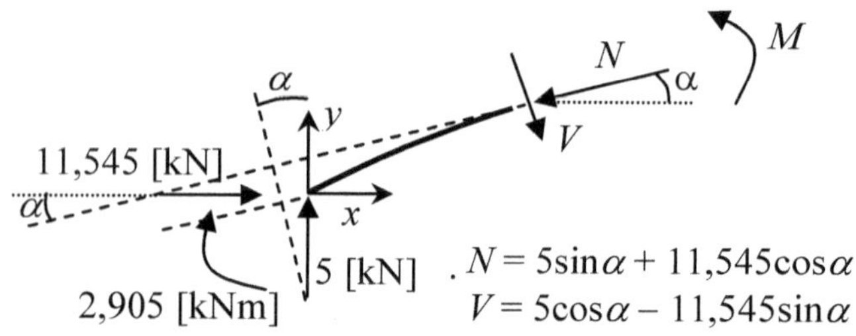

Moments fléchissants :

$$0 \leq x \leq L/2 \quad : \quad M(x,y) = -\,11{,}545y + 5x + 2{,}905 \quad [\text{kNm}]$$

Et comme $y = \dfrac{4H}{L^2}x(L-x) = 0{,}08x(10-x)$, on obtient finalement :

$$0 \leq x \leq L/2 \quad : \quad M(x) = -\,4{,}236x + 0{,}924x^2 + 2{,}905 \quad [\text{kNm}]$$

Avec : $M(x=0) = 2{,}905$ [kNm], $M(x = 2{,}5\text{ [m]}) = -1{,}912$ [kNm] et $M(x = 5\text{ [m]}) = 4{,}815$ [kNm].

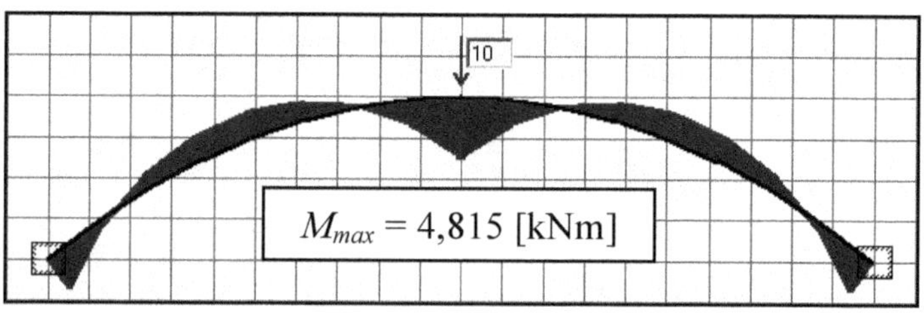

Efforts normaux et efforts tranchants :

$$\begin{cases} y = \dfrac{4H}{L^2}x(L-x) \\ \dfrac{dy}{dx} = \dfrac{4H}{L} - \dfrac{8H}{L^2}x \\ \cos\alpha = \dfrac{dx}{dl} = \dfrac{dx}{\sqrt{dx^2 + dy^2}} = \dfrac{1}{\sqrt{1 + \left(\dfrac{dy}{dx}\right)^2}} = \dfrac{1}{\sqrt{1 + \left(\dfrac{4H}{L} - \dfrac{8H}{L^2}x\right)^2}} \\ \sin\alpha = \sqrt{1 - \cos^2\alpha} \end{cases}$$

Les valeurs de l'effort normal et de l'effort tranchant sont indiquées sur la figure située en haut de la page précédente en fonction de l'angle α. Elles peuvent être transformées et s'exprimer en fonction de l'abscisse x à partir des équations précédentes (repère sur l'appui gauche).

➠ Déformée

La figure suivante montre l'allure de la déformée à une certaine échelle, obtenue à l'aide du logiciel ISSD :

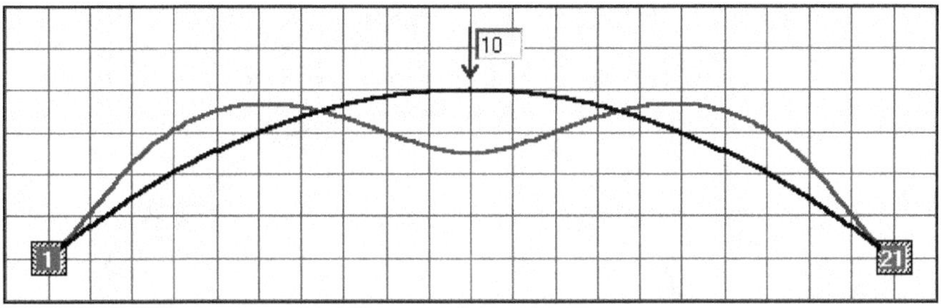

Exemple 3

L'architecture romaine est caractérisée par des arcs de géométrie circulaire, appelés *arcs de plein cintre* [3], constitués de blocs de pierre taillés.
L'analyse précise de ces arcs est complexe. En effet, il faut, d'une part tenir compte de l'interaction entre les blocs (frottement, glissements, rotations) et du comportement non linéaire et non élastique des matériaux, et, d'autre part, considérer ces arcs comme des éléments à forte courbure.

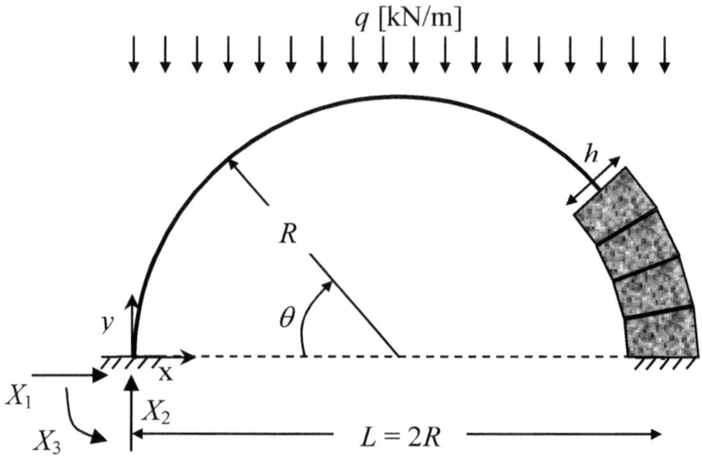

En supposant que les appuis sont encastrés (ce qui est discutable), que la théorie des éléments à faible courbure est applicable, que le matériau est élastique linéaire et isotrope, que le chargement est uniforme et que la section est rectangulaire d'aire invariable, on propose :

- de comparer, au niveau des efforts internes, l'arc circulaire et l'arc parabolique de même hauteur à la clé R.
- de calculer le rapport R/h à partir duquel naissent les premières contraintes de traction lorsque la géométrie est circulaire (h étant la distance entre les fibres extrêmes, supposée constante).

[3] Le Pont du Gard en France, construit en l'an 20 avant notre ère, en est un exemple célèbre.

Comparaison entre l'arc de géométrie parabolique et l'arc de géométrie circulaire

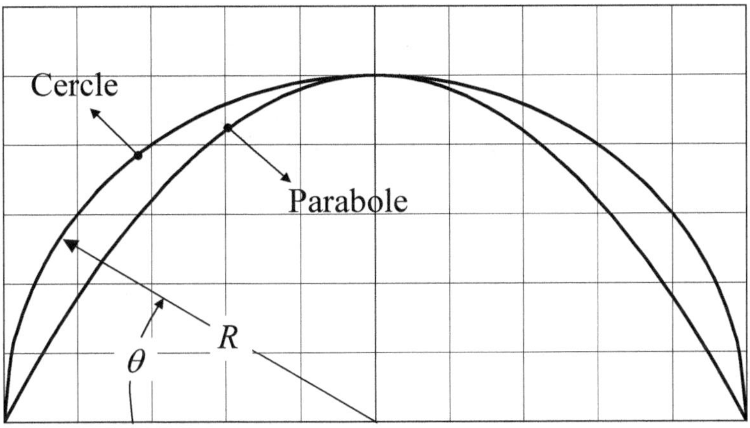

On sait que la parabole est le funiculaire d'une charge verticale uniformément distribuée sur toute la portée (chapitre 11, §3.2) tandis que l'arc circulaire est le funiculaire d'une charge hydrostatique (chapitre 9, §4, exemple 4).

Dans le cas de la parabole, seul l'effort normal subsiste lorsque la charge est uniformément distribuée. Si on exprime cet effort par rapport à un repère situé à la clé, on a (voir chapitre 11, §3.3) :

$$N(x) = \frac{qL^2}{8H}\sqrt{1 + \left(\frac{8Hx}{L^2}\right)^2}$$

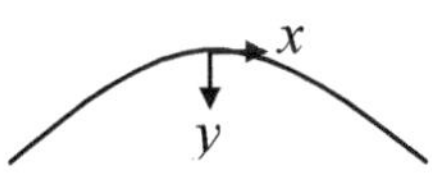

Puisque dans ce cas $L = 2R$ et $H = R$, on obtient : $N(x) = \frac{qR}{2}\sqrt{1 + \left(\frac{2x}{R}\right)^2}$

Et comme $x = R\cos\theta$, l'expression de N en coordonnées polaires devient :

$$N(\theta) = qR\frac{\sqrt{1 + 4\cos^2\theta}}{2}$$

Cette expression fournit des valeurs très semblables à celles de l'arc circulaire mais ce dernier est, en plus, le siège de moments fléchissants et d'efforts tranchants. La figure qui récapitule les diagrammes d'efforts internes pour les deux géométries est donnée en page 314.

A l'aide des équations développées aux §2 et §4, calculons les efforts internes relatifs à l'arc circulaire :

➟ Position du centre de masse élastique

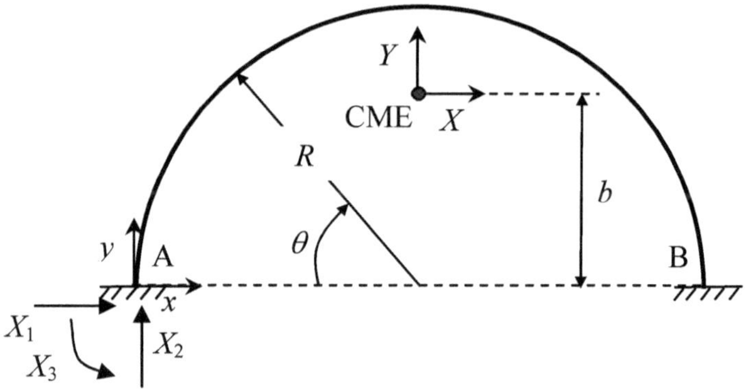

Avec l'inertie constante (section rectangulaire), et si on exprime y et dl en fonction de l'angle θ, le calcul est immédiat :

$$\begin{cases} y = R\sin\theta \\ dl = R\, d\theta \end{cases} \rightarrow b = \frac{\int_l y\frac{dl}{EI}}{\int_l \frac{dl}{EI}} = \frac{\int_l y\,dl}{\int_l dl} = \frac{\int_0^\pi (R\sin\theta)(R\,d\theta)}{\pi R} = \frac{R}{\pi}\int_0^\pi \sin\theta\, d\theta = \frac{2R}{\pi}$$

➟ Expression des réactions d'appui

Le chargement étant symétrique, le calcul de la réaction d'appui verticale X_2 est immédiat par un équilibre des efforts verticaux :

$$2X_2 = 2qR \quad \Rightarrow \quad X_2 = qR$$

En outre, l'expression des réactions d'appui X_1 et X_3 est la suivante (§4) :

$$X_1 = \frac{\int_A^B \frac{M^0\, Y}{EI} dl}{\int_A^B \frac{Y^2}{EI} dl} \qquad X_3 = \frac{\int_A^B \frac{M^0}{EI} dl}{\int_A^B \frac{dl}{EI}} + \frac{L}{2}X_2 - bX_1$$

Dans ces relations, les coordonnées X et Y sont relatives au **référentiel (*X*, *Y*) lié au centre de masse élastique** et M^0 est l'expression du moment fléchissant, **dans ce même référentiel**, lorsque l'appui gauche est supprimé :

$$\begin{cases} M^\circ = -\dfrac{qR^2(1-\cos\theta)^2}{2} \\ X = -R\cos\theta \\ Y = R\sin\theta - b \\ \quad = R(\sin\theta - 2/\pi) \end{cases}$$

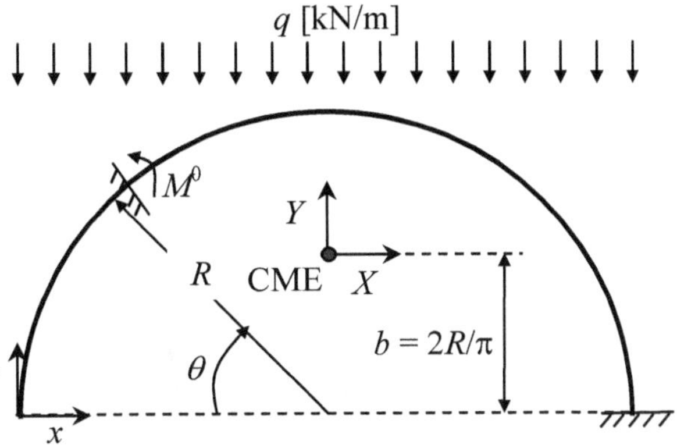

➠ Calcul de la réaction horizontale X_1

$$X_1 = \frac{\displaystyle\int_A^B \frac{M^0\,Y dl}{EI}}{\displaystyle\int_A^B \frac{Y^2 dl}{EI}} = \frac{\displaystyle -\frac{1}{2}\int_0^\pi qR^3(1-\cos\theta)^2\;(\sin\theta - 2/\pi)\;Rd\theta}{\displaystyle\int_0^\pi R^2(\sin\theta-2/\pi)^2\;Rd\theta}$$

$$= -\frac{qR}{2}\frac{(-0{,}333333)}{(0{,}297557)} = 0{,}560qR$$

➠ Calcul du moment d'encastrement X_3

$$X_3 = \frac{\displaystyle\int_A^B \frac{M^0}{EI}dl}{\displaystyle\int_A^B \frac{dl}{EI}} + RX_2 - bX_1 = -\frac{qR^2}{2\pi}\int_0^\pi (1-\cos\theta)^2\,d\theta + qR^2 - \frac{2R}{\pi} * 0{,}560qR$$

$$\int_A^B \frac{dl}{EI} = \pi R/EI$$

$$= -\;0{,}1065qR^2$$

➠ Calcul des efforts internes $M(\theta)$, $N(\theta)$ et $V(\theta)$ dans la structure hyperstatique

Les efforts X_1, X_2 et $q(R - R\cos\theta)$ agissent respectivement avec un bras de levier $R\sin\theta$, $(R - R\cos\theta)$ et $(R - R\cos\theta)/2$ par rapport à la section définie par l'angle θ.

D'autre part, $N(\theta)$ et $V(\theta)$ s'obtiennent par projection sur leur axe des efforts X_1, X_2 et de la charge $qR(1 - \cos\theta)$.

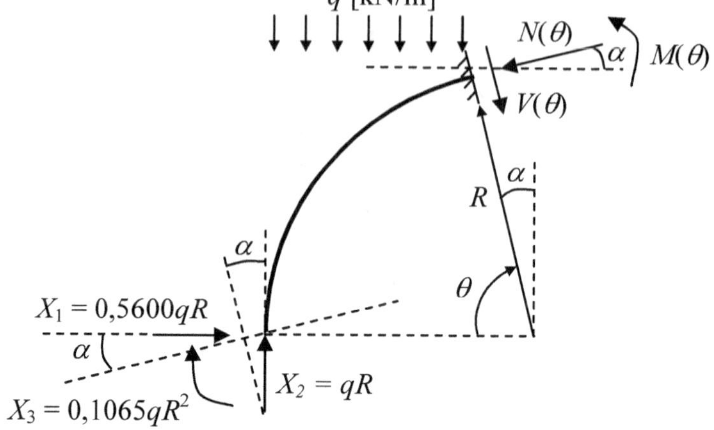

Avec $\sin\alpha = \sin(90° - \theta) = \cos\theta$ et $\cos\alpha = \cos(90° - \theta) = \sin\theta$, on obtient :

$$\begin{cases} M(\theta) = -0{,}5600\, qR\sin\theta + qR(R - R\cos\theta) + 0{,}1065 qR^2 - \dfrac{qR^2}{2}(1-\cos\theta)^2 \\ \quad = qR^2\left(-0{,}5600\sin\theta + 0{,}6065 - 0{,}5\cos^2\theta\right) \\ N(\theta) = 0{,}5600 qR\cos\alpha + qR\sin\alpha - q(R - R\cos\theta)\sin\alpha \\ \quad = qR\left(0{,}5600\sin\theta + \cos^2\theta\right) \\ V(\theta) = -0{,}5600 qR\sin\alpha + qR\cos\alpha - q(R - R\cos\theta)\cos\alpha \\ \quad = qR\left(-0{,}5600\cos\theta + \sin\theta\cos\theta\right) \end{cases}$$

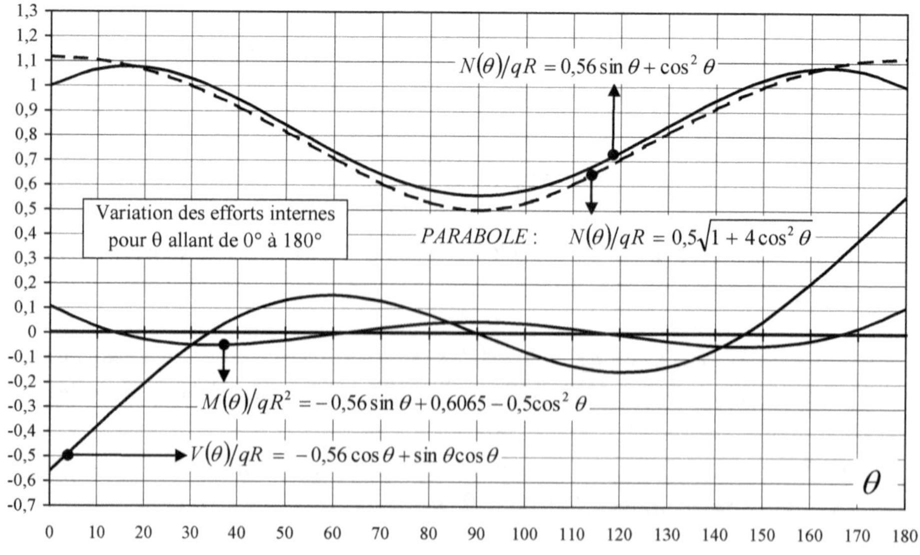

Calcul du rapport R/h à partir duquel naissent les premières contraintes de traction (géométrie circulaire)

Chaque section de l'arc subit une flexion composée caractérisée par un moment fléchissant $M(\theta)$ et un effort normal $N(\theta)$ appliqué au niveau de la fibre moyenne (sans oublier l'effort tranchant qui est lui aussi non nul). Cette flexion composée peut être modélisée par un effort normal équivalent agissant avec une excentricité $e(\theta) = M(\theta)/N(\theta)$ par rapport à la fibre moyenne :

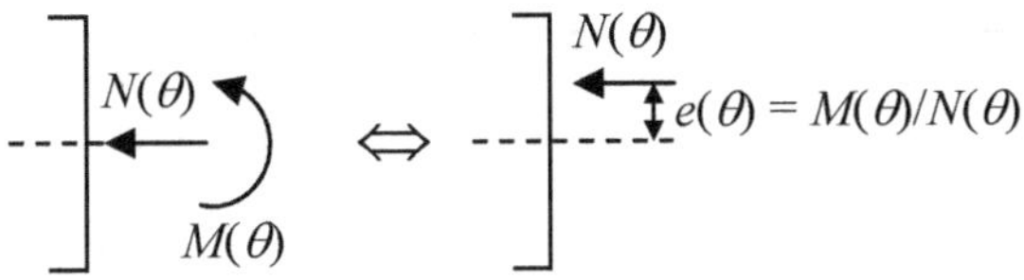

$$e(\theta) = \frac{M(\theta)}{N(\theta)} = \frac{-0{,}56\sin\theta + 0{,}6065 - 0{,}5\cos^2\theta}{0{,}56\sin\theta + \cos^2\theta} R$$

Sur la figure ci-dessous ont été représentés l'arc circulaire, la fibre moyenne et le lieu des excentricités $e(\theta)$ en chaque section pour un rapport R/h égal à 3.

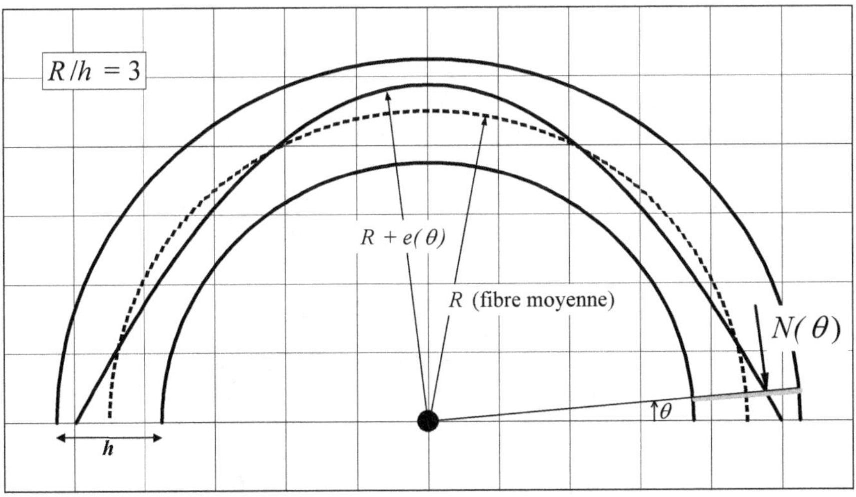

Aucune contrainte de traction ne peut apparaître tant que l'effort normal excentré se trouve à l'intérieur du noyau central des sections. Pour une section rectangulaire et un matériau élastique linéaire, la limite du noyau central se trouve à une distance $h/6$ de la fibre moyenne. La figure de la page suivante représente la valeur du terme $e(\theta)/R$ en fonction de l'angle θ. On voit que ce terme est maximum aux appuis où il vaut 0,1065.

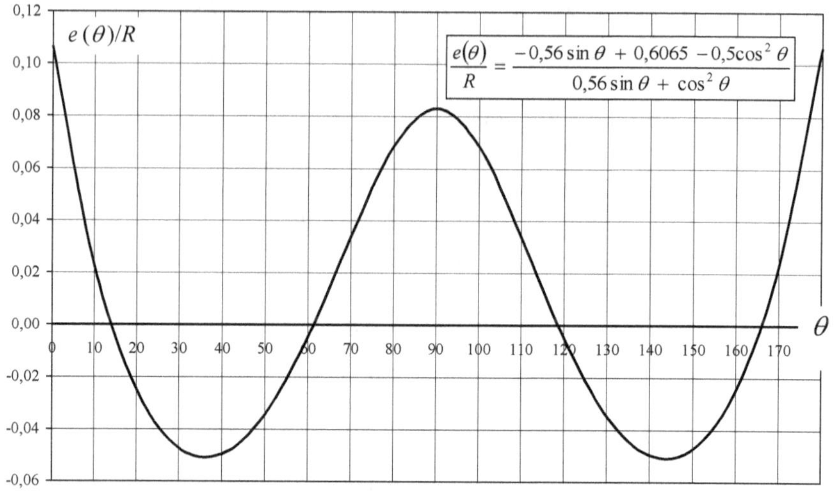

La ligne d'action de l'effort équivalent sort donc du noyau central lorsque la relation suivante est satisfaite :

$$e_{max} \geq h/6 \quad \Leftrightarrow \quad 0{,}1065R \geq h/6$$

$$\Rightarrow R/h \geq 1{,}565$$

Pour un rapport R/h supérieur à 1,565, les premières fissures de traction apparaissent aux appuis mais la stabilité de l'arc n'est pas nécessairement mise en cause pour autant. A partir de ce moment, tout calcul nécessite la prise en compte de la modification de l'inertie des sections fissurées. **Rappelons toutefois que le calcul a été effectué sur base d'hypothèses très simplifiées.**

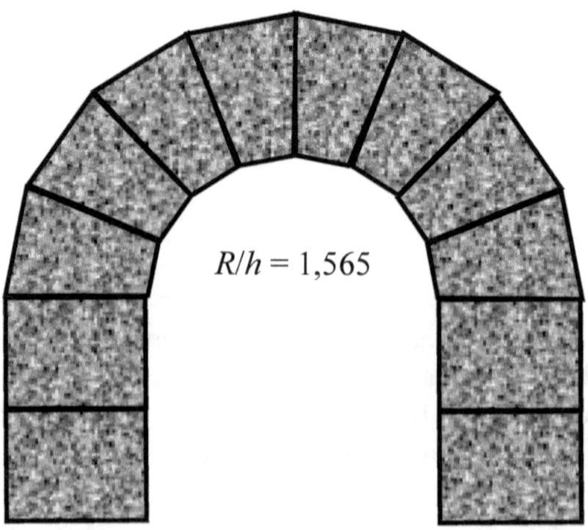

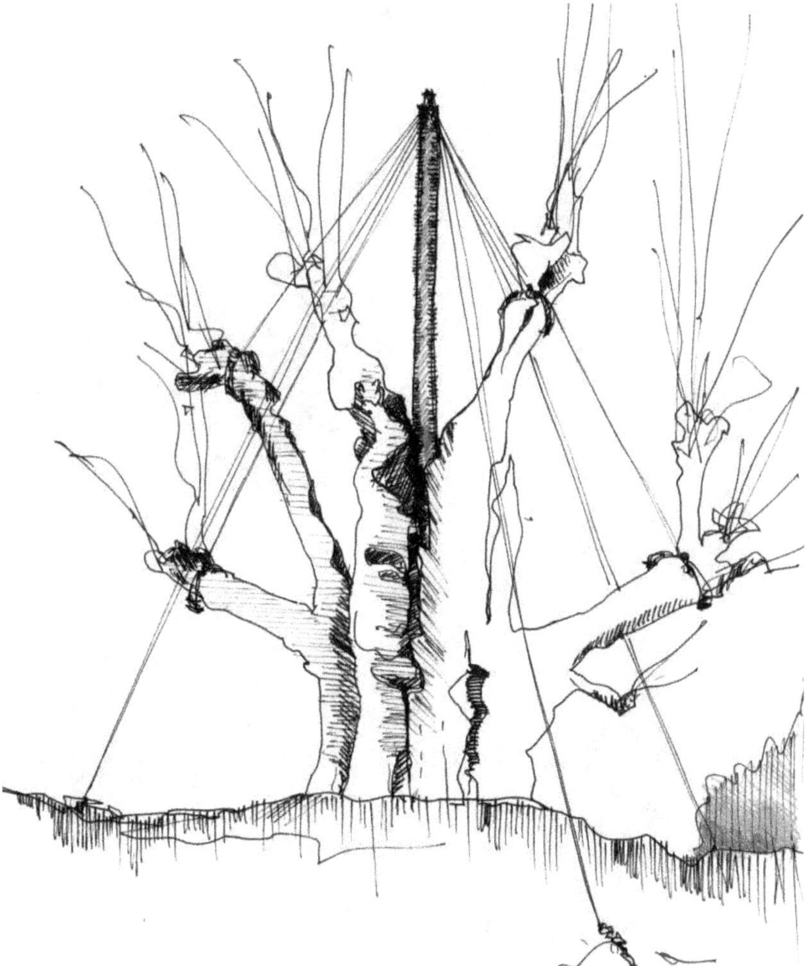

Chapitre 13

Les câbles

Illustration au recto et photos ci-dessous :

Mât haubané de 11 mètres servant de soutien au tilleul classé de Doyon en Belgique, plusieurs fois centenaire.
Conception, ingénieur conseil : Pierre Latteur, 2004-2005.
Croquis : Dominique Langendries.

1. INTRODUCTION

Les câbles sont utilisés notamment pour les ponts suspendus ou haubanés, les pylônes haubanés, les couvertures suspendues ou les contreventements.

Les *torons* sont des assemblages de fils métalliques enroulés hélicoïdalement autour d'un fil central et constitués d'acier à très haute limite d'élasticité atteignant plusieurs fois celle de l'acier traditionnel de charpente. Ils peuvent contenir des centaines de fils et atteindre des limites de rupture de plusieurs centaines de tonnes. Leur module d'élasticité intrinsèque E_c est plus petit que celui du matériau acier à cause de l'enroulement des fils en hélice : une valeur de 170.000 [MPa] n'est pas rare.

Les *câbles* sont constitués d'un ensemble de torons alignés (on parle de câbles à torons parallèles) ou enroulés autour d'une âme centrale métallique ou textile (on parle alors de *cordages*). Les cordages possèdent un module d'élasticité intrinsèque encore plus faible, qui peut être inférieur à 140.000 [MPa].

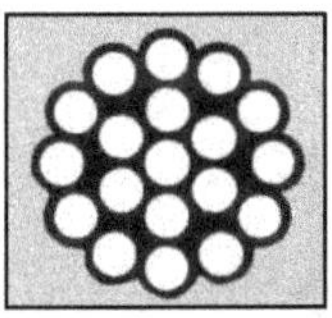

Toron

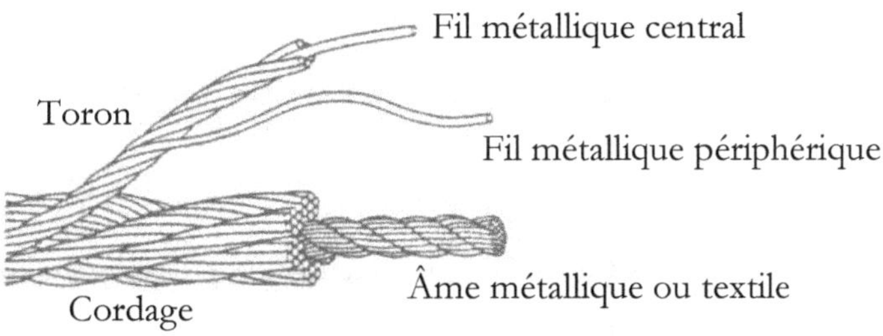

Câble à torons parallèles

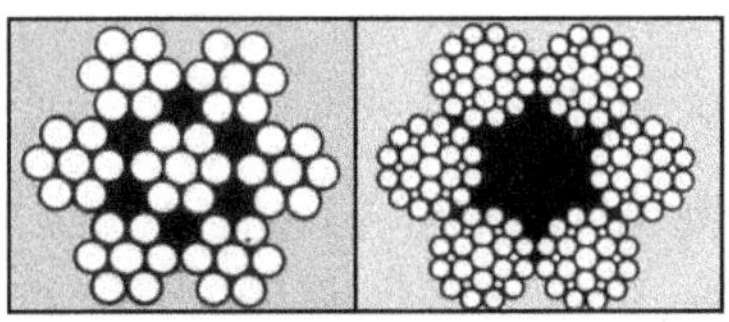

Ensembles de torons enroulés : cordages

Dans le cadre de cet ouvrage nous parlerons toujours de *câble*, indépendamment des distinctions ci-dessus.

Le calcul exact d'une structure composée de câbles est souvent laborieux pour une raison évidente : contrairement aux structures à éléments rigides, **la géométrie déformée d'un câble après chargement est très différente de sa géométrie initiale**. Cette particularité a une double conséquence : d'une part, **le principe de superposition n'est plus applicable** et, d'autre part, le calculateur ne peut plus se baser sur la géométrie de la structure non chargée pour écrire les équations d'équilibre comme il a l'habitude de le faire pour les structures classiques (dans la mesure où l'on peut négliger les effets du second ordre, voir chapitre 1, §12).

2. GENERALITES SUR LA STATIQUE DES CABLES

2.1. La parabole et la chaînette

L'arc funiculaire et le câble sont des structures analogues. En effet, pour une même géométrie et un même chargement, les efforts qui y règnent ne diffèrent que par leur signe : l'arc est en compression tandis que le câble est en traction. Par ailleurs, dans le chapitre relatif aux arcs funiculaires, la géométrie parabolique a été clairement distinguée de la chaînette (chap. 11, §5) :

- **la parabole** est le funiculaire d'une charge uniformément répartie par unité de longueur horizontale, par exemple un tablier suspendu (on néglige le poids propre du câble et des suspentes) :

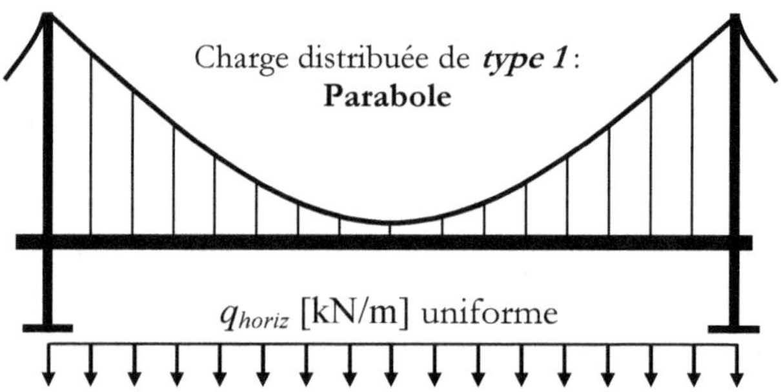

- **la chaînette** est le funiculaire d'une charge uniformément répartie par unité de longueur prise *le long* du câble, comme son poids propre éventuellement combiné à une couverture directement accrochée au câble :

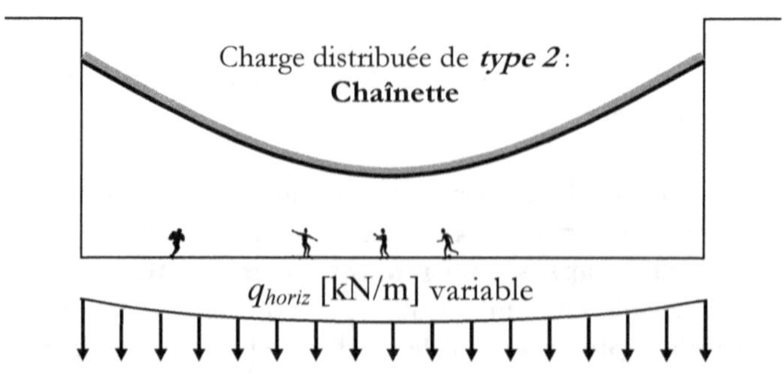

Dans la suite de ce chapitre, on parlera d'une **charge distribuée de type 1** lorsque la charge est uniformément distribuée par unité de longueur horizontale (parabole) et d'une **charge distribuée de type 2** dans l'autre cas (chaînette).

2.2. Les équations d'équilibre externe et le calcul des réactions d'appui

Nous ne considérons ici que les câbles soumis à des charges verticales. Dans ce cas les deux réactions horizontales sont forcément égales mais de sens opposés. Par ailleurs, les deux réactions d'appui verticales peuvent être différentes si les charges sont dissymétriques ou les appuis à des niveaux différents. L'équation d'équilibre horizontal servant à prouver que les deux réactions horizontales sont égales, trois équations sont encore nécessaires. En plus de l'équation d'équilibre vertical et de celle d'équilibre des moments par rapport à l'un des appuis, on peut encore profiter du fait que *le moment fléchissant est nul en tout point du câble* pour établir une seconde équation d'équilibre des moments, par exemple par rapport au point le plus bas du câble. Toutes les réactions d'appui peuvent alors être calculées.

2.3. Constance de la composante horizontale de l'effort de traction

Si les charges sont verticales, les deux réactions horizontales sont égales et de sens opposés. L'équilibre des efforts horizontaux sur tout tronçon du câble montre alors que la composante horizontale N_H de l'effort de traction qui y règne est constante et égale à la réaction d'appui horizontale R_H. Cette propriété est aussi valable pour les câbles soumis à une charge distribuée.

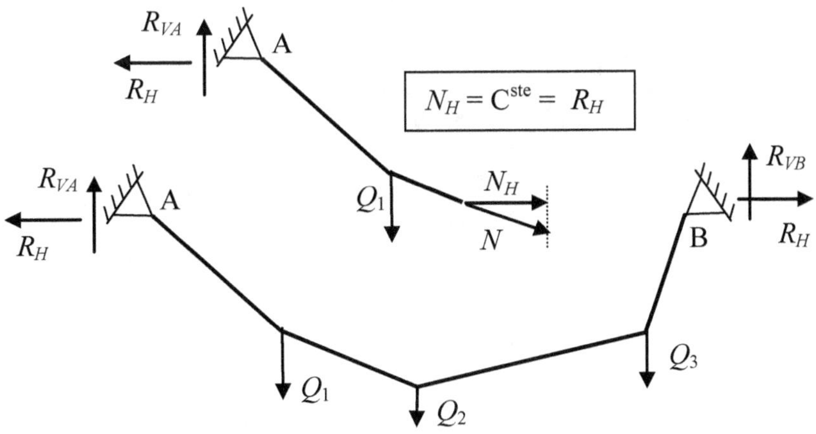

Structure de la toiture de la gare de Leuven, Belgique. Photo du dessus : câble de contreventement des arcs métalliques supportant la couverture de la gare, vu de la naissance des arcs en tête de pile. Photo du dessous : accrochage de ces mêmes câbles en tête de pile. *(Architectes et ingénieurs Samyn and Partners avec le bureau d'études Setesco; photos de l'auteur, 2004).*

2.4. Câble droit = effort infini

La réaction d'appui horizontale d'un câble dont les appuis sont au même niveau, de portée L, de flèche H et soumis à une charge répartie q, est égale à celle de l'arc (chap. 11, §3.2), soit $qL^2/(8H)$. De ce fait, si le câble est de plus en plus tendu, la flèche H du câble diminue et le dénominateur de l'expression précédente tend vers zéro. Il est donc impossible de rendre un câble complètement droit puisqu'il faudrait pour cela lui appliquer une traction infinie.

2.5. Module d'élasticité selon la corde d'un câble très tendu

Par corde, on entend la droite joignant les appuis. Comme expliqué au §1, l'enroulement en hélice est responsable du fait que le module d'élasticité intrinsèque E_c d'un câble est plus petit que le module d'élasticité E du matériau. Dans certains cas, un autre phénomène doit aussi être pris en compte dans l'évaluation du module d'élasticité.

En effet, lorsque des câbles sont utilisés comme des barres de treillis destinées uniquement à reprendre des efforts normaux, ils sont fortement tendus entre deux points. C'est le cas des câbles de ponts haubanés, de ceux des pylônes haubanés ou de certains contreventements. Dans de telles situations, ces câbles, horizontaux ou obliques, sont si tendus que l'œil pourrait faire croire qu'ils sont parfaitement droits. En réalité, leur poids propre leur donne une déformée inévitable : ils se comportent alors comme des éléments droits, mais dont le module d'élasticité est inférieur au module d'élasticité intrinsèque E_c du câble.

Il est dès lors utile de définir un module d'élasticité pris selon la corde du câble (c'est-à-dire selon la droite joignant ses appuis), noté E_{corde}, et qui est alors fonction à la fois du module d'élasticité intrinsèque E_c du câble et de la contrainte qui y règne.

Soit L_0 la longueur d'un câble tendu entre deux appuis. En supposant dans un premier temps qu'il est inextensible (module d'élasticité E du matériau infini), il est possible de le tendre davantage par un supplément d'effort ΔN, allant de pair avec un écartement de ses appuis égal à ΔL.

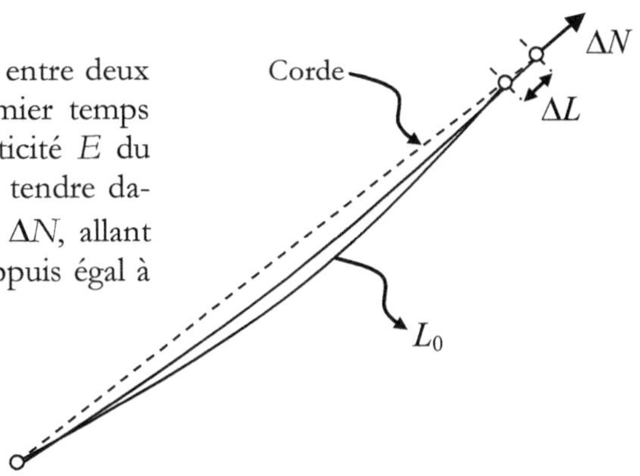

Le câble de section A se comporte alors comme une barre dont le module d'élasticité apparent vaut (on utilise ici la loi de Hooke, voir chap. 1, §7) :

$$E_{app} = (\Delta N/A)/(\Delta L/L_0)$$

Comme le module d'élasticité intrinsèque E_c du câble n'est pas infini (il vaut, par exemple, 170.000 [MPa]), le module selon sa corde vaut finalement :

$$E_{corde} = \frac{E_c E_{app}}{E_c + E_{app}} \quad < \quad E_c \quad < \quad E$$

2.6. Tronçon soumis à l'effort de traction maximal

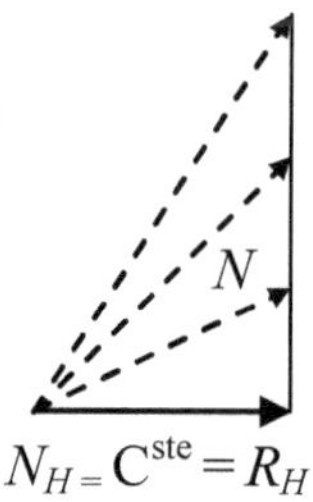

Comme la composante horizontale de l'effort de traction doit rester constante (voir §2.3), c'est le tronçon le plus incliné qui est soumis au plus grand effort de traction. C'est donc à l'un des deux appuis (et pas nécessairement au plus élevé) que cet effort sera maximum.

2.7. Théorème d'analogie avec la poutre

Ce théorème, également utile pour la recherche des formes funiculaires des arcs (voir chapitre 11, §7.5), est d'une importance capitale pour la résolution de certains problèmes liés aux câbles. Il postule que *la forme du câble est la même que celle du diagramme des moments d'une poutre de même portée soumise aux mêmes charges.* Il s'énonce comme suit :

Soit un câble soumis à un cas de charge quelconque (charges ponctuelles et/ou distribuées) :

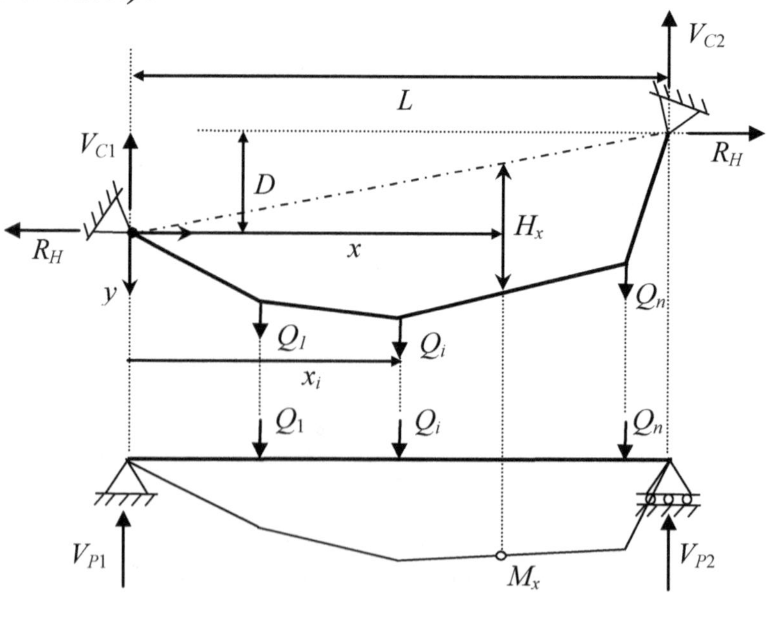

- soit R_H la réaction d'appui horizontale;
- soit H_x la distance verticale entre un point du câble et la droite joignant ses appuis (définie par le terme *corde*);
- soit M_x le moment fléchissant, au même point, d'une poutre isostatique de même portée que le câble et supportant les mêmes charges.

Alors on a : $\boxed{H_x = M_x / R_H}$

Cette propriété se démontre aisément comme suit :

1. Équilibre des couples extérieurs par rapport à l'appui droit, respectivement pour la poutre et le câble :

$$\begin{cases} \text{Poutre :} \quad V_{P1} L = \sum_{i=1}^{n} Q_i (L - x_i) \\ \text{Câble :} \quad V_{C1} L + R_H D = \sum_{i=1}^{n} Q_i (L - x_i) \end{cases} \Rightarrow V_{P1} - V_{C1} = R_H \frac{D}{L} \quad [1]$$

2. Le moment en tout point (x,y) du câble est nul. En y faisant l'équilibre de rotation du tronçon situé à gauche de ce point, on obtient :

$$V_{C1} x - R_H y - \sum_{j=1}^{i} Q_i (x - x_j) = 0 \quad [2]$$

3. Le moment M_x en toute abscisse x de la poutre vaut, en considérant le tronçon situé à gauche de cette abscisse x :

$$M_x = V_{P1} x - \sum_{j=1}^{i} Q_i (x - x_j) \quad [3]$$

En éliminant le terme de somme entre [2] et [3], on trouve :

$$M_x = (V_{P1} - V_{C1}) x + R_H y$$

En éliminant de cette relation le terme $(V_{P1} - V_{C1})$ à partir de [1], on obtient :

$$R_H \left(y + \frac{D}{L} x \right) = M_x \quad \text{ou encore :} \quad \boxed{R_H H_x = M_x} \quad \text{(CQFD)}$$

Remarquons que la démonstration est à peu de choses près identique si le câble est soumis à des charges réparties, combinées ou non à des charges ponctuelles.

2.8. Un câble peut-il reprendre de la compression ?

La réponse est : oui, s'il est précontraint, c'est-à-dire s'il est déjà le siège d'un effort de traction.

En effet, supposons un mât stabilisé par des barres obliques rigides. Lorsqu'on applique un effort horizontal Q en tête, la barre de droite est tendue et celle de gauche comprimée, comme l'illustre la figure ci-contre.

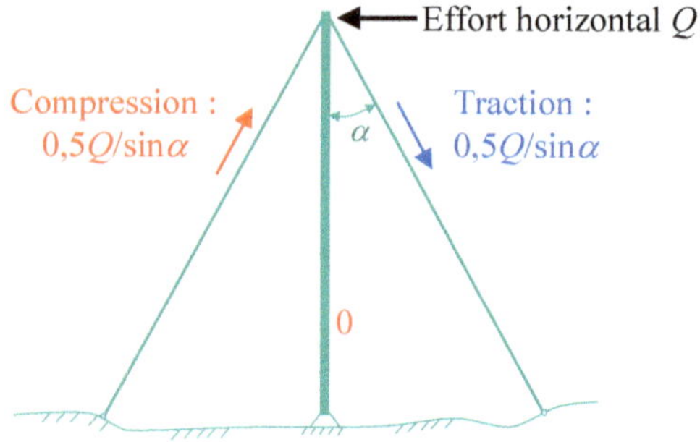

Supposons maintenant que les deux barres obliques soient des câbles. Celui de gauche ne peut reprendre l'effort de compression car il se détend complètement. Le mât subit alors un effort de compression $Q/\mathrm{tg}\alpha$ et le câble de droite un effort de traction plus grand, égal à $Q/\sin\alpha$. Cette situation est évidemment à proscrire car en plus, un câble ne peut jamais être détendu pour des raisons de *fatigue* des assemblages.

Si on exerce uniquement une prétension (précontrainte) dans les deux câbles, par exemple via un dispositif à tendeur placé à leurs appuis, on obtient les efforts suivants :

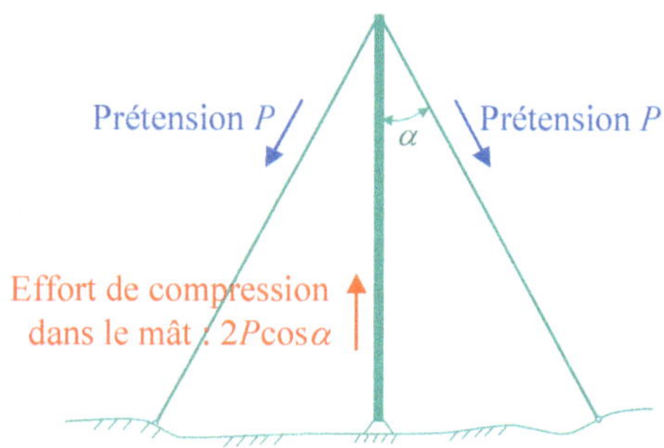

Si maintenant la charge horizontale de tête s'applique en plus de la précontrainte, et pour autant que cette dernière soit suffisamment grande, on constate que le câble de gauche n'est plus détendu mais qu'il peut cette fois reprendre un effort de compression égal à $0{,}5Q/\sin\alpha$, *exactement comme une barre droite de même facteur EA le ferait* :

Avec
$P > 0{,}5Q/\sin\alpha$

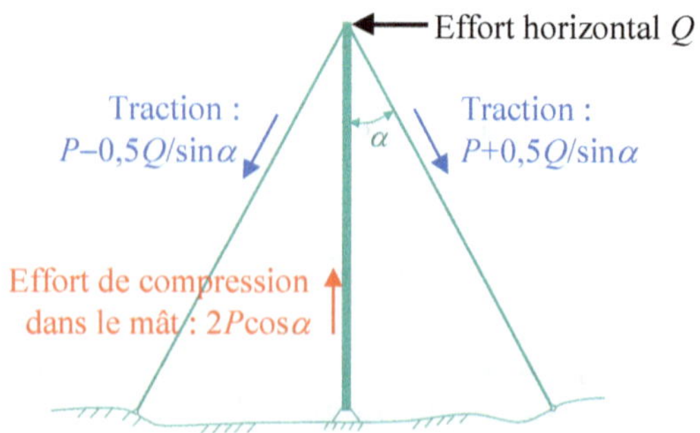

2.9. Contrôle de la mise en tension dans un câble

Nombreuses sont les situations où l'on a besoin de mettre des câbles sous tension et de connaître avec exactitude la valeur de leur précontrainte. Prenons l'exemple d'un mât haubané. La précontrainte dans les haubans devra :

- être suffisante pour que ceux-ci ne soient jamais complètement détendus sous les charges variables (de vent par exemple). Dans le cas contraire on s'expose à des problèmes de fatigue des assemblages, des problèmes de déplacements excessifs de la structure et des déformations très visibles des câbles ;
- être limitée pour ne pas dépasser la contrainte maximale autorisée lorsque les charges extérieures créent des efforts internes qui se superposent aux efforts dus à la précontrainte.

Il existe sur le marché certains appareils de mesure portables capables de mesurer l'effort de tension qui règne dans un câble. Ces appareils sont toutefois coûteux et leur usage est limité aux petits diamètres. On peut aussi munir les câbles de dispositifs de mesure fixes et définitifs comme des capteurs de forces ou des jauges de contrainte fixées sur les tendeurs.

Une autre méthode utile pour connaître la précontrainte est de tendre un fil léger entre les deux appuis du câble de sorte que ce fil soit le plus confondu possible avec la corde du câble (fil le plus droit possible). On mesure ensuite à mi-portée la distance verticale δ_{max} entre le fil et le câble, ce qui permet indirectement de retrouver l'effort de précontrainte.

Pour un câble oblique inscrit dans un rectangle de largeur L et de hauteur H, de poids propre q et soumis à une précontrainte $F_{préc}$, il est possible d'établir, pour une valeur de H/L donnée, une relation linéaire entre deux nombres sans dimensions, respectivement L/δ_{max} et $F_{préc}/qL$. Ces nombres sont donc directement en rapport avec la flèche maximale δ_{max} d'une part et l'effort de précontrainte $F_{préc}$ d'autre part.

Cette relation provient directement des équations d'équilibre du câble parabolique (ou de l'arc parabolique équivalent, voir les équations du chapitre 11, §3.5) :

$$\frac{L}{\delta_{max}} = fonction\left(\frac{H}{L}\right) * \frac{F_{préc}}{qL}$$

La figure suivante traduit cette relation pour les rapports H/L les plus communs, avec un pas de 0,1 pour H/L (H/L=0 : horizontal, H/L=1 : à 45°, H/L = 2).

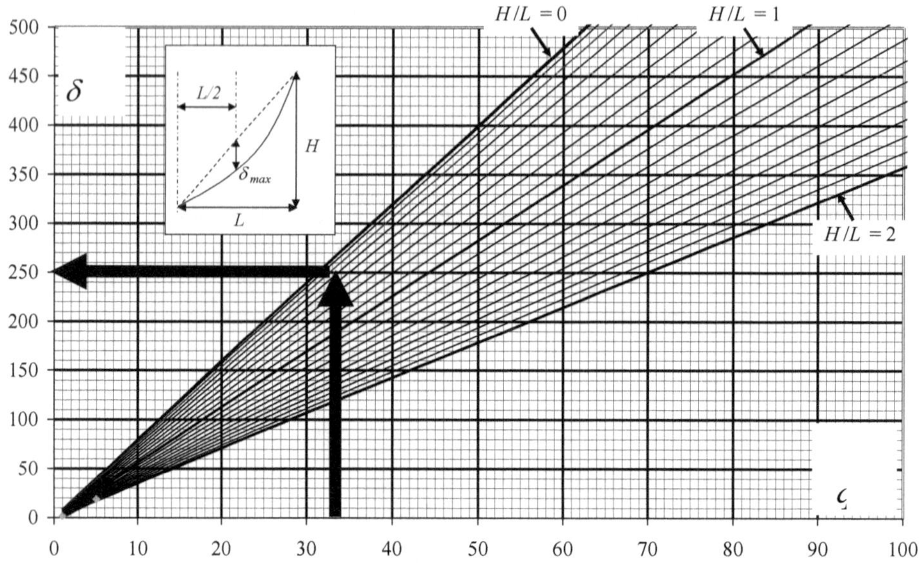

Exemple d'utilisation de la figure ci-dessus :

Les photos de la page 322 montrent les câbles de contreventement d'une couverture métallique qui doivent être mis en place avec une précontrainte de 50 kN. Ces câbles pèsent 75,83 N/m et leur géométrie en plan est la suivante :

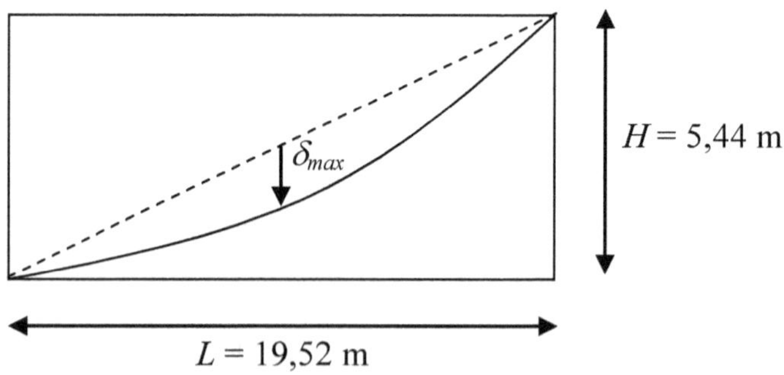

On a : $\dfrac{F_{préc}}{qL} = \dfrac{50000}{75{,}83.10^{-3} * 19520} = 33{,}77$ et $H/L = 5{,}44/19{,}52 = 0{,}279$.

Le graphique ci-dessus fournit alors la valeur suivante de δ_{max} à considérer pour le montage des câbles :

$$\frac{L}{\delta_{max}} = 250 \quad \text{donc} \quad \delta_{max} = 19520/250 = 78{,}1 \text{ mm}$$

3. LES SITUATIONS RENCONTREES EN PRATIQUE

Indépendamment des hypothèses de calcul, des méthodes particulières de résolution, du type de chargement ou de la position des appuis, diverses situations peuvent se présenter à l'ingénieur praticien ou l'architecte. Nous en retiendrons trois :

➠ L'approche de conception

C'est celle de l'architecte qui impose les dimensions globales de la structure et qui demande à l'ingénieur de lui calculer la faisabilité de son projet. Dans ce contexte, **les données** sont les dimensions L et H du câble chargé ainsi que la valeur et la position des charges. **Les indéterminées** sont alors la géométrie exacte du câble chargé, les efforts internes (et réactions d'appui) et la longueur du câble avant (L_0) et après chargement.

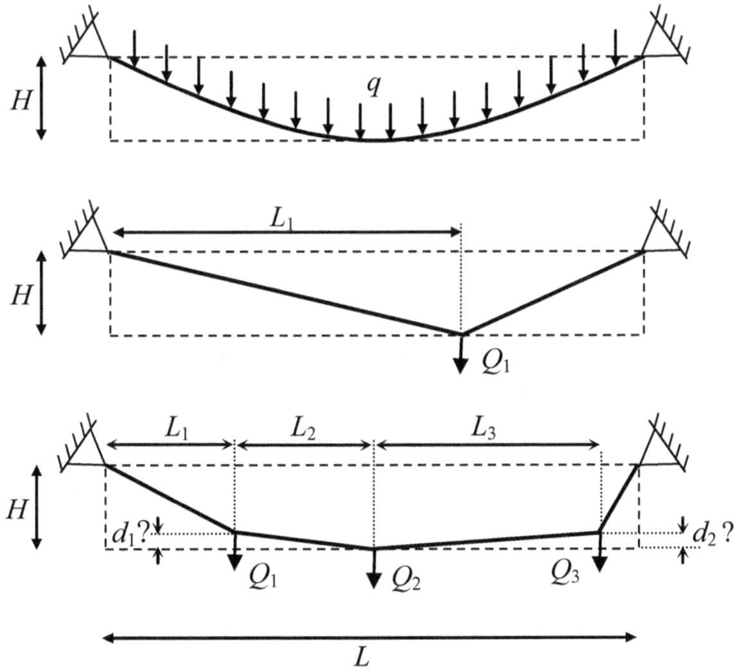

Données : dimensions (L, H), valeurs q ou Q_i et position horizontale L_i des charges.
Indéterminées : géométrie exacte (d_1, d_2), efforts internes et réactions d'appui, longueur du câble.

➠ L'approche d'expertise

Cette approche est celle de l'expert, face à sa mission d'enquête, qui a la possibilité de relever *in situ* la géométrie déformée de la structure et d'évaluer la valeur et la position des charges. D'un point de vue calcul, ce cas est plus facile à appréhender que le précédent puisqu'il s'en distingue par le fait que la déformée exacte, et donc aussi la longueur du câble, sont cette fois connues [1]. De ce point de vue, c'est donc un cas particulier de l'approche de conception.

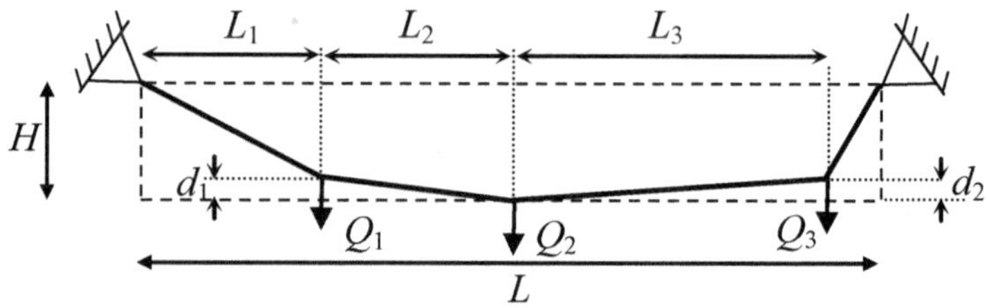

Données : dimensions (L, H), valeurs q ou Q_i et position horizontale L_i des charges, longueur du câble, géométrie exacte (d_1, d_2).
Indéterminées : efforts internes, réactions d'appui, longueur initiale L_0 du câble

➠ L'approche pragmatique

Cette approche consiste à mette en place un câble de longueur initiale L_0 connue sur lequel ont été préalablement accrochées les charges. Dans ce contexte, **les données** sont la longueur initiale du câble et la position des charges le long du câble (ainsi que leur valeur). **Les indéterminées** sont la flèche maximale H du câble, sa géométrie exacte, les efforts internes, les réactions d'appui et la longueur du câble chargé (compte tenu de son allongement).

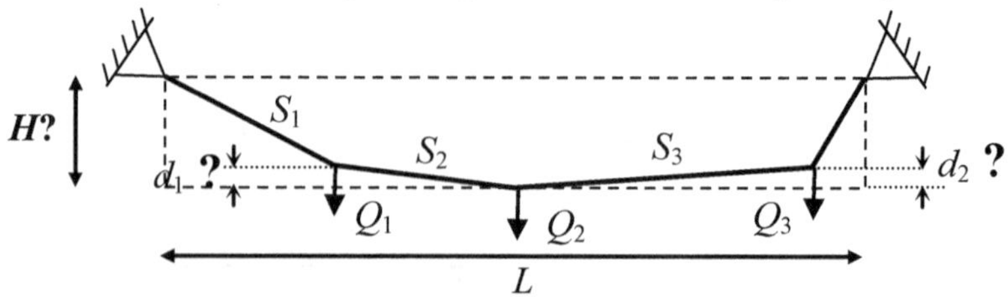

Données : portée (L), valeurs Q_i des charges et longueur S_i des tronçons, longueur initiale du câble L_0.
Indéterminées : géométrie exacte (d_1, d_2) et flèche maximale H, longueur du câble chargé, efforts internes et réactions d'appui.

---

[1] Précisons toutefois que la valeur q ou Q_i des charges pourrait être une inconnue du problème, auquel cas la résolution se complexifie et peut comporter plusieurs solutions. Ce type de problème ne sera pas abordé dans ce chapitre.

4. LES HYPOTHESES SIMPLIFICATRICES

Comme expliqué au §1, la non linéarité du comportement propre à un câble peut rendre les méthodes de calcul lourdes et fastidieuses. Rappelons cependant que la plupart des logiciels actuels sont capables de traiter les problèmes sans aucune simplification. Il reste toutefois utile de pouvoir apprécier l'influence de certaines hypothèses, combinables ou non, pouvant entraîner une simplification non négligeable des problèmes. Ces hypothèses simplificatrices sont les suivantes :

➟ **La parfaite flexibilité du câble**

Vu la très grande flexibilité des câbles, cette hypothèse postule que le moment fléchissant est nul en toute section de ceux-ci.

➟ **L'élancement géométrique L/H**

Quand un câble est très tendu, on dit qu'il est *élancé* [2] ou que son *élancement* L/H est grand. Pour $L/H = 10$, la longueur du câble ne vaut que 1,026 fois sa portée L et on peut raisonnablement commencer, pour L/H supérieur à 10, à parler de grand élancement.

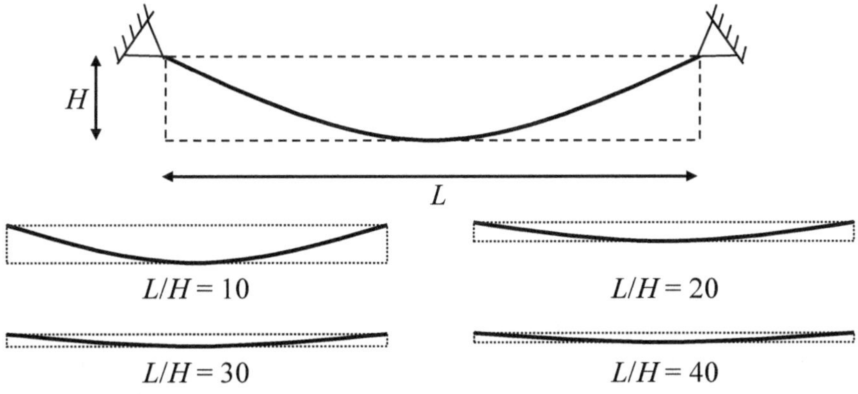

Comme expliqué au §2.1, la charge peut ne pas être distribuée de manière uniforme par unité de longueur horizontale (charge de type 2), de telle sorte que plus l'élancement L/H du câble est faible, plus sa forme quitte la parabole pour rejoindre celle de la chaînette, d'équation plus complexe.

L'hypothèse de grand élancement L/H permet de considérer que les charges de type 1 et 2 sont équivalentes, ce qui a pour conséquence de pouvoir adopter la géométrie parabolique.

---

[2] On parle aussi de câble *surbaissé* mais cette dénomination prête à confusion.

➠ L'inextensibilité du câble

Le câble travaille en traction, contrairement à l'arc comprimé dont le dimensionnement au flambement lui confère une section qui travaille souvent bien loin de la limite d'élasticité du matériau et qui en fait une structure très peu déformable lorsqu'il est le funiculaire des charges. Par ailleurs, le type d'acier utilisé pour les câbles est souvent un matériau à très haute limite d'élasticité (1000 [MPa]...1500 [MPa]...). Il en résulte qu'ils peuvent avoir une section très faible par rapport aux efforts qu'ils supportent et que leur longueur, après mise en charge, peut être sensiblement plus grande que la longueur à la pose. L'hypothèse d'inextensibilité est donc à faire avec prudence et ne peut être considérée que lors d'un avant-projet.

On montrera au §5.2 que **l'hypothèse d'inextensibilité est en faveur de la sécurité à la rupture**, mais qu'elle peut par contre sous-estimer grandement l'augmentation verticale de la flèche H du câble, et ceci d'autant plus que celui-ci est élancé.

➠ L'importance relative des charges ponctuelles et des charges réparties

Selon l'importance relative des charges ponctuelles et des charges réparties (par exemple le poids propre), on pourra négliger les unes ou les autres. Il est évident qu'un tel choix n'est pas toujours facile et nécessite de la part de l'ingénieur qui le fait suffisamment de sens pratique et d'expérience.

➠ L'importance du poids propre

Négliger le poids propre doit se faire en connaissance de cause. De façon générale, lorsqu'un câble est dimensionné pour reprendre des charges extérieures et qu'il travaille à une contrainte proche de sa limite d'élasticité, le poids propre est négligeable. Ceci est détaillé au §5.1.
Toutefois, il peut arriver que, pour diverses raisons (limitation des effets de la fatigue, décalage des modes propres, déformabilité, etc...), un câble travaille à une contrainte bien inférieure à sa limite d'élasticité. Dans ce cas il se peut que le poids propre du câble ne soit pas négligeable et il est alors opportun d'en tenir compte.

Les commentaires précédents permettent d'établir le schéma de la page 333, qui met en évidence six cas distincts, correspondant chacun à une situation, des hypothèses et des équations descriptives parfois très différentes. Ces six cas sont étudiés en détails aux §5, §6, §7, §8, §9 et §10.

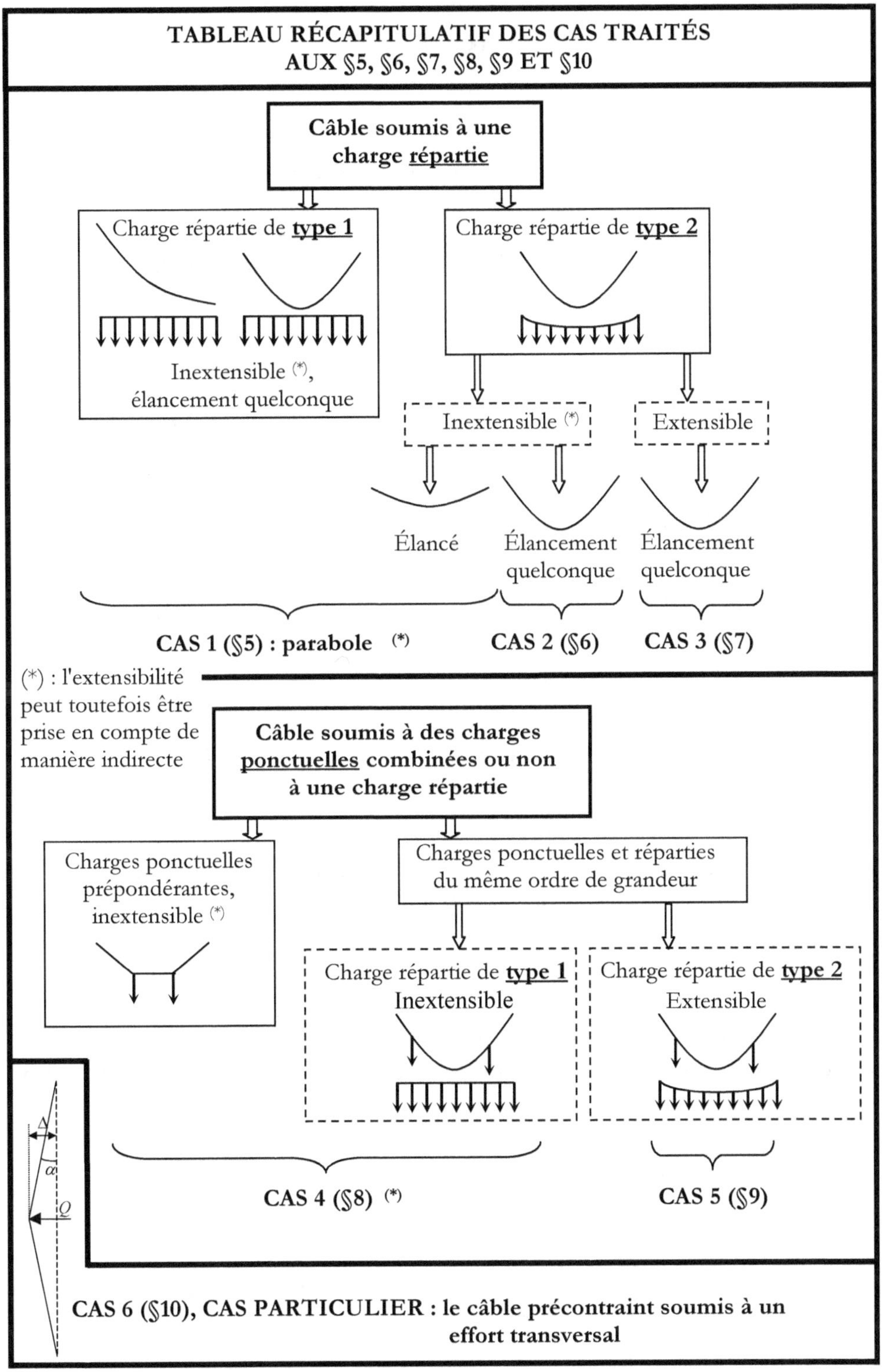
TABLEAU RÉCAPITULATIF DES CAS TRAITÉS
AUX §5, §6, §7, §8, §9 ET §10
Câble soumis à une charge répartie
Charge répartie de type 1
Inextensible (*), élancement quelconque
Charge répartie de type 2
Inextensible (*)
Extensible
Élancé
Élancement quelconque
Élancement quelconque
CAS 1 (§5) : parabole (*)
CAS 2 (§6)
CAS 3 (§7)
(*) : l'extensibilité peut toutefois être prise en compte de manière indirecte
Câble soumis à des charges ponctuelles combinées ou non à une charge répartie
Charges ponctuelles prépondérantes, inextensible (*)
Charges ponctuelles et réparties du même ordre de grandeur
Charge répartie de type 1
Inextensible
Charge répartie de type 2
Extensible
CAS 4 (§8) (*)
CAS 5 (§9)
Δ
α
Q
CAS 6 (§10), CAS PARTICULIER : le câble précontraint soumis à un effort transversal

5. CAS 1 : CABLE PARABOLIQUE

Comme le montre le récapitulatif en page 333, cette situation correspond à :

- un câble inextensible d'élancement L/H quelconque soumis à une charge distribuée de type 1, grande par rapport au poids propre du câble;
- un câble inextensible d'élancement L/H grand (câble fort tendu) soumis à une charge distribuée de type 2, comme son poids propre par exemple.

Remarque 1 : il est possible de prendre indirectement en compte l'extensibilité du câble comme expliqué au §5.2.

Remarque 2 : il est possible de prendre en compte des appuis situés à des niveaux différents (voir §11, exemples 1, 2 et 3).

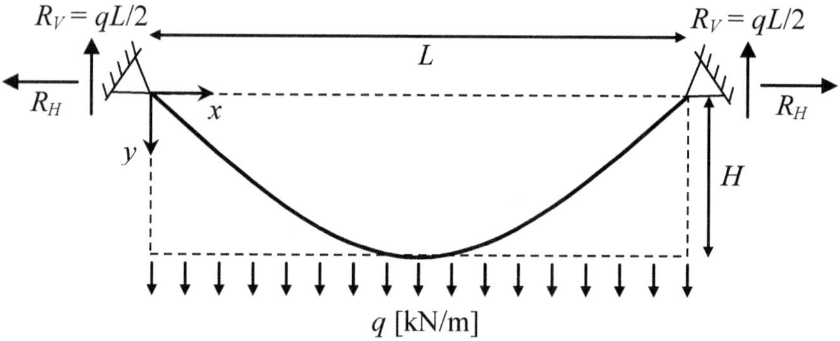

La réaction horizontale R_H s'obtient en faisant l'équilibre de rotation de la moitié gauche du câble, par rapport à son point bas. On obtient exactement les mêmes valeurs que pour l'arc funiculaire (chapitre 11, §3) :

$$R_H H + \frac{qL}{2} * \frac{L}{4} = R_V \frac{L}{2} \quad \text{avec} \quad R_V = \frac{qL}{2} \quad \Rightarrow R_H = \frac{qL^2}{8H} \qquad [1]$$

Notons que, pour un câble oblique dont la distance verticale avec sa corde à mi-portée est notée $\delta_{\max}$, la réaction horizontale est encore la même que pour l'arc oblique, soit $qL^2/8\delta_{\max}$ (voir chapitre 11, §3.5).

On démontre aussi, de la même manière que pour l'arc, que la géométrie est une parabole. En effet, le moment en tout point de coordonnées (x,y) est nul et, en considérant la partie de câble située à gauche de ce point, on a :

$$M(x,y) = \frac{qL}{2}x - \frac{qL^2}{8H}y - (qx)\frac{x}{2} = 0 \qquad \Rightarrow \qquad y = \frac{4H}{L^2}x(L-x) \qquad [2]$$

L'effort maximal se produit aux appuis et vaut :

$$N_{\max} = \sqrt{R_H^2 + R_V^2} = \frac{qL^2}{8H}\sqrt{1 + \left(\frac{4H}{L}\right)^2} \qquad [3]$$

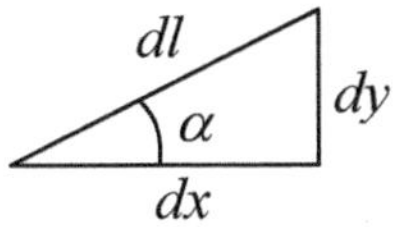

Enfin, la longueur totale du câble vaut (voir figure correspondante et démonstration au chapitre 11 relatif aux arcs funiculaires, §3.4) :

$$L_0 = \int_l dl = \int_0^L \sqrt{dx^2 + dy^2} = \int_0^L \sqrt{1+\left(\frac{dy}{dx}\right)^2}\,dx = \frac{L}{2} f\left(\frac{L}{H}\right)$$

$$\text{avec} \quad f\left(\frac{L}{H}\right) = \left(\sqrt{1+\left(\frac{4H}{L}\right)^2} + \frac{L}{4H}\ln\left[\frac{4H}{L} + \sqrt{1+\left(\frac{4H}{L}\right)^2}\right]\right) \qquad [4]$$

Les équations précédentes sont adaptables lorsque les appuis ne sont pas au même niveau : voir exemples 1 à 3 au §11.

Mode de résolution dans un cas de conception ou d'expertise :

L, H et q sont connus. On en déduit directement la géométrie parabolique par [2], les réactions d'appui par [1], l'effort normal maximal par [3] et la longueur du câble par [4].

Mode de résolution pour l'approche pragmatique :

ce cas consiste à mettre en place, entre deux appuis distants de L, un câble de longueur L_0 donnée, éventuellement chargé avant ou après mise en place par une charge uniformément répartie.
Dans ce cas, la relation implicite [4] permet de calculer la flèche H en fonction de la longueur du câble L_0 et de la portée L qui sont connus. Les équations [1] à [3] permettent ensuite de calculer directement les réactions d'appui, l'effort maximal dans le câble et l'équation de la parabole.

5.1. Peut-on négliger le poids propre du câble ?

Soit q_{ext} la charge extérieure et q_{pp} la charge de poids propre du câble, considérées toutes deux comme des charges de type 1. La charge totale q est alors la somme de ces deux charges. Soit ρ le poids volumique de l'acier [kN/m³] et σ la contrainte à laquelle le câble travaille en service, incluant donc les cœfficients de sécurité.

La charge de poids propre q_{pp} n'est pas connue puisque le poids propre dépend de la section A du câble, qui elle-même dépend de l'effort maximal N_{max} calculé à partir de la charge totale.

Sachant que si le câble travaille à la contrainte de service σ, on a :

$$A = \frac{N_{\max}}{\sigma} \quad \text{et} \quad \rho A = q_{pp} \quad \Rightarrow \quad N_{\max} = \frac{\sigma}{\rho} q_{pp}$$

Par ailleurs, en réécrivant [3], on obtient :

$$N_{\max} = \frac{(q_{pp} + q_{ext})L^2}{8H} \sqrt{1 + \left(\frac{4H}{L}\right)^2}$$

En éliminant N_{max} des deux équations précédentes, on obtient une nouvelle équation dans laquelle seule la charge de poids propre q_{pp} est inconnue :

$$\sigma \frac{q_{pp}}{\rho} = \frac{(q_{pp} + q_{ext})L^2}{8H} \sqrt{1 + \left(\frac{4H}{L}\right)^2}$$

Elle peut encore s'écrire :

$$\frac{q_{pp}}{q_{ext}} = \frac{1}{\left(\frac{\sigma}{\rho L}\right) \frac{8H}{L} \frac{1}{\sqrt{1 + \left(\frac{4H}{L}\right)^2}} - 1} \qquad [5]$$

L'équation précédente permet d'établir la figure ci-dessous, calculée en considérant une contrainte de service σ égale à 1000 [MPa] et un poids volumique de 785.10^{-7} [N/mm³].

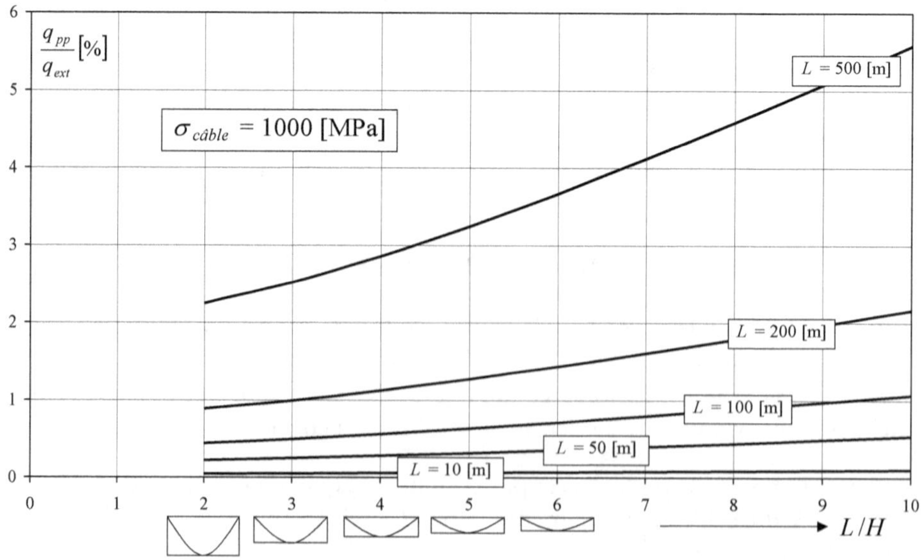

Cette figure montre que, même pour un câble en acier de 500 mètres de portée déjà relativement élancé ($L/H = 10$) et travaillant à une contrainte de 1000 [MPa], le poids propre ne représente que 5,5% de la charge extérieure.

5.2. Peut-on négliger l'extensibilité du câble ?

Il est, à ce stade, intéressant de se demander quelle est l'influence de l'hypothèse d'inextensibilité sur les résultats. En supposant que le câble travaille à la contrainte de service σ, sa longueur après chargement vaut $L_0+(\sigma/E_c)L_0$ en vertu de la loi de Hooke (chapitre 1, §7).

En prenant $\sigma = 1000$ [MPa] et $E_c = 170.000$ [MPa], un allongement maximal du câble de 0,6% est obtenu. L'équation [4] de la page 335 permet alors, par une résolution numérique, de calculer la flèche αH ($\alpha>1$) du câble après déformation, en fonction de son élancement géométrique L/H :

$$\begin{cases} [4]: \quad \dfrac{L_0}{L} = f\left(\dfrac{L}{H}\right) \\ [4]: \quad \dfrac{1{,}006 L_0}{L} = f\left(\dfrac{L}{\alpha H}\right) \quad (\alpha > 1) \end{cases} \Rightarrow 1{,}006 f\left(\dfrac{L}{H}\right) = f\left(\dfrac{L}{\alpha H}\right) \quad \text{implicite en } \alpha$$

La résolution de l'équation précédente pour plusieurs valeurs de L/H permet de tracer la figure suivante :

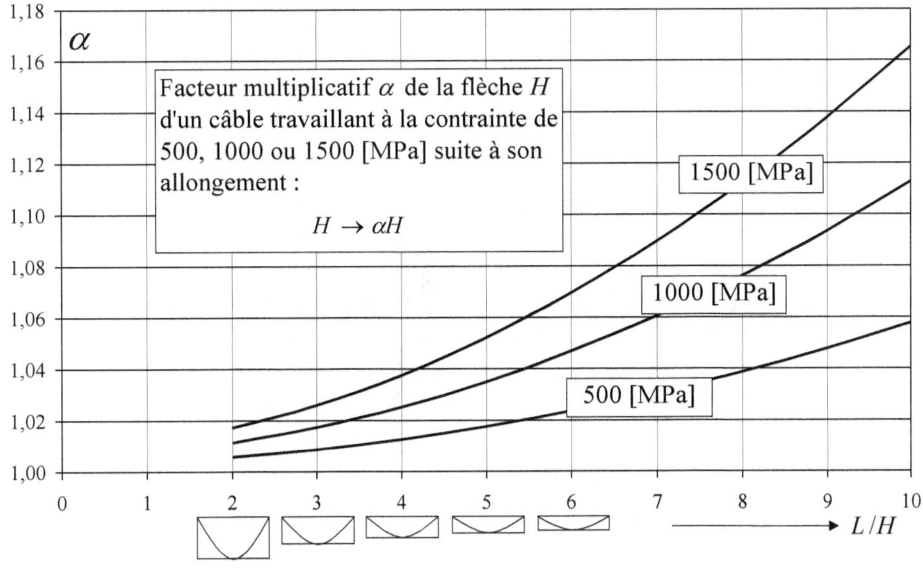

Le graphique ci-dessus est éloquent : il montre que plus le câble est élancé (L/H grand), plus son augmentation relative de flèche H va être importante lors de la mise en charge. Par exemple, pour un élancement prévu de $L/H=5$, H augmentera de 5% pour un acier travaillant à 1500 [MPa].

En d'autres termes, **plus l'hypothèse de grand élancement est valable, moins celle d'inextensibilité l'est**. Cette conclusion est toutefois à prendre avec certaines réserves. En effet, une augmentation de la flèche H aura pour effet de diminuer non seulement les réactions horizontales mais aussi l'effort maximal dans le câble, comme le montrent [1] et [3]. Ceci veut donc dire que **même si l'hypothèse d'inextensibilité peut sous-estimer largement les déplacements, elle est en faveur de la sécurité**.

Câbles de contreventement d'une ossature métallique devant être couverte d'une toile tendue. Sur la photo les câbles n'ont pas encore été complètement tendus. (*Station de Métro Erasme, Bruxelles, 2003 – architectes et ingénieurs Samyn and Partners avec le bureau d'études Setesco; Photo Guy Clantin).*

6. CAS 2 : CABLE INEXTENSIBLE EN CHAINETTE

Comme le montre le récapitulatif en page 333, cette situation correspond à un câble inextensible d'élancement L/H quelconque soumis à son poids propre combiné éventuellement à une autre charge distribuée de type 2. Si L/H est grand, on se retrouve dans le cas 1 (§5).

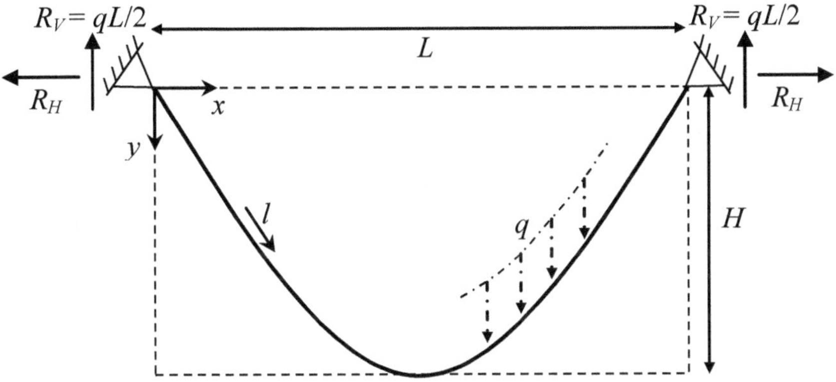

L'approche de calcul consiste ici à isoler un morceau infinitésimal de câble et à établir des équations d'équilibre en fonction de sa géométrie. Cette démarche conduit aux équations ci-dessous, dans lesquelles l est la coordonnée courante le long du câble, R_H la réaction d'appui horizontale, $N(x)$ l'effort dans le câble, L_0 la longueur totale du câble et q la charge par mètre *le long* du câble, c'est-à-dire le poids d'un mètre de câble et de couverture, le cas échéant.

Équation implicite en R_H : $$L_0 = \frac{2R_H}{q} \text{sinhyp}\left(\frac{qL}{2R_H}\right) \quad [1]$$

Le calcul de R_H permet alors l'utilisation des expressions suivantes, dans lesquelles sinhyp et coshyp sont les fonctions sinus et cosinus hyperboliques :

$$\begin{cases} y(x) = \dfrac{R_H}{q}\left(\text{coshyp}\left(\dfrac{qL}{2R_H}\right) - \text{coshyp}\left(\dfrac{q}{R_H}\left(\dfrac{L}{2} - x\right)\right)\right) & [2] \\ l(x) = \dfrac{R_H}{q}\left(\dfrac{qL_0}{2R_H} - \text{sinhyp}\left(\dfrac{q}{R_H}\left(\dfrac{L}{2} - x\right)\right)\right) & [3] \\ N(x) = R_H \text{coshyp}\left(\dfrac{q}{R_H}\left(\dfrac{L}{2} - x\right)\right) & [4] \end{cases}$$

Pour rappel, $$\text{sinhyp}(x) = \frac{e^x - e^{-x}}{2} \quad \text{et} \quad \text{coshyp}(x) = \frac{e^x + e^{-x}}{2}$$

Mode de résolution dans un cas de conception ou d'expertise :

L, H et q sont connus.

L'équation implicite [2] fournit la valeur de R_H (en posant $y(x = L/2) = H$).
L'équation [1] donne alors directement L_0.
L'équation [2] donne la géométrie et la [4] l'effort dans le câble (maximal en x=0).

Mode de résolution pour l'approche pragmatique :

La longueur du câble L_0 est connue, ainsi que L et q.

L'équation implicite [1] fournit la valeur de R_H.
L'équation [2] donne la géométrie et la [4] l'effort dans le câble (maximal en x= 0).

Remarque : si les appuis ne sont pas au même niveau, se rapporter au CAS 3.

Mâts haubanés pour éoliennes. *(îles du Cap Vert, Boa-Vista; Photo de l'auteur, 2001)*

7. CAS 3 : CABLE EXTENSIBLE EN CHAINETTE

Comme le montre le récapitulatif en page 333, cette situation correspond à un câble extensible d'élancement L/H quelconque soumis à son poids propre combiné éventuellement à une autre charge distribuée de type 2.

Remarque : si le câble est élancé et que l'on peut considérer que son allongement est négligeable, on se retrouve dans le cas 1 (§5).

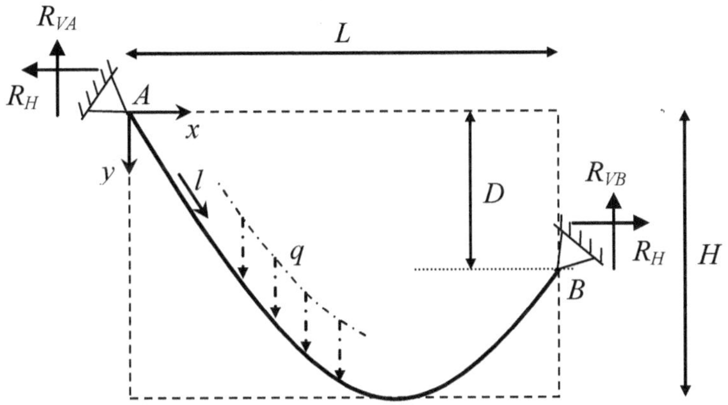

La longueur du câble après mise en place n'étant plus la même que la longueur initiale L_0, le calcul se complique. Comme pour le cas 2, les équations s'obtiennent en écrivant l'équilibre d'un tronçon de câble de longueur infinitésimale, qui subit cette fois un certain allongement proportionnel à l'effort qui y règne.

Cette démarche conduit aux équations ci-dessous, dans lesquelles l est la coordonnée courante le long du câble *avant* déformation, R_H la réaction d'appui horizontale, R_{VA} la réaction verticale à l'appui gauche, $N(l)$ l'effort dans le câble, L_0 et A_0 respectivement la longueur totale du câble et sa section *avant* mise en place et q la charge par mètre courant *le long* du câble.

Équations implicites en R_H et R_{VA} :

$$\begin{cases} L = \dfrac{R_H L_0}{EA_0} + \dfrac{R_H}{q}\left(\text{arcsinhyp}\left(\dfrac{R_{VA}}{R_H}\right) - \text{arcsinhyp}\left(\dfrac{R_{VA} - qL_0}{R_H}\right)\right) & [1] \\ D = \dfrac{L_0}{EA_0}\left(R_{VA} - \dfrac{qL_0}{2}\right) + \dfrac{R_H}{q}\left(\sqrt{1+\left(\dfrac{R_{VA}}{R_H}\right)^2} - \sqrt{1+\left(\dfrac{R_{VA} - qL_0}{R_H}\right)^2}\right) & [2] \end{cases}$$

Si les appuis sont au même niveau, ces équations deviennent :

$$R_{VA} = \frac{qL_0}{2} \qquad \text{et} \qquad L_0 = \frac{2R_H}{q}\,\text{sinhyp}\left(\frac{qL}{2R_H} - \frac{qL_0}{2EA_0}\right)$$

Le calcul numérique de R_H et R_{VA} permet alors l'utilisation des expressions suivantes :

$$\begin{cases} y(l) = \dfrac{l}{EA_0}\left(R_{VA} - \dfrac{ql}{2}\right) + \dfrac{R_H}{q}\left[\sqrt{1+\left(\dfrac{R_{VA}}{R_H}\right)^2} - \sqrt{1+\left(\dfrac{R_{VA}-ql}{R_H}\right)^2}\right] & [3] \\ x(l) = \dfrac{R_H l}{EA_0} + \dfrac{R_H}{q}\left(\text{arcsinhyp}\left(\dfrac{R_{VA}}{R_H}\right) - \text{arcsinhyp}\left(\dfrac{R_{VA}-ql}{R_H}\right)\right) & [4] \\ N(l) = \sqrt{R_H{}^2 + (R_{VA}-ql)^2} & [5] \end{cases}$$

Mode de résolution dans un cas de conception ou d'expertise :

L, H, q, E et A_0 sont connus.

La résolution numérique du système d'équations [1], [2] et [3 ou 4] fournit la valeur de R_H, R_{VA} et L_0 (en posant $y(l = L_0) = D$ ou encore $x(l=L_0)=L$).

L'équation [5] donne alors directement $N(l)$ et $N_{max}=N(l=0)$.

Mode de résolution pour l'approche pragmatique :

la longueur du câble L_0 est connue, ainsi que L, q, E et A_0.

Les équations [1] et [2] permettent de calculer les réactions R_H et R_{VA}.
Les équations [3] et [4] donnent la géométrie et la [5] l'effort dans le câble (maximal en $l=0$).

8. CAS 4 : CABLE INEXTENSIBLE SOUMIS A DES CHARGES PONCTUELLES

Comme le montre le récapitulatif en page 333, cette situation correspond à un câble inextensible d'élancement L/H quelconque soumis à des charges ponctuelles grandes par rapport au poids propre du câble, qu'on suppose négligeable. Les propos de cette page sont également valables si les charges ponctuelles sont combinées à une charge de type 1.

Remarque : l'extensibilité peut être prise en compte de manière indirecte, comme illustré dans l'exemple 5 du §11.

Le théorème d'analogie avec la poutre (§2.7) prend ici toute son importance.

Mode de résolution dans un cas de conception ou d'expertise :

sont connus : L, H, D, les charges $Q_1, \ldots, Q_n$ ainsi que leur position horizontale L_1, $L_2, \ldots, L_n$.

La première étape consiste à déterminer les 3 réactions d'appui inconnues. Les deux premières équations correspondent à l'équilibre vertical et à l'équilibre des couples par rapport au point A. Si les appuis ne sont pas au même niveau, l'équilibre des couples par rapport à l'autre appui B fournit la troisième équation. S'ils sont aux même niveau, la troisième équation s'obtient en faisant l'équilibre des couples par rapport au point le plus bas du câble, dont la position s'obtient facilement grâce au théorème d'analogie avec la poutre (voir exemple 5, §11).

Ensuite, ce même théorème permet de déterminer la forme du câble et en particulier chaque hauteur H_i, de même que la longueur totale du câble L_0.
Finalement, l'effort en toute section du câble est déterminé à partir de sa projection horizontale connue et égale à R_H. En particulier, l'effort maximal dans le câble s'obtient à l'un des appuis.

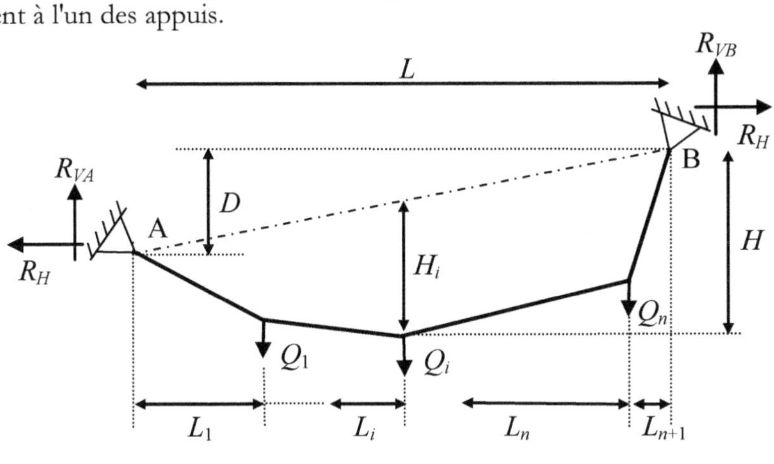

Mode de résolution pour l'approche pragmatique :

sont connus : L, L_0, D, les charges $Q_1, \ldots, Q_n$ ainsi que la longueur de chaque tronçon $S_1, \ldots, S_{n+1}$.

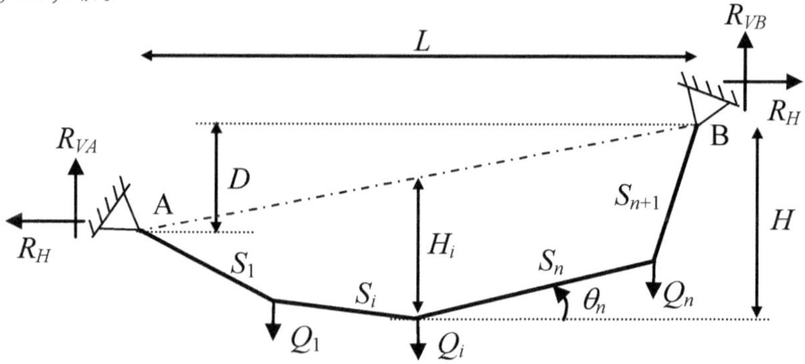

Cette fois le théorème d'analogie avec la poutre n'est plus utile. En effet, la position horizontale des charges est inconnue puisque celles-ci ont été placées sur le câble avant mise en place.

Si n est le nombre de charges appliquées au câble, les inconnues du problème sont les trois réactions d'appui, les $(n+1)$ efforts relatifs à chacun des tronçons rectilignes et les $(n+1)$ angles θ_i correspondants (voir figure ci-dessus). La longueur de ces tronçons étant connue, il y a donc un total de $(2n+5)$ inconnues à déterminer.

Les équations nécessaires peuvent se décomposer en deux groupes :

- la première équation est une condition géométrique tandis que les deux suivantes découlent de l'équilibre global de la structure :

$$\sum S_i \cos\theta_i = L$$

$$R_{VA} + R_{VB} = \sum Q_i$$

$$R_{VB}\ L = R_H\ D + \sum_{i=1}^{n}\left(Q_i\left(\sum_{j=1}^{i} S_i \cos\theta_i\right)\right) \quad \text{(couples par rapport à A)}$$

- il faut déterminer les $(2n+2)$ équations supplémentaires nécessaires. A cet effet, il suffit d'effectuer une coupure fictive dans chacun des $(n+1)$ tronçons rectilignes et d'y écrire les équations d'équilibre vertical et horizontal de la partie de câble située à gauche de la coupure :

$$\begin{cases} N_i \cos\theta_i = R_H \\ N_i \sin\theta_i = R_{VA} - \displaystyle\sum_{j=1}^{i-1} Q_j \end{cases}$$

On sera particulièrement attentif au signe des $\sin \theta_i$ dans la seconde équation.

Passerelle suspendue et contreventée par des câbles. *(Népal, Annapurna, Marsyangdi Khola; Photo Valérie Mahaut, 1997).*

9. CAS 5 : CABLE EXTENSIBLE SOUMIS A DES CHARGES PONCTUELLES ET A UNE CHARGE REPARTIE DE TYPE 2

On se rapportera si nécessaire au récapitulatif de la page 333.

La plupart des logiciels commerciaux permettent actuellement de traiter numériquement ce genre de problème et nous donnons à titre d'information les équations non linéaires obtenues dans le cas où une seule charge est appliquée au câble.

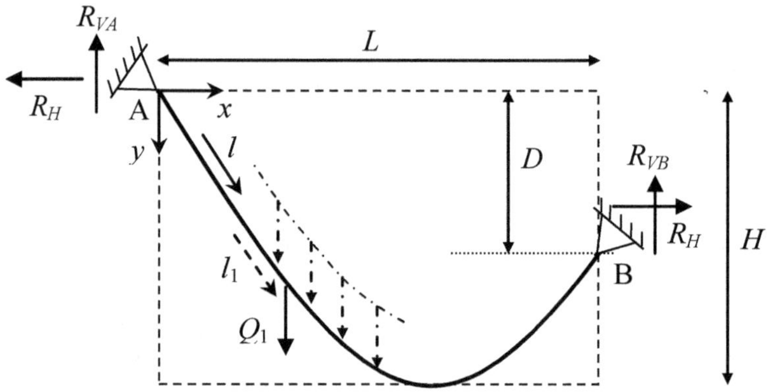

$$
\begin{cases}
y(l) = \dfrac{l}{EA_0}\left(R_{VA} - \dfrac{ql}{2}\right) + \dfrac{R_H}{q}\left[\sqrt{1+\left(\dfrac{R_{VA}}{R_H}\right)^2} - \sqrt{1+\left(\dfrac{R_{VA}-ql}{R_H}\right)^2}\right] \quad (0 \le l \le l_1) \\[2ex]
y(l) = \dfrac{l}{EA_0}\left(R_{VA} - \dfrac{ql}{2}\right) + \dfrac{R_H}{q}\left[\sqrt{1+\left(\dfrac{R_{VA}}{R_H}\right)^2} - \sqrt{1+\left(\dfrac{R_{VA}-Q_1-ql}{R_H}\right)^2}\right. \\
\qquad \left. + \dfrac{Q_1 q L_0}{R_H EA_0}\left(\dfrac{l_1 - l}{L_0}\right) + \sqrt{1+\left(\dfrac{R_{VA}-Q_1-ql_1}{R_H}\right)^2} - \sqrt{1+\left(\dfrac{R_{VA}-ql_1}{R_H}\right)^2}\right] \quad (l_1 \le l \le L_0) \\[2ex]
x(l) = \dfrac{R_H l}{EA_0} + \dfrac{R_H}{q}\left[\operatorname{arcsinhyp}\left(\dfrac{R_{VA}}{R_H}\right) - \operatorname{arcsinhyp}\left(\dfrac{R_{VA}-ql}{R_H}\right)\right] \quad (0 \le l \le l_1) \\[2ex]
x(l) = \dfrac{R_H l}{EA_0} + \dfrac{R_H}{q}\left[\operatorname{arcsinhyp}\left(\dfrac{R_{VA}}{R_H}\right) - \operatorname{arcsinhyp}\left(\dfrac{R_{VA}-Q_1-ql}{R_H}\right)\right. \\
\qquad \left. + \operatorname{arcsinhyp}\left(\dfrac{R_{VA}-Q_1-ql_1}{R_H}\right) - \operatorname{arcsinhyp}\left(\dfrac{R_{VA}-ql_1}{R_H}\right)\right] \quad (l_1 \le l \le L_0) \\[2ex]
N(l) = \sqrt{R_H^2 + (R_{VA} - ql)^2} \quad (0 \le l \le l_1) \\
N(l) = \sqrt{R_H^2 + (R_{VA} - Q_1 - ql)^2} \quad (l_1 \le l \le L_0)
\end{cases}
$$

Avec :

$$\begin{cases} L = \dfrac{R_H L_0}{EA_0} + \dfrac{R_H}{q}\left[\begin{array}{l} \operatorname{arcsinhyp}\left(\dfrac{R_{VA}}{R_H}\right) - \operatorname{arcsinhyp}\left(\dfrac{R_{VA} - Q_1 - qL_0}{R_H}\right) \\ + \operatorname{arcsinhyp}\left(\dfrac{R_{VA} - Q_1 - ql_1}{R_H}\right) - \operatorname{arcsinhyp}\left(\dfrac{R_{VA} - ql_1}{R_H}\right) \end{array}\right] \\ D = \dfrac{l}{EA_0}\left(R_{VA} - \dfrac{qL_0}{2}\right) + \dfrac{R_H}{q}\left[\begin{array}{l} \sqrt{1 + \left(\dfrac{R_{VA}}{R_H}\right)^2} - \sqrt{1 + \left(\dfrac{R_{VA} - Q_1 - qL_0}{R_H}\right)^2} \\ + \dfrac{Q_1 q L_0}{R_H EA_0}\left(\dfrac{l_1 - L_0}{L_0}\right) + \sqrt{1 + \left(\dfrac{R_{VA} - Q_1 - ql_1}{R_H}\right)^2} - \sqrt{1 + \left(\dfrac{R_{VA} - ql_1}{R_H}\right)^2} \end{array}\right] \end{cases}$$

Un autre exemple de passerelle suspendue par des câbles. *(Népal, Annapurna, Marsyangdi Khola; Photo Valérie Mahaut, 1997).*

10. CAS 6 : CABLE PRÉCONTRAINT SOUMIS A EFFORT TRANSVERSAL

En dehors de son application comme suspente verticale, le câble droit, c'est-à-dire confondu avec la corde joignant ses appuis, possède une application importante dans l'accrochage des façades vitrées ou encore dans la réalisation de structures précontraintes ou sous-tendues.

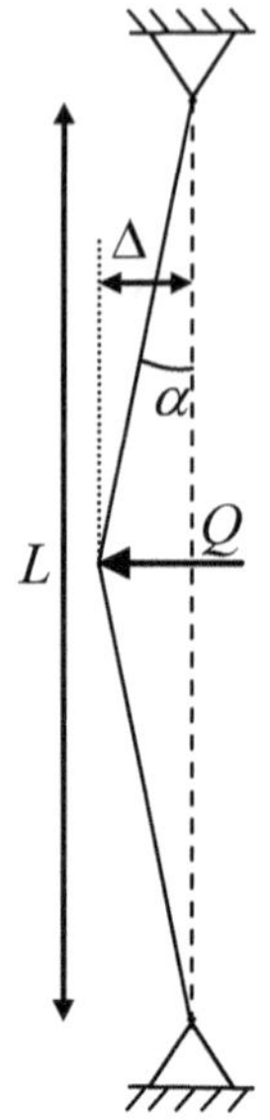

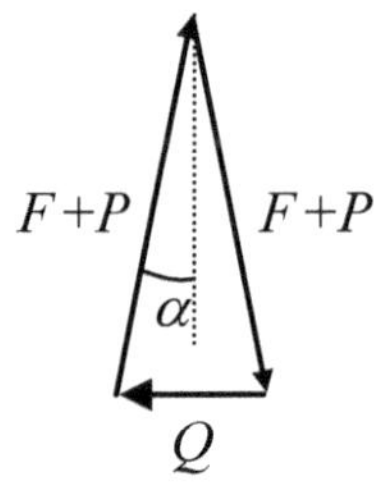

On s'intéresse ici au cas du câble de poids propre négligeable, tendu selon sa corde avec un effort de précontrainte noté P et soumis ensuite à un effort ponctuel latéral Q s'appliquant à mi-longueur. En particulier, on désire voir de quelle manière la précontrainte P peut réduire la déformation Δ du câble produite par l'effort latéral Q.

F étant l'effort normal supplémentaire créé dans le câble par l'effort latéral Q, il s'allonge d'une valeur :

$$\Delta_c = \frac{FL}{E_c A} \quad [1]$$

On en déduit la valeur de l'angle α formé par le câble avec sa corde :

$$\sin\alpha = \frac{\Delta}{(L+\Delta_c)/2} \overset{[1]}{=} 2\frac{\Delta}{L}\frac{1}{\left(1+\dfrac{F}{E_c A}\right)} \quad [2]$$

Par ailleurs, l'équation d'équilibre des forces au point d'application de Q est la suivante :

$$2(F+P)\sin\alpha = Q$$

Et en y remplaçant le sinus par son expression en [2], on obtient :

$$4(F+P)\frac{\Delta}{L}\frac{1}{\left(1+\dfrac{F}{E_c A}\right)} = Q \quad [3]$$

Afin d'éliminer l'effort inconnu F, une dernière équation, purement géométrique, peut être établie :

$$\sqrt{\Delta^2 + \frac{L^2}{4}} = \frac{1}{2}(L + \Delta_c)$$

En élevant les deux membres au carré et en négligeant le terme Δ_c^2 devant le terme $\Delta_c L$, on obtient :

$$\frac{\Delta_c}{L} = 2\left(\frac{\Delta}{L}\right)^2 \quad [4]$$

En éliminant Δ_c à partir des relations [1] et [4] on trouve : $\dfrac{F}{E_c A} = 2\left(\dfrac{\Delta}{L}\right)^2$ [5]

Finalement, en insérant cette dernière équation dans [3], le terme en F/E_cA est éliminé et, sachant que $2(\Delta/L)^2$ est négligeable devant 1, il vient :

$$8\left(\frac{\Delta}{L}\right)^3 + 4\frac{P}{E_c A}\left(\frac{\Delta}{L}\right) = \frac{Q}{E_c A}$$

Cette équation permet de tracer la figure ci-dessous qui donne en ordonnée les valeurs de Δ/L en fonction des valeurs de Q/E_cA lues en abscisse. Chaque courbe peut être paramétrée en fonction de la valeur P/E_cA de la précontrainte.

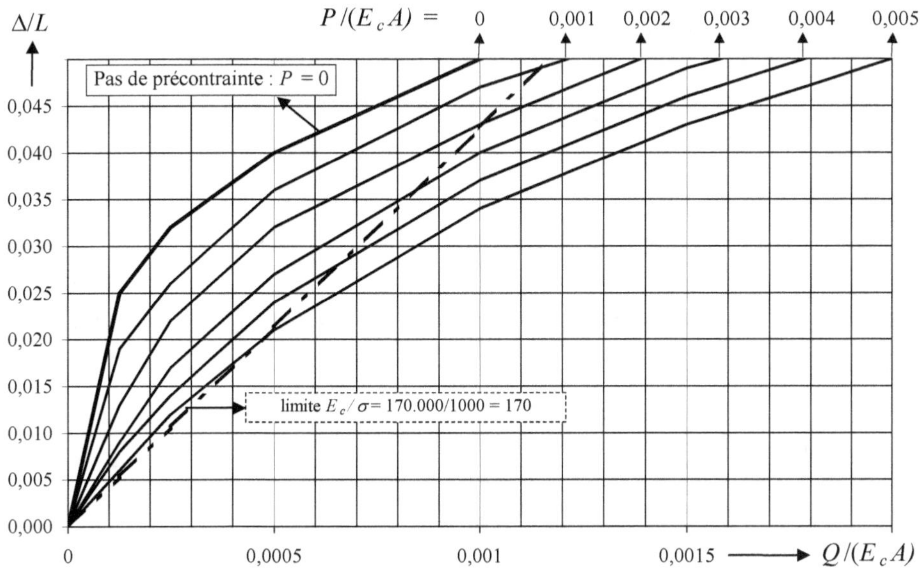

Cette figure illustre le fait que la précontrainte P est favorable à la réduction de la déformation du câble Δ due à un effort latéral Q.

Sur cette même figure, la droite en pointillés, tracée pour un acier caractérisé par une contrainte de service de 1000 [MPa] et un module d'élasticité E_c égal à 170.000 [MPa], détermine une limite. A droite de celle-ci, tous les points des courbes correspondent à des situations pour lesquelles la contrainte dans le câble dépasse la valeur admissible de 1000 [MPa], produite, soit par une précontrainte P trop grande, soit par un effort latéral Q trop élevé. On explique ci-dessous, en remarque, comment obtenir l'équation de cette droite.

Pour un tel type d'acier, La zone utilisable est donc comprise entre la courbe en gras relative à P=0 et la droite en pointillés.

En particulier, cette figure illustre que :

- plus la charge latérale Q à reprendre est élevée, moins la précontrainte peut être grande et moins elle est capable de réduire la flèche Δ produite par l'effort latéral Q;

A l'inverse :

- moins la charge latérale Q à reprendre est élevée, plus la précontrainte peut être grande et capable de réduire la flèche Δ produite par l'effort latéral Q;

Remarque : justification de la droite limite

La contrainte totale dans le câble doit être limitée à la contrainte de service σ:

$$(F + P)/A \leq \sigma$$

Or, les équations [3] et [5] fournissent : $4(F + P)\dfrac{\Delta}{L} = Q\left(1 + 2\left(\dfrac{\Delta}{L}\right)^2\right)$

En éliminant $(F + P)$ des deux équations précédentes et sachant que $2(\Delta/L)^2$ est négligeable devant 1, on trouve :

$$\frac{\Delta}{L} \geq (0{,}25E/\sigma)\frac{Q}{E_c A}$$

C'est l'équation d'une droite dont le cœfficient angulaire vaut $0{,}25E/\sigma$.

11. EXEMPLES

Exemple 1 : (CAS 1, conception)

On veut concevoir une passerelle qui doit relier deux berges distantes de 100 mètres et montrant une différence de niveau de 10 mètres. Cette passerelle est composée de deux câbles parallèles auxquels est suspendu un tablier, à l'image des photos des pages 345 et 346. Pour chaque câble, la charge maximale, que l'on supposera uniformément distribuée par unité de longueur horizontale, vaut 1 [kN/m].

Situation 1 : le câble descend plus bas que l'appui droit :

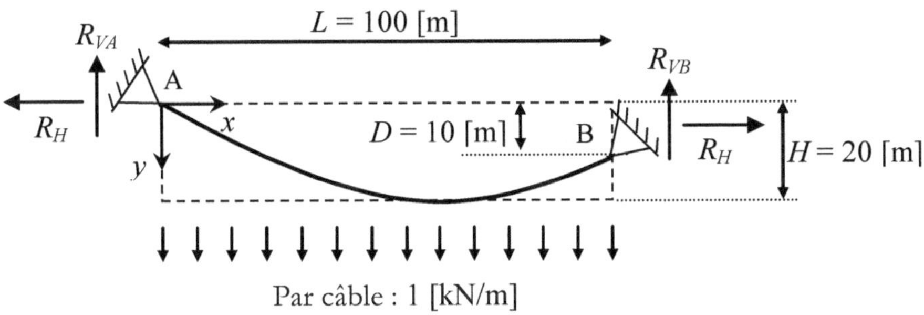

Situation 2 : le câble ne descend pas plus bas que l'appui droit :

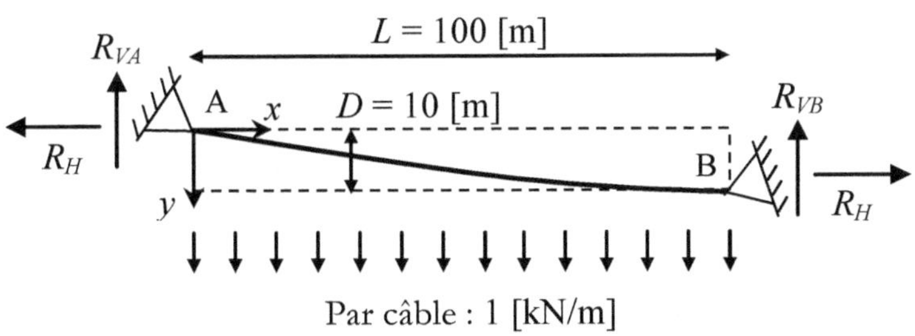

Dans la **situation 1**, la flèche du câble H doit être égale à 20 mètres.

Dans la **situation 2**, le câble ne peut descendre pas plus bas que l'appui de droite.

Dans les deux cas, il est proposé de calculer l'effort maximal dans le câble, les réactions d'appui et la géométrie du câble en considérant qu'il est inextensible.

On propose ensuite d'évaluer l'influence de l'extensibilité du câble.

Les hypothèses d'inextensibilité et de répartition uniforme des charges (de type 1) correspondent au cas 1 relatif aux câbles à géométrie parabolique (§5), dont certaines équations ont été établies au §3.5 du chapitre 11 relatif aux arcs funiculaires (appuis à des niveaux différents).

Situation 1 : H=20 [m]

➟ Calcul de la géométrie

L'équation d'une parabole passant par deux appuis comportant une différence de niveau D et un point situé *plus bas* que les deux appuis a été établie au chapitre 11, §3.5 (voir figure ci-dessous) :

$$y = \frac{4H}{(\beta L)^2} x(\beta L - x) \qquad \text{avec} \qquad \beta = \frac{2H}{D}\left(1 - \sqrt{1 - D/H}\right)$$

Et le point bas est situé à une abscisse $\beta L/2$.

On obtient : $\begin{cases} \beta = 1{,}1716 \\ y = 0{,}005828x(117{,}16 - x) \quad [\text{m}] \\ \text{Point bas en } x = 58{,}578\,[\text{m}] \end{cases}$

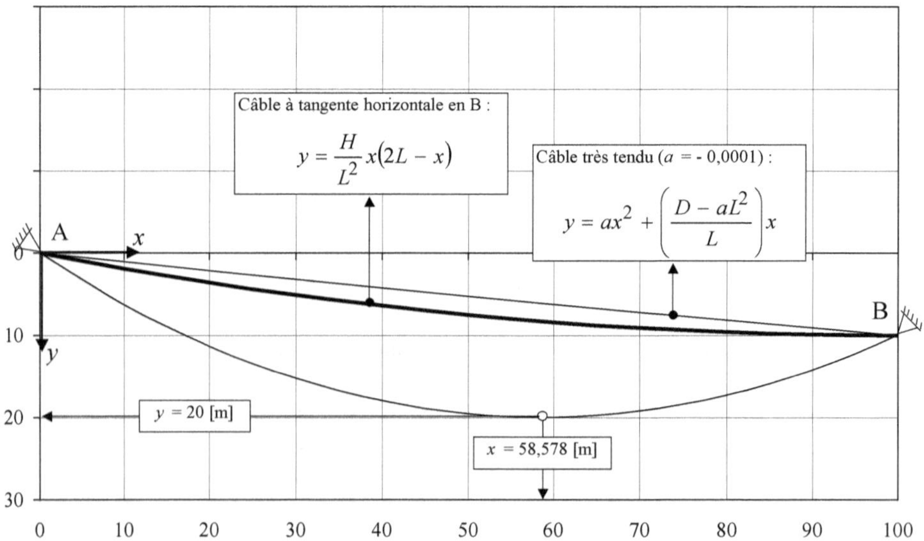

La résolution de l'intégrale suivante fournit la longueur du câble :

$$L_0 = \int_0^L \sqrt{dx^2 + dy^2} = \int_0^{100} \sqrt{1 + \left(\frac{dy}{dx}\right)^2} dx$$

$$= \int_0^{100} \sqrt{1 + (0{,}6828 - 0{,}0117x)^2} dx = 105{,}83 \text{ [m]}$$

➟ Réactions d'appui

Équilibre vertical : $R_{VA} + R_{VB} = qL$

Équilibre des moments par rapport à A : $\frac{qL^2}{2} = R_H D + R_{VB} L$

Équilibre du tronçon situé à gauche du point (x = 58,578, y = 20) par rapport à ce même point :

$$q * 58{,}578^2 / 2 + R_H H = R_{VA} * 58{,}578$$

On en déduit R_H = 85,784 [kN], R_{VA} = 58,578 [kN] et R_{VB} = 41,421 [kN].

➟ Effort maximal dans le câble

Comme la réaction verticale est la plus grande en A, c'est donc à cet appui que l'effort dans le câble est le plus grand. Il vaut :

$$N_{\max} = \sqrt{R_H^2 + R_{VA}^2} = 103{,}877 \text{ [kN]}$$

➟ Prise en compte de l'extensibilité du câble

L'effort normal moyen dans le câble peut être approximé par la moyenne entre l'effort à l'appui A, l'effort à l'appui B et l'effort R_H au point bas, soit :

(103,877+95,261+85,784)/3 = 94,974 [kN].

Si le câble est dimensionné pour travailler à une contrainte de service de 1000 [MPa], sa section doit donc valoir N_{max}/1000=104 [mm²]. En prenant un module d'élasticité de 170.000 [MPa], son allongement vaut : N_{moy}*L_0/$E_c A_c$ = (94974*105830)/(170000*104) = 568 [mm].

La longueur du câble après déformation est donc de : 105,830 + 0,568 = 106,398 [m].

En pratique, on devrait donc mettre en place un câble raccourci de 568 [mm] afin de ne pas dépasser la flèche imposée de 20 mètres à l'état chargé : 105,830 – 0,568 = 105,262 [m].

Situation 2 : câble horizontal à l'appui de droite

➟ Calcul de la géométrie

Le cas limite d'un câble dont la tangente est horizontale à l'appui bas correspond à l'équation suivante (voir chapitre 11, §3.5) :

$$y = \frac{D}{L^2} x(2L - x) \qquad \text{avec} \qquad D = H$$

Entre cette courbe et la droite joignant les appuis, il existe une infinité d'équations de paraboles qui correspondent à des câbles de plus en plus tendus. L'équation de ces paraboles est la suivante :

$$y = ax^2 + \left(\frac{D - aL^2}{L} \right) x \qquad \text{avec} \qquad -D/L^2 \leq a \leq 0$$

Pour $a = 0$, on retrouve l'équation $y = Dx/L$ de la droite joignant les appuis.

Considérons la parabole tangente à l'horizontale en B pour la suite du calcul, dont l'équation est $y = 10^{-3} x(200 - x)$ [m].

Sa longueur totale vaut :

$$L_0 = \int_0^{100} \sqrt{1 + \left(\frac{dy}{dx} \right)^2} \, dx = \int_0^{100} \sqrt{1 + (0{,}2 - 0{,}002x)^2} \, dx = 100{,}663 \, [\mathrm{m}]$$

➟ Réactions d'appui

Équilibre vertical : $R_{VA} + R_{VB} = qL$

Équilibre des moments par rapport à A : $\dfrac{qL^2}{2} = R_H D + R_{VB} L$

L'ordonnée du point situé à mi-travée se calcule à partir de l'équation parabolique ci-dessus et vaut 7,5 [m]. L'équilibre de rotation de la partie gauche du câble par rapport à ce point s'écrit : $\dfrac{qL^2}{8} + 7{,}5 R_H = 50 R_{VA}$

On en déduit $R_H = 500{,}0$ [kN], $R_{VA} = 100{,}0$ [kN] et $R_{VB} = 0$ [kN].

La valeur nulle de R_{VB} est logique puisqu'on ne pourrait avoir de réaction verticale induite par un câble qui arrive horizontalement sur un appui.

➟ Effort maximal dans le câble

Comme la réaction verticale est la plus grande en A, c'est donc à cet appui que l'effort dans le câble est le plus grand. Il vaut :

$$N_{\max} = \sqrt{R_H^2 + R_{VA}^2} = 509{,}902 \text{ [kN]}$$

➟ Prise en compte de l'extensibilité du câble

L'effort normal moyen dans le câble peut être évalué par la moyenne entre l'effort du côté de l'appui A et l'effort du côté de l'appui B, soit :

(509,902+500)/2 = 504,951 [kN].

Si le câble est dimensionné pour travailler à une contrainte de 1000 [MPa], sa section doit donc valoir N_{max}/1000=510 [mm²]. En prenant un module d'élasticité de 170.000 [MPa], son allongement vaut :

$N_{moy}*L_0/E_cA_c$ = (504951*100663)/(170000*510) = 586 [mm].

La longueur du câble après déformation est donc de : 100,663 + 0,586 = 101,249 [m].

En pratique, on devrait donc mettre en place un câble raccourci de 586 [mm], ayant une longueur de : 100,663 – 0,586 = 100,077 [m].

Exemple 2 : (CAS 1, conception ou approche pragmatique)

Un mât de 12 mètres de hauteur est stabilisé par trois câbles inclinés à 45 degrés, disposés à 120 degrés les uns des autres et supposés inextensibles :

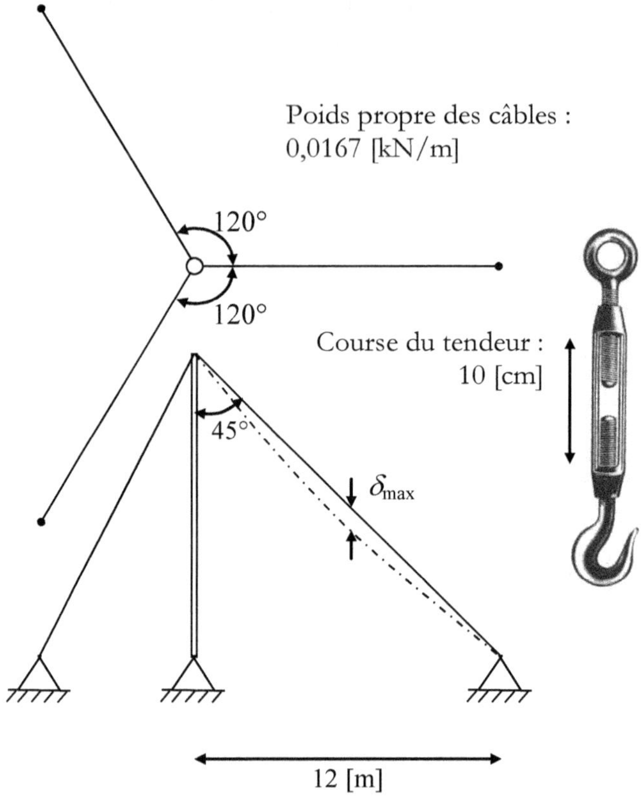

Chaque câble est muni d'un tendeur mécanique qui permet de le mettre en tension après son accrochage aux extrémités. La longueur totale d'un câble, tendeur complètement tendu y compris, vaut $12\sqrt{2}$ [m].

On désire calculer :

- la flèche maximale δ_{max} du câble lorsque le tendeur est complètement détendu, ce qui correspond à une longueur totale $12\sqrt{2} + 0{,}1 = 17{,}07$ [m].
- les réactions d'appui R_H et R_V qui correspondent à la situation précédente.
- pour un effort de précontrainte de 5 [kN] appliqué grâce au tendeur au pied du câble, on désire calculer la flèche maximale δ_{max} correspondante ainsi que le nombre de centimètres qui ont été pris sur le tendeur afin d'atteindre cette précontrainte.

➠ Flèche maximale δ_{max} lorsque le tendeur est complètement détendu

La longueur totale du câble y compris tendeur, avant mise en tension, est égale à la valeur de $12\sqrt{2}$ [m] additionnée de la course maximale de 10 [cm] du tendeur, soit 17,07 [m].

Sachant que le poids propre du câble est de 0,0167 [kN/m], la charge distribuée prise par unité de longueur horizontale vaut :

$$0{,}0167 * 12\sqrt{2}/12 = 0{,}0236\,[\text{kN/m}]$$

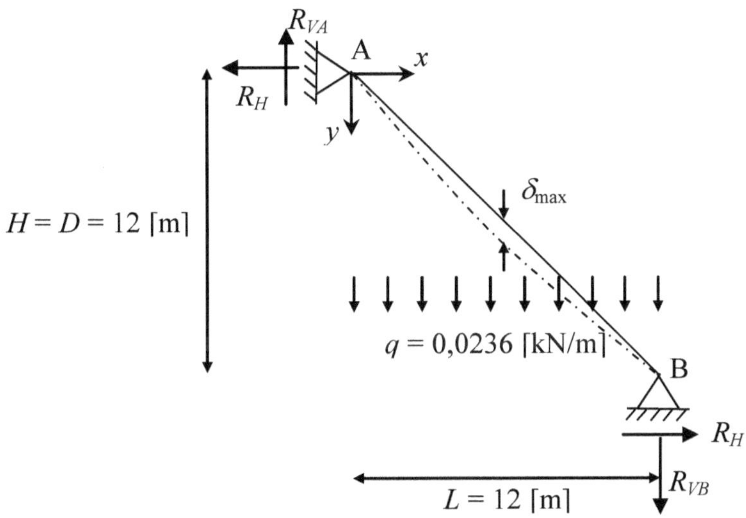

L'équation d'un câble parabolique oblique fortement tendu entre deux appuis est la suivante (elle a été établie au chapitre 11, §3.5 pour les arcs) :

$$y = ax^2 + \left(D - aL^2\right)x/L \qquad \text{avec} \qquad -D/L^2 \leq a \leq 0$$

ou encore, en y substituant les valeurs de L et H :

$$y = ax^2 + \left(1 - 12a\right)x \qquad \text{avec} \qquad -0{,}0833 \leq a \leq 0 \qquad \text{(tout en [m])}$$

La valeur du paramètre a s'obtient par résolution de l'équation différentielle suivante (qui peut se résoudre par essais et erreurs à l'aide d'un tableur) :

$$17{,}07 = \int_l dl = \int_l \sqrt{dx^2 + dy^2} = \int_0^{12} \sqrt{1 + \left(\frac{dy}{dx}\right)^2}\, dx$$

Ou encore : $17{,}07 = \int_0^{12} \sqrt{1 + (2ax + 1 - 12a)^2}\, dx$

La solution est : $a = -0{,}031$ [m] et l'équation du câble est donc :

$$y = -0{,}031x^2 + 1{,}372x$$

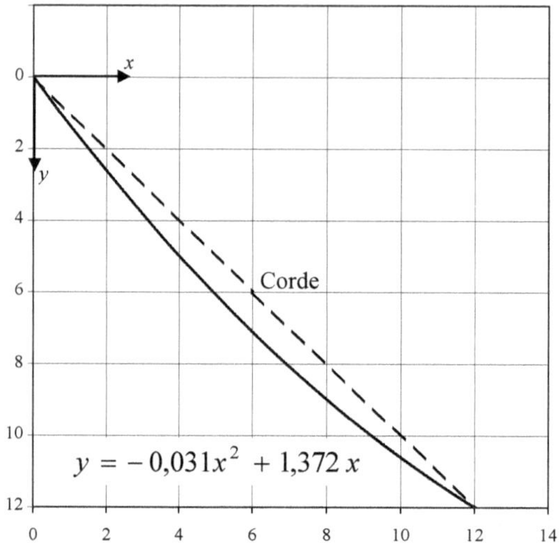

La distance verticale δ entre le câble et sa corde d'équation $y = Dx/L = x$ vaut :

$$\delta = \left(-0{,}031x^2 + 1{,}372x\right) - x$$

La dérivée de cette expression vaut $d\delta/dx = -0{,}062x + 0{,}372$ et la flèche maximale δ_{max} est donc obtenue à mi-portée (0,372/0,062=6) et vaut :

$$\delta_{max} = \left(-0{,}031 * 6^2 + 1{,}372 * 6\right) - 6 = 1{,}116 \text{ [m]}$$

➠ Réactions d'appui avant mise en tension

Équilibre vertical : $R_{VA} - R_{VB} = qL = 0{,}2832\,[\text{kN}]$

Équilibre des moments par rapport à A :

$$qL^2/2 + R_{VB}L = R_H D \quad \rightarrow \quad 0{,}1416 + R_{VB} = R_H$$

L'ordonnée du point situé à mi-portée se calcule à partir de l'équation parabolique ci-dessus et vaut 7,116 [m].

Équilibre de rotation de la partie droite par rapport à ce point :

$$qL^2/8 + 6R_{VB} = (12 - 7{,}116)R_H \quad \rightarrow \quad 0{,}4248 + 6R_{VB} = 4{,}884R_H$$

On en déduit R_H = 0,381 [kN], R_{VA} = 0,522 [kN] et R_{VB} = 0,239 [kN].

➟ Caractéristiques du câble après mise en tension

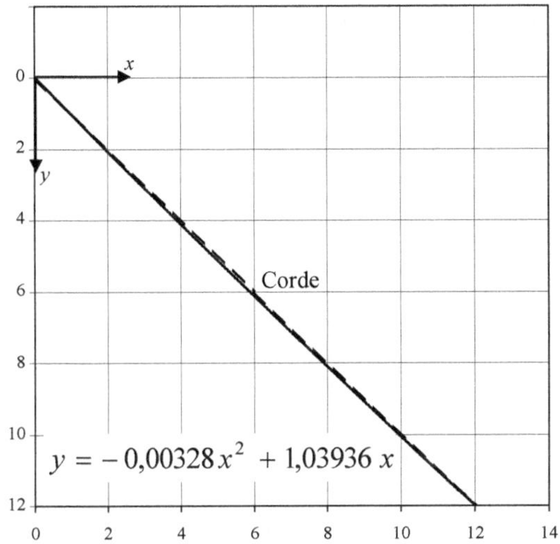

On considère maintenant que le tendeur a permis d'introduire un effort de précontrainte de 5 [kN] dans le câble, au niveau de l'appui B.

Ceci permet d'établir l'équation suivante : $R_H^2 + R_{VB}^2 = 25$

Afin de déterminer les 4 inconnues R_H, R_{VA}, R_{VB} et δ_{max} du problème, il faut encore écrire trois équations :

Équilibre vertical : $R_{VA} - R_{VB} = qL = 0{,}2832\,[\text{kN}]$

Équilibre des moments par rapport à A : $0{,}1416 + R_{VB} = R_H$

Équilibre de rotation de la partie droite par rapport au point situé à mi-portée :

$$\frac{qL^2}{8} + 6R_{VB} = (6 - \delta_{max})R_H \rightarrow 0{,}4248 + 6R_{VB} = (6 - \delta_{max})R_H$$

Ce système de 4 équations à 4 inconnues peut être résolu assez facilement puisqu'il se résume à la résolution d'une équation du second degré en R_{VB} ou R_H.

On obtient :

$R_H = 3{,}606$ [kN], $R_{VA} = 3{,}747$ [kN], $R_{VB} = 3{,}464$ [kN] et $\delta_{max} = 0{,}118$ [m]

Pour cette valeur de la flèche δ_{max}, on peut maintenant calculer celle du paramètre a ainsi que l'équation du câble :

$$\begin{cases} \delta_{max} = \left(a*6^2 + (1-12a)*6\right) - 6 = 0{,}118 \rightarrow a = -0{,}00328 \text{ [m]} \\ y = -0{,}00328x^2 + 1{,}03936x \text{ [m]} \end{cases}$$

La longueur totale du câble vaut alors :

$$\int_0^{12} \sqrt{1 + \left(\frac{dy}{dx}\right)^2} dx = \int_0^{12} \sqrt{1 + (-0{,}00656x + 1{,}03936)^2} dx = 16{,}972 \text{ [m]}$$

Pour arriver à introduire la précontrainte de 5 [kN] dans le câble, il a donc été nécessaire de raccourcir le câble, à l'aide du tendeur, d'une valeur de 17,070–16,972 = 0,098 [m], soit 9,8 [cm].

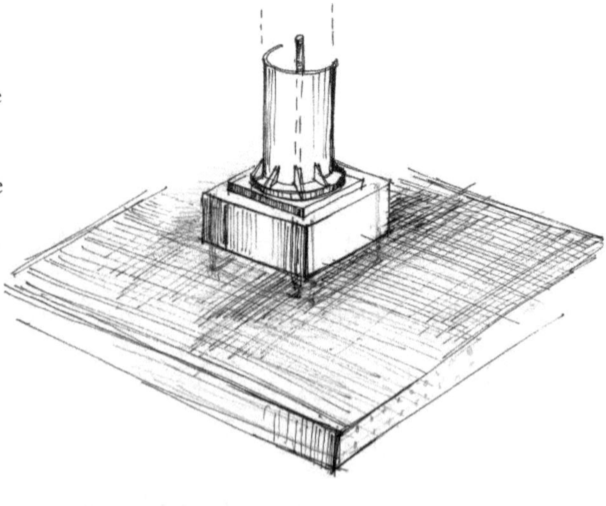

Exemple de pied rotulé pour mât haubané : la plaque d'about repose sur le socle en béton par l'intermédiaire d'un appui en néoprène. La stabilité transversale est assurée par une tige métallique scellée dans le béton et traversant la plaque d'about, percée en son centre.
Source : mât haubané servant de soutien au tilleul classé de Doyon en Belgique, plusieurs fois centenaire. Conception, ingénieur conseil : Pierre Latteur, 2004-2005.

Exemple 3 : (CAS 1, approche pragmatique)

Un câble d'une longueur initiale L_0 de 25,78 [m] est mis en place entre deux appuis situés à des niveaux différents et possède un poids propre de 0,1 [kN/m]. On recherche la géométrie du câble et les réactions d'appui (et à priori on ne sait pas si le câble comporte un point plus bas que l'appui B).

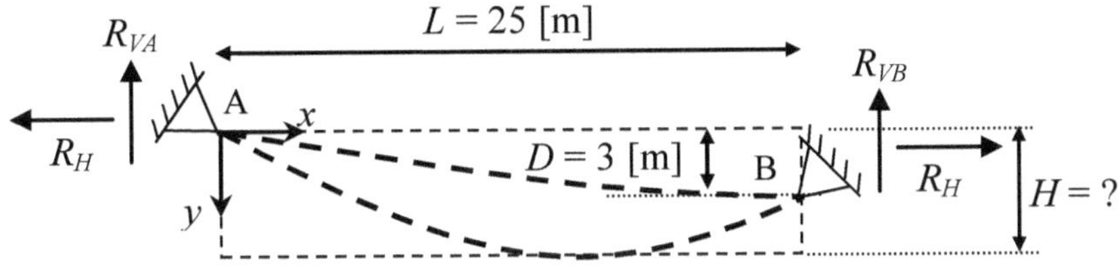

➟ Recherche du point bas du câble et de sa géométrie

Le cas limite du câble dont la tangente est horizontale à l'appui bas correspond à l'équation suivante (voir chap. 11, §3.5) :

$$y = \frac{D}{L^2}x(2L - x) = 0{,}0048x(50 - x)$$ et la longueur du câble est égale à :

$$L_0 = \int_0^L \sqrt{dx^2 + dy^2} = \int_0^{25} \sqrt{1 + \left(\frac{dy}{dx}\right)^2}\, dx$$

$$= \int_0^{25} \sqrt{1 + (0{,}24 - 0{,}0096x)^2}\, dx = 25{,}238\,[\mathrm{m}]$$

Or, le câble à mettre en place a une longueur de 25,78 mètres. Il aura donc un point bas relatif à une valeur H à déterminer, situé plus bas que l'appui B. Les équations sont alors les suivantes (voir chap. 11, §3.5) :

$$y = \frac{4H}{(\beta L)^2}x(\beta L - x) = 0{,}0064\frac{H}{\beta^2}x(25\beta - x)$$

Avec $$\beta = \frac{2H}{D}\left(1 - \sqrt{1 - D/H}\right) = 0{,}667H\left(1 - \sqrt{1 - 3/H}\right)$$

Il faut donc calculer H à partir de l'expression de la longueur L_0 et de sa valeur connue de 25,78 [m] :

$$L_0 = 25{,}78 = \int_0^{25} \sqrt{1 + \left(\frac{dy}{dx}\right)^2}\, dx$$

La résolution de cette équation ne peut se faire que par solveur numérique.

On obtient $H = 4{,}15$ [m], $\beta = 1{,}31025$, point bas en $x = \beta L/2 = 16{,}38$ [m].

La parabole correspondante est illustrée à la figure ci-dessous :

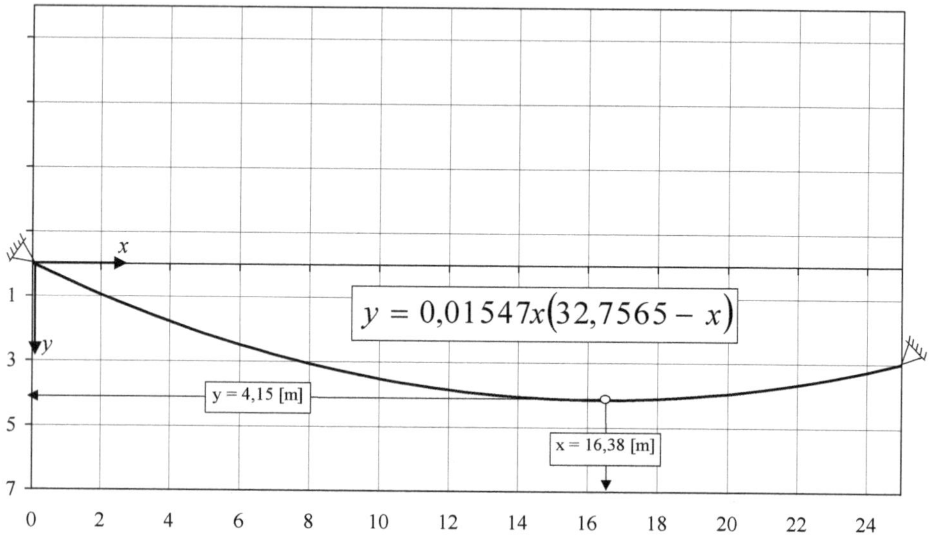

➠ Réactions d'appui

Le poids propre par mètre est de 0,1 [kN/m].

Équilibre vertical : $R_{VA} + R_{VB} = 2{,}5$

Équilibre des moments par rapport à A : $0{,}1 * 25^2/2 = 3R_H + 25R_{VB}$

Équilibre de rotation sur le tronçon gauche par rapport au point bas de coordonnées (x=16,38, y=4,15) :

$$\frac{0{,}1 * 16{,}38^2}{2} + 4{,}15R_H = 16{,}38R_{VA}$$

On en déduit $R_H = 3{,}242$ [kN], $R_{VA} = 1{,}638$ [kN] et $R_{VB} = 0{,}861$ [kN].

➠ Effort maximal dans le câble

Comme la réaction verticale est la plus grande en A, c'est donc à cet appui que l'effort dans le câble est le plus grand. Il vaut :

$$N_{\max} = \sqrt{R_H^2 + R_{VA}^2} = 3{,}632 \text{ [kN]}$$

Exemple 4 : (CAS 1 et 2 : comparaison de la parabole et de la chaînette)

Un câble d'une longueur initiale L_0 de 20 mètres doit être installé entre deux appuis situés au même niveau et distants de 10 mètres. Sachant qu'il ne subit pas d'autres charges que son propre poids, on désire comparer les résultats en prenant comme hypothèse que la géométrie est parabolique, d'une part, et en chaînette, d'autre part.

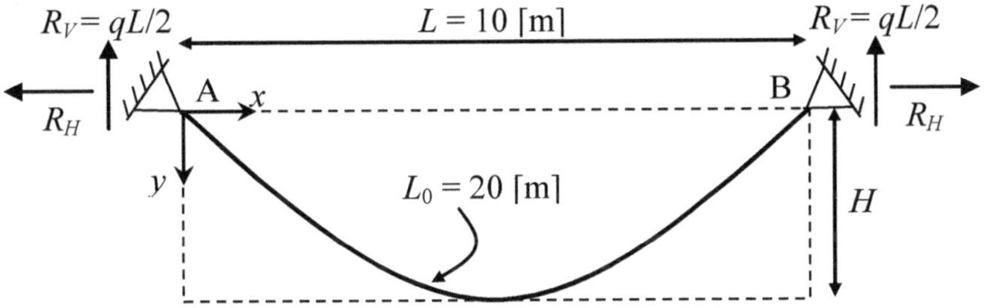

Données : L_0 = 20 [m], A_0, poids propre : q = 2 [N] par mètre de câble.

Calcul pour un câble inextensible parabolique (cas 1)

➠ **Calcul de la géométrie**

La flèche H du câble s'obtient par résolution numérique de la relation [4] du §5 :

$$20 = \frac{10}{2}\left(\sqrt{1+\left(\frac{4H}{10}\right)^2}+\frac{10}{4H}\ln\left[\frac{4H}{10}+\sqrt{1+\left(\frac{4H}{10}\right)^2}\right]\right) \Rightarrow H = 8{,}173\,[\mathrm{m}]$$

Et l'équation parabolique du câble est donc (repère en A) :

$$y = \frac{4H}{L^2}x(L-x) = 0{,}3269x(10-x)$$

➠ **Calcul des réactions d'appui et de l'effort maximal dans le câble**

Pris par unité de longueur horizontale, le poids propre du câble représente une charge q = 20*2/10 = 4 [N/m], supposée constante de type 1. On a :

$R_V = qL/2$ = 20 [N], $R_H = qL^2/(8H)$ = 6,118 [N],
$N_{\max} = \sqrt{R_H^2 + R_V^2}$ = 20,91 [N]

Calcul pour un câble inextensible en chaînette (cas 2)

Cette fois la charge q est une charge de type 2 qui vaut précisément 2 [N] par mètre pris *le long* du câble. Le calcul de la géométrie doit passer par celui de la réaction d'appui horizontale via l'équation suivante :

$$L_0 = \frac{2R_H}{q}\,\text{sinhyp}\left(\frac{qL}{2R_H}\right) \quad \Rightarrow \quad 20 = R_H\,\text{sinhyp}\left(\frac{10}{R_H}\right) \qquad \text{soit } R_H = 4{,}592\ [\text{N}]$$

Ceci permet de déterminer l'équation du câble :

$$\begin{aligned} y(x) &= \frac{R_H}{q}\left(\text{coshyp}\left(\frac{qL}{2R_H}\right) - \text{coshyp}\left(\frac{q}{R_H}\left(\frac{L}{2} - x\right)\right)\right) \\ &= 2{,}296\left(4{,}467 - \text{coshyp}\left(0{,}436(5 - x)\right)\right) \end{aligned}$$

Et la flèche H vaut $y(x = L/2 = 5\ [\text{m}])$, soit $H = 7{,}96$ [m]

Effort maximal dans le câble : $N_{\max} = \sqrt{R_H^2 + R_V^2} = 20{,}52$ [N]

La figure ci-dessous compare les deux géométries et montre que la chaînette est plus "ample" et plus abrupte aux appuis :

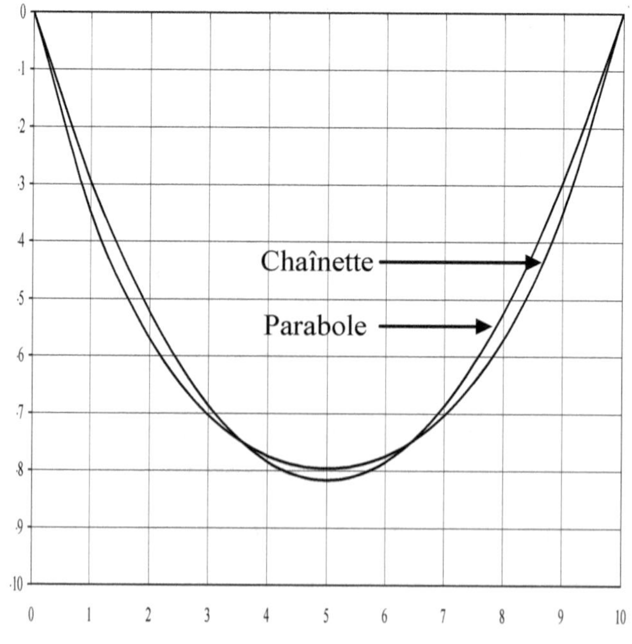

Exemple 5 : (CAS 4, conception)

Un câble que l'on supposera dans un premier temps inextensible est chargé par des efforts verticaux répartis tous les 10 mètres.

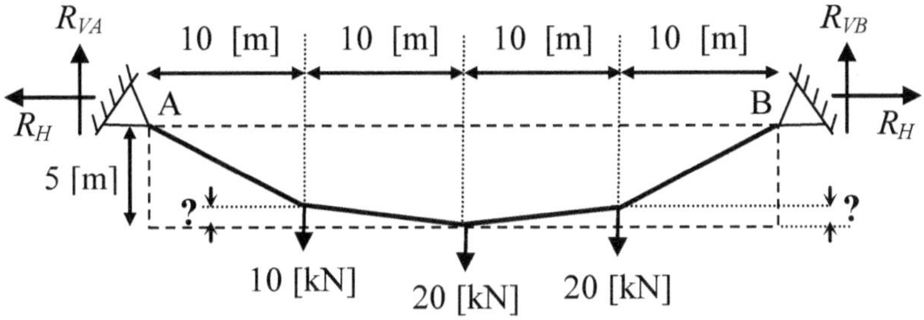

La flèche *H* est imposée et vaut 5 mètres. On désire calculer les réactions d'appui ainsi que la géométrie exacte du câble. On propose aussi d'évaluer la validité de l'hypothèse d'inextensibilité.

➠ Calcul des réactions d'appui et de l'effort maximal dans le câble

Équilibre vertical : $R_{VA} + R_{VB} = 50$

Équilibre des moments par rapport à B : $40R_{VA} = 10*30+20*20+20*10$

Ces deux équations permettent de calculer R_{VA} = 22,5 [kN] et R_{VB} = 27,5 [kN].

Pour connaître R_H, il faut faire l'équilibre de rotation du morceau de gauche du câble par rapport au point le plus bas, dont la position est encore inconnue.

Selon le théorème d'analogie énoncé au §2.7, la déformée du câble est l'image du diagramme des moments fléchissants de la poutre suivante :

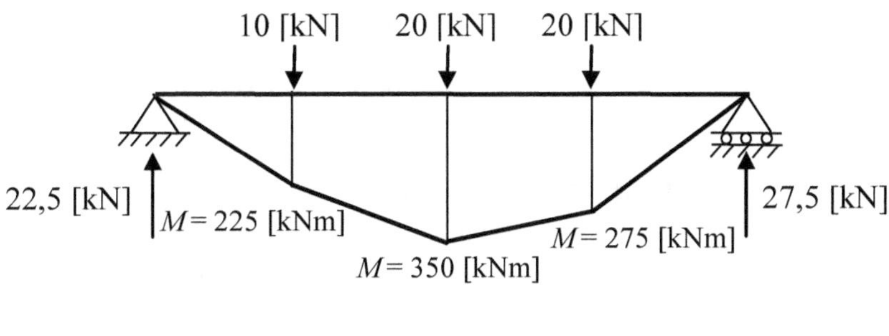

Ce diagramme des moments permet de connaître le point bas du câble. Dans ce cas, il correspond à la mi-portée (mais ce n'est pas toujours le cas !). On peut alors établir la troisième équation :

$20R_{VA} = 5R_H + 10*10$ et on obtient $R_H = 70{,}0$ [kN]

L'effort maximal dans le câble se produit dans le tronçon le plus incliné, soit dans le tronçon aboutissant à l'appui droit. On a :

$$N_{\max} = \sqrt{R_H^2 + R_{VB}^2} = 75{,}208\,[\text{kN}]$$

➟ Géométrie exacte du câble

La réaction d'appui horizontale étant connue, la position du câble au point d'application des forces se calcule grâce au théorème d'analogie avec la poutre :

Flèche en $x = 10$ [m] $= M(x=10)/R_H = 225/70 = 3{,}214$ [m]
Flèche en $x = 20$ [m] $= M(x=20)/R_H = 350/70 = 5{,}000$ [m]
Flèche en $x = 30$ [m] $= M(x=30)/R_H = 275/70 = 3{,}929$ [m]

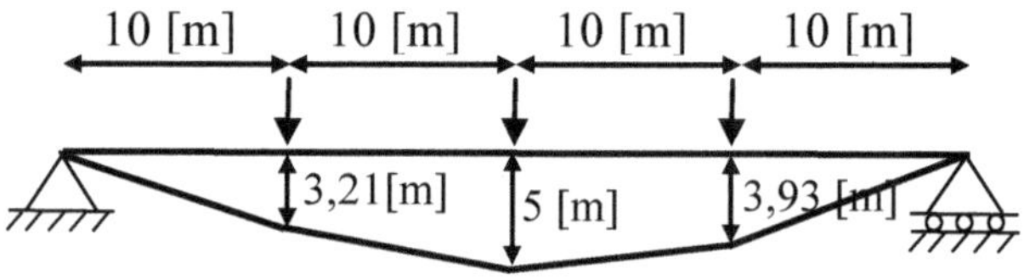

➟ Prise en compte de l'extensibilité du câble

Si le câble est dimensionné pour travailler à une contrainte maximale de 1000 [MPa], sa section A est calculée à partir de l'effort maximal de 75,2 [kN] et vaut 75 [mm²].

Par ailleurs, l'effort dans chaque tronçon d'inclinaison θ avec l'horizontale est désormais connu et vaut : $N = R_H/\cos\theta = 70/\cos\theta$.

Les allongements respectifs des différents tronçons sont les suivants (on prend $E_c = 170.000$ [MPa]) :

Tronçon 1 : $N = 73{,}518$ [kN], longueur 10,503 [m] : $NL/(EA) = 61$ [mm]
Tronçon 2 : $N = 71{,}108$ [kN], longueur 10,158 [m] : $NL/(EA) = 57$ [mm]
Tronçon 3 : $N = 70{,}400$ [kN], longueur 10,057 [m] : $NL/(EA) = 56$ [mm]
Tronçon 4 : $N = 75{,}209$ [kN], longueur 10,744 [m] : $NL/(EA) = 64$ [mm]

L'allongement total du câble est donc de 238 [mm].

Cet allongement est responsable d'une augmentation de flèche de l'ordre de 50 [cm], soit 10% de la flèche de 5 mètres imposée au départ.

Pour tenir compte de cet allongement et pour que la flèche totale H ne dépasse pas 5 mètres après chargement, il faudra donc mettre en place un câble dont la longueur à la pose vaut :

(10,503+10,158+10,057+10,744) – 0,238 = 41,224 [m].

Exemple 6 : (CAS 4, approche pragmatique)

Un câble que l'on supposera inextensible est chargé par deux efforts Q_1 et Q_2 grands par rapport au poids propre du câble. Les charges Q_1 et Q_2 ont été fixées au câble avant mise en place et les distances S_1, S_2 et S_3 sont donc connues.

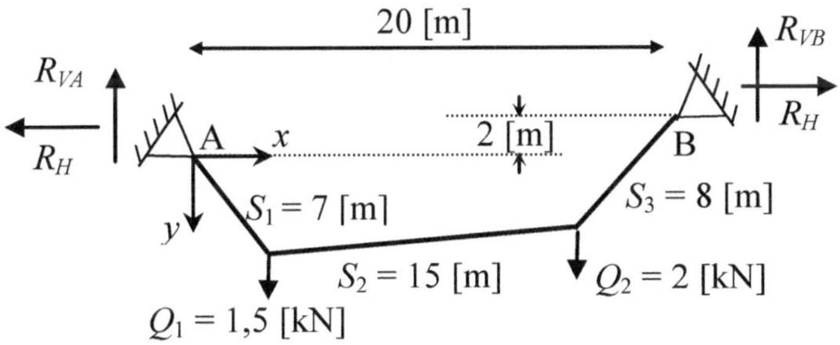

On propose de calculer les réactions d'appui R_{VA}, R_{VB}, R_H ainsi que la géométrie du câble.

Équilibre global de la structure

Si θ_1, θ_2, θ_3 sont les angles respectifs de chaque tronçon de câble avec l'horizontale, on a :

$$\begin{cases} R_{VA} + R_{VB} = Q_1 + Q_2 & \text{(équilibre vertical)} \\ 20R_{VB} = 2R_H + Q_1 \left(S_1 \cos\theta_1\right) + Q_2 \left(20 - S_3 \cos\theta_3\right) & \text{(couples par rapport à A)} \\ S_1 \cos\theta_1 + S_2 \cos\theta_2 + S_3 \cos\theta_3 = 20 & \text{(compatibilité géométrique)} \end{cases}$$

Les inconnues du problème étant au nombre de neuf (R_{VA}, R_{VB}, R_H, θ_1, θ_2, θ_3, N_1, N_2, N_3), il faut établir les six équations supplémentaires résultant de l'équilibre des différents tronçons de câble.

➟ Équilibre partiel de la structure

• Équilibre du premier tronçon

Les projections horizontales et verticales de l'effort N_1 étant respectivement égales aux réactions d'appui horizontales R_H et verticales R_{VA} on trouve :

$$\begin{cases} N_1 \cos\theta_1 = R_H \\ N_1 \sin\theta_1 = R_{VA} \end{cases}$$

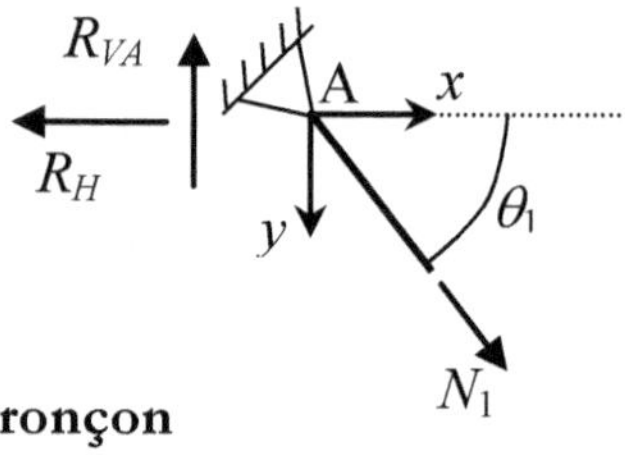

• Équilibre du deuxième tronçon

$$\begin{cases} N_2 \cos\theta_2 = R_H \\ N_2 \sin\theta_2 + R_{VA} = Q_1 \end{cases}$$

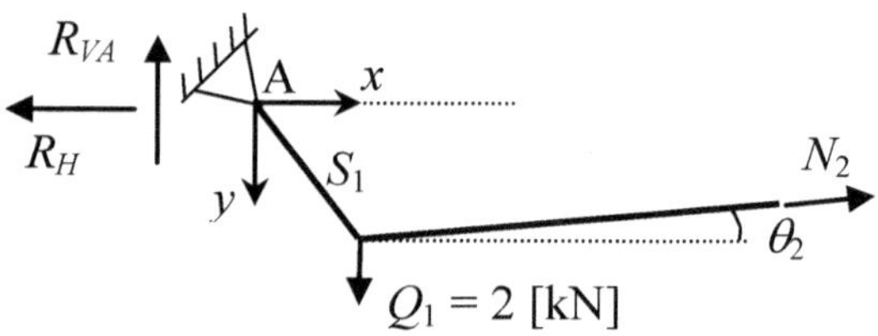

• Équilibre du troisième tronçon

Pour ce dernier tronçon, il semble plus judicieux d'isoler la partie droite de la structure :

$$\begin{cases} N_3 \cos\theta_3 = R_H \\ N_3 \sin\theta_3 = R_{VB} \end{cases}$$

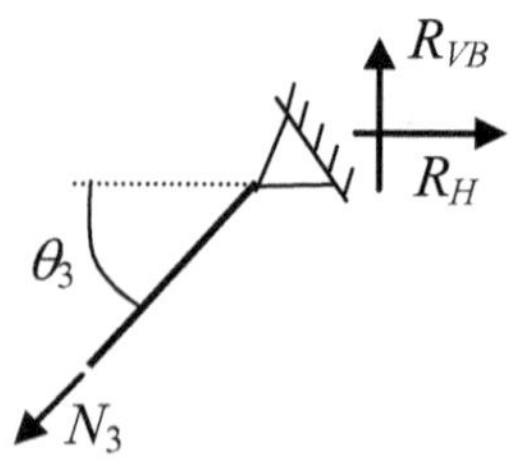

➟ Résolution du système d'inconnues

Le système comporte 9 équations non linéaires dans lequel les inconnues sont R_H, R_{VA}, R_{VB}, N_1, N_2, N_3, θ_1, θ_2 et θ_3 :

$$\begin{cases} R_{VA} + R_{VB} = 3{,}5 \\ 20\,R_{VB} = 2R_H + 10{,}5\cos\theta_1 + 40 - 16\cos\theta_3 \\ 7\cos\theta_1 + 15\cos\theta_2 + 8\cos\theta_3 = 20 \\ N_1\cos\theta_1 = R_H \\ N_1\sin\theta_1 = R_{VA} \\ N_2\cos\theta_2 = R_H \\ N_2\sin\theta_2 + R_{VA} = 1{,}5 \\ N_3\cos\theta_3 = R_H \\ N_3\sin\theta_3 = R_{VB} \end{cases}$$

Un tel système n'est évidemment pas facile à résoudre manuellement et on imaginera sans mal la complexité des systèmes d'équations relatifs à des structures à câbles soumises à un grand nombre de charges extérieures. On obtient :

$$\begin{array}{lll} R_{VA} = 1{,}5\ [\text{kN}] & \theta_1 = 67{,}2° & N_1 = 1{,}6\ [\text{kN}] \\ R_{VB} = 2{,}0\ [\text{kN}] & \theta_2 = 3{,}0° & N_2 = 0{,}6\ [\text{kN}] \\ R_H = 0{,}6\ [\text{kN}] & \theta_3 = 73{,}2° & N_3 = 2{,}1\ [\text{kN}] \end{array}$$

La figure ci-dessous représente, à l'échelle, le câble mis en place :

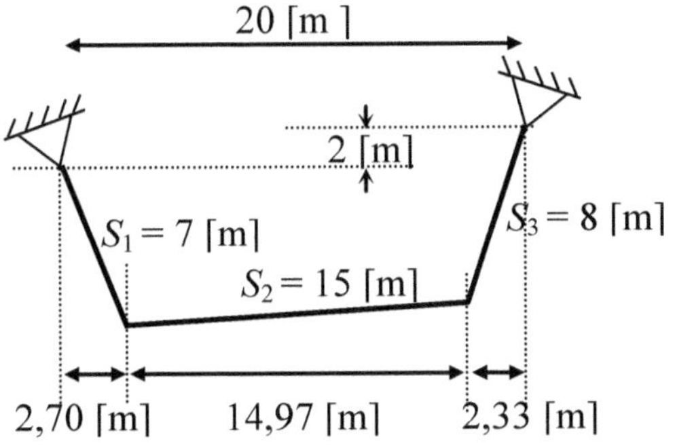

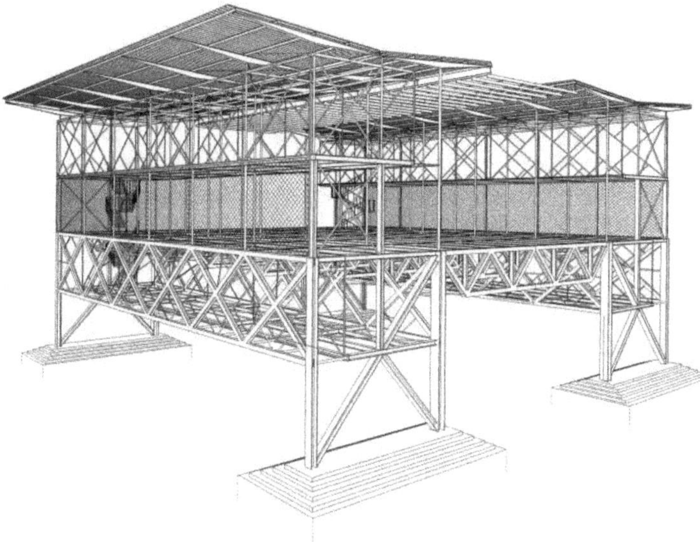

Chapitre 14

Calcul numérique des ossatures par la méthode des déplacements

Illustration au recto :

Avant-projet de passerelle à Copiapo, Chili.
Architectes et ingénieurs Samyn and Partners, Bruxelles, 2002.

1. AVANT-PROPOS

La méthode des déplacements, peu adaptée à une approche manuelle mais aujourd'hui universellement utilisée par les logiciels de calcul des structures, concerne, comme la méthode des forces, le calcul des ossatures. Elle est à la base de la méthode des éléments finis qui permet de résoudre des problèmes plus complexes, liés par exemple aux milieux continus surfaciques ou volumiques. Un élément d'ossature est un élément fini réduit à sa plus simple expression, en particulier lorsqu'il s'agit d'une barre de treillis.

La méthode des déplacements est une méthode de calcul très efficace, dont le principe et la difficulté sont indépendants du degré d'hyperstaticité. Sa complexité dépend du type de structure que l'on désire analyser. Dans le cadre de ce chapitre, on décrit complètement la méthode appliquée aux poutres continues et aux treillis plans et on résume son application aux ossatures 2D.

2. PRINCIPE DE LA METHODE

Cette méthode est basée sur la résolution d'un système d'équations qui traduit l'équilibre de chaque nœud via les déplacements qu'il subit (3 au maximum pour les structures planes). L'ensemble de ces équations s'écrit sous la forme d'un système dont la matrice, appelée *matrice de rigidité globale*, résulte d'un assemblage de *matrices de rigidité locales* propres à chaque élément. En d'autres mots, la méthode se résume :

- à rechercher les efforts intérieurs et extérieurs qui agissent sur chaque nœud;
- à écrire les équations d'équilibre de ces efforts en chaque nœud;
- à remplacer les expressions des efforts internes par les déplacements aux nœuds. Ces derniers deviennent alors les inconnues du système.

Pour illustrer ces propos, il est utile de revenir à la théorie exposée au chapitre 5 (les déplacements imposés), par l'intermédiaire des deux exemples suivants :

- si un élément de type bi encastré est soumis à un déplacement imposé Δ selon son axe, le rapport entre l'effort normal N correspondant et Δ vaut EA/L et est appelé *rigidité* de l'élément (en [kN/m]). Si Δ=1, on voit que EA/L s'interprète comme l'effort dû à un déplacement unitaire associé :

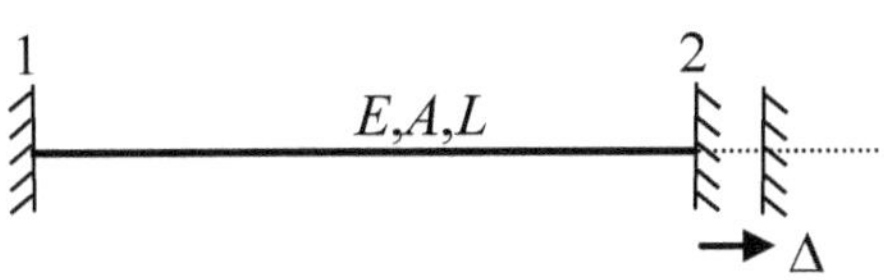

$$\Delta = \frac{NL}{EA} \quad \text{ou} \quad N = \frac{EA}{L}\Delta$$

- si cet élément se voit imposer une rotation Δ à l'une de ses extrémités, le moment fléchissant qui y naît vaut $4EI\Delta/L$ et celui qui correspond à l'autre extrémité vaut $2EI\Delta/L$ (voir chapitre 5, §5, exemple 3). Il y apparaît aussi des réactions verticales égales à $6EI\Delta/L^2$ (et donc des efforts tranchants de même valeur aux extrémités de l'élément). Le terme EI/L (en [kNm/rad]) est un autre type de rigidité, associé cette fois à une rotation :

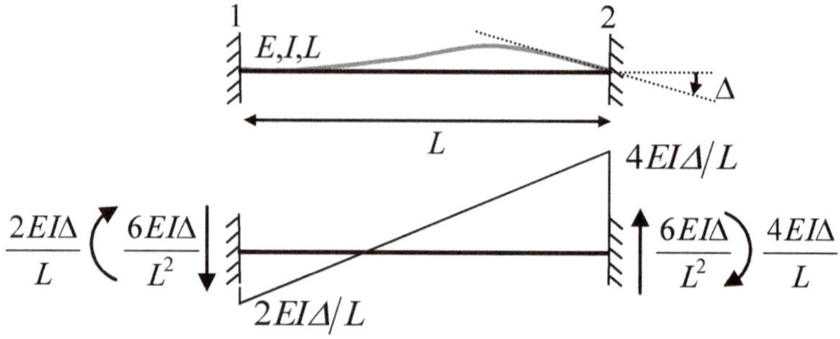

On peut généraliser ces raisonnements afin d'exprimer la relation entre les 3 déplacements de chaque extrémité (déplacement vertical, déplacement horizontal, rotation) et les réactions qui y règnent. Soit donc :

- un repère local (x,y) lié à l'élément :

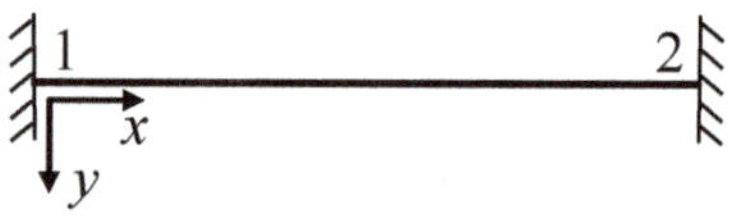

- une convention de signes s'appliquant à la fois aux déplacements $(d_{1,x}, d_{1,y}, d_{1,rot})$ et $(d_{2,x}, d_{2,y}, d_{2,rot})$ des nœuds extrêmes de l'élément et aux réactions d'appui $(F_{1,x}, F_{1,y}, M_1)$ et $(F_{2,x}, F_{2,y}, M_2)$ qui leur sont associées. Cette convention de signe, différente de celle qui a été choisie au chapitre 1, est indispensable à une systématisation des développements ultérieurs :

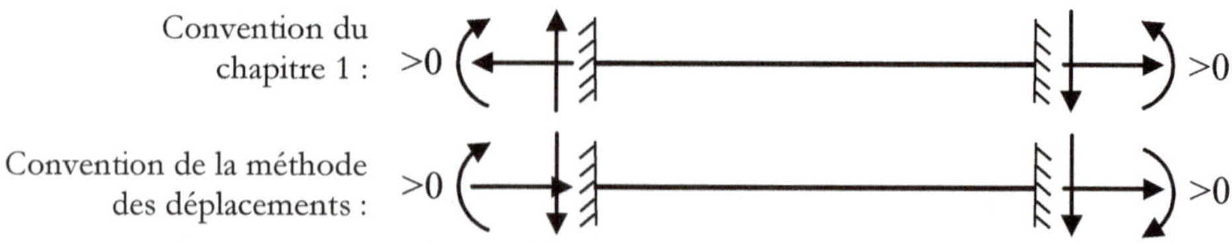

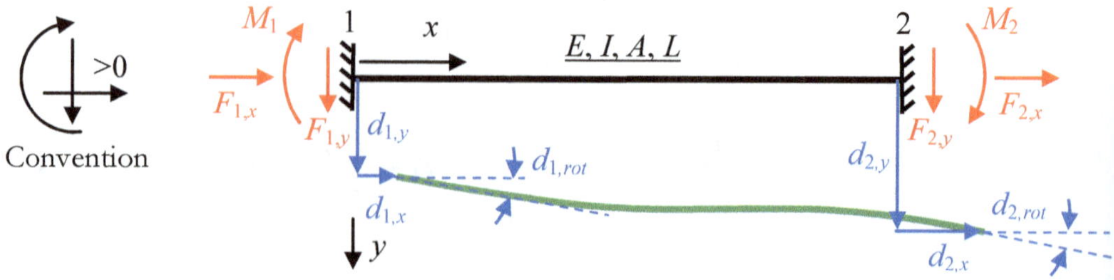

En considérant dans un premier temps qu'aucune charge extérieure ne s'applique sur l'élément lui-même, il est possible de démontrer la relation générale suivante, reliant ces déplacements d'extrémités aux réactions qui y règnent :

$$\begin{pmatrix} \frac{EA}{L} & 0 & 0 & -\frac{EA}{L} & 0 & 0 \\ 0 & \frac{12EI}{L^3} & \frac{6EI}{L^2} & 0 & -\frac{12EI}{L^3} & \frac{6EI}{L^2} \\ 0 & \frac{6EI}{L^2} & \frac{4EI}{L} & 0 & -\frac{6EI}{L^2} & \frac{2EI}{L} \\ -\frac{EA}{L} & 0 & 0 & \frac{EA}{L} & 0 & 0 \\ 0 & -\frac{12EI}{L^3} & -\frac{6EI}{L^2} & 0 & \frac{12EI}{L^3} & -\frac{6EI}{L^2} \\ 0 & \frac{6EI}{L^2} & \frac{2EI}{L} & 0 & -\frac{6EI}{L^2} & \frac{4EI}{L} \end{pmatrix} \begin{pmatrix} d_{1,x} \\ d_{1,y} \\ d_{1,rot} \\ d_{2,x} \\ d_{2,y} \\ d_{2,rot} \end{pmatrix} = \begin{pmatrix} F_{1,x} \\ F_{1,y} \\ M_1 \\ F_{2,x} \\ F_{2,y} \\ M_2 \end{pmatrix}$$

La matrice de ce système s'appelle *matrice de rigidité locale* de l'élément. Chacun de ses termes s'interprète comme un effort dû à un déplacement unitaire. Elle est liée au repère local (x,y) de l'élément.

Montrons maintenant comment cette matrice peut servir à écrire l'équilibre d'un nœud et prenons comme exemple un nœud d'indice j joignant deux éléments horizontaux et soumis à des efforts extérieurs $Q_{ext,x}$, $Q_{ext,y}$ et C_{ext} :

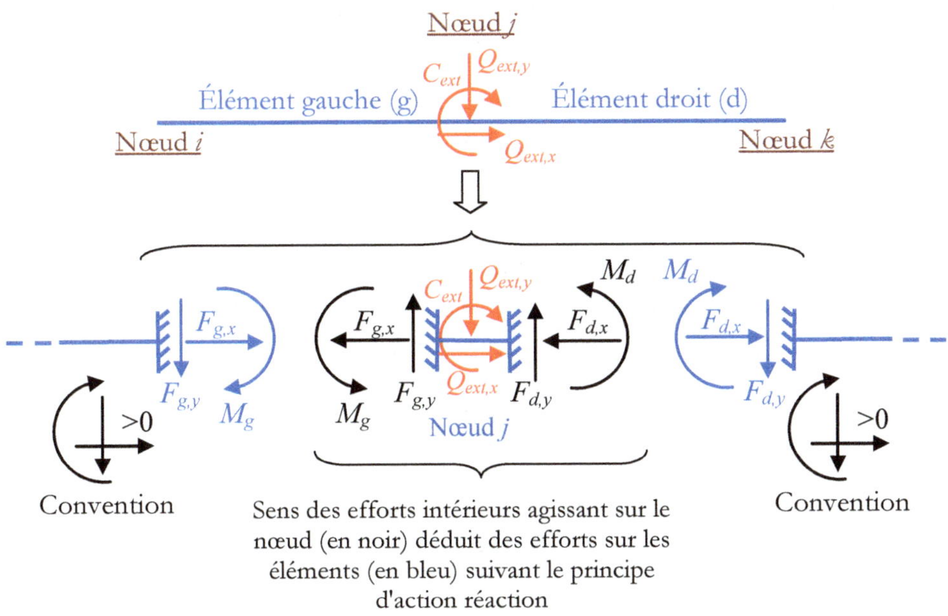

Il est important de faire remarquer que :

- les efforts <u>extérieurs</u> $Q_{ext,x}$, $Q_{ext,y}$ et C_{ext} agissant sur le nœud sont considérés avec la même convention établie en page 374 pour les déplacements et les réactions d'appui associés aux extrémités des éléments :

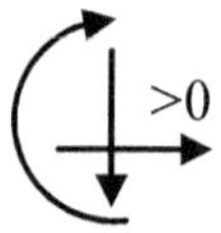

Convention

- les efforts sont dessinés aux extrémités des éléments (en bleu) de façon à respecter cette même convention. **On en déduit ensuite le sens des efforts <u>intérieurs</u> agissant de part et d'autre du nœud par application du principe d'action réaction (dessinés en noir).**

Le nœud étant à l'équilibre, les trois équations de la statique doivent y être respectées et peuvent dès lors s'écrire, en accord avec la convention de signes choisie :

$$\begin{cases} F_{g,x} + F_{d,x} = Q_{ext,x} \\ F_{g,y} + F_{d,y} = Q_{ext,y} \\ M_g + M_d = C_{ext} \end{cases}$$

Dans ce système d'équations, on peut remplacer les 6 efforts $F_{d,x}$, $F_{d,y}$, M_d et $F_{g,x}$, $F_{g,y}$, M_g par leur expression en fonction des déplacements aux nœuds *i*, *j* et *k*, telle qu'exprimée par la matrice de rigidité locale donnée à la page précédente. Chaque équation d'équilibre des forces se transforme alors en une équation du type suivant, dans laquelle k_{ij} est un élément (ou une somme d'éléments) de matrice locale, d_j un déplacement de nœud et $Q_{ext,i}$ un effort ou un couple extérieur appliqué sur le nœud :

$$\sum_j k_{ij} d_j = Q_{ext,i}$$

Rappelons que *n* est le nombre total de nœuds. Si on écrit les 3*n* équations d'équilibre de ce type, il est possible d'établir le système de 3*n* équations à 3*n* inconnues sous la forme matricielle suivante, dans laquelle $\overline{\mathbf{Q}}$ est le *vecteur des charges aux nœuds et* $\overline{\mathbf{K}}$ *la matrice de rigidité globale* de la structure :

$$\overline{\mathbf{K}}\,\overline{\mathbf{d}} = \overline{\mathbf{Q}}$$

La résolution de ce système dans lequel $\overline{\mathbf{d}}$ est le vecteur des inconnues fournira la valeur des déplacements à tous les nœuds. On pourra ensuite calculer les efforts internes par l'intermédiaire des matrices de rigidité locales qui expriment la relation entre les déplacements aux nœuds et les efforts internes.

On récapitule ci-dessous les étapes de cette méthode :

1. Détermination de la matrice de rigidité locale de chaque élément de la structure, qui exprime le lien entre les déplacements et les efforts qui règnent aux extrémités de cet élément.

2. Dans le cas où les éléments ne sont pas tous alignés (ce qui n'est le cas que pour une poutre continue), transformation de chaque matrice locale en une matrice liée à un seul repère identique et commun pour tous les éléments (voir §4 : le treillis plan).

3. Assemblage de ces matrices de rigidité dans une grande matrice unique exprimant l'appartenance de mêmes nœuds à plusieurs barres : cette matrice est appelée *matrice de rigidité globale de la structure* et est notée $\overline{\mathbf{K}}$. C'est une matrice carrée symétrique dont la dimension vaut 3 fois le nombre de nœuds pour une ossature 2D et 2 fois ce nombre pour un treillis 2D ou une poutre continue.

4. Résolution du système global $\overline{\mathbf{K}}\,\overline{\mathbf{d}} = \overline{\mathbf{Q}}$ dans lequel $\overline{\mathbf{d}}$ est le vecteur des déplacements aux nœuds (ce sont les inconnues) et $\overline{\mathbf{Q}}$ est le *vecteur des charges aux nœuds* (connu).

5. Après résolution de ce système, tous les déplacements sont connus. On peut alors déterminer les efforts internes aux extrémités de chaque élément à l'aide de la matrice de rigidité locale qui lui est relative.

Dans le cas d'une ossature 2D, rappelons que la taille du système d'équation est égale au nombre de déplacements inconnus, soit 3 par nœud, ce qui rend la résolution manuelle difficile, voire impossible dès que la structure possède plus de deux ou trois nœuds.

3. LA POUTRE CONTINUE CHARGEE VERTICALEMENT

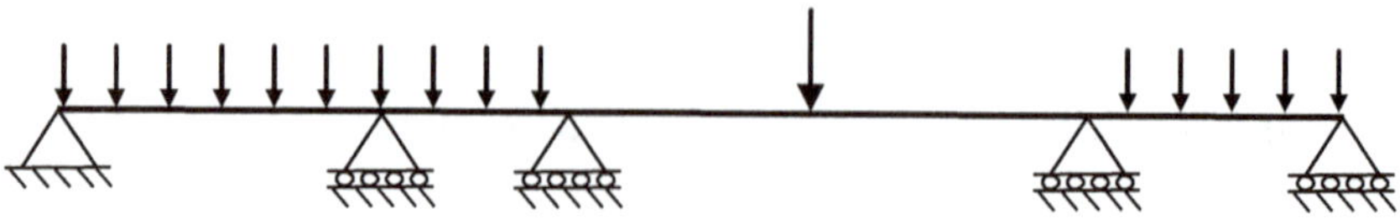

Dans une telle structure, les déplacements horizontaux et les efforts horizontaux sont absents. Le nombre de déplacements inconnus par nœud est alors égal à deux, ce qui représente 4 inconnues par élément :

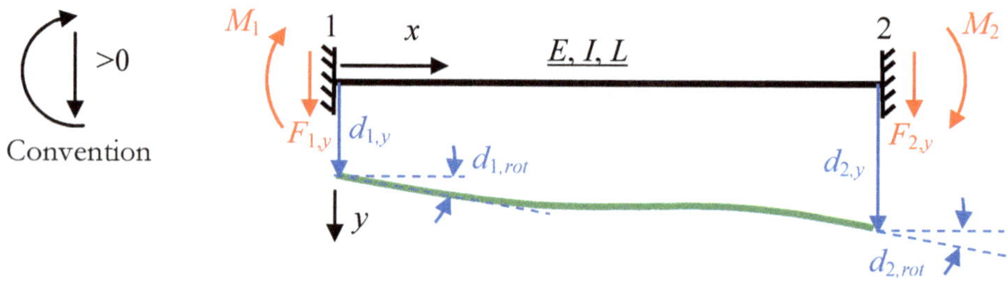

La relation qui lie alors les déplacements ($d_{1,y}$, $d_{1,rot}$) et ($d_{2,y}$, $d_{2,rot}$) aux efforts d'extrémité ($F_{1,y}$, M_1) et ($F_{2,y}$, M_2) se simplifie car la matrice de rigidité locale de l'élément devient une matrice 4*4 :

$$\begin{pmatrix} \frac{12EI}{L^3} & \frac{6EI}{L^2} & -\frac{12EI}{L^3} & \frac{6EI}{L^2} \\ \frac{6EI}{L^2} & \frac{4EI}{L} & -\frac{6EI}{L^2} & \frac{2EI}{L} \\ -\frac{12EI}{L^3} & -\frac{6EI}{L^2} & \frac{12EI}{L^3} & -\frac{6EI}{L^2} \\ \frac{6EI}{L^2} & \frac{2EI}{L} & -\frac{6EI}{L^2} & \frac{4EI}{L} \end{pmatrix} \begin{pmatrix} d_{1,y} \\ d_{1,rot} \\ d_{2,y} \\ d_{2,rot} \end{pmatrix} = \begin{pmatrix} F_{1,y} \\ M_1 \\ F_{2,y} \\ M_2 \end{pmatrix}$$

Afin de simplifier la démarche, on considère dans un premier temps qu'il n'y a pas de charges réparties et que les éléments sont les portions de poutre situées entre appuis, entre charges ou entre appuis et charges :

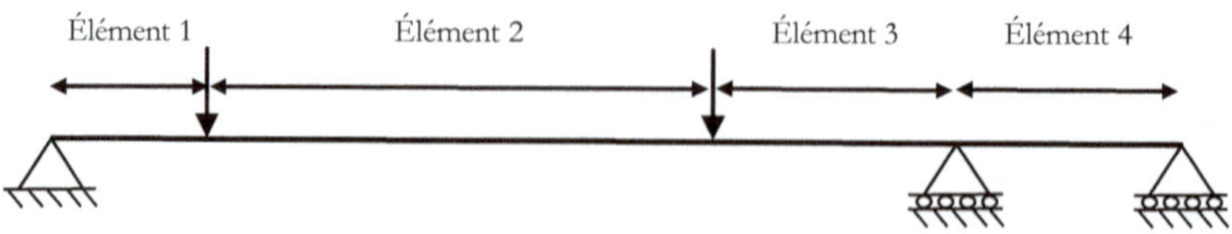

Avant de systématiser la méthode, il semble opportun de l'expliquer à l'aide d'un exemple simple.

3.1. Exemple illustratif

On considère la poutre hyperstatique ci-dessous, dont le nœud central est soumis à une force verticale Q_{ext} et un couple C_{ext}. On garde la même convention de signes qui a été définie précédemment au §2. Cette convention s'applique aussi aux réactions d'appui V_1, V_3 et C_3 qui peuvent être assimilées à des charges extérieures agissant sur les nœuds.

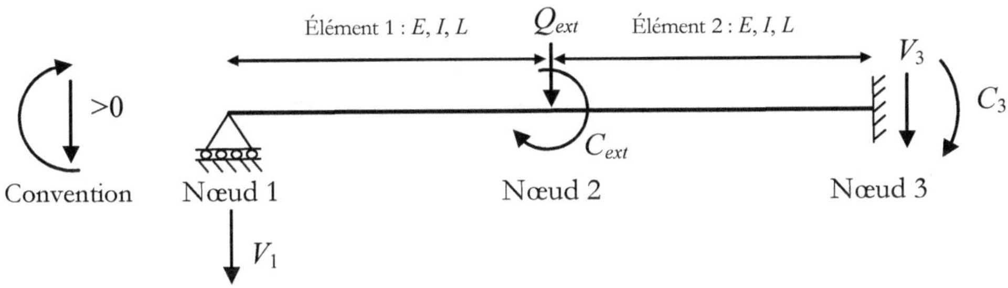

Les deux éléments sont caractérisés par les systèmes respectifs suivants :

Élément 1 (nœuds 1 et 2) :

$$\begin{pmatrix} \frac{12EI}{L^3} & \frac{6EI}{L^2} & -\frac{12EI}{L^3} & \frac{6EI}{L^2} \\ \frac{6EI}{L^2} & \frac{4EI}{L} & -\frac{6EI}{L^2} & \frac{2EI}{L} \\ -\frac{12EI}{L^3} & -\frac{6EI}{L^2} & \frac{12EI}{L^3} & -\frac{6EI}{L^2} \\ \frac{6EI}{L^2} & \frac{2EI}{L} & -\frac{6EI}{L^2} & \frac{4EI}{L} \end{pmatrix} \begin{pmatrix} d_{1,y} \\ d_{1,rot} \\ d_{2,y} \\ d_{2,rot} \end{pmatrix} = \begin{pmatrix} F_{1,y}^{él.1} \\ M_1^{él.1} \\ F_{2,y}^{él.1} \\ M_2^{él.1} \end{pmatrix}$$

Élément 2 (nœuds 2 et 3) :

$$\begin{pmatrix} \frac{12EI}{L^3} & \frac{6EI}{L^2} & -\frac{12EI}{L^3} & \frac{6EI}{L^2} \\ \frac{6EI}{L^2} & \frac{4EI}{L} & -\frac{6EI}{L^2} & \frac{2EI}{L} \\ -\frac{12EI}{L^3} & -\frac{6EI}{L^2} & \frac{12EI}{L^3} & -\frac{6EI}{L^2} \\ \frac{6EI}{L^2} & \frac{2EI}{L} & -\frac{6EI}{L^2} & \frac{4EI}{L} \end{pmatrix} \begin{pmatrix} d_{2,y} \\ d_{2,rot} \\ d_{3,y} \\ d_{3,rot} \end{pmatrix} = \begin{pmatrix} F_{2,y}^{él.2} \\ M_2^{él.2} \\ F_{3,y}^{él.2} \\ M_3^{él.2} \end{pmatrix}$$

Pour simplifier et en gardant à l'esprit que $\mathbf{A}_{ij}$ et $\mathbf{B}_{ij}$ sont des matrices 2*2, on peut réécrire les relations précédentes comme suit :

$$\begin{pmatrix} A_{11} & A_{12} \\ A_{21} & A_{22} \end{pmatrix}\begin{pmatrix} d_{1,y} \\ d_{1,rot} \\ d_{2,y} \\ d_{2,rot} \end{pmatrix} = \begin{pmatrix} F_{1,y}^{él.1} \\ M_1^{él.1} \\ F_{2,y}^{él.1} \\ M_2^{él.1} \end{pmatrix} \qquad \begin{pmatrix} B_{11} & B_{12} \\ B_{21} & B_{22} \end{pmatrix}\begin{pmatrix} d_{2,y} \\ d_{2,rot} \\ d_{3,y} \\ d_{3,rot} \end{pmatrix} = \begin{pmatrix} F_{2,y}^{él.2} \\ M_2^{él.2} \\ F_{3,y}^{él.2} \\ M_3^{él.2} \end{pmatrix}$$

Il y a, a priori, deux déplacements par nœud à déterminer, soit un total de 6 inconnues : $d_{1,y}$, $d_{1,rot}$, $d_{2,y}$, $d_{2,rot}$, $d_{3,y}$, $d_{3,rot}$. Ces 6 inconnues peuvent être calculées en écrivant l'équation d'équilibre vertical et l'équation d'équilibre des moments en chaque nœud. On obtient ainsi deux fois plus d'équations qu'il y a de nœuds, soit six dans ce cas précis. Notons que les réactions d'appui V_1, V_3 et C_3 sont aussi des inconnues, mais elles vont disparaître du système comme expliqué plus loin :

Équilibre du nœud 1 : $\begin{cases} F_{1,y}^{él.1} = V_1 \\ M_1^{él.1} = 0 \end{cases}$

Équilibre du nœud 2 : $\begin{cases} F_{2,y}^{él.1} + F_{2,y}^{él.2} = Q_{ext} \\ M_2^{él.1} + M_2^{él.2} = C_{ext} \end{cases}$

Équilibre du nœud 3 : $\begin{cases} F_{3,y}^{él.2} = V_3 \\ M_3^{él.2} = C_3 \end{cases}$

Les équations d'équilibre précédentes peuvent se réécrire sous la forme du système de 6 équations à 6 inconnues suivant, résultant de la combinaison des systèmes matriciels respectifs des deux éléments. Dans ce système de taille 6x6, les 8 efforts internes $F_{1,y}^{él.1}$, $M_1^{él.1}$, $F_{2,y}^{él.1}$ ... $M_3^{él.2}$ ont disparu au profit des 6 déplacements aux nœuds :

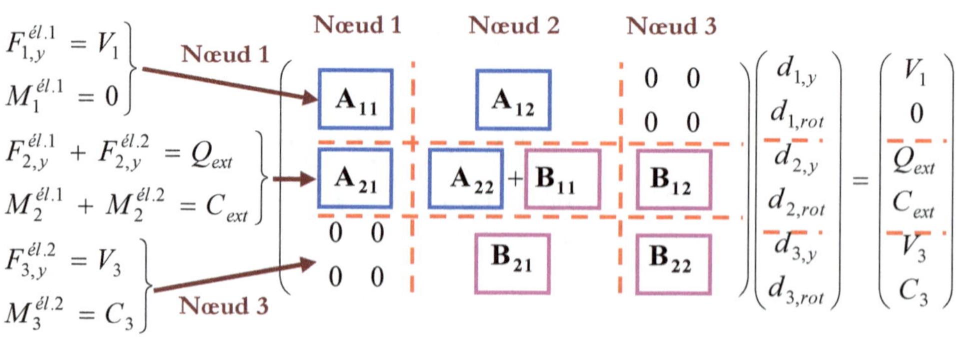

Soit, explicitement :

$$\left(\begin{array}{cc|cc|cc} \frac{12EI}{L^3} & \frac{6EI}{L^2} & -\frac{12EI}{L^3} & \frac{6EI}{L^2} & 0 & 0 \\ \frac{6EI}{L^2} & \frac{4EI}{L} & -\frac{6EI}{L^2} & \frac{2EI}{L} & 0 & 0 \\ \hline -\frac{12EI}{L^3} & -\frac{6EI}{L^2} & \frac{12EI}{L^3}+\frac{12EI}{L^3} & -\frac{6EI}{L^2}+\frac{6EI}{L^2} & -\frac{12EI}{L^3} & \frac{6EI}{L^2} \\ \frac{6EI}{L^2} & \frac{2EI}{L} & -\frac{6EI}{L^2}+\frac{6EI}{L^2} & \frac{4EI}{L}+\frac{4EI}{L} & -\frac{6EI}{L^2} & \frac{2EI}{L} \\ \hline 0 & 0 & -\frac{12EI}{L^3} & -\frac{6EI}{L^2} & \frac{12EI}{L^3} & -\frac{6EI}{L^2} \\ 0 & 0 & \frac{6EI}{L^2} & \frac{2EI}{L} & -\frac{6EI}{L^2} & \frac{4EI}{L} \end{array}\right) \begin{pmatrix} d_{1,y} \\ d_{1,rot} \\ d_{2,y} \\ d_{2,rot} \\ d_{3,y} \\ d_{3,rot} \end{pmatrix} = \begin{pmatrix} V_1 \\ 0 \\ Q_{ext} \\ C_{ext} \\ V_3 \\ C_3 \end{pmatrix}$$

D'où, en le simplifiant :

$$\left(\begin{array}{cc|cc|cc} \frac{12EI}{L^3} & \frac{6EI}{L^2} & -\frac{12EI}{L^3} & \frac{6EI}{L^2} & 0 & 0 \\ \frac{6EI}{L^2} & \frac{4EI}{L} & -\frac{6EI}{L^2} & \frac{2EI}{L} & 0 & 0 \\ \hline -\frac{12EI}{L^3} & -\frac{6EI}{L^2} & \frac{24EI}{L^3} & 0 & -\frac{12EI}{L^3} & \frac{6EI}{L^2} \\ \frac{6EI}{L^2} & \frac{2EI}{L} & 0 & \frac{8EI}{L} & -\frac{6EI}{L^2} & \frac{2EI}{L} \\ \hline 0 & 0 & -\frac{12EI}{L^3} & -\frac{6EI}{L^2} & \frac{12EI}{L^3} & -\frac{6EI}{L^2} \\ 0 & 0 & \frac{6EI}{L^2} & \frac{2EI}{L} & -\frac{6EI}{L^2} & \frac{4EI}{L} \end{array}\right) \begin{pmatrix} d_{1,y} \\ d_{1,rot} \\ d_{2,y} \\ d_{2,rot} \\ d_{3,y} \\ d_{3,rot} \end{pmatrix} = \begin{pmatrix} V_1 \\ 0 \\ Q_{ext} \\ C_{ext} \\ V_3 \\ C_3 \end{pmatrix}$$

A ce stade, le système doit encore subir une dernière transformation avant de servir à fournir une solution qui correspond à la structure pourvue d'appuis aux nœuds 1 et 3 et pour éliminer les trois inconnues indésirables V_1, V_3 et C_3. En effet, la présence de ces appuis implique que $d_{1,y}$, $d_{3,y}$ et $d_{3,rot}$ sont nuls et il faut donc imposer $d_{1,y} = 0$, $d_{3,y} = 0$ et $d_{3,rot} = 0$ dans le système matriciel. Ceci revient à le "forcer" en introduisant des zéros sur la ligne et la colonne qui correspondent aux déplacements nuls, sauf sur le terme diagonal auquel on donnera la valeur 1 (ou toute autre valeur non nulle) :

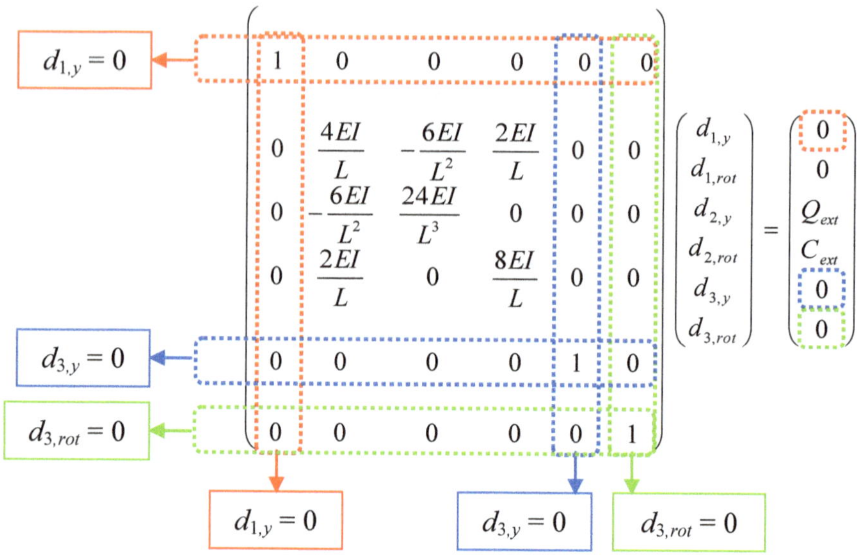

La résolution de ce système fournira la valeur des 3 autres déplacements cherchés $d_{1,rot}$, $d_{2,y}$ et $d_{2,rot}$.

L'ultime étape de cette analyse consiste alors à utiliser la matrice de rigidité propre à chaque élément afin de calculer les efforts internes qui règnent à leurs extrémités.

3.1.1. Application numérique

L'exemple précédent est repris en considérant les valeurs numériques suivantes : L= 2000 [mm] (portée totale 4000 [mm]), E = 210.000 [MPa], I = 520833 [mm^4], Q_{ext} = 2000 [N], C_{ext} = 10^6 [Nmm] :

$$\begin{pmatrix} 1 & 0 & 0 & 0 & 0 & 0 \\ 0 & 218.749.860 & -164.062{,}395 & 109.374.930 & 0 & 0 \\ 0 & -164.062{,}395 & 328{,}12479 & 0 & 0 & 0 \\ 0 & 109.374.930 & 0 & 437.499.720 & 0 & 0 \\ 0 & 0 & 0 & 0 & 1 & 0 \\ 0 & 0 & 0 & 0 & 0 & 1 \end{pmatrix} \begin{pmatrix} d_{1,y} \\ d_{1,rot} \\ d_{2,y} \\ d_{2,rot} \\ d_{3,y} \\ d_{3,rot} \end{pmatrix} = \begin{pmatrix} 0 \\ 0 \\ 2000 \\ 10^6 \\ 0 \\ 0 \end{pmatrix}$$

La résolution de ce système fournit les valeurs suivantes des déplacements :

$d_{1,y} = 0$, $d_{1,rot} = 0{,}006857$ [rad],
$d_{2,y} = 9{,}524$ [mm], $d_{2,rot} = 0{,}000571$ [rad],
$d_{3,y} = 0$, $d_{3,rot} = 0$.

Calcul des efforts internes d'extrémité dans l'élément n°1 (nœuds 1 et 2) :

$$\begin{pmatrix} F_{1,y}^{él.1} \\ M_1^{él.1} \\ F_{2,y}^{él.1} \\ M_2^{él.1} \end{pmatrix} = \begin{pmatrix} 164,06 & 0,164.10^6 & -164,06 & 0,164.10^6 \\ 0,164.10^6 & 218,75.10^6 & -0,164.10^6 & 109,38.10^6 \\ -164,06 & -0,164.10^6 & 164,06 & -0,164.10^6 \\ 0,164.10^6 & 109,38.10^6 & -0,164.10^6 & 218,75.10^6 \end{pmatrix} \begin{pmatrix} 0 \\ 0,006857 \\ 9,524 \\ 0,000571 \end{pmatrix} = \begin{pmatrix} -343,75\,[\text{N}] \\ 0 \\ +343,75\,[\text{N}] \\ -0,6875.10^6\,[\text{Nmm}] \end{pmatrix}$$

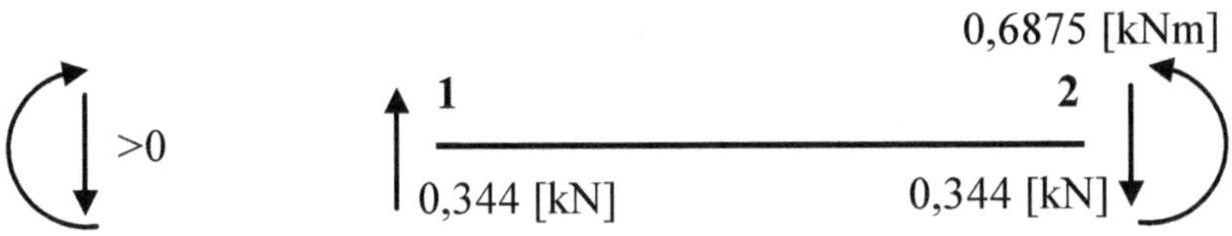

Calcul des efforts internes d'extrémité dans l'élément n°2 (nœuds 2 et 3) :

$$\begin{pmatrix} F_{2,y}^{él.2} \\ M_2^{él.2} \\ F_{3,y}^{él.2} \\ M_3^{él.2} \end{pmatrix} = \begin{pmatrix} 164,06 & 0,164.10^6 & -164,06 & 0,164.10^6 \\ 0,164.10^6 & 218,75.10^6 & -0,164.10^6 & 109,38.10^6 \\ -164,06 & -0,164.10^6 & 164,06 & -0,164.10^6 \\ 0,164.10^6 & 109,38.10^6 & -0,164.10^6 & 218,75.10^6 \end{pmatrix} \begin{pmatrix} 9,524 \\ 0,000571 \\ 0 \\ 0 \end{pmatrix} = \begin{pmatrix} +1656,25\,[\text{N}] \\ +1,6875.10^6\,[\text{Nmm}] \\ -1656,25\,[\text{N}] \\ +1,6250.10^6\,[\text{Nmm}] \end{pmatrix}$$

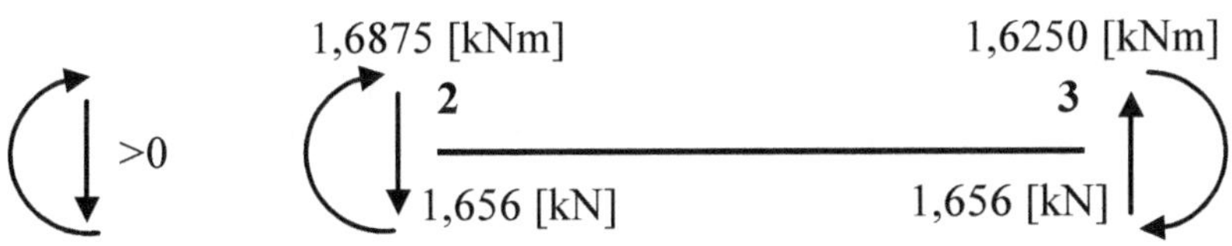

Ces valeurs permettent de tracer les diagrammes d'efforts internes suivants :

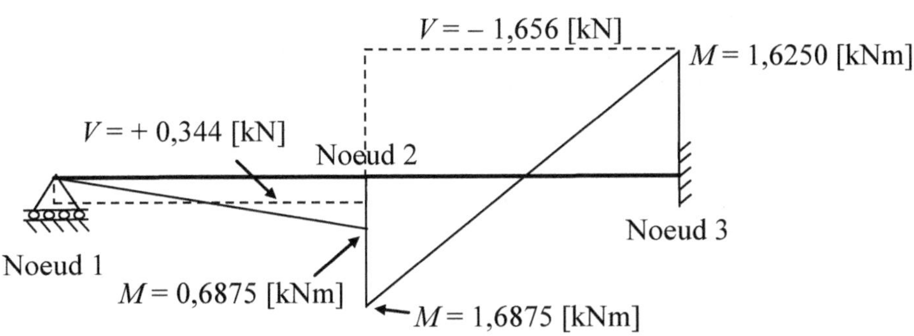

3.2. Prise en compte des charges réparties

Dans ce cas, la charge répartie est responsable d'efforts internes supplémentaires s'appliquant aux nœuds, qui doivent intervenir dans l'équilibre de ceux-ci. Le principe est identique à celui expliqué au §2 à condition de bien respecter la convention de signes qui avait été choisie :

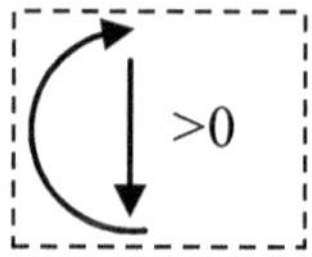

Pour rappel, cette convention s'applique indistinctement :

- aux déplacements des nœuds et aux efforts extérieurs qui y sont appliqués :

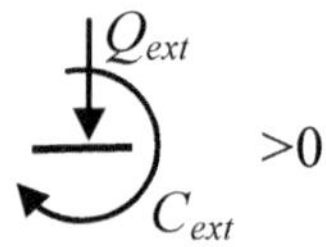

- aux réactions d'appui :

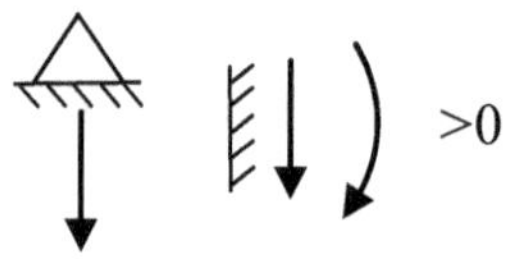

- aux efforts internes agissant *sur* les extrémités des éléments, tels des réactions d'appui :

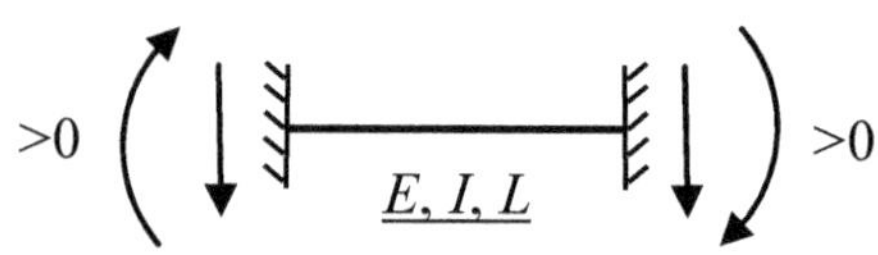

Le troisième point a beaucoup d'importance car il permet de déterminer, par le principe d'action réaction, le sens des efforts internes appliqués aux nœuds.

Si cette convention de signes est respectée, l'équilibre d'un nœud se traduit par les mêmes équations que précédemment, dans lesquelles le membre de droite comporte maintenant un nouveau terme provenant des charges distribuées s'appliquant sur le ou les éléments qui joignent le nœud :

$$\begin{cases} F_{g,y} + F_{d,y} = Q_{ext} + (\ldots q \ldots)_{ext} \\ M_g + M_d = C_{ext} + (\ldots q \ldots)_{ext} \end{cases}$$

Ou encore, en notation matricielle : $\overline{\mathbf{K}}\,\overline{\mathbf{d}} = \overline{\mathbf{Q}} + \overline{\mathbf{q}}$

Vecteur des charges aux noeuds ← $\overline{\mathbf{Q}}$; $\overline{\mathbf{q}}$ → Vecteur des charges réparties

3.2.1. Application numérique

Reprenons le cas traité au §3.1.1 avec cette fois une charge distribuée de 1 [kN/m] qui s'applique en plus sur la moitié droite de la poutre. (Portée totale 4000 [mm], L = 2000 [mm], E = 210.000 [MPa], I = 520833 [mm^4], Q_{ext} = 2000 [N], C_{ext} = 10^6 [Nmm], q = 1 [N/mm]) :

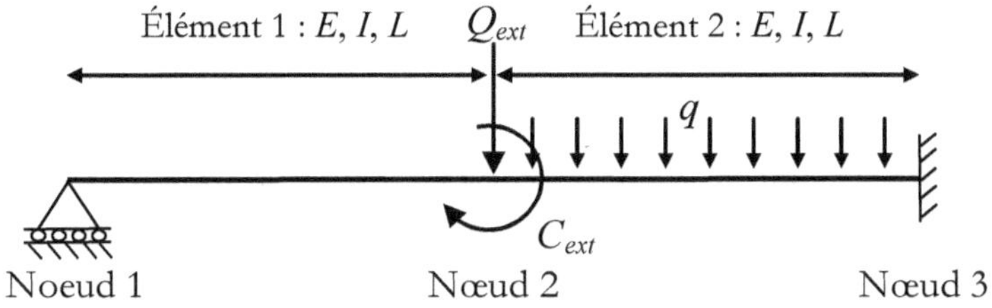

Isolé du reste de la structure, l'élément 2 est une poutre doublement encastrée dont les réactions sont dessinées ci-dessous selon leur sens physique réel. Seule la réaction $qL^2/12$ de droite est positive et les trois autres sont négatives puisqu'elles agissent dans le sens inverse à la convention (sens horlogique positif, sens vers le bas positif) :

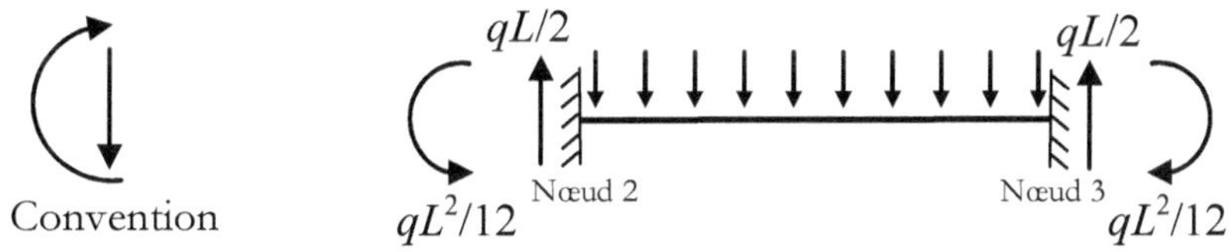

A partir de ces réactions et en vertu du principe d'action réaction, les efforts internes supplémentaires agissant *sur* les nœuds 2 et 3 et provenant de la charge répartie q sur l'élément 2 ont le sens physique réel suivant :

$$\begin{pmatrix} qL/2 \\ qL^2/12 \\ qL/2 \\ -qL^2/12 \end{pmatrix}$$

Assimilés à des efforts extérieurs agissant sur les nœuds (ceux-ci étant considérés avec la même convention que celle prise pour les éléments), ils sont donc tous positifs, sauf le moment agissant sur le nœud 3. Le système à résoudre, dont la matrice de rigidité n'a pas changé par rapport à l'exemple précédemment traité au §3.1.1, comprend maintenant un nouveau terme, placé à droite de l'égalité au même titre que celui qui correspond aux charges extérieures appliquées sur les nœuds :

$$\begin{pmatrix} 1 & 0 & 0 & 0 & 0 & 0 \\ 0 & 218.749.860 & -164.062,395 & 109.374.930 & 0 & 0 \\ 0 & -164.062,395 & 328,12479 & 0 & 0 & 0 \\ 0 & 109.374.930 & 0 & 437.499.720 & 0 & 0 \\ 0 & 0 & 0 & 0 & 1 & 0 \\ 0 & 0 & 0 & 0 & 0 & 1 \end{pmatrix} \begin{pmatrix} d_{1,y} \\ d_{1,rot} \\ d_{2,y} \\ d_{2,rot} \\ d_{3,y} \\ d_{3,rot} \end{pmatrix} = \begin{pmatrix} 0 \\ 0 \\ 2000 \\ 10^6 \\ 0 \\ 0 \end{pmatrix} + \begin{pmatrix} 0 \\ 0 \\ qL/2 \\ qL^2/12 \\ qL/2 \overset{appui}{\mapsto} 0 \\ -qL^2/12 \overset{appui}{\mapsto} 0 \end{pmatrix} \begin{matrix} \\ \\ \left.\begin{matrix} \\ \\ \end{matrix}\right\} \text{Nœud 2} \\ \left.\begin{matrix} \\ \\ \end{matrix}\right\} \text{Noeud 3} \end{matrix}$$

En y remplaçant les termes en qL par les valeurs numériques, le système devient :

$$\begin{pmatrix} 1 & 0 & 0 & 0 & 0 & 0 \\ 0 & 218.749.860 & -164.062,395 & 109.374.930 & 0 & 0 \\ 0 & -164.062,395 & 328,12479 & 0 & 0 & 0 \\ 0 & 109.374.930 & 0 & 437.499.720 & 0 & 0 \\ 0 & 0 & 0 & 0 & 1 & 0 \\ 0 & 0 & 0 & 0 & 0 & 1 \end{pmatrix} \begin{pmatrix} d_{1,y} \\ d_{1,rot} \\ d_{2,y} \\ d_{2,rot} \\ d_{3,y} \\ d_{3,rot} \end{pmatrix} = \begin{pmatrix} 0 \\ 0 \\ 3000 \\ 1.333.333 \\ 0 \\ 0 \end{pmatrix}$$

Et les déplacements cherchés sont alors les suivants :

$$\begin{pmatrix} d_{1,y} \\ d_{1,rot} \\ d_{2,y} \\ d_{2,rot} \\ d_{3,y} \\ d_{3,rot} \end{pmatrix} = \begin{pmatrix} 0 \\ 0,010667\,[\text{rad}] \\ 14,476\,[\text{mm}] \\ 0,000381\,[\text{rad}] \\ 0 \\ 0\,[\text{rad}] \end{pmatrix}$$

La connaissance de ces déplacements permet maintenant de calculer les efforts agissant aux extrémités de chacun des éléments, à partir des matrices locales :

Calcul des efforts internes d'extrémité dans l'élément n°1 (nœuds 1 et 2) :

$$\begin{pmatrix} F_{1,y}^{él.1} \\ M_1^{él.1} \\ F_{2,y}^{él.1} \\ M_2^{él.1} \end{pmatrix} = \begin{pmatrix} 164,06 & 0,164.10^6 & -164,06 & 0,164.10^6 \\ 0,164.10^6 & 218,75.10^6 & -0,164.10^6 & 109,38.10^6 \\ -164,06 & -0,164.10^6 & 164,06 & -0,164.10^6 \\ 0,164.10^6 & 109,38.10^6 & -0,164.10^6 & 218,75.10^6 \end{pmatrix} \begin{pmatrix} 0 \\ 0,010667 \\ 14,476 \\ 0,000381 \end{pmatrix} = \begin{pmatrix} -562,50\,[\text{N}] \\ 0 \\ 562,50\,[\text{N}] \\ -1,1250.10^6\,[\text{Nmm}] \end{pmatrix}$$

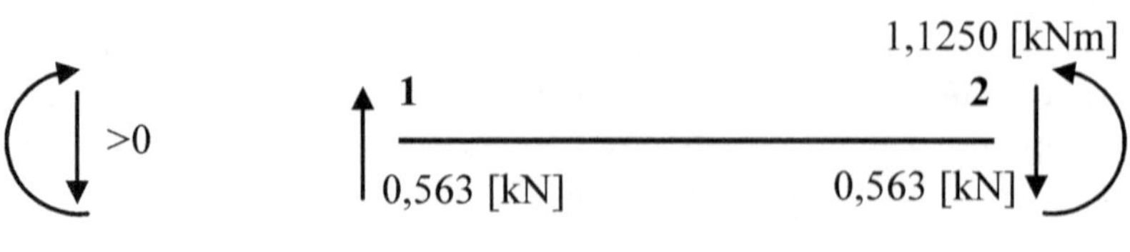

Calcul des efforts internes d'extrémité dans l'élément n°2 (nœuds 2 et 3) :

$$\begin{pmatrix} F_{2,y}^{él.2} \\ M_2^{él.2} \\ F_{3,y}^{él.2} \\ M_3^{él.2} \end{pmatrix} = \begin{pmatrix} 164{,}06 & 0{,}164.10^6 & -164{,}06 & 0{,}164.10^6 \\ 0{,}164.10^6 & 218{,}75.10^6 & -0{,}164.10^6 & 109{,}38.10^6 \\ -164{,}06 & -0{,}164.10^6 & 164{,}06 & -0{,}164.10^6 \\ 0{,}164.10^6 & 109{,}38.10^6 & -0{,}164.10^6 & 218{,}75.10^6 \end{pmatrix} \begin{pmatrix} 14{,}476 \\ 0{,}000381 \\ 0 \\ 0 \end{pmatrix} - \begin{pmatrix} qL/2 \\ qL^2/12 \\ qL/2 \\ -qL^2/12 \end{pmatrix}$$

Le signe négatif devant le vecteur de droite s'explique facilement à partir de la convention de signes adoptée et du sens réel des efforts, tels que dessinés en page 384. On obtient :

$$\begin{pmatrix} F_{2,y}^{él.2} \\ M_2^{él.2} \\ F_{3,y}^{él.2} \\ M_3^{él.2} \end{pmatrix} = \begin{pmatrix} +2437{,}50 \\ +2{,}4583.10^6 \\ -2437{,}5 \\ 2{,}4167.10^6 \end{pmatrix} - \begin{pmatrix} 1000 \\ 0{,}3333.10^6 \\ 1000 \\ -0{,}3333.10^6 \end{pmatrix} = \begin{pmatrix} 1437{,}50\ [\mathrm{N}] \\ +2{,}1250.10^6\ [\mathrm{Nmm}] \\ -3437{,}50\ [\mathrm{N}] \\ +2{,}7500.10^6\ [\mathrm{Nmm}] \end{pmatrix}$$

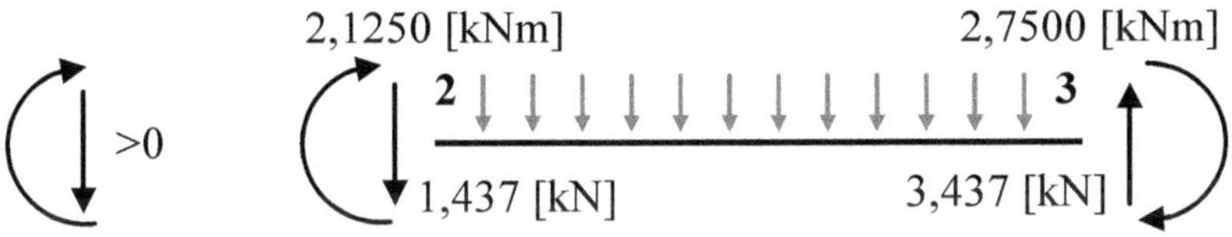

Les valeurs précédentes permettent d'établir les diagrammes d'efforts internes suivants :

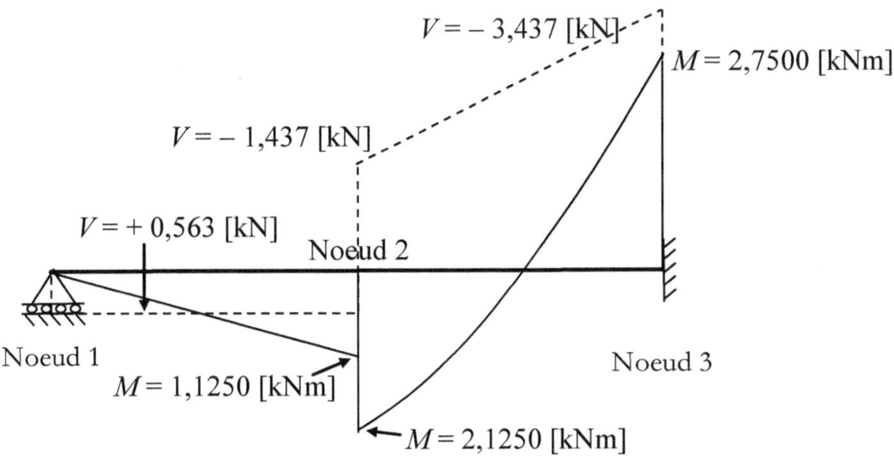

3.3. Récapitulation de la méthode appliquée aux poutres continues

La méthode des déplacements appliquée à une poutre continue chargée verticalement se récapitule comme suit :

1. Répertorier les nœuds et les éléments (chaque élément est un tronçon de caractéristiques constantes) et adopter la convention de signes établie aux §2 et §3. Le nombre d'inconnues par nœud vaut 2, ce qui représente un total de $2n$ inconnues, n étant le nombre de nœuds.

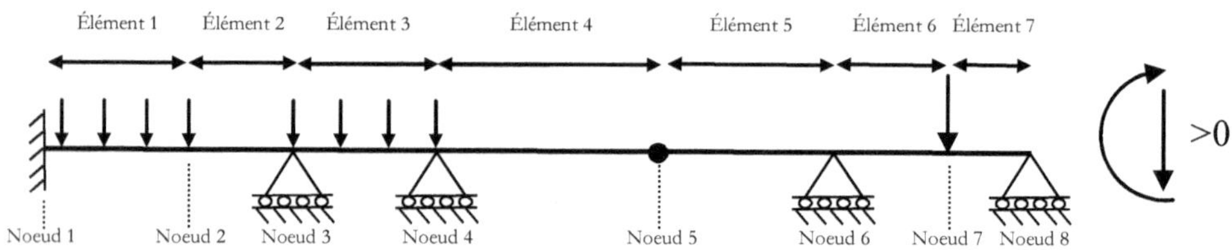

2. Composer le *vecteur des charges aux nœuds* $\overline{\mathbf{Q}}$

   Pour chaque nœud d'indice i soumis à une charge ponctuelle extérieure Q_i et/ou un couple extérieur C_i, le vecteur devra comporter la valeur Q_i à la ligne $2i$–1 et la valeur C_i à la ligne $2i$:

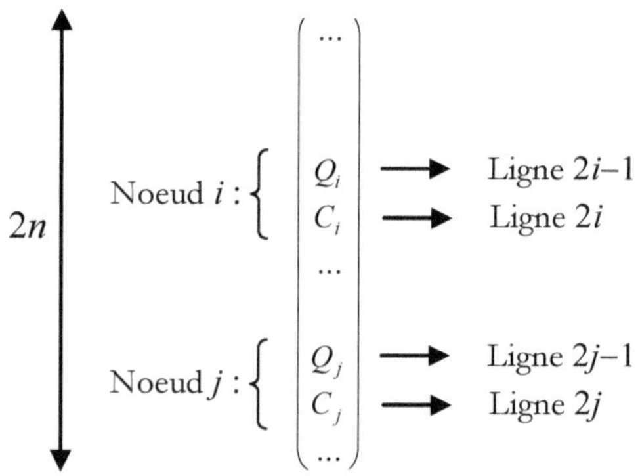

3. Composer le *vecteur des charges réparties* $\overline{\mathbf{q}}$

   Pour former ce vecteur de dimension $2n$, il faut considérer chaque élément soumis à une charge répartie de manière isolée et examiner ses conditions d'extrémités. Les quatre cas les plus fréquents, correspondant à des réactions d'appuis particulières sur des éléments de longueur L, sont repris à la page suivante. Les efforts aux extrémités de ces éléments, agissant comme des réactions d'appui, sont dessinés selon leur sens physique (en noir). On en déduit les efforts agissant sur les nœuds (dessinés en bleu) selon le principe d'action réaction. Ces efforts sont donc aussi dessinés selon leur sens physique. Enfin, la valeur de ces efforts aux nœuds est reprise dans un vecteur (appelé vecteur *local* des charges réparties) et les signes qui y sont indiqués sont déduits de la convention adoptée au point 1.

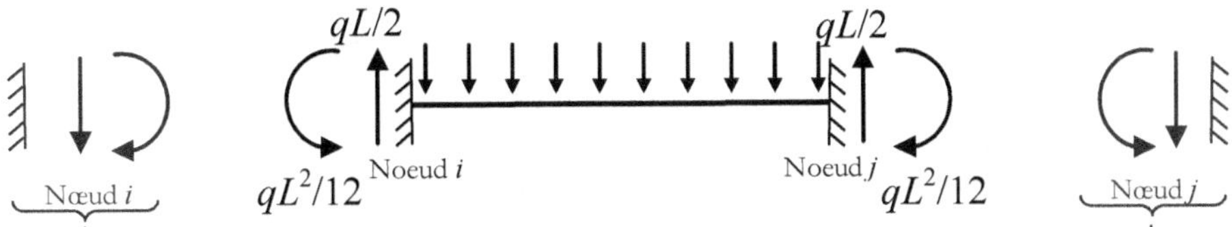

Efforts s'appliquant sur le nœud i ; Efforts s'appliquant sur le nœud j

$$\begin{Bmatrix} qL/2 \\ qL^2/12 \\ qL/2 \\ -qL^2/12 \end{Bmatrix}$$

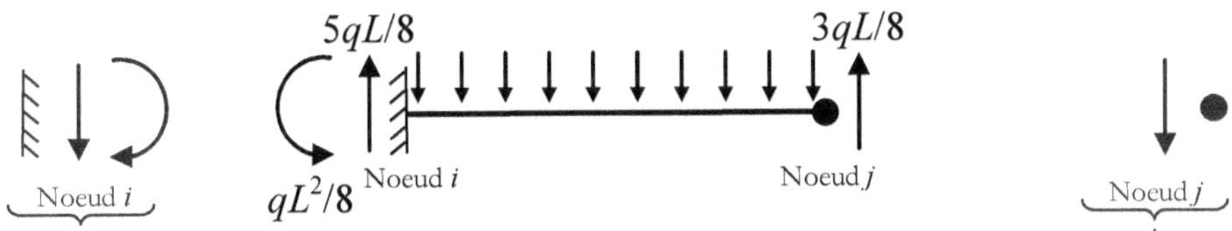

Efforts s'appliquant sur le noeud i ; Efforts s'appliquant sur le noeud j

$$\begin{Bmatrix} 5qL/8 \\ qL^2/8 \\ 3qL/8 \\ 0 \end{Bmatrix}$$

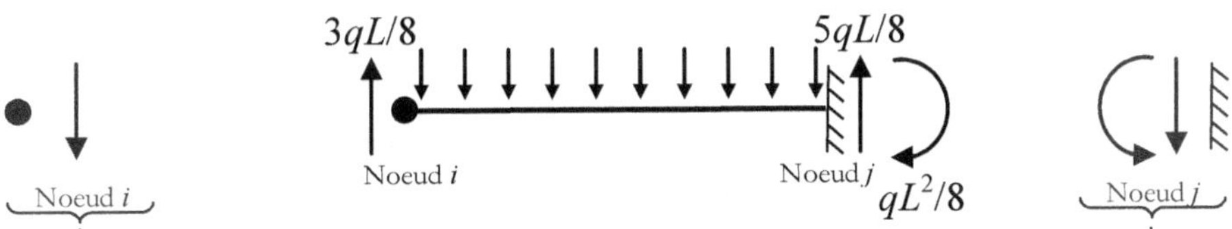

Efforts s'appliquant sur le noeud i ; Efforts s'appliquant sur le noeud j

$$\begin{Bmatrix} 3qL/8 \\ 0 \\ 5qL/8 \\ -qL^2/8 \end{Bmatrix}$$

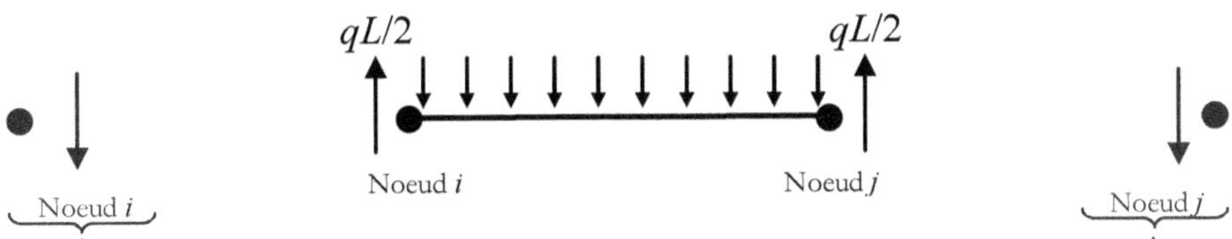

Efforts s'appliquant sur le noeud i ; Efforts s'appliquant sur le noeud j

$$\begin{Bmatrix} qL/2 \\ 0 \\ qL/2 \\ 0 \end{Bmatrix}$$

Le *vecteur des charges réparties* $\overline{\mathbf{q}}$ s'obtient par composition et addition des vecteurs locaux donnés à la page précédente. Supposons par exemple deux éléments successifs de nœuds extrêmes *i–j* et *j–k* soumis chacun à des charges réparties et caractérisés par les vecteurs locaux suivants :

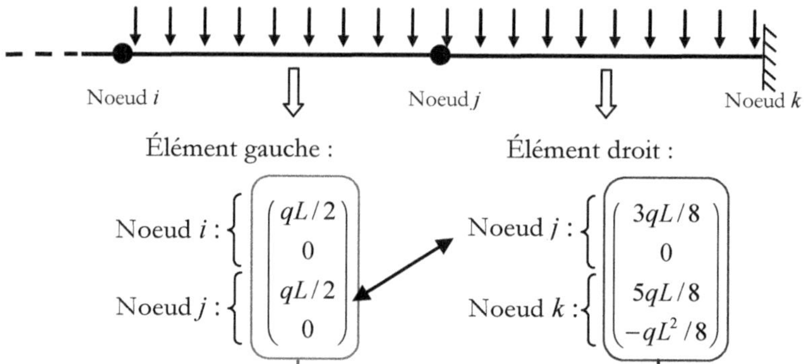

Le *vecteur des charges réparties* se compose alors comme suit :

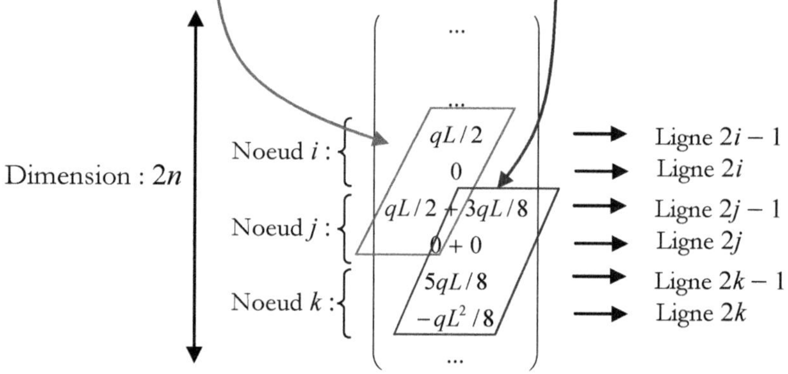

4. Additionner le *vecteur des charges aux nœuds* et le *vecteur des charges réparties*

$$\overline{\mathbf{F}} = \overline{\mathbf{Q}} + \overline{\mathbf{q}}$$

$\overline{\mathbf{F}}$ sera baptisé *vecteur des charges extérieures.*

5. Composer la *matrice de rigidité globale* $\overline{\mathbf{K}}$ à partir des matrices locales

Au départ, la matrice globale $2n*2n$ ne contient que des zéros. On doit alors considérer chaque élément l'un après l'autre et compléter cette matrice globale, par sommations successives, à partir des valeurs de la matrice locale propre à l'élément traité. Ceci est schématisé à la page suivante.

En considérant que les nœuds sont classés par ordre croissant de gauche à droite, voici un exemple relatif à un élément sans rotules à ses extrémités, de longueur L et ayant les nœuds extrêmes i et $i+1$:

Matrice de rigidité locale de l'élément ayant les noeuds extrêmes i et i+1 :

$$\begin{pmatrix} \frac{12EI}{L^3} & \frac{6EI}{L^2} & -\frac{12EI}{L^3} & \frac{6EI}{L^2} \\ \frac{6EI}{L^2} & \frac{4EI}{L} & -\frac{6EI}{L^2} & \frac{2EI}{L} \\ -\frac{12EI}{L^3} & -\frac{6EI}{L^2} & \frac{12EI}{L^3} & -\frac{6EI}{L^2} \\ \frac{6EI}{L^2} & \frac{2EI}{L} & -\frac{6EI}{L^2} & \frac{4EI}{L} \end{pmatrix}$$

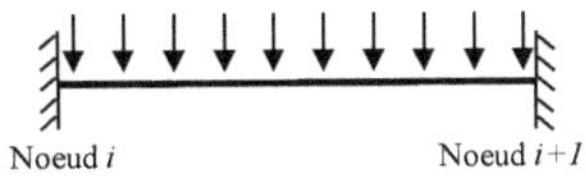

		Colonne $2i-1$	Colonne $2i$	Colonne $2i+1$	Colonne $2i+2$	
		Noeud *i*		**Noeud *i* + 1**		
Noeud *i*		$(.....)+\frac{12EI}{L^3}$	$(.....)+\frac{6EI}{L^2}$	$(.....)-\frac{12EI}{L^3}$	$(.....)+\frac{6EI}{L^2}$	Ligne $2i-1$
		$(.....)+\frac{6EI}{L^2}$	$(.....)+\frac{4EI}{L}$	$(.....)-\frac{6EI}{L^2}$	$(.....)+\frac{2EI}{L}$	Ligne $2i$
Noeud *i+1*		$(.....)-\frac{12EI}{L^3}$	$(.....)-\frac{6EI}{L^2}$	$(.....)+\frac{12EI}{L^3}$	$(.....)-\frac{6EI}{L^2}$	Ligne $2i+1$
		$(.....)+\frac{6EI}{L^2}$	$(.....)+\frac{2EI}{L}$	$(.....)-\frac{6EI}{L^2}$	$(.....)+\frac{4EI}{L}$	Ligne $2i+2$

(.....) sont les termes nuls ou non nuls déjà présents dans la matrice et provenant des éléments déjà traités.

Matrice de rigidité globale $\overline{\mathbf{K}}$:
Dimensions $2n*2n$

Il est important de faire remarquer que, si un nœud qui ne correspond pas à une extrémité de la poutre est une rotule, parler de déplacement rotatif associé à ce nœud n'a plus de sens. En effet, il existe alors deux déplacements rotatifs différents de part et d'autre du nœud :

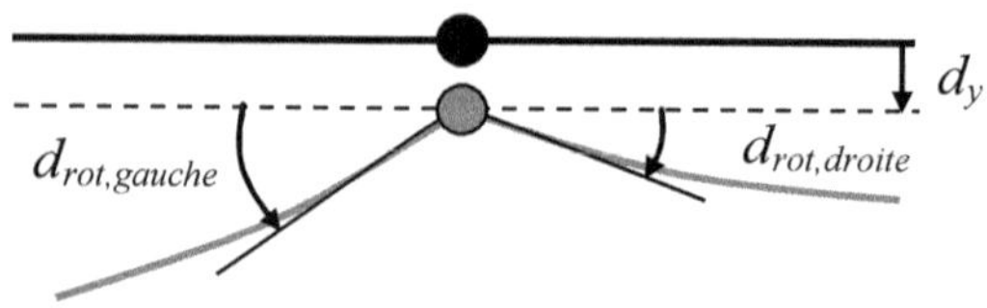

Pour résoudre ce problème, on utilise une matrice de rigidité locale modifiée, qui fait disparaître les inconnues de rotation à la rotule. Dans la matrice globale, on placera alors des zéros dans la ligne et la colonne relatives à ce déplacement angulaire, sauf sur l'élément diagonal (ainsi qu'un zéro dans la ligne correspondante du vecteur des charges extérieures). On donne ci-dessous les 3 cas possibles, en complément du cas précédemment traité qui correspond à un élément dépourvu de rotules à ses extrémités.

Cas 1, le nœud droit est une rotule :

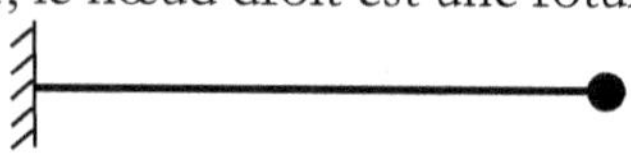

$$\begin{pmatrix} \frac{3EI}{L^3} & \frac{3EI}{L^2} & -\frac{3EI}{L^3} & 0 \\ \frac{3EI}{L^2} & \frac{3EI}{L} & -\frac{3EI}{L^2} & 0 \\ -\frac{3EI}{L^3} & -\frac{3EI}{L^2} & \frac{3EI}{L^3} & 0 \\ 0 & 0 & 0 & 0 \end{pmatrix}$$

Cas 2, le nœud gauche est une rotule :

$$\begin{pmatrix} \frac{3EI}{L^3} & 0 & -\frac{3EI}{L^3} & \frac{3EI}{L^2} \\ 0 & 0 & 0 & 0 \\ -\frac{3EI}{L^3} & 0 & \frac{3EI}{L^3} & -\frac{3EI}{L^2} \\ \frac{3EI}{L^2} & 0 & -\frac{3EI}{L^2} & \frac{3EI}{L} \end{pmatrix}$$

Cas 3, les deux nœuds sont des rotules :

$$\begin{pmatrix} 0 & 0 & 0 & 0 \\ 0 & 0 & 0 & 0 \\ 0 & 0 & 0 & 0 \\ 0 & 0 & 0 & 0 \end{pmatrix}$$

Remarquons que, dans le cas où la rotule correspond à une extrémité de la poutre avec un appui à rouleau ou à rotule, il n'y a qu'un seul déplacement rotatif associé au nœud. L'utilisation de la matrice de rigidité relative à l'élément sans rotule est permise, à condition de rester cohérent en considérant aussi le vecteur des charges réparties correspondant (voir point 3 : "Composer le vecteur des charges réparties $\overline{\mathbf{q}}$"). La rotation au nœud extrême de la poutre fait alors partie des inconnues (comme l'a montré l'exemple numérique traité aux

§3.1.1 et §3.2.1 : élément de gauche entre les nœuds 1 et 2). L'utilisation des matrices ci-dessus est aussi possible, mais la rotation d'extrémité disparaît alors des inconnues.

6. Prendre en compte la présence des appuis

   Chaque nœud d'indice *i* comportant un appui à rouleau ou un appui à rotule implique :
   - de remplacer l'élément diagonal (2*i*–1,2*i*–1) de la matrice $\overline{\mathbf{K}}$ par 1;
   - de remplacer tous les autres termes de la colonne (2*i*–1) et de la ligne (2*i*–1) de cette matrice par 0;
   - de remplacer le terme (2*i*–1) du vecteur $\overline{\mathbf{F}}$ par 0.

   Chaque nœud d'indice *i* comportant un appui encastré implique :
   - de remplacer les éléments diagonaux (2*i*–1,2*i*–1) et (2*i*,2*i*) de la matrice $\overline{\mathbf{K}}$ par 1;
   - de remplacer tous les autres termes des colonnes (2*i*–1) et (2*i*) et des lignes (2*i*–1) et (2*i*) de cette matrice par 0;
   - de remplacer les termes (2*i*–1) et (2*i*) du vecteur $\overline{\mathbf{F}}$ par 0.

7. Résoudre le système 2*n**2*n* formé de la matrice de rigidité globale et du vecteur des charges extérieures

$$\overline{\mathbf{K}}\,\overline{\mathbf{d}} = \overline{\mathbf{F}}$$

   La résolution de ce système fournit le déplacement vertical $d_{i,y}$ et angulaire $d_{i,rot}$ à chaque nœud d'indice *i*.

8. Calculer les efforts internes dans chaque élément

   Ceci peut s'effectuer directement à partir des matrices de rigidité locales. Si l'élément est soumis à une charge répartie, il faudra introduire le vecteur (local) des charges réparties dans le système, en veillant au signe négatif (justifié en page 387). Exemple pour un élément dépourvu de rotule à ses extrémités :

$$\begin{pmatrix} F_{i,y} \\ M_i \\ F_{j,y} \\ M_j \end{pmatrix} = \begin{pmatrix} 12EI/L^3 & 6EI/L^2 & -12EI/L^3 & 6EI/L^2 \\ 6EI/L^2 & 4EI/L & -6EI/L^2 & 2EI/L \\ -12EI/L^3 & -6EI/L^2 & 12EI/L^3 & -6EI/L^2 \\ 6EI/L^2 & 2EI/L & -6EI/L^2 & 4EI/L \end{pmatrix} \begin{pmatrix} d_{i,y} \\ d_{i,rot} \\ d_{j,y} \\ d_{j,rot} \end{pmatrix} - \begin{pmatrix} qL/2 \\ qL^2/12 \\ qL/2 \\ -qL^2/12 \end{pmatrix}$$

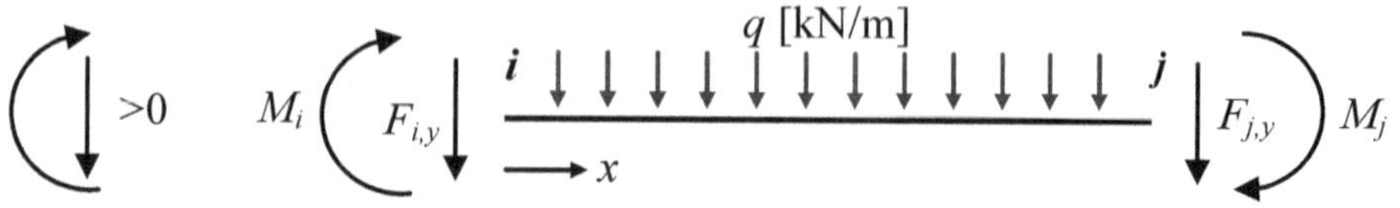

Les efforts d'extrémité étant connus, il est facile de calculer la valeur des efforts internes en une abscisse quelconque x du nœud i :

$$\begin{cases} M(x) = M_i - F_{i,y}x - qx^2/2 \\ V(x) = -F_{i,y} - qx \end{cases}$$

9. Calcul des réactions d'appui

Le calcul de la réaction d'appui verticale en un nœud d'indice i s'obtient par addition des efforts F_i aux extrémités des éléments qui joignent l'appui (en tenant compte de leurs signes).

De même, le calcul de la réaction d'appui de moment en un nœud d'indice i s'obtient par addition des moments M_i aux extrémités des éléments qui joignent l'appui.

Le calcul de telles structures de forme complexe, pourvues d'une multitude d'éléments, n'aurait pu se faire sans l'aide de logiciels basés sur la méthode des déplacements. *(Gare de Leuven, Belgique 2002-2007 – architectes et ingénieurs Samyn and Partners avec le bureau d'études Setesco - photo de l'auteur)*

4. LE TREILLIS PLAN

Tout comme pour la poutre chargée verticalement, les nœuds d'un treillis plan ne peuvent présenter que deux déplacements, mais qui correspondent cette fois au déplacement vertical et horizontal : la rotation angulaire est inexistante puisque les nœuds d'un treillis sont, par hypothèse, des rotules.

L'application de la méthode des déplacements à un treillis plan est à la fois plus simple et plus complexe que pour la poutre chargée verticalement. En effet :

- les efforts extérieurs s'appliquent uniquement aux nœuds et on ne doit pas se soucier du vecteur des charges réparties;
- l'effort normal est le seul effort interne à calculer et la matrice de rigidité d'un élément de treillis devient très simple;
- il n'y a qu'un seul type d'élément (barre doublement rotulée), donc un seul type de matrice de rigidité locale;
- par contre, les éléments peuvent être inclinés et il faut effectuer une transformation matricielle (rotation) de la matrice de rigidité de chaque élément afin d'exprimer tous les paramètres dans un même et unique repère global commun. Pour un élément, on parlera de *matrice de rigidité locale* exprimée dans le repère local (x,y) qui lui est associé et de *matrice de rigidité locale transformée* (par rotation) exprimée dans un seul et unique repère global (X,Y) identique pour tous les éléments du treillis.

4.1. Matrice de rigidité d'un élément de treillis oblique, exprimée dans le repère local (x,y)

Considérons un élément quelconque d'un treillis soumis à des efforts d'extrémité valant respectivement $(F_{1,x},F_{1,y})$ et $(F_{2,x},F_{2,y})$ et dont les nœuds extrêmes subissent les déplacements $(d_{1,x},d_{1,y})$ et $(d_{2,x},d_{2,y})$.

Notons que, dans une barre de treillis, les efforts tranchants sont absents et les composantes $F_{1,y}$ et $F_{2,y}$ transversales dans le repère local (x,y) sont donc toujours nulles. En vertu de la loi de Hooke, les relations qui expriment le lien entre les déplacements et les efforts d'extrémités sont les suivantes :

$$\begin{cases} F_{1,x} = -F_{2,x} = \dfrac{EA}{L}(d_{1,x} - d_{2,x}) \\ F_{1,y} = -F_{2,y} = 0 \end{cases}$$

Les relations précédentes peuvent s'écrire de manière matricielle en mettant en évidence la *matrice de rigidité locale* de l'élément :

$$\begin{pmatrix} \dfrac{EA}{L} & 0 & -\dfrac{EA}{L} & 0 \\ 0 & 0 & 0 & 0 \\ -\dfrac{EA}{L} & 0 & \dfrac{EA}{L} & 0 \\ 0 & 0 & 0 & 0 \end{pmatrix} \begin{pmatrix} d_{1,x} \\ d_{1,y} \\ d_{2,x} \\ d_{2,y} \end{pmatrix} = \begin{pmatrix} F_{1,x} \\ F_{1,y} \\ F_{2,x} \\ F_{2,y} \end{pmatrix}$$

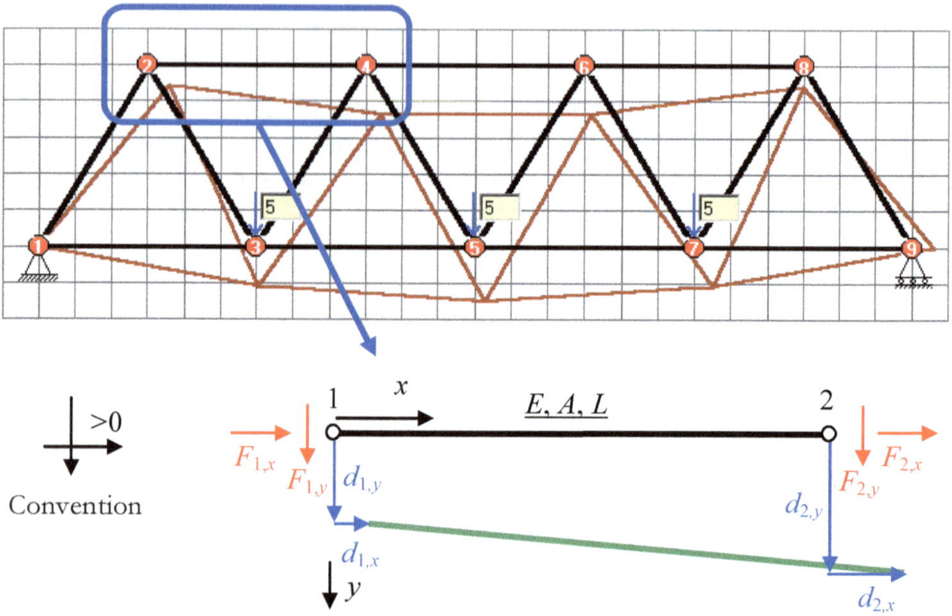

4.2. Matrice de rigidité d'un élément de treillis exprimée dans le repère global (*X*, *Y*)

Il s'agit ici d'effectuer une transformation géométrique, à l'aide d'une matrice de rotation, de manière à exprimer à la fois les déplacements d'extrémités et les efforts d'extrémités dans le repère global (X,Y) :

$$(d_x,d_y) \rightarrow (d_X,d_Y) \quad \text{et} \quad (F_x,F_y) \rightarrow (F_X,F_Y)$$

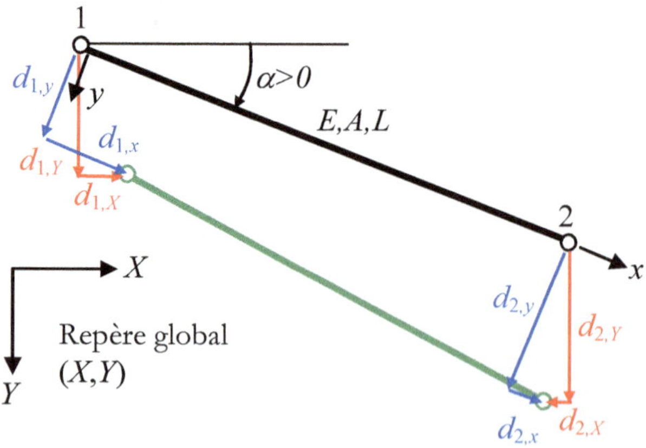

Nous omettons ici le détail des produits matriciels qui mènent à la relation finale suivante dans laquelle apparaît la *matrice de rigidité locale transformée*, liée au repère global (elle est symétrique) :

$$\frac{EA}{L}\begin{pmatrix} c^2 & cs & -c^2 & -cs \\ & s^2 & -cs & -s^2 \\ & & c^2 & cs \\ \text{sym} & & & s^2 \end{pmatrix}\begin{pmatrix} d_{1,X} \\ d_{1,Y} \\ d_{2,X} \\ d_{2,Y} \end{pmatrix} = \begin{pmatrix} F_{1,X} \\ F_{1,Y} \\ F_{2,X} \\ F_{2,Y} \end{pmatrix} \quad \text{avec} \quad \begin{cases} c = \cos\alpha = \dfrac{X_2 - X_1}{L} \\ s = \sin\alpha = \dfrac{Y_2 - Y_1}{L} \end{cases}$$

4.3. Récapitulatif de la méthode appliquée aux treillis 2D

La méthode des déplacements appliquée aux treillis 2D se résume comme suit :

1. Numéroter les nœuds et les barres du treillis et fixer la convention de signe, telle qu'établie au §2

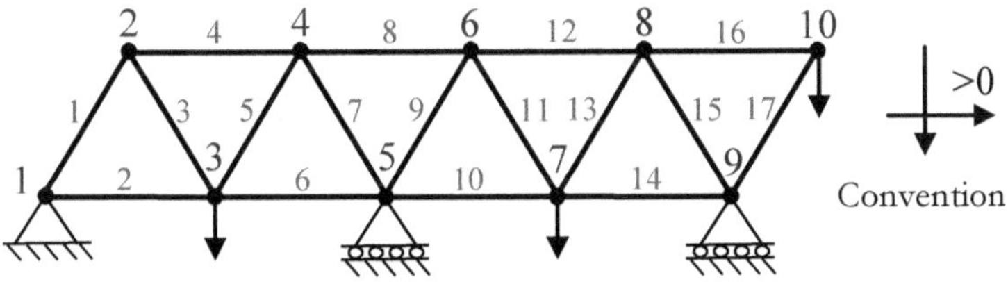

L'ordre dans lequel cette numérotation est effectuée n'a que peu d'importance.

2. Composer le *vecteur des charges aux nœuds* $\overline{\mathbf{Q}}$

Pour chaque nœud d'indice i soumis à une charge ponctuelle extérieure horizontale $Q_{i,X}$ et/ou verticale $Q_{i,Y}$, le vecteur devra comporter la valeur $Q_{i,X}$ à la ligne $2i-1$ et la valeur $Q_{i,Y}$ à la ligne $2i$. (Rappel : $Q_{i,X}$ >0 vers la droite et $Q_{i,Y}$ >0 vers le bas (comme pour les déplacements)).

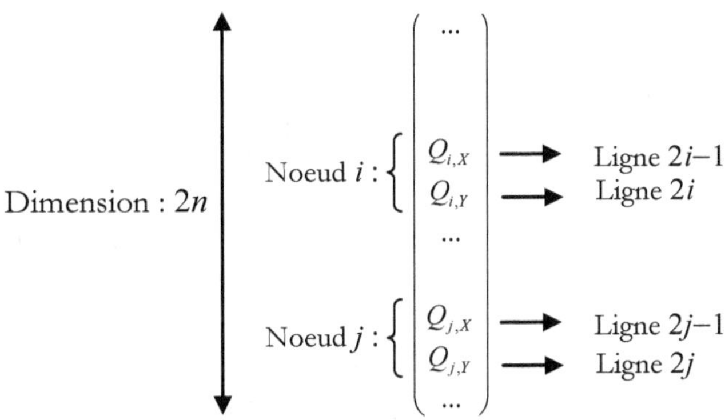

3. Composer la *matrice de rigidité globale* $\overline{\mathbf{K}}$ à partir des matrices locales transformées (par rotation) propres à chaque barre

   Cette étape s'effectue par *sommation* successive d'éléments provenant des matrices de rigidité locales transformées aux éléments déjà assemblés de la matrice globale. Le principe est exactement le même que pour la poutre continue sauf que, cette fois, les numéros des nœuds *i* et *j* d'une barre ne sont pas nécessairement successifs (ce qui veut dire que l'indice *j* n'est pas nécessairement égal à *i*+1).

   Voici un exemple montrant la contribution d'un élément de longueur L à la formation de la matrice . Cet élément a les nœuds extrêmes *i* et *j*.

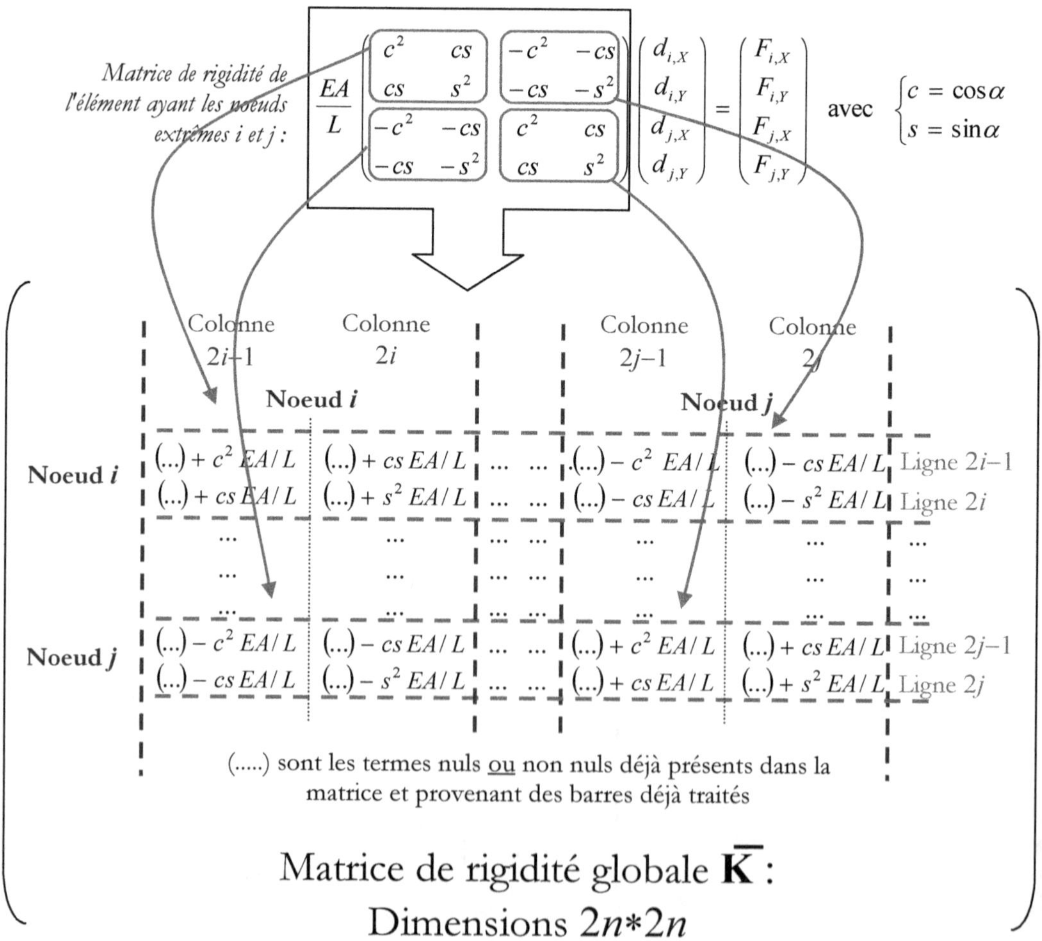

4. Prendre en compte la présence des appuis

   Chaque nœud d'indice i comportant un appui à rouleau de type 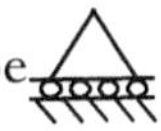 implique :

   - de remplacer l'élément diagonal $(2i,2i)$ de la matrice $\overline{\mathbf{K}}$ par 1;
   - de remplacer tous les autres termes de la colonne $2i$ et de la ligne $2i$ de cette matrice par 0;
   - de remplacer le terme $2i$ du vecteur $\overline{\mathbf{Q}}$ par 0.

   Chaque nœud d'indice i comportant un appui à rouleau de type 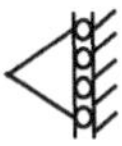 implique :

   - de remplacer l'élément diagonal $(2i-1,2i-1)$ de la matrice $\overline{\mathbf{K}}$ par 1;
   - de remplacer tous les autres termes de la colonne $2i-1$ et de la ligne $2i-1$ de cette matrice par 0;
   - de remplacer le terme $2i-1$ du vecteur par 0.

   Enfin, chaque nœud d'indice i comportant un appui à rotule de type  implique :

   - de remplacer l'élément diagonal $(2i,2i)$ de la matrice $\overline{\mathbf{K}}$ par 1;
   - de remplacer tous les autres termes de la colonne $2i$ et de la ligne $2i$ de cette matrice par 0;
   - de remplacer le terme $2i$ du vecteur par 0.

   - de remplacer l'élément diagonal $(2i-1,2i-1)$ de la matrice $\overline{\mathbf{K}}$ par 1;
   - de remplacer tous les autres termes de la colonne $2i-1$ et de la ligne $2i-1$ de cette matrice par 0;
   - de remplacer le terme $2i-1$ du vecteur par 0.

5. Résoudre le système $2n*2n$ formé de la matrice de rigidité globale et du vecteur des charges extérieures

$$\overline{\mathbf{K}}\,\overline{\mathbf{d}} = \overline{\mathbf{Q}}$$

   La résolution de ce système fournit le déplacement horizontal $d_{i,X}$ et vertical $d_{i,Y}$ de chaque nœud d'indice i.

6. Calculer l'effort normal dans chaque élément

   Soit un élément de nœuds extrêmes i et j, dont les coordonnées dans le repère global sont respectivement (X_i,Y_i) et (X_j,Y_j). Soit aussi $(d_{i,X},d_{i,Y})$ et $(d_{j,X},d_{j,Y})$ les déplacements respectifs des nœuds i et j. La longueur de l'élément après déformation vaut :

$$L_{déf} = \sqrt{\left(\left(X_j + d_{j,X}\right) - \left(X_i + d_{i,X}\right)\right)^2 + \left(\left(Y_j + d_{j,Y}\right) - \left(Y_i + d_{i,Y}\right)\right)^2}$$

L'effort normal qui règne dans cet élément de longueur initiale L et de caractéristiques E et A vaut alors :

$$N = \frac{\left(L_{déf} - L\right)}{L} EA \quad (N \text{ positif en traction})$$

Notons qu'une autre manière de calculer l'effort dans une barre, plus cohérente avec l'hypothèse des petits déplacements et l'approche développée, consiste simplement à utiliser la relation matricielle locale qui lie les efforts locaux aux déplacements globaux.

7. Calcul des réactions d'appui

Soit un appui d'indice k sur lequel convergent b barres. Les réactions d'appui y valent :

$$\begin{cases} \text{Réaction horizontale : } & \sum_{i=1}^{b} F^{(i)}_{noeudk,X} \\ \text{Réaction verticale : } & \sum_{i=1}^{b} F^{(i)}_{noeudk,Y} \end{cases}$$

Une autre méthode simple pour calculer les réactions d'appui est la suivante :

- la réaction horizontale est égale à la somme des composantes horizontales des efforts normaux régnant dans chaque barre qui converge vers l'appui considéré;
- la réaction verticale est égale à la somme des composantes verticales des efforts normaux supportés par chacune de ces mêmes barres.

4.4. Exemple numérique

On propose de résoudre, étape par étape, le treillis suivant. On considère que toutes les barres correspondent à un même facteur EA de 150.10^6 [N] et que les barres obliques sont inclinées à 45° :

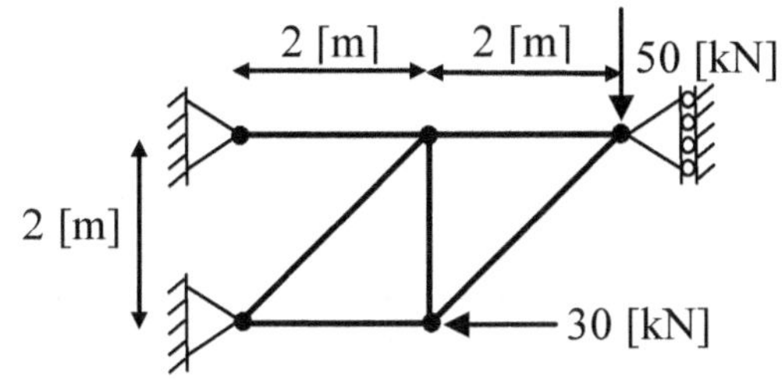

1. Numérotation des nœuds et des barres

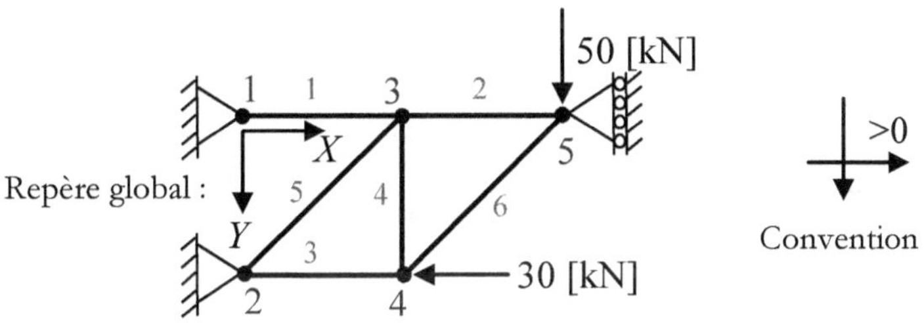

2. Composition du *vecteur des charges aux nœuds* $\overline{\mathbf{Q}}$ (en [N])

   Le nœud 5 est soumis à une charge verticale vers le bas (donc positive) et le nœud 4 à une charge horizontale vers la gauche (donc négative) :

$$\begin{matrix} \text{Nœud 1 :} \\ \\ \text{Nœud 2 :} \\ \\ \text{Nœud 3 :} \\ \\ \text{Noeud 4 :} \\ \\ \text{Noeud 5 :} \\ \\ \end{matrix} \begin{pmatrix} 0 \\ 0 \\ 0 \\ 0 \\ 0 \\ 0 \\ -30000 \\ 0 \\ 0 \\ 50000 \end{pmatrix}$$

3. Composition des matrices de rigidité locales transformées, exprimées directement dans le repère global, et formation de la matrice de rigidité globale :

Barre 1 de nœuds extrêmes i=1 et j=3 et de longueur L=2000 [mm] :

$$\cos\alpha = (X_3 - X_1)/L = 1 \quad \text{et} \quad \sin\alpha = (Y_3 - Y_1)/L = 0$$

$$\frac{EA}{L}\begin{pmatrix} c^2 & cs & -c^2 & -cs \\ & s^2 & -cs & -s^2 \\ & & c^2 & cs \\ \text{sym} & & & s^2 \end{pmatrix} = 75000\left(\begin{array}{cc|cc} 1 & 0 & -1 & 0 \\ 0 & 0 & 0 & 0 \\ \hline -1 & 0 & 1 & 0 \\ 0 & 0 & 0 & 0 \end{array}\right)$$

Son insertion dans la matrice de rigidité globale, ne contenant à ce stade que des zéros, s'effectue comme suit (au facteur commun 75.000 près) :

	Nœud 1		Nœud 2		Nœud 3		Nœud 4		Nœud 5	
Nœud 1 :	1	0	0	0	-1	0	0	0	0	0
	0	0	0	0	0	0	0	0	0	0
Nœud 2 :	0	0	0	0	0	0	0	0	0	0
	0	0	0	0	0	0	0	0	0	0
Nœud 3 :	-1	0	0	0	1	0	0	0	0	0
	0	0	0	0	0	0	0	0	0	0
Nœud 4 :	0	0	0	0	0	0	0	0	0	0
	0	0	0	0	0	0	0	0	0	0
Nœud 5 :	0	0	0	0	0	0	0	0	0	0
	0	0	0	0	0	0	0	0	0	0

Barre 2 de nœuds extrêmes i=3 et j=5 et de longueur L=2000 [mm] :

$$\cos\alpha = (X_5 - X_3)/L = 1 \quad \text{et} \quad \sin\alpha = (Y_5 - Y_3)/L = 0$$

$$\frac{EA}{L}\begin{pmatrix} c^2 & cs & -c^2 & -cs \\ & s^2 & -cs & -s^2 \\ & & c^2 & cs \\ \text{sym} & & & s^2 \end{pmatrix} = 75000\left(\begin{array}{cc|cc} 1 & 0 & -1 & 0 \\ 0 & 0 & 0 & 0 \\ \hline -1 & 0 & 1 & 0 \\ 0 & 0 & 0 & 0 \end{array}\right)$$

Son insertion dans la matrice de rigidité globale s'effectue comme suit :

	Nœud 1		Nœud 2		Nœud 3		Nœud 4		Nœud 5	
Nœud 1 :	1	0	0	0	-1	0	0	0	0	0
	0	0	0	0	0	0	0	0	0	0
Nœud 2 :	0	0	0	0	0	0	0	0	0	0
	0	0	0	0	0	0	0	0	0	0
Nœud 3 :	-1	0	0	0	1 + 1 = 2	0 + 0 = 0	0	0	0 - 1 = -1	0 + 0 = 0
	0	0	0	0	0 + 0 = 0	0 + 0 = 0	0	0	0 + 0 = 0	0 + 0 = 0
Nœud 4 :	0	0	0	0	0	0	0	0	0	0
	0	0	0	0	0	0	0	0	0	0
Nœud 5 :	0	0	0	0	0 - 1 = - 1	0 + 0 = 0	0	0	0 + 1 = 1	0 + 0 = 0
	0	0	0	0	0 + 0 = 0	0 + 0 = 0	0	0	0 + 0 = 0	0 + 0 = 0

Barre 3 de nœuds extrêmes *i*=2 et *j*=4 et de longueur *L*=2000 [mm] :

$\cos\alpha = (X_4 - X_2)/L = 1$ et $\sin\alpha = (Y_4 - Y_2)/L = 0$

$$\frac{EA}{L}\begin{pmatrix} c^2 & cs & -c^2 & -cs \\ & s^2 & -cs & -s^2 \\ & & c^2 & cs \\ \text{sym} & & & s^2 \end{pmatrix} = 75000\left(\begin{array}{cc|cc} 1 & 0 & -1 & 0 \\ 0 & 0 & 0 & 0 \\ \hline -1 & 0 & 1 & 0 \\ 0 & 0 & 0 & 0 \end{array}\right)$$

Son insertion dans la matrice de rigidité globale s'effectue comme suit :

	Nœud 1		Nœud 2		Nœud 3		Nœud 4		Nœud 5	
Nœud 1 :	1	0	0	0	-1	0	0	0	0	0
	0	0	0	0	0	0	0	0	0	0
Nœud 2 :	0	0	0 + 1 = 1	0 + 0 = 0	0	0	0 - 1 = - 1	0 + 0 = 0	0	0
	0	0	0 + 0 = 0	0 + 0 = 0	0	0	0 + 0 = 0	0 + 0 = 0	0	0
Nœud 3 :	-1	0	0	0	2	0	0	0	-1	0
	0	0	0	0	0	0	0	0	0	0
Nœud 4 :	0	0	0 - 1 = - 1	0 + 0 = 0	0	0	0 + 1 = 1	0 + 0 = 0	0	0
	0	0	0 + 0 = 0	0 + 0 = 0	0	0	0 + 0 = 0	0 + 0 = 0	0	0
Nœud 5 :	0	0	0	0	-1	0	0	0	1	0
	0	0	0	0	0	0	0	0	0	0

Barre 4 de nœuds extrêmes *i*=3 et *j*=4 et de longueur *L*=2000 [mm] :

$\cos\alpha = (X_4 - X_3)/L = 0$ et $\sin\alpha = (Y_4 - Y_3)/L = 1$

$$\frac{EA}{L}\begin{pmatrix} c^2 & cs & -c^2 & -cs \\ & s^2 & -cs & -s^2 \\ & & c^2 & cs \\ \text{sym} & & & s^2 \end{pmatrix} = 75000\left(\begin{array}{cc|cc} 0 & 0 & 0 & 0 \\ 0 & 1 & 0 & -1 \\ \hline 0 & 0 & 0 & 0 \\ 0 & -1 & 0 & 1 \end{array}\right)$$

Son insertion dans la matrice de rigidité globale s'effectue comme suit :

	Nœud 1		Nœud 2		Nœud 3		Nœud 4		Nœud 5	
Nœud 1 :	1	0	0	0	-1	0	0	0	0	0
	0	0	0	0	0	0	0	0	0	0
Nœud 2 :	0	0	1	0	0	0	-1	0	0	0
	0	0	0	0	0	0	0	0	0	0
Nœud 3 :	-1	0	0	0	2 + 0 = 2	0 + 0 = 0	0 + 0 = 0	0 + 0 = 0	-1	0
	0	0	0	0	0 + 0 = 0	0 + 1 = 1	0 + 0 = 0	0 - 1 = -1	0	0
Nœud 4 :	0	0	-1	0	0 + 0 = 0	0 + 0 = 0	1 + 0 = 1	0 + 0 = 0	0	0
	0	0	0	0	0 + 0 = 0	0 - 1 = - 1	0 + 0 = 0	0 + 1 = 1	0	0
Nœud 5 :	0	0	0	0	-1	0	0	0	1	0
	0	0	0	0	0	0	0	0	0	0

Barre 5 de nœuds extrêmes i=2 et j=3 et de longueur L= 2000/$\sqrt{2}$ [mm] :

$$\cos\alpha = (X_3 - X_2)/L = 1/\sqrt{2} \text{ et } \sin\alpha = (Y_3 - Y_2)/L = -1/\sqrt{2}$$

$$\frac{EA}{L}\begin{pmatrix} c^2 & cs & -c^2 & -cs \\ & s^2 & -cs & -s^2 \\ & & c^2 & cs \\ \text{sym} & & & s^2 \end{pmatrix} = \frac{150.10^6}{2000\sqrt{2}}\begin{pmatrix} 0,5 & -0,5 & -0,5 & 0,5 \\ -0,5 & 0,5 & 0,5 & -0,5 \\ -0,5 & 0,5 & 0,5 & -0,5 \\ 0,5 & -0,5 & -0,5 & 0,5 \end{pmatrix}$$

$$= 75000\begin{pmatrix} 0,5/\sqrt{2} & -0,5/\sqrt{2} & -0,5/\sqrt{2} & 0,5/\sqrt{2} \\ -0,5/\sqrt{2} & 0,5/\sqrt{2} & 0,5/\sqrt{2} & -0,5/\sqrt{2} \\ -0,5/\sqrt{2} & 0,5/\sqrt{2} & 0,5/\sqrt{2} & -0,5/\sqrt{2} \\ 0,5/\sqrt{2} & -0,5/\sqrt{2} & -0,5/\sqrt{2} & 0,5/\sqrt{2} \end{pmatrix}$$

$$= 75000\begin{pmatrix} 0,353553 & -0,353553 & -0,353553 & 0,353553 \\ -0,353553 & 0,353553 & 0,353553 & -0,353553 \\ -0,353553 & 0,353553 & 0,353553 & -0,353553 \\ 0,353553 & -0,353553 & -0,353553 & 0,353553 \end{pmatrix}$$

Son insertion dans la matrice de rigidité globale s'effectue comme suit :

	Nœud 1		Nœud 2		Nœud 3		Nœud 4		Nœud 5	
Nœud 1 :	1	0	0	0	-1	0	0	0	0	0
	0	0	0	0	0	0	0	0	0	0
Nœud 2 :	0	0	1 + 0,3535 = 1,3535	0 - 0,3535 = - 0,3535	0 - 0,3535 = - 0,3535	0 + 0,3535 = 0,3535	-1	0	0	0
	0	0	0 - 0,3535 = - 0,3535	0 + 0,3535 = 0,3535	0 + 0,3535 = 0,3535	0 - 0,3535 = - 0,3535	0	0	0	0
Nœud 3 :	-1	0	0 - 0,3535 = - 0,3535	0 + 0,3535 = 0,3535	2 + 0,3535 = 2,3535	0 - 0,3535 = - 0,3535	0	0	-1	0
	0	0	0 + 0,3535 = + 0,3535	0 - 0,3535 = - 0,3535	0 - 0,3535 = - 0,3535	1 + 0,3535 = 1,3535	0	-1	0	0
Nœud 4 :	0	0	-1	0	0	0	1	0	0	0
	0	0	0	0	0	-1	0	1	0	0
Nœud 5 :	0	0	0	0	-1	0	0	0	1	0
	0	0	0	0	0	0	0	0	0	0

Barre 6 de nœuds extrêmes i=4 et j=5 et de longueur L= 2000/$\sqrt{2}$ [mm] :

$$\cos\alpha = (X_5 - X_4)/L = 1/\sqrt{2} \quad \text{et} \quad \sin\alpha = (Y_5 - Y_4)/L = -1/\sqrt{2}$$

$$\frac{EA}{L}\begin{pmatrix} c^2 & cs & -c^2 & -cs \\ & s^2 & -cs & -s^2 \\ & & c^2 & cs \\ \text{sym} & & & s^2 \end{pmatrix} = \frac{150.10^6}{2000\sqrt{2}}\begin{pmatrix} 0,5 & -0,5 & -0,5 & 0,5 \\ -0,5 & 0,5 & 0,5 & -0,5 \\ -0,5 & 0,5 & 0,5 & -0,5 \\ 0,5 & -0,5 & -0,5 & 0,5 \end{pmatrix}$$

$$= 75000\begin{pmatrix} 0{,}353553 & -0{,}353553 & -0{,}353553 & 0{,}353553 \\ -0{,}353553 & 0{,}353553 & 0{,}353553 & -0{,}353553 \\ -0{,}353553 & 0{,}353553 & 0{,}353553 & -0{,}353553 \\ 0{,}353553 & -0{,}353553 & -0{,}353553 & 0{,}353553 \end{pmatrix}$$

Son insertion dans la matrice de rigidité globale s'effectue comme suit :

	Nœud 1		Nœud 2		Nœud 3		Nœud 4		Nœud 5	
Nœud 1 :	1	0	0	0	-1	0	0	0	0	0
	0	0	0	0	0	0	0	0	0	0
Nœud 2 :	0	0	1,353553	-0,353553	-0,353553	0,353553	-1	0	0	0
	0	0	-0,353553	0,353553	0,353553	-0,353553	0	0	0	0
Nœud 3 :	-1	0	-0,353553	0,353553	2,353553	-0,353553	0	0	-1	0
	0	0	0,353553	-0,353553	-0,353553	1,353553	0	-1	0	0
Nœud 4 :	0	0	-1	0	0	0	1 + 0,3535 = 1,3535	0 - 0,3535 = - 0,3535	0 - 0,3535 = - 0,3535	0 + 0,3535 = 0,3535
	0	0	0	0	0	-1	0 - 0,3535 = - 0,3535	1 + 0,3535 = 1,3535	0 + 0,3535 = 0,3535	0 - 0,3535 = - 0,3535
Nœud 5 :	0	0	0	0	-1	0	0 - 0,3535 = - 0,3535	0 + 0,3535 = 0,3535	1 + 0,3535 = 1,3535	0 - 0,3535 = - 0,3535
	0	0	0	0	0	0	0 + 0,3535 = 0,3535	0 - 0,3535 = - 0,3535	0 - 0,3535 = - 0,3535	0 + 0,3535 = 0,3535

A ce stade, toutes les barres ont apporté leur contribution à la matrice globale de rigidité qui est maintenant complète.

4. Prise en compte de la présence des appuis

Les appuis situés aux nœud 1 et 2 empêchent tout déplacement selon X et selon Y. Au terme diagonal près (que l'on fixe à 1), on placera donc des zéros dans les colonnes et les lignes d'indices 1, 2, 3 et 4.
Par ailleurs, l'appui situé au nœud 5 y empêche tout déplacement selon X et on placera des zéros dans la ligne et la colonne d'indice 9.

Au facteur 75.000 près, la matrice de rigidité $\overline{\mathbf{K}}$ complètement transformée est la suivante :

	Nœud 1		Nœud 2		Nœud 3		Nœud 4		Nœud 5	
Nœud 1 :	1	0	0	0	0	0	0	0	0	0
	0	1	0	0	0	0	0	0	0	0
Nœud 2 :	0	0	1	0	0	0	0	0	0	0
	0	0	0	1	0	0	0	0	0	0
Nœud 3 :	0	0	0	0	2,353553	-0,353553	0	0	0	0
	0	0	0	0	-0,353553	1,353553	0	-1	0	0
Nœud 4 :	0	0	0	0	0	0	1,353553	-0,353553	0	0,353553
	0	0	0	0	0	-1	-0,353553	1,353553	0	-0,353553
Nœud 5 :	0	0	0	0	0	0	0	0	1	0
	0	0	0	0	0	0	0,353553	-0,353553	0	0,353553

5. Résolution du système d'équations linéaires $\overline{\mathbf{K}}\overline{\mathbf{d}} = \overline{\mathbf{Q}}$

Rappelons que le terme 75.000 a été systématiquement mis en évidence pour la construction de la matrice de rigidité.

La résolution du système de 10 équations à 10 inconnues fournit la solution suivante :

$d_{1,X} = 0$	$d_{1,Y} = 0$
$d_{2,X} = 0$	$d_{2,Y} = 0$
$d_{3,X} = 0{,}333$ [mm]	$d_{3,Y} = 2{,}219$ [mm]
$d_{4,X} = -1{,}067$ [mm]	$d_{4,Y} = 2{,}886$ [mm]
$d_{5,X} = 0$	$d_{5,Y} = 5{,}838$ [mm]

6. Calcul de l'effort normal dans les éléments (on se limite ici à la barre 6)

Les nœuds extrêmes de la barre 6 sont les nœuds 4 et 5. La longueur de la barre déformée vaut donc :

$$L_{\text{déf}} = \sqrt{\left(\left(X_5 + d_{5,X}\right) - \left(X_4 + d_{4,X}\right)\right)^2 + \left(\left(Y_5 + d_{5,Y}\right) - \left(Y_4 + d_{4,Y}\right)\right)^2}$$
$$= \sqrt{\left((4000 + 0) - (2000 - 1{,}067)\right)^2 + \left((0 + 5{,}838) - (2000 + 2{,}886)\right)^2}$$
$$= 2827{,}094 \text{ [mm]}$$

Sa variation de longueur vaut alors :

$$\Delta L_6 = 2827{,}094 - 2000\sqrt{2} = -1{,}333 \text{ [mm]}$$

L'effort de compression qui y règne est donc égal à :

$$N_6 = \frac{\Delta L_6}{L_6} * EA = \frac{1{,}333}{2000\sqrt{2}} * 150.10^6 = 70.711 \text{ [N]}$$

La figure ci-contre, extraite du logiciel ISSD, donne la valeur des efforts normaux dans les autres barres ainsi que l'allure de la déformée.

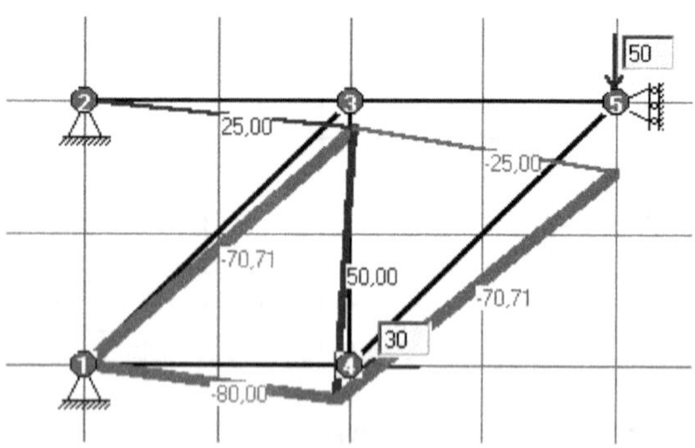

5. L'OSSATURE PLANE

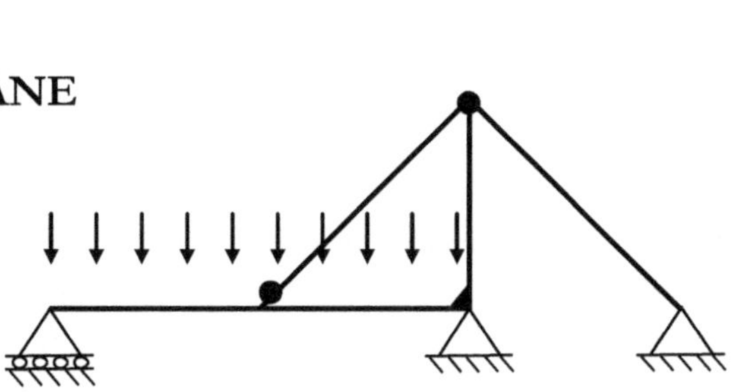

La résolution d'une ossature plane par la méthode des déplacements combine les difficultés rencontrées pour la poutre continue et le treillis plan. En effet :

- les efforts extérieurs peuvent s'appliquer à la fois sur les nœuds et sur les éléments. Il faut donc se soucier du *vecteur des charges réparties* que l'on devait considérer pour la poutre continue;
- chaque type d'élément est caractérisé par une matrice de rigidité locale qui est différente selon la présence ou non d'articulations aux extrémités;
- les éléments peuvent être inclinés et il faut effectuer la transformation matricielle de rotation sur la matrice de rigidité locale de chacun de ceux-ci, afin de considérer les déplacements et les efforts dans un même et unique repère (X,Y). Ceci s'applique donc aussi au *vecteur des charges réparties* qui doit également s'exprimer dans le repère global;
- il y a 3 déplacements (et donc 3 inconnues) par nœud. Les matrices de rigidité locales ont une dimension 3*3 et la matrice de rigidité globale a une dimension $3n*3n$.

5.1. Récapitulation

La méthode appliquée à une ossature 2D se récapitule comme suit :

1. Numéroter les nœuds et les éléments de la structure et adopter la convention de signes justifiée au §2

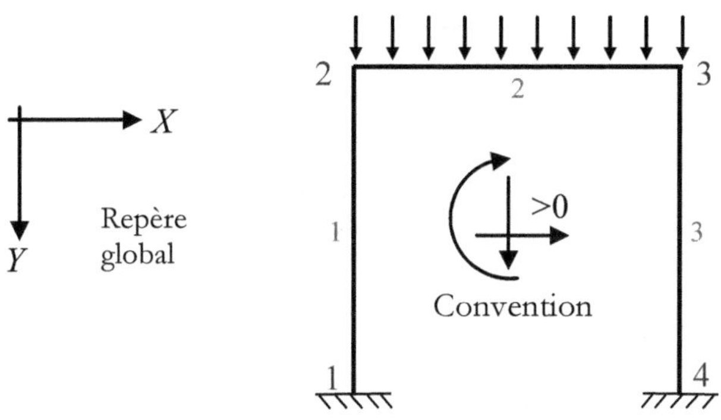

L'ordre dans lequel cette numérotation est effectuée n'a que peu importance.

2. Composer le *vecteur des charges aux nœuds* $\overline{\mathbf{Q}}$

Pour chaque nœud d'indice i soumis à une charge ponctuelle extérieure horizontale $F_{i,X}$ et/ou verticale $F_{i,Y}$ et/ou à un couple extérieur C_i, le vecteur devra comporter la valeur $F_{i,X}$ à la ligne $3i-2$, la valeur $F_{i,Y}$ à la ligne $3i-1$ et la valeur C_i à la ligne $3i$. Conformément à la convention de signes adoptée, on prendra $F_{i,X} > 0$ vers la droite, $F_{i,Y} > 0$ vers le bas et $C_i > 0$ si son sens est horlogique.

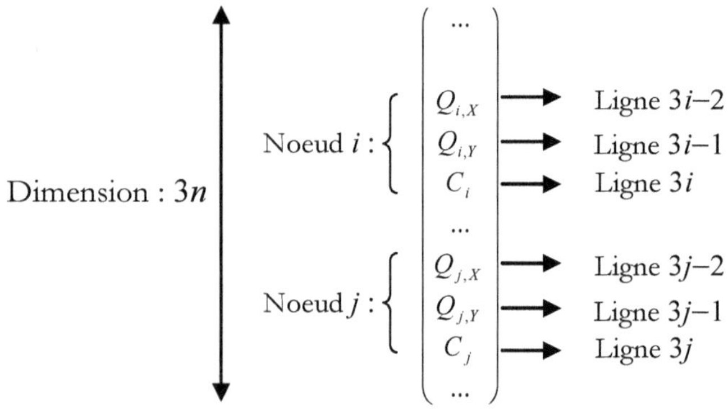

3. Composer le *vecteur des charges réparties* $\overline{\mathbf{q}}$

Par rapport au cas de la poutre continue traité au §3, le problème se complique car les vecteurs qui avaient été donnés au §3.3.(3) pour quelques situations classiques correspondaient à un repère local (x,y) lié à l'élément. Ceci n'avait aucune importance pour la poutre continue puisque tous les éléments étaient horizontaux. Dans le cas d'une ossature pour laquelle les éléments peuvent être obliques ou verticaux, il faut exprimer ces vecteurs dans le repère global (X,Y), ce qui revient à les multiplier par la transposée d'une matrice de rotation.

Prenons par exemple le cas d'un élément incliné d'un angle α avec l'horizontale, sans rotule à ses extrémités et soumis à une charge uniformément répartie :

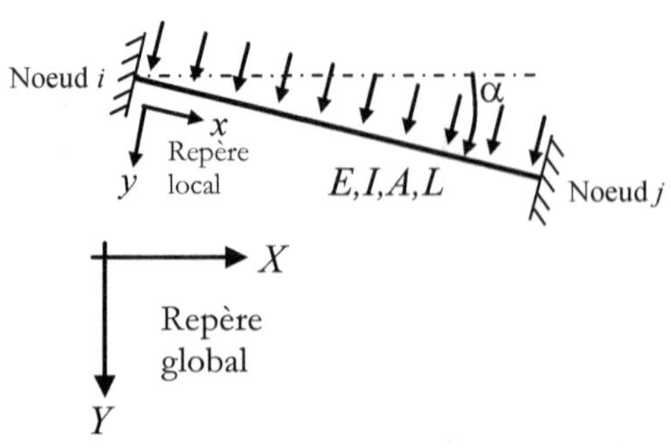

$$\begin{matrix} \text{Noeud } i : \\ \\ \text{Noeud } j : \end{matrix} \begin{pmatrix} 0 \\ qL/2 \\ qL^2/12 \\ 0 \\ qL/2 \\ -qL^2/12 \end{pmatrix}$$

Le vecteur doit être multiplié par la transposée de la matrice de rotation et on obtient :

$$\begin{pmatrix} \cos\alpha & -\sin\alpha & 0 & 0 & 0 & 0 \\ \sin\alpha & \cos\alpha & 0 & 0 & 0 & 0 \\ 0 & 0 & 1 & 0 & 0 & 0 \\ 0 & 0 & 0 & \cos\alpha & -\sin\alpha & 0 \\ 0 & 0 & 0 & \sin\alpha & \cos\alpha & 0 \\ 0 & 0 & 0 & 0 & 0 & 1 \end{pmatrix} \begin{pmatrix} 0 \\ qL/2 \\ qL^2/12 \\ 0 \\ qL/2 \\ -qL^2/12 \end{pmatrix} = \begin{pmatrix} -(qL/2)\sin\alpha \\ (qL/2)\cos\alpha \\ qL^2/12 \\ -(qL/2)\sin\alpha \\ (qL/2)\cos\alpha \\ -qL^2/12 \end{pmatrix}$$

Les vecteurs relatifs aux autres cas classiques sont repris ci-dessous :

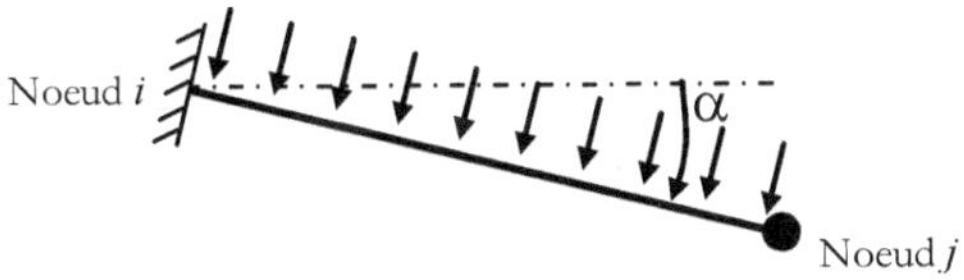

$$\text{Noeud } i : \begin{cases} -(5qL/8)\sin\alpha \\ (5qL/8)\cos\alpha \\ qL^2/8 \end{cases} \qquad \text{Noeud } j : \begin{cases} -(3qL/8)\sin\alpha \\ (3qL/8)\cos\alpha \\ 0 \end{cases}$$

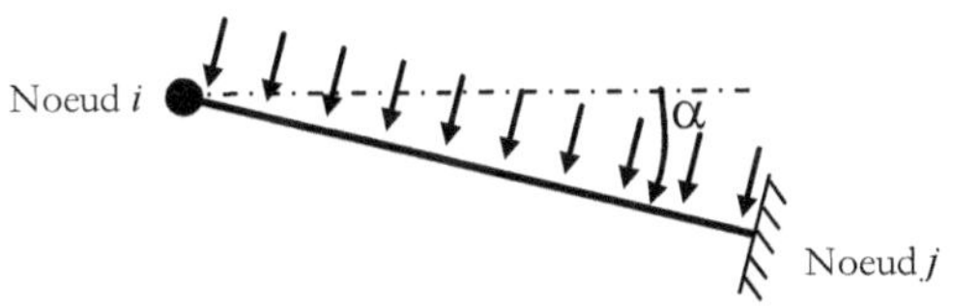

$$\text{Noeud } i : \begin{cases} -(3qL/8)\sin\alpha \\ (3qL/8)\cos\alpha \\ 0 \end{cases} \qquad \text{Noeud } j : \begin{cases} -(5qL/8)\sin\alpha \\ (5qL/8)\cos\alpha \\ -qL^2/8 \end{cases}$$

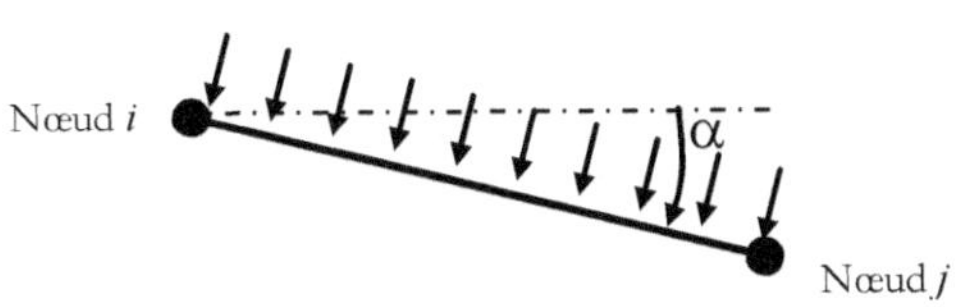

$$\text{Noeud } i : \begin{cases} -(qL/2)\sin\alpha \\ (qL/2)\cos\alpha \\ 0 \end{cases} \qquad \text{Noeud } j : \begin{cases} -(qL/2)\sin\alpha \\ (qL/2)\cos\alpha \\ 0 \end{cases}$$

Le *vecteur des charges réparties* s'obtiendra de la même manière que pour la poutre continue, c'est-à-dire par composition et addition des vecteurs donnés ci-dessus.

4. Former le *vecteur des charges extérieures* : $\overline{\mathbf{F}} = \overline{\mathbf{Q}} + \overline{\mathbf{q}}$

5. Composer la *matrice de rigidité globale* $\overline{\mathbf{K}}$ à partir des matrices locales exprimées dans le repère global

   Cette étape s'effectue par composition et sommations successives des termes provenant des matrices de rigidité transformées (par rotation) avec ceux, déjà traités, de la matrice globale. Le principe est exactement le même que pour le treillis (voir §4.3(3)), sauf que cette fois il y a 3 déplacements par nœud, au lieu de deux.

   La matrice de rigidité transformée d'un élément dépourvu de rotules à ses extrémités, exprimée dans le repère global unique (X,Y), est la suivante (c désigne $\cos\alpha$ et s désigne $\sin\alpha$) :

$$\begin{pmatrix}
\frac{EA}{L}c^2+\frac{12EI}{L^3}s^2 & \frac{EA}{L}cs-\frac{12EI}{L^3}cs & -\frac{6EI}{L^2}s & -\frac{EA}{L}c^2-\frac{12EI}{L^3}s^2 & -\frac{EA}{L}cs+\frac{12EI}{L^3}cs & -\frac{6EI}{L^2}s \\
 & \frac{EA}{L}s^2+\frac{12EI}{L^3}c^2 & \frac{6EI}{L^2}c & -\frac{EA}{L}cs+\frac{12EI}{L^3}cs & -\frac{EA}{L}s^2-\frac{12EI}{L^3}c^2 & \frac{6EI}{L^2}c \\
 & & \frac{4EI}{L} & \frac{6EI}{L^2}s & -\frac{6EI}{L^2}c & \frac{2EI}{L} \\
 & & & \frac{EA}{L}c^2+\frac{12EI}{L^3}s^2 & \frac{EA}{L}cs-\frac{12EI}{L^3}cs & \frac{6EI}{L^2}s \\
 & \text{symétrique} & & & \frac{EA}{L}s^2+\frac{12EI}{L^3}c^2 & -\frac{6EI}{L^2}c \\
 & & & & & \frac{4EI}{L}
\end{pmatrix}$$

Si le nœud j est pourvu d'une rotule, cette matrice devient :

$$\begin{pmatrix}
\frac{EA}{L}c^2+\frac{3EI}{L^3}s^2 & \frac{EA}{L}cs-\frac{3EI}{L^3}cs & -\frac{3EI}{L^2}s & -\frac{EA}{L}c^2-\frac{3EI}{L^3}s^2 & -\frac{EA}{L}cs+\frac{3EI}{L^3}cs & 0 \\
 & \frac{EA}{L}s^2+\frac{3EI}{L^3}c^2 & \frac{3EI}{L^2}c & -\frac{EA}{L}cs+\frac{3EI}{L^3}cs & -\frac{EA}{L}s^2-\frac{3EI}{L^3}c^2 & 0 \\
 & & \frac{3EI}{L} & \frac{3EI}{L^2}s & -\frac{3EI}{L^2}c & 0 \\
 & & & \frac{EA}{L}c^2+\frac{3EI}{L^3}s^2 & \frac{EA}{L}cs-\frac{3EI}{L^3}cs & 0 \\
 & \text{symétrique} & & & \frac{EA}{L}s^2+\frac{3EI}{L^3}c^2 & 0 \\
 & & & & & 0
\end{pmatrix}$$

Si les deux extrémités de l'élément sont des rotules, on a :

$$\frac{EA}{L}\begin{pmatrix}
c^2 & cs & 0 & -c^2 & -cs & 0 \\
 & s^2 & 0 & -cs & -s^2 & 0 \\
 & & 0 & 0 & 0 & 0 \\
 & & & c^2 & cs & 0 \\
 & \text{sym} & & & s^2 & 0 \\
 & & & & 0 & 0
\end{pmatrix}$$

6. Prendre en compte la présence des appuis

   Chaque nœud d'indice *i* comportant un appui à rouleau de type  implique :

   - de remplacer l'élément diagonal (3*i*–1,3*i*–1) de la matrice $\overline{\mathbf{K}}$ par 1;
   - de remplacer tous les autres termes de la colonne 3*i*–1 et de la ligne 3*i*–1 de cette matrice par 0;
   - de remplacer le terme 3*i*–1 du vecteur $\overline{\mathbf{F}}$ par 0.

   Ce principe s'applique aux autres types d'appuis. Pour une appui encastré par exemple, on effectuera les opérations précédentes pour les termes d'indices 3*i*, 3*i*–1 et 3*i*–2.

7. Résoudre le système 3*n**3*n* formé de la matrice de rigidité globale et du vecteur des charges extérieures :

$$\overline{\mathrm{K}}\,\overline{\mathrm{d}} = \overline{\mathrm{F}}$$

   La résolution de ce système fournit le déplacement horizontal $d_{i,X}$ et vertical $d_{i,Y}$ à chaque nœud d'indice *i* (dans le repère global unique), ainsi que la rotation $d_{i,rot}$ qui y règne.

8. Calculer les efforts internes $(F_{i,X},\ F_{i,Y},\ F_{j,X},\ F_{j,Y},\ M_i,\ M_j)$ *et* $(F_{i,x},\ F_{i,y},\ F_{j,x},\ F_{j,y})$ dans chaque élément :

   Pour chaque élément, ce calcul se fera en deux étapes :

   <u>Étape 1 :</u> calcul des efforts d'extrémités $F_{i,X}$, $F_{i,Y}$, $F_{j,X}$, $F_{j,Y}$, M_i, M_j exprimés dans le repère *global* (X,Y) à partir de la matrice de rigidité transformée propre à l'élément. Par exemple, pour un élément dépourvu de rotules :

$$\begin{pmatrix} F_{i,X} \\ F_{i,Y} \\ M_i \\ F_{j,X} \\ F_{j,Y} \\ M_j \end{pmatrix} = \begin{pmatrix} \frac{EA}{L}c^2 + \frac{12EI}{L^3}s^2 & \frac{EA}{L}cs - \frac{12EI}{L^3}cs & -\frac{6EI}{L^2}s & -\frac{EA}{L}c^2 - \frac{12EI}{L^3}s^2 & -\frac{EA}{L}cs + \frac{12EI}{L^3}cs & -\frac{6EI}{L^2}s \\ & \frac{EA}{L}s^2 + \frac{12EI}{L^3}c^2 & \frac{6EI}{L^2}c & -\frac{EA}{L}cs + \frac{12EI}{L^3}cs & -\frac{EA}{L}s^2 - \frac{12EI}{L^3}c^2 & \frac{6EI}{L^2}c \\ & & \frac{4EI}{L} & \frac{6EI}{L^2}s & -\frac{6EI}{L^2}c & \frac{2EI}{L} \\ & & & \frac{EA}{L}c^2 + \frac{12EI}{L^3}s^2 & \frac{EA}{L}cs - \frac{12EI}{L^3}cs & \frac{6EI}{L^2}s \\ & \text{symétrique} & & & \frac{EA}{L}s^2 + \frac{12EI}{L^3}c^2 & -\frac{6EI}{L^2}c \\ & & & & & \frac{4EI}{L} \end{pmatrix} \begin{pmatrix} d_{i,X} \\ d_{i,Y} \\ d_{i,rot} \\ d_{j,X} \\ d_{j,Y} \\ d_{j,rot} \end{pmatrix}$$

Étape 2 : calcul des efforts d'extrémités $F_{i,x}$, $F_{i,y}$, $F_{j,x}$, $F_{j,y}$, M_i, M_j exprimés dans le repère *local* (x,y) lié à l'élément, à partir de la matrice de rotation :

$$\begin{pmatrix} F_{i,x} \\ F_{i,y} \\ M_i \\ F_{j,x} \\ F_{j,y} \\ M_j \end{pmatrix} = \begin{pmatrix} \cos\alpha & \sin\alpha & 0 & 0 & 0 & 0 \\ -\sin\alpha & \cos\alpha & 0 & 0 & 0 & 0 \\ 0 & 0 & 1 & 0 & 0 & 0 \\ 0 & 0 & 0 & \cos\alpha & \sin\alpha & 0 \\ 0 & 0 & 0 & -\sin\alpha & \cos\alpha & 0 \\ 0 & 0 & 0 & 0 & 0 & 1 \end{pmatrix} \begin{pmatrix} F_{i,X} \\ F_{i,Y} \\ M_i \\ F_{j,X} \\ F_{j,Y} \\ M_j \end{pmatrix}$$

9. Calcul des réactions d'appui :

   Les réactions d'appui verticales et horizontales s'obtiennent respectivement par sommation des composantes verticales et horizontales des efforts d'extrémités F_X et F_Y de tous les éléments joignant l'appui, en tenant compte de leurs signes.

   Quand aux moments d'encastrement, ils sont égaux à la somme des moments d'extrémité de chaque barre qui joint le nœud, en tenant compte des signes.

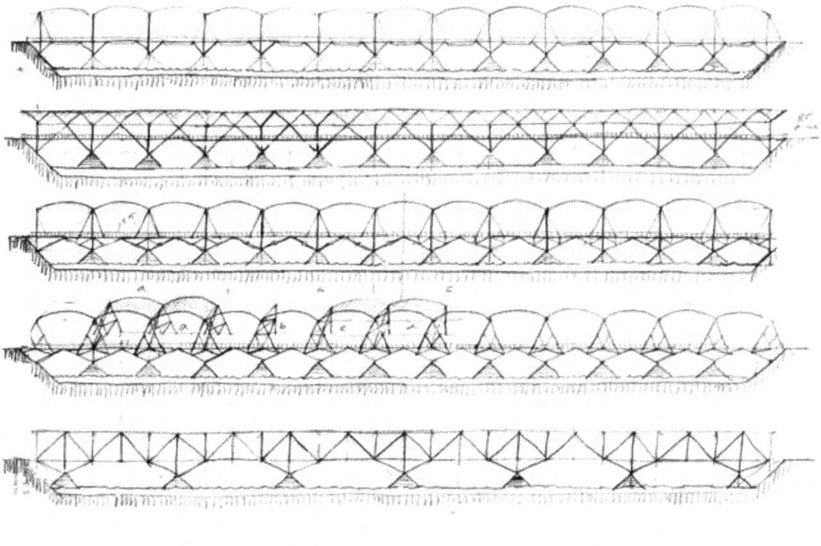

Chapitre 15

Eléments d'optimisation structurale

Illustration au recto :

Avant-projet de passerelle à Copiapo, Chili.
Architectes et ingénieurs Samyn and Partners, Bruxelles, 2000.

PARTIE 1 : INTRODUCTION

Si les méthodes de calcul d'une structure sont puissantes, bien définies et peu nombreuses, les méthodes de choix, de conception et d'optimisation, par contre, sont floues, subjectives et multiples : il est étonnant de constater que, d'un pays à un autre, d'une région à une autre, d'une culture à une autre, un même projet sera abordé par des techniques de construction très différentes, souvent dictées par des habitudes bien ancrées et rarement remises en question. Prenons l'exemple, illustré aux pages 419 à 422, d'une passerelle à construire dans un environnement bien défini. Dans un tel contexte, dix ingénieurs et/ou architectes auront probablement chacun une conception bien différente de la structure idéale : isostatique, hyperstatique, en béton armé, en acier, à inertie variable ou non, haubanée, suspendue, en treillis (avec une infinité de variantes sur le type de treillis), en arc (avec des géométries plus ou moins élancées), etc.

En dehors des habitudes, d'autres critères influenceront le choix du type de structure : des critères sociaux, économiques, politiques, de disponibilité des matériaux, de coût de la main-d'œuvre, d'accessibilité, de montage, de transport, d'environnement, et bien d'autres encore.

De tous ces critères de choix, le plus quantifiable est le critère de consommation de matériaux, pouvant influencer le coût de la structure. Pourquoi en effet construire un arc en béton d'élancement $L/H=6$ alors qu'un arc d'élancement $L/H=3$ implique dans certains cas, toutes autres choses restant inchangées, une importante réduction de cubage de béton ? C'est dans cette voie que nous tenterons, dans ce chapitre, d'introduire des notions d'optimisation structurale en nous focalisant essentiellement sur l'optimisation du poids propre des structures.

Ce chapitre se décompose en deux parties :

Partie 1 : optimisation des éléments comprimés et des éléments fléchis
On tente ici de quantifier l'importance des différents paramètres qui interviennent dans la quantité de matière à mettre en œuvre dans les éléments, indépendamment de la structure dans laquelle ils se trouvent. Les notions d'indicateurs de volume et de flambement sont aussi introduites brièvement.

Partie 2 : optimisation des structures : introduction à la théorie des indicateurs morphologiques
En partant d'un premier exemple basé sur une structure élémentaire à deux barres comprimées, on se contente d'étendre la théorie aux structures composées d'éléments uniquement tendus ou comprimés, tels les treillis, les arcs ou les câbles. On termine ensuite par des considérations permettant de déterminer dans quelles limites la théorie des indicateurs morphologiques est généralisable.

La méthode décrite dans la partie 2, basée sur la notion d'indicateurs morphologiques [1], est une alternative à des méthodes classiques de recherche opérationnelle, qui, vu le grand nombre de paramètres caractérisant une structure, conduisent à des développements souvent trop complexes ou difficilement exploitables.

A titre illustratif, supposons une portée L à franchir par une structure :

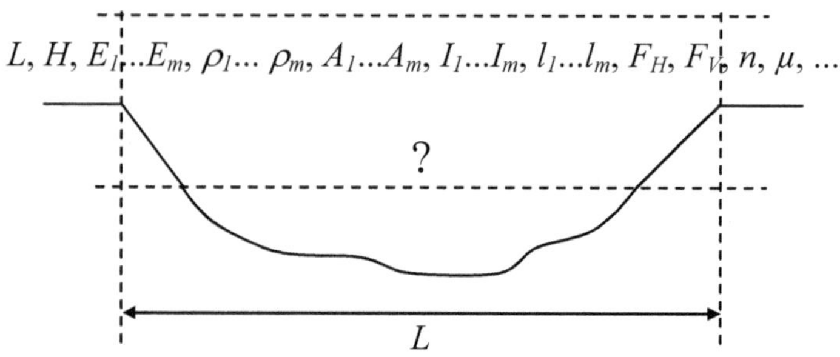

Pour une telle structure, les paramètres à prendre en considération peuvent être nombreux : portée, hauteur, caractéristiques des différents matériaux, caractéristiques des sections, cas de charges à considérer, longueurs de flambement, etc. Une façon de diminuer la complexité de l'optimisation est de grouper ces paramètres dans des nombres sans dimensions, moins nombreux. C'est le principe de la méthode des indicateurs morphologiques.

On distingue deux types d'indicateurs morphologiques, pouvant être baptisés *indicateurs primaires* et *indicateurs secondaires.* En pratique, ce sont ces derniers qui sont les plus importants car eux seuls sont représentatifs d'une grandeur physique : un volume de matière, un déplacement, une rotation, une contrainte parasitaire, etc.

Ces indicateurs secondaires dépendent en fait implicitement d'un ou plusieurs indicateurs primaires qui eux-mêmes seront les paramètres de l'optimisation.

[1] Pour de plus amples informations sur le sujet, le lecteur intéressé pourra consulter l'historique au §1 de la partie 3 de ce chapitre et en particulier à :

- Latteur P., *Optimisation et prédimensionnement des treillis, arcs, poutres et câbles sur base d'indicateurs morphologiques*, thèse de doctorat, Vrije Universiteit Brussel, 2000.
- Samyn P., *Etude de la morphologie des structures à l'aide des indicateurs de volume et de déplacement*, publication de la Classe des Sciences de l'Académie Royale de Belgique, collection in-4°, 3e série, tome V, 2004, 481 pages.

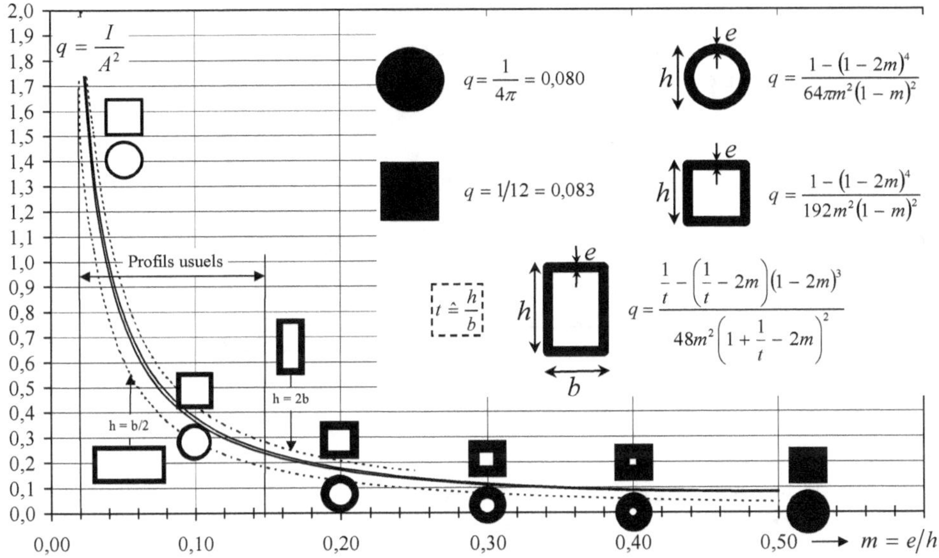

Valeurs du facteur de forme $q = I/A^2$

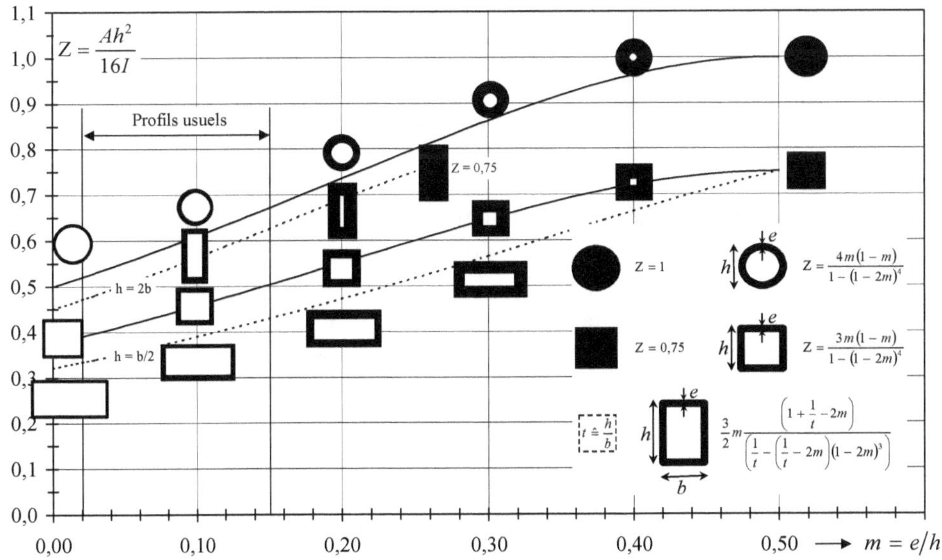

Valeurs du facteur de forme $Z = Ah^2/16I$

Un ***indicateur morphologique primaire*** est un nombre sans dimension qui dépend *explicitement* :

- soit de la <u>forme de la structure</u> : c'est le cas de *l'élancement géométrique* L/H qui est le rapport entre les deux dimensions principales de la structure.

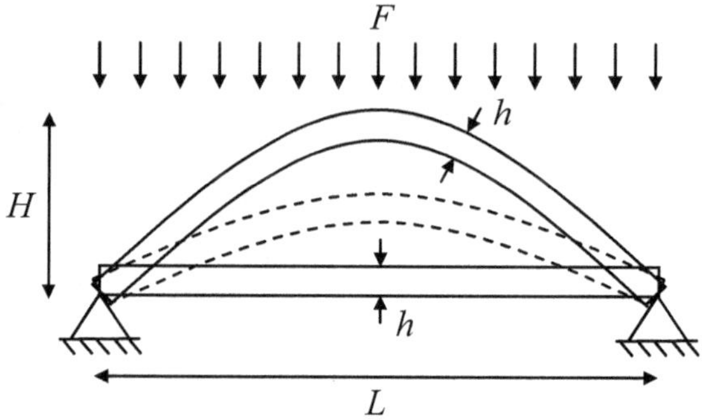

- soit de la <u>forme de la section des éléments de la structure</u> : c'est le cas des *facteurs de forme* q, s et Z qui sont calculés à partir d'opérations mathématiques sur l'inertie I, la section A et les dimensions extérieures de la section.

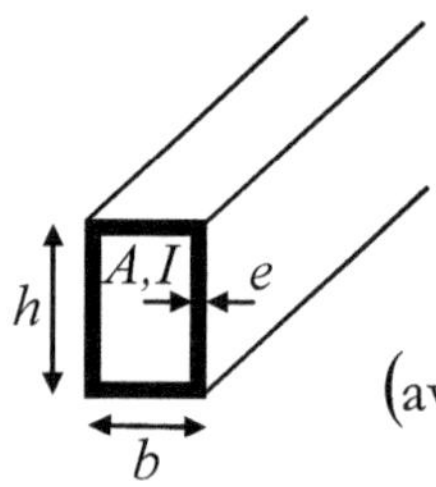

$$q = \frac{I}{A^2} \qquad Z = \frac{Ah^2}{16I} \qquad s = \frac{A}{h^2}$$

$$\left(\text{avec} \quad m = e/h \quad \text{et} \quad t = h/b\right)$$

Les figures de la page précédente illustrent les valeurs de ces facteurs de forme pour les profils creux en fonction du rapport $m=e/h$.

> Notons que dans ce chapitre, et uniquement dans celui-ci, q désignera toujours un facteur de forme et non une charge uniformément répartie (q [kN/m]) ou ponctuelle (Q [kN]) comme c'est le cas pour tous les autres chapitres de cet ouvrage. Quant aux charges extérieures, elles seront toujours désignées par leur valeur totale en [kN], notée F.

- soit d'un <u>ensemble de paramètres</u> liés à la fois aux sections (par l'intermédiaire des facteurs de forme q, s *ou* Z), à la portée L de la structure, à la charge totale extérieure F, aux caractéristiques du matériau (σ : contrainte de dimensionnement propre au matériau, E : module d'élasticité, ρ : poids volumique) et aux conditions d'extrémité des éléments (via le paramètre μ qui détermine leur longueur de flambement). Il en existe deux :

- *l'indicateur de flambement* $\Psi = \mu\sigma L / \sqrt{qEF}$ qui est le témoin de la sensibilité globale d'une structure au flambement, en terme de matière consommée;
- *l'indicateur de poids propre* $\Phi = \rho L/\sigma$ qui est le témoin de l'importance du poids propre d'une structure relativement aux charges extérieures qui lui sont appliquées.

Un ***indicateur morphologique secondaire*** est un nombre adimensionnel qui dépend implicitement d'un ou plusieurs indicateurs primaires et donc indirectement de la forme des sections ou de la structure. Il est l'image d'un phénomène ou d'une grandeur physique.

Par exemple, *l'indicateur de volume* W s'exprime par la relation :

$$W = \frac{\sigma V}{FL} = \text{fonction des indicateurs primaires}$$

W est adimensionnel et il est l'image du volume total de matière que la structure doit posséder pour franchir la portée L sous une charge totale F avec un matériau caractérisé par une contrainte de dimensionnement σ (ou limite d'élasticité selon la terminologie propre à la méthode de dimensionnement choisie).

Solution 2 :
passerelle constituée de deux treillis Pratt parallèles, le tablier se trouvant au niveau des membrures inférieures.

Solution 3 :
passerelle constituée de deux arcs parallèles, le tablier y étant accroché par l'intermédiaire de suspentes.

Solution 4 :
passerelle constituée de deux arcs parallèles très élancés, le tablier y étant accroché par l'intermédiaire de suspentes.

Solution 5 :
passerelle constituée de deux arcs parallèles, le tablier y reposant par l'intermédiaire de colonnettes.

Solution 6 :
passerelle constituée de deux arcs parallèles très élancés, le tablier y reposant par l'intermédiaire de colonnettes.

Solution 7 :
passerelle constituée de deux câbles parallèles suspendant le tablier.

PARTIE 2 : OPTIMISATION DES ELEMENTS COMPRIMES ET DES ELEMENTS FLECHIS

1. OPTIMISATION DES ELEMENTS COMPRIMES

1.1. Rappel : formule d'Euler et formule d'Euler corrigée (Rankine)

La loi d'Euler a été commentée au chapitre 1, §11 : $F_{crit} = \dfrac{\pi^2 EI}{(\mu l)^2}$

Si σ est la *contrainte de dimensionnement* propre au matériau [2], prendre en compte l'effet du flambement revient à réduire cette valeur σ à une contrainte plus petite, notée σ_{crit}, égale à F_{crit}/A, et directement déduite de la relation ci-dessus :

$$\frac{\sigma_{crit}}{\sigma} = \frac{1}{\Lambda^2} \qquad \text{avec} \qquad \begin{cases} \Lambda = \lambda \Big/ \left(\pi\sqrt{E/\sigma}\right) & \text{(élancement réduit)} \\ \lambda = \mu l \sqrt{A/I} & \text{(élancement)} \end{cases}$$

On sait que la formule précédente est inexacte pour les éléments peu élancés car elle autorise alors le matériau à travailler à une contrainte supérieure à σ, ce qui est impossible. La formule d'Euler corrigée ci-dessous, dite formule de Rankine, comble cette lacune :

$$\frac{\sigma_{crit}}{\sigma} = \frac{1}{1 + \Lambda^2} \qquad [1]$$

1.2. Notion d'*indicateur de flambement*

De façon générale, on notera F l'effort de compression maximal devant être supporté par un élément comprimé, tel que :

$$\begin{cases} F = \sigma A & \text{si l'élément est insensible au flambement} \\ F = \sigma_{crit} A & \text{si l'élément est sensible au flambement} \end{cases}$$

- si on considère dans un premier temps la loi d'Euler, et en y introduisant l'expression du facteur de forme q (voir page 418), la section A doit valoir :

$$\begin{cases} q = I/A^2 \\ F = \dfrac{\pi^2 EI}{(\mu l)^2} \end{cases} \Rightarrow \begin{cases} A = \sqrt{I/q} \\ I = \dfrac{(\mu l)^2 F}{\pi^2 E} \end{cases} \Rightarrow \quad A = \frac{\mu l}{\pi}\sqrt{\frac{F}{qE}}$$

---

[2] Qui correspond, selon la méthode de calcul utilisée, à la "contrainte admissible" ou à la limite d'élasticité entachée de son cœfficient de sécurité (méthode dite élastique ou méthode E.L.U.).

• si on considère la formule [1], plus réaliste, on a :

$$F = A\sigma_{crit} = A\frac{\sigma}{1+\Lambda^2} = \frac{A\sigma}{1+\dfrac{\sigma(\mu l)^2}{\pi^2 EqA}}$$

Ce qui peut encore se réécrire : $\sigma A^2 - FA - \dfrac{F\sigma(\mu l)^2}{\pi^2 qE} = 0$

Avec comme solution : $A = \dfrac{F}{2\sigma}\left(1+\sqrt{1+\dfrac{4(\mu\sigma l)^2}{\pi^2 qEF}}\right)$ [2]

Afin d'exploiter cette dernière équation, il est à présent utile de définir un nombre sans dimension, appelé **indicateur de flambement** [3] et noté Ψ :

$$\boxed{\Psi = \mu\sigma l/\sqrt{qEF}}$$

L'expression [2] peut alors se réécrire : $A = \dfrac{F}{2\sigma}\left(1+\sqrt{1+\dfrac{4}{\pi^2}\Psi^2}\right)$ [3]

Pour $\Psi \to 0$, *on retrouve l'expression* $A=F/\sigma$ *de la section d'une barre tendue ou comprimée et dimensionnée sans tenir compte du flambement :*

$$A = \lim_{\Psi\to 0}\left[\frac{F}{2\sigma}\left(1+\sqrt{1+\frac{4}{\pi^2}\Psi^2}\right)\right] = \frac{F}{\sigma}$$

Pour $\Psi \to \infty$, *on retrouve l'expression de l'aire d'une section calculée à partir de la formule théorique d'Euler, qui n'est valable que pour les barres très sensibles au flambement :*

$$A = \lim_{\Psi\to \infty}\left[\frac{F}{2\sigma}\left(1+\sqrt{1+\frac{4}{\pi^2}\Psi^2}\right)\right] = \frac{\mu l}{\pi}\sqrt{\frac{F}{qE}}$$

Nous pouvons donc en conclure que l'indicateur de flambement Ψ est l'image de la sensibilité d'une barre au flambement, en terme de section et donc de consommation de matière. Cette propriété sera étendue ultérieurement à l'ensemble d'une structure.

---

[3] L'indicateur de flambement a été développé dans : Latteur P., *Optimisation et prédimensionnement des treillis, arcs, poutres et câbles sur base d'indicateurs morphologiques*, thèse de doctorat, Vrije Universiteit Brussel, 2000.

1.3. Quantification de l'importance du flambement sur la section

Considérons un élément de longueur l soumis à un effort de compression F.

F et l étant fixés, on s'intéresse à l'influence des paramètres suivants sur la section A nécessaire :

- le type et la forme de la section (c'est-à-dire les facteurs de forme q et Z);
- le type de matériau (E, σ);
- les conditions d'extrémités (μ);
- l'élancement géométrique l/h, c'est-à-dire le rapport entre la longueur et sa plus petite dimension transversale.

Si A_0 est, par définition, la section de la barre dimensionnée sans tenir compte du flambement, il vient :

$$\begin{cases} A = \dfrac{F}{2\sigma}\left(1+\sqrt{1+\dfrac{4(\mu\sigma l)^2}{\pi^2 qEF}}\right) \quad [2] \\ A_0 = \dfrac{F}{\sigma} \end{cases} \Rightarrow \frac{A}{A_0} = \frac{1}{2}\left(1+\sqrt{1+\frac{4(\mu\sigma l)^2}{\pi^2 qEF}}\right)$$

$$= \frac{1}{2}\left(1+\sqrt{1+\frac{4\mu^2(l)^2}{\pi^2}\boxed{\frac{1}{q}}\left(\frac{\sigma}{E}\right)\boxed{\frac{\sigma}{F}}}\right)$$

Sachant que $q = I/A^2$ et $Z = Ah^2/16I$,

on réalise que $qZ = h^2/16A$ et donc :

$$2\frac{A}{A_0} - 1 = \sqrt{1+\frac{4\mu^2(l)^2}{\pi^2}\left(\boxed{\frac{16ZA}{h^2}}\right)\left(\frac{\sigma}{E}\right)\boxed{\frac{1}{A_0}}}$$

Ou encore : $$2\frac{A}{A_0} - 1 = \sqrt{1+\frac{4\mu^2}{\pi^2}\left(\frac{l}{h}\right)^2 16Z\left(\frac{\sigma}{E}\right)\left(\frac{A}{A_0}\right)}$$

Cette équation implicite en A/A_0 peut être résolue très facilement en élevant les deux membres de l'égalité au carré. On obtient :

$$\frac{A}{A_0} = 1 + \frac{16}{\pi^2}\mu^2\left(\frac{l}{h}\right)^2\left(\frac{\sigma}{E}\right)Z \qquad [4]$$

Soit V ($=Al$) le volume de matière total relatif à la barre dimensionnée en tenant compte du flambement et V_0 ($=A_0l$) ce volume sans en tenir compte.

La relation [4] peut alors se réécrire en fonction du rapport entre ces volumes :

$$\frac{V}{V_0} = 1 + \frac{16}{\pi^2}\mu^2\left(\frac{l}{h}\right)^2\left(\frac{\sigma}{E}\right)Z \;\Rightarrow\; V = V_0 + \Delta V \qquad [5]$$

Les équations [4] et [5] montrent que l'influence du flambement sur le surplus de volume de matière de la barre comprimée se traduit par l'intermédiaire de *quatre paramètres adimensionnels* :

- **le facteur μ** qui est déterminé par les conditions d'extrémité de l'élément. On voit que le ΔV relatif à une barre simplement encastrée (μ=2) est 16 fois plus important que celui qui correspond à une barre encastrée à ses extrémités (μ=0.5).

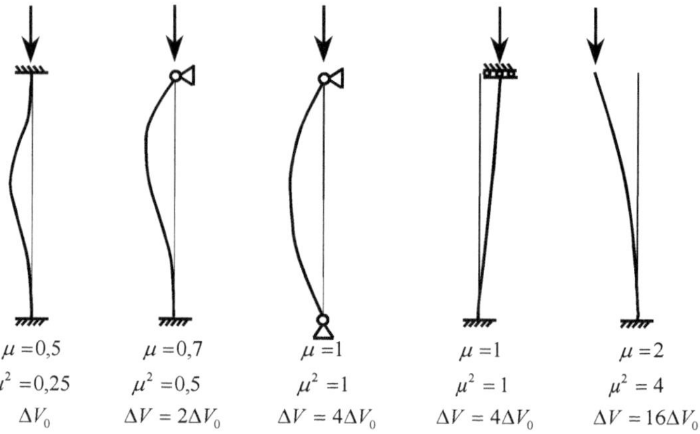

- **l'élancement géométrique l/h de la barre**, qui détermine son aspect visuel. Ce facteur est présent à la puissance 2, ce qui lui attribue beaucoup d'importance.

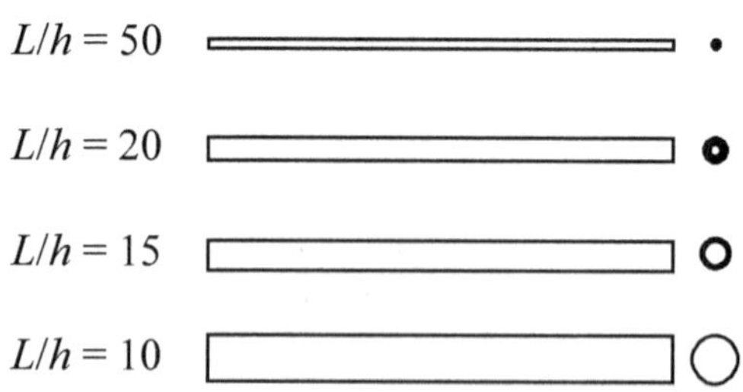

Ainsi, par exemple, toutes autres choses restant égales, si on choisit un élancement géométrique l/h=50 plutôt que 10, la valeur de ΔV est multipliée par 25. De plus la section doit forcément s'adapter par une réduction de l'épaisseur des parois du profil creux, ce qui améliore encore la valeur du facteur de forme Z.

- **le type de matériau.** Les rapports σ/E moyens de différents matériaux sont les suivants, classés dans l'ordre décroissant :

Acier HLE[4] :	$\sigma/E = 14{,}3.10^{-4}$	(σ = 300 [MPa], E = 210000 [MPa])
Bois :	$\sigma/E = 10.10^{-4}$	(σ= 10 [MPa], E = 10000 [MPa])
Acier doux :	$\sigma/E = 6{,}7.10^{-4}$	(σ= 140 [MPa], E = 210000 [MPa])
Aluminium :	$\sigma/E = 5{,}7.10^{-4}$	(σ= 40 [MPa], E = 70000 [MPa])
Béton :	$\sigma/E = 3{,}33.10^{-4}$	(σ= 10 [MPa], E = 30000 [MPa])

On constate dès lors, au regard de la présence du terme σ/E dans l'expression [5] de la page précédente, que l'influence du flambement sur le volume total de matière est la plus faible pour le béton et la plus forte pour l'acier HLE [3]. On ne tire donc profit d'un matériau à haute limite d'élasticité que si l'importance du flambement est limitée.

- **le type de section transversale**, par l'intermédiaire du facteur de forme Z. Ce facteur de forme est dans la plupart des cas supérieur à 0,4 et toujours inférieur à 1 (0,4 : sections carrées à paroi infiniment mince, 1 : profils circulaires pleins) :

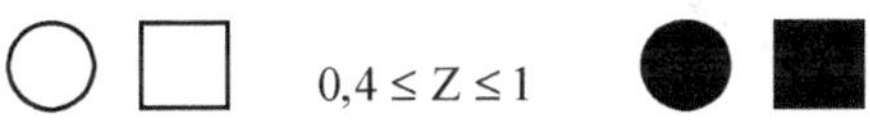

En pratique, les meilleurs profils creux commerciaux ont un facteur de forme Z compris entre 0,38 et 0,6 [5]. Nous en concluons que le choix d'une section performante peut diminuer la valeur de ΔV d'une valeur maximale de 62% par rapport à la solution qui correspond au choix du plus mauvais profil, à savoir le profil plein.

Il faut toutefois fortement nuancer cette dernière conclusion : si le facteur Z diminue, le profil est plus creux, et sa dimension h doit forcément augmenter pour reprendre le même effort : à longueur l identique, l'élancement géométrique l/h de la pièce diminue donc en conséquence. Or, le terme l/h est à la puissance 2 dans la relation [5], ce qui augmente encore les performances du profil. Il est donc plus judicieux de considérer le terme $Z(l/h)^2$ plutôt que les termes Z et L/h indépendamment l'un de l'autre.

---

[4] HLE = "haute limite d'élasticité". La contrainte σ = 300 [MPa] correspond à un acier à haute limite d'élasticité..

[5] Remarquons que certains profilés commerciaux à larges semelles peuvent avoir un facteur de forme Z qui descend jusqu'à 0,32… mais selon l'axe principal d'inertie, ce qui n'est pas utile si le flambement peut se produire selon l'autre axe d'inertie.

1.4. Influence du type de matériau

Considérons deux barres comprimées de même longueur l, devant reprendre un même effort de compression F, dont les conditions d'extrémités sont définies par le même facteur μ et dont les sections sont d'un même type. Seul le matériau utilisé est différent. "1" et "2" sont leurs indices respectifs.

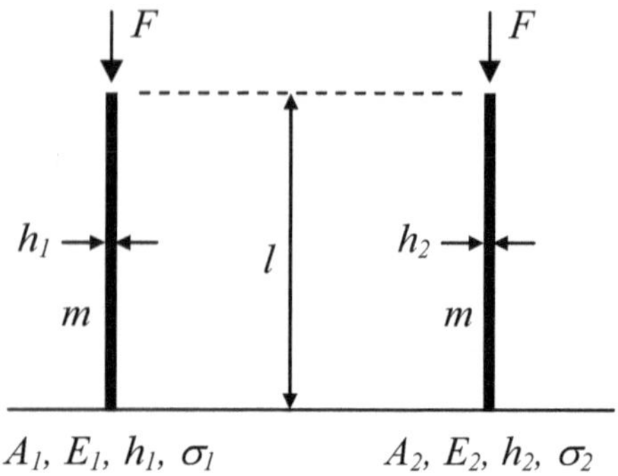

Notons que deux sections sont dites *de même type* lorsque :

- elles ont une même morphologie (toutes deux circulaires, toutes deux rectangulaires, etc...);
- elles ont un même rapport épaisseur/dimension transversale (rapport $m=e/h$).

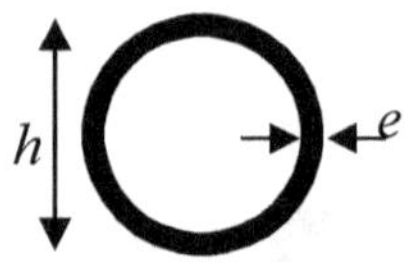

$$\begin{cases} m = e/h \\ A = \pi m(1-m)h^2 \end{cases}$$

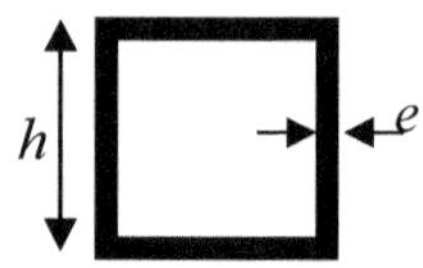

$$\begin{cases} m = e/h \\ A = 4m(1-m)h^2 \end{cases}$$

Remarquons ainsi que si deux sections sont de même type, on a toujours :

$$\sqrt{A_2/A_1} = h_2/h_1 \qquad [6]$$

- si les barres sont peu élancées, soustraites au flambement par un procédé adéquat, ou que l'on néglige celui-ci, on a :

$$A = \frac{F}{\sigma} \qquad \Rightarrow \qquad \sqrt{\frac{A_2}{A_1}} = \frac{h_2}{h_1} = \sqrt{\frac{F/\sigma_2}{F/\sigma_1}} = \sqrt{\frac{\sigma_1}{\sigma_2}}$$

- par contre, si les barres sont suffisamment élancées pour admettre que la loi d'Euler est valable (voir §1.2), on obtient :

$$A = \frac{\mu l}{\pi}\sqrt{\frac{F}{qE}} \qquad \Rightarrow \qquad \sqrt{\frac{A_2}{A_1}} = \frac{h_2}{h_1} = \sqrt{\sqrt{\frac{E_1}{E_2}}}$$

Considérons la section en acier HLE représentée à l'extrême gauche des figures ci-dessous, de diamètre et de section unitaires, et appliquons lui, pour un même rapport $m=e/h$ (pris égal soit à 0,1 soit à 0,5 pour l'exemple), ces deux dernières équations.

L'exercice montre qu'on ne tire vraiment profit des matériaux à haute limite d'élasticité que lorsque le flambement peut être évité.

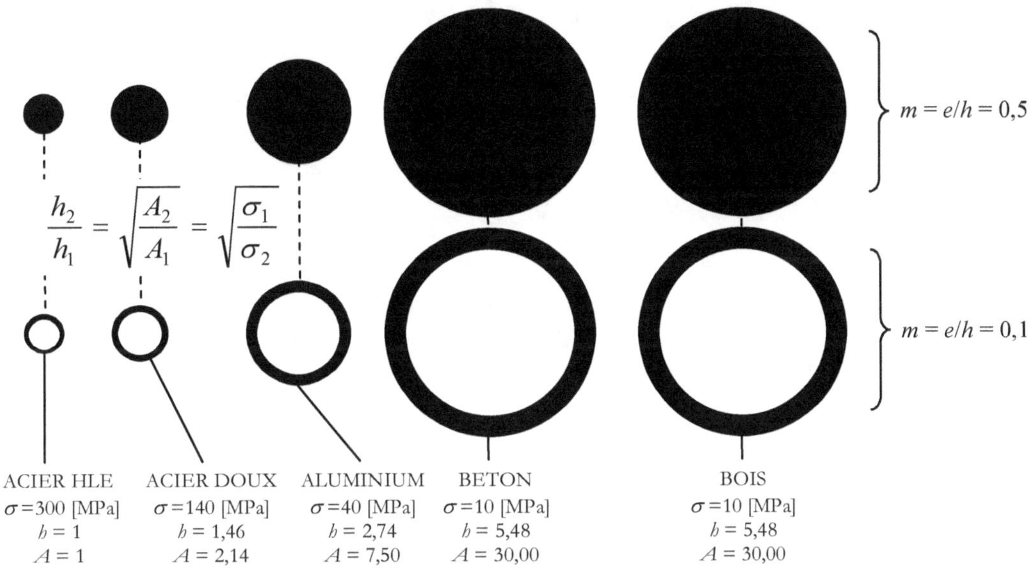

Influence du matériau sur la section A, en **négligeant le flambement**
(dimensionnement à la contrainte σ).

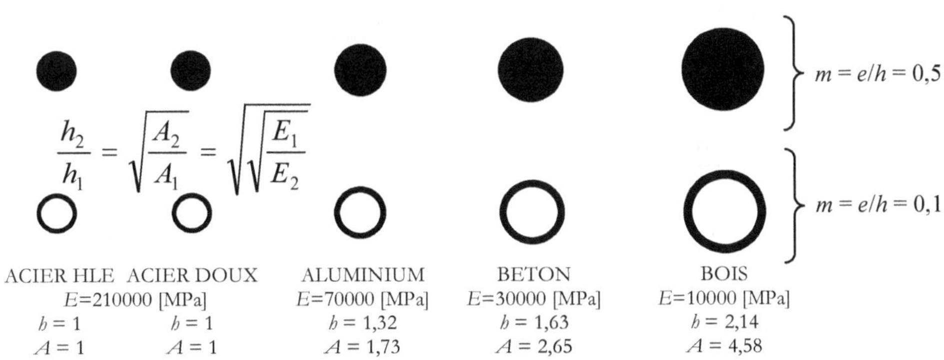

Influence du matériau sur la section A,
en dimensionnant selon la formule d'Euler.

1.5. Influence du type de section transversale

Si une barre comprimée est insensible au flambement, la forme de sa section et le fait qu'elle soit creuse ou pas n'a aucune influence sur l'aire nécessaire, qui vaut toujours $A=F/\sigma$. De ce fait, toutes autres choses restant égales, le rapport entre le diamètre h_2 d'une section circulaire creuse et le diamètre h_1 d'une section circulaire pleine de même aire vaut, sachant que $m=e/h$ (et m=0,5 pour la section pleine) :

$$h_2/h_1 = \left(4m_2\left(1 - m_2\right)\right)^{-1/2}$$

Supposons maintenant que le flambement doit être pris en compte et considérons une barre de longueur l, constituée d'un matériau de caractéristiques (E,σ), devant reprendre un effort de compression F, et dont les conditions d'extrémités sont définies par un facteur μ.

Soit :

- l'indice 1 relatif à cette barre de section pleine ($m_1=e_1/h_1$=0,5);
- l'indice 2 relatif à cette barre de section creuse, caractérisée par un rapport $m_2 = e_2/h_2$ inférieur à 0,5.

Si l'influence du flambement est importante, la loi d'Euler est applicable et, pour une même barre que l'on "creuse", c'est l'inertie qui doit rester constante :

$$F = \frac{\pi^2 EI}{(\mu l)^2} \quad \underset{\text{même matériau } (E,\sigma)}{\overset{\text{même longueur } l \text{, même charge } F}{\Longrightarrow}} \quad I = C^{ste}$$

$$\begin{cases} m_1 = 0{,}5 \\ A_1 = \dfrac{\pi h_1^2}{4} \quad (1) \\ I_1 = \dfrac{\pi h_1^4}{64} \quad (2) \end{cases} \qquad \begin{cases} m_2 = e_2/h_2 \\ A_2 = \pi\, m_2\left(1 - m_2\right) h_2^2 \quad (3) \\ I_2 = \dfrac{\pi}{64}\left[1 - \left(1 - 2m_2\right)^4\right] h_2^4 \quad (4) \end{cases}$$

En égalant les expressions (2) et (4), on obtient : $\dfrac{h_2}{h_1} = \left[1 - \left(1 - 2m_2\right)^4\right]^{-1/4}$

et, à partir des expressions (1) et (3) : $\dfrac{A_2}{A_1} = 4m_2\left(1 - m_2\right)\left(\dfrac{h_2}{h_1}\right)^2$.

La variation du paramètre m dans les équations précédentes permet d'établir la figure ci-dessous qui, en partant d'une section pleine (dont le diamètre h_1 et la section A_1 sont arbitrairement pris égaux à 1), montre le gain en matière obtenu lorsque la section devient plus creuse.
Le fait de passer à une section creuse procure un gain en matière qui augmente bien plus vite que n'augmentent les dimensions de la section. Il faut toutefois être attentif au fait que plus la paroi s'amincit, plus le risque de voilement local de la paroi du tube est important et plus la capacité de la section à former une rotule plastique à l'état limite ultime est faible.

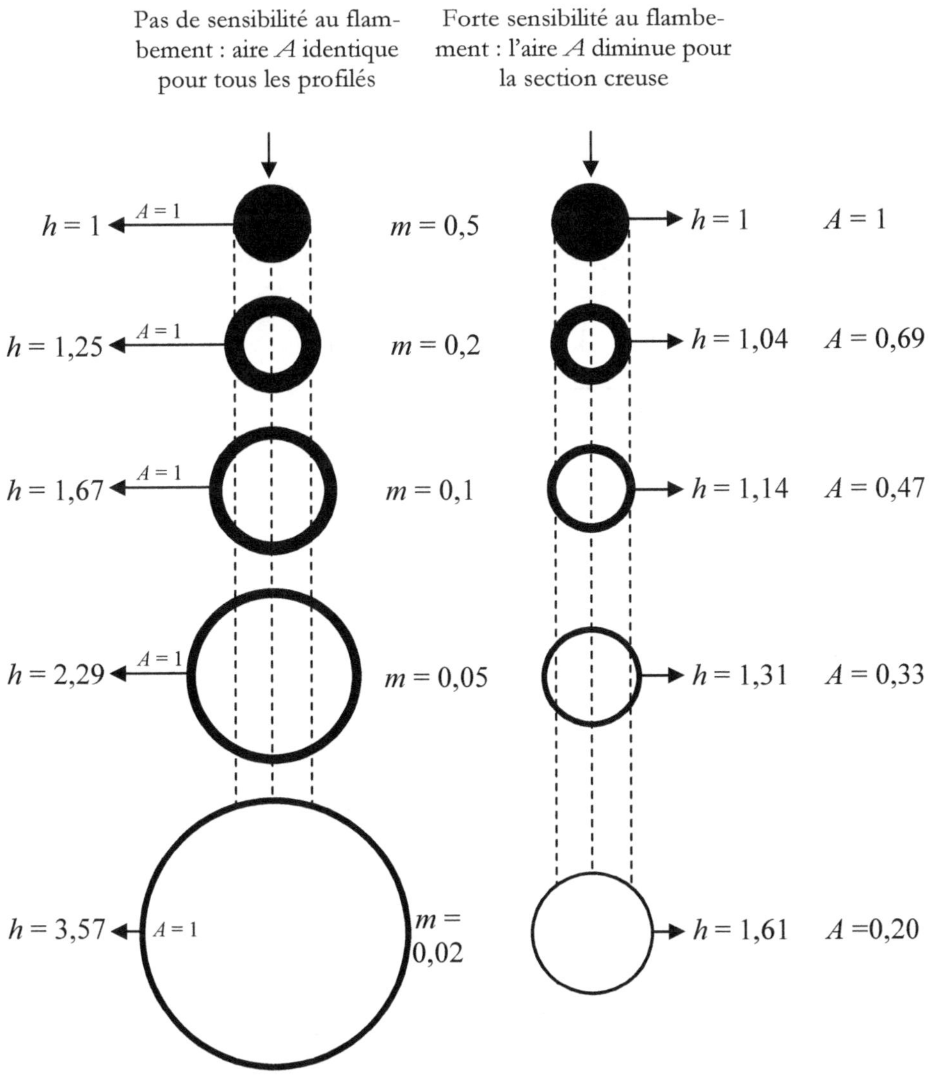

Influence du rapport m=e/h sur les dimensions de la section et la valeur de la section A (même matériau, l et F identiques).

2. OPTIMISATION DES ELEMENTS FLECHIS

L'objectif de ce paragraphe est d'étudier l'influence du type de matériau, du type de section transversale et de l'élancement géométrique L/h des poutres droites soumises à flexion simple sur le volume de matière qu'elles nécessitent.

2.1. Quantification de l'importance de la flexion sur la section

Soit une poutre droite isostatique :

- de portée L;
- de section symétrique par rapport au plan vertical et de hauteur h;
- d'aire A et d'inertie I;
- de volume $V=AL$;
- soumise à son poids propre ρV se superposant à une charge extérieure répartie de valeur totale F;
- atteignant la contrainte maximale autorisée σ à mi-travée.

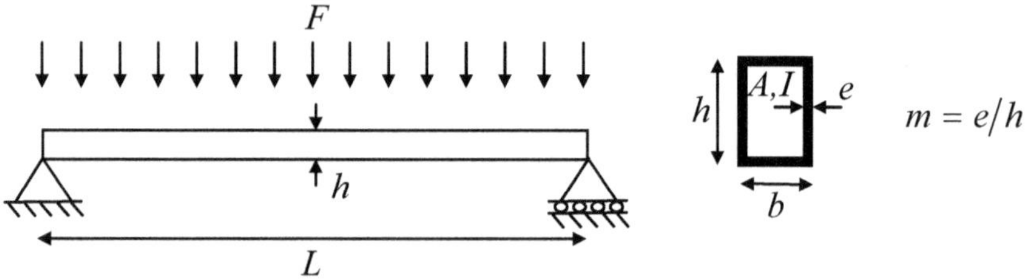

La contrainte maximale de flexion à mi-travée vaut :

$$\sigma = \frac{Mh}{2I} = \frac{\left(\frac{F}{L} + \frac{\rho V}{L}\right)\frac{L^2}{8}h}{2I} = \frac{(F + \rho V)Lh}{16I}$$

Souvenons-nous de l'expression $Z = Ah^2/16I$ du facteur de forme défini dans l'introduction. En multipliant numérateur et dénominateur de l'expression précédente par Ah^2, on obtient :

$$\sigma = (F + \rho V)Z\frac{L}{Ah} = (F + \rho V)Z\frac{L}{(V/L)h} = \frac{FL}{V}\left(1 + \frac{\rho V}{F}\right)Z\frac{L}{h} \quad [7]$$

Par ailleurs, on définit les nombres adimensionnels suivants :

$$\Phi = \frac{\rho L}{\sigma} \quad \text{et} \quad W = \frac{\sigma V}{FL} \quad \text{tels que} \quad W\Phi = \frac{\sigma V}{FL}\frac{\rho L}{\sigma} = \frac{\rho V}{F}$$

L'expression [7] peut alors se réécrire comme suit : $W = (1 + W\Phi)Z\dfrac{L}{h}$

La mise en évidence de W dans cette équation fait apparaître un nouvel indicateur, nommé ***indicateur de volume***. Ainsi, pour une poutre soumise à la fois à une charge extérieure F et à son poids propre ρV, l'indicateur de volume s'écrira :

$$W = \frac{1}{\dfrac{1}{Z}\left(\dfrac{h}{L}\right) - \Phi}$$

Pour $\Phi \to 0$, c'est-à-dire lorsque l'on néglige le poids propre de cette poutre, on obtient :

$$W = Z(L/h)$$

Cette notion d'indicateur de volume est intéressante car elle permet, dans une situation où la charge F, la portée L et le matériau (via σ) sont fixés, de mettre en évidence les facteurs sans dimension qui influencent le volume de matière V devant être mis en œuvre, en l'occurrence :

- le facteur de forme de la section Z;
- l'élancement géométrique L/h de la poutre.

Par ailleurs, la signification physique de Φ est immédiate : plus sa valeur est grande, plus l'influence du poids propre sur le volume total (ou sur le poids total, ce qui revient au même) est importante. Il est baptisé ***indicateur de poids propre***.

Ce dernier montre que l'importance du poids propre d'une poutre par rapport aux charges extérieures qu'elle doit supporter est d'autant plus grand que :

- la portée L est grande;
- le rapport σ/ρ est petit.

Les rapports σ/ρ moyens des matériaux usuels sont les suivants :

Acier HLE :	σ/ρ = 3900 [m]	(σ = 300 [Mpa], ρ = 77 [kN/m^3])
Acier doux :	σ/ρ = 1820 [m]	(σ = 140 [Mpa], ρ = 77 [kN/m^3])
Bois :	σ/ρ = 1670 [m]	(σ = 10 [Mpa], ρ = 6 [kN/m^3])
Aluminium :	σ/ρ = 1480 [m]	(σ = 40 [Mpa], ρ = 27 [kN/m^3])
Béton :	σ/ρ = 400 [m]	(σ = 10 [Mpa], ρ = 25 [kN/m^3])

Ce rapport σ/ρ indique que les aciers à haute limite élastique sont ceux qui permettent de construire les structures les plus légères. Les structures en béton sont par contre toujours très lourdes.

Par ailleurs, lorsque la portée L croît, le poids propre devient très important par rapport aux charges extérieures, et une poutre devenant de plus en plus lourde ne peut plus reprendre que des charges extérieures restreintes. A la limite, le volume devient infini, ce qui se produit pour :

$$\left[\frac{1}{Z}\left(\frac{h}{L}\right)-\Phi\right]\to 0$$

Le développement de la condition précédente fournit la valeur de ***la portée limite d'une poutre*** sur base de la résistance. Une poutre isostatique sur deux appuis ne pourra en effet jamais dépasser la portée suivante :

$$\begin{cases}\left[\dfrac{1}{Z}\left(\dfrac{h}{L}\right)-\Phi\right]=0\\ \Phi=\dfrac{\rho L}{\sigma}\end{cases}\quad\Rightarrow\quad L_{\text{lim}}=\sqrt{\frac{\sigma}{\rho}\frac{1}{Z}h}$$

Cette dernière relation confirme que les aciers à haute limite élastique sont ceux qui permettent de construire les structures ayant les plus grandes portées.

2.2. Influence du type de matériau

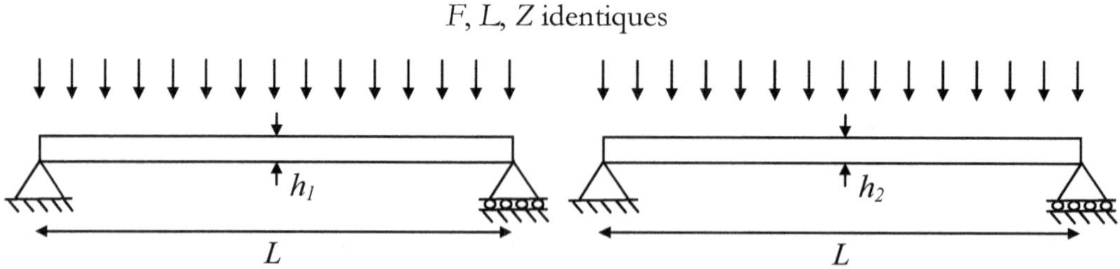

Matériau 1 : A_1, h_1, σ_1 Matériau 2 : A_2, h_2, σ_2

On compare, sur le plan du matériau, deux éléments fléchis de même portée L, soumis à une même charge totale F et dont les sections de même type sont caractérisées par un même facteur $m=e/h$ (et par conséquent un même facteur de forme $Z=Ah^2/16I$). Les deux poutres sont constituées d'un matériau différent.
Soit "1" et "2" leurs indices respectifs.

La contrainte maximale à mi-travée vaut $\sigma = \dfrac{Mh}{2I} = \left(\dfrac{Mh^4}{2I}\right)\dfrac{1}{h^3}$

Par ailleurs, en supposant pour simplifier que la section est carrée, son inertie vaut $I = \dfrac{h^4}{12}\left(1 - (1 - 2m)^4\right)$. Comme m est identique dans les deux cas, le rapport h^4/I l'est donc aussi, et également le terme $Mh^4/2I$.

On obtient : $\dfrac{\sigma_1}{\sigma_2} = \dfrac{1/h_1^3}{1/h_2^3} \Rightarrow \dfrac{h_2}{h_1} = \sqrt[3]{\dfrac{\sigma_1}{\sigma_2}} \left(= \sqrt{\dfrac{A_2}{A_1}} \text{ selon [6], p.428} \right)$

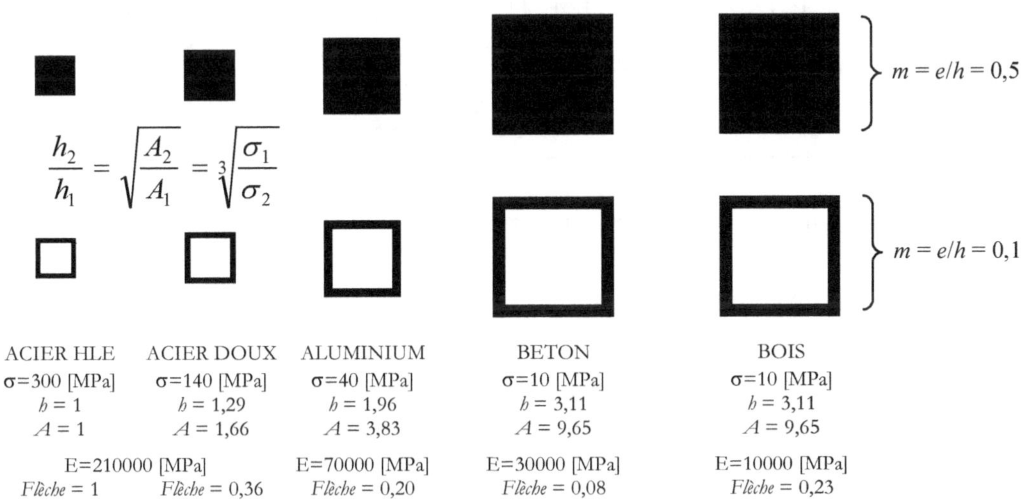

Comparaison des sections transversales d'éléments fléchis de même portée L soumis à une même charge F, la contrainte maximale étant atteinte à mi-travée (en haut : tubes pleins à comparer entre eux, en bas : tubes creux avec m = 0,1 à comparer entre eux).

Remarquons que la figure précédente suppose que la contrainte maximale σ propre au matériau est toujours atteinte à mi-travée, ce qui est contestable puisque le désir de limiter la flèche de la poutre implique bien souvent que la contrainte atteinte à mi-travée est inférieure à σ.

Ceci étant dit, et sachant que la flèche à mi-travée vaut $5FL^3/384EI$, le rapport entre la flèche d'une poutre de matériau "2" et la flèche de la même poutre en acier HLE (indice 1), vaut alors :

$$\frac{\delta_2}{\delta_1} = \frac{I_1 E_1}{I_2 E_2} = \frac{h_1^4}{h_2^4}\frac{E_1}{E_2} = \left(\frac{\sigma_2}{\sigma_1}\right)^{4/3}\frac{E_1}{E_2}$$

2.3. Influence du type de section transversale

Considérons une poutre fléchie de portée L, constituée d'un matériau de caractéristiques (E, σ), devant reprendre une charge totale F.

Soit :

- l'indice 1 relatif à cette poutre de section pleine ($m_1=e_1/h_1=0{,}5$);
- l'indice 2 relatif à cette poutre de section creuse, caractérisée par un rapport $m_2 = e_2/h_2$ inférieur à 0,5.

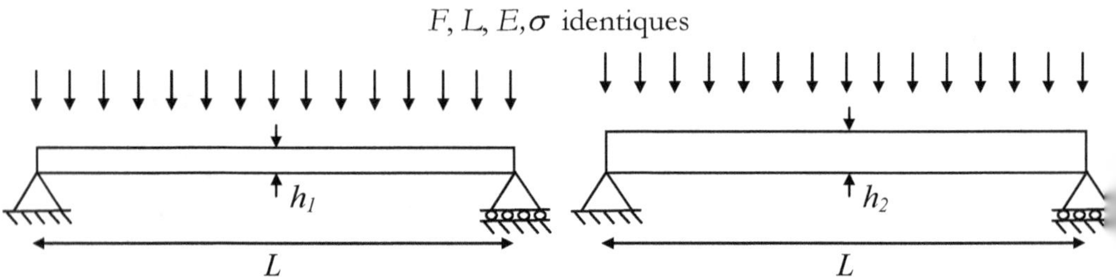

Facteur $m_1=0{,}5$: section pleine — Facteur $m_2<0{,}5$: section creuse

La contrainte maximale à mi-travée vaut $\sigma = \dfrac{Mh}{2I}$, ce qui implique que $\dfrac{h}{I} = \dfrac{2\sigma}{M}$

En supposant pour simplifier que la section est carrée, son inertie vaut $I = h^4\left(1-(1-2m)^4\right)/12$ et par conséquent le rapport $h/I=2\sigma/M$ doit être identique dans les deux cas puisque le matériau et le moment sont invariables.

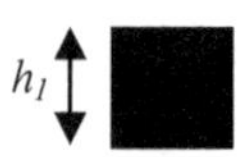

$$\begin{cases} m_1 = 0{,}5 \\ A_1 = h_1^2 \\ I_1 = \dfrac{h_1^4}{12} \end{cases} \quad (1)$$

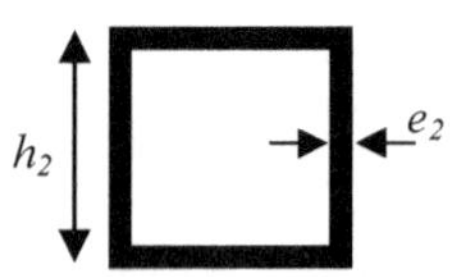

$$\begin{cases} m_2 = e_2/h_2 \\ A_2 = 4m_2(1-m_2)h_2^2 \\ I_2 = \dfrac{1}{12}\left(1-(1-2m_2)^4\right)h_2^4 \end{cases} \quad (2)$$

En imposant l'égalité $\dfrac{h_1}{I_1} = \dfrac{h_2}{I_2}$ à partir des relations (1) et (2), on obtient :

$$\frac{h_2}{h_1} = \left(1-(1-2m)^4\right)^{-1/3}$$

Le rapport entre les sections vaut dès lors : $\dfrac{A_2}{A_1} = 4m_2(1-m_2)\left(\dfrac{h_2}{h_1}\right)^2$

Ces équations permettent d'établir la figure suivante. Celle-ci montre que l'utilisation d'une section creuse pour un élément fléchi fait non seulement gagner beaucoup de matière, mais réduit en plus fortement les déformations.

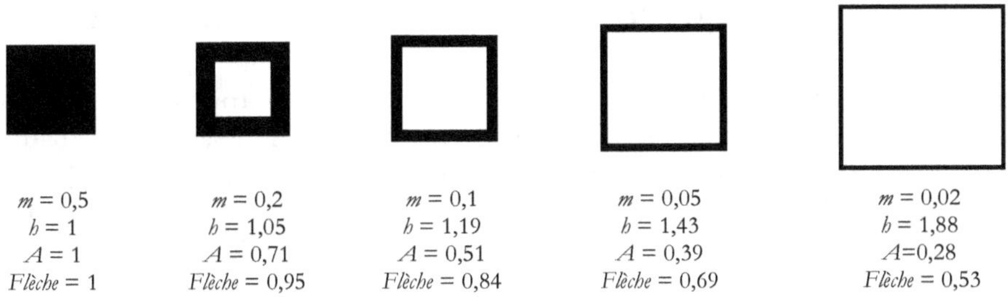

Comparaison des aires efficaces et des flèches à mi-travée pour différentes sections relatives à une poutre de même portée L, même charge totale F, et atteignant une même contrainte maximale σ à mi-travée.

En effet, sachant que la déformation à mi-travée vaut $5FL^3/384EI$, le rapport entre la flèche d'une poutre de section creuse, noté "2", et la flèche d'un élément de section pleine, noté "1", vaut :

$$\frac{\delta_2}{\delta_1} = \frac{I_1}{I_2} = \frac{h_1^4}{h_2^4} \frac{1}{\left(1 - (1 - 2m)^4\right)} = \left(1 - (1 - 2m)^4\right)^{1/3}$$

PARTIE 3 : OPTIMISATION DES STRUCTURES (INTRODUCTION A LA THEORIE DES INDICATEURS MORPHOLOGIQUES)

1. INDICATEURS MORPHOLOGIQUES : HISTORIQUE

Les premières traces d'études relatives aux indicateurs morphologiques remontent à 1980, date à laquelle Waclaw Zalewski, professeur au Massachussets Institute of Technology (M.I.T.), écrit un recueil destiné à ses étudiants [ZAL80]. Dans ce document, Zalewski compare le poids propre et les déplacements de divers types de treillis dont la morphologie est inspirée, d'une part, de l'observation des flux de contraintes dans les poutres et les voiles et, d'autre part, des études de Michell en 1904 [MIC04]. Abordant le problème sous cette approche particulière et sans prendre en compte l'influence des phénomènes d'instabilité, il met déjà en évidence le lien qui existe entre le volume et les déformations d'une structure et son élancement géométrique L/H. Les études de Waclaw Zalewski ont été synthétisées dans une publication présentée à un congrès de l'IASS [6] à Stuttgart en 1996 [ZAL96].

Valentin Quintas Ripoll ensuite, professeur à la Universidad Politécnica de Madrid, publie en 1989 et 1992 deux articles relatifs à l'optimisation des treillis simples [QUI89] et des arcs [QUI92] en mettant lui aussi en évidence le lien direct qui existe entre le volume de structures simples non soumises au flambement et leur élancement géométrique L/H.

A partir de 1997, Philippe Samyn, architecte et ingénieur (Samyn and Partners), démontre de manière systématique que, lorsque le flambement n'est pas pris en compte, le volume de matière propre à une structure ne dépend essentiellement que de son élancement géométrique L/H. Il étudie et compare un grand nombre de structures et montre que leur volume peut être étudié par l'intermédiaire d'un nombre adimensionnel qu'il baptise, dès 1997, *indicateur de volume*. Il développe aussi de manière systématique la notion d'*indicateur de déplacement*. L'ensemble de ses publications (dont les premières sont : [SAM98 A] et [SAM98 B]) et de ses travaux sur le sujet, y compris ceux qui concernent sa thèse de doctorat présentée en 2000 [SAM00] est récapitulé dans un ouvrage paru en 2004 à la Classe des Sciences de l'Académie royale de Belgique [SAM04].

A partir de 1998, Pierre Latteur met à jour la notion d'*indicateur de flambement*, de *facteur de forme* et de *courbe d'efficience* permettant d'étendre le champ de la théorie des indicateurs morphologiques afin de pouvoir tenir compte de l'influence du flambement [LAT98, LAT99, LAT00 A, LAT00 B, LAT01]. Dans son travail de thèse, il met aussi en évidence de nouveaux indicateurs, tels l'*indicateur de poids propre*, l'*indi-*

---

6 IASS : International Association for Shell and Spatial Structures.

cateur de contraintes parasitaires, l'*indicateur de delta-volume*, l'*indicateur de rotation* et *l'indicateur d'efficience à la flexion.*

Dans son ouvrage paru en 2004, *L'art des structures*, Aurelio Muttoni, professeur à l'Ecole Polytechnique de Lausanne, montre les résultats d'études menées sur des câbles, des poutres et des treillis non soumis au flambement et établit le lien entre leur volume et leur élancement géométrique L/H [MUT04].

Dans son travail de thèse enfin, Jan Van Steirteghem [STE06] a, entre autres, mis en évidence un *indicateur de première fréquence propre*, égal à l'inverse de la racine de l'indicateur de déplacement, et permettant d'élargir considérablement les domaines d'application de cette théorie.

[LAT98] Latteur P. 1998. *A Global Approach to the Evaluation of Secondary Stresses in Trusses Composed of Rigid Nodes.* Actes du congrès international de l'AEEA, "Entre l'architecte et l'ingénieur", Plymouth, p. 513-523.
[LAT99] Latteur P. 1999. *Une méthode globale d'optmisation des treillis.* Actes du 2ième congrès universitaire de génie civil, Poitiers, p. 365-372.
[LAT00 A] Latteur P., Samyn P. et De Wilde P. 2000. *Comparaison des treillis classiques de type Warren, Pratt et Howe : optimisation et prédimensionnement sur base d'indicateurs morphologiques.* Revue française de Génie civil, Vol.4, n° 4.
[LAT00 B] Latteur P. 2000. *Optimisation et prédimensionnement des treillis, arcs, poutres et câbles sur base d'indicateurs morphologiques. Application aux structures soumises en partie ou en totalité au flambement.* Thèse de doctorat, Vrije Universiteit Brussel.
[LAT01] Latteur P., Samyn P. et De Wilde P. 2001. *Optimisation des arcs paraboliques et en chaînette – aide à la conception sur base d'indicateurs morphologiques.* Revue française de Génie civil, Vol.5, n° 1.
[MIC04] Michell A.G.M. 1904. *The limit of Economy of Material in Frame Structures.* Philosophical Magazine, S.6, Vol. 8, n° 47, p. 589-597.
[MUT04] Muttoni A. 2004. *L'art des structures, une introduction au fonctionnement des structures en architecture.* Presses polytechniques et universitaires romandes.
[QUI89] Quintas Ripoll V. 1989. *Sobre el teorema de Maxwell y la optimización de arcos de cubierta.* Informes de la construction, vol. 40, n°400, p. 57-70, Madrid.
[QUI92] Quintas Ripoll V. 1992. *Sobre las formas de minimo volumen de las celosias de seccion constante.* Informes de la construction, vol. 43, n°418, p. 61-67, Madrid.
[SAM98 A] Samyn P., Latteur P. et Van Vooren J. 1998. *Volume of Structures : Application to Classical and Harmonic Structures.* Actes du congrès international de l'IASS à Sydney, p.537-545.
[SAM98 B] Samyn P. et Latteur P. 1998. *Displacements of Structures.* Actes du congrès international de l'IASS à Sydney, p. 362-367.
[SAM00] Samyn P. 2000. *Etude comparée du volume et du déplacement de structures isostatiques bidimensionnelles sous charges verticales entre deux appuis.* Thèse de doctorat, Université de Liège.
[SAM04] Samyn P. 2004. *Etude de la morphologie des structures à l'aide des indicateurs de volume et de déplacement.* Publication de la Classe des Sciences de l'Académie Royale de Belgique, collection in-4°, 3e série, tome V.
[STE06] Van Steirteghem J. 2006. *A Contribution to the Optimisation of Structures Using Morphological Indicators: (In)Stability and Dynamics.* Thèse de doctorat, Vrije Universiteit Brussel.
[ZAL80] Zalewski W. 1980. *The Flow Of Forces, Excerpt from Notes on Structural Behavior for Architecture Students.* M.I.T..
[ZAL96] Zalewski W. et Kus S. 1996. *Shaping Structures For Least Weight.* Actes du congrès international de l'IASS à Stuttgart, p. 376-383.

2. OPTIMISATION DES STRUCTURES SOUMISES UNIQUEMENT A L'EFFORT NORMAL : TREILLIS, ARCS FUNICULAIRES ET CABLES

2.1. Étude préliminaire du poids propre et de la raideur d'une structure à deux barres

On considère une passerelle de portée fixée L dont le tablier est maintenu en son centre par deux suspentes qui ramènent chacune une partie de la charge au sommet d'une paire de montants obliques disposés en triangles, que nous appellerons arc. On recherche quelle est la hauteur H qui minimise la quantité totale de matériaux utilisée pour les montants de l'arc.

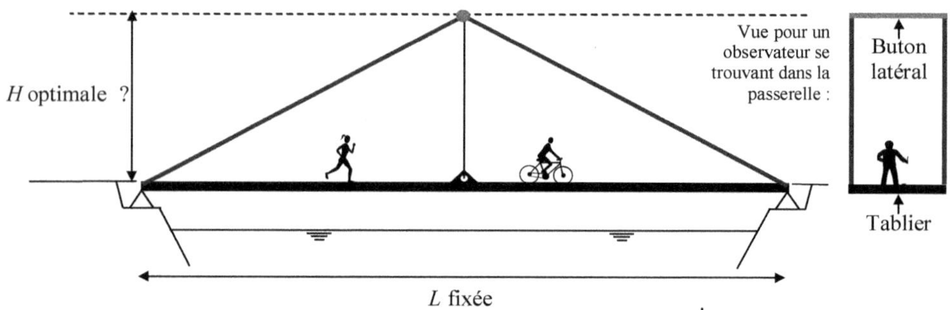

Le schéma statique est illustré ci-contre. L'indice m désigne les montants de l'arc.

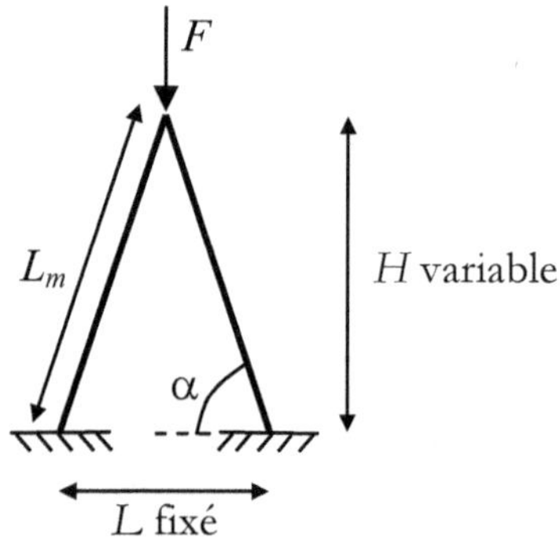

La longueur l_m de chaque montant vaut :

$$l_m = \frac{L}{2\cos\alpha} \quad \text{avec} \quad \cos\alpha = \frac{L/2}{\sqrt{\left(\frac{L}{2}\right)^2 + H^2}} = \frac{1}{\sqrt{1 + 4\left(\frac{H}{L}\right)^2}}$$

Si F est la valeur de la charge transmise par la suspente, les montants sont comprimés par un effort noté N_m égal à :

$$N_m = \frac{F}{2\sin\alpha} \quad \text{avec} \quad \sin\alpha = \frac{H}{\sqrt{\left(\frac{L}{2}\right)^2 + H^2}} = \frac{1}{\sqrt{1 + \frac{1}{4}\left(\frac{L}{H}\right)^2}}$$

2.1.1. Pas de prise en compte du flambement

Considérons, dans un premier temps, que le flambement peut être négligé.

Si σ est la contrainte de dimensionnement propre au matériau, la section de chaque montant est égale à : $A_m = \dfrac{N_m}{\sigma} = \dfrac{F}{2\sigma \sin\alpha}$

Le volume total de matière d'une paire de montants vaut donc :

$$V = 2A_m l_m = \frac{F}{\sigma \sin\alpha} l_m = \frac{F}{\sigma \sin\alpha}\frac{L}{2\cos\alpha} = \frac{FL}{\sigma}\frac{1}{2\sin\alpha\cos\alpha}$$

Et, sachant que $2\sin\alpha\cos\alpha = \dfrac{LH}{\left(\dfrac{L}{H}\right)^2 + H^2} = \dfrac{1}{\dfrac{L}{4H} + \dfrac{H}{L}}$, cette expression

permet de mettre en évidence ***l'indicateur de volume W*** de l'arc triangulaire :

$$W \overset{\text{par définition}}{=} \frac{\sigma V}{FL} = 0{,}25\frac{L}{H} + \frac{H}{L}$$

Cette relation montre que, quels que soient le type de matériau (σ), la portée L et la charge F, le volume minimum (ou le poids propre, ce qui revient au même) sera obtenu pour la valeur de L/H qui minimise l'expression 0,25L/H + H/L.

Cette relation est illustrée par la figure de la page 442. On voit que la courbe possède un minimum pour $L/H = 2$, qui correspond à W=1.

La figure montre aussi que si, pour diverses raisons, on choisit un rapport L/H différent de 2, cela induit une augmentation de la quantité totale de matière à prévoir dans les arcs (l'augmentation est de 25% par exemple, pour un rapport L/H égal à 1 ou 4).

Physiquement, cette figure s'explique facilement :

- si H est grand (partie gauche du graphique), l'effort dans les montants tend vers $F/2$ mais leur longueur augmente : le volume total s'accroît donc en conséquence;
- si H est petit (partie droite du graphique), la longueur des montants tend vers $L/2$ mais l'effort qu'ils supportent grandit très fort : le volume total augmente donc également.

Il existe ainsi forcément une situation intermédiaire qui correspond à un volume minimal. Dans ce cas, cette situation idéale est clairement montrée sur la figure : elle correspond à un élancement géométrique $L/H = 2$.

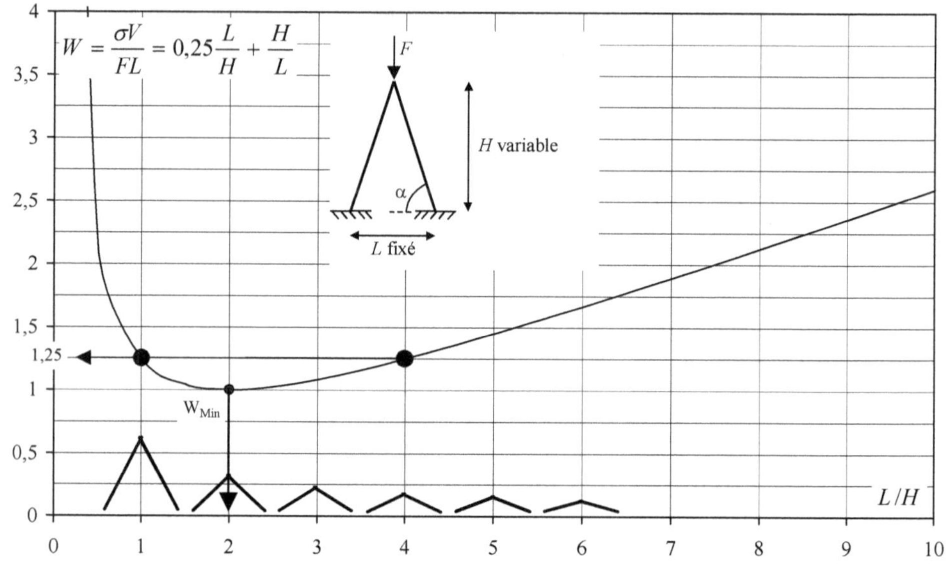

Indicateur de volume d'un arc triangulaire en fonction du rapport L/H *: le minimum est obtenu pour* $L/H = 2$*, soit une structure deux fois plus large que haute.*

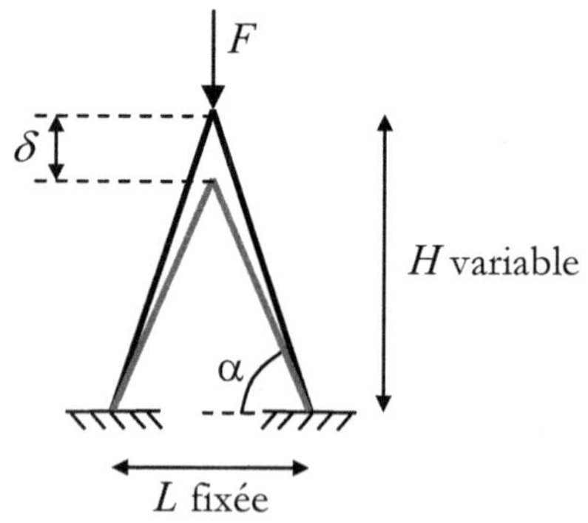

Par ailleurs, la raideur d'une structure est aussi un critère déterminant. Ainsi, dans le cadre de notre exemple, intéressons-nous à la flèche verticale δ en tête des arcs.

Selon le théorème de la force unité (chapitre 1, §9), celle-ci vaut :

$$\delta = \sum_i \frac{N_i n_i l_i}{EA_i} = \frac{2}{E}\frac{N_m n_m l_m}{A_m}$$

Dans cette expression, i est l'indice de la barre de longueur l_i soumise à un effort N_i, et n_i est l'effort normal dans les barres de la structure soumise uniquement à un effort unitaire appliqué au nœud dans la direction du déplacement recherché.
Comme les montants sont dimensionnés pour travailler à la contrainte de dimensionnement σ du matériau, on a :

$$\frac{N_m}{A_m} = \sigma \quad \Rightarrow \quad \delta = \left(\frac{2\sigma L}{E}\right)\frac{n_m l_m}{L}$$

Et comme $l_m = \dfrac{L}{2\cos\alpha}$ et $n_m = \dfrac{1}{2\sin\alpha}$, on obtient : $\delta = \left(\dfrac{\sigma L}{E}\right)\dfrac{1}{2\sin\alpha\cos\alpha}$

Connaissant l'expression de 2sinαcosα en fonction de L/H développée précédemment, on peut mettre en évidence ***l'indicateur de déplacement Δ*** de la tête des arcs triangulaires :

$$\Delta \overset{\text{par définition}}{=} \frac{E\delta}{\sigma L} = 0{,}25\frac{L}{H} + \frac{H}{L}$$

Cette relation montre que, quels que soient le type de matériau (E,σ) et la portée L, la flèche minimum δ sera obtenue pour la valeur de L/H qui minimise l'expression $0{,}25L/H + H/L$. Cette relation est identique à celle obtenue ci-dessus pour l'indicateur de volume W : elle possède un minimum pour $L/H = 2$, qui correspond à $\Delta = 1$.

A la fois l'expression de l'indicateur de volume W et celle de l'indicateur de déplacement Δ nous montrent que la structure de volume minimum est celle possédant la plus grande raideur. Ce cas se produit cependant peu fréquemment.

2.1.2. Prise en compte du flambement

Un montant sensible au flambement doit avoir la section suivante (issue de la loi d'Euler corrigée ou loi de Rankine, voir partie 1, §1.2, relation [2]) :

$$A_m = \frac{N_m}{2\sigma}\left(1 + \sqrt{1 + \frac{4}{\pi^2}\frac{(\mu\sigma l_m)^2}{qEN_m}}\right) = \frac{F}{4\sigma\sin\alpha}\left(1 + \sqrt{1 + \frac{4}{\pi^2}\frac{(\mu\sigma L)^2}{qEF}\frac{\sin\alpha}{2\cos^2\alpha}}\right)$$

Cette dernière relation fait apparaître le carré de l'indicateur de flambement $\Psi = \mu\sigma L/\sqrt{qEF}$ (voir partie I, §1.2), ainsi qu'un terme en sinus et cosinus qui ne dépend que du rapport L/H et que l'on notera $k^{(L/H)}$:

$$\begin{cases} \Psi = \dfrac{\mu\sigma L}{\sqrt{qEF}} \\ k^{(L/H)} = \dfrac{2}{\pi^2}\dfrac{\sin\alpha}{\cos^2\alpha} \end{cases} \quad \Rightarrow \quad A_m = \frac{F}{4\sigma\sin\alpha}\left(1 + \sqrt{1 + \Psi^2 k^{(L/H)}}\right)$$

Le volume total de matière nécessaire pour l'arc triangulaire vaut donc :

$$V = 2A_m l_m = \frac{F}{2\sigma \sin\alpha}\left(1 + \sqrt{1 + \Psi^2 k^{(L/H)}}\right) l_m$$
$$= \frac{FL}{2\sigma \sin 2\alpha}\left(1 + \sqrt{1 + \Psi^2 k^{(L/H)}}\right)$$

L'indicateur de volume correspondant est donc égal à :

$$W = \frac{\sigma V}{FL} = \frac{1}{2\sin 2\alpha}\left(1 + \sqrt{1 + \Psi^2 k^{(L/H)}}\right) = \text{Fonction}\left(\frac{L}{H}, \Psi\right) \quad [1]$$

On obtient alors une relation moins simple, mais dans laquelle les termes L/H et Ψ apparaissent implicitement.

Pour une valeur donnée de l'indicateur de flambement Ψ, il existe forcément une valeur de l'élancement géométrique L/H qui minimise l'indicateur de volume W, donc le volume, c'est-à-dire la quantité de matière à mettre en œuvre pour les arcs. Et ceci est valable quels que soient la portée L, la charge totale F ou le type de matériau (σ, E).

Si on effectue numériquement cette recherche de minimum à partir de la relation [1] pour une série de valeurs de Ψ allant de 0 à 40, on trouve :

$\Psi = 0$: $(L/H)_{opt} = 2$ avec $W = 1$

(pour $\Psi = 0$, et on retrouve le résultat obtenu lorsque les montants sont insensibles au flambement ou dimensionnés sans en tenir compte).

$\Psi = 2$: $(L/H)_{opt} = 2{,}4$ avec $W = 1{,}21$

$\Psi = 5$: $(L/H)_{opt} = 2{,}9$ avec $W = 1{,}76$

$\Psi = 10$: $(L/H)_{opt} = 3{,}3$ avec $W = 2{,}77$

$\Psi = 20$: $(L/H)_{opt} = 3{,}6$ avec $W = 4{,}86$

$\Psi = 30$: $(L/H)_{opt} = 3{,}7$ avec $W = 6{,}85$

$\Psi = 40$: $(L/H)_{opt} = 3{,}8$ avec $W = 9{,}05$

$\Psi = \infty$: $(L/H)_{opt} = 4{,}0$ avec $W = \infty$

Ces résultats sont illustrés à la page suivante. La figure montre que les géométries optimales correspondent toujours à des élancements L/H compris entre 2 et 4, selon la sensibilité de la structure au flambement. Les courbes qui y sont représentées sont **appelées *courbes d'efficience*** de la structure. L'ordonnée à l'origine ($\Psi = 0$: $L/H = 2$ et $W=1$) représente le volume de matière à mettre en œuvre lorsque le flambement n'est pas (ou ne doit pas être) pris en compte. Cette courbe illustre bien toute la pénalité introduite par le flambement. Notons que si l'on avait utilisé la formule d'Euler au lieu de celle de Rankine, on aurait trouvé W_{min}=0,21Ψ et $(L/H)_{opt}$=4 (ces valeurs sont illustrées par les droites en pointillés sur la figure ci-dessous).

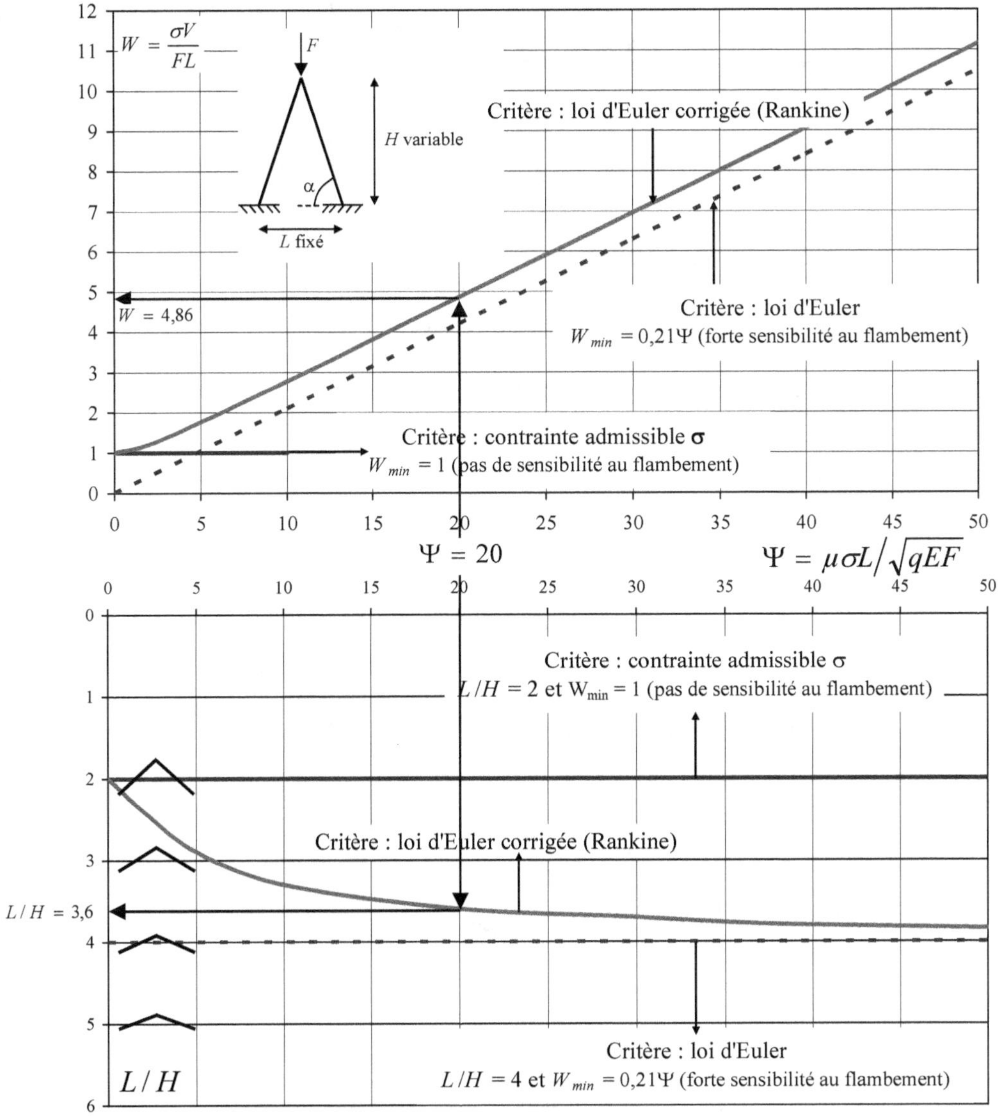

Courbes d'efficience d'un arc triangulaire (l'abscisse est commune aux deux figures mais l'ordonnée de la figure du dessous se lit de haut en bas).

2.1.3. Exemple numérique

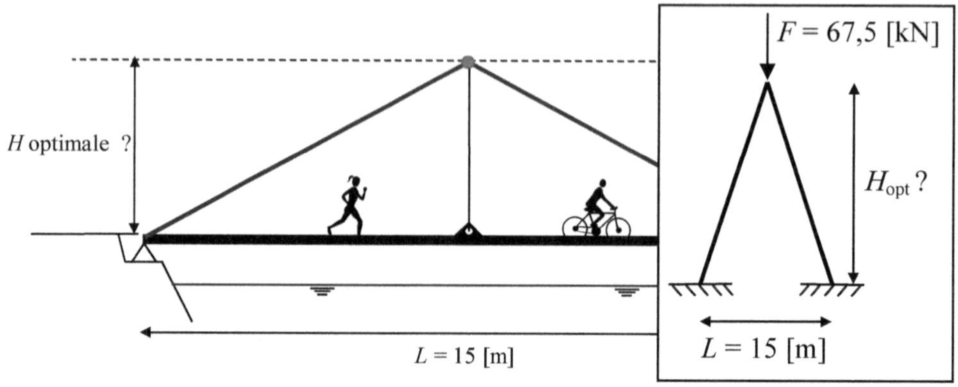

Soit L fixé à 15 [m]. On construit des arcs en bois lamellé-collé (σ =10 [MPa], E=10.000 [MPa]) ayant une section carrée. La charge provenant du tablier et devant être supportée par chaque suspente est de 67,5 [kN].

Pour une section carrée, le facteur de forme q vaut :

$$q = \frac{I}{A^2} = \left(bh^3/12\right)/\left(bh\right)^2 = 1/12 = 0{,}0833$$

L'indicateur de flambement vaut : $\Psi = \frac{\mu\sigma L}{\sqrt{qEF}} = \frac{1 * 10 * 15000}{\sqrt{0{,}0833 * 10000 * 67500}} = 20$

A cet indicateur de flambement Ψ=20 correspond les valeurs suivantes de l'indicateur de volume W et de l'élancement L/H optimum (valeurs données en page 444 et courbes d'efficience en page 445) :

$$\begin{cases} (L/H)_{opt} = 3{,}6 \\ W_{min} = 4{,}86 \end{cases}$$

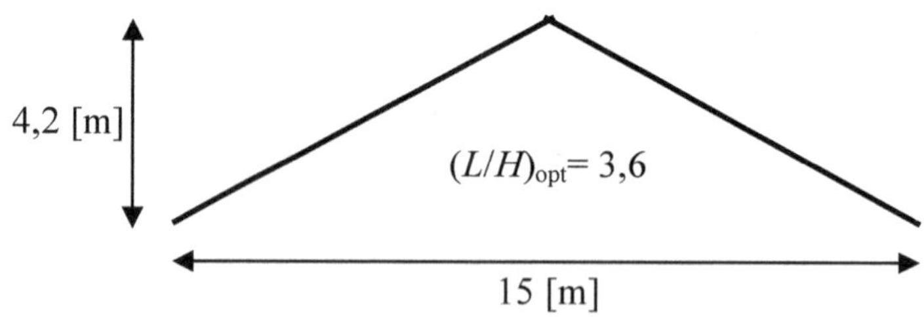

La hauteur H optimale est donc de 4,2 [m] et l'influence du flambement induit un surplus de bois très important (car W=4,86 au lieu de W=1).

Remarques :

$$W = \frac{\sigma V}{FL} = 4{,}86 \qquad \Rightarrow \qquad V = \frac{4{,}86FL}{\sigma} = 0{,}49.10^9\ [\text{mm}^3] = 0{,}49\ [\text{m}^3]$$

Cette valeur représente le volume de bois minimal pour les deux montants de l'arc. La longueur de ceux-ci valant $\sqrt{7{,}5^2 + 4{,}2^2} = 8{,}59$ [m], on en déduit leur section et leurs dimensions :

$$A = \frac{V}{2 * 8{,}59} = 0{,}029\ [\text{m}^2] \quad \Rightarrow \quad \text{montants à section carrée de 17 cm de côté.}$$

La théorie précédente permettra d'évaluer l'impact d'un choix différent, par exemple porté vers une hauteur H plus grande ou un autre matériau.

2.2. Généralisation à un treillis quelconque

L'exemple simplifié de la structure à deux barres qui vient d'être traité a permis d'introduire la notion de courbes d'efficience. Ces courbes représentent l'ensemble des configurations les plus légères au sein d'une famille de structures de même morphologie. Une fois tracées, elles permettent :

- la détermination immédiate de la structure la plus légère en fonction de la valeur de l'indicateur de flambement $\Psi = \mu\sigma L/\sqrt{qEF}$, caractéristique du projet;
- une indication rapide sur les conséquences, en termes de poids propre, du choix d'un autre matériau ou de sections d'un autre type.

Cette approche va maintenant être généralisée à un treillis de géométrie quelconque inscrit dans un rectangle de dimensions L et H :

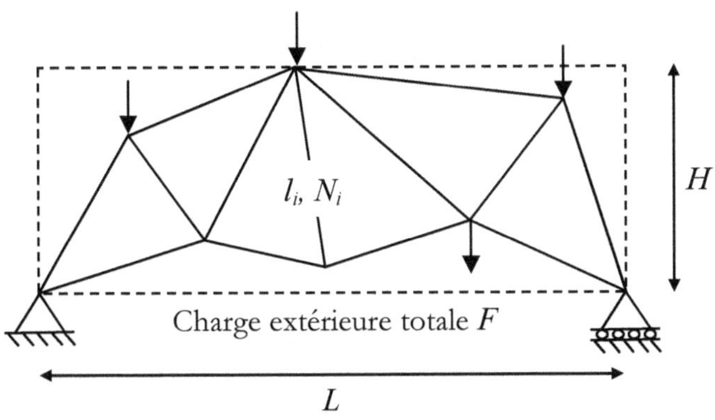

Lorsqu'on examine un treillis au nombre de mailles donné, il est possible de mettre en évidence deux propriétés qui peuvent s'énoncer comme suit :

Propriété 1 : *si L et H sont les dimensions principales du treillis et si l_i est la longueur d'une barre quelconque d'indice i, le quotient l_i/L ne dépend que du rapport L/H :*

$$\frac{l_i}{L} = \text{fonction}\left(\frac{L}{H}\right)$$

Propriété 2 : *dans un treillis isostatique soumis à une charge totale F, l'effort normal N_i relatif à une barre d'indice i peut s'exprimer comme une fraction k_iF de la charge totale F. Ce cœfficient k_i ne dépend que du rapport L/H :*

$$N_i = k_i F \quad \text{avec} \quad k_i = \text{fonction}\left(\frac{L}{H}\right)$$

La première propriété se démontre très facilement. En effet, si k_h et k_v sont tels que k_hL et k_vH représentent respectivement les projections horizontales et verticales de la barre, on obtient :

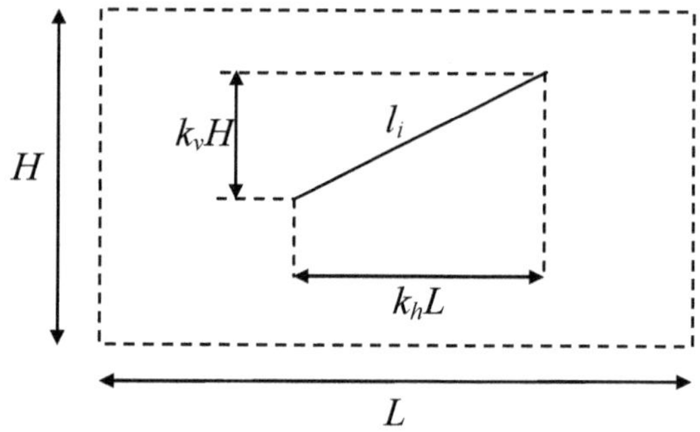

$$l_i = \sqrt{(k_v H)^2 + (k_h L)^2} = k_h\, L\sqrt{1 + \left(\frac{k_v}{k_h}\right)^2\left(\frac{H}{L}\right)^2} \Rightarrow \frac{l_i}{L} = k_h\sqrt{1 + \left(\frac{k_v}{k_h}\right)^2\left(\frac{H}{L}\right)^2}$$

La seconde propriété s'illustre par la figure de la page suivante qui donne la valeur des efforts dans les barres d'un treillis Warren à n mailles supportant une charge totale F répartie sur les nœuds de la membrure inférieure. Chaque nœud est donc le siège d'un effort F/n, sauf aux appuis où il vaut $F/(2n)$.

Sachant que :

$$\cos\beta = \left(1 + \frac{1}{4n^2}\left(\frac{L}{H}\right)^2\right)^{-1/2},$$

la figure montre que, pour un nombre de mailles n donné, les efforts dans les barres sont égaux au produit de F par un nombre dépendant uniquement de L/H :

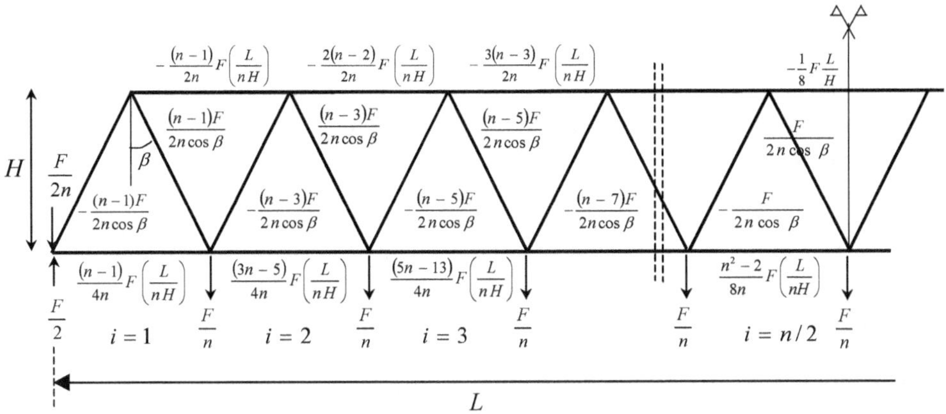

Répartition des efforts normaux dans les barres d'un treillis Warren supportant une charge totale F répartie sur sa membrure inférieure (efforts F/n aux nœuds et F/2n aux appuis).

2.2.1. Pas de prise en compte du flambement

Nous négligerons dans un premier temps la sensibilité au flambement des barres comprimées. Ainsi, chaque barre peut être dimensionnée à la même contrainte σ (égale, à un facteur sécuritaire près, à la limite d'élasticité du matériau : on *l'appellera contrainte de dimensionnement*). Dès lors, la section A_i d'une barre d'indice i de longueur l_i soumise à un effort N_i vaut $A_i = N_i/\sigma$.

Le volume V_i de cette même barre est alors égal à : $V_i = A_i l_i = \frac{N_i}{\sigma} l_i$ et, comme N_i est une fraction $k_i F$ de la charge totale F, on a : $V_i = \frac{FL}{\sigma}\left(k_i\left(\frac{l_i}{L}\right)\right)$.

Si les volumes V_i de toutes les barres sont sommés, on obtient le volume total de la structure :

$$V = \sum_i V_i = \frac{FL}{\sigma}\left(\sum_i k_i\left(\frac{l_i}{L}\right)\right)$$

Or, nous savons que les termes k_i et l_i/L ne dépendent que de L/H. Ceci veut donc dire que le terme entre parenthèses, noté W par définition, ne dépend lui aussi que de L/H :

$$W = \frac{\sigma V}{FL} = \sum_i k_i\left(\frac{l_i}{L}\right) = \text{fonction}\left(\frac{L}{H}\right)$$

La notion ***d'indicateur de volume*** W, déjà établie au §2.1. réapparaît donc.

Celui-ci est l'image du volume total de matière (ou du poids propre total) du treillis dont toutes les barres travaillent à la contrainte de dimensionnement σ propre au matériau. Dans ce cas, les sections des barres sont toutes différentes, mais le principe peut être étendu à un treillis qui comporterait des catégories de barres de sections identiques (voir §3).

L'expression de ce nombre adimensionnel W montre bien que, de tous les paramètres qui caractérisent le poids propre du treillis, il n'en reste plus qu'un seul : l'élancement géométrique L/H. On voit donc ici la puissance de cette méthode qui permet de réduire l'optimisation à un seul paramètre.

A titre d'exemple, la figure suivante donne les valeurs de cet indicateur de volume pour des treillis Warren chargés uniformément sur les nœuds de la membrure inférieure, avec 4 mailles et 6 mailles respectivement. Cette figure met en évidence que le plus léger des treillis Warren à 6 mailles aura toujours un élancement de 4,1 (c'est-à-dire qu'il est 4 fois moins haut que large), et ceci quels que soient le matériau, la portée, le type des sections ou la charge.

La figure montre en outre qu'à chaque nombre de mailles correspond un rapport L/H optimal : un gaspillage de matière se produit dès que l'on s'écarte de cette valeur optimale, que ce soit vers la droite ou vers la gauche.

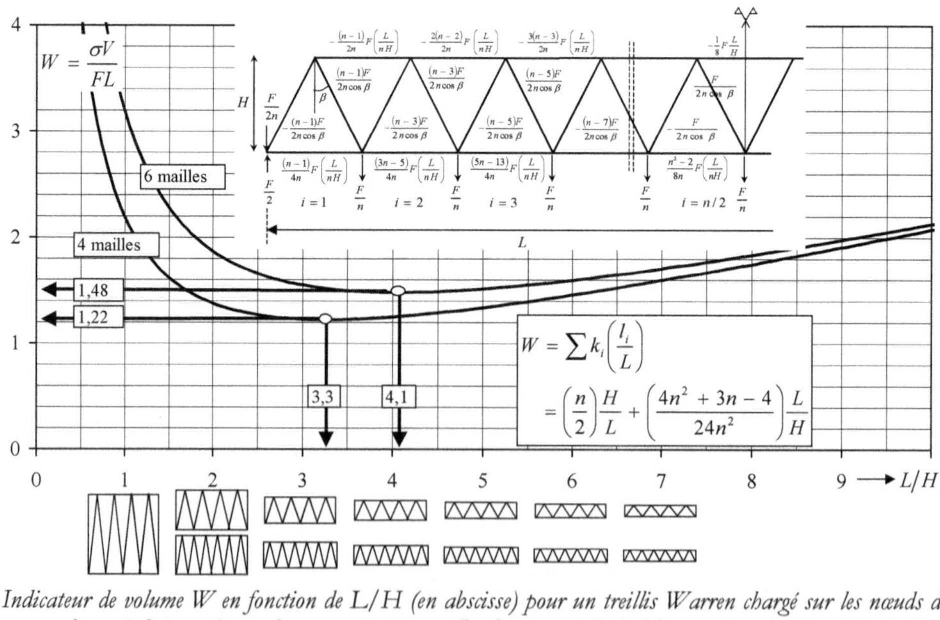

Indicateur de volume W en fonction de L/H (en abscisse) pour un treillis Warren chargé sur les nœuds de sa membrure inférieure (toutes barres optimisées et flambement négligé). L'expression de W a été calculée à partir de la valeur analytique des efforts.

2.2.2. Prise en compte du flambement

Nous proposons dans ce qui suit d'étendre les considérations précédentes afin de prendre en compte la sensibilité au flambement des barres comprimées.

La section A_i à prévoir pour une barre d'indice i, de longueur l_i et soumise à un effort normal $N_i=k_iF$ vaut (voir partie I, §1.2, relation [2]) :

Pour une barre en traction : $A_i = k_i F/\sigma$

Pour une barre en compression : $A_i = \dfrac{(k_i F)}{2\sigma}\left(1+\sqrt{1+\dfrac{4(\mu\sigma l_i)^2}{\pi^2 qE(k_i F)}}\right)$

L'expression précédente peut être réécrite comme suit :

$$A_i = \frac{(k_i F)}{2\sigma}\left(1+\sqrt{1+\left[\frac{(l_i/L)^2}{k_i}\right]\frac{4}{\pi^2}\Psi^2}\right)$$

où Ψ est *l'indicateur de flambement* de la structure : $\Psi = \mu\sigma L\big/\sqrt{qEF}$

Par ailleurs, le terme $\dfrac{(l_i/L)^2}{k_i}$ ne dépend que du rapport L/H.

Le volume total V du treillis vaut alors :

$$V = \sum_{(T)} A_i l_i + \sum_{(C)} A_i l_i = \frac{FL}{\sigma}\sum_{(T)} k_i\left(\frac{l_i}{L}\right) + \frac{FL}{2\sigma}\sum_{(C)} k_i\left(\frac{l_i}{L}\right)\left(1+\sqrt{1+\frac{4}{\pi^2}\frac{(l_i/L)^2}{k_i}\Psi^2}\right)$$

(dans cette équation, (T) et (C) désignent l'ensemble des barres soumises respectivement à la traction et à la compression) :

Cette valeur de V permet d'écrire *l'indicateur de volume* W d'un treillis quelconque soumis à une charge totale F :

$$W = \frac{\sigma V}{FL} = \sum_{(T)} k_i\left(\frac{l_i}{L}\right) + \frac{1}{2}\sum_{(C)} k_i\left(\frac{l_i}{L}\right)\left(1+\sqrt{1+\frac{4}{\pi^2}\frac{(l_i/L)^2}{k_i}\Psi^2}\right)$$

$$= \text{fonction}\left(\frac{l_i}{L}, k_i, \Psi\right) = \text{fonction}\left(L/H, \Psi\right)$$

L'indicateur de volume, véritable "image" du volume total de matière caractérisant la structure de portée L devant reprendre la charge totale F, dépend donc de deux nombres sans dimensions : l'élancement géométrique L/H et l'indicateur de flambement Ψ.

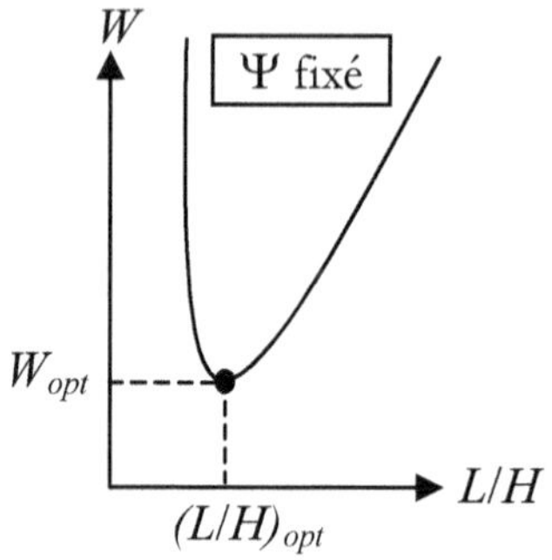

Pour une valeur de l'indicateur de flambement Ψ fixée, on peut donc postuler qu'il existe une valeur de L/H qui minimise l'indicateur de volume W, et donc le volume total de la structure : notons W_{opt} cet indicateur de volume minimal associé à la valeur L/H_{opt}.
Si on effectue ce même calcul pour une série de valeurs de Ψ, il est possible de construire point par point ***les courbes d'efficience*** du treillis composées des différents couples (W_{opt}, L/H_{opt}).

Ces courbes d'efficience correspondent à l'ensemble des treillis les plus légers d'une famille donnée. Comme l'illustre la figure ci-dessous, ces courbes se lisent comme suit : l'axe des abscisses est commun et correspond aux valeurs de Ψ; l'axe des ordonnées supérieur correspond aux valeurs de W_{opt} tandis que l'axe des ordonnées inférieur correspond aux valeurs de L/H_{opt} et doit être lu de haut en bas.

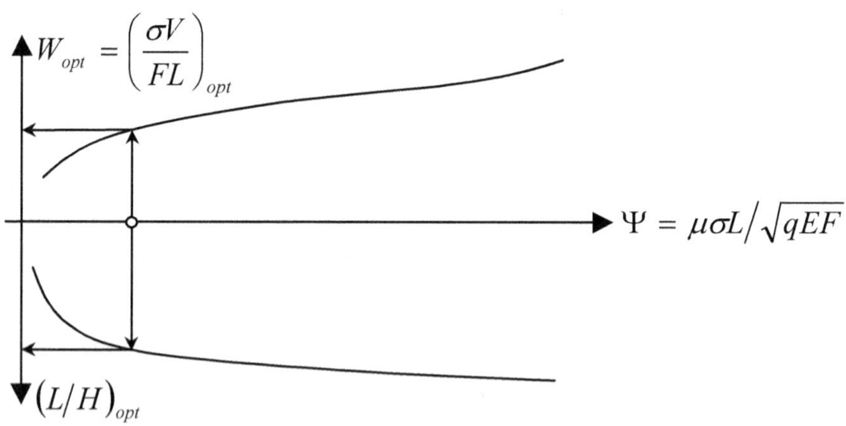

Les figures de la page suivante correspondent aux courbes d'efficience relatives aux treillis Warren chargés sur leur membrure inférieure et constitués de 4 catégories de barres ayant des sections identiques (membrure supérieure, inférieure, diagonales tendues, diagonales comprimées). Ces courbes ont été obtenues via une procédure numérique associée au logiciel ISSD, élaborée sur base des notions précédentes. Chacune d'elle, correspondant à un nombre pair de mailles compris entre 2 et 18, a été tracée point par point à partir d'une recherche de minimum pour les valeurs de Ψ allant de 0 à 100.

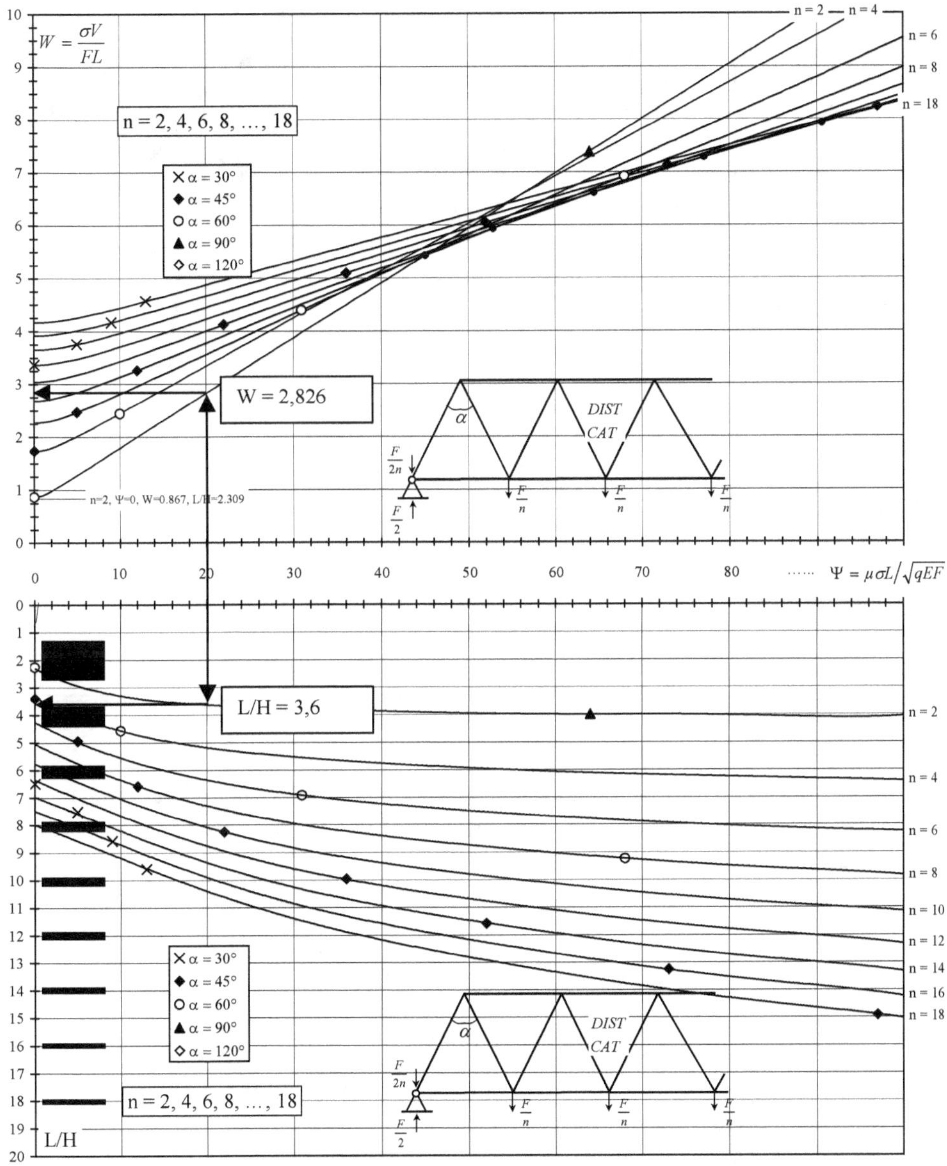

Courbes d'efficience relatives aux treillis Warren chargés sur leur membrure inférieure et composés de 4 catégories de barres identiques (barres identiques respectivement sur la membrure inférieure, la membrure supérieure, les diagonales en traction et les diagonales en compression).

2.2.3. Exemple numérique

Un pont de 6 [m] de largeur composé de deux treillis identiques parallèles doit franchir une portée de 20 [m] et pouvoir reprendre une charge totale de 16 [kN/m^2] que l'on supposera uniformément distribuée, soit 48 [kN/m] pour chacun des deux treillis (la charge totale F vaut donc 960 [kN] par treillis). Cette charge comprend le poids propre du tablier et les charges d'exploitation. On suppose que le flambement latéral des membrures supérieures comprimées ne peut pas se produire.

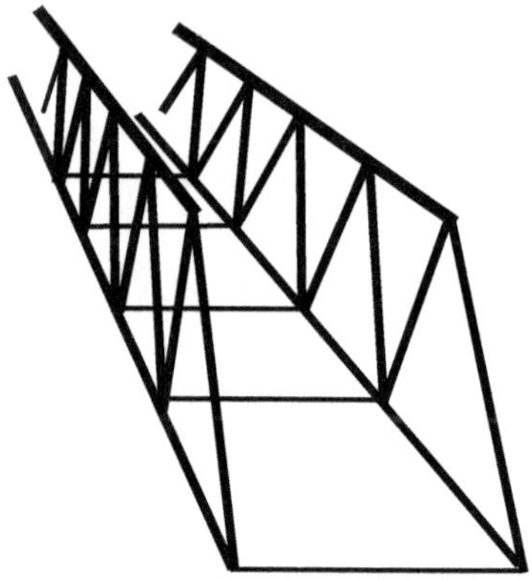

Les barres en compression sont constituées de tubes circulaires dont l'épaisseur vaut un dixième du diamètre ($m=e/h=0{,}1$). Le matériau choisi est l'acier (σ = 300 [MPa], E = 210000 [Mpa]). Pour le cœfficient μ déterminant la longueur de flambement μl des barres, on prendra une valeur de 0,9.

Le facteur de forme vaut : $q = \dfrac{1-(1-2m)^4}{64\pi m^2(1-m)^2} = 0{,}363$ (voir page 417).

L'indicateur de flambement vaut : $\Psi = \dfrac{\mu\sigma L}{\sqrt{qEF}} = \dfrac{0{,}9 * 300 * 20000}{\sqrt{0{,}363 * 210000 * 960000}} = 20$

Pour cette valeur de 20, les courbes d'efficience de la page précédente montrent que c'est le treillis à 2 mailles d'élancement L/H=3,6 qui donne la valeur minimale de l'indicateur de volume (W=2,826) :

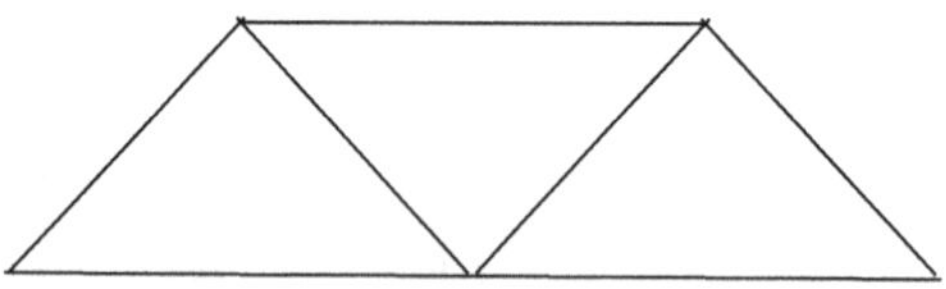

Cette valeur permet le calcul immédiat du volume d'acier nécessaire par treillis :

$V = FLW/\sigma$ = 0,180 [m^3], soit donc un poids propre de 13,8 [kN], ce qui correspond à des treillis de 1,4 [tonne].

Il faut toutefois faire remarquer que cette solution à 2 mailles peut générer des longueurs trop grandes pour les éléments inférieurs chargés de reporter les charges distribuées aux nœuds (10 [m] dans le cas présent). On peut alors se reporter à des solutions à plus grand nombre de mailles correspondant à un indicateur de flambement de 20.

Par exemple :

Le plus léger des treillis à 4 mailles (L/H = 5,2 et W=3,34) :

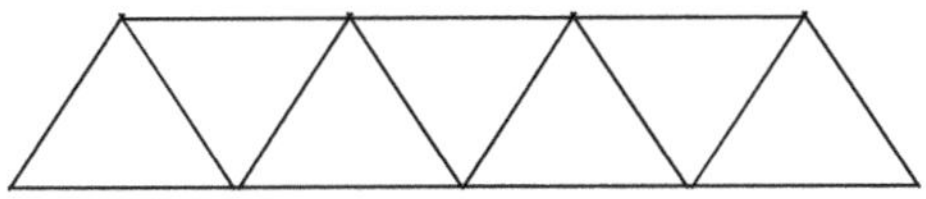

Le plus léger des treillis à 6 mailles (L/H = 6,4 et W=3,56) :

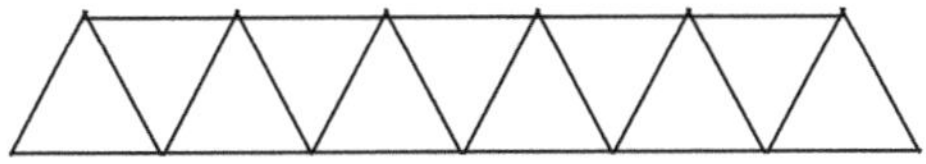

Le plus léger des treillis à 8 mailles (L/H = 7,3 et W=3,78) :

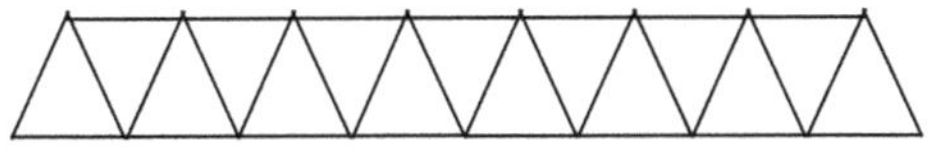

2.3. Extension de la théorie aux arcs funiculaires paraboliques et aux câbles

Nous avons vu au §9 du chapitre 11 consacré aux arcs funiculaires qu'un arc de portée L donnée, soumis à une charge totale F, possède forcément un élancement L/H optimal résultant d'un compromis judicieux entre :

- la situation qui correspond à un arc très élancé (L/H grand, faible hauteur à la clé) dont les efforts internes sont grands mais dont la longueur de la fibre moyenne tend vers L;
- la situation qui correspond à un arc peu élancé (L/H petit, grande hauteur à la clé) dont les efforts internes sont petits mais dont la longueur déployée est très grande.

Pour un arc de section constante insensible au flambement (et donc aussi pour un câble), l'indicateur de volume est donné par l'expression suivante :

$$W = \frac{L}{16H}\kappa\left(\kappa + \frac{L}{4H}\ln\left(\frac{4H}{L} + \kappa\right)\right) \quad \text{avec} \quad \kappa = \sqrt{1 + \left(\frac{4H}{L}\right)^2}$$

En effet, $V = A * l_{arc} = (N_{max}/\sigma) * l_{arc}$ et les termes (N_{max}/σ) et l_{arc} sont donnés, respectivement, au chapitre 11, §3.3 et §3.4.

On en déduit que l'indicateur de volume minimal vaut 0,778 pour un élancement L/H égal à 2,926.

Il est aussi possible d'établir une relation semblable pour les arcs de section variable de type "pattes d'éléphant" (voir chapitre 11, §3.6).

Les propos précédents sont illustrés à la figure ci-dessous qui donne, en ordonnée, les valeurs de l'indicateur de volume W en fonction des valeurs de L/H lues en abscisse.

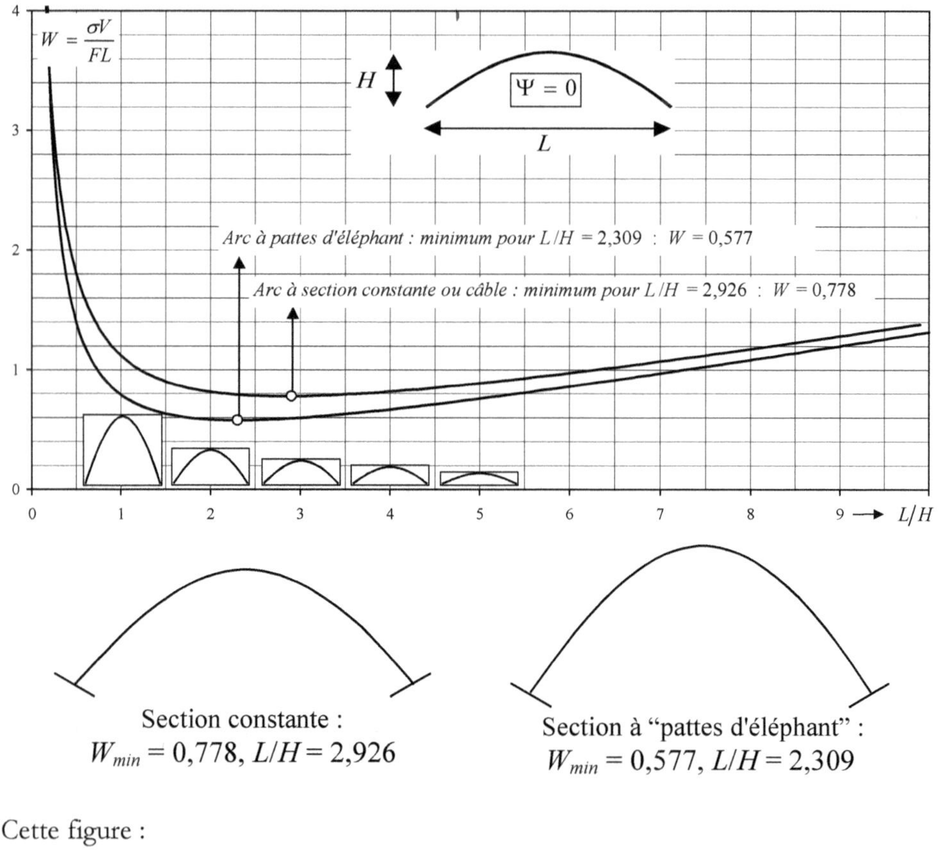

Cette figure :

- suggère que, pour chaque type d'arc, il existe un élancement L/H optimal qui lui confère un poids propre minimum. En l'occurrence, L/H = 2,309 et L/H = 2,926 respectivement pour les 2 types d'arcs;
- permet d'évaluer la pertinence d'un type d'arc par rapport à un autre;
- permet d'évaluer le surplus de matière inhérent au choix d'un arc dont l'élancement L/H n'est pas optimum.

La prise en compte de la sensibilité de l'arc au flambement est également possible. On donne à titre indicatif, en page 458, les figures qui montrent les courbes d'efficience des arcs de section constante, obtenues à partir de la loi de flambement corrigée développée au §8 du chapitre 11.

2.3.1. Exemple numérique

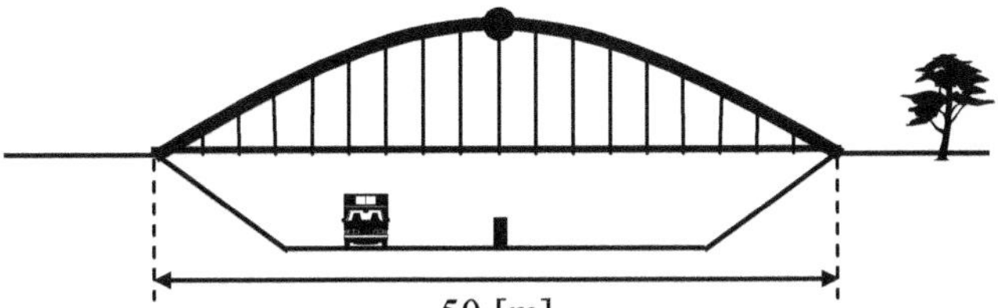

Déterminons la hauteur optimale des arcs de la passerelle ci-dessus.

Ces arcs ont trois articulations et sont en bois (on prendra E = 10.000 [MPa] et σ = 10 [Mpa]), la portée est de 50 [m] et la section est invariable, rectangulaire pleine (deux fois plus haute que large, ce qui correspond à un facteur de forme $q=I/A^2$ =1/6). On prendra une charge de 10 [kN/m] pour chaque arc (incluant les charges permanentes et les charges variables supposées uniformément réparties), ce qui correspond à une charge totale de 500 [kN] par arc, que l'on supposera répartie uniformément. Admettons enfin que les arcs ne peuvent flamber latéralement grâce à un dispositif de butons et de croisillons qui les relient l'un à l'autre.

Pour ces données, l'indicateur de flambement vaut :

$$\Psi = \frac{\sigma L}{\sqrt{qEF}} = \frac{10*50000}{\sqrt{0{,}167*10000*500000}} = 17{,}3$$

Les courbes d'efficience des arcs sont illustrées à la page suivante, en particulier celles qui correspondent à l'arc à trois articulations.

Pour Ψ = 17,3 on peut y lire : W = 3,3 et L/H = 4.

Dans les conditions caractérisant cet exemple, l'arc le plus léger sera donc celui dont la portée est 4 fois plus grande que la hauteur à la clef. Cet arc possède un indicateur W = 3,3, ce qui correspond à un volume total (optimal) de bois pour chaque arc valant :

$$V = FLW/\sigma = 8{,}25 \text{ [m}^3\text{]} .$$

Par ailleurs, la longueur déployée de chacun des arcs vaut (voir Chap. 11, §3.4) :

$$L_{arc} = \frac{L}{2}\left(\sqrt{1+\left(\frac{4H}{L}\right)^2} + \frac{L}{4H}\ln\left[\frac{4H}{L}+\sqrt{1+\left(\frac{4H}{L}\right)^2}\right]\right) = 57{,}39 \text{ [m]}$$

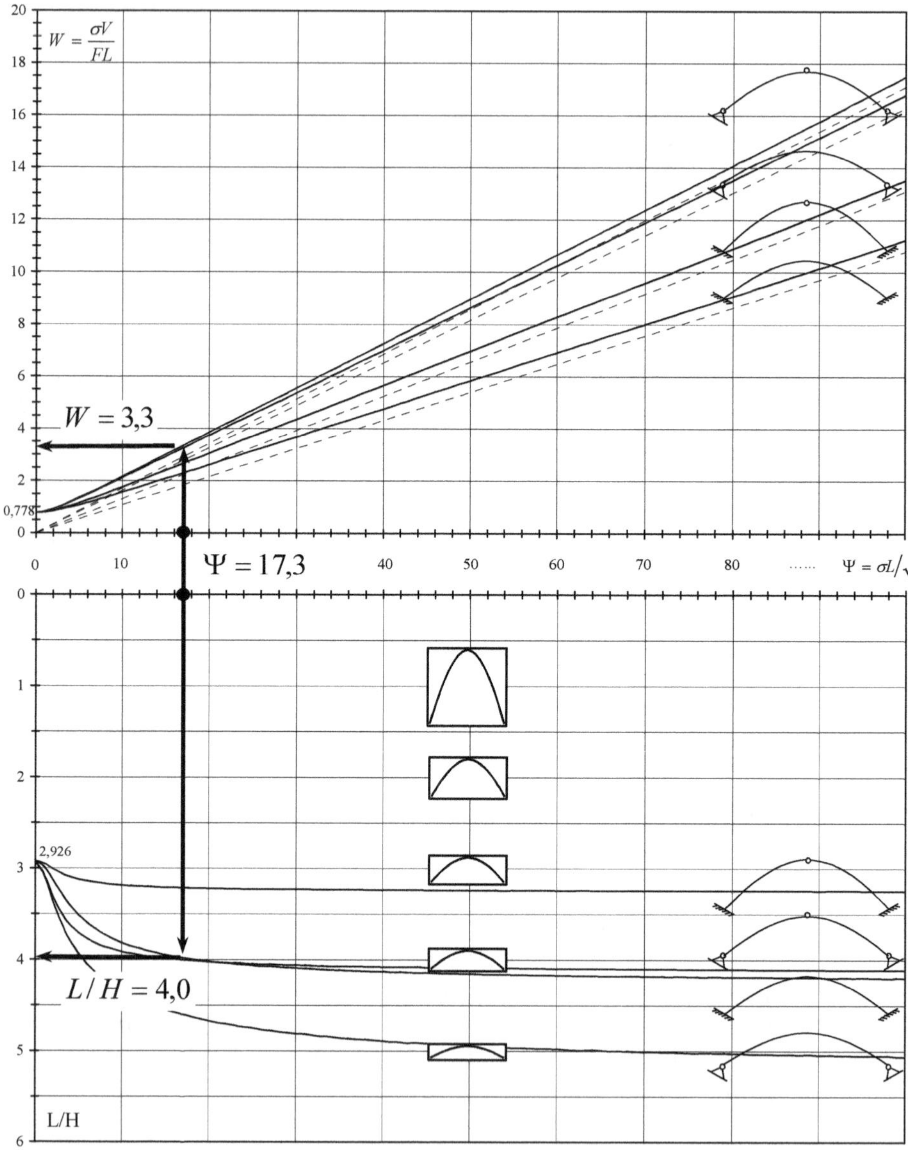

Courbes d'efficience des 4 types d'arcs de section **constante**. *Les droites en pointillés correspondent aux courbes d'efficience calculées à partir de la loi de type Euler non corrigée (voir §8 du chapitre 11:* $F_{crit} = \gamma EI/L^2$*).*

Comme la section est deux fois plus haute que large par hypothèse, et connaissant le volume total et la longueur de l'arc, les dimensions de la section se calculent immédiatement et valent 27 [cm]*54 [cm].

Il est intéressant de constater que la prise en compte du flambement multiplie dans ce cas le volume total de chaque arc par 3,3/0,778 = 4,2 (pour rappel, la valeur de 0,778 est celle qui correspond à l'indicateur de volume minimal d'un arc insensible au flambement, voir page 456).

Toutefois, il est important de remarquer que l'influence du flambement peut être fortement réduite si on améliore la valeur du facteur de forme q, ce qui peut se faire, par exemple, en choisissant la section ajourée illustrée ci-dessous :

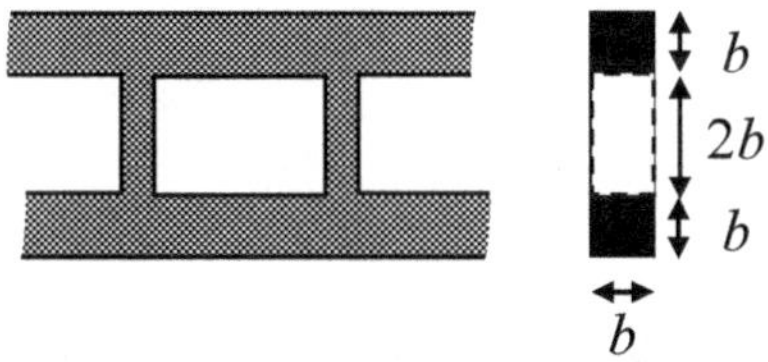

$$\begin{cases} I = 14b^4/3 \\ A = 2b^2 \end{cases} \rightarrow q = 1{,}17$$

Dans ce cas, l'indicateur de flambement vaut 6,55, ce qui ramène l'indicateur de volume W à 1,5. L'influence du flambement ne fait alors plus "que" doubler l'indicateur de volume (1,5/0,778 = 1,93). D'autres choix de sections caractérisées par un meilleur facteur de forme q pourront encore diminuer l'influence du flambement.

3. GENERALISATION

Les propos qui précèdent ont montré qu'un problème d'optimisation structurale caractérisé par de nombreux paramètres pouvait se simplifier fortement à condition de grouper ces paramètres au sein de nombres adimensionnels judicieusement choisis, appelés ***indicateurs morphologiques***.

Dans le cas d'une structure plane soumise essentiellement à des efforts normaux de compression comme les treillis ou les arcs funiculaires, un tel problème se résume à une optimisation sur base de 2 paramètres sans dimensions (L/H et ψ) et s'exprime par la relation suivante :

$$W = \frac{\sigma V}{FL} = \text{fonction}\left(L / H , \Psi\right)$$

Dans le cadre de cet ouvrage, il est impossible d'étendre davantage cette théorie à tous les autres cas d'optimisation, entre autres les structures spatiales ou celles qui sont composées d'éléments soumis à d'autres types d'efforts. Le lecteur intéressé se reportera à la bibliographie (page 439) pour davantage d'informations sur le sujet.

Il semble cependant opportun de parcourir les quelques points suivants afin d'aider le lecteur à trouver des réponses aux questions qu'il peut encore se poser à ce sujet.

Prise en compte des déformations

Il est clair que l'optimisation portant uniquement sur le volume de matériau à mettre en œuvre peut ne pas avoir de sens si elle n'est pas accompagnée d'une étude des déplacements. Comme l'a montré l'exemple relatif à la structure à deux barres développé au §2.1., il est possible de définir un ***indicateur de déplacement***, noté Δ, qui est l'image physique d'un déplacement de la structure en un point donné et qui dépend des mêmes nombres que l'indicateur de volume :

$$\Delta = \frac{E\delta}{\sigma L} = \text{fonction}\left(L / H, \Psi\right)$$

Prise en compte du poids propre de la structure conjointement à la charge extérieure F

Considérons un cas de charge extérieur F appliqué à la structure. Si les sections des différents éléments ont été optimisées individuellement, la répartition du poids propre résultant de cette optimisation ajoute au cas de charge initial F un nouveau cas de charge : si on considère un matériau de poids volumique ρ [kN/m], la valeur totale de celui-ci est connue et vaut ρV. Sa répartition sur chaque nœud de la structure doit cependant être évaluée.

La figure ci-dessous montre la répartition du poids propre par nœud dans un treillis Warren dont toutes les barres ont été optimisées individuellement (la surface du cercle est représentative de la partie de poids propre qui se reporte sur le nœud considéré) :

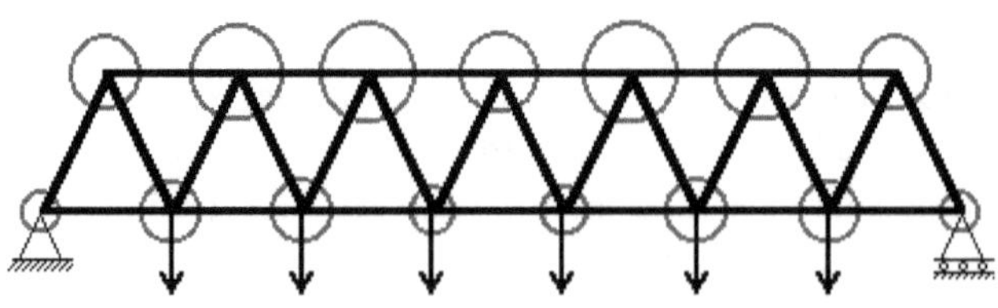

La structure ainsi "optimisée" n'est donc plus vraiment optimale puisqu'elle est soumise à deux cas de charge différents conduisant à une charge totale égale à :

$$F_{tot} = F + \rho V$$

Pour une charge extérieure F et un matériau particuliers, la géométrie ***optimale*** réelle (c'est-à-dire celle qui prend en compte la valeur du poids propre mais aussi sa répartition) et l'indicateur de volume qui lui est relatif ne peuvent donc, selon cette approche, se déterminer que par un ***processus itératif***.

Mais ici aussi la théorie des indicateurs morphologiques va permettre d'accélérer la démarche d'optimisation. En effet, il est possible de montrer que le poids propre peut être pris en compte à condition de définir un nombre adimensionnel baptisé ***indicateur de poids propre***. Cet indicateur, noté Φ et déjà mis en évidence en partie 1/§2.1 de ce chapitre dans le cadre des éléments fléchis, constitue un nouveau paramètre à considérer dans l'expression des indicateurs de volume ou de déplacement :

$$\begin{cases} W = \dfrac{\sigma V}{FL} = \text{fonction}\left(\dfrac{L}{H}, \psi, \Phi\right) \\ \Delta = \dfrac{E\delta}{\sigma L} = \text{fonction}\left(\dfrac{L}{H}, \psi, \Phi\right) \end{cases} \quad \text{avec} \quad \Psi = \frac{\mu\sigma L}{\sqrt{qEF}} \quad \text{et} \quad \Phi = \frac{\rho L}{\sigma}$$

L'optimisation est alors plus complexe puisqu'elle fait intervenir un troisième paramètre. Il faut toutefois relativiser l'importance de la prise en compte de l'indicateur de poids propre qui n'est vraiment judicieuse que pour les structures de grande portée.

Prise en compte des charges dont la répartition est aléatoire

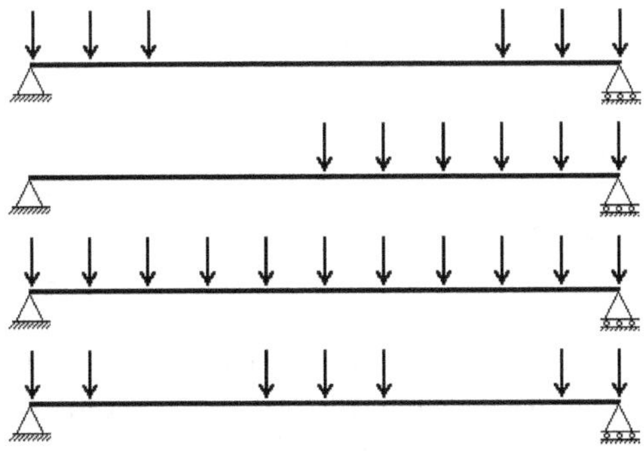

Par une approche similaire à celle qui caractérise les lignes d'influence (voir chapitre 16), il est possible de calculer les courbes d'efficience d'une structure soumise à des charges aléatoires et les indicateurs de volume ou de déplacement qui leur sont associés. Cette détermination ne peut bien sûr s'effectuer que par voie numérique.

Prise en compte de la troisième dimension

L'optimisation des structures spatiales est aussi possible. Si D est, par définition, le troisième côté du volume dans lequel s'inscrit la structure, les indicateurs de volume ou de déplacement doivent intégrer l'élancement D/H :

$$\begin{cases} W = \dfrac{\sigma V}{FL} = \text{fonction}\left(\dfrac{L}{H}, \dfrac{D}{H}, \psi\right) \\ \Delta = \dfrac{E\delta}{\sigma L} = \text{fonction}\left(\dfrac{L}{H}, \dfrac{D}{H}, \psi\right) \end{cases}$$

Prise en compte des éléments soumis à flexion composée

Lorsqu'une structure comporte des éléments soumis à la fois à un effort normal et à un moment fléchissant, le problème d'optimisation se complique car le nombre de paramètres augmente. En effet, l'optimisation d'un élément individuel de longueur l_i, de hauteur de section h_i et de facteur de forme Z_i soumis à flexion composée passe par la définition d'un nouvel indicateur, baptisé ***indicateur d'efficience à la flexion***, défini par :

$$\varphi = Z_i \, l_i / h_i$$

A titre d'exemple, prenons le cas d'un treillis à n mailles pour lequel la charge s'applique directement sur les éléments de la membrure inférieure. Ceux-ci sont donc à la fois soumis à une traction et à un moment fléchissant :

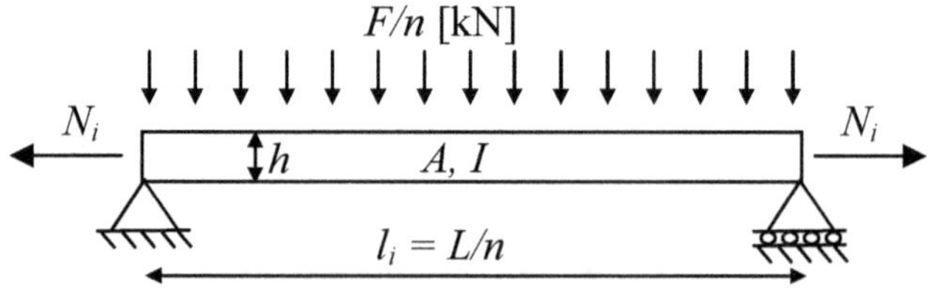

Dans ce cas, si on considère que tous les éléments de cette membrure sont identiques (la section commune est celle de l'élément le plus sollicité), le facteur Z est commun et les expressions respectives des indicateurs de volume et de déplacement de la structure deviennent :

$$\begin{cases} W = \dfrac{\sigma V}{FL} = \text{fonction}\left(\dfrac{L}{H}, \psi, \varphi\right) \\ \Delta = \dfrac{E\delta}{\sigma L} = \text{fonction}\left(\dfrac{L}{H}, \psi, \varphi\right) \end{cases}$$

La prise en compte de la flexion composée rajoute donc au moins un paramètre au problème. Si les éléments soumis à flexion composée sont de types différents (c'est-à-dire de facteur de forme Z différent), il faut rajouter au problème autant de facteurs d'efficience à la flexion φ qu'il y a d'éléments différents :

$$\begin{cases} W = \dfrac{\sigma V}{FL} = \text{fonction}\left(\dfrac{L}{H}, \psi, \varphi_1, \varphi_2, \varphi_3, \ldots\right) \\ \Delta = \dfrac{E\delta}{\sigma L} = \text{fonction}\left(\dfrac{L}{H}, \psi, \varphi_1, \varphi_2, \varphi_3, \ldots\right) \end{cases}$$

Optimisation des structures hyperstatiques :

Lorsqu'une structure est isostatique, la modification de la section des éléments n'a aucune influence sur la répartition des efforts internes et sur leur valeur. Il n'en va pas de même pour une structure hyperstatique, pour laquelle la modification d'une seule section génère une redistribution complète des efforts dans les éléments. Dans ce cas, une optimisation ne peut cette fois se faire que par un processus itératif, qui n'est malheureusement pas toujours convergent.

Autres types d'indicateurs morphologiques :

En complément des indicateurs de flambement, de poids propre et d'efficience à la flexion, d'autres types d'indicateurs morphologiques ont été développés par l'auteur et permettent d'étendre le champ de la théorie. Ces indicateurs sont les suivants et dépendent des mêmes paramètres que l'indicateur de volume :

- L'indicateur de rotation $\Theta = \dfrac{E\theta}{\sigma}$ qui est l'image de la rotation angulaire en un nœud rigide;
- L'indicateur de contraintes parasitaires $\Gamma = \gamma L\sqrt{\sigma s/F}$ et l'indicateur de delta-volume $\mathrm{K} = \kappa L\sqrt{\sigma s/F}$ qui permettent d'étudier les contraintes de flexion qui naissent dans les treillis hyperstatiques à nœuds rigides.

Le lecteur pourra se référer à la bibliographie (page 439) pour la signification des différents termes intervenant dans les expressions ci-dessus.

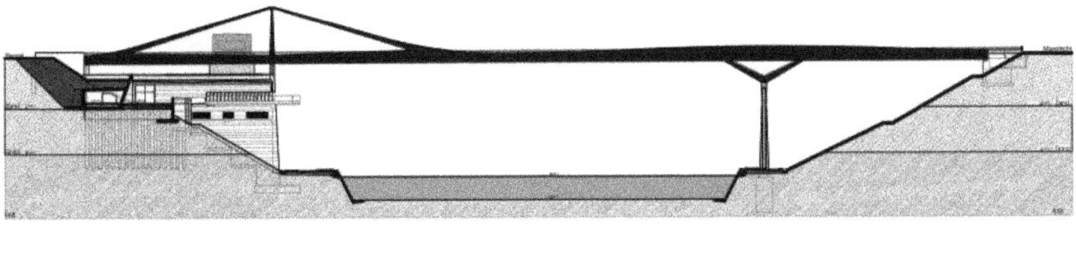

Chapitre 16

Les lignes d'influence

Illustration au recto :

Projet du pont de Vroenhoven, Belgique.
Maître d'œuvre Ney & Partners, Bruxelles, 2003.

1. INTRODUCTION

Lorsqu'un ouvrage est soumis à une charge variable (occupants ou piétons, véhicules, neige, vent…), celle-ci peut s'y répartir de façon aléatoire. C'est par exemple le cas d'une passerelle sur laquelle les piétons peuvent se placer d'une infinité de manières différentes : chacune de celles-ci correspond à des efforts internes, à des contraintes et à des déplacements différents.

Dans l'exemple ci-dessous, il est assez intuitif de réaliser que, *en A*, la réaction verticale :

- est maximale vers le haut dans le cas 1;
- est maximale vers le bas dans le cas 2;
- est intermédiaire dans le cas 3, vers le haut ou vers le bas selon la longueur du porte-à-faux.

CAS 1 :

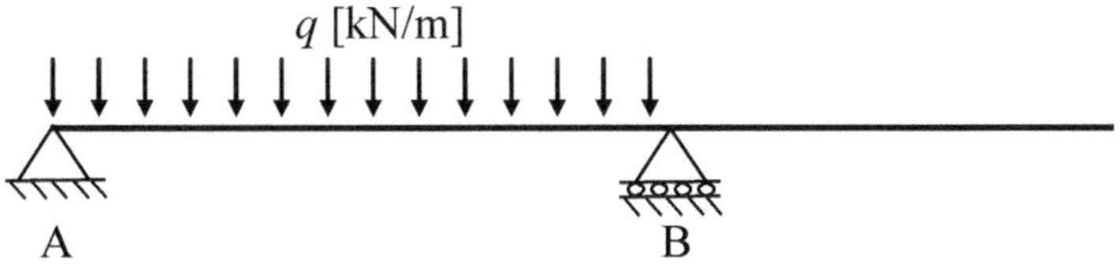

CAS 2 :

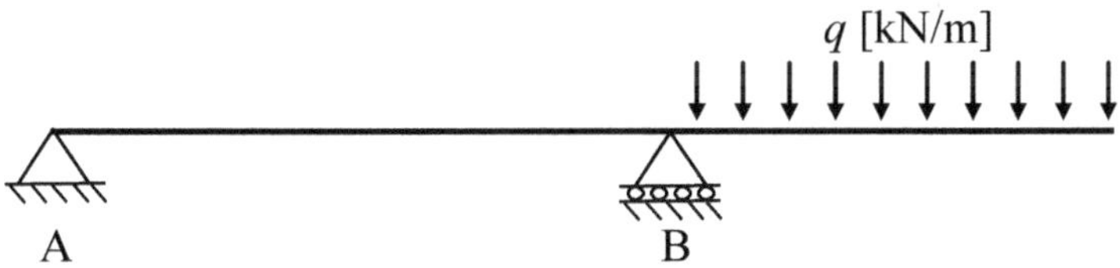

CAS 3 :

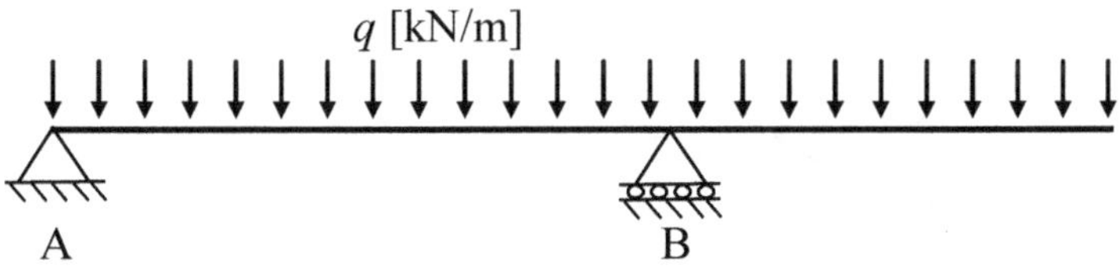

Cependant, les choses ne sont pas toujours aussi simples : les **lignes d'influence** prennent dès lors tout leur intérêt car elles permettent de déterminer rapidement et avec précision la répartition particulière des charges qui génère un effet extrême en un endroit de la structure (par **effet**, on entend une réaction d'appui, un déplacement, un effort interne, ...).

2. QU'EST-CE QU'UNE LIGNE D'INFLUENCE ?

La ligne d'influence d'un effet en un point donné d'une poutre est le diagramme illustrant la valeur de cet effet pour chaque position x d'une force extérieure unitaire mobile. Elle est notée $L_i\{\text{effet}\}$.

Pour illustrer ces propos, considérons une poutre isostatique de portée L sur laquelle se déplace une force unitaire dont la position est déterminée par une abscisse x. Soit aussi une section C définie par une abscisse x_c.

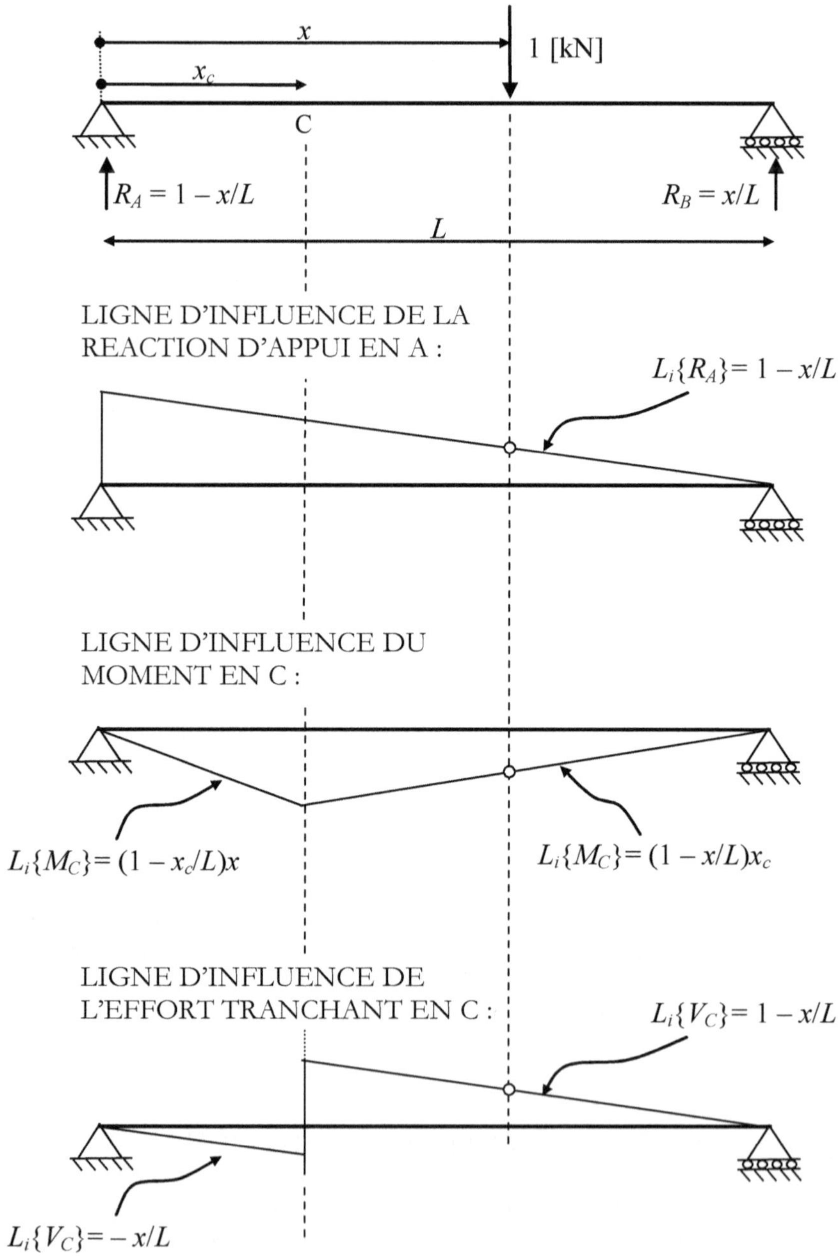

Sur la page précédente sont représentées :

- la **ligne d'influence de la réaction d'appui en A** : cette réaction vaut 1 [kN] lorsque la charge unitaire se situe exactement en A; elle décroît vers une valeur nulle lorsque la charge unitaire se déplace vers l'appui B. L'équation de la ligne d'influence est donc $L_i\{R_A\} = 1 - x/L$;
- la **ligne d'influence du moment en C** : il est ici plus aisé de raisonner en considérant séparément les tronçons de poutre situés de part et d'autre de la section C, comme indiqué ci-dessous; lorsque l'effort unitaire se situe à gauche de C, le moment fléchissant en C vaut : $L_i\{M_C\} = (1-x/L)x_c - 1*(x_c-x) = (1-x_c/L)x$; si l'effort unitaire se situe à droite de C, le moment fléchissant en C vaut alors : $L_i\{M_C\} = x/L* (L-x_c) - 1*(x-x_c) = (1-x/L)\, x_c$;

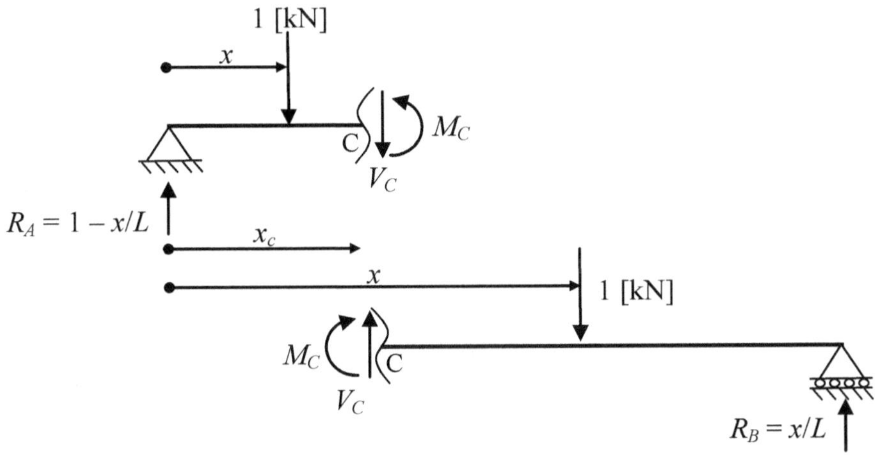

- la **ligne d'influence de l'effort tranchant en C** : lorsque l'effort unitaire se situe à gauche de C, l'effort tranchant en C vaut : $L_i\{V_C\} = R_A - 1 = (1-x/L) - 1 = -x/L$; si l'effort unitaire se situe à droite de C, l'effort tranchant en C vaut alors : $L_i\{V_C\} = 1 - R_B = 1 - x/L$.

3. UTILITE PRATIQUE D'UNE LIGNE D'INFLUENCE

Reprenons l'exemple ci-dessus pour une poutre de portée $L = 10$ [m] et une section C définie par une abscisse $x_c = 4$ [m]. On s'intéresse à la ligne d'influence du moment en C.

En C, la valeur de la ligne d'influence de M_C vaut 2,4. En d'autres mots, le moment fléchissant en C vaut 2,4 [kNm] lorsque la charge unitaire se trouve précisément en C.

Supposons 3 charges ponctuelles agissant simultanément sur cette poutre. Aux points d'application de ces charges, il est facile de trouver la valeur de la ligne d'influence qui vaut respectivement 2,4 multiplié par 2/4, 5/6 et 4/6.

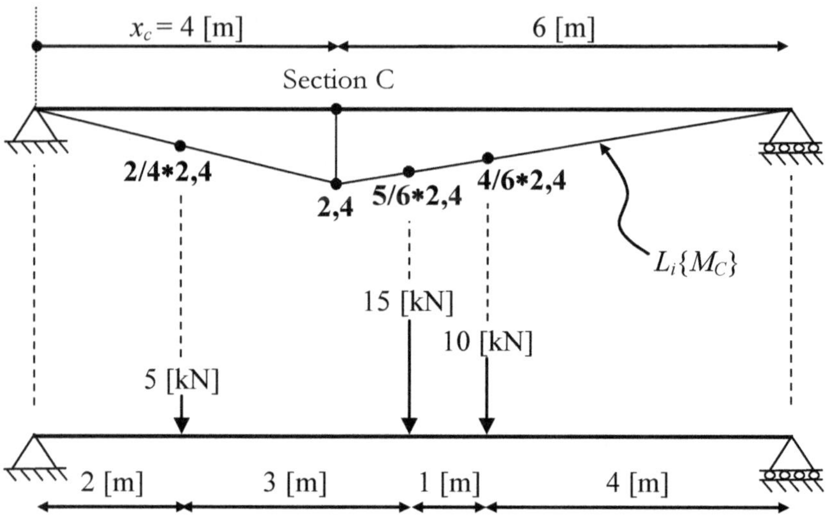

Le moment fléchissant total en C, provoqué par ces trois charges appliquées de manière simultanée, vaut donc :

$$M_C = 5*(2/4*2,4) + 15*(5/6*2,4) + 10*(4/6*2,4) = 52 \text{ [kNm]}$$

Si la poutre est maintenant soumise à n charges correspondant chacune à une valeur z_i de la ligne d'influence, le moment en C vaut :

$$M_C = \sum_{i=1}^{n} Q_i z_i \text{ [kNm]}$$

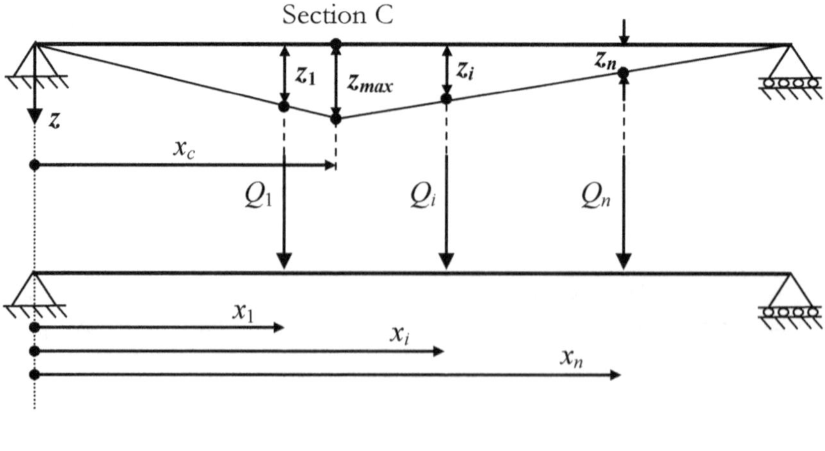

Ce principe peut être étendu au cas de la charge répartie s'appliquant sur la poutre entre deux abscisses x_1 et x_2 et créant un moment fléchissant en C valant :

$$M_C = \int_{x = x_1}^{x = x_2} (q\,dx) z = q \int_{x = x_1}^{x = x_2} z\,dx = q * \text{aire hachurée} \quad [\text{kNm}]$$

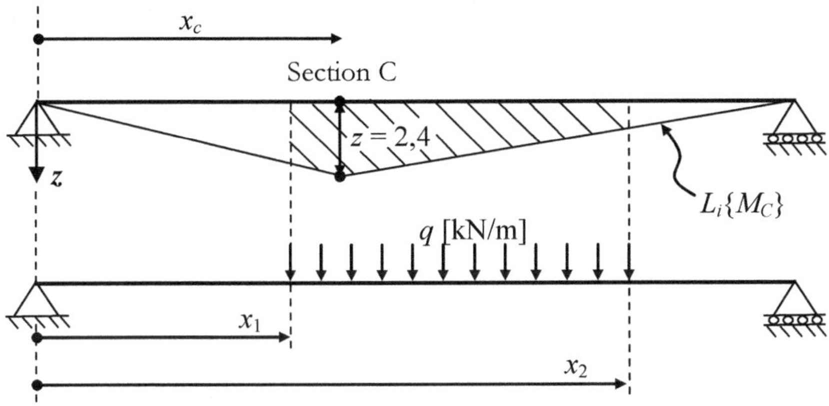

L'exemple précédent montre que le moment en C dû à une charge répartie sur un tronçon est égal à l'intégrale de sa ligne d'influence sur ce même tronçon. Cette propriété, qui peut paraître anodine, prend toutefois toute sa signification dans l'exemple suivant :

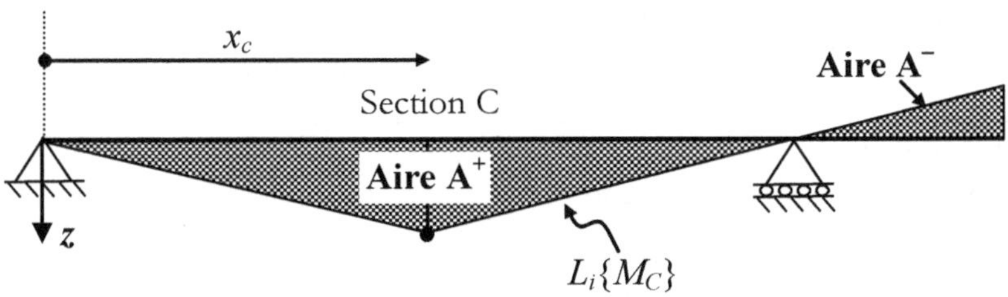

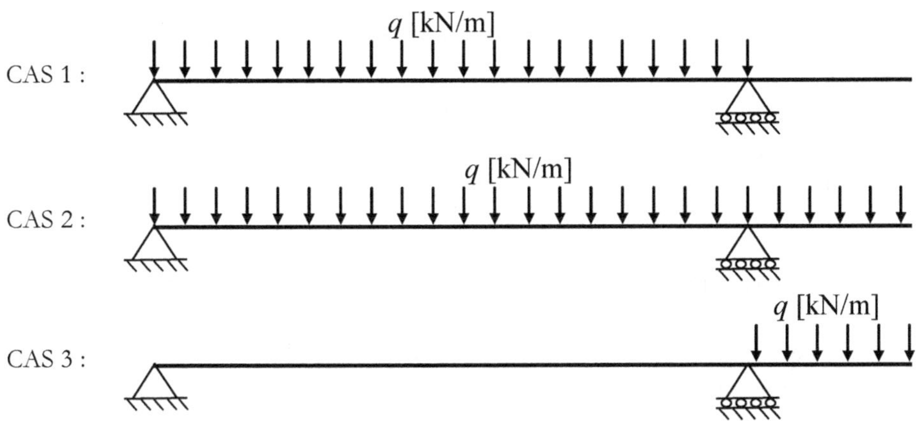

Dans cet exemple, pour lequel la ligne d'influence de M_C est caractérisée par deux zones aux signes différents, nous pouvons dire que :

- le **moment maximal M_C** se produit lorsque la charge répartie se trouve uniquement entre les deux appuis (CAS 1) et vaut qA^+;
- le **moment minimal M_C** se produit lorsque la charge répartie se trouve uniquement sur le porte-à-faux (CAS 3) et vaut qA^-;
- lorsque la charge répartie se trouve sur toute la poutre (CAS 2), le moment M_C est intermédiaire et vaut $q[(A^+) - (A^-)]$.

La ligne d'influence d'un effet permet donc :

- de déterminer avec précision les tronçons sur lesquels les charges doivent se trouver de façon à provoquer les valeurs extrêmes de cet effet;
- de déterminer ces valeurs numériques extrêmes.

4. LE THEOREME DE MÜLLER-BRESLAU, OU COMMENT TRACER RAPIDEMENT UNE LIGNE D'INFLUENCE

L'utilité des lignes d'influence ayant été démontrée, il est opportun de pouvoir disposer d'un outil rapide et efficace permettant de les dessiner. Le théorème de Müller-Breslau va dans ce sens et s'énonce comme suit :

La ligne d'influence d'un effet en un point de la poutre est identique à la déformée libre de cette poutre obtenue :

- en annulant l'effet, au point considéré, par l'introduction du dispositif de libération d'effort qui lui correspond;
- en imposant en ce même point un déplacement unité qui correspond à cet effet :

réaction d'appui	→	suppression de l'appui	→	déplacement vertical
moment	→	rotule	→	déplacement angulaire relatif
effort tranchant	→	glissière tangente	→	glissement vertical relatif

Ce théorème est illustré à l'exemple ci-dessous (repris du §2) pour lequel :

- la ligne d'influence de la réaction d'appui en A s'obtient en supprimant l'appui et en y imposant un déplacement vertical $\delta_A=1$;

- la ligne d'influence du moment en C s'obtient en y insérant une rotule et en y imposant un déplacement angulaire relatif $\theta_C = 1$ entre les deux tronçons;
- la ligne d'influence de l'effort tranchant en C s'obtient en y insérant une glissière tangente (voir chapitre 1, §5) et en y imposant un déplacement vertical relatif $\delta_C = 1$ entre les deux tronçons, qui doivent rester parallèles (pentes identiques).

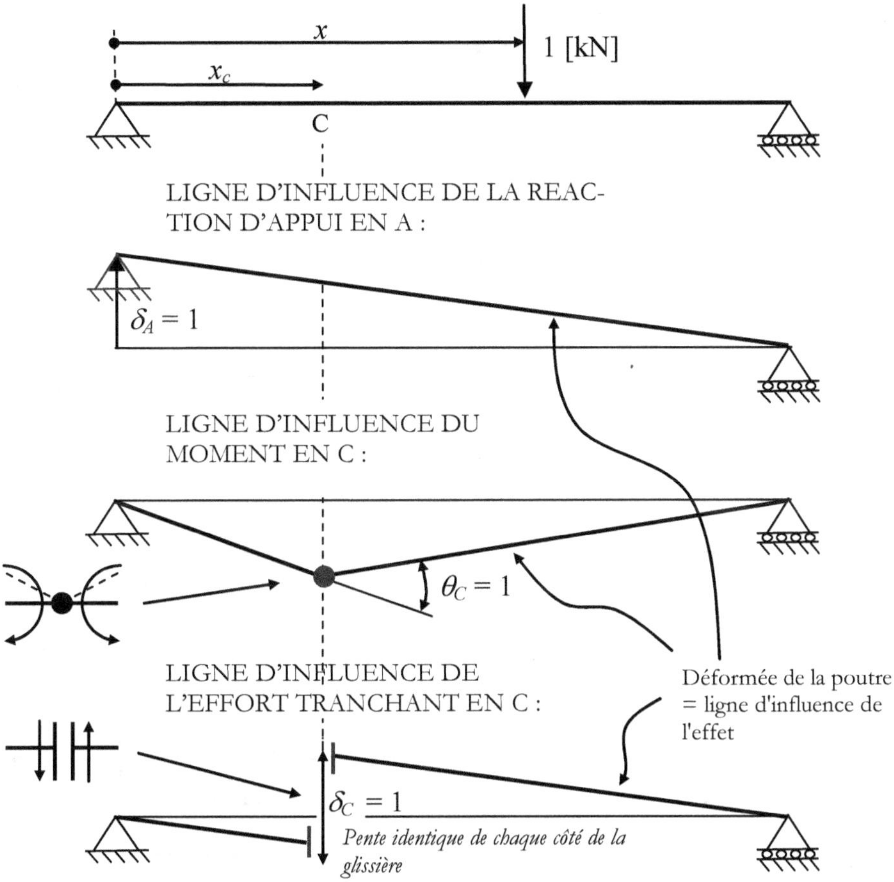

Comme autre exemple, considérons la poutre isostatique suivante dont on veut tracer la ligne d'influence :

- de la réaction d'appui en A;
- de la réaction d'appui en F;
- du moment fléchissant en E;
- du moment fléchissant en D;
- de l'effort tranchant en B;
- de l'effort tranchant en E;
- de l'effort tranchant en C.

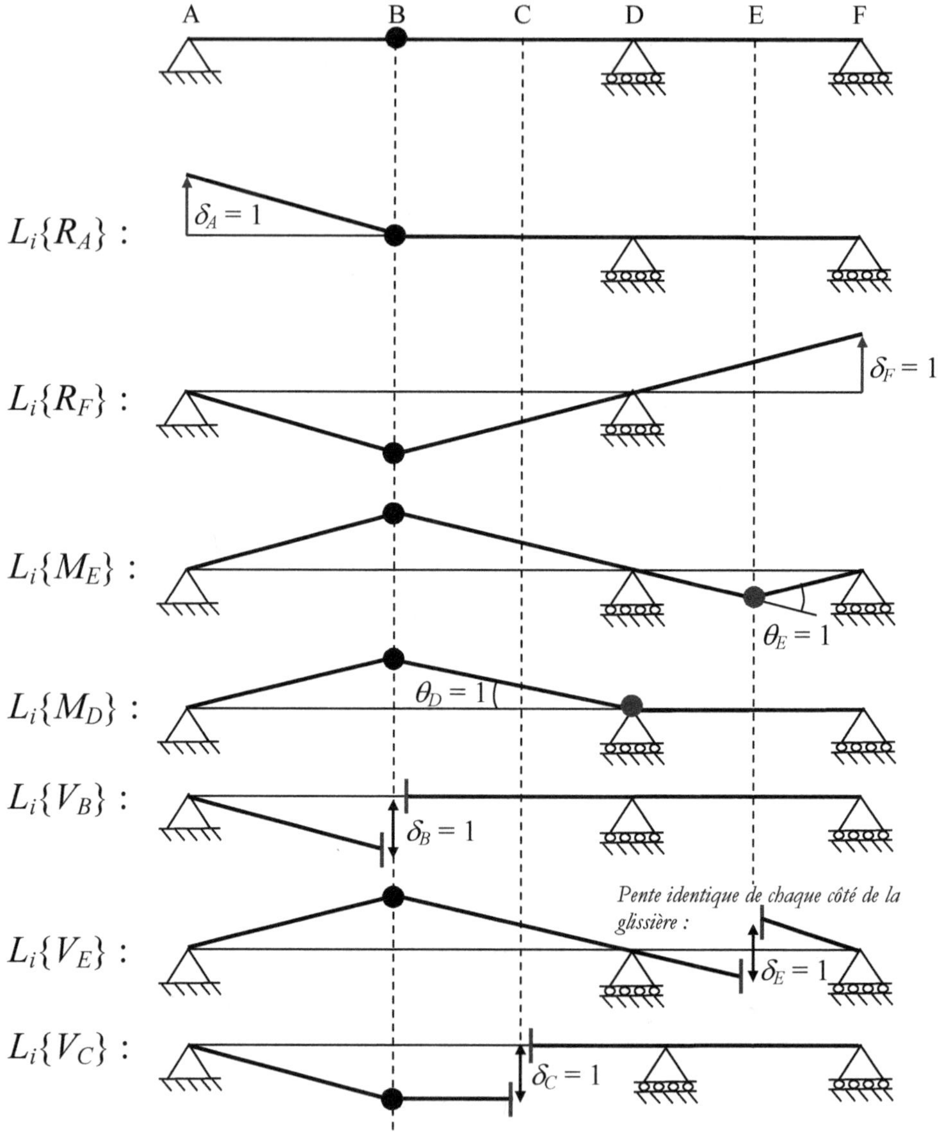

5. LIGNES D'INFLUENCE DES STRUCTURES HYPERSTATIQUES

Les propos précédents ont montré que la ligne d'influence d'un effet statique associée à une poutre isostatique était composée de tronçons rectilignes. Dans le cas d'une poutre hyperstatique, le théorème de Müller-Breslau est toujours applicable et mène à des lignes d'influence qui peuvent être non rectilignes. Les valeurs caractéristiques de ces lignes d'influence devront toutefois être déterminées par une levée d'hyperstaticité : l'application du théorème ne peut en effet fournir ici qu'une approche qualitative permettant uniquement de déterminer les zones sur lesquelles il faut appliquer les charges pour que les sollicitations soient maximales.

Exemple :

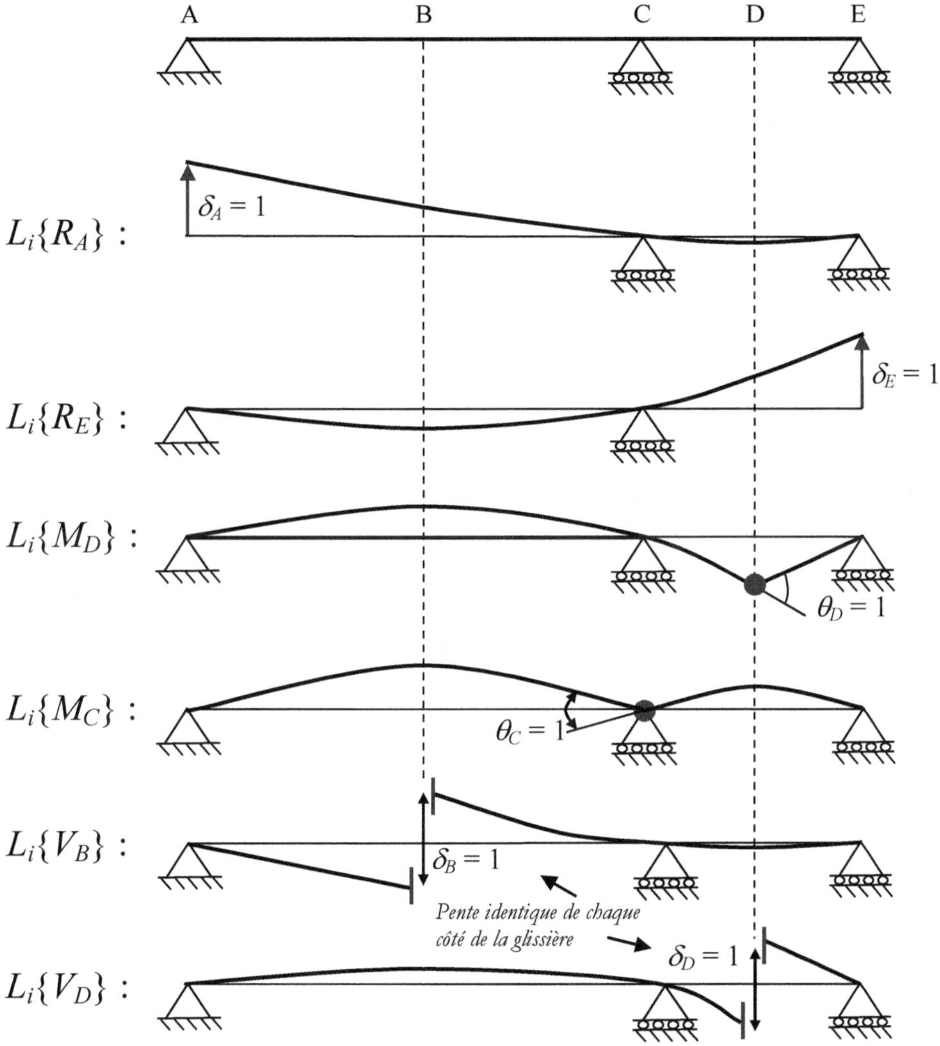

6. LIGNE D'INFLUENCE D'UN DEPLACEMENT

On applique très souvent la théorie des lignes d'influence aux efforts internes ou aux réactions d'appui alors qu'elle est également facilement exploitable pour les déplacements. Ainsi, la ligne d'influence d'un déplacement en une section donnée est identique à la déformée de cette poutre résultant de l'application d'un effort unité en cette section [1].

Dans la poutre isostatique ci-dessous, par exemple, la ligne d'influence du déplacement vertical en D est la suivante :

L'allure de la déformée, et donc de la ligne d'influence, montre que ce déplacement sera maximal vers le haut lorsque le premier tronçon est chargé, et maximal vers le bas lorsque le second tronçon est chargé.

7. COMPLEMENTS

La théorie des lignes d'influence ne se limite pas aux poutres continues soumises à des répartitions de charges. Elle peut s'appliquer à d'autres structures comme les treillis, les arcs, les poutres soumises à des trains de charge dont on désire calculer la position la plus défavorable ou bien les poutres soumises à des charges indirectes. L'emploi de logiciels à fonctionnalités toujours plus évoluées suggère de s'en tenir, dans le cadre de cet ouvrage, aux quelques notions précédemment développées. Le lecteur désirant davantage d'informations sur ce sujet se reportera aux ouvrages [1] et [2] de la bibliographie reprise à la fin de cet ouvrage.

[1] Cette propriété découle du théorème de Maxwell-Betti.

8. EXEMPLE

Une poutre à 4 travées et 4 appuis est isostatique grâce à la présence de rotules en B et en C :

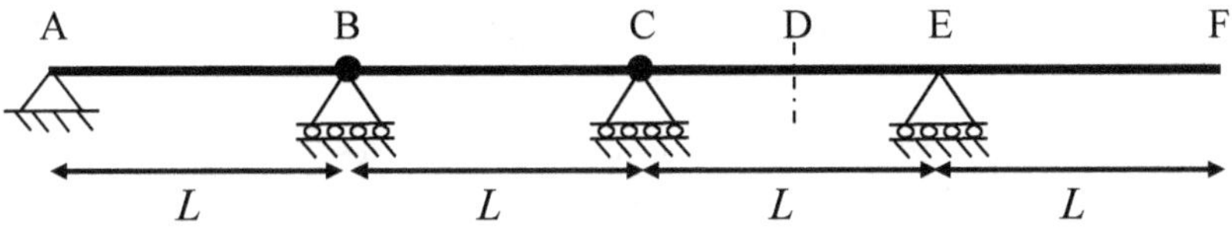

On propose de tracer les lignes d'influence du moment en E, de l'effort tranchant en D (D est au milieu du tronçon CE) et de la réaction d'appui en B.

Où les charges réparties doivent-elles se situer pour que l'effort tranchant en D soit maximal ?

➟ Ligne d'influence de M_E

Selon le théorème de Müller-Breslau, la ligne d'influence du moment en E est identique à la déformée de la poutre obtenue en plaçant une rotule en E et en y imposant un déplacement angulaire unité, tout en respectant les compatibilités de déplacement de la poutre :

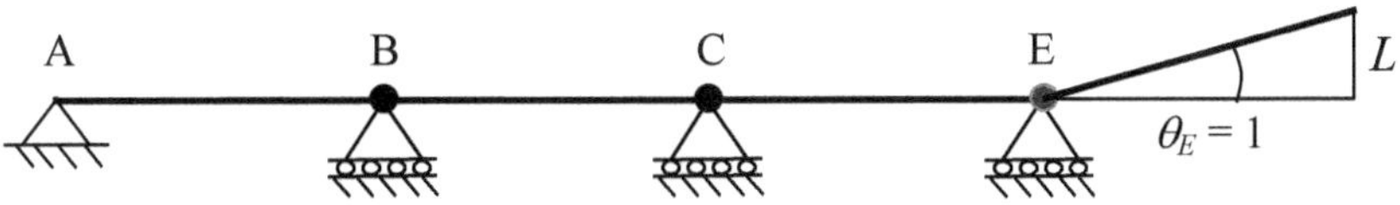

On peut aisément contrôler la valeur M_E=L lorsque la charge unité se trouve en F : $\theta_E = 1$ et $\tan\theta_E \cong \theta_E = M_E\,/L$, donc M_E=L [kNm].

On peut déduire de cette ligne d'influence que seules les charges situées sur le tronçon EF pourront créer un moment fléchissant en E.

➟ Ligne d'influence de V_D

Selon le théorème de Müller-Breslau, la ligne d'influence de l'effort tranchant en D est identique à la déformée de la poutre obtenue en plaçant une glissière tangente en D et en y imposant un déplacement vertical relatif unité entre les deux tronçons, tout en respectant les compatibilités de déplacement de la poutre. Ainsi, lorsque la charge mobile se situe en D, l'effort tranchant de part et d'autre de cette section vaut, respectivement, 1/2 et −1/2. Il est alors facile d'en déduire la valeur de la ligne d'influence en F, égale à −1 :

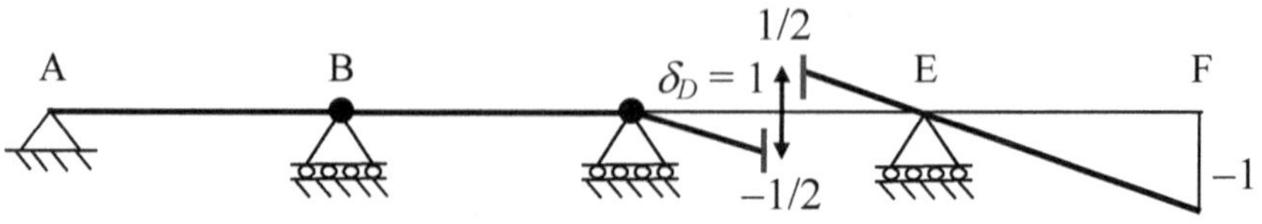

Lorsque les charges réparties se situent sur les tronçons CD et EF, l'effort tranchant en D vaut :

q*(Aire du triangle sous CD + Aire du triangle sous EF)
= q*(0,5*L/2*1/2 + 0,5*L*1) = (−)5qL/8

Lorsque les charges réparties se situent uniquement sur le tronçon DE, l'effort tranchant en D vaut :

q*(Aire du triangle sur DE)
= q*(0,5*L/2*1/2) = (+)qL/8

L'effort tranchant maximal en D, égal à −5qL/8, est donc obtenu lorsque les charges sont situées à la fois sur CD et EF :

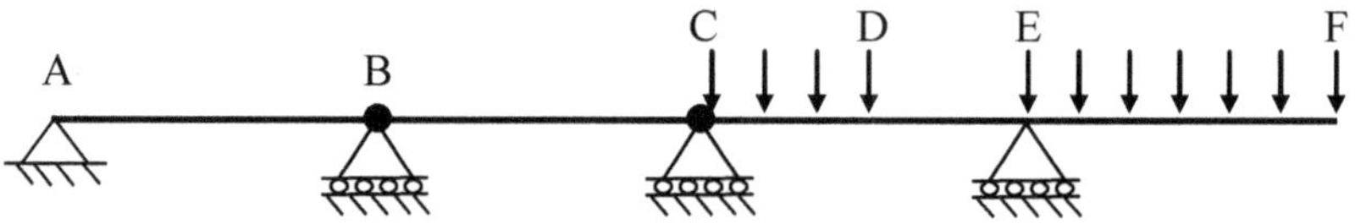

➟ Ligne d'influence de R_B

Selon le théorème de Müller-Breslau, la ligne d'influence de la réaction en B est identique à la déformée de la poutre obtenue en supprimant l'appui B et en y imposant un déplacement vertical unité, tout en respectant les compatibilités de déplacement de la poutre :

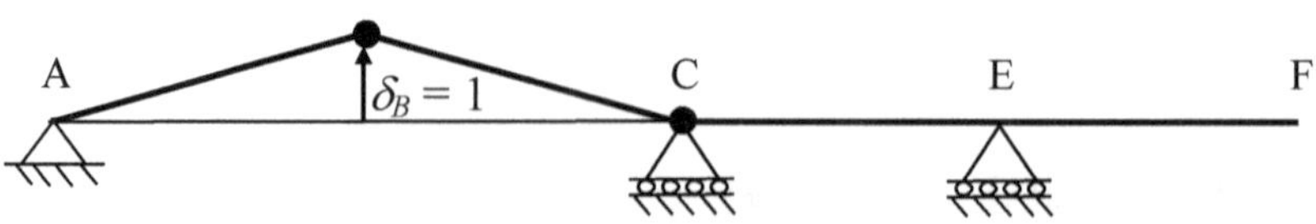

Bibliographie

Le présent livre n'a pas la prétention d'être exhaustif. Plusieurs ouvrages de qualité traitent des diverses matières relatives au calcul des structures en insistant davantage sur tel ou tel aspect. Parmi ceux-ci, on peut citer :

[1] Frey F., *Volumes 1 à 6 du Traité de génie civil de l'Ecole polytechnique fédérale de Lausanne*, Presses polytechniques et universitaires romandes, Lausanne.

Ces 6 volumes (1 : Statique appliquée, 2 : Mécanique des structures, 3 : Mécanique des solides, 4 : Structures en barres et poutres, 5 : Structures tridimensionnelles à parois minces, 6 : Méthode des éléments finis) constituent une référence unique en langue française en matière de mécanique des structures au sens général du terme. Ils sont très clairs, très détaillés dans les développements et les démonstrations mathématiques, très pédagogiques.

[2] Samikian A., *Analyse et calcul des structures*, Gaëtan Morin Editeur, Québec, 1984.

Cet ouvrage passe en revue un grand nombre de matières relatives au calcul des structures, y compris des rappels de résistance des matériaux et de statique ainsi que des sujets plus spécifiques comme les lignes d'influence ou les méthodes matricielles. Il propose un certain nombre d'exercices résolus et détaillés.

[3] Studer M.A. et Frey F., *Introduction à l'analyse des structures*, Presses polytechniques et universitaires romandes, Lausanne, 1997.

Cet ouvrage très convivial parcourt les différents aspects fondamentaux de la statique, de la résistance des matériaux et de la stabilité des structures sur base d'explications très claires, d'un grand nombre d'illustrations et d'exercices résolus.

[4] Salvarori M. et Heller R., *Structure et architecture*, Eyrolles Editeur, Paris, 1976.

Sans passer par des calculs ou des démonstrations théoriques, ce livre passe en revue de manière très intuitive les différents aspects de la stabilité des structures et de la résistance des matériaux. Sans développements mathématiques et sur base d'illustrations et d'exemples particulièrement bien adaptés au sujet traité, il mène agréablement le lecteur d'un bout à l'autre du livre en traitant parfois des sujets très spécifiques tels que les structures à membranes, les coques ou les arcs.

[5] Muttoni A., *L'art des structures, une introduction au fonctionnement des structures en architecture*, Presses polytechniques et universitaires romandes, Lausanne, 2004.

Cet ouvrage, très agréable à lire, traite des aspects classiques de la statique et de la mécanique des structures, avec un minimum de développements mathématiques. Sur une base très pédagogique, l'auteur guide le lecteur d'un bout à l'autre de son texte en suivant une ligne de conduite originale dictée entre autres par les principes de minimisation de la quantité de matière. Cet ouvrage contient notamment une bibliographie très complète relative non seulement à la mécanique des structures, mais aussi à l'approche intuitive des structures, à l'approche graphique, à l'architecture, aux catégories de structures, aux ingénieurs ou architectes célèbres ou encore à l'histoire des structures.

[6] Clough R. et Penzien J. A, *Dynamics of Structures*, deuxième édition, C Berkeley, CA, 2004 – Computers and Structures, Inc..
Cet ouvrage, dédié au calcul dynamique des structures, a été traduit en français par Jean-Louis Claudon sous le titre "Dynamique des structures" (Œditions Pluralis).

[7] Latteur P., *Le béton armé dans tous ses états*, éditions Academia-Bruylant, (2e éd), Louvain-la-Neuve, 2001.
Ce recueil d'exercices et de résumés théoriques traite les aspects suivants du calcul des sections en béton armé selon, la méthode élastique, d'une part et la méthode aux états limites ultimes, d'autre part : compression simple, flexion simple, flexion composée.

Table des matières

Ingénieur civil des constructions (UCL, 1994) et docteur en sciences appliquées (VUB, 2000), **Pierre Latteur** a rejoint l'Ecole polytechnique de l'UCL en 2013 comme professeur à temp plein après avoir passé de nombreuses années en bureau d'études, d'abord chez Setesco (2000 2007), puis chez Technum-Tractebel Engineering comme chef du service d'ingénierie structu rale de Bruxelles (2007-2013). Il a pu y acquérir une expérience pratique sur des projets très variés : immeubles de grande hauteur, structures architecturales, ouvrages d'arts et structures industrielles. Il a également à son actif un stage d'architecte au bureau Samyn&Partners (1998 1999).

Depuis le début de sa carrière, il a pris en charge des activités d'enseignement auprès de publics variés : ingénieurs civils des constructions et ingénieurs civils architectes à l'UCL (1994-1999 puis à partir de 2013), ingénieurs industriels à l'ECAM (1999-2003) et bioingénieurs à l'ULg/Agro-Bio Tech (depuis 2001). Ses enseignements concernent la mécanique des structures, les structures en bois, les procédés généraux de construction (acier béton et bois), ainsi que divers projets liés aux bâtiments et aux ouvrages d'art.

Il a reçu plusieurs distinctions, dont le prix Louis Baes de l'Académie Royale de Belgique pour ses recherches sur l'optimisation des structures par indicateurs morphologiques.

Il est aussi l'auteur du logiciel de calcul des structures ISSD, utilisé dans plusieurs institutions académiques et bureaux d'études, ainsi que de l'ouvrage *Le béton armé dans tous ses états* paru chez le même éditeur.

REIMPRESSION 2016

Imprimé en France
par Arts'Print Numeric - 24, rue de Vire - 14110 Condé-en-Normandie
N° d'Imprimeur : 03201 - mars 2020

www.ingramcontent.com/pod-product-compliance
Lightning Source LLC
LaVergne TN
LVHW082024051026
849532LV00011B/3260